《建筑节能工程施工质量验收标准》
GB 50411—2019 应用指南

宋 波 主编

中国建筑工业出版社

图书在版编目（CIP）数据

《建筑节能工程施工质量验收标准》GB50411-2019
应用指南 / 宋波主编. —北京：中国建筑工业出版社，
2022.2

ISBN 978-7-112-27701-8

Ⅰ. ①建… Ⅱ. ①宋… Ⅲ. ①建筑工程-工程质量-
工程验收-标准-中国-指南 Ⅳ. ①TU712-65

中国版本图书馆 CIP 数据核字（2022）第 141527 号

责任编辑：田立平　牛　松
责任校对：赵　颖

《建筑节能工程施工质量验收标准》
GB 50411—2019 应用指南
宋　波　主编

*

中国建筑工业出版社出版、发行（北京海淀三里河路 9 号）
各地新华书店、建筑书店经销
北京鸿文瀚海文化传媒有限公司制版
廊坊市海涛印刷有限公司印刷

*

开本：787 毫米×1092 毫米　1/16　印张：32½　字数：1111 千字
2022 年 8 月第一版　　2022 年 8 月第一次印刷
定价：**90.00** 元
ISBN 978-7-112-27701-8
（38671）

《〈建筑节能工程施工质量验收标准〉GB 50411—2019 应用指南》编写委员会

主编：宋 波

主要编写人员（章节负责人）：宋 波 徐 伟 张元勃 杨仕超 栾景阳 于晓明
韩 红 史新华

主要参加编写人员：（以姓氏笔画为序）

丁颖超	万成龙	王书晓	王庆辉	王丽娟	王建奎	王洪涛	王博渊	王 骞
邓琴琴	叶少华	冯国会	曲军辉	朱传晟	朱 桐	朱晓姣	刘会涛	刘 哲
刘 峰	刘 倩	孙雅辉	杜永恒	李 攀	余 鹏	杨玉忠	邱建华	沙雨亭
宋为民	张圣楠	张昕宇	张庚午	张思思	张喜臣	林常青	罗 涛	俞铁铭
赵 矗	柳 松	俞铁铭	夏惊涛	钱雪松	凌 薇	高贺轩	高 璐	郭卫东
唐辉强	黄凯良	黄祝连	黄 慧	曾成刚	程志军	温殿波	鲍宇清

参加编写人员：（以姓氏笔画为序）

于力轩	马 宁	马 刚	马仁武	马荣全	王 虹	王小山	王新民	邓 刚
邓 超	田雅光	冯 雅	吕大鹏	刘东华	刘志强	刘锋钢	许锦峰	孙述璞
李 迪	李红霞	李爱新	杨 光	肖 瑶	吴 军	吴兆军	吴辉敏	何 涛
余立成	应柏平	张 壮	张广志	张志峰	张德林	陈 越	陈讲运	陈显华
陈洪兴	陈海岩	陈麒妃	苗冬梅	林国海	金丽娜	赵 添	赵成颢	郝 文
郝珈漪	荣志民	姜 涛	姜庆君	姚 军	顾福林	徐 强	黄振利	龚 剑
康玉范	章 放	彭尚银	傅慈英	鲍 娜	翟传伟	熊少波	潘玉勤	潘立志
潘洋萍	魏建东

主要参加编写单位：

中国建筑科学研究院有限公司

建科环能科技有限公司

北京市建设监理协会

广东省建筑科学研究院集团股份有限公司

河南省建筑科学研究院有限公司

山东省建筑设计研究院有限公司

深圳市建筑工程质量监督总站

北京住总装饰有限责任公司

杭州市太阳能光伏产业协会标委会

浙江陆特能源科技股份有限公司

哈尔滨工业大学

龙信建设集团有限公司

山东省住房和城乡建设发展研究院

沈阳市热力工程设计研究院有限公司

中国建筑东北设计研究院有限公司

中国建筑第八工程局浙江建设有限公司

中国建筑科学研究院天津分院

北京住总集团有限责任公司

辽宁省建设科学研究院有限公司

沈阳建筑大学

北京贝康特环境科技有限公司

浙江省建筑科学设计研究院有限公司

深圳市太科检测有限公司

郑州大学

北京城建二建设工程有限公司

中国建筑节能协会

中国建筑节能协会建筑保温隔热专业委员会

中国工程建设标准化协会建筑环境与节能专业委员会

浙江正泰新能源开发有限公司

沈阳紫微恒检测设备有限公司

中国建筑金属结构协会

国家建筑节能质量监督检验中心

建筑安全与环境国家重点实验室

参加编写单位：

江苏省建筑科学研究院有限公司

上海市建筑科学研究院有限公司

中国建筑西南设计研究院有限公司

中国建筑第八工程局有限公司

上海市建设工程安全质量监督总站

中环绿建集成房屋科技河北有限公司

同方股份有限公司

北京合创三众能源科技股份有限公司

宁波荣山新型材料有限公司

广东省工业设备安装公司

及时雨保温隔音集团

上海建工集团股份有限公司

江苏久久防水保温隔热工程有限公司

中建工业设备安装有限公司

浙江省工业设备安装集团有限公司

山东省建筑科学研究院有限公司

青岛科瑞新型环保材料集团有限公司

富思特制漆（北京）有限公司

山东圣泉新材料股份有限公司

四川威尔达节能科技有限公司

亚士创能科技（上海）股份有限公司

威海中玻光电有限公司

皇明太阳能股份有限公司

山东宜美科节能服务有限责任公司

山东力诺瑞特新能源有限公司

国家太阳能热水器质量监督检验中心（北京）

中国人民解放军工程与环境质量监督总站

北京振利节能环保科技股份有限公司

哈尔滨鸿盛房屋节能体系研发中心

哈尔滨天硕建材工业有限公司

武汉奥捷高新技术有限公司

拜耳材料科技（中国）有限公司

《〈建筑节能工程施工质量验收标准〉GB 50411—2019 应用指南》
前　言

　　习近平主席在第七十五届联合国大会上郑重提出中国要在 2030 年之前实现碳排放达峰，力争 2060 年实现碳中和的宏伟战略目标。建筑领域作为工业、交通和建筑这三大用能领域之一，建筑行业碳排放约占全国总碳排放量的 40%，是实现碳达峰和碳中和的关键领域之一。

　　2021 年末我国常住人口城镇化率达到 64.7%[①]，预计到 2030 年，我国城镇化率将提高到 70%，2050 年将达到 80%左右[②]。随着我国城镇化进程的推进和人民群众生活水平的提升，我国建筑总量和碳排放量在未来十年仍将持续增长，能源和环境矛盾将日益突出，对我国实现建筑领域碳中和目标提出了更高要求。

　　推动城乡建设领域建筑节能和绿色建筑发展，是落实双碳战略的客观要求，是加快生态文明建设、走新型城镇化道路的重要体现，是推进节能减排和应对气候变化的有效手段，是创新驱动增强经济发展新动能的着力点，是全面建成小康社会，增加人民群众获得感的重要内容，对于建设节能低碳、绿色生态、集约高效的建筑用能体系，推动住房城乡建设领域供给侧结构性改革，实现绿色发展具有重要的现实意义和深远的战略意义。

　　自 20 世纪 80 年代，原建设部便开始了建筑节能标准化的工作。围绕建筑节能，住房和城乡建设部组织制定并发布实施了一系列针对建筑节能工程的设计、检测、施工验收以及改造标准，形成了完整的建筑节能标准体系，涵盖了建筑节能的各个方面，强化了对建筑节能技术推广、质量控制和规范管理的要求。《建筑节能工程施工质量验收规范》GB 50411—2007 是建筑节能标准体系中的重要环节，自 2007 年颁布实施以来，对保障我国建筑节能工程质量的进步作出了重要贡献。根据《住房和城乡建设部关于印发〈2010 年工程建设标准规范制订、修订计划〉的通知》（建标〔2010〕43 号）的要求，住房和城乡建设部组织修订并批准了《建筑节能工程施工质量验收标准》GB 50411—2019，自 2019 年 12 月起实施，本次标准修订增加了标准在可再生能源工程施工、验收、试验方法等方面的内容，完善了节能标准的覆盖面，补充了新技术新工艺的内容，减少了见证检验数量，进一步提升了标准的可操作性。

---

　　① 2021 年国民经济和社会发展统计公报．

　　② 潘家华，单菁菁，武占云．城市蓝皮书：中国城市发展报告 No.12 大国治业之城市经济转型．北京：社会科学文献出版社，2019．

为了配合该标准的宣传、培训、实施以及监督工作的开展，我们组织中国建筑科学研究院有限公司等标准修订单位有关专家，编制完成本书并作为开展该标准师资培训和各省、自治区、直辖市建设行政主管部门培训工作的辅导资料。本书全面系统地介绍了施工验收标准执行过程中的技术要点、实施和检查方法，并辅以案例说明，希望本书的出版能够帮助工程建设管理和技术人员准确理解和深入把握标准要求，从而进一步推进建筑节能工程质量提升，助力实现建筑领域碳达峰、碳中和的宏伟目标。

本书编写得到了住房和城乡建设部标准定额司（科技司）、工程质量安全监督司、标准定额研究所及各省、市住建领域的领导、专家，建设、设计、施工、检测机构，产品设备企业，质量监督，监理，科研院校，学、协会人士的指导和大力支持，在此一并表示衷心的感谢！本书的出版凝聚了出版社编辑们的辛勤工作，在此表示感谢！同时要感谢对此书出版给予支持帮助的所有热爱关心、推动建筑节能工作的专家朋友们！

本书由标准条文正文、技术要点说明、实施与检查、示例或专题组成，方便读者阅读和使用，但内容多、篇幅大、加之水平有限，疏漏和不妥之处，敬请读者批评指正，提出宝贵意见，随时将意见和建议以文字方式反馈至中国建筑科学研究院建筑环境与节能研究院（地址：北京市朝阳区北三环东路 30 号，邮政编码：100013，E-mail：songbo163163 @163.com）

宋　波

2022 年 6 月

《〈建筑节能工程施工质量验收规范〉GB 50411—2007 宣贯教材》审定委员会

主　审：陈　重

副主审：杨　榕　袁振隆

审　核：杨瑾峰　朱长喜　梁俊强　王国英　陈国义
　　　　程志军　郎四维　徐　伟　邹　瑜

《〈建筑节能工程施工质量验收规范〉GB 50411—2007 宣贯教材》编写委员会

主　编：宋　波

编　委：张元勃　杨仕超　栾景阳　于晓明　孙述璞
　　　　金丽娜　李爱新　史新华　王　虹　韩　红
　　　　冯金秋

参编者：(按姓氏笔画顺序排列)

万树春　刘　晶　刘锋钢　许锦峰　阮　华
杜永恒　杨　坤　杨　霁　杨西伟　杨秀云
肖绪文　吴兆军　佟贵森　应柏平　张广志
张文库　陈海岩　姚　勇　赵诚颢　胡跃林
顾福林　徐凯讯　涂逢祥　黄　江　黄　琰
黄振利　康玉范　彭尚银　潘延平

8

《〈建筑节能工程施工质量验收规范〉 GB 50411—2007 宣贯教材》

前　言

根据《国务院关于做好建设节约型社会近期重点工作的通知》（国发［2005］21 号）的要求，建设部组织制定并批准了《建筑节能工程施工质量验收规范》GB 50411—2007（以下简称该规范），于 2007 年 1 月与国家质量监督检验检疫总局联合发布，自 2007 年 10 月 1 日起实施。

党中央、国务院曾从战略高度明确指出：要大力发展节能省地环保型建筑，注重能源资源节约和合理利用，全面推广和普及节能技术，制定并强制推行更加严格的节能节水节材标准。建筑行业推行"节地、节能、节水、节材"的"四节"工作是落实科学发展观，缓解人口、资源、环境矛盾的重大举措，意义重大。制定和实施该规范，正是建筑领域认真贯彻落实党中央、国务院有关精神，大力发展节能省地环保型建筑，制定并强制推行更加严格的节能节水节材标准的一项重大举措。

目前，我国城乡既有建筑总面积达 450 多亿平方米，这些建筑在使用过程中，其采暖、空调、通风、炊事、照明、热水供应等方面不断地消耗大量的能源。建筑能耗已占全国总能耗近 30%。据预测，到 2020 年，我国城乡还将新增建筑 300 亿平方米。能源问题已经成为制约经济和社会发展的重要因素，建筑能耗必将对我国的能源消耗造成长期的、巨大的影响。要解决建筑能耗问题，根本出路是坚持开发与节约并举、节约优先的方针，大力推进节能降耗，提高能源利用效率。

建筑节能是一项复杂的系统工程，涉及规划、设计、施工、使用维护和运行管理等方方面面，影响因素复杂，单独强调某一个方面，都难以综合实现建筑节能目标。通过建筑节能标准的制定并严格贯彻执行，可以统筹考虑各种因素，在节能技术要求和具体措施上做到全面覆盖、科学合理和协调配套。正是基于这种认识，自 20 世纪 80 年代，建设部就开始了建筑节能标准化的工作。围绕建筑节能，建设部组织制定并发布实施了一批针对建筑节能工程设计、检验、采暖通风与空调设计以及建筑照明等标准规范，基本涵盖了建筑节能的各个方面，强化了对建筑节能的技术要求，对指导建筑节能活动发挥了重要作用。但是这些标准规范涉及施工质量验收的内容很少。随着经济的发展，人民生活水平的提高，对节能建筑的质量和性能的要求也越来越高，建筑节能工程的质量已成为社会尤其是百姓关心的热点和焦点问题。为保证建筑节能工程的施工质量，迫切需要一部专门的标准。

从 2005 年开始，建设部组织中国建筑科学研究院等 30 多个单位的专家，开展了该规范的编制工作。从立项编制之日起，该规范就备受关注。2006 年 7 月 25 日，该规范征求意见稿登载在建设部网站和中国建筑科学研究院网站上，公开向全国征求意见。编制组在广泛收集国内外有关标准和科研成果、深入开展调查研究的基础上，结合我国建筑工程中节能工程的设计、施工、验收和运行管理方面的实际，经过艰苦努力，编制完成了该规范，为我国推动建筑工程领域的节能打下了基础。

该规范是第一部以达到建筑节能设计要求为目标的施工质量验收规范，它具有五个明显的特征：一是明确了 20 个强制性条文。按照有关法律和行政法规，工程建设标准的强制性条文，必须严格执行，这些强制性条文既涉及过程控制、又有建筑设备专业的调试和检测，是建筑节能工程验收的重点；二是规定了对进场材料和设备的质量证明文件进行核查，并对各专业主要节能材料和设备在施工现场抽样复验，复验为见证取样送检；三是推出了工程验收前对外墙节能构造现场实体检验，严寒、寒冷和夏热冬冷地区的外窗气密性现场实体检验和建筑设备工程系统节能性能检测；四是将建筑节能工程作为一个完整的分部工程纳入建筑工程验收体系，使涉及建筑工程中节能的设计、施工、验收和管理等多个方面的技术要求有了充分的依据，形成从设计到施工和验收的闭合循环，使建筑节能工程质量得到控制；五是突出了以实现功能和性能要求为基础、以过程控制为主导、以现场检验为辅助的原则，结构完整，内容充实，对推进建筑节能目标的实现将发挥重要作用。

该规范使用的对象将是全方位的，是参与建筑节能工程施工活动各方主体必须要遵守的，是管理者对建筑节能工程建设、施工依法履行监督和管理职能的基本依据，同时也是建筑物的使用者判定建筑是否合格和正确使用建筑的基本要求。

为了配合该规范宣传、培训、实施以及监督工作的开展，我们组织中国建筑科学研究院等规范编制单位的有关专家，编制完成了《〈建筑节能工程施工质量验收规范〉宣贯辅导教材》，作为开展该规范师资培训和各省、自治区、直辖市建设行政主管部门培训工作的辅导资料。本教材全面系统地介绍了该规范的编制情况和技术要点，可以帮助工程建设管理和技术人员准确理解和把握该规范的有关内容，也可以作为有关人员理解、掌握该规范的参考材料。

建设部标准定额司
2007 年 5 月

目　录

第一部分

编 制 概 况

一、验收标准编制背景

我国正处在工业化和城镇化快速发展的阶段，能源消耗强度较高，消费规模不断扩大，特别是高投入、高消耗、高污染的粗放型经济增长方式，加剧了能源供求矛盾和环境污染状况。近年来，随着经济发展进入新常态，中国能源消费强度大幅下降，但能源消费总量居高不下，结构优化任重道远。2017 年，中国全年能源消费总量为 44.9 亿 t 标准煤，同比增长 2.9%，增速较 2016 年提高 1.5 个百分点。能源消费结构不断优化，煤炭消费量占比为 60.4%，同比下降 1.6 个百分点。清洁能源消费占比达到 20.8%，同比上升 1.3 个百分点。随着社会发展的需要，中国能源需求仍将持续增长。但是，中国能源资源总量仅为世界的 10%，而单位 GDP 能源消耗却是世界水平的 1.9 倍，能源效率落后于发达国家水平。由于人口众多，导致人均能源占有量还远远低于世界的平均水平，煤炭、石油、天然气的人均剩余可采储量分别只有世界平均水平的 58.6%、7.69% 和 7.05%，人均一次能源消费总量不到世界平均水平的一半。由粗放的能源消费模式导致的环境问题也层出不穷。能源问题已经成为制约经济和社会发展的重要因素。

《能源发展"十三五"规划》中要求把发展清洁低碳能源作为调整能源结构的主攻方向，坚持发展非化石能源与清洁高效利用化石能源并举，逐步降低煤炭消费比重，提高天然气和非化石能源消费比重，大幅降低二氧化碳排放强度和污染物排放水平，优化能源生产布局和结构，促进生态文明建设，能源资源消费总量增速放缓。《"十三五"生态环境保护规划》提出到 2020 年细颗粒物未达标地级及以上城市浓度下降 18%。《北方地区冬季清洁取暖规划（2017—2021 年）》要求到 2021 年，北方地区清洁取暖率达到 70%。全球能源消费市场中，建筑行业能源消费约占 40%，且建筑行业每年温室气体排放约占年总排放量 30% 左右，建筑行业为全球能源和环境带来的负担较大。要达到各规划的环境要求，首先要达到能源要求，我国建筑能耗、工业能耗和交通能耗为三大主要能耗。2017 年，中国建筑能源消费总量为 9.47 亿吨标准煤，占全国能源消费总量的 21.10%。因此，降低建筑能耗，是维持我国经济继续蓬勃发展的必然选择。

我国建筑业发展迅速，2017 年，除工业建筑外，我国城乡既有建筑总面积达 642.47 亿 m^2，但一些建筑在节能方面仍存在严重缺陷。由此产生的后果不仅给使用者带来诸多不便，更是造成了巨大的能源消耗甚至是浪费。

1. 建筑能耗现状

（1）城镇居住建筑能耗

北方城镇建筑供暖能耗高，是建筑能耗的主要部分。建筑围护结构（外墙、外门窗、屋面、地面）保温性能不佳，供热系统效率不高，各输配环节热量损失严重，热源效率低等原因，导致建筑供暖能耗大。

建筑空调能耗高。北方建筑中的空调主要用于夏季降温和过渡季节供暖；南方建筑中的空调主要用于夏季降温和冬季供暖。空调能耗是建筑能源消耗的重要组成部分。围护结构保温隔热性能不高，空调设备运行能效低，输配环节中末端设备热交换效率低等原因，使得我国城镇居住建筑的空调能耗高。

此外，居住建筑与一般公共建筑还存在因照明、炊事、生活热水、设施设备等产生的能源消耗。

（2）城镇公共建筑能耗

大型公共建筑主要包括体育场馆、图书馆、剧院等科教文卫类建筑。这些建筑的单位耗热量指标高，建筑总能耗大。由于设备和管理等原因，政府机关办公建筑的能源利用效率存在提高空间。

（3）农村建筑能耗

随着农村生活水平的提高，农民对建筑室内热环境的要求也随之提升。其中以自建为主的农村住宅，建筑节能措施缺失严重，建筑单位耗热量指标高。该类建筑能源浪费是不容忽视的组成部分。

2. 建筑节能重点范围

北方建筑供暖能耗高、比例大，其围护结构和设备系统管理应该成为建筑节能的重点；建筑空调能耗高、比例大，体现在围护结构和设备系统管理上，应为建筑节能的重点；住宅与一般公共建筑能耗都呈增长趋势；大型公共建筑和政府机构能耗非常严重，因此节能的潜力很大；农村建筑能耗高，能源利用率低，排放污染严重，而且在一定程度上呈现出商品能源有替代非商品能源的趋势；作为原来非供暖区域夏热冬冷地区的长江流域，随着人们生活水平的提高，越来越多的人有很强供暖的需求。如果该地区照搬北方形式供暖，将耗能巨大，所以应该有解决的方案。

3. 建筑发展的要求

我国正处在建筑业大发展的时期，建筑能耗的节约已经成为最大的节约项目，建筑节能应该成为全社会关注的焦点。推进建筑节能和绿色建筑发展，是落实国家能源生产和消费革命战略的客观要求，是加快生态文明建设、走新型城镇化道路的重要体现，是推进节能减排和应对气候变化的有效手段，是创新驱动增强经济发展新动能的着力点，是全面建成小康社会，增加人民群众获得感的重要内容，对于建设节能低碳、绿色生态、集约高效的建筑用能体系，推动住房城乡建设领域供给侧结构性改革，实现绿色发展具有重要的现实意义和深远的战略意义。

4. 建筑工程质量和建筑节能测试诊断的要求

从目前建筑物的墙体、幕墙、门窗、屋面和地面等设计和施工情况来看，工程的质量问题很严重。围护结构外墙的质量问题尤其令人堪忧，供暖通风和空气调节、配电与照明、监测与控制、可再生能源工程更是耗能的重大隐患。具体参见图 1-1～图 1-3。

(a)　　　　　　　　　　　　　　　　　(b)

(c)　　　　　　　　　　　　　　　　　(d)

(e)　　　　　　　　　　　　　　　　　(f)

图 1-1　围护结构外墙保温工程质量缺陷（一）

（a）外墙外保温工程；（b）外墙外保温工程红外热像仪检测热工缺陷；

（c）外墙外保温龟裂；（d）外墙外保温材料脱落；

（e）外墙面、外窗与墙体连接部位保温材料安装不良造成热工缺陷；

（f）外墙保温板材之间连接处未填加保温材料造成热工缺陷

图 1-1　围护结构外墙保温工程质量缺陷（二）

（g）外墙外保温工程外饰面开裂脱落；（h）外墙外保温工程外饰面开裂脱落；

（i）起鼓起泡脱落；（j）点框粘抹灰不合格；（k）基层墙体处理和抹灰不合格；

（l）点框粘抹灰和面积不合格；（m）基层墙体处理和抹灰不合格

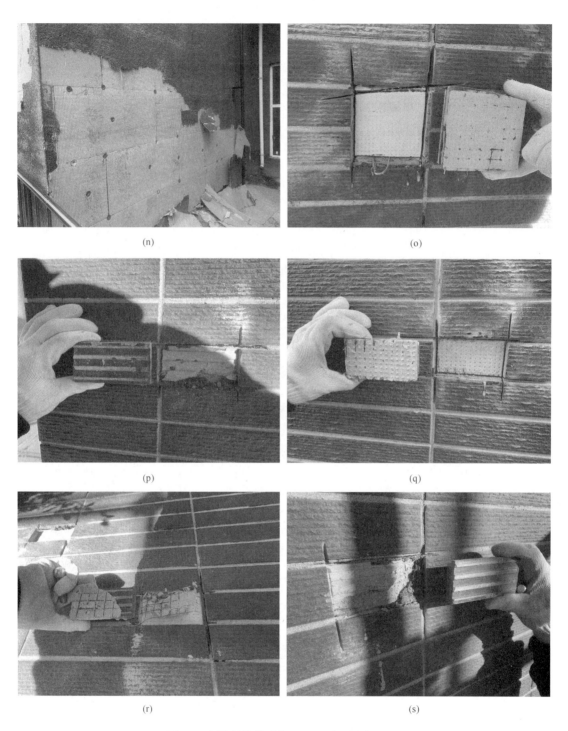

图 1-1　围护结构外墙保温工程质量缺陷（三）

（n）外墙外保温工程外饰面开裂脱落；（o）面砖与保温材料抹面层拉伸粘结强度不合格；
（p）面砖与保温材料抹面层拉伸粘结强度不合格；（q）面砖与保温材料抹面层拉伸粘结强度不合格；
（r）面砖与保温材料抹面层拉伸粘结强度不合格；（s）面砖与保温材料抹面层拉伸粘结强度不合格

图 1-1 围护结构外墙保温工程质量缺陷（四）

（t）保温材料与基层墙体拉伸粘结强度不合格；（u）保温材料与基层墙体拉伸粘结强度不合格；

（v）饰面层与保温材料抹面层拉伸粘结强度不合格；（w）饰面层与保温材料抹面层拉伸粘结强度不合格；

（x）饰面层与保温材料抹面层拉伸粘结强度不合格；（y）保温装饰板与基层墙体拉伸粘结强度不合格

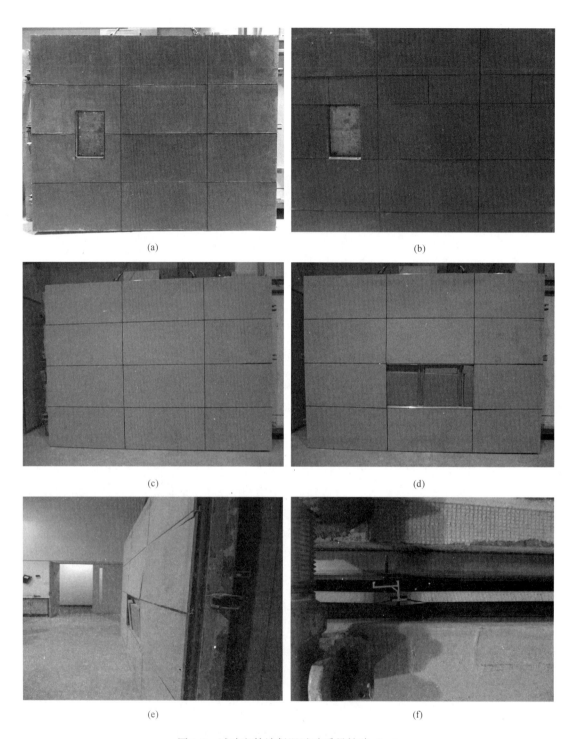

图 1-2　试验室外墙保温试验质量缺陷（一）

（a）保温装饰板耐候性试验起鼓起泡脱落外观不合格；（b）保温装饰板耐候性试验起鼓起泡脱落外观不合格；

（c）保温装饰板抗风荷载性能试验前；（d）保温装饰板抗风荷载性能不合格；

（e）保温装饰板抗风荷载性能不合格；（f）保温装饰板抗风荷载性能试验后连接件处破坏

(g)

图 1-2 试验室外墙保温试验质量缺陷（二）

（g）装饰板锚固件悬挂力不合格

(a)　　　　　　　　　　　　　　　　(b)

(c)　　　　　　　　　　　　　　　　(d)

图 1-3 安装工程质量缺陷（一）

（a）建筑供暖热力入口工程安装质量不合格；（b）供暖管道埋地部分保温工程质量不合格造成的；

（c）冷却塔安装位置影响换热；（d）风机盘管机组连接管道未做保温

9

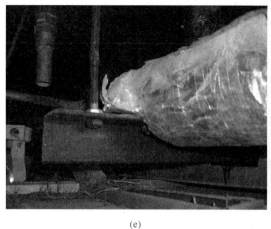 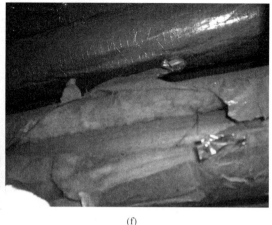

(e)　　　　　　　　　　　　　　　　　　(f)

图 1-3　安装工程质量缺陷（二）

（e）管道支吊架横担与管道接触部位未安装绝热衬垫；（f）供冷管道保温工程质量不合格外保护层开裂

5. 政府推进建筑节能工作的要求

（1）中央高度重视建筑节能工作，为了推动建筑节能工作的开展，2006 年国务院下发了《国务院关于加强节能工作的决定》（国发［2006］28 号），要求初步建立起与社会主义市场经济体制相适应的比较完善的节能法规和标准体系、政策保障体系、技术支撑体系、监督管理体系，形成市场主体自觉节能的机制。推进建筑节能。大力发展节能省地型建筑，推动新建住宅和公共建筑严格实施节能 50％的设计标准，直辖市及有条件的地区要率先实施节能 65％的标准。推动既有建筑的节能改造。大力发展新型墙体材料。重点抓好政府机构建筑物和供暖、空调、照明系统节能改造以及办公设备节能，建立节能目标责任制和评价考核体系。

（2）2004 年 11 月国务院批准的《节能中长期专项规划》中，将建筑节能作为节能的重点领域，要求建筑节能在"十一五"期间要实现节约 1 亿 t 标准煤的规划目标。这一目标既体现了建筑节能在国家能源节约战略中的重要地位，也体现了建筑节能工作所要完成的艰巨任务。

（3）2007 年，原建设部部长汪光焘在全国建设工作会议上的报告《把握形势，明确任务，切实做好 2007 年建设工作》中指出：推进工程建设标准体制改革。起草工程建设标准化管理条例，完善工程建设标准化管理的法规制度和技术支撑体系，促进强制性条文向以功能性能为目标的全文强制性标准过渡。以房屋建筑为重点，修订完善《工程建设标准强制性条文（房屋建筑部分）》，按照《住宅建筑规范》的制定原则，加快编制全文强制的《城镇燃气技术规范》《城市轨道交通技术规范》，创新工程建设技术法规与技术标准相结合的体制。按照《工程建设标准复审管理办法》的有关规定，完善标准的经常性复审修订制度，开展 2000 年及以前颁布的现行国家标准、行业标准的复审修订工作，减少标准内容的交叉重复，提高标准的质量和技术水平。

以《建筑节能工程施工质量验收规范》《钢铁工业资源综合利用设计规范》等一批重要标准的批准发布为契机，以"四节一环保"标准规范为重点，广泛开展标准的贯彻培训，提高全行业执行标准的能力和自觉性。以工程建设标准实施为重点，完善管理制度和工作机制，切实加大强制性标准实施的监管力度，确保强制性标准的贯彻实施。

（4）2008年，《民用建筑节能条例》颁布实施，确立了我国民用建筑节能管理体制，对新建建筑节能、既有建筑节能、建筑用能系统运行节能等提出明确要求。

（5）2008年，《公共机构节能条例》颁布实施，确立了我国公共机构节能管理体制，规定了公共机构节能工作实行目标责任制和考核评价制度、能源审计制度等八方面基本管理制度，规定了公共机构设置能源管理岗位、加强用能系统设备运行调节等七方面的具体节能措施。

（6）2009年，为落实国务院节能减排战略部署，加快发展新能源与节能环保新兴产业，推动可再生能源在城市建筑领域大规模应用，财政部、住房和城乡建设部组织开展可再生能源建筑应用城市示范工作，并制定了《可再生能源建筑应用城市示范实施方案》。

（7）2011年，为切实加大组织实施力度，充分挖掘公共建筑节能潜力，促进能效交易、合同能源管理等节能服务机制在建筑节能领域应用，《财政部 住房城乡建设部关于进一步推进公共建筑节能工作的通知》（财建〔2011〕207号）提出建立健全针对公共建筑特别是大型公共建筑的节能监管体系建设，通过能耗统计、能源审计及能耗动态监测等手段，实现公共建筑能耗的可计量、可监测。确定各类型公共建筑的能耗基线，识别重点用能建筑和高能耗建筑，并逐步推进高能耗公共建筑的节能改造，争取在"十二五"期间，实现公共建筑单位面积能耗下降10%，其中大型公共建筑能耗降低15%。

（8）2011年，《财政部 住房城乡建设部关于进一步深入开展北方采暖地区既有居住建筑供热计量及节能改造工作的通知》（财建〔2011〕12号）提出进一步扩大改造规模，到2020年前基本完成对北方具备改造价值的老旧住宅的供热计量及节能改造。到"十二五"期末，各省（区、市）要至少完成当地具备改造价值的老旧住宅的供热计量及节能改造面积的35%以上，鼓励有条件的省（区、市）提高任务完成比例。地级及以上城市达到节能50%强制性标准的既有建筑基本完成供热计量改造。完成供热计量改造的项目必须同步实行按用热量分户计价收费。住房和城乡建设部、财政部将对以上目标按年度分解，逐年考核，并将考核结果上报国务院。

（9）2011年，《财政部 住房城乡建设部关于进一步推进可再生能源建筑应用的通知》（财建〔2011〕61号）提出切实提高太阳能、浅层地热能、生物质能等可再生能源在建筑用能中的比重，到2020年，实现可再生能源在建筑领域消费比例占建筑能耗的15%以上。"十二五"期间，开展可再生能源建筑应用集中连片推广，进一步丰富可再生能源建筑应用形式，积极拓展应用领域，力争到2015年底，新增可再生能源建筑应用面积25亿 m^2 以上，形成常规能源替代能力3000万t标准煤。

（10）2012年，住房和城乡建设部印发《"十二五"建筑节能专项规划》，提出到"十二五"期末，建筑节能形成1.16亿t标准煤节能能力。其中发展绿色建筑，加强新建建筑节能工作，形成4500万t标准煤节能能力；深化供热体制改革，全面推行供热计量收费，推进北方采暖地区既有建筑供热计量及节能改造，形成2700万t标准煤节能能力；加强公共建筑节能监管体系建设，推动节能改造与运行管理，形成1400万t标准煤节能能力。推动可再生能源与建筑一体化应用，形成常规能源替代能力3000万t标准煤。

（11）2013年，住房和城乡建设部印发《"十二五"绿色建筑和绿色生态城区发展规划》，提出到"十二五"期末，绿色发展的理念为社会普遍接受，推动绿色建筑和绿色生态城区发展的经济激励机制基本形成，技术标准体系逐步完善，创新研发能力不断提高，产业规模初步形成，示范带动作用明显，基本实现城乡建设模式的科学转型。新建绿色建筑10亿 m²，建设一批绿色生态城区、绿色农房，引导农村建筑按绿色建筑的原则进行设计和建造。

（12）2014年，《住房城乡建设部办公厅 国家发展改革委办公厅 国家机关事务管理局办公室关于在政府投资公益性建筑及大型公共建筑建设中全面推进绿色建筑行动的通知》（建办科〔2014〕39号）决定，在政府投资公益性建筑和大型公共建筑建设中全面推进绿色建筑行动。

（13）2015年，工业和信息化部、住房城乡建设部印发《促进绿色建材生产和应用行动方案》，提出到2018年，绿色建材生产比重明显提升，发展质量明显改善。绿色建材在行业主营业务收入中占比提高到20%，品种质量较好满足绿色建筑需要，与2015年相比，建材工业单位增加值能耗下降8%，氮氧化物和粉尘排放总量削减8%；绿色建材应用占比稳步提高。新建建筑中绿色建材应用比例达到30%，绿色建筑应用比例达到50%，试点示范工程应用比例达到70%，既有建筑改造应用比例提高到80%。

（14）2017年，住房城乡建设部印发《建筑节能与绿色建筑发展"十三五"规划》，提出到2020年，城镇新建建筑能效水平比2015年提升20%，部分地区及建筑门窗等关键部位建筑节能标准达到或接近国际现阶段先进水平。城镇新建建筑中绿色建筑面积比重超过50%，绿色建材应用比重超过40%。完成既有居住建筑节能改造面积5亿 m²以上，公共建筑节能改造1亿 m²，全国城镇既有居住建筑中节能建筑所占比例超过60%。城镇可再生能源替代民用建筑常规能源消耗比重超过6%。经济发达地区及重点发展区域农村建筑节能取得突破，采用节能措施比例超过10%。

（15）2017年，住房城乡建设部印发《住房城乡建设科技创新"十三五"专项规划》，提出以绿色发展为核心，以资源节约低碳循环、提高城市综合承载能力为目标，强化科技创新和系统集成，统筹技术研发、应用示范、标准制定、规模推广和科技评价的全链条管理，抓好人才、基地、项目、资金、政策五大创新要素，取得一批前瞻性、引领性、实用性科技成果，显著增强行业科技创新的供给和支撑能力，为推动城市绿色发展，促进建筑业向工业化、绿色化、智能化转型升级提供科技支撑。

（16）2017年《住房城乡建设部办公厅 银监会办公厅关于深化公共建筑能效提升重点城市建设有关工作的通知》（建办科函〔2017〕409号）要求，"十三五"时期，各省、自治区、直辖市建设不少于1个公共建筑能效提升重点城市（以下简称重点城市），树立地区公共建筑能效提升引领标杆。直辖市、计划单列市、省会城市直接作为重点城市进行建设。重点城市应完成以下工作目标：新建公共建筑全面执行《公共建筑节能设计标准》GB 50189。规模化实施公共建筑节能改造，直辖市公共建筑节能改造面积不少于500万 m²，副省级城市不少于240万 m²，其他城市不少于150万 m²，改造项目平均节能率不低于15%，通过合同能源管理模式实施节能改造的项目比例不低于40%。完成重点城市公共建筑节能信息服务平台建设，确定各类型公共建筑能耗限额，开展基于限额的公共建筑用能管理。建立健全针对节能改造的多元化融资支持政策及融资模式，形成适宜的节能改造技术及产品应用体系。建立可比对的面向社会的公共建筑用能公示制度。

（17）2017年，《财政部 住房和城乡建设部 环境保护部 国家能源局关于开展中央财政支持北方地区冬季清洁取暖试点工作的通知》（财建〔2017〕238号）要求，中央财政支持试点城市推进清洁方式取暖替代散煤燃烧取暖，并同步开展既有建筑节能改造，鼓励地方政府创新体制机制、完善政策措施，引导企业和社会加大资金投入，实现试点地区散烧煤供暖全部"销号"和清洁替代，形成示范带动效应。

（18）2020年9月22日，习近平总书记在第七十五届联合国大会上，向世界宣布了中国的碳达峰目标与碳中和愿景。"二氧化碳排放力争于2030年前达到峰值，努力争取2060年前实现碳中和。"

（19）2021年9月21日，习近平总书记在第七十六届联合国大会上，发表《坚定信心 共克时艰 共建更加美好的世界》重要讲话时说："中国将力争2030年前实现碳达峰、2060年前实现碳中和，这需要付出艰苦努力，但我们会全力以赴。"

（20）2021年10月10日，中共中央、国务院印发的《国家标准化发展纲要》提出，建立绿色建造标准，完善绿色建筑设计、施工、运维、管理标准。

（21）2021年10月21日，中共中央办公厅、国务院办公厅印发了《关于推动城乡建设绿色发展的意见》。

（22）2021年10月24日，国务院印发《2030年前碳达峰行动方案》。

6. 建筑节能标准基本情况

原建设部从20世纪80年代中期开始关注建筑节能问题，1986年发布了我国第一部居住建筑节能标准《民用建筑节能设计标准（采暖居住建筑部分）》（试行）JGJ 26—86。1992年发布了我国第一部公共建筑节能标准《旅游旅馆建筑热工与空气调节节能设计标准》GB 50189—1993。1998年《节约能源法》实施后，建筑节能标准编制工作力度加大，先后组织开展了夏热冬冷地区、夏热冬暖地区居住建筑节能设计、既有居住建筑节能改造、供暖通风、空调运行、墙体保温等十余项建筑节能标准。

经过了30年的发展，我国建筑节能标准覆盖范围不断扩大，以建筑节能系列标准为核心独立的建筑节能标准体系初步形成。与建筑节能有关的建筑活动，不仅涉及新建、改建、扩建以及既有建筑改造，而且涉及规划、设计、施工、验收、检测、评价、使用维护和运行管理等方方面面。我国建筑节能标准从北方供暖地区新建、改建、扩建居住建筑节能设计标准起步，逐步扩展到了夏热冬冷地区、夏热冬暖地区居住建筑和公共建筑；从供暖地区既有居住建筑节能改造标准起步，已扩展到各气候区域的既有居住建筑节能改造；从仅包括了围护结构、供暖系统和空调系统起步，逐步扩展到照明、生活设备、运行管理技术等；从建筑外墙外保温工程施工标准起步，开始向建筑节能工程验收、检测、能耗统计、节能建筑评价、使用维护和运行管理全方位延伸，基本实现了建筑节能标准对民用建筑领域的全面覆盖。

2005年，《可再生能源法》发布实施，为我国的可再生能源的快速发展奠定了基础。我国的可再生能源建筑应用体系主要集中在太阳能、地源热泵应用，近年来，太阳能热水、供暖、空调、光伏等建筑应用标准，地源热泵工程应用标准及相关产品相继颁布，基本形成了可再生能源建筑应用标准体系。

20世纪90年代，绿色建筑的概念引入中国，2006年，我国颁布了第一部绿色建筑的标准《绿色建筑评价标准》GB/T 50378—2004，标志着我国的建筑节能工作已扩展到绿色建筑的阶段。2010 年发布《民用建筑绿色设计规范》JGJ/T 229—2010，此后不同类型公共建筑绿色评价标准纷纷立项，并已从民用建筑扩展到工业建筑，形成了以绿色建筑评价标准为核心的绿色建筑标准体系。

2007 年，《建筑节能工程施工质量验收规范》GB 50411—2007 颁布，这是我国第一部建筑工程中节能方面的验收规范，填补了建筑节能施工质量验收的空白，补充完善了主要专业系列验收标准体系，使节能工程的实体质量水平有了评判依据，进一步提升了建筑节能效果。

《建筑节能工程施工质量验收规范》GB 50411—2007 的制定和颁布，在我国建筑节能领域产生了积极的影响和作用，并作为住房和城乡建设部节能减排大检查的主要依据。自此，我国民用建筑的施工与验收，无不增加了节能措施。与节能相关的建筑外墙、外窗、屋面、供热通风系统、空气调节系统、配电照明、监测控制等从产品设备制造到施工安装均纳入了节能要求，促进了我国节能宏观战略目标的进一步实现。

这部标准 2019 年修订，在总结完善 2007 年版基础上，拾遗补阙，完善提高，增加了可再生能源相关内容，改进了验收项目和方法，使我国建筑节能工程的施工质量验收有了与发达国家可以比肩的控制目标和验收方法。

2019 年，《近零能耗建筑技术标准》GB/T 51350—2019 发布实施，该标准为我国首部建筑节能引领性国家标准，是国际上首次通过国家标准形式对零能耗、近零能耗、超低能耗等建筑相关定义进行明确规定，建立符合中国国情的技术体系，提出中国解决方案。其实施将对推动建筑节能减排、提升建筑室内环境水平、调整建筑能源消费结构、促进建筑节能产业转型升级起到重要作用。我国近零能耗建筑标准体系的建立，既和我国 1986—2016 年的建筑节能 30%、50%、65% 的三步走（3 个阶段性节能目标）进行了合理衔接，又与我国 2025 年、2035 年、2050 年中长期建筑能效提升目标有效关联，还考虑了同主要国际组织和发达国家的名词保持基本一致，为今后从并跑走向领跑、参与"一带一路"建设、产品部品出口国际奠定基础，将为住房和城乡建设部 2016—2030 年建筑节能新三步走的战略规划提供技术依据。

2021 年 9 月 8 日，住房和城乡建设部批准发布了《建筑节能与可再生能源利用通用规范》GB 55015—2021，自 2022 年 4 月 1 日起实施。该规范为强制性工程建设规范，全部条文必须严格执行。

从标准化发展的过程可以看到，节能性能不断提高，由 20 世纪 80 年代的 30%、50%、65%、75% 到超低能耗、近零能耗再到零能耗或产能建筑、零碳建筑，都离不开建筑节能工程质量验收，都要按照程序、步骤，抓住重点实现节能性能的落实。

二、验收标准修订任务来源及编制过程

《建筑节能工程施工质量验收规范》GB 50411—2007 于 2007 年 1 月 16 日发布，2007 年 10 月 1 日实施，以下简称《验收规范》。《建筑节能工程施工质量验收标准》GB 50411—2019 于 2019 年 5 月 24 日发布，2019 年 12 月 1 日实施，以下简称《验收标准》。

1. 《验收规范》实施成效

　　《验收规范》的主编单位是中国建筑科学研究院，参加单位有：北京市建设工程质量监督总站、广东省建筑科学研究院、河南省建筑科学研究院、山东省建筑设计研究院、同方股份有限公司、中国建筑东北设计研究院、中国人民解放军工程与环境质量监督总站、北京大学建筑设计研究院、江苏省建筑科学研究院有限公司、深圳市建设工程质量监督总站、建设部科技发展促进中心、宁波市建设委员会、上海市建设工程安装质量监督总站、中国建筑业协会建筑节能专业委员会、哈尔滨市墙体材料改革建筑节能办公室、宁波荣山新型材料有限公司、哈尔滨天硕建材工业有限公司、北京振利高新技术公司、广东粤铝建筑装饰有限公司、深圳金粤幕墙装饰工程有限公司、中国建筑第八工程局、北京住总集团有限责任公司、三井物产（中国）贸易公司、广东省工业设备安装公司、欧文斯科宁（中国）投资有限公司、及时雨保温隔音技术有限公司、西门子楼宇科技（天津）有限公司、江苏仪征久久防水保温隔热工程公司、大连实德集团。主要起草人员有：宋波、张元勃、杨仕超、栾景阳、于晓明、金丽娜、孙述璞、冯金秋、万树春、王虹、史新华、阮华、刘锋钢、许锦峰、佟贵森、陈海岩、李爱新、肖绪文、应柏平、张广志、张文库、吴兆军、杨西伟、杨坤、杨霁、姚勇、赵诚颢、康玉范、徐凯讯、顾福林、黄江、黄振利、涂逢祥、韩红、彭尚银、潘延平。

　　《验收规范》于 2006 年 11 月 28 日通过原建设部标准定额司组织的审查会（图 1-4），专家一致认为：《验收规范》送审稿依据国家现行法律法规和相关标准，总结了近年来我国建筑工程中节能工程的设计、施工、验收和运行管理方面的实践经验和研究成果，借鉴了国际先进经验和做法，充分考虑了我国现阶段建筑节能工程的实际情况，突出了验收中的基本要求和重点，是第一部涉及多专业、以达到建筑节能设计要求为目标的施工验收规范。《验收规范》以实现功能和性能要求为基础、以过程控制为主、以现场检验为辅，结构完整，内容充实，具有较强的科学性、完整性、协调性和可操作性，总体上达到了国际先进水平，对推进建筑节能目标的实现将发挥重要作用。

图 1-4　2006 年 11 月 27—28 日《验收规范》审查会
（前排由左至右：徐伟、陈国义、陈重、杨榕、袁振龙、梁俊强、朱长喜、王果英）

　　《验收规范》于2007年1月颁布，2007年10月1日实施。为推动标准宣贯实施，2007年6月6日和7日，原建设部标准定额司于北京组织召开了国家标准《建筑节能工程施工质量验收规范》发布宣贯会，时任原建设部副部长黄卫出席会议并讲话（图1-5～图1-7）。宣贯会上，同时发布了《〈建筑节能工程施工质量验收规范〉宣贯辅导教材》和《建设工程资料管理系统》配套软件节能工程部分（图1-8）。

图1-5　2007年6月6日《验收规范》发布宣贯会议会场

图1-6　2007年6月6日《验收规范》发布宣贯会议上时任建设部副部长黄卫讲话

图1-7　2007年6月6日《验收规范》发布宣贯会议上宋波主编做报告

图 1-8 《建筑节能工程施工质量验收规范》宣贯辅导教材
和《建设工程资料管理系统》配套软件节能工程部分

　　《验收规范》发布和实施，其作为原建设部每年节能减排大检查的主要依据，为政府提供了工作抓手、工具、尺子，推动和促进了节能工程质量的提高。实施后，在全国各地建设项目中，施工阶段执行节能标准的比例逐年提升，2005 年该比例为 24％，2008 年为82％，2009 年为 90％，2012 年达到 100％。全国建筑节能减排大检查总结数据得出，2010 年全国各地建设项目，在设计阶段执行节能标准的比例为 98％；在施工阶段执行节能标准的比例为 98％。施工阶段 2005 年与 2010 年相比，标准执行率提高了 74 个百分点（图 1-9）。对确保建筑节能工程施工质量，提升建筑节能减排效果和能效水平，保障人居环境质量，实现住房和城乡建设领域绿色发展发挥了重要作用。《验收规范》获得了 2009年华夏建设科学技术奖一等奖（图 1-10 和图 1-11）。

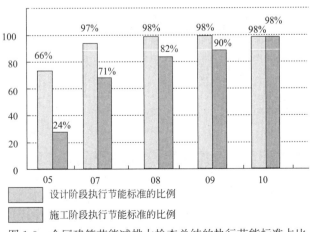

图 1-9 全国建筑节能减排大检查总结的执行节能标准占比

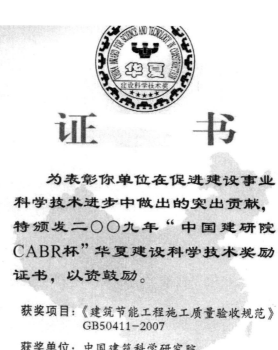

图 1-10　2009 年华夏建设科学技术奖一等奖获奖单位证书

图 1-11　2009 年华夏建设科学技术奖一等奖获奖人证书

2. 《验收标准》任务来源和编制过程

根据住房和城乡建设部《关于印发〈2010 年工程建设标准规范制订、修订计划〉的通知》（建标〔2010〕43 号）的要求，标准编制组经广泛调查研究，认真总结实践经验，参考有关国际标准和国外先进标准，并在广泛征求意见的基础上，修订了《验收规范》，定名为《建筑节能工程施工质量验收标准》，编号 GB 50411 不变，批准年号为 2019。

建筑节能分部工程是《建筑工程施工质量验收统一标准》GB 50300—2013 中的一个分部工程，修订工作遵循"验评分离、强化验收、完善手段、过程控制"的指导原则。

本标准编制组人员构成包括：设计、施工、生产、科研、教育、检测、质量监督等单位。本标准修订过程中，编制组进行了大量调查研究，并对 2007 年版规范的应用情况和反馈意见、建议进行归纳整理，根据建筑节能工程节能性能不断提高的发展需要，规范验收行为，提高节能工程质量，减少验收工作量，对 2007 年版规范进行了删减、补充和完善，并增加了相关章节和内容，对具体内容进行了反复讨论、协调和修改，使标准更具可操作性。主要编制过程如下：

（1）第一次工作会议

2010 年 9 月 9 日，在北京召开《验收标准》修订编制组成立暨第一次工作会议。会上，时任住房和城乡建设部标准定额司副司长田国民指出：《建筑节能工程施工质量验收规范》GB 50411—2007 的修订是目前社会关注的问题，虽然标准通过编制组成员的努力取得了一定的成绩，但工程仍存在一定的问题，大家要认真对待。现在关于节能的概念很多，节能是个指标问题，是不断提高的，所有标准都需贯彻节能的理念，需围绕这些指标研究实现的措施，验收指标的设计必须科学可行。他强调节能是一个历史阶段的产物，大家不能炒作概念，要从技术出发，实在做事，在之前标准的基础上，取其精华去其糟粕。在编制工作中希望各位编制成员保持联系，勤沟通，并将编制工作及时汇报给主编单位。现在的标准规范有许多指标仍未明确，在修订工作中需注意这些问题，验收标准中的指标不能和其他标准出现矛盾。大家需按规定编写，避免标准执行中的歧义。希望标准修订发布后质量更高。最后他希望编制组成员认清我国当前节能工作的形势，充分发挥科研院所、设计单位、质量监督单位与生产企业共同编制标准的积极作用，圆满完成编制任务，实现我国资源节约型社会的大目标。

在第一次工作会议上，编制组成员认真听取了标准编制背景、重点和难点问题介绍，并针对标准编制的核心内容和定位，与相关标准的关系等问题进行了深入、细致的探讨，并达成一致，形成了标准编制的目次、分工和进度计划。

（2）第二次工作会议

2011 年 7 月 13 日在北京召开标准编制组第二次工作会议。讨论初稿，并就体形系数、窗墙面积比、防火隔离带、复验、见证取样检验、电系统三相平衡、功率密度、供电质量等问题达成了一致意见。

（3）第三次工作会议

2011 年 8 月 7 日在山东烟台召开编制组第三次工作会议。重点邀请了国内太阳能光热、光伏、地源热泵企业研究增加相关内容，并完成了征求意见稿。

（4）征求意见

2011年9月在住房和城乡建设部网站和中国建筑科学研究院网站向全国征求意见。主编单位定向发出征求意见稿及征求意见通知561份，其中标准编制单位46份，建设工程领域专家211份，建设工程企业304份。在标准征求意见阶段，编制组共收到反馈意见网络68份、传真13份，共计254条。编制组对收集到的反馈意见进行逐条梳理，在分析研究的基础上提出处理意见，形成反馈意见汇总处理表。

（5）第四次工作会议

2011年10月18日在河南郑州召开编制组第四次工作会议。讨论完善征求意见稿和框架及内容是否合理、是否有漏洞等，讨论和确定了强制性条文，并补充附录。

（6）第五次工作会议

2011年11月15日在广州召开标准编制组工作会议，讨论征求意见稿和意见处理。形成送审稿。

（7）审查会

2012年10月17—18日，住房和城乡建设部建筑工程质量标准化委员会在北京组织召开了《建筑节能工程施工质量验收标准》GB 50411（送审稿）审查会（图1-12）。编制组听取各方意见和建议，经过多次修改，形成了《建筑节能工程施工质量验收标准》GB 50411（送审稿）。审查委员会对送审稿进行了逐章、逐条审查，并提出了审查意见。

①《验收标准》（送审稿）编制过程符合工程建设标准的编制程序要求，送审资料齐全，符合工程建设标准审查要求。

②《验收标准》（送审稿）符合现行的法律、法规和技术政策要求，符合工程建设标准编写规定，技术内容与现行相关标准协调。

图1-12　2012年10月17—18日《验收标准》审查会（一）

（由左至右：徐强、杨善勤、郎四维、周文连、陈国义、徐伟、姚涛、何瑞、宋波）

图 1-12　2012 年 10 月 17—18 日《验收标准》审查会（二）

③《验收标准》（送审稿）针对 2007 年版《验收规范》执行过程中反馈的意见以及可再生能源建筑应用等新的建筑节能工程需求，依据国家现行法律法规和相关标准，借鉴了国际先进经验和做法，重点增加了地源热泵换热系统、太阳能光热系统、太阳能光伏节能工程等内容，较全面的对 2007 年版《验收规范》进行了补充和完善。

④ 审查委员会认为《验收标准》（送审稿）结构完整，内容充实，主要技术指标设置合理，具有较强的科学性、完整性、协调性和可操作性，《验收标准》（送审稿）总体达到国际先进水平。

3. 验收标准发布宣贯

2019 年 12 月 26—27 日，《建筑节能工程施工质量验收标准》GB 50411—2019 于北京召开发布宣贯会（图 1-13～图 1-21）。

图 1-13　2019 年 12 月 26—27 日《验收标准》
发布宣贯会

图 1-14　2019 年 12 月 26—27 日《验收标准》
发布宣贯会上主编宋波作报告

图 1-15　2019 年 12 月 26—27 日《验收标准》发布宣贯会上张元勃作报告

图 1-16　2019 年 12 月 26—27 日《验收标准》发布宣贯会上杨仕超作报告

图 1-17　2019 年 12 月 26—27 日《验收标准》发布宣贯会上栾景阳作报告

图 1-18　2019 年 12 月 26—27 日《验收标准》发布宣贯会上于晓明作报告

图 1-19　2019 年 12 月 26—27 日《验收标准》发布宣贯会上韩红作报告

图 1-20　2019 年 12 月 26—27 日《验收标准》发布宣贯会上史新华作报告

图 1-21　2019 年 12 月 26—27 日《验收标准》发布宣贯会上宋波作总结

三、验收标准主要内容及特点

1. 指导思想

原则——技术先进、经济合理、安全适用和可操作性强。

一推——在建筑工程中推广装配化、工业化生产的产品、限制落后技术。

两少——复验数量要少，现场实体检验要少。

三合——由设计、施工、验收三个环节闭合控制节能质量。

四抓——落实节能性能、强化验收全过程。抓设计文件执行力、抓进场材料设备质量、抓施工过程质量控制、抓设备系统调试与运行检测。

2. 主要内容

本标准依据国家现行法律法规和相关标准，总结了近年来我国建筑工程中节能工程的设计、施工、验收和运行管理方面的实践经验和研究成果，借鉴了国际先进经验和做法，充分考虑了我国现阶段建筑节能工程的实际情况，突出了验收中的基本要求和重点，是一部涉及多专业，以达到建筑节能要求为目标的施工验收标准。

本标准共分 18 章和 8 个附录。主要内容有：总则、术语、基本规定、墙体节能工程、幕墙节能工程、门窗节能工程、屋面节能工程、地面节能工程、供暖节能工程、通风与空调节能工程、空调与供暖系统冷热源及管网节能工程、配电与照明节能工程、监测与控制节能工程、地源热泵换热系统节能工程、太阳能光热系统节能工程、太阳能光伏节能工程、建筑节能工程现场检验、建筑节能分部工程质量验收。

对 2007 年版《验收规范》进行了如下补充和完善：

（1）增加三章

① 地源热泵换热系统节能工程。

② 太阳能光热系统节能工程。

③ 太阳能光伏节能工程。

（2）增加四个试验方法

① 保温材料粘结面积比剥离检验方法。

② 保温板材与基层的拉伸粘结强度现场拉拔试验方法。

③ 保温浆料导热系数、干密度、抗压强度同条件养护试验方法。

④ 中空玻璃密封性能检验方法。

（3）补充三方面内容

① 管理方面：节能认证的产品、门窗节能标识。

② 检验方面：引入了"检验批最小抽样数"、一般项目"一次、二次抽样判定"。

③ 技术方面：功能屋面、保温材料燃烧性能、外墙外保温防火隔离带、照明光源、灯具及其附属装置、地源热泵地埋管换热系统岩土热响应试验。

3. 特点与创新

《验收标准》具有六个明显的特征：

（1）17个强制性条文。作为工程建设标准的强制性条文，必须严格执行，这些强制性条文既涉及过程控制又有建筑设备专业的调试和检测，是建筑节能工程验收的重点。

（2）规定对进场材料和设备的质量证明文件进行核查，并对各专业主要节能材料和设备在施工现场抽样复验，复验为见证取样送检。

（3）提出工程验收前对外墙节能构造现场实体检验，严寒、寒冷和夏热冬冷地区的外窗气密性现场实体检验和建筑设备工程系统节能性能检测（图1-22）。

（4）提出了公共机构建筑和政府出资的建筑工程应选用节能认证或具有节能标识的产品；其他建筑工程宜选用节能认证或具有节能标识的产品。推动全社会各个方面加强对认证和标识产品的应用。

（5）将建筑节能工程作为一个完整的分部工程纳入建筑工程验收体系，使涉及建筑工程中节能的设计、施工、验收和管理等多个方面的技术要求有法可依，形成从设计到施工和验收的闭合循环，使建筑节能工程质量得到控制。

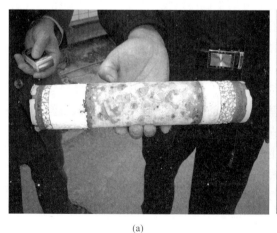
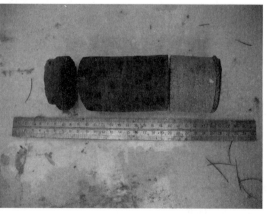

(a)   (b)

图1-22 外墙节能构造现场实体检验（一）

(a) 外墙保温实体检验的钻孔试验芯样；(b) 芯样直尺检查；

(c)　　　　　　　　　　　　　　　　　(d)

(e)　　　　　　　　　　　　　　　　　(f)

图 1-22　外墙节能构造现场实体检验（二）

（c）外墙饰面砖保温钻孔试验；（d）外墙保温实体检验的钻孔试验

（e）外墙涂料饰面保温钻孔试验；（f）外墙涂料饰面苯板芯材保温钻孔试验

　　（6）突出了以实现功能和性能要求为基础、以过程控制为主导、以现场检验为辅助的原则，结构完整，内容充实，具有较强的科学性、完整性、协调性和可操作性，总体上达到了国际先进水平，起到了对建筑节能工程质量控制和验收的作用，对推进建筑节能目标的实现发挥重要作用。

第二部分

内容详解

第1章 总则

【概述】 标准的第 1 章"总则",通常从整体上叙述有关本标准编制与实施的几个基本问题。主要内容为编制目的、依据、适用范围、各项规定的严格程度,以及执行本标准与执行其他标准之间的关系等基本事项。

本标准为了加强和统一建筑节能工程施工质量验收而编制,目的在于使建筑工程的节能效果达到设计要求。2007 年依据国家节能政策、法律法规和相关技术标准制定,2019 年进行了修订,适用于新建、扩建和改建工程中建筑节能工程的施工质量验收。既有建筑的节能改造工程施工质量验收可参照执行。

本标准规定了建筑节能工程施工质量验收的最低要求。全国各地的建筑节能施工质量验收工作都应遵守。本标准与其他相关施工质量验收标准的关系遵守"协调一致、互相补充"的原则,在施工和验收中均应执行。

为了贯彻国家建筑节能政策,节能验收具有"一票否决权"。任何单位工程的竣工验收应在建筑节能分部工程验收合格后方可进行。

1.0.1 为了加强建筑节能工程的施工质量管理,统一建筑节能工程施工质量验收标准,保证建筑工程节能效果,制定本标准。

【技术要点说明】

标准在第一条阐述制定本标准的目的和依据,以便使人们了解其意义、必要性和重要性。

制定节能验收标准的目的是为了加强建筑节能工程的施工质量管理,统一建筑节能工程施工质量验收标准,提高建筑工程节能效果,最终使工程的节能性能达到设计要求。而制定的依据则是现行国家有关工程质量和建筑节能的法律、法规、管理要求和相关技术标准等。

多年来,我国已经制定了多项有关建筑节能的设计、材料等标准,但是一直缺少针对建筑节能工程施工的工艺标准和验收标准。考虑到技术的进步,工艺标准往往需要随着材料和设备的变化不断地改进和完善,故目前不可能也不需要制定有关工艺方面的国家标准,它可以由企业标准、地方标准或团体标准解决,而制定建筑节能工程验收的国家标准则十分必要。2007 年前的节能验收主要由各地的地方标准解决,实际上处于分散和不统一的状态。因此,统一建筑节能工程施工质量验收是本标准的主要目的与作用。2019 年修订该标准,继续传承上一版的主要精神,完善和简化了相关程序,借此希望能够推动中国建筑节能工程施工质量的提高。

综合上述需要理解的是,作为验收标准,是从验收角度对工程施工质量提出的要求和规定,不能也不应囊括对工程的全部要求,至少需要与相关的设计、材料、施工工艺、检验检测等标准配合使用。

> **1.0.2** 本标准适用于新建、扩建和改建的民用建筑工程中围护结构、供暖空调、配电照明、监测控制及可再生能源建筑节能工程施工质量的验收。

【技术要点说明】

本条界定标准的适用范围。任何一部标准与一部法律法规一样，均有其适用范围，不可能在任何地方任何情况下都适用。对于法规，也称为"调整范围"。我们学习和执行一部标准，首先应了解它的适用范围，以免用错。

本标准的适用范围，是新建、扩建和改建的民用建筑工程。在一个单位工程中，适用的具体范围是建筑工程中围护结构、供暖空调、配电照明、监测控制、可再生能源等各个专业的建筑节能子分部工程施工质量的验收。实际上，子分部工程包含各个节能分项工程，分项工程就是标准中各章题目。

应注意，对于既有建筑节能改造工程，本标准的要求也是适用的。在尚无国家对应既有建筑节能改造工程的专用验收标准之前，节能改造工程应遵守本标准的规定。

> **1.0.3** 本标准对建筑节能工程施工质量的要求为基本要求，相关工程技术文件、承包合同文件对节能工程质量的要求不得低于本标准的规定。

【技术要点说明】

阐述本标准各项规定的总体"水平"，即本标准各项验收要求的"严格程度"。由于这是一部适用于全国范围的验收标准，必须兼顾先进及落后地区的不同情况，故本标准与 GB 50300 统一标准以及其他各专业验收标准一样，各项规定的"严格程度"是最低要求，即"最起码的要求"。

> **1.0.4** 建筑节能工程施工质量验收除应符合本标准外，尚应符合国家现行有关标准的规定。

【技术要点说明】

阐述本标准与其他相关专业验收标准的关系。这种关系遵守"协调一致、互相补充"的原则，即无论是本标准还是其他相应标准，在施工和验收中都应遵守，不得违反，不能顾此失彼。

根据国家有关规定，建设工程必须节能，节能达不到要求的建筑工程不得验收和交付使用。因此，规定单位工程竣工验收应在建筑节能分部工程验收合格后方可进行，即建筑节能验收是单位工程验收的先决条件，具有"一票否决权"。《建筑工程施工质量验收统一标准》GB 50300—2013 将建筑节能工程纳入，作为一个分部工程。《建筑工程施工质量验收统一标准》中，有 3 个分部工程验收时应有设计单位参加，节能分部工程即是其中一个，其他两个是"地基基础"和"主体结构"分部工程。

第 2 章　术语

2.0.1　保温浆料 insulation mortar

由无机胶凝材料、添加剂、填料与轻骨料等混合，使用时按比例加水搅拌制成的浆料，又称保温砂浆。

【说明】该术语在本标准第 3.2.8 条、第 4.2.7 条中开始使用。参考《外墙外保温工程技术标准》JGJ 144—2019。

2.0.2　玻璃遮阳系数 shading coefficient

透过窗玻璃的太阳辐射得热与透过标准 3mm 透明窗玻璃的太阳辐射得热的比值。

【说明】参考《建筑节能基本术语标准》GB/T 51140—2015。

2.0.3　透光幕墙 transparent curtain wall

可见光能直接透射入室内的幕墙。

【说明】参考《公共建筑节能设计标准》GB 50189—2015。

2.0.4　灯具效率 luminaire efficiency

在相同的使用条件下，灯具发出的总光通量与灯具内所有光源发出的总光通量的比值。

【说明】该术语在本标准第 12.2.2 条中开始使用。参考《建筑照明设计标准》GB 50034—2013。

2.0.5　照明功率密度（LPD）lighting power density

建筑的房间或场所，单位面积的照明安装功率（含光源、镇流器、变压器的功耗）。单位：W/m^2。

【说明】该术语在本标准第 12.2.5 条中开始使用。参考《建筑照明设计标准》GB 50034—2013。

2.0.6　进场验收 site acceptance

对进入施工现场的材料、设备等进行外观质量检查和规格、型号、技术参数及质量证明文件核查并形成相应验收记录的活动。

【说明】该术语在本标准第 3.2.3 条中开始使用。参考《建筑工程施工质量验收统一标准》GB 50300—2013。

2.0.7　检验 inspection

对被检验项目的特征、性能进行量测、检查、试验等，并将结果与标准或设计规定的要求进行比较，以确定项目每项性能是否合格的活动。

【说明】该术语在本标准第 3.2.3 条中开始使用。参考《建筑工程施工质量验收统一标准》GB 50300—2013。

2.0.8　复验 site reinspection（repeat test）

进入施工现场的材料、设备等在进场验收合格的基础上，按照有关规定从施工现场随机抽样，送至具备相应资质的检测机构进行部分或全部性能参数检验的活动。

【说明】该术语在本标准第 3.2.3 条中开始使用。参考《建筑工程施工质量验收统一标准》GB 50300—2013。

2.0.9　见证取样检验 witness sampling inspection

施工单位取样人员在监理工程师的见证下，按照有关规定从施工现场随机抽样，送至具备相应资质的检测机构进行检验的活动。

【说明】该术语在本标准第 3.2.3 条中开始使用。参考《建筑工程施工质量验收统一标准》GB 50300—2013。

2.0.10　现场实体检验 in-site inspection

在监理工程师见证下，对已经完成施工作业的分项或子分部工程，按照有关规定在工程实体上抽取试样，在现场进行检验；当现场不具备检验条件时，送至具有相应资质的检测机构进行检验的活动，简称实体检验。

【说明】该术语在本标准第 17.1.1 条中开始使用。本条术语在《建筑节能工程施工质量验收规范》GB 50411—2007 第一次提出，2019 年版重新引用。

2.0.11　质量证明文件 quality guarantee document

随同进场材料、设备等一同提供的能够证明其质量状况的文件。通常包括出厂合格证、中文说明书、型式检验报告及相关性能检测报告等。进口产品应包括出入境商品检验合格证明。适用时，也可包括进场验收、进场复验、见证取样检验和现场实体检验等资料。

【说明】该术语在本标准第 3.2.3 条中开始使用。本条术语在《建筑节能工程施工质量验收规范》GB 50411—2007 第一次提出，2019 年版重新引用。这条术语相关国家标准也有引用，如：《混凝土结构工程施工质量验收规范》GB 50204—2015、《电子工程节能施工质量验收标准》GB/T 51342—2018。

2.0.12　核查 check

对技术资料的检查及资料与实物的核对。包括：对技术资料的完整性、内容的正确性、与其他相关资料的一致性及整理归档情况等的检查，以及将技术资料中的技术参数等与相应的材料、构件、设备或产品实物进行核对、确认。

【说明】该术语在本标准第3.2.3条中开始使用。本条术语在《建筑节能工程施工质量验收规范》GB 50411—2007第一次提出，2019年版重新引用。这条术语相关国家标准也有引用，如：《电子工程节能施工质量验收标准》GB/T 51342—2018。

2.0.13 型式检验 type inspection

由生产厂家委托具有相应资质的检测机构，对定型产品或成套技术的全部性能指标进行的检验，其检验报告为型式检验报告。通常在产品定型鉴定、正常生产期间规定时间内、出厂检验结果与上次型式检验结果有较大差异、材料及工艺参数改变、停产后恢复生产或有型式检验要求时进行。

【说明】该术语在本标准第3.2.5条中开始使用。本条术语在《建筑节能工程施工质量验收规范》GB 50411—2007第一次提出，2019年版重新引用。这条术语相关国家标准也有引用，如：《通风与空调工程施工规范》GB 50738—2011。

第3章 基本规定

【概述】本标准第 3 章为基本规定,分为 4 节,分别给出"技术与管理""材料与设备""施工与控制"和"验收的划分"4 个方面的基本要求。共设 22 个条文,较 2007 年版规范(15 条)增加了 7 条,节的划分未改变。

与 2007 年版规范相比,2019 年版标准第 3 章在保留原有结构和基本内容的基础上,修改了部分条文的表述,并增加了多项新要求。各节的修改具体如下:

第 3.1 节"技术与管理"主要修改 2 处:

(1)修改了强条的表述。将原强制性条文第 3.1.2 条简化为:"工程设计变更后,建筑节能性能不得降低,且不得低于国家现行有关建筑节能设计标准的规定。"删去了设计变更后应重新审查图纸的管理性规定,简化了表述语言,但要求并无实质性改变,修改后本条仍为强条。

(2)根据《建筑工程施工质量验收统一标准》GB 50300—2013 的规定,增加了第 3.1.6 条:"未实行监理的建筑工程,建设单位相关专业技术人员应履行本规范涉及的监理职责。"

第 3.2 节"材料与设备"主要修改 4 处,旨在增加标准的政策导向性和检验抽样数量合理性,同时为保证产品质量加严了对型式检验的要求。

(1)增加了第 3.2.2 条:"公共机构建筑和政府出资的建筑工程应选用通过建筑节能产品认证或具有节能标识的产品;其他建筑工程宜选用通过建筑节能产品认证或具有节能标识的产品。"

(2)增加了"差别化检验"的规定。"在同一工程项目中,同厂家、同类型、同规格的节能材料、构件和设备,当获得建筑节能产品认证、具有节能标识或连续三次见证取样检验均一次检验合格时,其检验批的容量可以扩大一倍,且检验批容量仅可扩大一倍。扩大检验批后的检验中出现不合格情况时,应按扩大前的检验批重新验收,且该产品不得再次扩大检验批容量。"

(3)增加了对检验批抽样样本的要求。"检验批抽样样本应随机抽取,满足分布均匀、具有代表性的要求。"

(4)增加了提供型式检验报告的要求。"涉及建筑节能效果的定型产品、预制构件,以及采用成套技术现场施工安装的工程,相关单位应提供型式检验报告。当无明确规定时,型式检验报告的有效期不应超过 2 年。"

第 3.3 节"施工与控制"主要修改 2 处,主要增加部分施工过程的可操作性。

(1)对原第 3.3.1 条进行了较大修改。该条不再作为强条,并根据《建筑工程施工质量验收统一标准》GB 50300—2013 的规定对施工工序把关作出规定。

(2)给出节能工程施工过程中预防火灾的相关规定。"使用有机类材料的建筑节能工程施工过程中，应采取必要的防止发生火灾的措施，并制定火灾应急预案。"

第3.4节"验收的划分"根据《建筑工程施工质量验收统一标准》GB 50300—2013增加了3条新条文。修改后的条文对验收的划分不仅给出了更大的灵活性，也更好地体现了验收划分的人为属性，以及验收应符合"最小抽样数"和"不重复检验"等科学性和合理性。

（1）增加了第3.4.2条："当建筑节能工程验收无法按照第3.4.1条要求划分分项工程或检验批时，可由建设、监理、施工等各方协商划分检验批；其验收项目、验收内容、验收标准和验收记录均应符合本标准的规定。"

（2）增加了第3.4.3条："当按计数方法检验时，抽样数量除本标准另有规定外，检验批最小抽样数量宜符合表3.4.3的规定。"

（3）增加了第3.4.4条："在同一个工程项目中，建筑节能分项工程和检验批的验收内容与其他各专业分部工程、分项工程或检验批的验收内容相同且验收结果合格时，可采用其验收结果，不必进行重复检验。建筑节能分部工程验收资料应单独组卷。"

3.1 技术与管理

3.1.1 施工现场应建立相应的质量管理体系及施工质量控制与检验制度。

3.1.1【示例或专题】

【技术要点说明】

本条对承担建筑节能工程施工任务的施工企业提出施工现场基本管理要求。

建立质量管理体系，主要是指设立各级管理岗位，明确岗位职责，并配备相应能力的人员，制定相应的管理制度（体系文件），使工程质量管控体系有效运行。

本条对施工现场的要求，与《建筑工程施工质量验收统一标准》GB 50300—2013及各专业验收规范一致。

【实施与检查】

按照本条要求对照检查，施工现场质量管理体系、施工质量控制和现场各项检验制度等应符合要求，发现不满足要求时应进行整改完善。这项检查可与其他检查合并进行。当此前已经进行了检查并符合要求的，可以利用之前的检查结果，但应确认上次检查后情况没有变化。

3.1.2 当工程设计变更时，建筑节能性能不得降低，且不得低于国家现行有关建筑节能设计标准的规定。

【技术要点说明】

本条在2007年版规范中也是强条，本次修订简化了表述，随着施工图审查工作的不断改革，删去了原条文中"设计变更后应重新审查图纸"的管理性规定，修改后本条仍为强条。

在正常施工条件下，由于材料供应、施工工艺改变等原因，建筑节能工程施工中有时可能需要改变节能设计。为了避免这些改变影响节能效果，本条对涉及节能的设计变更加以严格限制。本次修订，根据各地反馈的意见对本条表示严格程度的用词进行了适当调整。

本条规定可理解为三层含义：第一，任何有关节能的设计变更，均应在施工前办理设计变更手续；第二，有关节能的设计变更不应降低原设计文件对建筑节能效果的要求；第三，有关节能的设计变更，还须符合有关建筑节能设计标准的规定。

本条设置的目的，一是维护正当的设计变更，二是防止某些情况下利用节能设计变更来降低节能标准，进而影响节能效果。

【实施与检查】

在实施中，无论节能设计变更由何方提出，均应由设计单位计算确认。

根据目前国家规定，工程设计变更应当由建设、监理、施工和设计单位共同签署后方生效，然后按变更后的要求进行施工和验收。

对本条执行情况实施的检查，应检查设计变更文件，依据有无完整有效的设计变更文件作为判定依据。

本条是强制性条文，应严格执行。

3.1.3　建筑节能工程采用的新技术、新工艺、新材料、新设备，应按照有关规定进行评审、鉴定。施工前应对新采用的施工工艺进行评价，并制定专项施工方案。

【技术要点说明】

建设工程采用的新技术、新工艺、新设备、新材料，通常称为"四新"技术。"四新"技术由于"新"，尚没有标准可作为依据。对于"四新"技术的应用，应采取积极、慎重的态度。国家立法中鼓励建设工程中采用"四新"技术，但为了防止不成熟的技术或材料被应用到工程上，国家同时又规定了对于"四新"技术要采取科技成果鉴定、技术评审等措施。

本条根据上述要求，对建筑节能工程采用的"四新"技术，要求应按照有关规定进行评审鉴定后方可采用。

"四新"技术涉及专业领域广泛，复杂程度也不同，故难以对评审鉴定做出明确的具体要求。本条表述为"应按照有关规定进行评审鉴定"，即可以按照所采取"四新"技术的具体情况，由采用者和相关单位确定评审鉴定的方式方法。

根据《建筑工程施工质量验收统一标准》GB 50300—2013 的规定，对于采用"四新"技术施工的工程质量进行验收，当没有验收要求时，应由建设单位组织各方制定专项验收要求，专项验收要求应符合设计意图，包括分项工程及检验批的划分、抽样方案、验收方法、判定指标等内容，可由监理、设计、施工等单位共同参与制定。为保证工程质量，重要的专项验收要求应在实施前组织专家论证，节能施工中应严格遵照执行。

此外，与"四新"技术类似的，还有新的或首次采用的施工工艺。由于没做过或没用过，故也应采取类似"四新"技术的做法，即应由建设单位组织评价，并在实施前制定专项施工方案。

考虑到建筑节能施工中涉及的新材料、新技术较多，对于从未采用过的施工工艺，或者其他单位虽已做过但是本施工单位尚未采用过的施工工艺，宜进行"演练"，根据演练效果进行评价，需要时还应调整参数再次演练，直至达到要求。施工前还应制定专门的施工方案以保证采取该工艺后的工程节能效果。

【实施与检查】

执行本条，应检查建筑节能工程采用的"四新"技术，是否在使用前进行了评审鉴定，可查阅鉴定意见或评审记录。

对于采用"四新"技术施工的工程，检查有无质量验收要求。缺少验收要求的，检查是否由建设单位组织各方制定了专项验收要求，所制定的专项验收要求是否符合设计意图，专项验收要求是否在实施前组织了专家论证。

对新的或首次采用的施工工艺，应检查是否进行了评价和"演练"，管理人员和操作人员对新的或首次采用的工艺了解的程度，是否满足施工和验收要求。还可检查是否在施工前将新工艺纳入了施工方案。

3.1.4 单位工程施工组织设计应包括建筑节能工程的施工内容。建筑节能工程施工前，施工单位应编制建筑节能工程专项施工方案。施工单位应对从事建筑节能工程施工作业的人员进行技术交底和必要的实际操作培训。

【技术要点说明】

本条规定的实质是要求施工单位在节能工程施工前编制施工方案并加以落实。施工方案是施工组织设计的重要组成部分，也是工程质量管理的重要手段，必须加以强调。

鉴于建筑节能的重要性，每个工程的施工组织设计中均应列明本工程节能施工有关内容，以便组织和指导节能工程施工。施工企业应在施工前编制建筑节能工程施工方案，经监理单位审批后实施。没有实行监理的工程则应由建设单位审批。

施工方案是落实各项工艺要求和指导各道施工工序施工的重要指导文件，为了落实施工方案，应对操作人员进行有效的技术交底，而这些措施对保证节能工程质量具有重要作用。

从事节能施工作业人员的操作技能对于节能施工效果影响较大，但施工人员可能并不熟悉一些节能材料和施工工艺，故除在节能施工前应对相关人员进行技术交底外，还可进行必要的实际操作培训。技术交底和培训均应留有记录。

"单位工程"一词出自《建筑工程施工质量验收统一标准》GB 50300—2013，"第4.0.2条 单位工程应按下列原则划分：1.具备独立施工条件并能形成独立使用功能的建筑物或构筑物为一个单位工程；2.对于规模较大的单位工程，可将其能形成独立使用功能的部分划分为一个子单元工程。"

3.1.5　用于建筑节能工程质量验收的各项检测，除本标准第 17.1.5 条规定外，应由具备相应资质的检测机构承担。

【技术要点说明】

建筑节能效果需要通过检测数据来评价。因此，检测结论的正确与否对建筑节能质量验收十分重要。本条强调用于质量验收的检测机构应具备相应资质，而其他不用于质量验收的检测试验，例如施工单位作为内部质量控制而进行的检测试验，为了降低检验成果，可由企业试验室承担，不要求具备检测资质。

原建设部于 2005 年制定了《建设工程质量检测管理办法》（建设部令第 141 号），其中对检测机构未设定节能专项检测资质，但为了保证检测结论的正确性与权威性，目前承担建筑节能工程检测试验的检测机构应具备见证检测资质，并应具备节能试验项目的计量认证资质。

此外，建筑节能检测尚应遵守有关工程检测试验的各项标准，如《房屋建筑和市政基础设施工程质量检测技术管理规范》GB 50618—2011、《建筑工程检测试验技术管理规范》JGJ 190—2010 等。

【实施与检查】

检查相关检测试验报告，查验出具报告的检测机构是否具备资质。

3.2　材料与设备

3.2.1　建筑节能工程使用的材料、构件和设备等，必须符合设计要求及国家有关标准的规定，严禁使用国家明令禁止与淘汰的材料和设备。

【技术要点说明】

材料、构件和设备是节能工程的基础，通常在设计中规定或在合同中约定。凡设计有要求的应符合设计要求，同时也要符合国家有关产品质量标准的规定，即对它们的质量应进行"双控"。

对于设计未提出要求或尚无国家和行业标准的材料和设备，则应该在合同中约定，或在施工方案中加以明确，并且应该得到监理或建设单位的确认。这些材料和设备虽然尚无国家和行业标准，但是如果有团体标准、地方或企业标准，也应遵守。总之，这些材料、构件和设备的质量要求必须有依据。

为了保证建筑工程安全和重要功能，促进建筑技术发展，国家相关部门对技术上严重落后、质量存在较大问题、不能满足安全或功能的产品，发布公告，列出名录，严禁使用。考虑到建筑节能的重要性，本条规定严禁使用国家明令禁止与淘汰的材料和设备。

节能工程中的建筑围护结构材料、门窗、供暖、通风与空调系统及其他建筑机电设备的技术性能参数对于节能效果影响较大，故更应严格要求其符合国家有关标准的规定。节能工程施工应严格遵守这些规定，不得采购和使用这些国家明令禁止的材料、构件和设备。

本条所说设计要求是指工程的设计要求，而非设备生产厂家对产品或设备的设计要求。

【实施与检查】

首先应了解国家明令淘汰和禁止使用的材料名单，这些名单通常由管理部门定期或不定期公告，需要施工单位主动查找相关文件或网站信息，然后对照检查节能工程所使用的材料是否符合国家规定。执行中应重点检查购置使用的建筑围护结构材料、门窗、供暖、通风与空调系统及其他建筑机电设备等是否符合要求。

3.2.2 公共机构建筑和政府出资的建筑工程应选用通过建筑节能产品认证或具有节能标识的产品；其他建筑工程宜选用通过建筑节能产品认证或具有节能标识的产品。

【技术要点说明】

本条为新增条文。为保证建筑节能效果，本条对建筑节能工程所采用的产品，按照建筑工程的性质和类别分别提出了不同要求。

根据现行政策，国家倡导产品质量认证和对节能产品进行标识，故本条规定除公共机构和政府出资的所有建筑工程"宜"选用通过建筑行业节能产品认证或具有建筑行业颁发的节能标识的产品。对于公共机构建筑和政府出资的建筑则提出了更加严格的要求，要求这类建筑工程应示范带头推广先进节能产品，故表述为"应"选用上述产品。

本条所称公共机构建筑是指全部或者部分使用财政性资金的国家机关、事业单位和团体组织的建筑。政府出资的建筑是指政府单独投资或参与投资的建筑工程。本条旨在促进和倡导尽可能采用获得产品质量认证和节能产品标识的产品。

目前我国已有多种节能产品标识，产品质量认证标识、电器产品能效标识等均在本条范围之内，但不含企事业单位的质量管理体系认证、国家强制性安全认证标识（3C认证）。

本条提出的建筑行业产品认证，是经国家主管部门批准从事建设行业产品认证的机构，依据相关的标准和技术要求，按照产品认证规定与程序，确认并通过颁发认证证书和产品认证标志，证明该产品符合相应标准和技术要求的活动。

【实施与检查】

对实施本条的检查较为明确，首先根据工程性质确定是公共机构建筑或政府出资的建筑工程，还是其他建筑工程，然后按照本条要求对其选用的建筑节能产品进行检查。发现不符合要求的，应予以改正，并酌情向相关部门报告。

3.2.3 材料、构件和设备进场验收应符合下列规定：
  1 应对材料、构件和设备的品种、规格、包装、外观等进行检查验收，并应形成相应的验收记录。

---

2 应对材料、构件和设备的质量证明文件进行核查，核查记录应纳入工程技术档案。进入施工现场的材料、构件和设备均应具有出厂合格证、中文说明书及相关性能检测报告。

3 涉及安全、节能、环境保护和主要使用功能的材料、构件和设备，应按照本标准附录 A 和各章的规定在施工现场随机抽样复验，复验应为见证取样检验。当复验的结果不合格时，该材料、构件和设备不得使用。

4 在同一工程项目中，同厂家、同类型、同规格的节能材料、构件和设备，当获得建筑节能产品认证、具有节能标识或连续三次见证取样检验均一次检验合格时，其检验批的容量可扩大一倍，且仅可扩大一倍。扩大检验批后的检验中出现不合格情况时，应按扩大前的检验批重新验收，且该产品不得再次扩大检验批容量。

【技术要点说明】

材料和设备的进场验收是保证材料合格的重要环节。我国《建筑法》《建设工程质量管理条例》等法律法规均要求对建筑工程使用的建筑材料实行严格的进场检验制度。本条给出了材料和设备进场验收的具体规定，即进场验收通常可分为三个步骤：

（1）首先是对其品种、规格、包装、外观和尺寸等外部"可视质量"进行检查验收，并经监理工程师或建设单位代表核准，形成相应的质量记录。材料和设备的可视质量，指那些可以通过目视和简单的尺量、称重、敲击、开关、启闭等方法进行检查的质量。

（2）其次是对质量证明文件的核查。由于进场验收时对"可视质量"的检查只能检查材料和设备的外观质量，其内在质量难以判定，需由各种质量证明文件加以证明，故进场验收必须对材料和设备附带的质量证明文件进行核查。这些质量证明文件通常也称合格证明或技术资料，主要包括质量合格证、中文说明书、性能检测报告、型式检验报告等；进口材料和设备应按规定进行出入境商品检验。这些质量证明文件应纳入工程技术档案。

（3）对于建筑节能效果影响较大的材料和设备应实施抽样复验，以验证其质量是否符合要求。由于抽样复验需要花费较多的时间和费用，故复验数量、频率和参数应控制到最少，主要针对那些直接影响节能效果的材料、设备的部分参数。当复验的结果出现不合格时，则该材料、构件和设备不得使用。

具体复验的项目和参数应按照本标准附录 A 和各章的规定确定，并在施工现场随机抽样复验，复验的取样和送检应实施见证。当复验的结果不合格时，该材料、构件和设备不得使用。

本标准各章均提出了进场材料和设备的复验项目。为方便查找和使用，本标准将各章提出的材料、设备的复验项目汇总在附录 A 中，但是执行中仍应对照和满足各章的具体要求。参照原建设部《房屋建筑工程和市政基础设施工程实行见证取样和送检的规定》（建建字〔2000〕211 号）文件规定，重要的试验项目应实行见证取样和检验，以提高试验的真实性和公正性，本标准规定建筑节能工程进场材料和设备的复验均应实行见证取样检验。

本条强调在施工现场抽样，是为了保证样本的真实性，防止出现从施工现场外仓库、厂家等地点"有选择性地"送样。要求对抽样进行 100% 见证，可增加取样过程符合相关规定的公正性和可信度。

本条第 4 款是根据《建筑工程施工质量验收统一标准》GB 50300—2013，在有效控制进场材料质量的基础上，允许实行"差别化"检验，以适当降低检验成本。

本条第 4 款规定了扩大检验批的两个条件：一是经建筑节能产品认证或具有节能标识的材料、构件和设备，进场验收和复验时，其检验批的容量可以扩大一倍；二是在同一工程中，同一厂家、同类型、同规格的节能材料、构件和设备连续三次进场检验均一次检验合格时，其后的检验批的容量可以扩大一倍；当两个条件同时满足时，也只允许扩大一倍，不得扩大两倍。扩大后出现不合格的，应恢复扩大前的检验批容量，且此后该种材料不得再扩大。

上述允许检验批扩大的规定，表述为"可"而非"应"，即施工、监理单位可以根据所检材料的具体情况选择是否扩大。当工程的重要性或其他实际情况不应对所检材料放宽检验时，亦可选择仍按照原检验批的正常容量进行检验。

【实施与检查】

本条的实施，应检查材料进场验收记录，对施工中有进场材料扩大检验批容量检验时，应检查是否符合本条规定的条件，如有无出现不合格情况，出现不合格情况后是否及时恢复原先的检验批容量等。

3.2.4 检验批抽样样本应随机抽取，并应满足分布均匀、具有代表性的要求。

【技术要点说明】

本条根据《建筑工程施工质量验收统一标准》GB 50300—2013 的要求，给出对抽样样本的三个具体要求："随机""均匀"和"有代表性"。

要求样本应随机抽取，是指抽取试样的方法应使得全体被检试样都有被抽到的相同几率，而不能"有倾向性"抽样或"指定"抽样。不应出于某种原因由人为指定抽样，或故意抽取质量有明显差异、缺陷的试样。

要求试样应分布均匀，是指抽样应从整个检验批中分散抽取，其空间分布和时间分布应大致均匀，而不应只从部分样品中抽取，或过于集中地从某部分样本中抽取。当一个检验批的样本分次进场时尤其应注意抽样的均匀分布。

要求样本有代表性，则是要求所抽取的样本应能代表和反映大多数样本的质量状况，而不能仅代表少数样本或某一部分样本。

【实施与检查】

对本条实施的检查，应检查抽样方法是否随机而非指定；检查样本在时间分布上是否大致均匀地分布在整个施工周期内，以及样本的空间（楼层）分布是否大致均匀；检查样本的代表性，应看其是否能够代表大多数样本的质量状况。

3.2.5 涉及建筑节能效果的定型产品、预制构件，以及采用成套技术现场施工安装的工程，相关单位应提供型式检验报告。当无明确规定时，型式检验报告的有效期不应超过 2 年。

【技术要点说明】

当建筑节能工程采用的定型产品和设备、预制构件涉及建筑节能效果时，由于在施工现场难以对其材料、制作工艺和内部构造等进行检查，也无法验证其功能、性能、安全性、耐久性和节能效果，故本条规定应由生产单位统一供应配套的组成材料，并提供型式检验报告，以证明其质量、性能满足节能设计要求。围护结构、供暖空调、配电照明、监测与控制、可再生能源等产品和设备均应提供有效期内的型式检验报告。

本条所说提供型式检验报告的相关单位，可根据工程的具体情况确定。一般可由该项成套技术的提供单位提供，也可以由生产单位提供，或由该工程的施工单位提供。提供型式检验报告的单位应承担相应的责任。所提供的型式检验报告是否符合要求，应由工程监理方最终确认。

当无法取得型式检验报告时，则该定型产品、预制构件或成套技术原则上不能使用。但考虑到建筑节能施工安装的各种复杂情况，在施工、监理各方协商一致的情况下，也可以委托具备资质的检测机构对产品或工程的安全性能、耐久性能和节能性能进行现场抽样检验，以弥补型式检验报告的缺失。现场抽样检验的参数、方法、结果应符合相关标准和设计的要求。当检验合格且各方均一致同意时方可使用。

考虑到该项型式检验的重要性、测试成本以及时间等情况，本标准将该项型式检验报告的有效期确定为2年。

【实施与检查】

对节能工程采用的定型产品、预制构件，以及采用成套技术现场施工安装的工程，检查相关单位是否提供了型式检验报告。对所提供的型式检验报告，检查其内容、检验参数和检验结果是否符合要求。检查出具型式检验报告的机构是否具有资质、计量认证标志以及其检测试验能力等。检查型式检验报告的有效期是否符合相关规定，当没有有效期规定时，不应超过2年。

3.2.6　建筑节能工程使用材料的燃烧性能和防火处理应符合设计要求，并应符合现行国家标准《建筑设计防火规范》GB 50016 和《建筑内部装修设计防火规范》GB 50222 的规定。

【技术要点说明】

燃烧性能是建筑材料的重要性能之一，可直接影响建筑工程性能和施工安全、使用安全，有必要加以强调。建筑节能材料多是有机、轻质材料，使用、处理不当可能对工程施工现场和使用中留下火灾隐患，故本条对建筑节能工程所使用材料的燃烧性能和防火处理做出规定。

鉴于建筑节能工程使用材料的种类众多，难以统一作出具体规定，本条要求材料燃烧性能应符合现行国家标准《建筑设计防火规范》（2018年版）GB 50016—2014 和《建筑内部装修设计防火规范》GB 50222—2017 对材料燃烧性能的具体要求。这些标准中对包括节能材料在内的建筑材料燃烧性能给出了具体规定。

材料的选择和防火处理，则应由设计提出，并应符合相应标准的要求。

【实施与检查】

检查节能材料的燃烧性能检验报告，看其燃烧性能和防火处理是否符合设计要求和标准规定。需要且有条件时，也可采取现场简易方法加以验证。

> **3.2.7** 建筑节能工程使用的材料应符合国家现行有关标准对材料有害物质限量的规定，不得对室内外环境造成污染。

【技术要点说明】

为了保护环境，国家制定了建筑装饰材料有害物质限量标准。建筑节能工程使用的材料与建筑装饰材料类似，往往附着在结构的表面，容易造成污染，故本条规定应符合材料有害物质限量标准，不得对室内外环境造成污染。

目前判断竣工工程室内环境是否污染，通常按照《民用建筑工程室内环境污染控制标准》GB 50325—2020要求。本条需要采取两种措施进行把关：一是对进场材料进行污染物含量的检验；二是对完成作业的室内环境中的污染物进行现场检测。

除了材料本身的有害物质含量外，需注意材料用量也可能关系到环境污染的程度。即使使用的是污染物含量符合要求的材料，当用量较多或通风换气不良时，污染物的积累仍有可能造成环境质量下降甚至恶化。

【实施与检查】

核查节能材料进场检验报告，看其有害物质含量是否符合有关标准中对有害物质限量的规定。对于可能含有较多污染物的材料，以及明显有异味的节能材料，应根据情况要求进行复验。

> **3.2.8** 现场配制的保温浆料、聚合物砂浆等材料，应按设计要求或试验室给出的配合比配制。当未给出要求时，应按照专项施工方案和产品说明书配制。

【技术要点说明】

现场配制的材料包括节能保温材料和辅助材料，如保温浆料、聚合物砂浆、某些需要现场配制的胶粘剂等。由于现场施工条件的限制，这类材料的质量差异性大，较难保证质量。本条规定主要是为了防止现场配制的随意性，要求必须按设计要求或配合比配制，即"配制要有依据"。

本条不仅规定应按照配合比进行配制，还给出配合比或配置要求的选择顺序。即：首先应按设计要求配制，无设计要求时应按试验室给出的配合比配制，无试验室配合比时，可按施工方案和产品说明书配制。

执行中须注意对上述配制要求留有相关记录。对需要现场配置的材料，应将配合比和配制方法事先写入施工方案中，对配制作业人员应进行技术交底。不得按照经验或口头通知配制。

【实施与检查】

对现场配制的材料，检查其有无设计要求或试验室给出的配合比。有配合比时，应对配合比进行检查，看其各种组分用量是否与常用比例大致吻合，发现差异较大时应对配合比的来源及其正确性进行确认。当无配合比时，看其是否按照施工方案和产品说明书配制。

3.2.9 节能保温材料在施工使用时的含水率应符合设计、施工工艺及施工方案要求。当无上述要求时，节能保温材料在施工使用时的含水率不应大于正常施工环境湿度下的自然含水率。

【技术要点说明】

本条是对节能材料含水率的要求。节能保温材料含水率对节能效果有明显影响，且由于完工后节能材料处于表面封闭状态，水分难以蒸发，加大了对节能效果的影响。目前这一情况在施工中未得到足够重视。

本条规定了施工中控制节能保温材料含水率的原则，即保持其在施工使用时的含水率符合设计要求、工艺标准要求及施工方案要求。通常设计或工艺标准应给出材料的含水率要求，这些要求应该体现在施工方案中。但是目前缺少上述含水率要求的情况较多，考虑到施工管理水平的不同，本标准给出了控制含水率的基本原则，亦即最低要求：节能保温材料的含水率不应大于正常施工环境湿度中的自然含水率，否则应采取晾晒、烘烤等降低含水率的措施。据此，节能工程在雨雪天气中应停止施工，对材料受潮或泡水等情形下应干燥后再施工，当空气湿度太大时应采取适当措施控制保温材料的含水率。

本条所说正常施工环境湿度下的自然含水率，是指干燥施工环境下的空气湿度。对于施工前浸水或较长时间处于湿度较大（如雨季、沿海地区梅雨季节）环境中的节能保温材料，应干燥后使用。

【实施与检查】

检查施工记录或检验批验收记录，判断节能材料施工时的含水率是否过大。检查施工方案，看其中有无关于控制节能保温材料含水率的要求和措施。检查施工日志，对其中记录的气象资料（降雨、降雪等）和施工内容对照检查并进行判断，看有无节能工程在降雨、降雪时露天施工。

3.3　施工与控制

3.3.1 建筑节能工程应按照经审查合格的设计文件和经审查批准的专项施工方案施工，各施工工序应严格执行并按施工技术标准进行质量控制，每道施工工序完成后，经施工单位自检符合规定后，可进行下道工序施工。各专业工种之间的相关工序应进行交接检验，并应记录。

【技术要点说明】

本条是对节能工程施工技术管理的基本规定，提出了两项要求：

一是应按照设计文件和施工方案施工。

二是每道工序完成后应自检合格才能进行下道工序施工，各专业工种之间应进行交接检验并做好记录；监理工程师应对重要工序进行检查确认。

以下分别叙述这些要求：

（1）按照设计文件和施工方案施工，是节能工程施工也是所有工程施工均应遵循的基本要求。对于设计文件，应当经过设计审查机构的审查；对于施工方案，则首先应通过施工单位内部的审查，再由项目监理机构批准。即使是施工中的设计变更，也同样应经过审查（见本标准相关条款）。

相对于设计文件，施工方案则更加具有可操作性。施工方案是施工组织设计文件的重要组成部分，也是指导具体施工操作的基本技术依据。施工方案编制的水平、可操作性、技术交底及其是否得到落实直接关系到施工质量。

目前，部分施工现场不重视施工方案，有的将其作为一种形式或摆设，用来应对上级检查，这种情况严重影响了施工现场对施工质量的控制，导致管理失效，要求与实际脱节，因此，应当纠正那种仅将施工方案停留在形式上的做法。

（2）本条按照《建筑工程施工质量验收统一标准》GB 50300—2013的规定，提出对工序的要求：施工单位应控制每道工序的施工质量，各专业工种之间应进行交接检验并记录；监理单位应对提出检查要求的重要工序进行检查确认。

工序是工艺流程中的基本环节，控制好每道工序，方能保证整个施工工艺的正确实施。任何一道工序不符合要求，都将给工程质量留下隐患。

在工艺流程图中，常用串起来的带文字的方框和箭头表达工艺要求，流程图中的每个带文字的方框，即为"工序"。

本条要求施工单位应对每道工序进行检查控制，并应对专业工种进行工序交接检查，这样就使各工序之间和各专业工程之间的施工操作能够形成有机的整体。

以往曾要求监理工程师对每道工序进行检查把关，但由于工序太多，这种貌似严格的全面把关，实际上却难以做到，反而使其流于形式。现行国家标准《建筑工程施工质量验收统一标准》GB 50300—2013将其修改为监理工程师只须对重要工序把关，即将监理工程师对工序的检查把关改为抽查，这样既符合实际情况，又使监理人员能够做到。

至于哪些工序属于重要工序，应由项目监理机构确定，并事先书面告知施工单位，以便施工到重要工序时，施工单位预先通知监理工程师到场检查。监理工程师也可以随时对需要检查的部位进行检查、抽查。

【实施与检查】

实施本条，应按照下述两个方面分别进行检查：

首先检查节能工程是否按照设计文件施工，设计文件是否经过设计审查机构的审查；其次，检查施工单位是否制定了施工方案，并按照其施工。此外，应检查施工方案审批的程序是否符合要求，施工方案是否进行了技术交底，施工操作人员是否了解操作要求等。

在上述检查的基础上，应进一步检查施工单位完成每道工序后，是否进行了自检、专业质量检查员检查和工序交接检查，相关专业工序之间是否进行交接检验，这些检查是否留有记录。检查的方法主要是查看施工记录、施工单位自检和交接记录，以及施工现场或施工方案中有无对工序控制的制度或要求。检查中也可询问施工班组人员对工序进行交接的实际做法。

另外，还应检查现场监理工程师是否对重要工序提出检查要求并实施了检查，这些检查应留有检查记录。当没有检查记录时，应检查《监理实施细则》《监理日志》中关于对施工单位工序控制的检查要求和落实情况。

3.3.2 建筑节能工程施工前，对于采用相同建筑节能设计的房间和构造做法，应在现场采用相同材料和工艺制作样板间或样板件，经有关各方确认后方可进行施工。

【技术要点说明】

制作样板间或样板件的方法是在长期施工中总结出来行之有效的方法。不仅可以直观地看到和评判其质量与工艺过程，还可以对材料、做法、效果等进行直接检查，相当于验收的实物标准，因此，被节能工程施工借鉴和采用。

本条规定的制作样板间或样板件的要求，主要适用于重复采用同样建筑节能设计的房间和构造做法。

【实施与检查】

实施中应检查是否制作了样板间或样板件；样板间或样板件使用的材料和工艺是否与实际工程相同；样板间或样板件的实际效果是否符合设计要求，并满足建设单位要求；样板间或样板件是否经有关各方确认后才进行施工等。

制作的样板间或样板件通常应在施工过程中保留，直到施工结束。样板间或样板件的确认应留有记录和图像资料，并纳入工程技术档案。

3.3.3 使用有机类材料的建筑节能工程施工过程中，应采取必要的防火措施，并制定火灾应急预案。

【技术要点说明】

由于节能材料多数都是轻质、松软的有机材料，容易起火燃烧，故在整个施工过程中对于火灾事故的预防，具有重要的现实意义。我国施工现场曾发生多起与节能材料有关的重大火灾，造成重大人员伤亡和财产损失。基于重在预防的方针，本条专门针对使用有机类节能保温材料的节能工程，要求采取必要的防止发生火灾的措施。这些措施通常有：制定防火制度，对易燃物采取覆盖、隔离、专人看管等。

上述措施都是常规措施，具体实施时不应拘泥于这些措施，还可因地制宜，采取符合实际情况的其他有效措施，并应注意所采取措施的有效性。

施工单位应制定施工现场火灾应急预案，已经成为工地消防工作的基本要求。但仅有预案还不够，预案应进行交底和必要的演练，使施工人员都熟悉掌握预案。预案要求的消防器具、设备、通道、备用水电源等应处于有效、可使用状态等。

【实施与检查】

对本条实施的检查，应检查现场有机类节能材料的施工，是否制定了相关制度，有无采取防火措施。所采取的措施是否符合实际情况并有效，有无火灾应急预案，预案是否交底和演练，现场施工人员对防火措施的熟悉程度和落实情况等。

对施工现场的消防设备，如：灭火水源、灭火器等的检查，也应列为落实本条的检查内容。

3.3.4 建筑节能工程的施工作业环境和条件，应符合国家现行相关标准的规定和施工工艺的要求。节能保温材料不宜在雨雪天气中露天施工。

【技术要点说明】

除复合墙板外，建筑节能工程的施工作业大多在主体结构完成后进行，其作业条件各不相同。部分节能材料对环境条件的要求较高，例如某些保温材料对环境湿度比较敏感。这些要求多数应在工艺标准或施工方案中加以规定。因此，本条要求建筑节能工程的施工作业环境条件，应符合现行相关标准和施工工艺的要求。

作业环境主要包括温度、湿度、风速、降雨、降雪等，有时也包括辐射、照度、严重雾霾、剧烈噪声以及其他影响作业操作的情况。

节能保温材料不宜在雨雪天气中露天施工，是为了控制节能保温材料在施工时，特别是在封闭时的含水率，在本标准第3.2.9条中已有规定。

本条要求不宜在雨雪天气中露天施工，除了控制含水率的需要，还包含对节能施工安全的考虑。雨雪天气中在脚手架上露天施工，会增加滑落、触电等危险性，故除非特殊需要不宜在这些环境和情况下施工。

【实施与检查】

检查施工方案或技术交底记录，主要看其有无对节能施工作业的环境要求和对作业条件的要求，以及这些要求是否满足相关标准和施工工艺规定。必要时，也可采取询问管理人员和操作人员的方法加以核查。

检查施工日志和施工记录，判断节能保温材料是否有雨雪天气露天施工的情况。

3.4　验收的划分

3.4.1　建筑节能工程为单位工程的一个分部工程。其子分部工程和分项工程的划分，应符合下列规定：

1　建筑节能子分部工程和分项工程划分宜符合表 3.4.1 的规定。

2　建筑节能工程可按照分项工程进行验收。当建筑节能分项工程的工程量较大时，可将分项工程划分为若干个检验批进行验收。

表 3.4.1　建筑节能子分部工程和分项工程划分

序号	子分部工程	分项工程	主要验收内容
1	围护结构节能工程	墙体节能工程	基层;保温隔热构造;抹面层;饰面层;保温隔热砌体等
2		幕墙节能工程	保温隔热构造;隔汽层;幕墙玻璃;单元式幕墙板块;通风换气系统;遮阳设施;凝结水收集排放系统;幕墙与周边墙体和屋面间的接缝等
3		门窗节能工程	门;窗;天窗;玻璃;遮阳设施;通风器;门窗与洞口间隙等
4		屋面节能工程	基层;保温隔热构造;保护层;隔汽层;防水层;面层等
5		地面节能工程	基层;保温隔热构造;保护层;面层等
6	供暖空调节能工程	供暖节能工程	系统形式;散热器;自控阀门与仪表;热力入口装置;保温构造;调试等
7		通风与空调节能工程	系统形式;通风与空调设备;自控阀门与仪表;绝热构造;调试等
8		冷热源及管网节能工程	系统形式;冷热源设备;辅助设备;管网;自控阀门与仪表;绝热构造;调试等
9	配电照明节能工程	配电与照明节能工程	低压配电电源;照明光源、灯具;附属装置;控制功能;调试等
10	监测控制节能工程	监测与控制节能工程	冷热源的监测控制系统;供暖与空调的监测控制系统;监测与计量装置;供配电的监测控制系统;照明控制系统;调试等
11	可再生能源节能工程	地源热泵换热系统节能工程	岩土热响应试验;钻孔数量、位置及深度;管材、管件;热源井数量、井位分布、出水量及回灌量;换热设备;自控阀门与仪表;绝热材料;调试等
12		太阳能光热系统节能工程	太阳能集热器;储热设备;控制系统;管路系统;调试等
13		太阳能光伏节能工程	光伏组件;逆变器;配电系统;储能蓄电池;充放电控制器;调试等

3.4.2 当建筑节能工程验收无法按本标准第 3.4.1 条要求划分分项工程或检验批时，可由建设、监理、施工等各方协商划分检验批；其验收项目、验收内容、验收标准和验收记录均应遵守本标准的规定。

【技术要点说明】（3.4.1～3.4.2）

建筑工程质量的验收采取分层次验收的方法，已经在我国实行多年，并被认为是一种符合工程特点的适宜有效的方法。国家标准《建筑工程施工质量验收统一标准》GB 50300—2013 在其第 4 章"建筑工程施工质量验收的划分"和其附录 B 中给出了单位工程、分部工程、分项工程和检验批验收的划分要求。

按照《建筑工程施工质量验收统一标准》GB 50300—2013 的规定，建筑节能工程为单位工程中的一个分部工程。对建筑节能的分项工程，本标准与《建筑工程施工质量验收统一标准》GB 50300—2013 进行了协调，可划分成围护结构节能、供暖空调节能、配电照明节能、监测控制节能、可再生能源节能等五个子分部工程。本标准修订时考虑到标准体系的统一性和习惯性，在建筑节能分部工程的子分部工程名称提法上与《建筑工程施工质量验收统一标准》GB 50300—2013 略有不同，但主要内容相互对应，可在具体实施中参考执行。

《建筑工程施工质量验收统一标准》GB 50300—2013 考虑到具体工程的复杂性，允许在实际应用中，经各方协调一致，可以对具体工程的划分进行调整。本标准也适用这一原则，即允许具体工程可以根据自己的情况对划分进行合理调整。

在某些情况下，当节能验收的划分和实际验收内容难以完全按照第 3.4.1 条的要求进行时，例如遇到某建筑物分期施工或局部进行节能改造验收时，不易划分分部、分项工程，此时允许采取建设、监理、设计、施工等各方协商一致的划分方式进行节能工程的验收。但验收项目、验收标准和验收记录均应遵守本标准的规定。

建筑节能工程的许多验收内容与建筑工程的其他分部分项工程有一定交叉，给节能工程验收带来困难。为了与各专业验收标准协调一致，第 3.4.1 条和第 3.4.2 条对建筑节能工程按照以下规定进行划分和验收：

（1）将节能分部工程中 5 个子分部工程划分为 13 个分项工程，给出了这 13 个分项工程名称及需要验收的主要内容。划分方法与《建筑工程施工质量验收统一标准》GB 50300—2013 及各专业工程施工质量验收规范基本一致。表 3.4.1 中的各个分项工程，是指"其节能性能"，这样理解就能够与原有的分部分项工程划分协调一致。

（2）明确了节能工程可按分项工程验收。由于节能工程验收内容复杂，综合性较强，验收内容如果针对检验批直接给出，容易造成分散和混乱，故本标准的各项验收要求均直接对分项工程提出。当分项工程较大不好操作时，也可以划分成多个检验批验收，其验收要求不变。

关于建设单位与监理单位职责。根据《建设工程监理范围和规模标准规定》（建设部令第 86 号）、《建设工程监理规范》GB/T 50319—2013，对国家重点建设工程、大中型公用事业工程等必须实行监理。对于该规定范围以外的工程，以及考虑今后的改革可能对监理范围有所调整等情况，对于未实行监理的部分建筑工程，其监理职责应由建设单位承担。相应的报审报验、签认签批以及工程验收等，由建设单位人员根据相关规定完成。《建筑工程施工质量验收统一标准》GB 50300—2013 第 3.0.2 条规定："未实行监理的建筑工程，建设单位相关人员应履行本标准涉及的监理职责。"

当建设单位未委托工程监理单位时，监理职责也不能取消，而应将监理职责改为由建设单位承担。诸如进场材料检验、工程质量验收等签字审批，均应由建设单位承担。

【实施与检查】（3.4.1～3.4.2）

对照上述划分要求，检查节能工程在验收时的划分是否符合这两条要求。当划分与上述要求不一致时，应判断其合理性，并了解是否取得各方一致同意。允许在各方协商一致的前提下，结合工程特点，合理修改划分。

实施检查中，应注意划分是为验收服务的，验收是目的，而划分只是手段。正是由于划分是为验收服务的，因此，应该允许有不同的划分方法。

3.4.3　当按计数方法检验时，抽样数量除本标准另有规定外，检验批最小抽样数量宜符合表 3.4.3 的规定。

表 3.4.3　检验批最小抽样数量

检验批的容量	最小抽样数量	检验批的容量	最小抽样数量
2～15	2	151～280	13
16～25	3	281～500	20
26～90	5	501～1200	32
91～150	8	1201～3200	50

【技术要点说明】

本条规定引自于《建筑工程施工质量验收统一标准》GB 50300—2013，间接引自于《计数抽样检验程序 第 1 部分：按接收质量限（AQL）检索的逐批检验抽样计划》GB/T 2828.1—2012，目的在于改进计数检验抽样的科学性。除本标准各章节和相关规范另有规定外，其他计数检验的抽样数量不应低于本条表 3.4.3"最小抽样数量"的规定。

表中的"检验批的容量"即"检验批受检样本基数"。该栏也列在检验批验收记录表中。

实施中应按照《建筑工程施工质量验收统一标准》GB 50300—2013 的要求，将"明显不合格的个体"不纳入检验批，但应进行处理，使其满足有关专业验收规范的规定，对处理的情况应予以记录并重新验收。

实施中还应注意两点：一是本条的最小抽样数量仅适用于计数检验，不适用于计量检验或其他混合型检验的抽样；二是本标准各章节另有抽样数量规定的应除外，不执行本条。

关于计量抽样的错判概率 α 和漏判概率 β，本标准已在制定抽样数量和检验方法时予以综合考虑，具体抽样中只需按照本标准各章节规定执行即可。对于《建筑工程施工质量验收统一标准》GB 50300—2013规定的由建设、设计、施工、监理等各方另行制定验收要求的，其抽样数量可按照统一标准的规定自行制定。

> **3.4.4** 当在同一个工程项目中，建筑节能分项工程和检验批的验收内容与其他各专业分部工程、分项工程或检验批的验收内容相同且验收结果合格时，可采用其验收结果，不必进行重复检验。建筑节能分部工程验收资料应单独组卷。

【技术要点说明】

本条是根据《建筑工程施工质量验收统一标准》GB 50300—2013的要求，增加的新条文，可称为"不重复检验"原则，这使工程质量的验收规定更趋于完善合理。

为了减少不必要的重复检验，降低检验成本，本条规定在同一个工程项目中，建筑节能分项工程和检验批的验收内容，当与其他各专业的分项工程或检验批的验收内容相同且验收结果合格时，可以直接采用其验收结果，不必再次重复检验。

由于各专业验收标准均是基于其专业给出的验收要求，这些要求中的一部分内容可能重复或交叉，会增加不必要的检验成本。例如，《建筑装饰装修工程质量验收标准》GB 50210—2018从建筑围护结构功能的角度，对建筑外窗要求进行三性（气密性、水密性、抗风压性能）检验，本标准从节能角度要求对建筑外窗进行气密性检验。当执行这两部标准对外窗的检验要求一致时，气密性能就不必做重复检验。

实施中应注意本条规定的条件：同一工程项目，同一施工单位，针对同一检验对象的相同检验参数，且验收结果合格。只有同时具备以上条件，方可采用相关验收结果，不必重复检验。

采用相关验收结果时，在工程资料中可采用复印件、加以说明的方法注明或记录。需注意采用复印件时应符合《建筑工程资料管理规程》JGJ/T 185—2009中对复印件的要求。该规程要求复印件具备三个条件：提供单位（部门）加盖印章、经手人签字和注明日期。

建筑节能分部工程的验收资料单独组卷，是考虑建筑节能工程的相对独立性，为了方便验收和满足工程资料的管理要求。单独组卷可以方便检索、查阅和了解工程项目的节能性能。如果节能资料单独组卷与资料管理要求出现不一致时，可以协调解决。

【实施与检查】

检查节能工程的检验（试验）有无重复检验。按规定不做重复检验的项目应满足"同一工程项目""同一施工单位""同一检验对象""相同检验参数"且"验收结果合格"。

检查建筑节能分部工程的验收资料组卷情况。

第4章　墙体节能工程

【概述】建筑节能的关键之一在于减少外围护结构的热损失，墙体是围护结构的主要组成部分，根据北京地区 1980—1981 年的三种住宅建筑设计计算表明，在围护结构的传热耗热量中，外墙所占比例约为 23%～34%。虽然不同气候区的数值有所差异，但墙体节能是建筑节能中占比较大是不可忽略的重要内容，本章内容就是旨在对墙体节能工程质量验收的内容和方法进行规范。

在 2013 年修订的《建筑工程施工质量验收统一标准》GB 50300—2013 中，对于建筑工程的分部工程增加了节能分部工程，其中墙体节能是围护结构节能子分部的第一个分项工程，与本标准是一致的。本次修订在格式上也与各专业验收标准规范保持一致，分为一般规定、主控项目和一般项目三节。

本章第一节"一般规定"，共有 5 条，主要叙述了墙体节能验收的条件、内容、方法和隐蔽工程验收的项目等基本要求。本次修订继承了 2007 年版方便操作、实用性强的特点，总体架构未变，主要是对内容有所调整，一是取消了原 4.1.3 条对墙体节能工程当采用外保温定型产品或成套技术时的型式检验要求，并将其调整到了主控项目；二是对隐蔽工程验收的内容增加了抹面层厚度和各种变形缝处的节能施工做法；三是对墙体节能工程验收的检验批划分的面积进一步明确。

第二节"主控项目"中的要求是本章验收要求的核心内容，共 19 条。本节对涉及墙体节能工程安全、节能的关键影响因素，通过具体条文进行了规定，分别给出了对墙体节能材料的要求、重要材料进场复验的要求、基层处理和墙体节能构造做法的要求等。相比 2007 年版，本节条文数量增加了 4 条，主要是合并了原第 4.2.2 和第 4.2.3 条，增加了 1 条保温装饰板和 3 条外墙外保温防火隔离带的要求，本节中的强制性条文仍为 3 条，但具体内容稍作调整，取消了原第 4.1.5 条，改为对外墙外保温产品供应型式和相关性能的要求。

本章第三节"一般项目"主要是对除主控项目外的一般性验收要求，共有 9 条。主要是对材料与构件的外观和包装、铺贴增强网、墙体的热工缺陷、墙体保温板材的接缝、保温浆料的厚度与接槎、墙体上容易损坏的特殊部位处理以及有机类保温材料的陈化时间等提出了要求，与 2007 年版相比，增加了 1 条对保温装饰板安装的要求，其他内容则基本保持一致。

4.1 一般规定

> **4.1.1** 本章适用于建筑外围护结构采用板材、浆料、块材及预制复合墙板等墙体保温材料或构件的建筑墙体节能工程施工质量验收。

【技术要点说明】

　　墙体节能的适用范围，包括采用板材、浆料、块材及预制复合墙板等墙体保温材料或构件的各类墙体节能方式，涵盖了目前墙体节能的常见做法。通常墙体节能做法包括两种方式，一是采用单一材料的墙体自保温系统，二是采用外墙复合保温系统。墙体自保温系统采用的材料主要包括加气混凝土砌块、陶粒增强加气砌块和其他复合保温砌块，该系统一般适用于夏热冬冷地区，在寒冷地区也有少量应用。外墙复合保温系统是指由结构墙体和一定厚度保温层复合而成的保温系统，根据保温层厚度的不同，外墙复合保温系统可适用于各种不同气候区域，同时按照保温层在复合墙体中的位置不同，外墙复合保温系统又可分为外墙内保温系统、外墙外保温系统和夹芯保温系统三种形式。目前在严寒和寒冷地区主要以外墙外保温为主，夏热冬冷和夏热冬暖地区则多种形式并存。随着住宅产业化的推广，预制复合墙板集保温结构于一体的方式也成为墙体节能的一种重要形式。国内有关墙体节能的标准和规范也逐步完善，《外墙外保温工程技术标准》JGJ 144—2019、《岩棉薄抹灰外墙外保温工程技术标准》JGJ/T 480—2019、《外墙内保温工程技术规程》JGJ/T 261—2011、《自保温混凝土复合砌块》JG/T 407—2013、《预制混凝土剪力墙外墙板》15G365-1 等标准从产品、施工等技术内容上给出详细具体的要求，而本标准则是从质量控制和验收的角度对墙体节能做了规范，上述标准之间是一种有机统一的关系，即从根本上来说这些标准与本标准是协调一致的，只是分工与用途不同，内容侧重不同而已。

> **4.1.2** 主体结构完成后进行施工的墙体节能工程，应在基层质量验收合格后施工，施工过程中应及时进行质量检查、隐蔽工程验收和检验批验收，施工完成后应进行墙体节能分项工程验收。与主体结构同时施工的墙体节能工程，应与主体结构一同验收。

4.1.2【示例或专题】

【技术要点说明】

　　本条按照《建筑工程施工质量验收统一标准》GB 50300—2013 的规定，具体给出了墙体节能工程验收的程序性要求。按照不同施工工艺分为两种情况：

　　一种情况是墙体节能工程在主体结构完成后施工，对此在施工过程中应及时进行质量检查、隐蔽工程验收、相关检验批和分项工程验收，施工完成后应进行墙体节能子分部工程验收。大多数墙体节能工程都是在主体结构内侧或外侧表面增做保温层，故大多数墙体节能工程都属于这种情况。

　　另一种是与主体结构同时施工的墙体节能工程，这包括保温隔热砌块墙体或夹心复合保温墙板等，对于此种施工工艺当然无法将节能工程和主体工程分开验收，只能与主体结构一同验收。验收时结构部分应符合相应的结构验收规范要求，而节能工程应符合本标准的要求。应注意"应与主体结构一同验收"是指时间上和验收程序上的"一同验收"，验收标准则应遵守各自的要求，不能混同。

4.1.3　墙体节能工程应对下列部位或内容进行隐蔽工程验收，并应有详细的文字记录和必要的图像资料：

　　1　保温层附着的基层及其表面处理；

　　2　保温板粘结或固定；

　　3　被封闭的保温材料厚度；

　　4　锚固件及锚固节点做法；

　　5　增强网铺设；

　　6　抹面层厚度；

　　7　墙体热桥部位处理；

　　8　保温装饰板、预置保温板或预制保温墙板的位置、界面处理、板缝、构造节点及固定方式；

　　9　现场喷涂或浇注有机类保温材料的界面；

　　10　保温隔热砌块墙体；

　　11　各种变形缝处的节能施工做法。

4.1.3【示例或专题】

【技术要点说明】

　　本条列出墙体节能工程通常应该进行隐蔽工程验收的具体部位和内容。本条的 11 款内容都是墙体节能工程安全和节能效果的重要部分，因此予以详细规定以规范隐蔽工程验收。当施工中出现本条未列出的内容时，应在施工组织设计、施工方案中对隐蔽工程验收内容加以补充。同时《建设工程质量管理条例》明确规定"施工单位必须建立、健全施工质量的检验制度，严格工序管理，作好隐蔽工程的质量检查和记录。隐蔽工程在隐蔽前，施工单位应当通知建设单位和建设工程质量监督机构"，应严格遵照执行。

　　需要注意的是本条增加的"抹面层厚度"要求，指的是外墙外保温或外墙内保温在保温材料外侧的抹面层，在相关技术标准对抹面层的施工有详细的描述，其中就有对于抹面层厚度的规定，在《建筑设计防火规范》GB 50016—2014 中对于不同情况下保温系统的防护层也提出了规定，抹面层是防护层的一个重要组成，过薄或过厚都会对保温工程的安全和耐久产生不利影响，其厚度是非常关键的，在实际工程中由于外面还有饰面层，因此，从加强质量控制的角度将抹面层纳入了隐蔽工程验收的范围。

　　保温装饰板近年发展较快，为顺应技术进步的要求将其纳入，其施工工艺上与预置保温板或预制保温墙板有近似之处，为保证工程质量对它们的位置、界面处理、板缝、构造节点及固定方式提出了要求。

　　在墙体节能工程中变形缝一般包括伸缩缝和沉降缝，部分工程由于变形缝处理不好导致渗水和保温效果下降，因此，在本条中明确了在隐蔽工程验收中对各种变形缝处的节能施工做法的要求。

本条规定要求隐蔽工程验收不仅应有详细的文字记录，还应有必要的图像资料。这是为了利用现代科技手段更好地记录隐蔽工程的真实情况。对于"必要"，可理解为"能够满足要求""通过图像能够证实被验收对象情况"。通俗说，应有隐蔽工程全貌和有代表性的局部（放大）照片。其分辨率以能够表达清楚受检部位的质量情况为准。图像资料应作为隐蔽工程验收资料与文字资料一同归档保存。

注意图像资料不一定全部都是工程（部位）的照片，可以是材料、包装、操作等的实际记录，但是必须与所验收的隐蔽工程密切联系，必须真实且在验收时形成。

4.1.4 墙体节能工程的保温隔热材料在运输、储存和施工过程中应采取防潮、防水、防火等保护措施。

4.1.4【示例或专题】

【技术要点说明】

墙体节能工程中的保温材料有多种类型，部分保温材料吸水率较高，受潮或浸水后会严重影响其节能保温性能，进而会降低体系的节能效果，严重的甚至会导致墙体内部出现结露发霉等现象；目前广泛采用的有机类保温材料燃烧性能一般都为 B1 或 B2 级，鉴于各地发生过多起有机保温材料的火灾事故，在运输、储存和施工过程中如果不加以注意和防护会存在一定的火灾风险。因此，本条提出了对于保温隔热材料在运输、存储和施工过程应采取防潮、防水、防火等保护措施。例如：保温材料宜入库存放而不宜露天储存，雨雪天气应避免室外施工，铺设粘结保温板时基层应干燥，有机保温材料在施工现场存放时应用不燃材料遮挡或覆盖，建立现场用火审批制度和上墙后及时覆盖等。具体措施应当在施工方案中明确给出。

4.1.5 墙体节能工程验收的检验批划分，除本章另有规定外应符合下列规定：

1 采用相同材料、工艺和施工做法的墙面，扣除门窗洞口后的保温墙面面积每 1000m² 划分为一个检验批；

2 检验批的划分也可根据与施工流程相一致且方便施工与验收的原则，由施工单位与监理单位双方协商确定；

3 当按计数方法抽样检验时，其抽样数量尚应符合本标准第 3.4.3 条的规定。

【技术要点说明】

节能工程分项工程划分的方法和应遵守的原则已由本标准 3.4.3 条规定。如果分项工程的工程量较大，出现需要划分检验批的情况时，可按照本条规定进行。《建筑工程施工质量验收统一标准》GB 50300—2013 中明确指出，一般情况下，检验批可根据施工质量控制和专业验收的需要，按工程量、楼层、施工段、变形缝进行划分。本条规定即是在墙体节能工程中对这一要求的具体体现。

应注意墙体节能工程检验批的划分并非是唯一或绝对的。对于普通墙面，由于墙面面积较大，按照第 1 款实施即可，如遇到别墅或其他特殊情况，墙面较小或不宜按第 1 款划分，则在第 2 款和第 3 款的要求给出了解决方案，即检验批的划分也可根据方便施工与验收的原则，由施工单位与监理（建设）单位共同商定。

对于检验批概念的理解，应当注意以下两点：第一，检验批是为抽样检验进场材料或工程施工质量而人为划分的，并非受检体的自然属性，因此，其划分数量和规则有一定灵活性，但是这种灵活性需要施工与监理等各方认可；第二，检验批有进场材料检验批与施工质量检验批两种类型，这两类检验批的划分可以相同，但有时也可以不同。当不同时，应注意不要混淆。

4.2　主控项目

4.2.1　墙体节能工程使用的材料、构件应进行进场验收，验收结果应经监理工程师检查认可，且应形成相应的验收记录。各种材料和构件的质量证明文件和相关技术资料应齐全，并应符合设计要求和国家现行有关标准的规定。

　　检验方法：观察、尺量检查；核查质量证明文件。

　　检查数量：按进场批次，每批随机抽取 3 个试样进行检查；质量证明文件应按其出厂检验批进行核查。

4.2.1【示例或专题】

【技术要点说明】

本条是对墙体节能工程使用材料、构件的基本规定。

本条需要掌握的技术要点主要有三个：一是任何节能材料进场时均应进行检验，进场材料检验有三个基本环节；二是材料检验应由施工与监理双方共同检查认可；三是应了解对材料质量证明文件的基本要求。

把好材料质量关，是墙体节能工程施工质量过程控制的起点，由于设计选用的材料和构件是经过热工计算确定的，随意改变或替代可能会影响其系统耐久和安装性能，甚至直接影响到整个墙体节能工程的安全和最终的保温隔热效果，因此，必须引起充分重视。进场验收，就是对于墙体节能工程使用的材料和构件进行查验，看其是否与设计要求及国家有关标准的规定相符。查验的主要内容一般包括所用材料和构件品种、型号、规格、外观和尺寸等，还包括相应的质量证明文件，如出厂检验报告、合格证等。

【实施与检查】

1. 实施

材料进场后，现场指定收货人员做好材料的品种、数量清点。监理工程师应及时组织施工单位、生产厂家等相关人员按进场批次共同进行检查验收，形成验收记录并由施工单位相关人员负责填写《设备、材料进场检验记录》，记录应经监理工程师签字确认并与质量证明文件和相关技术资料一起由施工单位专业负责人及时整理归档。在检验过程中发现的不合格材料或构件，应做退货处理，并进行记录。

抽样检查数量为每种材料、构件按进场批次每批次至少随机抽取 3 个试样进行检查。当能够证实多次进场的同种材料属于同一生产批次时，也可按该材料的出厂检验批次和抽样数量进行检查。如果发现问题，应增加抽查数量，最终确定该批材料、构件是否符合设计要求。

2. 检查

对于材料、构件的检查分为对实物的检查和对质量证明文件的检查。

对实物的检查，主要方法是一"看"二"量"。材料由于种类较多，一"看"是看品种是否与设计要求一致，看生产日期是否在保质期内；对于构件要看规格是否相符，还要看材料和构件的进场数量是否与进货单一致；二"量"是要对材料和构件进行尺量检查，如板状或块状保温材料和预制复合墙板、保温装饰板等构件的外形尺寸偏差是否在允许范围内，增强网的单捆长度是否与包装列明的一致，袋装抹面胶浆和胶粘剂的质量误差是否符合要求等。

对质量证明文件的检查，应注意以下几点：

（1）质量证明文件是否齐全。不同材料其质量文件要求不同，应核查合格证、出厂检验报告、进口商品商检证明、型式检验报告等是否都具备。

（2）文件的有效性。主要核查出具报告的单位是否具有相应的检测资质（资格），文件的有效期，文件的日期、签字、印章等是否符合要求。

（3）文件的内容是否符合要求。主要是填写是否齐全、数据是否合理、结论是否明确和正确，以及各项质量证明文件之间是否有矛盾等。

应该注意，当上述质量证明文件和各种检测报告为复印件时，应加盖证明其真实性的相关单位印章和经手人员签字，并应注明复印时间。必要时，还应核对原件。

4.2.2 墙体节能工程使用的材料、产品进场时，应对其下列性能进行复验，复验应为见证取样检验：

1 保温隔热材料的导热系数或热阻、密度、压缩强度或抗压强度、垂直于板面方向的抗拉强度、吸水率、燃烧性能（不燃材料除外）；

2 复合保温板等墙体节能定型产品的传热系数或热阻、单位面积质量、拉伸粘结强度、燃烧性能（不燃材料除外）；

3 保温砌块等墙体节能定型产品的传热系数或热阻、抗压强度、吸水率；

4 反射隔热材料的太阳光反射比，半球发射率；

5 粘结材料的拉伸粘结强度；

6 抹面材料的拉伸粘结强度、压折比；

7 增强网的力学性能、抗腐蚀性能。

4.2.2【示例或专题】

检验方法：核查质量证明文件；随机抽样检验，核查复验报告，其中：导热系数（传热系数）或热阻、密度、单位面积质量、燃烧性能必须在同一个报告中。

检查数量：同厂家、同品种产品，按照扣除门窗洞口后的保温墙面面积所使用的材料用量，在5000m²以内时应复验1次；面积每增加5000m²时应增加1次。同工程项目、同施工单位且同期施工的多个单位工程，可合并计算抽检面积。当符合本标准第3.2.3条规定时，检验批容量可以扩大一倍。

【技术要点说明】

本条列出了对墙体节能工程需要进场复验的材料和构件种类、具体项目和参数要求，由于节能材料对于节能效果的重要性，被列为强制性条文。"材料进场复验"是为了确保重要材料的质量符合要求而采取的一种"特殊"措施。按常理，各种进场材料有质量证明文件证明其质量，不应再出现问题，然而在目前我国建材市场尚不完善的实际情况下，仅凭质量证明文件有时并不可靠，有些材料的检验报告数据不真实甚至冒名顶替，难以确保重要材料的质量真正符合要求，在《建设工程质量管理条例》和住房和城乡建设部有关文件中，均规定了材料进场复验的措施。进场复验主要针对的是影响到结构安全、消防、环境保护等重要功能的材料，由于建筑节能的重要性，故也采取了进场复验措施。

进场复验能提高材料质量的可靠性，但是将增加成本，因此，进场复验的原则是控制数量，管住质量，即在能够确保材料质量的情况下，应尽可能减少复验的项目和参数，所以，本条所确定的复验项目和参数即是在权衡两者之后，针对重要材料涉及安全和节能效果的主要性能确定的。具体内容共包括7类产品15个参数：

（1）保温隔热材料。保温隔热材料的性能参数较多，不同的材料也存在较大差异，但材料导热系数或热阻是影响节能效果的最主要因素；压缩强度或抗压强度和垂直于板面方向的抗拉强度则反映了联结的安全性；吸水率过大，一方面会增大保温隔热材料的导热系数，另一方面也会对系统的耐久性产生不利影响；而燃烧性能则反映了近几年对于防火安全的重视；密度是与材料强度和导热系数密切相关的参数。几项性能同时测试可以准确反映保温隔热材料的真实质量。

对于燃烧性能的进场检验，本条允许"不燃材料除外"，是指对属于不燃材料产品，如果生产厂家提供的质量证明文件中已经由第三方试验室做过燃烧性能检验且结果为合格的，可以在进场检验时免做燃烧性能检验，但是如果材料生产厂家没有提供由第三方试验室出具的燃烧性能检验报告时，仍应在进场时做这项检验。

（2）复合保温板等墙体节能定型产品。复验传热系数或热阻是为验证节能效果；复验单位面积质量的拉伸粘结强度为验证联结安全；复验燃烧性能（不燃材料除外）为验证防火安全的可靠性。

（3）保温砌块等墙体节能定型产品。复验传热系数或热阻、吸水率是为验证节能效果；复验抗压强度为验证联结安全。

本款中保温砌块等墙体节能定型产品要求复验传热系数或热阻的规定，可分别按下列情况执行：对单一材料组成的保温砌块等产品，复验其导热系数或热阻；对复合材料组成的墙体节能定型产品，复验其传热系数或热阻。

（4）反射隔热材料。太阳光反射比和半球发射率反映了隔热效果。

（5）粘结材料。由于粘结强度影响联结安全，故主要复验其粘结强度。

（6）抹面材料。拉伸粘结强度会影响联结安全，压折比过大会出现开裂，影响耐久性。

（7）增强网。力学性能、抗腐蚀性能会对砂浆的抗裂效果、安全和耐久性产生影响。

【实施与检查】

1. 实施

本条规定复验应为见证取样检验。为保证试件能代表母体的质量状况和取样的真实性，避免出具只对试件（来样）负责的检测报告，提高建设工程质量检测工作的科学性、公正性和准确性，以确保建设工程质量，根据原建设部《房屋建筑工程和市政基础设施工程实行见证取样和送检的规定》（建建字〔2000〕211号）的要求，在建设工程质量检测中实行见证取样和送检制度，即在建设单位或监理单位人员见证下，由施工人员在现场取样，送至试验室进行试验。见证人员和取样人员对试样的代表性和真实性负责。见证取样可以有效发挥监理和建设方的作用，防止弄虚作假。对于不合格或未按规范检测的材料或构件，不得用于现场施工。

检查数量上，考虑到同一个工程项目可能包括多个单位工程的情况，为了合理、适当降低检验成本，规定同工程项目、同施工单位且同时施工的多个单位工程（群体建筑），可合并计算保温墙面抽检面积。按照本标准第3.2.3条的规定，当获得建筑节能产品认证、具有节能标识或连续三次见证取样检验均一次检验合格时，其检验批的容量可以扩大一倍，其每5000m²为一个检验批，检验批的容量扩大一倍，即5000m²变为10000m²，复验1次。检验数量也相应减少，这是鼓励产品质量稳定和行为诚信等社会导向，与《建筑工程施工质量验收统一标准》GB 50300—2013中的3.0.4条要求一致。

2. 检查

对于复验的检查主要包括以下三个方面：一是复验的数量是否符合本条检查数量的要求；二是复验报告是否符合要求，包括检测机构是否有相应的见证试验资质，复验报告上是否加盖有见证试验章，报告中的检测项目和参数是否与要求相符，检测项目是否按照相关产品标准和检测方法进行，复验的性能指标是否合格，检测结果与质量证明文件是否存在矛盾，复验报告的日期、签字、印章等是否符合要求等；三是填写的见证试验汇总表是否与复验报告结果一致，不合格结果的处理是否符合规定。

3. 关于检测试验方法

本条对不同材料给出了多项需要复验的参数，这些参数的试验室检验方法由试验方法标准给出。当某项参数有两种以上试验方法时，可根据具体情况进行协商和选择。在大多数情况下试验方法是可选的。

4.2.3 外墙外保温工程应采用预制构件、定型产品或成套技术，并应由同一供应商提供配套的组成材料和型式检验报告。型式检验报告中应包括耐候性和抗风压性能检验项目以及组成材料的名称、生产单位、规格型号及主要性能参数等。

检验方法：核查质量证明文件和型式检验报告。

检查数量：全数检查。

4.2.3【示例或专题】

【技术要点说明】

本条是对墙体节能工程中采用外墙外保温技术时的基本要求，也是本章的第二个强制性条文。外墙外保温技术从 20 世纪末进入中国以后，得到了迅速发展，涌现出了多种做法，应用也越来越广，目前在北方供暖区外保温已成为外墙保温的主要形式。由于外墙外保温固定在外墙外表面，其使用条件较为恶劣，对于外保温来说虽然做法不一，要求各异，但质量要求是一致的，可以用 16 个字加以概括：“联结安全、保温可靠、防水透气、使用耐久”。预制构件、定型产品或成套技术在《外墙外保温工程技术标准》JGJ 144—2019 中也被称为外墙外保温系统，外保温系统一般由系统供应商通过试验验证保证材料相互间的匹配，并通过耐候性等系统的耐久性检测和工程试点，确保外保温的长期正常使用。在以往的外墙外保温工程中，曾经发生施工单位为降低成本而随意选择厂家或自行采购不同厂家的外保温材料自行搭配施工的情况，此时即使所采购的都是合格的材料，但由于材料中各组分品种、含量等不尽相同，相互之间不一定能各取所长甚至还彼此影响，亦即好的材料并不一定能配成好的系统，工程的安全性、耐久性和节能效果在短期内难以判断，这也就是为什么这些工程在施工后容易发生饰面开裂甚至出现保温材料脱落等质量问题。因此，本条提出应由同一供应商提供配套的组成材料。

本条还要求供应商同时提供包括耐候性和抗风压性能检验项目在内的型式检验报告，是为了进一步确保节能工程的安全性和耐久性。外保温工程应与建筑同寿命，但目前相关标准中只给出至少应在 25 年内保持完好，这就要求它能够经受住周期性热湿和热冷气候条件的长期作用。耐候性试验模拟夏季墙面经高温日晒后突降暴雨和冬季昼夜温度的反复作用，是对大尺寸的外保温墙体进行的加速气候老化试验，是检验和评价外保温系统质量的最重要的试验项目。耐候性试验与实际工程有着很好的相关性，能很好地反映实际外保温工程的耐候性能。通过该试验，不仅可检验外保温系统的长期耐候性能，而且还可对设计、施工和材料性能进行综合检验。如果材料质量不符合要求、设计不合理或施工质量不好，都难以经受住这样的考验。抗风压试验中出现问题的图片如图 4-1 和图 4-2 所示。

执行本条时应注意，做耐候性测试和抗风压测试应采用同一试件。

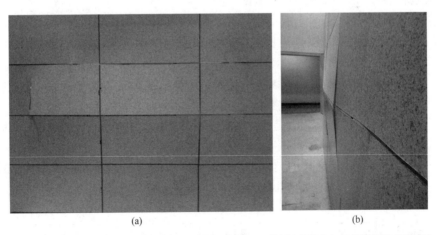

(a)　　　　　　　　　　　　　　　　　(b)

图 4-1　同一试件经保温系统耐候性测试无异常，经抗风压测试出现保温装饰板断裂、
粘贴及锚固失效并空鼓的破坏现象

抗风压性能检验在《外墙外保温工程技术标准》JGJ 144—2019 中的要求是“当需要检验外墙外保温系统抗风荷载性能时，性能指标和试验方法由供需双方协商确定”，也可参考《外墙外保温工程技术标准》JGJ 144—2004 附录 A.3 进行试验和判定。

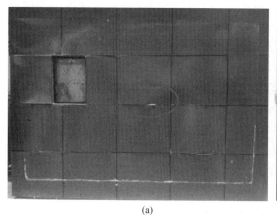 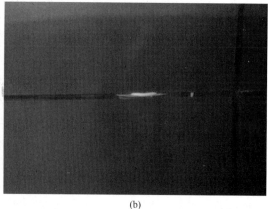

(a)   (b)

图 4-2　同一试件经保温系统耐候性测试无异常，经抗风压测试出现保温装饰板变形、
密封胶脱粘密封条外露鼓的破坏现象

【实施与检查】

1. 实施

本条规定是外墙外保温工程施工的前置条件。不管采用何种外墙外保温做法，在实际工程施工时，均应按本条要求采用预制构件、定型产品或成套技术，并应由同一供应商提供配套的组成材料以及型式检验报告。预制构件、定型产品或成套技术可以理解为有相应产品标准的成熟技术，如果是新技术和产品则应经过技术鉴定或评估方可使用。同时，施工单位不得自行分别采购相关材料进行施工，监理工程师应对此进行认真核查，并以有无型式检验报告以及进入施工现场的外墙外保温预制构件、定型产品或成套技术质量证明文件与型式检验报告是否一致作为判定依据。

2. 检查

本条的检查方法主要是核查质量证明文件和型式检验报告。在核查中需要注意的问题是：

（1）本条中的型式检验报告应该包括外保温系统的型式检验报告和系统组成材料的型式检验报告，报告中检测的项目和参数应与相应的标准要求一致。

（2）型式检验报告是否合格，是否与质量证明文件一致并在相应标准规定的有效期内。

（3）出具型式检验报告的检测机构应有相应的检测资质。

（4）当同一工程采用两种以上不同做法时，每种做法均应提供对应的型式检验报告。

（5）外墙外保温配套的组成材料是否由同一系统供应商提供。

4.2.4　严寒和寒冷地区外保温使用的抹面材料，其冻融试验结果应符合该地区最低气温环境的使用要求。

检验方法：核查质量证明文件。

检查数量：全数检查。

4.2.4【示例或专题】

【技术要点说明】

本条对于严寒和寒冷地区使用的抹面材料提出了冻融试验的具体要求。严寒、寒冷地区的外保温抹面材料，由于处在较为严酷的条件下，容易因长期反复冻融出现开裂、脱落等问题，故对其增加了冻融试验要求。本条所要求进行的冻融试验不是进场复验，而是指由材料生产厂家或供应商提供的检验报告。这些试验应按照有关产品标准进行，其结果应符合产品标准的规定。冻融试验可由生产厂家或供应商委托具备产品检验资质或相应资质的检验机构进行试验并提供报告。

【实施与检查】

1. 实施

本条的规定具有地域性。我国幅员辽阔，地形复杂。由于地理纬度、地势等条件的不同，各地气候相差悬殊，因此，针对不同的气候条件，在《民用建筑热工设计规范》GB 50176—2016 中从建筑热工设计的角度分了 5 个气候分区。在严寒和寒冷地区，除前述要求外，监理工程师还应单独核查外保温使用的抹面材料冻融试验结果，看其是否符合该地区最低气温环境的使用要求。

2. 检查

在《外墙外保温工程技术规程》JGJ 144—2019、《模塑聚苯板薄抹灰外墙外保温系统材料》GB/T 29906—2013 等标准中，对于抹面胶浆提出了冻融试验的要求，其试验方法对冷冻温度要求是（−20±2）℃，按《民用建筑热工设计规范》GB 50176—2016 附录三，室外计算温度中最冷月平均温度选用，其能够满足绝大多数地区的要求，因此，一般只要其报告按标准试验合格，即可视为合格。但对于满洲里、海拉尔、嫩江、呼玛、伊春和克山等地来说，最冷月平均温度比标准中的试验温度更低，如当地标准对此提出更严格的要求，可参考当地的标准进行判定。

> **4.2.5** 墙体节能工程施工前应按照设计和专项施工方案的要求对基层进行处理，处理后的基层应符合要求。
>
> 检验方法：对照设计和专项施工方案观察检查；核查隐蔽工程验收记录。
>
> 检查数量：全数检查。

4.2.5【示例或专题】

【技术要点说明】

此处的基层指的是保温层所依附的墙面，通常是主体结构的表面（混凝土或砌体表面）。对于新建工程在主体结构施工时，往往并未考虑保温材料粘结的要求，对于既有建筑节能改造时，情况更为复杂，因此，基层对保温施工的影响一方面表现在其表面的附着物、残留的隔离剂、污渍等，这些对保温层的安全粘结产生不利影响；另一方面，一般来说基层垂直度或表面平整度比墙体节能工程要差，在允许范围内时，可以适当调整粘结用的胶粘剂或保温材料厚度进行找平，但如果超差较多，单靠保温层则难以找回，此时会对保温施工带来很大困难。故本条要求基层应符合《混凝土结构工程施工质量验收规范》

GB 50204—2015 和《砌体结构工程施工质量验收规范》GB 50203—2011 等标准要求，同时还要按照设计和施工方案的要求对基层进行处理，使其洁净、坚实和平整，真正满足墙体节能工程施工的要求。

【实施与检查】

1. 实施

在保温施工前由施工单位技术人员和监理人员对照设计和施工方案进行观察，同时施工单位技术人员应制作图像资料，填写隐蔽工程验收记录，并由监理人员进行核查，看其是否与实际一致。

2. 检查

本条的检查方法主要以目视观察为主，由于检查内容比较重要，故要求全数检查。目视观察一是看墙体表面有没有影响保温层粘结的附着物或污渍；二是检查混凝土结构工程或砌体工程验收记录，看其墙体表面的垂直度和平整度是否满足规范要求；三是对照设计或施工方案观察是否按要求进行了处理；四是看隐蔽工程验收记录是否完整，图像资料是否完整清晰并准确反映了基层的处理结果。

4.2.6 墙体节能工程各层构造做法应符合设计要求，并应按照经过审批的专项施工方案施工。

检验方法：对照设计和专项施工方案观察检查；核查隐蔽工程验收记录。

检查数量：全数检查。

4.2.6【示例或专题】

【技术要点说明】

本条是对墙体节能工程各层构造做法的要求。墙体节能工程的各层构造做法是否符合设计要求，是保证节能效果的关键之一。由于墙体节能做法较多且不同做法施工工艺也有所差异，而除面层外，墙体节能工程各层构造做法均为隐蔽工程，完工后难以检查，因此，本条给出了墙体节能工程各层构造做法检查和验收的检查方法及数量。在第 17 章建筑节能工程现场检验中也有外墙节能构造实体检验与本条呼应，其目的都是在于保证墙体节能施工能够按设计和施工方案进行。

【实施与检查】

1. 实施

墙体节能工程各层构造施工涉及多个工序，各施工工序应按技术标准进行质量控制，每道工序完成后需经施工单位自检符合规定。同时本条涉及隐蔽工程，在隐蔽前施工单位还应通知监理进行验收，参加人员包括监理工程师、施工单位质量检查员及专业工长，并形成验收文件，合格后方可进行下道工序施工。

2. 检查

本条的检查方法主要以目视观察为主，并要求全数检查。目视观察主要看各工序是否正确，各层构造是否与设计和审定后的施工方案一致，隐蔽工程验收记录是否完整，图像资料是否完整清晰。

4.2.7 墙体节能工程的施工质量，必须符合下列规定：

1 保温隔热材料的厚度不得低于设计要求。

2 保温板材与基层之间及各构造层之间的粘结或连接必须牢固。保温板材与基层的连接方式、拉伸粘结强度和粘结面积比应符合设计要求。保温板材与基层的拉伸粘结强度应进行现场拉拔试验，且不得在界面破坏；粘结面积比应进行剥离检验。

3 当采用保温浆料做外保温时，厚度大于 20mm 的保温浆料应分层施工。保温浆料与基层之间及各层之间的粘结必须牢固，不应脱层、空鼓和开裂。

4 当保温层采用锚固件固定时，锚固件数量、位置、锚固深度、胶结材料性能和锚固力应符合设计和施工方案的要求；保温装饰板的锚固件应使其装饰面板可靠固定；锚固力应做现场拉拔试验。

检验方法：观察、手扳检查；核查隐蔽工程验收记录和检验报告。保温材料厚度采用现场钢针插入或剖开后尺量检查；拉伸粘结强度按照本标准附录 B 的检验方法进行现场检验；粘结面积比按照本标准附录 C 的检验方法进行现场检验；锚固力检验应按现行行业标准《保温装饰板外墙外保温系统材料》JG/T 287 的试验方法进行；锚栓拉拔力检验应按现行行业标准《外墙保温用锚栓》JG/T 366 的试验方法进行。

检查数量：每个检验批应抽查 3 处。

4.2.7【示例或专题】

【技术要点说明】

本条对墙体节能工程施工质量提出 4 款基本要求，这些要求主要关系到墙体节能工程的安全和节能效果，十分重要，因此被列入了强制性条文。具体要求分别表述如下：

（1）保温隔热材料的厚度。对于保温绝热材料来说，其厚度与导热系数的积越大，则保温效果越好，当施工采用设计确定的保温材料且其复验合格后，上墙保温材料的厚度将是影响节能效果的决定因素。有时不同朝向的外墙设计保温厚度有所区别，施工时要注意不能混用；另外如 4.2.5 条所述，在实际施工中，个别部位有时会通过调整保温材料厚度来进行找平，但掌握的原则应是许厚不许薄，要保证上墙的保温材料厚度满足设计要求。

（2）保温板材与基层之间及各构造层之间的粘结或连接。保温系统要承受自重、风压等诸多因素的影响，因此，只有保温板材与基层之间及各构造层之间的牢固粘结或连接，才能保证系统安全。其中，以粘结为主的保温板材与基层之间又是最薄弱的环节，主要原因一是工艺特点决定了保温板与基面的粘结面积一般要求是不小于 40%，但抹面层与保温板，饰面层与抹面层的粘结则都是 100%；二是保温系统的其他试验均可在试验室人工模拟的特定条件下完成，结果与现场相比波动较少，但唯有保温板与基面的试验由于粘结面积取样部位的差异，在试验室无法完成，同时现场基面情况千差万别，即使基面经过处理但仍无法完全保证结果与试验室一致，而现场的拉拔试验就是解决此问题的最好方法。

（3）保温浆料。保温浆料由于导热系数偏大且大多数保温浆料材料质量不稳定，在2007年被原建设部纳入限制使用范畴，不得用于严寒和寒冷地区的内、外保温且不宜用于夏热冬冷地区的内保温。当在可应用地区进行外保温施工时，应注意厚度大于20mm的保温浆料应分层施工。主要原因在于保温浆料通常采用人工抹灰的方法施工，而根据保温浆料的工作性能，一次抹灰厚度过厚容易出现空鼓、坠落、变形等情况，因此，本条规定厚度大于20mm的保温浆料应分层施工。此外，在施工方案和技术交底时还应说明各层抹灰的间隔时间。对于保温浆料做外保温时各层之间粘结牢固的要求，是针对浆料保温层的特点规定的，保温浆料的强度一般较低，分层施工的层间粘结也是薄弱环节，因此，为保证外保温的整体联结安全，必须对此进行要求。

（4）保温层采用锚固件固定。保温层采用机械锚固时，锚固件的数量、位置、锚固深度和拉拔力是决定锚固效果的4个主要因素，也是直接涉及安全的4个因素。对这些因素设计有时会提出对锚固件的数量和拉拔力的要求，但对位置、深度一般不会给出具体指标，因此在施工方案中对上述要求应详细列明。保温施工时应检查锚固件数量、位置、锚固深度、胶结材料性能和锚固力是否符合设计和施工方案的要求。保温装饰板系统近年来应用逐步增加，保温装饰板由保温层、面板、饰面层和连接件复合而成，连接件与面板应可靠固定。安装方式一般以粘结为主、粘钉结合，因此，安装时要求锚固件应将保温装饰板的装饰面板固定牢固。另外本条还提出应对锚固力或锚栓拉拔力做拉拔试验，也是为了确保安全，但对仅起辅助作用的锚固件，如：以粘结为主、以锚栓为辅固定的保温隔热板材，可只进行数量、位置、锚固深度等检查，可不做锚固力现场拉拔试验。

【实施与检查】

1. 实施

在施工单位自检的基础上，由监理工程师和施工单位质量检查员及专业工长对上述项目进行验收，并形成验收文件和隐蔽工程记录。对于拉伸粘结强度、粘结面积比和锚固力检验需要委托具备见证资质的检测机构进行试验，其中拉伸粘结强度需在胶粘剂已满足养护时间要求后进行，粘结面积比则宜在刚施工完不久胶粘剂强度尚低时进行，监理工程师需对试验报告进行核查。

2. 检查

本条中的4款内容检查方法各不相同，但检查数量是一致的，均为每个检验批应抽查3处。其中保温隔热材料的厚度采用现场钢针插入或剖开后尺量检查；保温板材与基层之间及各构造层之间的粘结或连接可采用观察和用手扳保温层的方式进行检查，时间上应在达到养护时间后进行，不能出现翘曲、松动、脱落等现象。拉伸粘结强度和粘结面积的现场检验考虑到不同方法之间的差异，为减少争议，本标准在附录中明确了两个试验方法，要求拉伸粘结强度按照本标准附录B的检验方法进行检验，粘结面积比按照本标准附录C的检验方法进行检验，对于保温装饰板的锚固力检验按照行业标准《保温装饰板外墙外保温系统材料》JG/T 287—2013 中的 6.3.3 条单点锚固力进行；锚栓拉拔力则应按照《外墙保温用锚栓》JG/T 366—2012 附录 B 锚栓承载性能现场测试方法进行。

对上述试验报告应核查检测机构的资质是否符合要求，检测的项目和参数与要求是否一致，依据的试验方法是否符合本条要求，检测报告的日期、签字、印章等是否符合要求，同时还应核查不合格结果的处理是否符合要求。对隐蔽工程记录的核查主要是隐蔽工程验收记录是否完整，图像资料是否完整清晰等。

> **4.2.8** 外墙采用预置保温板现场浇筑混凝土墙体时，保温板的安装位置应正确，接缝应严密；保温板应固定牢固，在浇筑混凝土过程中不应移位、变形；保温板表面应采取界面处理措施，与混凝土粘结应牢固。
>
> 检验方法：观察、尺量检查；核查隐蔽工程验收记录。
>
> 检查数量：隐蔽工程验收记录全数核查；其他项目按本标准第 3.4.3 条的规定抽检。

4.2.8【示例或专题】

【技术要点说明】

本条对于采用预置保温板现场浇筑混凝土的外墙外保温做法提出了具体要求。该做法是外保温的一种形式，特点是保温施工与主体结构同步进行，施工中除了保温材料本身质量外，容易出现的主要问题是保温板移位以及保温板与混凝土之间的粘结问题。故本条要求施工单位安装保温板时应做到位置正确、接缝严密，在浇筑混凝土过程中应采取措施并设专人照看，以保证保温板不移位、不变形、不损坏。同时为了使预置保温板与现场浇筑的墙体混凝土紧密结合，还需要对预制保温板的板面使用界面剂进行处理。此外，预置保温板的位置固定也很重要，必须保证在浇筑混凝土过程中不能移位，保温板接缝处不能灌入混凝土。

【实施与检查】

1. 实施

由于是保温工程与主体结构同步施工，因此，该类复合墙体的混凝土、钢筋和模板的施工与验收，应按《混凝土结构工程施工规范》GB 50666—2011 和《混凝土结构工程施工质量验收规范》GB 50204—2015 的相关规定执行。

2. 检查

本条的检查方法一是目视观察和尺量检查，具体做法：一看保温板的安装位置是否正确；二看接缝处是否漏浆；三看保温板是否有跑模、移位、变形；四看保温板表面界面剂是否涂刷完整、是否有漏刷；五用尺量保温板的垂直度和平整度是否满足要求。二是对隐蔽工程记录进行核查，看隐蔽工程验收记录是否完整，图像资料是否完整清晰，不合格结果的处理是否符合要求。检查数量上对隐蔽工程验收记录全数核查，其他项目则按本标准第 3.4.3 条的规定抽检。

4.2.9 外墙采用保温浆料做保温层时，应在施工中制作同条件试件，检测其导热系数、干密度和抗压强度。保温浆料的试件应见证取样检验。

检验方法：按照本标准附录 D 的检验方法进行。

检查数量：同厂家、同品种产品，按照扣除门窗洞口后的保温墙面面积，在 5000m² 以内时应检验 1 次；当面积每增加 5000m² 应增加 1 次。同工程项目、同施工单位且同期施工的多个单位工程，可合并计算抽检面积。

4.2.9【示例或专题】

【技术要点说明】

保温浆料又称保温砂浆，既包括《胶粉聚苯颗粒外墙外保温系统材料》JG/T 158—2013 中的聚苯颗粒保温浆料，也包括《建筑保温砂浆》GB/T 20473—2006 中的以膨胀珍珠岩或膨胀蛭石作为轻集料的保温砂浆。外墙保温层采用这两类保温浆料做保温层时，保温浆料的配制一般在施工现场完成。由于施工现场条件所限，保温浆料的配制及抹灰等均为人工操作，保温砂浆的配合比、搅拌时间、使用时间等一致性较差，施工质量不易控制，因此，浆料保温层的保温性能主要依靠施工中制作的同条件试件来检验。本条要求在施工中应制作同条件试件，检测其导热系数、干密度和压缩强度等参数，为了统一试验方法和方便操作，本标准的附录 D 明确了保温浆料同条件试件的检验方法。

【实施与检查】

1. 实施

本条规定同条件试件试验应为见证取样检验。在建设单位或监理单位人员见证下，由施工人员在现场制作取样，送至试验室进行试验。见证人员和取样人员对试样的代表性和真实性负责。

检查数量上考虑到同一个工程项目可能包括多个单位工程的情况，为了合理、适当降低检验成本，规定同厂家、同品种产品，按照扣除门窗洞口后的保温墙面面积，在 5000m² 以内时应检验 1 次；当面积每增加 5000m² 应增加 1 次。同工程项目、同施工单位且同期施工的多个单位工程，可合并计算抽检面积。

2. 检查

对于本条的检查主要包括以下三个方面：一是检验的数量是否符合本条的要求；二是检验报告是否符合要求，包括检测机构是否有相应的见证试验资质，检验报告上是否加盖有见证试验章，报告中的检测项目和参数是否与要求的相符，检测项目是否按照本标准附录 D 的检测方法进行，检验的性能指标是否合格，检验报告的日期、签字、印章等是否符合要求等；三是不合格结果的处理是否符合规定。

4.2.10 墙体节能工程各类饰面层的基层及面层施工，应符合设计且应符合现行国家标准《建筑装饰装修工程质量验收规范》GB 50210 等标准的要求，并应符合下列规定：

1 饰面层施工前应对基层进行隐蔽工程验收。基层应无脱层、空鼓和裂缝，并应平整、洁净，含水率应符合饰面层施工的要求。

2　外墙外保温工程不宜采用粘贴饰面砖做饰面层；当采用时，其安全性与耐久性必须符合设计要求。饰面砖应做粘结强度拉拔试验，试验结果应符合设计和有关标准的规定。

4.2.10【示例或专题】

3　外墙外保温工程的饰面层不得渗漏。当外墙外保温工程的饰面层采用饰面板开缝安装时，保温层表面应覆盖具有防水功能的抹面层或采取其他防水措施。

4　外墙外保温层及饰面层与其他部位交接的收口处，应采取防水措施。

检验方法：观察检查；核查隐蔽工程验收记录和检验报告。粘结强度按照现行行业标准《建筑工程饰面砖粘结强度检验标准》JGJ 110 的有关规定检验。

检查数量：粘结强度按照现行行业标准《建筑工程饰面砖粘结强度检验标准》JGJ 110 的有关规定抽样。其他为全数检查。

【技术要点说明】

本条是对墙体节能工程的各类饰面层施工质量的规定。通常无论是内保温还是外保温，保温层都不能直接暴露在工程的表面，必须用饰面层加以装饰和保护。虽然《外墙外保温技术规程》JGJ 144—2019 等技术标准中将饰面层作为保温系统的一个组成部分，耐候性试验也包括了饰面层，但在实际工程中饰面层的影响因素较多，其施工工艺和质量与墙体节能工程整体质量密不可分。本条提出除了应符合设计要求和《建筑装饰装修工程质量验收标准》GB 50210—2018 的规定外，还要遵守 4 项要求。提出这些要求的主要目的是防止外墙外保温出现安全和保温效果降低等问题。

第 1 款对饰面层的基层提出要求。此处的基层一般情况下指的是外保温的抹面层，不同的饰面层与抹面层除了材料之间的相容性外，为保证墙体节能工程最终的整体质量，还应对抹面层的施工质量予以要求，即要求饰面层的基层应无脱层、空鼓和裂缝，基层应平整、洁净，含水率应符合饰面层施工的要求，所有这些都是为了保证饰面层的施工质量。

第 2 款提出外墙外保温工程不宜采用粘贴饰面砖做饰面层的要求。外墙外保温粘贴饰面砖存在一系列的不确定因素，不仅要考虑自重增加导致的联结安全性问题，室外恶劣环境下材料的线胀系数不同导致的收缩变形，同时还要考虑饰面砖引起的冷凝受潮问题，因此，目前大部分外保温的技术规程建议采用涂料、装饰砂浆等轻质饰面。当建筑外墙外保温采用粘贴饰面砖时，必须提供单独进行的型式检验报告和方案论证报告，其安全性与耐久性必须符合设计要求。耐候性检验中应包含耐冻融性试验。此外，饰面砖还应做粘结强度拉拔试验。粘结强度按照《建筑工程饰面砖粘结强度检验标准》JGJ/T 110—2017 的规定抽样试验。

第 3 款提出不应渗漏的要求，是为保证保温效果而设置，是一条重要规定。外墙外保温工程的饰面层一旦渗漏，水分进入保温层内，将降低保温效果。严寒和寒冷地区还会因此导致墙体内侧出现结露、发霉和冻胀破坏等问题。当外墙外保温工程的饰面层采用饰面板开缝安装时，如果处理不好，雨水、雪水等会更容易进入板后的保温层表面，故特别规定保温层表面应覆盖具有防水功能的抹面层或采取其他防水措施。在施工中如果遇到设计无此要求，应提出洽商解决，并在施工方案中明确相关措施。

第 4 款要求外墙外保温层及饰面层与其他部位交接的收口处，应采取密封措施，同样是考虑保温层及饰面层的防水和密封问题。这种防水和密封不仅影响保温效果，还将影响到外保温层的安全性和耐久性问题，应当引起重视。

【实施与检查】

1. 实施

本条的实施是在施工单位自检的基础上，由监理工程师和施工单位质量检查员及专业工长对上述项目进行验收，并形成验收文件和相应的隐蔽工程记录，检验数量均为全数检查。采用饰面砖时，需要按照《建筑工程饰面砖粘结强度检验标准》JGJ/T 110—2017 的规定抽样试验，监理工程师还需对试验报告进行核查。

2. 检查

本条的 4 款要求虽然各不相同，但是检验方法却基本相同，以观察检查为主。其中对于外保温的抹面层来说，基本都是以聚合物的水泥砂浆为主，相对厚度也较薄，其表面是否无脱层、空鼓和裂缝，是否平整、洁净较为容易观察。对于涂料施工，一般情况下含水率小于 10％即可，在通风良好的情况下，夏天 14d，冬天 28d，基层含水率是可以达到要求的，与正常的外保温施工周期也基本一致。在气温低、湿度大、通风差的场所，干燥时间要相应延长一些，必要时也可以采用砂浆表面水分仪等方法测定。

对隐蔽工程记录的核查，同样要看隐蔽工程验收记录是否完整，图像资料是否完整清晰，不合格结果的处理是否符合要求。检查数量上对隐蔽工程验收记录全数核查。

外保温采用饰面砖时，还需核查饰面砖粘结强度的检验报告，包括检验的数量是否符合《建筑工程饰面砖粘结强度检验标准》JGJ/T 110—2017 的要求；检测机构是否有相应的见证试验资质，检验报告上是否加盖有见证试验章，检验的性能指标是否合格，检验报告的日期、签字、印章等是否符合要求等；还要核查不合格结果的处理是否符合规定。

4.2.11 保温砌块砌筑的墙体，应采用配套砂浆砌筑。砂浆的强度等级及导热系数应符合设计要求。砌体灰缝饱满度不应低于 80％。

检验方法：对照设计检查砂浆品种，用百格网检查灰缝砂浆饱满度。核查砂浆强度及导热系数试验报告。

检查数量：砂浆品种和强度试验报告全数核查。砂浆饱满度每楼层的每个施工段至少抽查 1 次，每次抽查 5 处，每处不少于 3 个砌块。

4.2.11【示例或专题】

【技术要点说明】

本条是对采用保温砌块砌筑墙体的要求。保温砌块砌筑的墙体，应采用专用配套砌筑砂浆砌筑，主要是为了保证墙体的热工性能，按照《自保温混凝土复合砌块墙体应用技术规程》JGJ/T 323—2014，当热工性能有要求时，配套专用砌筑砂浆导热系数应小于或等于 0.20W/（m·K），与自保温砌块的导热系数差值不大，这样可以避免降低墙体保温效果。通常设计时会要求采用专用砌筑砂浆砌筑。

即使保温砌体采用了专用砂浆砌筑，其灰缝的饱满度与密实度对节能效果也有一定影响。无论是从砌体安全角度还是从节能角度，都要求砌体灰缝砂浆有较好的密实度和饱满度。而从节能角度，对于保温砌体灰缝砂浆饱满度的要求应严于普通灰缝。本条要求灰缝饱满度不应低于 80%，这与《砌体结构工程施工质量验收规范》GB 50203—2011 中对于填充墙砌体工程的要求是一致的，实践证明也是可行的。

【实施与检查】

1. 实施

本条规定的配套砂浆和灰缝饱满度的要求，是保温砌块砌筑墙体有关节能效果的重要工序，在自检合格的基础上，应经监理工程师检查认可后才能进行下道工序。整个检查验收方法可以参照《砌体结构工程施工质量验收规范》GB 50203—2011 相关章节的规定。对砂浆强度的检验方法，应按《砌体结构工程施工质量验收规范》GB 50203—2011 中第 4.0.12 的要求进行验收，并对照设计核查施工方案和砌筑砂浆强度试验报告。保温砂浆强度试块的制作可以参照普通砂浆的要求。

检查数量上，砂浆品种和强度试验报告全数核查，对灰缝砂浆饱满度的检查则与普通砌体相同，即每楼层的每个施工段至少抽查 1 次，每次抽查 5 处，每处不少于 3 个砌块。

2. 检查

一是对照设计检查砂浆品种，用百格网检查灰缝砂浆饱满度；二是核查砂浆强度及导热系数试验报告，包括检验的数量是否符合要求，检测机构是否有相应的试验资质，检验的性能指标是否合格，检验报告的日期、签字、印章等是否符合要求等；三是不合格结果的处理是否符合规定。

4.2.12 采用预制保温墙板现场安装的墙体，应符合下列规定：

1 保温墙板的结构性能、热工性能及与主体结构的连接方法应符合设计要求，与主体结构连接必须牢固；

2 保温墙板的板缝处理、构造节点及嵌缝做法应符合设计要求；

3 保温墙板板缝不得渗漏。

检验方法：核查型式检验报告、出厂检验报告和隐蔽工程验收记录。对照设计观察检查；淋水试验检查。

检查数量：型式检验报告、出厂检验报告全数检查；板缝不得渗漏，可按照扣除门窗洞口后的保温墙面面积，在 5000m² 以内时应检查 1 处，当面积每增加 5000m² 应增加 1 处；其他项目按本标准第 3.4.3 条的规定抽检。

4.2.12【示例或专题】

【技术要点说明】

采用预制保温墙板现场安装组成保温墙体，具有施工进度快、产品质量稳定、保温效果可靠等优点。其质量控制要点包括：预制保温墙板本身的质量、墙板安装的质量、板缝处理等。

预制保温墙板本身的质量包括结构性能、热工性能等。这些均由生产厂家负责，并在型式检验报告中体现，因此，应用前要注意报告中提供的保温墙板的结构性能、热工性能、尺寸等是否齐全，是否都符合设计要求。

对于墙板与主体结构连接必须牢固的检查，首先应确定墙板与主体结构的连接方法应符合设计要求。其次，应对隐蔽工程验收记录进行核查，通过隐蔽工程验收记录判断连接质量是否牢固可靠，例如，埋件数量、焊接质量等是否满足要求。

保温墙板的板缝处理、构造节点及嵌缝做法等看似不太重要的细节，对安全和节能也有较大影响，故也应通过核查隐蔽工程验收记录证实其做法符合设计要求。

对于保温墙板板缝不得渗漏的规定，是考虑组装的预制墙板与整体制作的保温墙体相比更容易出现连接处渗漏问题。防止出现渗漏的关键是确保缝隙密封和处理质量。检查安装好的保温墙板板缝是否渗漏，虽可采取观察方法但是不易判断是否渗漏，因此，可采用现场淋水试验的方法，对墙体板缝部位连续淋水 2h，以不渗漏为合格。

【实施与检查】

1. 实施

预制墙板的现场安装，同样是涉及安全、节能的重要工序，需要在施工单位自检的基础上，由监理工程师和施工单位质量检查员及专业工长对上述项目进行验收，并形成验收文件和相应的隐蔽工程记录。检验数量为型式检验报告、出厂检验报告全数检查。板缝不得渗漏可按照扣除门窗洞口后的保温墙面面积，在 5000m² 以内时应检查 1 处，当面积每增加 5000m² 应增加 1 处。其他项目按本标准第 3.4.3 条的规定抽检。

2. 检查

对于型式检验报告、出厂检验报告的检查，要注意以下几点：

（1）本条中的型式检验报告检测的项目和参数与相应的标准要求是否一致。

（2）型式检验报告是否合格，是否与出厂检验报告一致并在相应标准规定的有效期内。

（3）出具型式检验报告的检测机构是否有相应的检测资质。

对隐蔽工程记录进行核查，看隐蔽工程验收记录是否完整，图像资料是否完整清晰，不合格结果的处理是否符合要求。

对于板缝不得渗漏，应对照设计观察检查并在淋水试验后观察是否出现渗漏。

4.2.13 外墙采用保温装饰板时，应符合下列规定：

1 保温装饰板的安装构造、与基层墙体的连接方法应符合设计要求，连接必须牢固；

2 保温装饰板的板缝处理、构造节点做法应符合设计要求；

3 保温装饰板板缝不得渗漏；

4 保温装饰板的锚固件应将保温装饰板的装饰面板固定牢固。

检验方法：核查型式检验报告、出厂检验报告和隐蔽工程验收记录。对照设计观察检查；淋水试验检查。

检查数量：型式检验报告、出厂检验报告全数检查；板缝不得渗漏应按照扣除门窗洞口后的保温墙面面积，在 5000m² 以内时应检查 1 处，面积每增加 5000m² 应增加 1 处；其他项目按本标准第 3.4.3 条的规定抽检。

4.2.13【示例或专题】

【技术要点说明】

保温装饰板在工厂预制成型，由保温材料、装饰面板以及胶粘剂、连接件复合而成，具有保温和装饰功能的复合板材，其饰面丰富多样，也是外保温的一种型式。保温装饰板与结构墙体基层的联结方式类似于粘结保温板系统，施工时，先在基层墙体上做防水找平层，采用以粘为主、粘锚结合方式将保温装饰板固定在基层上，并采用保温嵌缝材料和密封材料封填板缝。保温装饰板与基面的粘结面积一般要大于 EPS 薄抹灰等系统，因此，本条提出保温装饰板的安装构造、与基层墙体的连接方法应符合设计要求，连接必须牢固。而保温装饰板的板缝是整个系统的薄弱环节，施工时要按设计要求处理好，不得渗漏。装饰保温板的门窗洞口、女儿墙等构造节点一般还应有专项设计，实际施工时要严格按照设计要求进行，避免出现热桥、渗水等问题，同时，锚固件还应将保温装饰板的装饰面板固定牢固，防止出现安全问题。

【实施与检查】

1. 实施

本条的几款要求是涉及保温装饰板外保温的安全、节能的重要工序，需要在施工单位自检的基础上，由监理工程师和施工单位质量检查员及专业工长对上述项目进行验收，并形成验收文件和相应的隐蔽工程记录。检验数量为型式检验报告、出厂检验报告全数检查。板缝不得渗漏可按照扣除门窗洞口后的保温墙面面积，在 5000m² 以内时应检查 1 处，当面积每增加 5000m² 应增加 1 处。其他项目按本标准第 3.4.3 条的规定抽检。

2. 检查

对于型式检验报告、出厂检验报告的检查，要注意以下几点：

（1）本条中的型式检验报告检测的项目和参数应与相应的标准要求是否一致。

（2）型式检验报告是否合格，是否与出厂检验报告一致并在相应标准规定的有效期内。

（3）出具型式检验报告的检测机构是否有相应的检测资质。

对隐蔽工程记录进行核查，看隐蔽工程验收记录是否完整，图像资料是否完整清晰，不合格结果的处理是否符合要求。

对于板缝不得渗漏，要对照设计观察检查并在淋水试验后观察是否出现渗漏。

4.2.14 采用防火隔离带构造的外墙外保温工程施工前编制的专项施工方案应符合《建筑外墙外保温防火隔离带技术规程》JGJ 289 的规定，并应制作样板墙，其采用的材料和工艺应与专项施工方案相同。

检验方法：核查专项施工方案、检查样板墙。

检查数量：全数检查。

4.2.14【示例或专题】

【技术要点说明】

本条是对采用防火隔离带构造的外墙外保温工程施工前的要求。在《建筑设计防火规范》GB 50016—2014 的第 6.7 节中明确规定，当外保温系统采用 B₁ 和 B₂ 级保温材料时应在保温系统中每层设置水平防火隔离带。由于防火隔离带的材料不同于外保温系统采用 B_1 和 B_2 级保温材料，其技术要求和安装工艺也有所不同，因此，除按《建筑外墙外保温防火隔离带技术规程》JGJ 289—2012 要求进行耐候性试验外，还应考虑施工现场的不同特点，为保证施工质量，编制包括防火隔离带的技术要求和安装工艺在内的专项施工方案。在现场采用与施工方案相同的材料和工艺制作样板墙，一是可以实际检验加装防火隔离带后外保温的施工工艺是否可行，外保温是否安全，防火隔离带与其他保温材料相接的地方是否开裂；另一方面也可以立此存照，对比实际施工时材料与样板墙是否一致。

【实施与检查】

1. 实施

施工单位应编制包括防火隔离带的技术要求和安装工艺在内的专项施工方案，并按专项方案要求制作样板墙，其采用的材料和工艺应与施工方案相同。样板墙的制作应由监理工程师监督。因为检查方法较简单，因此，检查数量为全数检查。

2. 检查

本条的检查一是看施工方案中是否对防火隔离带的技术要求和安装方法进行详细规定，同时这些规定是否符合《建筑外墙外保温防火隔离带技术规程》JGJ 289—2012 等标准的要求；二是看样板墙是否按施工方案的要求制作，在正式施工前样板墙是否质量完好。

4.2.15 防火隔离带组成材料应与外墙外保温组成材料相配套。防火隔离带宜采用工厂预制的制品现场安装，并应与基层墙体可靠连接，防火隔离带面层材料应与外墙外保温一致。

检验方法：对照设计观察检查。

检查数量：全数检查。

4.2.15【示例或专题】

【技术要点说明】

本条对建筑外墙外保温防火隔离带组成材料及制品、安装做出规定。"相配套"是指隔离带和外保温材料应符合成套技术的要求，防火隔离带实际上是外墙外保温的组成部分，同样要经受耐候试验的考验，要满足上述要求，防火隔离带的组成材料就必须与外墙外保温组成材料相配套。外墙外保温系统对防火隔离带的性能和安装要求很高，截面较小，而制作隔离带的不燃保温材料往往强度较低，因此，为了保证防火隔离带质量稳定可靠、减少破损、安装便捷、节省施工工时，宜采用工厂预制的构件，在现场安装。同时，由于防火隔离带的主要作用是一旦发生火灾时阻止火焰传播，不能因为脱落而失效，因此，其与基层必须保证可靠连接。一般情况下为了便于施工和减少错误操作，其面层材料也采用与外墙外保温一致的材料。

【实施与检查】

1. 实施

在《建筑外墙外保温防火隔离带技术规程》JGJ 289—2012 等标准中对于防火隔离带

有具体的规定，本条也涉及防火安全，一般在设计中会对防火隔离带的安装提出具体要求。实际工程中需要在施工单位自检的基础上，由监理工程师和施工单位质量检查员及专业工长对上述项目进行验收，并形成验收文件。由于是对照设计观察检查，因此，检查数量上要求全数检查。

2. 检查

本条的检查主要是观察防火隔离带施工时其连接方式包括粘结面积、锚栓数量、位置等是否按照设计要求进行，必要时还可配合第 4.2.16 条要求查看外保温的耐候性检测中是否包含了防火隔离带，如包含则可认为经过耐候检测合格。防火隔离带组成材料应与外墙外保温组成材料相配套。

> **4.2.16** 建筑外墙外保温防火隔离带保温材料的燃烧性能等级应为 A 级，并应符合本标准第 4.2.3 条的规定。
> 检验方法：核查质量证明文件及检验报告。
> 检查数量：全数检查。

4.2.16【示例或专题】

【技术要点说明】

本条对防火隔离带材料的燃烧性能和与外保温相关要求做出了具体规定。根据《建筑设计防火规范》GB 50016—2014 中第 6.7.7 条的要求，防火隔离带应采用燃烧性能为 A 级的材料，在《建筑外墙外保温防火隔离带技术规程》JGJ 289—2012 的第 3.0.6 条中也作为强制性条文提出。防火隔离带最主要的作用上就是阻止火焰在外保温系统内传播。根据国内外的研究成果和实践经验，实际火灾发生时防火隔离带所受的高温约在 1000℃ 左右，在这样的高温下还必须达到阻火传播的效果，就要求其燃烧性能必须达到 A 级。同时如上条所述，加入防火隔离带后仍要满足外保温系统的安全性能、抗渗防水等使用功能、外观等均不应因为防火隔离带的设置而降低要求，因此，设置防火隔离带的外保温系统应通过耐候性等系统试验，并符合第 4.2.3 条的规定。

【实施与检查】

1. 实施

由于防火隔离带采用的是燃烧性能为 A 级的保温材料，并不需要对燃烧性能进行进场复验，但同样施工单位应与外保温的其他材料一起由系统供应商提供，不得自行采购相关材料进行施工。监理工程师应对此进行认真核查，并以有无型式检验报告，以及进入施工现场的技术质量证明文件与型式检验报告是否一致作为判定依据。

2. 检查

本条的检查方法与第 4.2.3 条一样，主要是核查质量证明文件和型式检验报告。在核查中需要注意的问题是：

（1）本条中的型式检验报告应该包括外保温系统的型式检验报告和防火隔离带在内的系统组成材料的型式检验报告，报告中检测的项目和参数应与相应的标准要求一致。

（2）核查型式检验报告是否合格，是否与质量证明文件一致并在相应标准规定的有效期内。

（3）出具型式检验报告的检测机构应有相应的检测资质。

（4）外墙外保温配套的组成材料是否由同一系统供应商提供。

4.2.17 墙体内设置的隔汽层，其位置、材料及构造做法应符合设计要求。隔汽层应完整、严密，穿透隔汽层处应采取密封措施。隔汽层凝结水排水构造应符合设计要求。

　　检验方法：对照设计观察检查，核查质量证明文件和隐蔽工程验收记录。

　　检查数量：全数检查。

4.2.17【示例或专题】

【技术要点说明】

　　墙体内隔汽层的作用主要是防止空气中的水分进入保温层造成保温效果下降，进而形成结露等问题。隔汽层面积大，又属于隐蔽工程，不仅施工时其质量容易忽视，而且其他工序施工时隔汽层也容易遭到破坏。本条针对隔汽层容易出现的破损、透气等问题，规定隔气层设置的位置、使用的材料及构造做法，应符合设计要求和相关标准的规定。要求隔气层应完整、严密，穿透隔汽层处应采取密封措施。隔汽层冷凝水排水构造应符合设计要求。由于隔气层面积大，故不可能等待其全部完工后再一次验收，而应分批验收，施工过程中随做随验，并注意做好验收记录。

【实施与检查】

　　1. 实施

　　在施工单位自检的基础上，由监理工程师和施工单位质量检查员及专业工长对上述项目进行验收，并形成验收文件和相应的隐蔽工程记录。检查数量则为全数检查。

　　2. 检查

　　本条的检查方法主要有两种：一是对照设计观察检查；二是核查质量证明文件和隐蔽工程验收记录。实际上，隔汽层质量控制与检查主要依靠隐蔽工程验收来把关，而隐蔽工程验收时的主要方法是对照设计仔细观察检查，发现问题要及时修补。

4.2.18 外墙和毗邻不供暖空间墙体上的门窗洞口四周墙的侧面、墙体上凸窗四周的侧面，应按设计要求采取节能保温措施。

　　检验方法：对照设计观察检查，采用红外热像仪检查或剖开检查；核查隐蔽工程验收记录。

　　检查数量：按本标准第3.4.3条的规定抽检，最小抽样数量不得少于5处。

4.2.18【示例或专题】

【技术要点说明】

本条所指的门窗洞口四周墙侧面，是指窗洞口的侧面，即与外墙面垂直的 4 个小面。这些部位是外墙面的主要热桥部位之一，在节能设计标准中也是强调的重点部位，同时这些部位保温施工也较复杂，尤其是墙体上凸窗四周的侧面，处理不当会严重降低节能效果。在实际施工中，应严格按照设计要求采取断桥或节能保温措施。

【实施与检查】

1. 实施

本条的规定涉及墙体节能工程的主要热桥部位，应引起足够的重视。在施工单位自检的基础上，由监理工程师和施工单位质量检查员及专业工长对上述项目进行验收，并形成验收文件和相应的隐蔽工程记录。检查数量按本标准第 3.4.3 条的规定抽检，但最小抽样数量不得少于 5 处。

2. 检查

本条的检查一是对照设计观察检查，看是否严格按照设计要求做到位，必要时也可采用采用红外热像仪检查或剖开检查的方式，但剖开检查后相关部位必须及时加以修补。二是对隐蔽工程记录进行核查，看隐蔽工程验收记录是否完整，图像资料是否完整清晰，不合格结果的处理是否符合要求。

4.2.19 严寒和寒冷地区外墙热桥部位，应按设计要求采取隔断热桥措施。

检验方法：对照设计和专项施工方案观察检查；核查隐蔽工程验收记录；使用红外热像仪检查。

检查数量：隐蔽工程验收记录应全数检查。隔断热桥措施按不同种类，每种抽查 20%，并不少于 5 处。

4.2.19【示例或专题】

【技术要点说明】

本条对于严寒和寒冷地区的墙热桥部位处理做出了规定。所谓热桥，是指外围护结构上有热工缺陷的部位。在室内外温差作用下，这些部位会出现局部热流密集的现象。在室内供暖的情况下，该部位内表面温度较其他部位低，而在室内空调降温的情况下，该部位的内表面温度又较其他部位高，具有这种特征的部位，称为热桥。显然，从节能角度，应防止出现热桥。

围护结构中的热桥部位由于热流集中，随着严寒和寒冷地区节能设计标准的提高，热桥部位对于总体保温隔热效果的影响也越来越大。故本条要求严寒和寒冷地区外墙热桥部位均应按设计要求采取隔断热桥或节能保温措施。

对于本条所列范围，"严寒、寒冷地区"之外的其他地区的热桥处理要求，作为一般项目列在第 4.3.3 条中。

【实施与检查】

1. 实施

本条的规定涉及墙体节能工程的保温效果，应在施工单位自检的基础上，由监理工程师和施工单位质量检查员及专业工长对上述项目进行验收，并形成验收文件和相应的隐蔽工程记录。检查数量上隐蔽工程验收记录应全数检查。隔断热桥措施按不同种类，每种抽查20%，并不少于5处。

2. 检查

检验方法一是对照设计和施工方案观察检查，查看上述部位是否进行了处理，热桥部位保温层的厚度、拼缝等处的做法是否符合设计和施工方案的要求。还可以采用热工成像设备进行扫描检查。热工成像设备检查可以辅助了解其处理措施是否有效，其扫描检查的图像资料也应列入验收记录。二是隐蔽工程验收记录是否完整，图像资料是否完整清晰，不合格结果的处理是否符合要求。

4.3 一般项目

4.3.1 当节能保温材料与构件进场时，其外观和包装应完整无破损。

检验方法：观察检查。

检查数量：全数检查。

4.3.1【示例或专题】

【技术要点说明】

本条是对进入施工现场的节能保温材料与构件外观和包装的要求。节能保温材料与构件的内在质量是主要的，这些要求已经被列在主控项目中，而外观和包装要求则相对次要。外观和包装虽然没有主控项目那样重要，但是如果破损，同样有可能影响到材料或构件的质量。施工中人们往往重视内在质量而忽视外观质量，因此本条规定，产品的外观和包装应符合设计要求和产品标准的规定。

在大多数情况下，设计并不给出外观和包装要求，这些要求可能多数在产品标准或合同中提出，这时就要遵守这些要求，按照这些要求去验收。

【实施与检查】

对进入施工现场的节能保温材料与构件的外观和包装检查，主要是目视观察。有时，需要辅之以简单的尺量，包括平尺、方尺、靠尺等的测量。

对于外观质量其缺陷可分为两种：产品自身缺陷和搬运中产生的缺陷。材料自身的缺陷较为复杂，主要是尺寸、翘曲、受潮变形变质等。搬运中产生的缺陷比较简单，通常有损坏、碰伤、裂缝或断裂等。验收材料时，产品自身缺陷和搬运中产生的缺陷都应检查。

4.3.2 当采用增强网作为防止开裂的措施时，增强网的铺贴和搭接应符合设计和专项施工方案的要求。砂浆抹压应密实，不得空鼓；增强网应铺贴平整，不得皱褶、外露。

　　检验方法：观察检查；核查隐蔽工程验收记录。

　　检查数量：每个检验批抽查不少于 5 处，每处不少于 $2m^2$。

4.3.2【示例或专题】

【技术要点说明】

　　本条是对增强网的要求。增强网在节能工程中通常用在容易开裂的部位，如面层、拐角等部位的砂浆中，起到分散应力、减少开裂的作用，并可增强其外保温系统的抗冲击性，更好地抵抗外力的破坏。在外保温中使用的增强网一般可分为热镀锌电焊网和耐碱玻璃纤维网格布两类，前者有时会用于饰面砖基层做增强用，后者应用则更为广泛。外保温的防护层厚度一般较薄，增强网的位置在中间靠外面时的抗裂效果最好，但要注意增强网的搭接尺寸要满足要求，搭接尺寸过短或出现皱褶、外露都会严重影响其抗裂和增强效果。

【实施与检查】

　　检验方法一是观察检查，对照设计和施工方案中的工艺要求观察检查，查看砂浆抹压层是否都压入了加强网，砂浆抹压层的厚度是否符合设计和施工方案的要求；加强网铺贴是否平整连续，其搭接尺寸是否符合要求，压入砂浆后有无外露，砂浆是否密实有无空鼓等。二是核查隐蔽工程验收记录是否完整，图像资料是否完整清晰，不合格结果的处理是否符合要求。

　　检查数量则按第 4.1.5 条划分的检验批，每个检验批抽查不少于 5 处，每处不少于 $2m^2$。

4.3.3 除本标准第 4.2.19 条规定之外的其他地区，设置集中供暖和空调的房间，其外墙热桥部位应按设计要求采取隔断热桥措施。

　　检验方法：对照专项施工方案观察检查；核查隐蔽工程验收记录。

　　检查数量：隐蔽工程验收记录应全数检查。隔断热桥措施按不同种类，按本标准第 3.4.3 条的规定抽检，最小抽样数量每种不得少于 5 处。

【技术要点说明】

　　本条对除本标准第 4.2.19 条规定之外的其他地区，设置集中供暖和空调的房间，其外墙热桥部位的处理做出了规定。其要求的内容与第 4.2.19 条要求的内容相同，所不同的是本条针对的不是严寒和寒冷地区，而是夏热冬冷、夏热冬暖地区和温和地区设置空调的房间。热桥对房间节能造成的影响，与所处地区环境有关。当所处地区环境的室内外温差不大时，影响较小；而当所处地区环境造成室内外温差较大时，热桥的影响就会明显增大。

　　外墙热桥多是墙体内部以及附墙或挑出的各种部件、构造等造成的，这些部位或构件均应按设计要求采取隔断热桥或节能保温措施。

【实施与检查】

本条的检验方法与第4.2.19条相同，检验方法一是对照设计和施工方案观察检查，查看上述部位是否进行了处理，热桥部位保温层的厚度、拼缝等处的做法是否符合设计和施工方案的要求。还可以采用热工成像设备进行扫描检查。热工成像设备检查可以辅助了解其处理措施是否有效，其扫描检查的图像资料也应列入验收记录。二是隐蔽工程验收记录是否完整，图像资料是否完整清晰，不合格结果的处理是否符合要求。检查数量上对于隐蔽工程验收记录应全数检查。隔断热桥措施则按不同种类，按本标准第3.4.3条的规定抽检，最小抽样数量每种不得少于5处。

> **4.3.4** 施工产生的墙体缺陷，如穿墙套管、脚手架眼、孔洞、外门窗框或附框与洞口之间的间隙等，应按照专项施工方案采取隔断热桥措施，不得影响墙体热工性能。
>
> 　　检验方法：对照专项施工方案检查施工记录。
>
> 　　检查数量：全数检查。

4.3.4【示例或专题】

【技术要点说明】

本条对施工产生的墙体缺陷的处理做出了规定，要求从节能的角度消除墙体上由施工造成的热工缺陷。内容和理由与第4.2.19条、第4.3.3条要求的内容基本相同，所不同的是本条针对的是施工造成的墙体缺陷。注意施工造成的墙体缺陷有其自己的特点，主要是存在不可预知性，即设计图纸上无法预知，设计也不会出具弥补措施，只能由施工单位自行处理。如果处理不好将来难以发现。

施工单位在墙体施工前，应专门制定消除外墙热桥的措施，并在技术交底中加以明确。施工中应对施工产生的墙体缺陷，如穿墙套管、脚手眼、孔洞等随时填塞密实，并按照施工方案采取隔断热桥措施进行处理。

【实施与检查】

本条的检查方法主要是对照施工方案检查施工记录。查看上述部位是否进行了处理，热桥部位保温层的厚度、拼缝等处的做法是否符合施工方案的要求。检查数量为全数检查。

> **4.3.5** 墙体保温板材的粘贴方法和接缝方法应符合专项施工方案要求，保温板接缝应平整严密。
>
> 　　检验方法：对照专项施工方案，剖开检查。
>
> 　　检查数量：每个检验批抽查不少于5块保温板材。

4.3.5【示例或专题】

【技术要点说明】

　　本条对墙体保温板材的粘贴方法和接缝方法做出了规定。墙体保温板材的粘贴方法一般与基层平整度有关，可根据实际工程情况在专项施工方案中明确采用的具体方法。对于接缝需要注意的是板缝处不能有抹面胶浆等进入缝隙形成肋，否则容易导致局部应力集中出现开裂等质量问题。

【实施与检查】

　　对于保温板粘贴方法的检查需要对照施工方案，剖开检查，看其是否与施工方案的要求相符；保温板接缝的检查则可以核查隐蔽工程验收记录，看验收记录是否完整，图像资料是否完整清晰，不合格结果的处理是否符合要求。

4.3.6【示例或
专题】

　　4.3.6　外墙保温装饰板安装后表面应平整，板缝均匀一致。
　　　　检验方法：观察检查。
　　　　检查数量：每个检验批抽查 10%，并不少于 10 处。

【技术要点说明】

　　本条对外墙保温装饰板安装质量提出了要求。保温装饰板为工厂预制成型，由保温材料、装饰面板以及胶粘剂、连接件复合而成，是具有保温和装饰功能的复合板材，因此，每块保温装饰板的平整度均可得到保证，但在实际工程中需要注意的是，外墙保温装饰板整体的平整度还需要通过加强施工管理来控制，避免每块局部都平整但整体却达不到要求的现象发生。保温装饰板的板缝处理也是施工的关键，安装缝一般使用弹性背衬材料进行填充，并采用硅酮密封胶或柔性勾缝腻子嵌缝，但施工中还要注意板缝要均匀一致，否则整体观感会受到很大影响。

【实施与检查】

　　本条的检查方法主要是目视观察检查，必要时也可采用用 2m 靠尺楔形塞尺检查平整度。检查数量按照第 4.1.5 条的要求每个检验批抽查 10%，并不少于 10 处。

4.3.7【示例或
专题】

　　4.3.7　墙体采用保温浆料时，保温浆料厚度应均匀，接槎应平顺密实。
　　　　检验方法：观察、尺量检查。
　　　　检查数量：保温浆料厚度每个检验批抽查 10%，并不少于 10 处。

【技术要点说明】

　　本条对墙体采用保温浆料时的厚度和观感提出了要求。从施工工艺角度看，除砂浆成分、配制过程和厚度要求外，保温浆料的抹灰与普通装饰抹灰并无太大不同。保温浆料层的施工，包括对基层和面层的要求、对接槎的要求、对分层厚度和压实的要求等，均应按照普通抹灰工艺的要求执行，其检验也与普通砂浆类似。本条要求保温浆料厚度均匀、接茌平顺密实是为保证良好一致的保温效果。但是保温砂浆施工由人工作业，要保持厚度均匀并不容易，施工中应采取冲筋、分层抹灰、刮平、压实等一系列工序。要求接茬平顺密实，是因为如果接缝处不密实，不仅容易形成热桥缺陷，而且还容易造成保温砂浆在接缝处出现空鼓开裂甚至脱落。

【实施与检查】

对保温砂浆的接缝、平整顺直密实等采用观察检查的方法；对保温砂浆的厚度用尺量检查。检查数量为保温板厚度每个检验批抽查 10%，并不少于 10 处。

4.3.8 墙体上的阳角、门窗洞口及不同材料基体的交接处等部位，其保温层应采取防止开裂和破损的加强措施。

　　检验方法：观察检查；核查隐蔽工程验收记录。

　　检查数量：按不同部位，每类抽查 10%，并不少于 5 处。

4.3.8【示例或专题】

【技术要点说明】

本条对容易碰撞、破损的保温层特殊部位采取加强措施，防止被损坏。具体防止开裂和破损的加强措施通常由设计或施工技术方案确定。

与普通砂浆相比，一般外保温用的抹面胶浆柔韧性更好，但强度相对较低。墙体上容易碰撞损伤的阳角、门窗洞口及不同材料基体的交接处等特殊部位，如果不采取防止开裂和破损的加强措施，则很可能在使用中受到外力碰撞或不同基体的收缩差异，造成损伤。

采取的加强措施通常有：在面层砂浆中增做加强网，在这些部位的表面另外增加金属或塑料等材质防护层（如护角）、加装滴水或窗台板等。这些措施应该由设计给出并在专项方案中明确。

本条的检查采用观察检查，并核查隐蔽工程验收记录，看验收记录是否完整，这些部位处理的图像资料是否完整清晰，不合格结果的处理是否符合要求。

4.3.9 采用现场喷涂或模板浇注的有机类保温材料做外保温时，有机类保温材料应达到陈化时间后方可进行下道工序施工。

　　检查方法：对照专项施工方案和产品说明书进行检查。

　　检查数量：全数检查。

4.3.9【示例或专题】

【技术要点说明】

本条提出了有机类保温材料的陈化要求。有机类保温材料的陈化，也称"熟化"，是该种材料的一个特点。由于有机类保温材料的体积稳定性会随时间发生变化，成形后需经过一定时间才趋于稳定，故本条提出了对有机类保温材料喷涂或浇注后应达到陈化时间后方可进行下道工序施工的规定。其具体陈化时间的长短，可根据不同有机类保温材料的产品说明书确定。

如果未达到陈化时间就进行下道工序施工，则用作保温的有机材料很可能开裂，不仅使其保温性能大打折扣，而且如果有饰面层时，饰面层也可能随之开裂。

【实施与检查】

　　本条对有机类保温材料陈化时间的检查可分为 2 个步骤：首先应对照施工方案和产品说明书，明确该类有机类保温材料的具体陈化时间，然后对现场使用的有机类保温材料是否达到陈化时间进行检查。但是仅凭观察不易判断有机类保温材料是否达到陈化时间，故应检查该材料喷涂或浇注日期，然后判断是否达到陈化时间。只有达到陈化时间后方可进行下道工序施工。检查数量为全部有机类保温材料的陈化时间都应检查，即全数检查。

第5章 幕墙节能工程

【概述】随着城市建设的现代化，越来越多的建筑使用建筑幕墙。建筑幕墙以其美观、轻质、耐久、易维修等优良特性被建筑师、建设单位所亲睐。在钢结构建筑和超高层建筑中，已经较少使用砌块或混凝土板等重质外围护结构，对于这些建筑，建筑幕墙是最好的选择。虽然大量使用玻璃幕墙对建筑节能提出挑战，但在建筑中结合使用金属幕墙、人造板材幕墙等非透光幕墙能很好地解决节能问题，达到既轻质、美观，又满足节能的要求。

建筑幕墙包括玻璃幕墙（透光幕墙）、金属幕墙及其他板材幕墙，种类非常多。虽然建筑幕墙的种类繁多，但作为建筑的围护结构，在建筑节能的要求方面具备一定的共性，节能标准对其性能指标也有着明确的要求。

玻璃幕墙属于透光幕墙。对于透光幕墙，建筑的节能设计标准中对其有遮阳系数、传热系数、可见光透射比、气密性能等相关要求。为了保证幕墙的正常使用功能，在热工方面对玻璃幕墙还有抗结露、通风换气等要求。另外，采光顶虽然属于透光屋面，但仍属于透光围护结构的范畴，在很大程度上与玻璃幕墙的节能要求类似，性能指标项相同，只是要求更高一些。

金属幕墙、石材幕墙、人造板材幕墙等都属于非透光幕墙。对于非透光幕墙，建筑节能的指标要求主要是传热系数。但同时，考虑到建筑所在的气候区及建筑功能属性问题，还需要在热工性能方面有相应要求，避免幕墙内部或室内表面出现结露现象，避免空调系统的冷凝水污损室内装饰或损坏功能构件等。

所有这些要求需要在幕墙的深化设计中去体现，需要满足要求的材料、配件、附件来保证，需要高质量的施工安装来实现。

本章就是围绕着以上要求，及实现这些要求所应该采用的材料、配件、附件，应该达到的施工、安装质量水平等，按照施工质量验收的要求而编制的。

本章幕墙节能工程质量验收包括以下内容：

（1）对幕墙节能工程隐蔽验收的要求，幕墙节能隐蔽工程包括被封闭的保温材料的厚度和保温材料的固定、幕墙周边与墙体的接缝处保温材料的填充、构造缝、沉降缝、隔汽层、热桥部位、断热节点、单元式幕墙板块间的接缝构造、凝结水收集和排放构造、幕墙的通风换气装置等。

（2）对幕墙材料、配件、附件、构件的质量要求，包括保温材料、玻璃、遮阳构件、单元式幕墙板块、密封条、隔热型材、通风装置等。

（3）对幕墙材料、配件、附件、构件的见证取样、复验的要求。

（4）对幕墙气密性能的要求，实验室检测的要求。

（5）对幕墙热工构造的要求，包括保温材料的安装、隔汽层、幕墙周边与墙体的接缝处保温材料的填充、构造缝、结构缝、热桥部位、断热节点、保温材料防火、单元式幕墙板块间的接缝构造、冷凝水收集和排放构造等。

（6）对施工安装的要求，包括保温材料固定、隔断热桥节能施工、隔汽层施工、幕墙的通风换气装置安装、玻璃安装、遮阳设施安装、防火、冷凝水收集和排放系统的安装等。

5.1 一般规定

5.1.1 本章适用于建筑外围护结构的各类透光、非透光建筑幕墙和采光屋面节能工程施工质量验收。

【技术要点说明】

建筑幕墙作为建筑的外围护结构，其热工性能直接影响建筑能耗。现行国家标准《公共建筑节能设计标准》GB 50189—2015 中把幕墙划分成透光幕墙和非透光幕墙。玻璃幕墙属于透光幕墙，玻璃幕墙的节能要求与外窗节能要求有所不同，玻璃幕墙往往与其他的非透光幕墙是一体的，不可分离。非透光幕墙虽然与墙体有着一样的节能指标要求，但由于其构造的特殊性，施工与墙体有着很大的不同，所以不适合与墙体的施工验收放在一起，应单独进行施工验收。

本标准针对的幕墙种类包括但不限于：玻璃幕墙、石材幕墙、金属板幕墙、人造板材幕墙等。由于采光屋面（采光顶）与玻璃幕墙在节能需求方面基本相同，也有传热系数、遮阳系数、气密性能、可见光透射比等指标要求，因而采光屋面也应纳入建筑幕墙节能工程验收的范围。

另外，由于建筑幕墙的设计施工往往是进行专业分包，施工验收按照现行国家标准《建筑装饰装修工程质量验收标准》GB 50210—2018 和建筑幕墙的相关技术规范进行，而且也往往是先单独验收，所以建筑幕墙的节能验收也应该单列。

建筑幕墙的节能相关性能指标主要是传热系数、遮阳系数、气密性能。

在幕墙的物理性能分级标准中，幕墙整体的传热系数分级指标 K 应符合表 5-1 要求。

建筑幕墙传热系数分级 表5-1

分级代号	1	2	3	4	5	6	7	8
分级指标值 $K[W/(m^2 \cdot k)]$	$K \geqslant 5.0$	$5.0 > K \geqslant 4.0$	$4.0 > K \geqslant 3.0$	$3.0 > K \geqslant 2.5$	$2.5 > K \geqslant 2.0$	$2.0 > K \geqslant 1.5$	$1.5 > K \geqslant 1.0$	$K < 1.0$

注：8级时需同时标注 K 的测试值。

对于玻璃幕墙，单独给出遮阳系数分级。玻璃幕墙的遮阳系数应符合：
（1）遮阳系数应按相关规范进行设计计算。
（2）玻璃幕墙的遮阳系数分级指标 SC 应符合表5-2的要求。

玻璃幕墙遮阳系数分级 表 5-2

分级代号	1	2	3	4	5	6	7	8
分级指标值 SC	0.9≥SC>0.8	0.8≥SC>0.7	0.7≥SC>0.6	0.6≥SC>0.5	0.5≥SC>0.4	0.4≥SC>0.3	0.3≥SC>0.2	SC≤0.2

注：1. 8 级时需同时标注 SC 的测试值。

2. 玻璃幕墙遮阳系数＝玻璃系统遮阳系数×外遮阳系数×$\left(1-\dfrac{\text{非透光部分面积}}{\text{玻璃幕墙总面积}}\right)$

建筑幕墙的开启部分气密性能分级指标 q_L 应符合表 5-3 的要求。

建筑幕墙开启部分气密性能分级 表 5-3

分级代号	1	2	3	4
分级指标值 q_L[m³/(m·h)]	4.0≥q_L>2.5	2.5≥q_L>1.5	1.5≥q_L>0.5	q_L≤0.5

建筑幕墙整体（含开启部分）气密性能分级指标 q_A 应符合表 5-4 的要求。

建筑幕墙整体气密性能分级 表 5-4

分级代号	1	2	3	4
分级指标值 q_A[m³/(m²·h)]	4.0≥q_A>2.0	2.0≥q_A>1.2	1.2≥q_A>0.5	q_A≤0.5

遮阳系数主要是透光幕墙的性能，而传热系数则是透光幕墙和非透光幕墙均需具有的性能。对透光幕墙的要求在节能设计标准中与对窗的要求是一致的，而非透光幕墙的要求与墙体一致。虽然节能指标上是如此要求，但幕墙与门窗、墙体的构造完全不同，实际施工深化设计中的要求也是不一样的，验收时也应有完全不同的要求，这在规范的执行过程中应引起充分的重视。

采光顶目前还没有单独的性能分级，暂时可以参照幕墙的分级。采光顶的气密性检测方法可参考现行国家标准《建筑采光顶气密、水密、抗风压性能检测方法》GB/T 34555—2017。

由于幕墙兼有墙体、门窗的功能，因而，对墙体的有关要求和门窗的有关要求，同样对幕墙是也对应的。但是，幕墙往往也与实体墙、屋面等很难分离，互相影响，因而幕墙的节能工程还包括了与周边的连接、密封、保温问题等。本章幕墙节能工程的验收要求即围绕着这些问题而展开。

【实施与检查】

1. 实施

幕墙与门窗、墙体的构造完全不同，实际深化设计及施工中的要求也是不一样的，往往作为二次专项设计，验收时也应有完全不同的要求。作为建筑外围护结构的各类透光、非透光建筑幕墙以及采光屋面，幕墙节能工程在建筑节能分项工程中作为重要组成部分，其节能工程均应进行独立的专项施工质量验收。

建筑幕墙主要关注的节能相关性能指标有传热系数、遮阳系数、气密性能，各项指标与墙体、屋面、门窗的性能指标之间的区别与联系，构件之间的连接过渡与密封性能，在设计施工中均应引起重视。

2. 检查

施工验收按照国家现行标准《建筑装饰装修工程质量验收标准》GB 50210—2018 和建筑幕墙的相关技术规范进行，往往是先单独验收，而对于建筑幕墙的节能验收同时也应单独进行。

> **5.1.2** 幕墙节能工程的隔汽层、保温层应在主体结构工程质量验收合格后进行施工。幕墙施工过程中应及时进行质量检查、隐蔽工程验收和检验批验收，施工完成后应进行幕墙节能分项工程验收。

5.1.2【示例或专题】

【技术要点说明】

隔汽层是为了阻止室内水蒸气渗透到保温层内的构造层，非透明幕墙的隔汽层是为了避免幕墙部位内部结露。结露的水（室外温度低于 0℃时结冰）容易使保温材料发生性状的改变。因此，在严寒及寒冷地区，当屋面结构冷凝界面内侧实际具有的蒸汽渗透阻小于所需值时，其他地区当室内湿气有可能透过屋面结构层进入保温层时，应设置隔汽层。非透明幕墙保温层的隔汽性好，幕墙与室内侧墙体之间的空间内就可避免产生凝结水。为了实现这个目标，隔汽层必须完整，且应设在保温材料靠近水蒸气气压较高（室内）的一侧。如果隔汽层放错了位置，不但起不到隔汽作用，反而有可能使结露加剧。

在设计施工中，部分幕墙的非透光部分的隔汽层附着在建筑主体的实体墙上，如在主体结构上涂防水涂料、喷涂防水剂、铺设防水卷材等；也有些幕墙的保温层附着在建筑主体的实体墙上，这些保温层在铺设时需要主体结构的墙面已经施工完毕，且主体结构有平整的施工面。对于这类建筑幕墙，隔汽层和保温材料需要在实体墙的墙面质量满足要求后才能进行施工作业，否则保温材料可能粘贴不牢固，隔汽层（或防水层）附着不理想。另外，主体结构往往是土建单位施工，幕墙是分包，在施工中若不进行分阶段验收，出现质量问题容易发生纠纷。

幕墙的施工、安装是实现幕墙设计目标的关键环节。只有设计在施工中落实了，施工质量满足要求了，节能工程才能真正落实到实处。本标准非常重视过程控制，而且幕墙的节能性能指标一般都无法在验收时进行现场测试，只能通过现场的材料检测、施工检查、节点验收等获得工程的实测资料，然后通过计算确定性能指标。因此，幕墙施工过程中应及时进行各子项的质量检查、隐蔽工程验收和检验批验收，做好过程控制。

幕墙的每道施工工序也可能对下一个工序甚至整个工程的质量有影响，因此，应进行检验批的及时验收。幕墙节能的分项工程验收应在施工完毕后进行。幕墙各个阶段的施工可能使前一个阶段施工部分隐蔽，重要的部位应在隐蔽前进行隐蔽验收。需要进行隐蔽验收的部位参照 5.1.4 条的规定。

【实施与检查】

1. 实施

隔汽层的设置应位于结构层上、保温层下，且须选用气密性、水密性能较好的材料。

在实际施工中，沿周边墙面向上连续铺设时，高出保温层面的部分不得小于150mm，并与屋面的防水层相连接，形成全封闭的整体。采用卷材隔汽层时，可采用满粘或空铺法，其搭接宽度不得小于70mm；采用沥青胶隔汽层时，沥青的软化点应比室内、室外较高温度高20～25℃。

2. 检查

建议在隔汽层及保温工程的施工项目中实行三检制，即自检、互检、交接检制度，并应有相关的文字记录和必要的图像资料。有必要进行整改时，保留过程相关文件，是不同管理组织（分包单位、总包单位、监理单位）对项目执行过程、结果的评估确认与质量目标实现的重要保障。三检合格后进行质量检查、隐蔽工程验收，方可进入下一施工工序。

幕墙保温工程施工中，保温材料的厚度须符合设计要求。

保温材料与基层及各构造层之间的粘结或连接必须牢固，粘结强度、连接方式须满足设计要求。

对于XPS板、PU板、MPF板表面应涂配套的界面砂浆，表面应无粉化。

须通过观察、手扳检查外观完整性，采用钢针插入或剖开尺量检查保温材料的厚度，核查粘结强度和锚固力试验报告，同时，核查隐蔽工程验收记录相关文件。

5.1.3 当幕墙节能工程采用隔热型材时，应提供隔热型材所使用的隔断热桥材料的物理力学性能检测报告。

5.1.3【示例或专题】

【技术要点说明】

幕墙工程中采用隔热型材的隔热原理是基于产生一个连续的隔热区域，利用隔热条将铝合金型材分隔成两个部分。虽然因为安全问题，幕墙行业谨慎在幕墙中使用隔热型材，但铝合金隔热型材、钢隔热型材在一些幕墙工程中仍得到大量应用。隔热型材的隔热材料一般是尼龙或发泡的树脂材料等，这些材料是很特殊的，既要保证足够的强度，又要有较小的导热系数，还要满足幕墙型材在尺寸方面的苛刻要求。从安全的角度而言，型材的力学性能是非常重要的。型材的力学性能主要包括抗剪强度和横向抗拉强度等。

在隔热型材中，隔热条是非常关键的。一般，隔热条应采用聚酰胺尼龙66，但市面上部分型材却采用PVC制成的隔热条，这对幕墙带来了很大的安全隐患。PVC隔热条和聚酰胺尼龙66隔热条的比较见表5-5。

PVC隔热条和聚酰胺尼龙66隔热条的比较　　　　　表5-5

序号	项目	PVC隔热条	聚酰胺尼龙66隔热条
1	主要材料	PVC＋钛白粉	PA66＋GF
2	密度(g/cm³)	1.1～1.4	1.3
3	抗拉强度(N/mm²)	20	≥24(门窗)；≥30(幕墙)
4	导热系数[W/(m·K)]	0.17	0.30～0.35
5	热变形温度(℃)	80	120～250

从表 5-5 可以看到，PVC 隔热条的主要问题是抗拉强度低，热变形温度低。通过进行型材抗剪强度和横向抗拉强度的测试，可以了解到隔热条的情况。隔热型材的隔热条由于已经成型，导热系数很难测量，只可以采用测试原料的办法，而这往往是不现实的。

另外，由于玻璃幕墙的安全性问题，行业不鼓励直接用隔热型材作为幕墙的主要结构构件（如立柱、横梁、单元式幕墙框等）。一般建议幕墙固定玻璃的紧固件采取隔断热桥的措施，如采用尼龙的过渡连接件、尼龙垫块等。但是，开启窗可能因为尺寸的限制仍然使用隔热型材，隔热型材的使用难以避免。所以，在幕墙的隔热工程中应严格控制隔热型材的质量，避免出现安全问题。

在不可避免使用隔热型材的情况下，必须满足国家现行标准《铝合金建筑型材 第 6 部分：隔热型材》GB/T 5237.6—2017 对隔热型材不同温度下的纵向抗剪强度和横向抗拉强度的要求，见表 5-6～表 5-9。

穿条型材纵向抗剪特征值 表 5-6

性能项目	试验温度 （℃）	纵向剪切试验结果* （N/mm）
室温纵向抗剪特征值	23±2	≥24
低温纵向抗剪特征值	－30±2	
高温纵向抗剪特征值	80±2	

*：经供需双方商定，允许采用相似隔热型材进行纵向剪切试验，推断纵向抗剪特征值（参见《铝合金建筑型材 第 6 部分：隔热型材》GB/T 5237.6—2017 附录 B），但相似隔热型材的纵向剪切试验结果应符合表 5-6 中的规定。

穿条型材室温横向抗拉特征值 表 5-7

性能项目	试验温度 （℃）	横向拉伸试验结果* （N/mm）
室温横向抗拉特征值	23±2	≥24

*：经供需双方商定，允许采用相似隔热型材进行横向拉伸试验，推断室温横向抗拉特征值（参见《铝合金建筑型材 第 6 部分：隔热型材》GB/T 5237.6—2017 附录 B），但相似隔热型材的横向拉伸试验结果应符合表 5-7 中的规定。

浇注型材纵向抗剪特征值 表 5-8

性能项目	试验温度 （℃）	纵向剪切试验结果* （N/mm）
室温纵向抗剪特征值	23±2	≥24
低温纵向抗剪特征值	－30±2	
高温纵向抗剪特征值	70±2	

*：经供需双方商定，允许采用相似隔热型材进行纵向剪切试验，推断纵向抗剪特征值（参见《铝合金建筑型材 第 6 部分：隔热型材》GB/T 5237.6—2017 附录 B），但相似隔热型材的纵向剪切试验结果应符合表 5-8 中的规定。

浇注型材横向抗拉特征值

表 5-9

性能项目	试验温度 （℃）	横向拉伸试验结果 * （N/mm）
室温横向抗拉特征值	23±2	≥24
低温横向抗拉特征值	—30±2	
高温横向抗拉特征值	70±2	

*：经供需双方商定，允许采用相似隔热型材进行横向拉伸试验，推断室温横向抗拉特征值（参见《铝合金建筑型材 第6部分：隔热型材》GB/T 5237.6—2017 附录 B），但相似隔热型材的横向拉伸试验结果应符合表 5-9 中的规定。

【实施与检查】

1. 实施

采用隔热型材须满足型材的力学性能，主要包括产品的纵向抗剪强度和横向抗拉强度，为保证隔热型材产品质量过关，必须提供隔热型材的物理力学性能检测报告，当不能提供此检测报告时，应针对国家现行标准《铝合金建筑型材 第6部分：隔热型材》GB/T 5237.6—2017 的相关性能及检验要求，对隔热型材进行至少一次的横向抗拉强度和抗剪强度抽样检验。

2. 检查

首先，对产品进行外观质量检查。穿条式隔热型材复合部位允许涂层有轻微裂纹，但不允许铝基材有裂纹；浇注式隔热型材去除金属临时连接桥时，切口应规则、平滑、无气泡，任何角度 1m 距离内看不见影响外观的杂质渣粒等缺陷；在槽位内，不能越出槽位；切桥尺寸对中，偏移范围以目视不明显为准。氟碳喷涂时，不允许有氟碳漆进入注胶槽口。

其次，复核隔热型材的物理力学性能检测报告，若无检测报告，则应对隔热型材进行至少一次的横向抗拉强度和抗剪强度抽样检验。检验结果须满足产品国家标准的性能要求。

> **5.1.4** 幕墙节能工程施工中应对下列部位或项目进行隐蔽工程验收，并应有详细的文字记录和必要的图像资料：
>
> 1 保温材料厚度和保温材料的固定；
> 2 幕墙周边与墙体、屋面、地面的接缝处保温、密封构造；
> 3 构造缝、结构缝处的幕墙构造；
> 4 隔汽层；
> 5 热桥部位、断热节点；
> 6 单元式幕墙板块间的接缝构造；
> 7 凝结水收集和排放构造；
> 8 幕墙的通风换气装置；
> 9 遮阳构件的锚固和连接。

5.1.4【示例或专题】

【技术要点说明】

对建筑幕墙节能工程施工进行隐蔽工程验收非常重要，一方面可以确保节能工程的施工质量，另一方面可以避免工程质量纠纷。

现行行业标准《金属与石材幕墙工程技术规范》JGJ 133—2001 规定，幕墙安装施工应对下列项目进行验收：

（1）主体结构与立柱、立柱与横梁连接节点安装及防腐处理。

（2）幕墙的防火、保温安装。

（3）幕墙的伸缩缝、沉降缝、防震缝及阴阳角的安装。

（4）幕墙的防雷节点的安装。

（5）幕墙的封口安装。

现行行业标准《玻璃幕墙工程技术规范》JGJ 102—2003 规定，玻璃幕墙工程应在安装施工中完成下列隐蔽项目的现场验收：

（1）预埋件或后置螺栓连接件。

（2）构件与主体结构的连接节点。

（3）幕墙四周、幕墙内表面与主体结构之间的封堵。

（4）幕墙伸缩缝、沉降缝、防震缝及墙面转角节点。

（5）隐框玻璃板块的固定。

（6）幕墙防雷连接节点。

（7）幕墙防火、隔烟节点。

（8）单元式幕墙的封口节点。

本标准是专门针对节能工程的验收标准，因而，幕墙工程除进行以上隐蔽工程验收外，还应强调进行本条规定的隐蔽工程验收项目。

在非透光幕墙中，幕墙保温材料的固定是否牢固，直接影响到节能的效果。如果固定不牢固，保温材料可能会脱离，从而造成部分部位无保温材料。另外，如果采用彩釉玻璃一类的材料作为幕墙的外饰面板，保温材料直接贴到玻璃上很容易造成玻璃温度不均匀，从而玻璃更加容易自爆。

幕墙保温材料可以粘贴于幕墙面板上。许多铝板幕墙都是以此方法固定超细玻璃棉保温材料，固定后用铝箔密封。

也有的保温材料固定在幕墙的背板上。幕墙背板位于幕墙面板后侧，一般采用镀锌钢板或铝合金板。幕墙背板多数用于室内侧的密封。在节能方面，背板一方面可以用于固定保温材料，另一方面也起到密封或隔汽层的作用。

保温材料的厚度也必须得到保证，否则节能指标很难满足要求。保温材料越厚，传热系数越小，所以要严格控制，使其厚度不得小于设计值。

幕墙周边与墙体接缝处保温的填充，幕墙的构造缝、沉降缝、热桥部位、断热节点等，这些部位虽然不是幕墙能耗的主要部位，但处理不好，也会大大影响幕墙的节能。这些部位主要是密封问题和热桥问题。密封问题对于冬季节能非常重要，热桥则容易引起结露和发霉，所以必须将这些部位处理好。

幕墙的构造缝、沉降缝等缝隙的保温、密封均很重要，应严格按照设计施工安装。一般这些缝隙应安装保温材料和密封材料，即使在南方炎热地区也不应忽视保温材料的安装。

幕墙的隔汽层、凝结水收集和排放构造等都是为了避免非透光幕墙部位结露，结露的水渗漏到室内会让室内的装饰发霉、变色、腐烂等。一般，如果非透光幕墙保温层的隔汽好，幕墙与室内侧墙体之间的空间内就不会有凝结水。但为了确保凝结水不破坏室内的装饰，不影响室内环境，许多幕墙设置了冷凝水收集、排放系统，以防万一。

幕墙的热桥部位往往出现在面板的连接或固定部位、幕墙与主体结构连接部位、管道或构件穿越幕墙面板的部位等。大量热桥的出现会增加幕墙的室内外传热量，应该避免。而个别的热桥虽然对传热影响不大，但在冬天容易引起结露，也应该注意。在这些部位采取一定的隔断热桥的措施是非常有必要的，这些部位的处理应该符合设计的要求。

单元式幕墙板块间缝隙的密封非常重要。如果单元间的缝隙处理不好，安装完成后再去进行修复特别困难，所以应该特别注意施工质量，质量不好，不仅会使得气密性能差，还容易引起雨水渗漏。

许多幕墙安装有通风换气装置。通风换气装置能使得建筑室内达到足够的新风量，同时也可以使房间在空调不启动的情况下达到一定的舒适度。虽然通风换气装置往往耗能，但舒适的室内环境可以减少开空调制冷，因此，通风换气装置是非常有必要的。

遮阳构件多数是直接固定在幕墙上，其连接处往往会被封闭，因而也要进行隐蔽验收。遮阳构件往往会承受较大的风荷载，所以其锚固就显得尤其重要，其连接过渡也需要格外关注，应严把质量关。

一般，以上这些部位在幕墙施工完毕后都将隐蔽，所以，为了方便后续的质量验收，应该及时进行隐蔽工程验收。

【实施与检查】

1. 实施

为保证幕墙工程的施工质量，对其隐蔽的部位应该及时进行隐蔽工程验收，应提交详细的隐蔽工程记录资料，在隐蔽工程记录表中要注明施工图图纸编号，幕墙类型，主要材料的规格型号，预埋件、连接件、紧固件的具体位置、连接方法和防腐处理；主体结构与立柱、立柱与横梁的连接情况；玻璃与玻璃、玻璃与支撑框架间缝隙的填充情况；防雷节点的位置，防火、防水构造情况等，检查内容应一一描述情况。

2. 检查

依据施工图纸、有关施工验收规范要求、施工方案、技术交底，检查以下内容：

（1）预埋件（或后置埋件）、连接件、紧固件连接。各种预埋件、连接件、紧固件的数量、规格、位置、锚固深度和防腐处理等。

（2）连接节点处理。幕墙顶部（女儿墙部位）、幕墙底部、立柱、梁柱等的连接情况。

（3）变形缝及墙面转角处的构造节点处理。幕墙的抗震缝、伸缩缝、沉降缝等部位的处理（宜采用详图示意），墙角的连接节点（宜采用详图示意）应符合设计要求和技术标准的规定；变形缝罩面与两侧幕墙结合处不得渗漏。

（4）幕墙防雷装置设置。幕墙应形成自身的防雷体系，并与主体结构的防雷体系可靠地连接，严禁串联；女儿墙部位的链接节点（宜采用详图示意）应符合设计规定等。

（5）幕墙防火、保温及防潮层构造处理。防火材料、防火节点的铺设安装以及幕墙四周与主体之间的缝隙采用的材料均应符合设计施工要求。幕墙防火及防潮层构造处理如下：

防火材料铺设。防火材料品种、材质、耐火等级、铺设厚度、防腐处理应符合设计和标准规定；铺设应饱满、均匀、无遗漏，厚度一致且不宜小于 70mm；防火材料不得与幕墙玻璃直接接触。防火层的密封材料应采用防火密封胶，防火层与玻璃的间距应大于 40mm。

防火节点安装。防火节点构造必须符合设计要求，安装应牢固，无遗漏，并应严密无缝隙；防火层与幕墙和主体结构间的缝隙必须用防火密封胶严密封闭。

玻璃幕墙四周与主体结构之间的缝隙，应采用防火保温材料填塞。填塞应饱满、平整，接缝应严密不渗漏，保温材料密度、厚度应符合设计要求。

核查所有隐蔽工程部位的验收资料，并应有详细的文字记录和必要的图像资料。核查隐蔽工程记录文件中是否反映预埋件（或后置的设件）的埋设。

凡出现下列情况之一，项目验收不应给予通过：

（1）无隐蔽工程验收记录；

（2）隐蔽工程验收记录资料不能反映隐蔽工程的内在质量；

（3）主要的检查内容不符合设计和有关规范、规程的要求，且未采取措施进行处理或处理后未重新报验。

5.1.5 幕墙节能工程使用的保温材料在运输、储存和施工过程中应采取防潮、防水、防火等保护措施。

5.1.5【示例或专题】

【技术要点说明】

幕墙节能工程的保温材料中，有许多都是多孔材料，很容易因潮湿而变质或改变性状。比如岩棉板、玻璃棉板受潮后会松散，膨胀珍珠岩板受潮后导热系数会增大等，所以在安装过程中应采取防潮、防水等保护措施，避免上述情况发生。

一般，在施工工地，保温材料安装好以后，应及时安装面板，并及时密封面板之间的缝隙。如果面板一时无法封闭，则应采用塑料薄膜等材料覆盖保护保温材料，确保雨水不渗入保温材料中。

幕墙一般不使用可燃材料作为保温材料，但有些情况下也会使用一些。如果是有机材料，其防火性能是非常关键的。由于幕墙安装往往有电焊作业，非常容易点燃可燃材料，工地上应采取严格的措施控制火灾风险。

【实施与检查】

1. 实施

幕墙保温材料在运输、储存和施工过程中需采用以下措施：

（1）保温材料应存放在干燥、平整、清洁和通风良好的地方，防雨、防风等防外界气候影响措施良好。

（2）保温材料应保留在原有的包装内，并用厚木板或其他材料与地面隔离，并做好防潮和防尘措施。

（3）金属薄板、型材和其他杂项的存放区域应不受外界气候影响，地面平整干燥无积水，金属薄板和型材与地面隔离存放并应采取措施防止变形。

（4）密封胶和油漆的存放应按照制造商的说明和适用的规定及规程存放，并远离火源，做好防火措施。

（5）运至现场的保温材料、部件的标识应完整，外形完好，并应放置在枕木或隔板上，露天施工时，应备防雨布或阻燃布。

（6）保温材料的吊运，必须用袋或箱装运，不能单用绳索捆运，不能损坏保温材料。

（7）不锈钢板和铝板的存放、堆放，应避免与碳钢接触。

（8）预制保温部件或外护层的存放和运输应符合要求，必要时用牛皮纸或毛毡等措施予以保护和隔离，以防相互撞击和永久性划伤。

（9）在运输和贮存过程中，应做好防雨、防潮措施，并防止卤素（氯化物和氟化物）的污染。

（10）保温材料在运输和贮存过程中，应保证包装的完整性，防止产品的污染和损坏。

（11）物项的存放应定期检查，检查内容包括识别标记和实体存放状态、清洁度和是否变质，并纠正缺陷，保留记录。

（12）应制定一份存放程序。

2. 检查

材料进场后一天内将相关的质量证明书、检测报告等报送监理单位，复试报告合格后将复印件提供给监理单位，相关材料的证明原件竣工后交付业主。

施工过程中，监理跟进并及时记录养护工作的记录文件。

安装完毕后由施工单位自检，合格后报监理验收。

5.1.6 幕墙节能工程验收的检验批划分，除本章另有规定外应符合下列规定：

1 采用相同材料、工艺和施工做法的幕墙，按照幕墙面积每 $1000m^2$ 划分为一个检验批；

2 检验批的划分也可根据与施工流程相一致且方便施工与验收的原则，由施工单位与监理单位双方协商确定；

3 当按计数方法抽样检验时，其抽样数量应符合本规范表 3.4.3 最小抽样数量的规定。

【技术要点说明】

为使把幕墙节能工程贯穿于幕墙施工过程中，本条将幕墙节能工程融入幕墙工程的一般工程验收中，而为了验收更方便执行，所以检验批的划分同时参照了现行国家及行业标准《建筑装饰装修工程质量验收标准》GB 50210—2018、《玻璃幕墙工程技术规范》JGJ 102—2003 的规定。

【实施与检查】

1. 实施

按照现行国家标准《建筑装饰装修工程质量验收标准》GB 50210—2018 的规定，建筑幕墙各分项工程的检验批应按下列规定划分：

（1）相同设计、材料、工艺和施工条件的幕墙工程每1000m²应划分为一个检验批，不足1000 m²也应划分为一个检验批。

（2）同一单位工程的不连续幕墙工程应单独划分检验批。

（3）对于异型或有特殊要求的幕墙，检验批的划分应根据幕墙的结构、工艺特点及幕墙工程规模，由监理单位（或建设单位）和施工单位协商确定。

检查数量应符合下列规定：

（1）每个检验批每100 m²应至少抽查一处，每处不得小于10 m²。

（2）对于异型或有特殊要求的幕墙工程，应根据幕墙的结构和工艺特点，由监理单位（或建设单位）和施工单位协商确定。

现行行业标准《玻璃幕墙工程技术规范》JGJ 102—2003规定：玻璃幕墙工程质量检验应进行观感检验和抽样检验，并应按下列规定划分检验批，每幅玻璃幕墙均应检验：

（1）相同设计、材料、工艺和施工条件的玻璃幕墙工程每500～1000m²为一个检验批，不足500m²应划分为一个检验批。每个检验批每100m²应至少抽查一处，每处不得少于10m²。

（2）同一单位工程的不连续的幕墙工程应单独划分检验批。

（3）对于异型或有特殊要求的幕墙，检验批的划分应根据幕墙的结构、工艺特点及幕墙工程的规模，宜由监理单位、建设单位和施工单位协商确定。

本验收标准采用的划分规定同时参考以上标准的要求，根据最不利考虑，从严处理，更好地满足同行业内其他标准的要求。在相关验收检查时再进行细分，以便更加符合实际情况，操作性更强。

2. 检查

由于幕墙为建筑物的全部或部分外围护结构，凡设计幕墙的建筑一般对外观质量要求较高，抽样检验并不能代表幕墙整体的外侧观感质量。因此，对幕墙的硬件验收检验应包括观感和抽样两部分。

当一幢建筑有一幅以上的幕墙时，考虑到幕墙质量的重要性，要求以一幅幕墙作为独立检查单元，对每幅幕墙均要求进行检验验收。对异型或有特殊要求的幕墙，检验批的划分可由监理单位、建设单位和施工单位协商确定。

5.2 主控项目

5.2.1 幕墙节能工程使用的材料、构件应进行进场验收，验收结果应经监理工程师检查认可，且应形成相应的验收记录。各种材料和构件的质量证明文件和相关技术资料应齐全，并应符合设计要求和国家现行有关标准的规定。

检验方法：观察、尺量检查；核查质量证明文件。

检查数量：按进场批次，每批随机抽取3个试样进行检查；质量证明文件应按照其出厂检验批进行核查。

【技术要点说明】

用于幕墙节能工程的各种材料、构件和组件等的品种、规格符合设计要求和相关现行国家产品标准和工程技术规范的规定，这是一般性的要求，应该得到满足。

幕墙玻璃是决定玻璃幕墙节能性能的关键构件，玻璃品种应采用设计的品种。幕墙玻璃的品种信息主要内容包括：

(1) 构造单片、中空、夹胶、真空、中空夹胶等。

(2) 单片玻璃品种：透明、吸热、镀膜（包括镀膜编号）等。

(3) 中空玻璃：气体间层的尺寸、气体品种、玻璃间隔条种类及厚度等。

幕墙玻璃的外观质量和性能应符合的相关现行国家标准、行业标准有：

(1)《半钢化玻璃》GB/T 17841—2008。

(2)《建筑门窗幕墙用钢化玻璃》JG/T 455—2014。

(3)《建筑用安全玻璃 第3部分：夹层玻璃》GB 15763.3—2009。

(4)《中空玻璃》GB/T 11944—2012。

(5)《平板玻璃》GB 11614—2009。

(6)《镀膜玻璃 第1部分：阳光控制镀膜玻璃》GB/T 18915.1—2013。

(7)《镀膜玻璃 第2部分：低辐射镀膜玻璃》GB/T 18915.2—2013。

中空玻璃第一道密封采用丁基热熔密封胶，应符合现行行业标准《中空玻璃用丁基热熔密封胶》JC/T 914—2014 的规定。不承受荷载的第二道密封胶应符合现行行业标准《建筑门窗幕墙用中空玻璃弹性密封胶》JG/T 471—2015 的规定；隐框或半隐框玻璃幕墙用中空玻璃的第二道密封胶除应符合现行行业标准《建筑门窗幕墙用中空玻璃弹性密封胶》JG/T 471—2015 的规定外，尚应符合结构密封胶的有关规定。

幕墙使用的其他面板应符合相关的产品标准，并达到相关等级。相关标准举例如下：

(1)《建筑幕墙用铝塑复合板》GB/T 17748—2016。

(2)《建筑幕墙用氟碳铝单板制品》JG/T 331—2011。

(3)《建筑幕墙用瓷板》JG/T 217—2007。

(4)《建筑幕墙用陶板》JG/T 324—2011。

(5)《建筑幕墙用高压热固化木纤维板》JG/T 260—2009。

幕墙中使用的保温材料的种类、规格、尺寸、干密度、导热系数等与非透光幕墙的传热系数关系重大，应该严格按照设计要求使用，不可用错。幕墙的隔热保温材料，宜采用岩棉、矿棉、玻璃棉、防火板等不燃或难燃材料。

隔热条的尺寸和隔热条的导热系数对框的传热系数影响很大，所以隔热条的类型、标称尺寸必须符合设计的要求。铝合金隔热型材应符合下列现行国家标准、行业标准的要求：

(1)《建筑用隔热铝合金型材》JG 175—2011。

(2)《铝合金建筑型材 第6部分：隔热型材》GB 5237.6—2017。

幕墙的密封条是确保幕墙密封性能的关键材料。密封材料要保证足够的弹性（硬度适中、弹性恢复好）、耐久性。

密封胶条应符合以下现行国家标准的规定：

《建筑门窗、幕墙用密封胶条》GB/T 24498—2009。

幕墙开启扇的周边缝隙宜采用氯丁橡胶、三元乙丙橡胶或硅橡胶密封条制品密封。

密封条的尺寸是幕墙设计时确定下来的，应与型材、安装间隙相配套。如果尺寸不满足要求，要么大了影响开关力要么小了影响密封性。

幕墙所采用密封胶的型号应该符合设计的要求，因为不同的密封胶有不同的性能。密封胶的批号、有效期也非常重要，应符合选用的要求，因为这些参数和粘结材料的相容性有关，有效期与密封胶的密封、粘结性能有直接的关系。玻璃幕墙的非承重胶缝应采用硅酮建筑密封胶。

幕墙还要采用很多的配件，这些配件也有专用的标准，如现行行业标准《建筑幕墙用平推窗滑撑》JG/T 433—2014、《建筑幕墙用钢索压管接头》JG/T 201—2007。

幕墙的遮阳构件种类繁多，如百叶、遮阳板、遮阳挡板、卷帘、花格等。对于遮阳构件，其尺寸直接关系到遮阳效果。如果尺寸不够大，必然不能按照设计的预期而遮住阳光。遮阳构件所用的材料也是非常重要的。材料的光学性能、材质、耐久性等均很重要，所以材料应为所设计的材料。遮阳构件的构造关系到其结构安全、灵活性、活动范围等，应该按照设计的构造制造遮阳的构件。

幕墙的型材配合也非常重要，型材的编号不能发生错误，否则会影响幕墙的密封性能。

【实施与检查】

1. 实施

本条要求的检验方法主要是观察、核对和核查质量证明文件。

对于外观可以辨认的材料，采用观察可以进行一般的核查。对于尺寸规格问题，可以采用尺量检查，如中空玻璃厚度可采用游标卡尺或测厚仪测量。查质量证明文件，主要是与设计进行核对。当设计没有规定与节能相关的性能时，应与相关的标准进行核对。质量证明文件应按照其出厂检验批进行核查。

2. 检查

检查和测量的数量按进场批次，每批随机抽取 3 个试样进行检查，质量证明文件应按照其出厂检验批进行核查。

验收时，主要查进场验收记录和质量证明文件。

5.2.2 幕墙（含采光屋面）节能工程使用的材料、构件进场时，应对其下列性能进行复验，复验应为见证取样检验：

　1　保温材料的导热系数或热阻、密度、吸水率、燃烧性能（不燃材料除外）；

　2　幕墙玻璃的可见光透射比、传热系数、遮阳系数，中空玻璃的密封性能；

　3　隔热型材的抗拉强度、抗剪强度；

　4　透光、半透光遮阳材料的太阳光透射比、太阳光反射比。

　　检验方法：核查质量证明文件、计算书、复验报告；随机抽样检验，中空玻璃密封性能按照本规范附录 E 的检验方法检测。

　　检查数量：同厂家、同品种产品，幕墙面积在 3000m² 以内时应复验 1 次；当面积每增加 3000m² 时应增加 1 次。同工程项目、同施工单位且同期施工的多个单位工程，可合并计算抽检面积。

【技术要点说明】

本条文为强制性条文。幕墙材料、构配件等的热工性能是保证幕墙节能指标的关键，所以必须满足要求。

非透光幕墙保温材料的导热系数非常重要，必须严格控制。而且，保温材料的导热系数达到设计值往往也并不困难，所以应严格要求不大于设计值。保温材料的密度与导热系数有很大关系，而且密度偏差过大，往往意味着材料的性能也发生了很大的变化。

材料的热工性能主要是导热系数，许多单一材料的构件也是如此，但尺寸也是热工性能的重要部分，其综合指标反映在最终的幕墙传热系数中。复合材料和复合构件的整体性能则主要是热阻。有些幕墙采用隔热附件来隔断热桥。这些隔热附件往往是垫块、连接件等。对隔热附件，其导热系数也应该不大于产品标准的要求。

常见的保温材料板材的密度和导热系数范围见表5-10。

常见的保温材料板材的密度和导热系数　　　　　　　表 5-10

材料名称	干密度 ρ_0 (kg/m³)	导热系数 λ [W/(m·K)]
沥青玻璃棉板	80~100	0.045
沥青矿渣棉板	120~160	0.050
矿棉、岩棉、玻璃棉板	80 以下	0.050
	80~200	0.045
泡沫玻璃块	140	0.058

材料的导热系数应采用导热系数仪测量，并应由专业实验室进行。不同的材料可能应采用不同的方法测试，所以应采用相应材料的产品标准规定的方法。许多材料的导热系数均可采用护框平板法进行测量。

单一材料的导热系数需要采用导热系数仪来测量。测量导热系数应由专业的试验室进行。不同的测试方法往往会导致不同的结果，应采用相应材料的产品标准所规定的方法。复合材料和构件的热阻或最终幕墙的传热系数往往只能依靠计算确定。现行行业标准《建筑门窗玻璃幕墙热工计算规程》JGJ/T 151—2008 中对幕墙的热工计算问题提供了详细的计算方法。

幕墙玻璃是决定玻璃幕墙节能性能的关键构件。玻璃的传热系数越大，对节能越不利。遮阳系数越大，对夏季空调的节能越不利。严寒、寒冷地区由于冬季很冷，且供暖期较长，全年计算能耗，遮阳系数越小，能耗反而越高。可见光透射比对自然采光很重要，可见光透射比越大，越对采光有利。

玻璃的传热系数、遮阳系数、可见光透射比对于玻璃幕墙都是主要的节能指标，更应该强制满足设计要求。中空玻璃露点应满足产品标准要求，以保证产品的质量和性能的耐久性。

测量玻璃系统的相关热工参数应采用测试和计算相结合的办法。幕墙玻璃的节能指标不能直接测量，一般应对单片玻璃进行取样，按照现行国家标准《建筑玻璃可见光透射比、太阳光直接透射比、太阳能总透射比、紫外线透射比及有关窗玻璃参数的测定》GB/T 2680—1994 测量单片玻璃的全太阳光谱的透射比、前反射比、后反射比参数和玻璃表面的远红外线半球发射率。取得单片玻璃的有关光谱数据和表面发射率后，根据玻璃的结构尺寸，按照现行行业标准《建筑门窗玻璃幕墙热工计算规程》JGJ/T 151—2008 提供的方法计算玻璃的传热系数、遮阳系数、可见光透射比。

中空玻璃露点是反映中空玻璃产品密封性能的重要指标，露点不满足要求，产品的密封则不合格，其节能性能必然受到很大的影响。中空玻璃的密封性能测试采用本规范附录E提供的方法。

隔热型材的力学性能非常重要，直接关系到幕墙的安全，所以应符合设计要求和相关产品标准的规定。不能因为节能而影响到幕墙的结构安全，所以要对型材的力学性能进行复验。

铝合金隔热型材的横向抗拉强度（抗拉强度）、纵向剪切强度（抗剪强度）检测方法按照国家现行标准《铝合金建筑型材 第6部分：隔热型材》GB/T 5237.6—2017 和《铝合金隔热型材复合性能试验方法》GB/T 28289—2012 中的试验方法检测。

透光、半透光材料的太阳光透射比、太阳光反射比采用《建筑门窗遮阳性能检测方法》JG/T 440—2014 中检测遮阳材料的方法检测。

【实施与检查】

1. 实施

玻璃的光学性能测试采取随机抽样，样品与实物对比。抽样的单片玻璃应根据光谱仪的要求确定切割尺寸或试件样品尺寸。有些试验室可以测量全尺寸的工程玻璃的光学热工性能，可以直接抽样工程玻璃送检。

中空玻璃的密封性能检测则比较简单，直接抽检工程玻璃，送试验室，用温度达到－50℃的铜杯放置在玻璃表面，达到一定时间后查看中空玻璃内部是否结露。

隔热型材的力学性能测量，直接抽样工程所用型材，送试验室检测。

2. 检查

本条单独将节能相关的性能作为强制性条文，检验按照相关性能的检测要求，核查质量证明文件和复验报告，并要求全数核查复验报告。

验收时主要看证明文件和复验报告中的相关性能指标是否满足要求。

5.2.3 幕墙的气密性能应符合设计规定的等级要求。密封条应镶嵌牢固、位置正确、对接严密。单元式幕墙板块之间的密封应符合设计要求。开启部分关闭应严密。

检验方法：观察检查，开启部分启闭检查。核查隐蔽工程验收记录。当幕墙面积合计大于 3000m² 或幕墙面积占建筑外墙总面积超过 50％时，核查幕墙气密性检测报告。

检查数量：质量证明文件、性能检测报告全数核查。现场观察及启闭检查按本规范第 3.4.3 条的规定抽检。

5.2.3【示例或专题】

【技术要点说明】

建筑幕墙的气密性能指标是幕墙节能的重要指标。一般，幕墙设计均规定了气密性能的等级要求，幕墙产品应该符合要求。根据国家标准《建筑幕墙》GB/T 21086—2007，幕墙的气密性能指标应满足相关节能标准的要求，即符合《公共建筑节能设计标准》GB 50189—2015、《严寒和寒冷地区居住建筑节能设计标准》JGJ 26—2018、《夏热冬冷地区居住建筑节能设计标准》JGJ 134—2010、《夏热冬暖地区居住建筑节能设计标准》JGJ 75—2012的有关规定。按照《公共建筑节能设计标准》GB 50189—2015的规定，幕墙的气密性能不低于3级，且应符合表5-11规定。

建筑幕墙气密性能设计指标一般规定　　　　　　　　　　　表 5-11

地区分类	建筑层数、高度	气密性能分级	气密性能指标小于	
			开启部分 q_L [m³/(m·h)]	幕墙整体 q_A [m³/(m²·h)]
夏热冬暖地区	10 层以下	2	2.5	2.0
	10 层及以上	3	1.5	1.2
其他地区	7 层以下	2	2.5	2.0
	7 层及以上	3	1.5	1.2

　　由于建筑幕墙的气密性能与节能关系重大，所以当建筑所设计的幕墙面积超过一定量后，应该对幕墙的气密性能进行检测。但是，由于幕墙是特殊的产品，其性能需要现场的安装工艺来保证，所以一般要求进行建筑幕墙的三个性能（气密、水密、抗风压性能）的检测。然而，多少面积的幕墙需要检测，有关国家标准和行业标准一直都没有规定。本标准规定，当幕墙面积大于建筑外墙面积50%或3000m²时，应现场安装样板单元测试气密性能，或现场抽取材料和配件，在检测试验室安装制作试件进行气密性能检测。这为幕墙检测数量问题做出了明确的规定，方便执行。

　　在保证幕墙气密性能的材料中，密封条很重要，所以要求镶嵌牢固、位置正确、对接严密。单元幕墙板块之间的密封一般采用密封条。单元板块间的缝隙有水平缝和垂直缝，而且还有水平缝和垂直缝交叉处的"十"字缝，为了保证这些缝隙的密封，单元式幕墙都有专门的密封设计，所以施工时应该严格按照设计进行安装。第一方面，需要密封条完整，尺寸满足要求；第二方面，单元板块必须安装到位，缝隙的尺寸不能偏差偏大；第三方面，板块之间还需要在少数部位加装一些附件，并进行注胶密封，保证特殊部位的密封。

　　幕墙的开启扇是幕墙密封的另一关键部件。《建筑装饰装修工程质量验收标准》GB 50210—2018规定：幕墙开启扇的配件应齐全，安装应牢固，安装位置和开启方向、角度应正确；开启应灵活，关闭应严密。幕墙的开启扇关闭时位置到位，密封条压缩合适，开启扇方能关闭严密，方能保证开启部分的气密性能。由于幕墙的开启扇一般是平开窗或悬窗，气密性能比较好，只要关闭严密，即可以保证其设计的密封性能。

【实施与检查】

1. 实施

当幕墙面积大于建筑外墙面积50%或3000m²时，应现场安装样板单元测试气密性能，或现场抽取材料和配件，在检测试验室安装制作试件进行气密性能检测。气密性能检测应对一个单位工程中面积超过1000 m²的每一种幕墙抽取一个试件进行检测。由于一栋建筑中的幕墙往往比较复杂，可能由多种幕墙组合成组合幕墙，也可能是多幅不同的幕墙。对于组合幕墙，只需要进行一个试件的检测即可；而对于不同幕墙幅面，则要求分别进行检测。对于面积比较小的幅面，则可以不分开对其进行检测。

气密性能检测试件应包括幕墙的典型单元、典型拼缝、典型可开启部分。试件应按照幕墙工程施工图进行设计。试样设计应经建筑设计单位项目负责人、监理工程师同意并确认。气密性能的检测按照国家标准《建筑幕墙气密、水密、抗风压性能检测方法》GB/T 15227—2019执行，检测应由专业检测机构实施。在检测试件的设计制作中，应满足下列要求：

(1) 试件规格、型号和材料等应与生产厂家所提供图样一致，试件的安装应符合设计要求，不得加设任何特殊附件或采取其他措施，试件应干燥。

(2) 试件宽度最少应包括一个承受设计荷载的垂直承力构件。试件高度一般应最少包括一个层高，并在垂直方向上要有两处或两处以上和承重结构相连接，试件的安装和受力状况应和实际相符。

(3) 单元式幕墙应至少包括一个与实际工程相符的典型十字缝，并有一个单元的四边形成与实际工程相同的接缝。

(4) 试件应包括典型的垂直接缝、水平接缝和可开启部分，并使试件上可开启部分占试件总面积的比例与实际工程接近。

2. 检查

幕墙整体的气密性能在验收时主要核查性能检测报告、见证记录等。

幕墙密封条安装和开启部分密封的检查主要采用现场抽样观测的方法，数量为检验批抽查30%并不少于5件（处）。验收时，核查隐蔽工程验收记录、施工检验记录。

5.2.4 每幅建筑幕墙的传热系数、遮阳系数均应符合设计要求。幕墙工程热桥部位的隔断热桥措施应符合设计要求，隔断热桥节点的连接应牢固。

检验方法：对照设计文件核查幕墙节点及安装。

检查数量：节点及开启窗每个检验批按本规范第3.4.3条的规定抽检，最小抽样数量不得少于10处。

【技术要点说明】

根据节能设计的要求，每幅幕墙的传热系数、遮阳系数都有限值要求。满足这些限值目前还不能靠测试，只能通过计算。这些参数的计算方法可以采用《建筑门窗玻璃幕墙热工计算规程》JGJ/T 151—2008规定的方法进行。目前，我国已经开发了符合JGJ/T 151的计算程序可以进行计算。

幕墙的节能设计文件中应包括幕墙设计图纸和热工（节能）计算书。在设计图纸中应该有每幅幕墙的立面图、展开图，幕墙各节点的剖面图；计算书中有节点计算图和节点传热系数、遮阳系数等，有各幅幕墙的传热系数、遮阳系数、可见光透射比。检验幕墙的传热系数、遮阳系数是否满足要求，可通过核对计算书，核查现场的幕墙节点构造，验证现场安装的幕墙是否达到节能设计要求。

在需要保温的幕墙中，热桥部位的隔断热桥措施是幕墙节能设计的重要内容，在完成了幕墙面板中部的传热系数和遮阳系数设计的情况下，隔断热桥则成为主要矛盾。隔断热桥，一方面是保证幕墙在冬季不至于结露；另一方面也能大大降低幕墙的传热系数。这些节点设计如果不理想，首要的问题是容易引起结露。如果大面积的热桥问题处理不当，则会增大幕墙的实际传热系数，使得通过幕墙的热损耗大大增加。判断隔断热桥措施是否可靠主要是看固体的传热路径是否被有效隔断，这些路径包括：金属型材截面、金属连接件、螺丝等紧固件、中空玻璃边缘的间隔条等。

型材截面的断热节点主要是通过采用隔热型材或隔热垫来实现，其安全性取决于型材的隔热条、发泡材料或连接紧固件。通过幕墙连接件、螺丝等紧固件的热桥则需要转换连接的方式，通过一个尼龙件或类似材料的附件进行连接的转换，隔断固体的热传递途径。由于这些转换连接都多了一个连接，所以其是否牢固则成为安全隐患问题，应进行相关的检查和确认。

这些节点应该经过严格的计算，在现场应按照设计进行检查。所以，需要认真检查、核对现场的节点与节能计算书中的节点是否一致。

【实施与检查】

1. 实施

幕墙的有关节能参数的验收主要是看计算书，核对是否符合建筑节能设计的要求。

2. 检查

为保证现场的幕墙与计算书中的幕墙一致，在现场检查中，应检查幕墙的节点是否与节能计算书中的节点图一致。检查的内容包括：

(1) 隔热型材中隔热条的尺寸等。

(2) 隔热垫的尺寸和连接紧固件等。

(3) 型材间的空腔是否填充保温材料或密封、隔断材料等。

(4) 中空玻璃的间隔条采用特殊材料时应进行抽样检查。

(5) 隔热垫、隔热紧固件的数量、位置是否符合设计要求等。

节点及开启窗每个检验批按本规范第3.4.3条的规定抽检，最小抽样数量不得少于10处。

5.2.5 幕墙节能工程使用的保温材料，其厚度应符合设计要求，安装应牢固，不得松脱。

检验方法：对保温板或保温层采取针插法或剖开法，尺量厚度；手扳检查。

检查数量：每个检验批依据板块数量按本规范第3.4.3条的规定抽检，最小抽样数量不得少于10处。

【技术要点说明】

在非透光幕墙中，保温材料是保证幕墙达到节能设计要求的关键。保温材料的厚度越厚，保温隔热性能越好，所以应严格控制保温材料的厚度，使其不小于设计值。

幕墙保温材料的固定是否牢固，可以直接影响到节能的效果。如果固定不牢，容易造成部分部位无保温材料。另外，也可能影响彩釉玻璃、吸热多的玻璃等外饰面板材料的安全，严重时会导致热炸裂。

【实施与检查】

1. 实施

由于保温材料一般比较松散，采取针插法即可检测厚度。有些板材比较硬，可采用剖开法检测厚度。测量厚度可采用钢直尺、游标卡尺等。

2. 检查

每个检验批依据板块数量按本规范第 3.4.3 条的规定抽检，最小抽样数量不得少于 10 处。

厚度的测量应在保温材料铺设后及时进行，验收时查检验记录、隐蔽工程验收记录。

5.2.6 幕墙遮阳设施安装位置、角度应满足设计要求。遮阳设施安装应牢固，并满足维护检修的荷载要求。外遮阳设施应满足抗风的要求。

检验方法：核查质量证明文件；检查隐蔽工程验收记录；观察、尺量、手扳检查；核查遮阳设施的抗风计算报告或产品检测报告。

检查数量：安装位置和角度每个检验批按本规范第 3.4.3 条的规定抽检，最小抽样数量不得少于 10 处；牢固程度全数检查；报告全数核查。

【技术要点说明】

幕墙的遮阳设施若要满足节能的要求，一般应该安置在室外，也有的安装在双层幕墙或双层玻璃中间，在有困难的情况下则只能安装在室内。由于对太阳光的遮挡是按照太阳的高度角和方位角来设计的，所以遮阳设施的安装位置对于遮阳而言非常重要。只有安装在合适位置，有足够的尺寸，且遮阳装置的安装角度符合设计要求，才能遮挡住需要遮挡的阳光，从而满足建筑设计的节能要求。

由于遮阳设施很多安装在室外，而且是突出建筑物的构件，遮阳设施很容易受到风荷载的吹袭。遮阳设施的抗风问题在遮阳设施的应用中一直是热门问题，行业标准《建筑遮阳工程技术规范》JGJ 237—2011 有风荷载设计要求，也有检修荷载的要求，遮阳装置的安装必须满足这些要求。在工程中，大型遮阳设施的抗风需要进行专门的研究，并在工程安装之前进行一定的结构试验，但与主体结构的连接是在现场完成的，必要时应进行现场的测试。在设计安装遮阳设施的时候应考虑到各个方面的安全因素，合理设计，在现场牢固安装。

【实施与检查】

1. 实施

遮阳设施的安装位置采用钢直尺、钢卷尺测量，误差至少应控制在 30mm 以内，设计有明确要求的另行满足。遮阳设施的角度也应符合设计要求。安装位置的检查应按本规范第 3.4.3 条的规定的数量检查，并不少于 10 处。

2. 检查

遮阳设施的牢固程度可通过观察连接紧固件、手扳等大致检查。遮阳设施不能有松动现象，紧固件应符合设计要求，紧固件所固定处的承载能力应满足设计要求。对于螺栓固定的部位，螺栓应有防止松脱的措施。由于遮阳设施的安全问题非常重要，所以要进行全数的检查。在实施中如有必要，可以进行现场荷载试验，以确定遮阳板的固定是否满足要求。

验收时，核查施工安装的检验记录或测试报告。

5.2.7 幕墙隔汽层应完整、严密、位置正确，穿透隔汽层处应采取密封措施。

检验方法：观察检查。

检查数量：每个检验批抽样数量不少于 5 处。

【技术要点说明】

非透光幕墙设置隔汽层是为了避免幕墙部位内部结露，结露的水很容易使保温材料发生性状的改变，如果结冰，则问题更加严重。如果非透光幕墙保温层的隔汽好，幕墙与室内侧墙体之间的空间内就不会有凝结水。为了实现这个目标，隔汽层必须完整，隔汽层必须在保温材料靠近水蒸气气压较高的一侧（冬季为室内）。如果隔汽层放错了位置，不但起不到隔汽作用，反而有可能使结露加剧。一般冬季比较容易结露，所以隔汽层一般应放在保温材料靠近室内的一侧（冷库一类的建筑可能相反）。

幕墙的非透光部分常常有许多需要穿透隔汽层的部件，如连接件等。对这些节点构造采取密封措施很重要，应该进行密封处理，以保证隔汽层的完整。

【实施与检查】

1. 实施

本项检验的主要方法是对照幕墙设计文件，对相关节点进行观察检查。检查的内容包括：

（1）隔汽层设置的位置是否正确。

（2）隔汽层是否完整、严密。

（3）穿透隔汽层的部位是否进行了密封处理。

2. 检查

检查数量为每个检验批随机抽样不少于 5 处。

验收时核查隐蔽工程验收记录。

5.2.8 幕墙保温材料应与幕墙面板或基层墙体可靠粘结或锚固，有机保温材料应采用非金属不燃材料作防护层，防护层应将保温材料完全覆盖。

检验方法：观察检查。

检查数量：每个检验批按本规范第 3.4.3 条的规定抽检，最小抽样数量不得少于 5 处。

5.2.8【示例或专题】

【技术要点说明】

幕墙的保温材料一般固定在幕墙的面板或者背板上，但也有的固定在基层墙体上。无论在哪里固定，都必须采取可靠的粘结或锚固措施，才能保证幕墙的保温、隔热性能。为了防止火灾蔓延，有机保温材料应采取完全覆盖措施，覆盖材料应为可以承受一定高温的非金属材料。

【实施与检查】

1. 实施

采取观察的方法检验，主要查看保温材料的粘结或锚固情况、防火覆盖层的完整性等，同时也应查看安装的材料是否与设计要求的一致。

2. 检查

验收时查看检验记录。

<table>
<tr><td>

5.2.9 建筑幕墙与基层墙体、窗间墙、窗槛墙及裙墙之间的空间，应在每层楼板处和防火分区隔离部位采用防火封堵材料封堵。

检验方法：观察检查。

检查数量：每个检验批按本规范第 3.4.3 条的规定抽检，最小抽样数量不得少于 5 处。

</td><td>

5.2.9【示例或专题】

</td></tr>
</table>

【技术要点说明】

防火封堵是幕墙防火的重要节点，能够避免火势和烟气的快速蔓延。防火封堵主要依据防火分区，每个楼层一般均属不同防火分区，所以每个层间均需要封堵，防火分区之间也要封堵。防火封堵主要要求封堵幕墙与主体结构（楼板、梁、柱、实体墙等）之间的间隙。防火封堵一般采用钢板密封，用 100mm 岩棉绝热，用防火密封胶密封钢板周边小的缝隙。特别要求的建筑，其幕墙防火封堵可能会有更高的要求，或者采用特殊的构造。

【实施与检查】

1. 实施

防火节点构造应符合设计要求，防火材料的品种、耐火等级应符合设计和标准的要求；防火材料应安装牢固，无遗漏，且应严密无缝隙。镀锌钢衬板不得与铝合金型材直接接触，衬板就位后应进行密封处理；防火层与幕墙和主体结构间的缝隙必须用防火密封胶严密封闭。

2. 检查

检验应在幕墙与楼板、墙、柱、楼梯间隔断处采用观察、触摸的方法进行检查。主要观察封堵的构造、材料、密封的情况等。

验收时查看检验记录。

5.2.10 幕墙可开启部分开启后的通风面积应满足设计要求。幕墙通风器的通道应通畅、尺寸满足设计要求，开启装置应能顺畅开启和关闭。

　　检验方法：尺量核查开启窗通风面积；观察检查；通风器启闭检查。

　　检查数量：每个检验批依据可开启部分或通风器数量按本规范第3.4.3条的规定抽检，最小抽样数量不得少于 5 个，开启窗通风面积全数核查。

5.2.10【示例或专题】

【技术要点说明】

　　实际幕墙工程中，开启窗的设置数量及面积应兼顾建筑使用实际功能、美观和节能环保的要求。开启窗的开启角度和开启距离过大，不仅开启窗本身不安全，而且增加了建筑使用中的不安全因素（如人员安全）。

　　幕墙的开启部分主要用于消防和通风，所以其面积应该是主要的，只有足够的面积，才能满足相关要求。

　　有些幕墙设计了通风装置，通风器的相关尺寸直接关系到通风量，所以要求尺寸满足要求，通道通畅。

【实施与检查】

　　1. 实施

　　幕墙开启扇的位置，应满足使用功能和立面效果要求，并应启闭方便，避免设置在梁、柱、隔墙等位置，上悬窗开启扇的开启角度不宜大于 30°，上悬窗开启距离不宜大于 300mm。玻璃幕墙作为建筑的外围护结构，本身要求具有良好的密封性，如果开启窗设置过多、开启面积过大，既增加了供暖空调的能耗、影响立面整体效果，又增加了雨水渗漏的可能性。

　　2. 检查

　　尺寸采用钢直尺、卷尺测量即可；是否通畅、开启关闭顺畅，可以通过观察。

　　验收时查看检验记录。

5.2.11 凝结水的收集和排放应通畅，并不得渗漏。

　　检验方法：通水试验、观察检查。

　　检查数量：每个检验批抽样数量不少于 5 处。

【技术要点说明】

　　幕墙的凝结水收集和排放构造是为了避免幕墙结露的水渗漏到室内，避免让室内的装饰发霉、变色、腐烂等。为了确保凝结水不破坏室内的装饰，不影响室内环境，冷凝水收集、排放系统应该发挥有效的作用。为了验证冷凝水的收集和排放，可以进行一定的试验。

　　冷凝水的收集系统应该包括收集槽、集流管和排水口等。在严寒寒冷地区，排水管应该在室内温度较高的区域内，往室外的排水口应进行必要的保温处理，避免结冰堵塞排水口。

【实施与检查】

1. 实施

本项检验的主要方法是对照幕墙设计文件，对相关节点进行观察检查，并辅助以一定的通水试验。检查的内容包括：

（1）是否按照设计要求正确设置冷凝水的收集槽。

（2）集流管和排水管连接是否符合要求。

（3）排水口的设置是否符合要求。

通水试验应在观察检查的基础上进行。对于观察检查合格的部位，抽取一定的完整系统进行通水试验。通水试验可在可能产生冷凝水的部位淋少量水，观察水的流向以及排水管和接头处是否发生渗漏。

2. 检查

检查数量按照检验批抽查 30％，并不少于 5 处。

验收时核查隐蔽工程验收记录。

> 5.2.12　采光屋面的可开启部分应按本规范第 6 章的要求验收。采光屋面的安装应牢固，坡度正确，封闭严密，不得渗漏。
>
> 　　检验方法：核查质量证明文件；观察、尺量检查；淋水检查；核查隐蔽工程验收记录。
>
> 　　检查数量：200m² 以内全数检查；超过 200m² 则抽查 30％，抽查面积不少于 200m²。

5.2.12【示例或专题】

【技术要点说明】

采光屋面的可开启部分与天窗类似，节能性能按照天窗验收。

采光屋面的节能性能与玻璃幕墙类似，节能性能按照前面的条文要求验收即可。由于没有采光屋面的验收标准，所以此处提出一些基本验收要求。

【实施与检查】

1. 实施

采光屋面的材料、构件等，其性能指标通过核查质量证明文件检验。通过观察，检验其密封情况，牢固与否。用水平仪辅以角度尺量其坡度，用淋水检查其雨水渗漏情况。

2. 检查

验收时查隐蔽工程记录，工序验收记录。

5.3 一般项目

> **5.3.1** 幕墙镀（贴）膜玻璃的安装方向、位置应符合设计要求。采用密封胶密封的中空玻璃应采用双道密封。采用了均压管的中空玻璃，其均压管在安装前应密封处理。
>
> 检验方法：观察，检查施工记录。
>
> 检查数量：每个检验批抽查10%，并不少于5件（处）。

【技术要点说明】

镀（贴）膜玻璃在节能方面有两方面的作用，一方面是遮阳，另一方面是降低传热系数。对于遮阳而言，镀膜可以反射阳光或吸收阳光，所以镀膜一般应在靠近室外的玻璃上。为了避免镀膜层的老化，镀膜面一般在中空玻璃内部，单层玻璃应将镀膜置于室内侧。对于低辐射玻璃（Low-E玻璃），低辐射膜应该置于中空玻璃内部。玻璃幕墙采用单片低辐射镀膜玻璃时，应使用在线热喷涂低辐射镀膜玻璃；离线镀膜的低辐射镀膜玻璃宜加工成中空玻璃使用，且镀膜面应朝向中空气体层。

幕墙的中空玻璃应采用双道密封。明框幕墙的中空玻璃应采用聚硫密封胶及丁基密封胶；隐框和半隐框幕墙的中空玻璃应采用硅酮结构密封胶及丁基密封胶；镀膜面应在中空玻璃的第2或第3面上。目前制作中空玻璃一般均应采用双道密封，因为一般来说，密封胶的水蒸气渗透阻还不足够保证中空玻璃内部空气不受潮，需要再加一道丁基胶密封。有些暖边间隔条将密封和间隔两个功能置于一身，本身的密封效果很好，可以不受到此限制，实际上这样的间隔条本身就有双道密封的效果。中空玻璃的间隔铝框可采用连续折弯型或插角型，不得使用热熔型间隔胶条。间隔铝框中的干燥剂宜采用专用设备装填。

为了保证中空玻璃在长途（尤其是海拔高度、温度相差悬殊）运输过程中玻璃不至于损坏，或者保证中空玻璃不至于因生产环境和使用环境相差甚远而出现损坏或变形，许多中空玻璃设有均压管。在玻璃安装完成之后，为了确保中空玻璃的密封效果，均压管应进行密封处理。

【实施与检查】

1. 实施

本项目的检验方法主要是观察。通过将现场安装玻璃与留样样品进行对比观察，可以检查玻璃的镀膜面是否安装正确。中空玻璃的双道密封和均压管是否密封也可以通过观察得以检验。这些检验有些是在安装前或施工过程中就需要检验的，完成后难以看到。

2. 检查

本项目的检查数量为每个检验批抽查30%，并不少于5件（处）。

在验收时，应检查施工记录，核查施工过程中的检验记录。

5.3.2 单元式幕墙板块组装应符合下列要求：

1 密封条规格正确，长度无负偏差，接缝的搭接符合设计要求；

2 保温材料固定牢固；

3 隔汽层密封完整、严密；

4 凝结水排水系统通畅，管路无渗漏。

检验方法：观察检查；手扳检查；尺量；通水试验。

检查数量：每个检验批依据板块数量按本规范第 3.4.3 条的规定抽检，最小抽样数量不得少于 5 件（处）。

【技术要点说明】

单元式幕墙板块在工厂内组装完成运送到现场。运送到现场的单元板块一般都已将密封条、保温材料、隔汽层、冷凝水收集装置安装完成（或者在吊装前安装好）。所以幕墙板块到现场后或安装前，应对这些安装好的部分进行检查。

密封条的尺寸规格正确，才能保证缝隙的配合和密封。密封条的长度应该有富余，避免安装时密封条因损坏或弹性收缩而搭接不到位。密封条接缝处应按照设计要求进行必要的处理，保证搭接处的密封效果。

许多单元式幕墙的保温材料到达现场后已经固定完毕，所以在吊装前应进行必要的检验。保温材料的安装应该牢固，其厚度应符合设计要求。否则，应视为单元加工不符合节能要求。

同样，应对安装好的隔汽层、冷凝水排水系统进行检验，隔汽层应密封完整、严密，排水系统应通畅，无渗漏。

【实施与检查】

1. 实施

单元板块的检验方法主要是观察检查，密封条的规格可以用游标卡尺测量或与样品对比，固定牢固与否可采用手扳检查，冷凝水系统可进行通水试验。

2. 检查

验收时核查单元板块检验单。

5.3.3 幕墙与周边墙体、屋面间的接缝处应按设计要求采用保温措施，并应采用耐候密封胶等密封。建筑伸缩缝、沉降缝、抗震缝处的幕墙保温或密封做法应符合设计要求。严寒、寒冷地区当采用非闭孔保温材料时，应有完整的隔汽层。

检查方法：观察检查。对照设计文件观察检查。

检查数量：每个检验批抽样数量不少于 5 件（处）。

【技术要点说明】

幕墙周边与墙体缝隙部位虽然不是幕墙能耗的主要部位，但处理不好，也会大大影响幕墙的节能。由于幕墙边缘一般都是金属边框，所以存在热桥问题，应采用保温材料填充饱满。保温材料填塞后，可用密封胶密封盖板。但有些幕墙采用小块的金属板封边，这样的构造应注意热桥问题，金属板空隙间应采用岩棉等保温材料填充饱满。在夏热冬暖地区，由于保温不是主要问题，所以缝隙填充的材料可以不是保温材料，但仍然需要考虑水密性能。

幕墙的构造缝、沉降缝、热桥部位、断热节点等，处理不好，也会影响到幕墙的节能和产生结露。这些部位主要是密封问题和热桥问题。密封问题对于冬季节能非常重要，热桥则容易引起结露。

幕墙的缝隙多采用活动的错位搭接或采用伸缩性强的构件。对于面板的错位搭接，密封是非常重要的问题，应仔细对照设计图纸检查。当采用伸缩构件（如风琴板）时，伸缩构件的连接和密封应进行检查。另外，幕墙有气密、水密性能要求，所以应采用耐候胶进行密封。耐候胶应能与墙体的饰面材料很好粘结，以保证周边的水密性。

严寒寒冷地区，热桥部位很容易结露，所以隔汽层需要完整，以使得保温材料保持干燥，不影响保温性能。

【实施与检查】

1. 实施
此项检验的方法主要是观察检查，必要时可以剖开检查。
2. 检查
验收时应核查隐蔽工程验收记录。

5.3.4 幕墙活动遮阳设施的调节机构应灵活，并应能调节到位。

　　检验方法：一个遮阳设施现场进行 10 次以上完整行程的调节试验；观察检查。

　　检查数量：每个检验批按本规范第 3.4.3 条的规定抽检，最小抽样数量不得少于 10 件（处）。

【技术要点说明】

活动遮阳是幕墙上采用较多的一种遮阳形式。活动遮阳设施的调节机构是保证活动遮阳设施发挥作用的重要部件。这些部件应灵活，能够将遮阳板、百叶等调节到位，从而使遮阳设施发挥最大的作用。

【实施与检查】

1. 实施
本项目的检验方法是进行现场调节试验，在试验中观察检查。此项试验可直接利用遮阳设施的调节装置进行，每个遮阳设施来回反复运动 5 次以上即可。运动过程中应观察其极限范围是否满足设计要求，角度调节是否满足要求等。
2. 检查
验收时应核查试验记录。

第6章 门窗节能工程

【概述】门窗是建筑的开口，是建筑与室外交流、沟通的重要通道，也是满足建筑采光、通风要求的重要功能部件。随着城市建设的现代化，建筑的门窗也越来越现代化。然而，建筑的现代化却带来了窗面积的大幅度增加，这虽然对采光和通风是有利的，但对节能却往往是不利的。一方面，由于门窗的传热系数大大高于墙体，所以门窗面积的增加肯定会增加供暖能耗；另一方面，太阳可以通过门窗玻璃直接进入室内，从而增加夏季空调的负荷，增大空调能耗。

但是，大面积采用玻璃的确可以增加建筑的现代感，使得建筑透亮，我们不可能因为节能而过分限制开窗的面积。随着玻璃制造技术的进步，玻璃的保温能力和遮阳能力大幅度提高，而且还有很多的遮阳措施，这些都为大面积开窗创造了条件。另外，在南方炎热地区，自然通风也是非常有效的节能措施，大面积的开窗有利于自然通风。所以，一味限制开窗面积是没有必要的，关键是在门窗中采取必要的、满足要求的节能措施。

建筑门窗的种类很多，门窗的品种从型材分，大致包括：铝合金门窗、隔热铝合金门窗、塑料门窗、木门窗、铝木复合门窗、铝塑复合门窗、铝塑共挤门窗、钢门窗、不锈钢门窗、隔热钢门窗、隔热不锈钢门窗、玻璃钢门窗等。门窗按开启形式可分为推拉、平开、平开推拉、上悬、平开下悬、中悬、折叠等多种形式。相关标准见表6-1。

我国现行门窗标准情况　　　　　　　　　　　　　　　　表 6-1

序号	标准名称	标准编号
1	木门窗	GB/T 29498—2013
2	铝合金门窗	GB/T 8478—2020
3	钢门窗	GB/T 20909—2017
4	铝塑共挤门窗	JG/T 543—2018
5	建筑用塑料门	GB/T 28886—2012
6	建筑用塑料窗	GB/T 28887—2012
7	通风器	JG/T 391—2012
8	建筑门窗用通风器	JG/T 233—2017
9	擦窗机	GB/T 19154—2017
10	建筑门窗洞口尺寸系列	GB/T 5824—2008
11	建筑门窗术语	GB/T 5823—2008

序号	标准名称	标准编号
12	建筑幕墙、门窗通用技术条件	GB/T 31433—2015
13	建筑门窗洞口尺寸协调要求	GB/T 30591—2014
14	门、窗用未增塑聚氯乙烯(PVC-U)型材	GB/T 8814—2017
15	建筑用节能门窗 第1部分:铝木复合门窗	GB/T 29734.1—2013
16	建筑用节能门窗 第2部分:铝塑复合门窗	GB/T 29734.2—2013
17	建筑玻璃采光顶技术要求	JG/T 231—2018
18	中空玻璃	GB/T 11944—2012
19	贴膜玻璃	JC 846—2007
20	压花玻璃	JC/T 511—2002
21	平板玻璃	GB 11614—2009
22	夹丝玻璃	JC 433—1991(1996)
23	建筑用安全玻璃 第1部分:防火玻璃	GB 15763.1—2009
24	建筑用安全玻璃 第2部分:钢化玻璃	GB 15763.2—2005
25	建筑用安全玻璃 第3部分:夹层玻璃	GB 15763.3—2009
26	建筑用安全玻璃 第4部分:均质钢化玻璃	GB 15763.4—2009
27	半钢化玻璃	GB/T 17841—2008
28	镀膜玻璃 第1部分:阳光控制镀膜玻璃	GB/T 18915.1—2013
29	镀膜玻璃 第2部分:低辐射镀膜玻璃	GB/T 18915.2—2013
30	太阳能用玻璃 第1部分:超白压花玻璃	GB/T 30984.1—2015
31	太阳能用玻璃 第2部分:透明导电氧化物膜玻璃	GB/T 30984.2—2014
32	建筑门窗幕墙用钢化玻璃	JG/T 455—2014
33	内置遮阳中空玻璃制品	JG/T 255—2020
34	光伏真空玻璃	GB/T 34337—2017
35	石材用建筑密封胶	GB/T 23261—2009
36	中空玻璃用弹性密封胶	GB/T 29755—2013
37	中空玻璃用硅酮结构密封胶	GB 24266—2009
38	建筑门窗幕墙用中空玻璃弹性密封胶	JG/T 471—2015
39	混凝土接缝用建筑密封胶	JC/T 881—2017

序号	标准名称	标准编号
40	金属板用建筑密封胶	JC/T 884—2016
41	建筑用防霉密封胶	JC/T 885—2016
42	建筑窗用弹性密封剂	JC/T 485—2007
43	建筑用硅酮结构密封胶	GB 16776—2005
44	硅酮和改性硅酮建筑密封胶	GB/T 14683—2017
45	聚氨酯建筑密封胶	JC/T 482—2003
46	建筑门窗五金件 通用要求	GB/T 32223—2015
47	建筑门用提升推拉五金系统	JG/T 308—2011
48	建筑窗用内平开下悬五金系统	GB/T 24601—2009
49	建筑门窗五金件 传动机构用执手	JG/T 124—2017
50	建筑门窗五金件 合页(铰链)	JG/T 125—2017
51	建筑门窗五金件 传动锁闭器	JG/T 126—2017
52	建筑门窗五金件 滑撑	JG/T 127—2017
53	建筑门窗五金件 撑挡	JG/T 128—2017
54	建筑门窗五金件 滑轮	JG/T 129—2017
55	建筑门窗五金件 单点闭锁器	JG/T 130—2017
56	建筑门窗五金件 旋压执手	JG/T 213—2017
57	建筑门窗五金件 插销	JG/T 214—2017
58	建筑门窗五金件 多点锁闭器	JG/T 215—2017
59	建筑外门窗气密、水密、抗风压性能检测方法	GB/T 7106—2019
60	建筑外窗气密、水密、抗风压性能现场检测方法	JG/T 211—2007
61	建筑纱门窗抗风性能检测方法	GB/T 34824—2017
62	建筑采光顶气密、水密、抗风压性能检测方法	GB/T 34555—2017
63	建筑门窗力学性能检测方法	GB/T 9158—2015
64	建筑门窗遮阳性能检测方法	JG/T 440—2014
65	门扇 湿度影响稳定性检测方法	GB/T 22635—2008
66	未增塑聚氯乙烯(PVC-U)塑料门窗力学性能及耐候性试验方法	GB/T 11793—2008
67	门在地震作用下角变形时的开启性能试验方法	GB/T 34553—2017
68	整樘门 软重物体撞击试验	GB/T 14155—2008

序号	标准名称	标准编号
69	门扇 抗硬物撞击性能检测方法	GB/T 22632—2008
70	窗的启闭力试验方法	GB/T 29048—2012
71	门窗反复启闭耐久性试验方法	GB/T 29739—2013
72	建筑用玻璃与金属护栏	JG/T 342—2012
73	整樘门 垂直荷载试验	GB/T 29049—2012
74	建筑幕墙和门窗抗爆炸冲击波性能分级及检测方法	GB/T 29908—2013
75	建筑幕墙和门窗抗风携碎物冲击性能分级及检测方法	GB/T 29738—2013
76	平开门和旋转门 抗静扭曲性能的测定	GB/T 29530—2013
77	门的启闭力试验方法	GB/T 29555—2013
78	建筑门窗、幕墙中空玻璃性能现场检测方法	JG/T 454—2014
79	建筑密封材料试验方法 第1部分:试验基材的规定	GB/T 13477.1—2002
80	建筑密封材料试验方法 第2部分:密度的测定	GB/T 13477.2—2018
81	建筑密封材料试验方法 第3部分:使用标准器具测定密封材料挤出性方法	GB/T 13477.3—2017
82	建筑密封材料试验方法 第4部分:原包装单组分密封材料挤出性测定	GB/T 13477.4—2017
83	建筑密封材料试验方法 第5部分:表干时间的测试	GB/T 13477.5—2002
84	建筑密封材料试验方法 第6部分:流动性的测定	GB/T 13477.6—2002
85	建筑密封材料试验方法 第7部分:低温柔性的测定	GB/T 13477.7—2002
86	建筑密封材料试验方法 第8部分:拉伸粘结性的测定	GB/T 13477.8—2017
87	建筑密封材料试验方法 第9部分:浸水后拉伸粘结性测定	GB/T 13477.9—2017
88	建筑密封材料试验方法 第10部分:定伸粘结性的测定	GB/T 13477.10—2017
89	建筑密封材料试验方法 第11部分:浸水后定伸粘结性的测定	GB/T 13477.11—2017
90	建筑密封材料试验方法 第12部分:同一温度下拉伸-压缩循环后粘结性的测定	GB/T 13477.12—2018
91	建筑密封材料试验方法 第13部分:冷拉-热压后粘结性的测定	GB/T 13477.13—2019
92	建筑密封材料试验方法 第14部分:浸水及拉伸-压缩循环后粘结性的测定	GB/T 13477.14—2019
93	建筑密封材料试验方法 第15部分:经过热、透过玻璃的人工光源和水曝露后粘结性的测定	GB/T 13477.15—2017
94	建筑密封材料试验方法 第17部分:弹性恢复率的测定	GB/T 13477.17—2017
95	建筑密封材料试验方法 第18部分:剥离粘结性的测定	GB/T 13477.18—2002

续表

序号	标准名称	标准编号
96	建筑密封材料试验方法 第19部分:质量与体积变化的测定	GB/T 13477.19—2017
97	建筑密封材料试验方法 第20部分:污染性的测定	GB/T 13477.20—2017
98	钢丝绳 实际破断拉力测定方法	GB/T 8358—2014
99	色漆和清漆 漆膜的划格试验	GB/T 9286—1998
100	一般公差 未注公差的线性和角度尺寸的公差	GB/T 1804—2000
101	塑料薄膜和片材透水蒸汽性试验方法(杯式法)	GB 1037—1988
102	胶粘剂 拉伸剪切强度的测定(刚性材料对刚性材料)	GB/T 7124—2008
103	建筑胶粘剂试验方法 第1部分:陶瓷砖胶粘剂试验方法	GB/T 12954.1—2008
104	聚氯乙烯塑料地板胶粘剂	JC/T 550—2019
105	硫化橡胶或热塑性橡胶 压入硬度试验方法 第1部分:邵氏硬度计法(邵尔硬度)	GB/T 531.1—2008
106	硫化橡胶或热塑性橡胶 压入硬度试验方法 第2部分:便携式橡胶国际硬度计法	GB/T 531.2—2009
107	树脂浇铸体性能试验方法	GB/T 2567—2008
108	建筑玻璃点支承装置	JG/T 138—2010
109	玻璃应力测试方法	GB/T 18144—2008
110	吊挂式玻璃幕墙用吊夹	JG/T 139—2017
111	漆膜耐霉菌性测定法	GB/T 1741—2007
112	混凝土结构后锚固技术规程	JGJ 145—2013
113	护栏锚固试验方法	JG/T 473—2016
114	光伏玻璃 湿热大气环境自然曝露试验方法及性能评价	GB/T 34561—2017
115	金属和其他无机覆盖层 通常凝露条件下的二氧化硫腐蚀试验	GB/T 9789—2008
116	人造气氛腐蚀试验 盐雾试验	GB/T 10125—2012
117	硫化橡胶或热塑性橡胶 拉伸应力应变性能的测定	GB/T 528—2009
118	采光顶与金属屋面技术规程	JGJ 255—2012
119	建筑玻璃应用技术规程	JGJ 113—2015
120	建筑装饰装修工程质量验收标准	GB 50210—2018
121	热轧钢板和钢带的尺寸、外形、重量及允许偏差	GB/T 709—2019
122	单层防水卷材屋面工程技术规程	JGJ/T 316—2013
123	压型金属板工程应用技术规范	GB 50896—2013
124	建筑工程风洞试验方法标准	JGJ/T 338—2014

门窗中采用的玻璃品种也比较丰富。从构造讲，玻璃种类有单层玻璃、中空玻璃、三层中空玻璃、夹层玻璃、夹层中空玻璃等；单片玻璃又分为透明玻璃、着色玻璃、镀膜玻璃（包括 Low-E 玻璃、阳光控制型镀膜玻璃）等。

为了满足夏季的节能要求，门窗外侧经常设计有遮阳设施。一般遮阳设施的形式有水平遮阳板、垂直遮阳板、综合遮阳、卷帘遮阳、百叶遮阳、带百叶中空玻璃、外推拉百叶扇等。

对于门窗，建筑节能设计标准中对其有遮阳系数、传热系数、可见光透射比、气密性能等相关要求。为了保证正常使用功能，在热工方面对门窗还有抗结露要求、通风换气要求等。

所有这些要求需要在门窗工程的深化设计中去体现，需要满足要求的门窗产品来保证，需要高质量的安装来实现。

本章就是围绕着这些要求，实现这些要求所应该采用的门窗，以及应该达到的安装质量水平等，按照施工质量验收的要求而编制。

本章的门窗节能工程质量验收包括了以下内容：

（1）对门窗节能工程隐蔽验收的要求。

（2）对门窗的性能要求，包括其气密性能、传热系数、遮阳系数、可见光透射比、中空玻璃露点等。

（3）对门窗遮阳措施的要求，包括遮阳材料的光学性能，遮阳装置的遮阳尺寸、安装位置、安装方向等。

（4）对门窗以及其关键的配件或材料的见证取样、复验的要求。

（5）对特殊部位门窗气密性能的要求，现场实体检测的要求。

（6）对门窗热工构造的要求，包括门窗与墙体的接缝处保温材料的填充、金属附框等。

（7）对门窗安装的要求，包括玻璃安装、遮阳设施安装等。

6.1 一般规定

6.1.1 本章适用于金属门窗、塑料门窗、木门窗、各种复合门窗、特种门窗及天窗等建筑外门窗节能工程施工质量验收。

【技术要点说明】

与围护结构节能关系最大的是与室外空气接触的门窗，包括普通门窗、凸窗、天窗、倾斜窗以及不封闭阳台的门连窗等。从制作的材料分，外门窗的品种包括铝合金门窗、彩钢门窗、不锈钢门窗、铝木复合门窗、塑料门窗、铝塑共挤门窗、木门窗、玻璃钢门窗等。门窗的节能指标包括传热系数、遮阳系数、可见光透射比、气密性能、抗结露性能等。本章所指的门窗节能工程，是涉及以上这些指标的有关材料、产品的控制，以及门窗施工质量验收过程中的相关内容。

《严寒和寒冷地区居住建筑节能设计标准》JGJ 26—2018、《夏热冬冷地区居住建筑节能设计标准》JGJ 134—2010、《夏热冬暖地区居住建筑节能设计标准》JGJ 75—2012 三个居住建筑节能设计标准均对门窗提出了要求，见以下系列列表（表6-2～表6-11）。

严寒和寒冷地区居住建筑的窗墙面积比限值 表6-2

朝向	窗墙面积比	
	严寒地区	寒冷地区
北	0.25	0.30
东、西	0.30	0.35
南	0.45	0.50

严寒 A 区（1A 区）居住建筑外门窗传热系数限值 表6-3

窗墙面积比	外门窗传热系数[W/(m²·K)]	
	≤3 层建筑	≥4 层
≤0.3	1.4	1.6
0.30～0.45	1.4	1.6

严寒 B 区（1B 区）居住建筑外门窗传热系数限值 表6-4

窗墙面积比	外门窗传热系数[W/(m²·K)]	
	≤3 层建筑	≥4 层
≤0.3	1.4	1.8
0.30～0.45	1.4	1.6

严寒 C 区（1C 区）居住建筑外门窗传热系数限值 表6-5

窗墙面积比	外门窗传热系数[W/(m²·K)]	
	≤3 层建筑	≥4 层
≤0.3	1.6	2.0
0.30～0.45	1.4	1.8

寒冷 A 区（2A 区）居住建筑外门窗传热系数限值 表6-6

窗墙面积比	外门窗传热系数[W/(m²·K)]	
	≤3 层建筑	≥4 层
≤0.3	1.8	2.2
0.30～0.45	1.5	2.0

寒冷 B 区（2B 区）居住建筑外门窗传热系数限值 表6-7

窗墙面积比	外门窗传热系数[W/(m²·K)]	
	≤3 层建筑	≥4 层
≤0.3	1.8	2.2
0.30～0.45	1.5	2.0

夏热冬冷地区居住建筑外窗的窗墙面积比限值　　表6-8

朝向	窗墙面积比
北	0.40
东、西	0.35
南	0.45
每套房间允许一个房间(不分朝向)	0.60

夏热冬冷地区不同朝向、不同窗墙面积比的外窗传热系数和综合遮阳系数限值　　表6-9

建筑	窗墙面积比	传热系数 [W/(m²·K)]	外窗综合遮阳系数 SC_W (东、西向/南向)
体型系数 ≤0.4	≤0.20	4.7	—/—
	0.2~0.3	4.0	—/—
	0.3~0.4	3.2	夏季≤0.40/夏季≤0.45
	0.4~0.45	2.8	夏季≤0.35/夏季≤0.40
	0.45~0.60	2.5	东、西、南向设置外遮阳 夏季≤0.25,冬季≥0.60
体型系数 >0.4	≤0.20	4.0	—/—
	0.2~0.3	3.2	—/—
	0.3~0.4	2.8	夏季≤0.40/夏季≤0.45
	0.4~0.45	2.5	夏季≤0.35/夏季≤0.40
	0.45~0.60	2.3	东、西、南向设置外遮阳 夏季≤0.25,冬季≥0.60

夏热冬暖地区北区居住建筑建筑物外窗平均传热系数和平均综合遮阳系数限值　　表6-10

外墙平均指标	外窗平均 传热系数 [W/(m²·K)]	外窗加权平均综合遮阳系数 S_W			
		平均窗地面积比 C_{MF}≤0.25 或平均窗墙面积比 C_{MW}≤0.25	平均窗地面积比 0.25<C_{MF}≤0.30 或平均窗墙面积比 0.25<C_{MW}≤0.30	平均窗地面积比 0.30<C_{MF}≤0.35 或平均窗墙面积比 0.30<C_{MW}≤0.35	平均窗地面积比 0.35<C_{MF}≤0.40 或平均窗墙面积比 0.35<C_{MW}≤0.40
K≤2.0 D≥2.8	4.0	≤0.3	≤0.2	—	—
	3.5	≤0.5	≤0.3	≤0.2	—
	3.0	≤0.7	≤0.5	≤0.4	≤0.3
	2.5	≤0.8	≤0.6	≤0.6	≤0.4
K≤1.5 D≥2.5	6.0	≤0.6	≤0.3	—	—
	5.5	≤0.8	≤0.4	—	—
	5.0	≤0.9	≤0.6	≤0.3	—
	4.5	≤0.9	≤0.7	≤0.5	≤0.2
	4.0	≤0.9	≤0.8	≤0.6	≤0.4
	3.5	≤0.9	≤0.9	≤0.7	≤0.5
	3.0	≤0.9	≤0.9	≤0.8	≤0.6
	2.5	≤0.9	≤0.9	≤0.9	≤0.7

续表

外墙平均指标	外窗平均传热系数 [W/(m²·K)]	外窗加权平均综合遮阳系数 S_W			
		平均窗地面积比 $C_{MF}\leq0.25$ 或平均窗墙面积比 $C_{MW}\leq0.25$	平均窗地面积比 $0.25<C_{MF}\leq0.30$ 或平均窗墙面积比 $0.25<C_{MW}\leq0.30$	平均窗地面积比 $0.30<C_{MF}\leq0.35$ 或平均窗墙面积比 $0.30<C_{MW}\leq0.35$	平均窗地面积比 $0.35<C_{MF}\leq0.40$ 或平均窗墙面积比 $0.35<C_{MW}\leq0.40$
$K\leq1.0$ $D\geq2.5$ 或 $K\leq0.7$	6.0	≤0.9	≤0.9	≤0.6	≤0.2
	5.5	≤0.9	≤0.9	≤0.7	≤0.4
	5.0	≤0.9	≤0.9	≤0.8	≤0.6
	4.5	≤0.9	≤0.9	≤0.8	≤0.7
	4.0	≤0.9	≤0.9	≤0.9	≤0.7
	3.5	≤0.9	≤0.9	≤0.9	≤0.8

夏热冬暖地区南区居住建筑建筑物外窗平均综合遮阳系数限值 表 6-11

外墙平均指标 ($\rho\leq0.8$)	外窗的加权平均综合遮阳系数 S_W				
	平均窗地面积比 $C_{MF}\leq0.25$ 或平均窗墙面积比 $C_{MW}\leq0.25$	平均窗地面积比 $0.25<C_{MF}\leq0.30$ 或平均窗墙面积比 $0.25<C_{MW}\leq0.30$	平均窗地面积比 $0.30<C_{MF}\leq0.35$ 或平均窗墙面积比 $0.30<C_{MW}\leq0.35$	平均窗地面积比 $0.35<C_{MF}\leq0.40$ 或平均窗墙面积比 $0.35<C_{MW}\leq0.40$	平均窗地面积比 $C_{MF}\leq0.25$ 或平均窗墙面积比 $C_{MW}\leq0.25$
$K\leq2.5$ $D\geq3.0$	≤0.5	≤0.4	≤0.3	≤0.2	—
$K\leq2.0$ $D\geq2.8$	≤0.6	≤0.5	≤0.4	≤0.3	≤0.2
$K\leq1.5$ $D\geq2.5$	≤0.8	≤0.7	≤0.6	≤0.5	≤0.4
$K\leq1.0$ $D\geq2.5$ 或 $K\leq0.7$	≤0.9	≤0.8	≤0.7	≤0.6	≤0.5

《公共建筑节能设计标准》GB 50189—2015 对门窗有如下要求（表 6-12～表 6-17）：

严寒地区 A、B 区甲类公共建筑门窗传热系数限值 K [W/(m²·K)] 表 6-12

单一朝向外窗（包括透明幕墙）		传热系数	
		体形系数≤0.30	0.30<体形系数≤0.50
严寒地区 A、B 区	窗墙面积比≤0.20	≤2.7	≤2.5
	0.20<窗墙面积比≤0.30	≤2.5	≤2.3
	0.30<窗墙面积比≤0.40	≤2.2	≤2.0

单一朝向外窗(包括透明幕墙)		传热系数	
		体形系数≤0.30	0.30<体形系数≤0.50
严寒地区 A、B区	0.40<窗墙面积比≤0.50	≤1.9	≤1.7
	0.50<窗墙面积比≤0.60	≤1.6	≤1.4
	0.60<窗墙面积比≤0.70	≤1.5	≤1.4
	0.70<窗墙面积比≤0.80	≤1.4	≤1.3
	窗墙面积比>0.8	≤1.3	≤1.2
	屋顶透明部分(屋顶透光 部分面积≤20%)	≤2.2	

严寒地区C区甲类公共建筑门窗热工性能限值　　　　　表6-13

单一朝向外窗(包括透明幕墙)	传热系数	
	体形系数≤0.30	0.30<体形系数≤0.50
窗墙面积比≤0.20	≤2.9	≤2.7
0.20<窗墙面积比≤0.30	≤2.6	≤2.4
0.30<窗墙面积比≤0.40	≤2.3	≤2.1
0.40<窗墙面积比≤0.50	≤2.0	≤1.7
0.50<窗墙面积比≤0.60	≤1.7	≤1.5
0.60<窗墙面积比≤0.70	≤1.7	≤1.5
0.70<窗墙面积比≤0.80	≤1.5	≤1.4
窗墙面积比>0.8	≤1.4	≤1.3
屋顶透明部分(屋顶透光部分面积≤20%)	≤2.3	

寒冷地区甲类公共建筑门窗热工性能限值　　　　　表6-14

单一朝向外窗(包括透明幕墙)	体形系数≤0.30		0.30<体形系数≤0.50	
	传热系数 K $[W/(m^2 \cdot K)]$	太阳得热系数 $SHGC$ (东、南、西/北向)	传热系数 K $[W/(m^2 \cdot K)]$	太阳得热系数 $SHGC$ (东、南、西/北向)
窗墙面积比≤0.20	≤3.0	—	≤2.8	—
0.20<窗墙面积比≤0.30	≤2.7	≤0.52/—	≤2.5	≤0.52/—
0.30<窗墙面积比≤0.40	≤2.4	≤0.48/—	≤2.2	≤0.48/—
0.40<窗墙面积比≤0.50	≤2.2	≤0.43/—	≤1.9	≤0.43/—
0.50<窗墙面积比≤0.60	≤2.0	≤0.40/—	≤1.7	≤0.40/—
0.60<窗墙面积比≤0.70	≤1.9	≤0.35/0.60	≤1.7	≤0.35/0.60
0.70<窗墙面积比≤0.80	≤1.6	≤0.35/0.52	≤1.5	≤0.35/0.52
窗墙面积比>0.8	≤1.5	≤0.30/0.52	≤1.4	≤0.30/0.52
屋顶透明部分(屋顶透光 部分面积≤20%)	≤2.4	≤0.44	≤2.4	≤0.35

夏热冬冷地区甲公共建筑门窗节能性能指标限值　　　　表 6-15

围护结构部位		传热系数 K [W/(m²·K)]	太阳得热系数 SHGC (东、南、西向/北向)
单一立面外窗 (包括透光幕墙)	窗墙面积比≤0.20	≤3.5	—
	0.20<窗墙面积比≤0.30	≤3.0	≤0.44/0.48
	0.30<窗墙面积比≤0.40	≤2.6	≤0.40/0.44
	0.40<窗墙面积比≤0.50	≤2.4	≤0.35/0.40
	0.50<窗墙面积比≤0.60	≤2.2	≤0.35/0.40
	0.60<窗墙面积比≤0.70	≤2.2	≤0.30/0.35
	0.70<窗墙面积比≤0.80	≤2.0	≤0.26/0.35
	窗墙面积比>0.80	≤1.8	≤0.24/0.30
屋顶透明部分(屋顶透明部分面积≤20%)		≤2.6	≤0.30

夏热冬暖地区甲公共建筑门窗节能性能指标限值　　　　表 6-16

围护结构部位		传热系数 K [W/(m²·K)]	太阳得热系数 SHGC (东、南、西向/北向)
单一立面外窗 (包括透光幕墙)	窗墙面积比≤0.20	≤5.2	≤0.52/—
	0.20<窗墙面积比≤0.30	≤4.0	≤0.44/0.52
	0.30<窗墙面积比≤0.40	≤3.0	≤0.35/0.44
	0.40<窗墙面积比≤0.50	≤2.7	≤0.35/0.40
	0.50<窗墙面积比≤0.60	≤2.5	≤0.26/0.35
	0.60<窗墙面积比≤0.70	≤2.5	≤0.24/0.30
	0.70<窗墙面积比≤0.80	≤2.5	≤0.22/0.26
	窗墙面积比>0.80	≤2.0	≤0.18/0.26
屋顶透明部分(屋顶透明部分面积≤20%)		≤3.0	≤0.30

乙类公共建筑外窗（包括透光幕墙）热工性能限值　　　　表 6-17

围护结构部位	传热系数 K[W/(m²·K)]					太阳得热系数 SHGC		
外窗(包括透光幕墙)	严寒 A、B 区	严寒 C 区	寒冷地区	夏热冬冷地区	夏热冬暖地区	寒冷地区	夏热冬冷地区	夏热冬暖地区
单一立面外窗 (包括透光幕墙)	≤2.0	≤2.2	≤2.5	≤3.0	≤4.0	—	≤0.52	≤0.48
屋顶透光部分(屋顶透光部分面积≤20%)	≤2.0	≤2.2	≤2.5	≤3.0	≤4.0	≤0.44	≤0.35	≤0.30

公共建筑的外门、外窗的气密性分级应符合国家标准《建筑幕墙、门窗通用技术条件》GB/T 31433—2015 中第 5.2.2.1 条的规定，并应满足下列要求：

（1）10 层及以上建筑外窗的气密性不应低于 7 级。

（2）10 层以下建筑外窗的气密性不应低于 6 级。

（3）严寒和寒冷地区外门的气密性不应低于 4 级。

公共建筑建筑幕墙的气密性应符合国家标准《建筑幕墙》GB/T 21086—2007 中第

5.1.3 条的规定且不应低于 3 级。

当公共建筑入口大堂采用全玻幕墙时，全玻幕墙中非中空玻璃的面积不应超过同一立面透光面积（门窗和玻璃幕墙）的 15%，且应按同一立面透光面积（含全玻幕墙面积）加权计算平均传热系数。

建筑外门窗的节能相关性能指标主要是传热系数、遮阳系数、气密性能。建筑外门窗气密性能分级应符合表 6-18 的规定。

建筑外门窗气密性能分级表　　　表 6-18

分级	1	2	3	4	5	6	7	8
单位缝长分级指标值 $q_1[\mathrm{m^3/(m \cdot h)}]$	$4.0 \geqslant q_1 > 3.5$	$3.5 \geqslant q_1 > 3.0$	$3.0 \geqslant q_1 > 2.5$	$2.5 \geqslant q_1 > 2.0$	$2.0 \geqslant q_1 > 1.5$	$1.5 \geqslant q_1 > 1.0$	$1.0 \geqslant q_1 > 0.5$	$q_1 \leqslant 0.5$
单位面积分级指标值 $q_2[\mathrm{m^3/(m^2 \cdot h)}]$	$12 \geqslant q_2 > 10.5$	$10.5 \geqslant q_2 > 9.0$	$9.0 \geqslant q_2 > 7.5$	$7.5 \geqslant q_2 > 6.0$	$6.0 \geqslant q_2 > 4.5$	$4.5 \geqslant q_2 > 3.0$	$3.0 \geqslant q_2 > 1.5$	$q_2 \leqslant 1.5$

注：本表摘自《建筑外门窗气密、水密、抗风压性能分级及检测方法》GB/T 7106—2008。

建筑外门窗热工性能分级见表 6-19。

建筑外门窗热工性能分级〔单位：W/（m² · K）〕　　　表 6-19

分级	1	2	3	4	5
分级指标值	$K \geqslant 5.0$	$5.0 > K \geqslant 4.0$	$4.0 > K \geqslant 3.5$	$3.5 > K \geqslant 3.0$	$3.0 > K \geqslant 2.5$
分级	6	7	8	9	10
分级指标值	$2.5 > K \geqslant 2.0$	$2.0 > K \geqslant 1.6$	$1.6 > K \geqslant 1.3$	$1.3 > K \geqslant 1.1$	$K < 1.1$

注：本表摘自《建筑外门窗保温性能分级及检测方法》GB/T 8484—2008。

建筑外窗遮阳性能分级见表 6-20。

建筑外窗遮阳性能分级　　　表 6-20

分级	1	2	3	4	5	6	7
指标值 K $[\mathrm{W/(m^2 \cdot K)}]$	$0.8 \geqslant SC > 0.7$	$0.7 \geqslant SC > 0.6$	$0.6 \geqslant SC > 0.5$	$0.5 \geqslant SC > 0.4$	$0.4 \geqslant SC > 0.3$	$0.3 \geqslant SC > 0.2$	$SC \leqslant 0.2$

注：本表摘自《建筑幕墙、门窗通用技术条件》GB/T 31433—2015。

传热系数和遮阳系数都是外门窗的主要节能性能。门窗与玻璃幕墙虽然在节能性能要求上相同，但构造很不一样，实际施工中的施工工艺要求也不一样，验收时也应有不同的要求，这在规范的执行过程中应引起充分的重视。

6.1.2 门窗节能工程应优先选用具有国家建筑门窗节能性能标识的产品。当门窗采用隔热型材时，应提供隔热型材所使用的隔断热桥材料的物理力学性能检测报告。

【技术要点说明】

建筑门窗节能性能标识是原建设部在 2006 年试点推行的标识制度。2006 年 12 月 29 日印发了《建筑门窗节能性能标识试点工作管理办法》（建科〔2006〕319 号），开始在全国范围内实施建筑门窗节能性能标识试点工作。2010 年 6 月 18 日，住房和城乡建设部印发了《关于进一步加强建筑门窗节能性能标识工作的通知》（建科［2010］93 号），要求"进一步加强门窗标识工作，促进门窗行业技术进步、确保建筑节能取得实效"。目前，全国已经有超过 200 个企业，几千个产品取得了标识。这些产品在标识时进行了严格的测试和大量的模拟计算，其性能是真实可靠的。

隔热型材的隔热材料一般是尼龙或树脂材料。这些材料是很特殊的，既要保证足够的强度，又要有较小的导热系数，还要满足门窗型材在尺寸方面的要求。从安全的角度，型材的力学性能是非常重要的。隔热型材的物理力学性能主要包括不同温度条件下的抗剪强度和横向抗拉强度等。当不能提供隔热材料物理力学性能检测报告时，应按照产品标准对隔热型材至少进行一次不同温度条件下的横向抗拉强度和抗剪强度的抽样检验。

6.1.3 主体结构完成后进行施工的门窗节能工程，应在外墙质量验收合格后对门窗框与墙体接缝处的保温填充做法和门窗附框等进行施工，施工过程中应及时进行质量检查、隐蔽工程验收和检验批验收，隐蔽部位验收应在隐蔽前进行，并应有详细的文字记录和必要的图像资料，施工完成后应进行门窗节能分项工程验收。

【技术要点说明】

门窗框与墙体缝隙虽然不是能耗的主要部位，但处理不好，会大大影响门窗的节能。这些部位主要是密封问题和热桥问题。密封问题对于冬季节能非常重要，热桥则容易引起结露和发霉，所以必须将这些部位处理好。工程施工中应对这些部位进行隐蔽工程验收。

处理门窗与墙体之间的缝隙有多种方法。对于南方夏热冬暖地区，缝隙的处理主要是防水，所以一般采用防水的塞缝和密封胶密封处理即可。对于需要保温的其他地区，则应考虑缝隙处理带来的热桥问题，处理不好，容易在这些部位造成结露。

处理门窗缝隙的保温，现在多采用现场注发泡胶，然后采用密封胶密封防水。依据《塑料门窗工程技术规程》JGJ 103—2008 要求，窗框与洞口之间的伸缩缝内腔应采用闭孔泡沫塑料、发泡聚苯乙烯等弹性材料分层填塞。

《建筑装饰装修工程质量验收标准》GB 50210—2018 要求塑料门窗框与墙体间缝隙采用闭孔弹性材料填嵌饱满，表面应采用密封胶密封。密封胶应粘结牢固，表面应光滑、顺直、无裂纹。对于金属门窗，要求金属门窗的防腐处理及填嵌、密封处理应符合设计要求。金属门窗框与墙体之间的缝隙应填嵌饱满，并采用密封胶密封。密封胶表面应光滑、顺直、无裂纹。

6.1.4 门窗节能工程验收的检验批划分，除本章另有规定外应符合下列规定：
  1 同一厂家的同材质、类型和型号的门窗每 200 樘划分为一个检验批；
  2 同一厂家的同材质、类型和型号的特种门窗每 50 樘划分为一个检验批；
  3 异形或有特殊要求的门窗检验批的划分也可根据其特点和数量，由施工单位与监理单位协商确定。

【技术要点说明】

为了使得门窗工程的节能验收可以与其他施工质量验收统一，本标准参照了《建筑装饰装修工程质量验收标准》GB 50210—2018 的规定。为了减少现场的检验工作量，本标准扩大了检验批的样本数量。

6.2　主控项目

6.2.1　建筑门窗节能工程使用的材料、构件应进场验收，验收结果应经监理工程师检查认可，且应形成相应的验收记录。各种材料和构件的质量证明文件和相关技术资料应齐全，并应符合设计要求和国家现行有关标准的规定。

　　检验方法：观察、尺量检查；核查质量证明文件。

　　检查数量：按进场批次，每批随机抽取 3 个试样进行检查；质量证明文件应按其出厂检验批进行核查。

【技术要点说明】

　　在建筑节能工程中，建筑外门窗工程的材料包括门窗、遮阳构件、安装的附件材料等。

　　建筑外门窗的品种、规格符合设计要求和相关标准的规定，这是一般性的要求，应该得到满足。门窗的品种一般包含了型材、玻璃等主要材料的信息，也包含一定的性能信息，规格包含了尺寸、分格信息等。门窗的品种中包含了型材、玻璃等主要材料的信息，也隐含着各种配件、附件的信息。典型玻璃的光学、热工性能参数见表 6-21。

典型玻璃的光学、热工性能参数　　　　　　　　　表 6-21

玻璃晶种及规格 （mm）		可见光透射比 τ_v	太阳能总透射比 g_g	遮阳系数 SC	中部传热系数 $K[\text{W}/(\text{m}^2 \cdot \text{K})]$
透明玻璃	3 透明玻璃	0.83	0.87	1	5.8
	6 透明玻璃	0.77	0.82	0.93	5.7
	12 透明玻璃	0.65	0.74	0.84	5.5
吸热玻璃	5 绿色吸热玻璃	0.77	0.64	0.76	5.7
	6 蓝色吸热玻璃	0.54	0.62	0.72	5.7
	5 茶色吸热玻璃	0.50	0.62	0.72	5.7
	5 灰色吸热玻璃	0.42	0.60	0.69	5.7
热反射玻璃	6 高透光热反射玻璃	0.56	0.56	0.64	5.7
	6 中等透光热反射玻璃	0.40	0.43	0.49	5.4
	6 低透光热反射玻璃	0.15	0.26	0.30	4.6
	6 特低透光热反射玻璃	0.11	0.25	0.29	4.6
单片 Low-E	6 高透光单片 Low-E	0.61	0.51	0.58	3.6
	6 中等透光单片 Low-E	0.55	0.44	0.51	3.5

玻璃晶种及规格 （mm）		可见光透射 比 τ_v	太阳能总透射 比 g_g	遮阳系数 SC	中部传热系数 $K[W/(m^2 \cdot K)]$
中空玻璃	6 透明＋12 空气＋6 透明	0.71	0.75	0.86	2.8
	6 绿色吸热＋12 空气＋6 透明	0.66	0.47	0.54	2.8
	6 灰色吸热＋12 空气＋6 透明	0.38	0.45	0.51	2.8
	6 中等透光热反射＋12 空气＋6 透明	0.28	0.29	0.34	2.4
	6 低透光热反射＋12 空气＋6 透明	0.16	0.16	0.18	2.3
	6 高透光 Low-E＋12 空气＋6 透明	0.72	0.47	0.62	1.9
	6 中透光 Low-E＋12 空气＋6 透明	0.62	0.37	0.50	1.8
	6 较低透光 Low-E＋12 空气＋6 透明	0.48	0.28	0.38	1.8
	6 低透光 Low-E＋12 空气＋6 透明	0.35	0.20	0.30	1.8
	6 高透光 Low-E＋12 氩气＋6 透明	0.72	0.47	0.62	1.5
	6 中透光 Low-E＋12 氩气＋6 透明	0.62	0.37	0.50	1.4

典型外窗的遮阳系数可根据表 6-21 采用下式计算：

$$SC_w = \frac{SC_g \cdot A_g + SC_f \cdot A_f}{A_g + A_f}$$

式中　SC_w——窗的遮阳系数；

SC_g——玻璃或玻璃系统的遮阳系数；

SC_f——框的遮阳系数，不隔热的金属型材可近似取 0.15，其他可取 0；

A_g——窗玻璃面积（m²）；

A_f——窗框的投射面积（m²）。

典型玻璃配合不同窗框的整窗传热系数见表 6-22。

典型玻璃配合不同窗框的整窗传热系数[1]　　　　　表 6-22

玻璃晶种及规格		玻璃中部传热系数 $K_g[W/(m^2 \cdot K)]$	传热系数 $K[W/(m^2 \cdot K)]$		
			非隔热金属性材料 $K_f=10.8W/(m^2 \cdot K)$ 框面积 15%	隔热金属性材料 $K_f=5.8W/(m^2 \cdot K)$ 框面积 20%	塑料型材料 $K_f=2.7W/(m^2 \cdot K)$ 框面积 25%
透明玻璃	3 透明玻璃	5.8	6.6	5.8	5
	6 透明玻璃	5.7	6.5	5.7	4.9
	12 透明玻璃	5.5	6.3	5.6	4.8
吸热玻璃	5 绿色吸热玻璃	5.7	6.5	5.7	4.9
	6 蓝色吸热玻璃	5.7	6.5	5.7	4.9
	5 茶色吸热玻璃	5.7	6.5	5.7	4.9
	5 灰色吸热玻璃	5.7	6.5	5.7	4.9
热反射玻璃	6 高透光热反射玻璃	5.7	6.5	5.7	4.9
	6 中等透光反射玻璃	5.4	6.2	5.5	4.7
	6 低透光热反射玻璃	5.6	5.5	4.8	4.1
	6 特低透光热反射玻璃	4.6	5.5	4.8	4.1

续表

玻璃晶种及规格		玻璃中部传热系数 $K_g[W/(m^2 \cdot K)]$	传热系数 $K[W/(m^2 \cdot K)]$		
			非隔热金属性材料 $K_f=10.8W/(m^2 \cdot K)$ 框面积15%	隔热金属性材料 $K_f=5.8W/(m^2 \cdot K)$ 框面积20%	塑料型材料 $K_f=2.7W/(m^2 \cdot K)$ 框面积25%
单片 Low-E	6 高透光单片 Low-E	3.6	4.7	4	3.4
	6 中等透光单片 Low-E	3.5	4.6	4	3.3
中空玻璃	6 透明+12 空气+6 透明	2.8	4	3.4	2.8
	6 绿色吸热+12 空气+6 透明	2.8	4	3.4	2.8
	6 灰色吸热+12 空气+6 透明	2.8	4	3.4	2.8
	6 中等透光热反射+12 空气+6 透明	2.4	3.7	3.14	2.5
	6 低透光热反射+12 空气+6 透明	2.3	3.6	3.14	2.4
	6 高透光 Low-E+12 空气+6 透明	1.9	3.2	2.7	2.1
	6 中透光 Low-E+12 空气+6 透明	1.8	3.2	2.6	2
	6 较低透光 Low-E+12 空气+6 透明	1.8	3.2	2.6	2
	6 低透光 Low-E+12 空气+6 透明	1.8	3.2	2.6	2
	6 高透光 Low-E+12 氩气+6 透明	1.5	2.9	2.4	1.8
	6 中透光 Low-E+12 氩气+6 透明	1.4	2.8	2.3	1.7

门窗不同的开启形式、采用不同的密封方式，其气密性能和热工性能指标均可能不同。门窗规格大小不同，热工性能就会发生变化。如大窗的玻璃面积相对多，传热系数受框的影响就小一些，而遮阳系数就会大一些，所以应该核查门窗的品种、规格。可以采用测量门窗的特征尺寸的办法检查门窗的规格。

通过对门窗质量证明文件的核查，可以核对门窗的品种、性能参数等是否与设计要求一致。通过对质量证明文件的核查，可以确定产品是否得到生产企业的合格保证。门窗的质量证明文件一般可包括：

（1）产品合格证；

（2）性能检测报告或门窗节能标识证书；

（3）玻璃合格证明文件；

（4）型材合格证明文件等。

遮阳设施的产品性能指标在节能设计中也是确定的，验收时也要求符合，这主要是产品的遮阳系数或遮阳材料的光学性能。遮阳材料有半透光、半透明、不透光等类型，不得用错。有些遮阳材料，设计要求其反光很好，反射比高，这也需要符合。

门窗安装所使用的密封材料的规格与其性能有关，密封性能、耐久性等应该注意。

【实施与检查】

1. 实施

建筑门窗节能工程使用的材料、构件进场时需要先验收，验收时准备好相关的验收材料，保存相应的验收记录，监理工程师应参与进场验收，监理工程师认可验收结果后材料、构件方可进场。

2. 检查

门窗的特征尺寸采用尺量检查；产品外观质量采用目测观察；门窗的品种、规格等技术资料和性能检测报告等质量文件与实物应一一核查。

遮阳装置、密封材料等，其规格及性能指标需要认真核查。

检查数量按进场批次和其出厂检验批，按本规范第 6.1.5 条执行进行检查，相关质量证明文件按其出厂检验批进行核查。

验收的内容主要包括：门窗的品种、规格是否正确，外观质量是否符合要求，质量证明文件是否齐全，是否满足设计要求和节能标准的规定。

6.2.2　门窗（包括天窗）节能工程使用的材料、构件进场时，应按工程所处的气候区核查质量证明文件、节能性能标识证书、门窗节能性能计算书、复验报告，并应对下列性能进行复验，复验应为见证取样检验：

1　严寒、寒冷地区：门窗的传热系数、气密性能；

2　夏热冬冷地区：门窗的传热系数、气密性能，玻璃的遮阳系数、可见光透射比；

3　夏热冬暖地区：门窗的气密性能，玻璃的遮阳系数、可见光透射比；

4　严寒、寒冷、夏热冬冷和夏热冬暖地区：透光、部分透光遮阳材料的太阳光透射比、太阳光反射比，中空玻璃的密封性能。

检验方法：具有国家建筑门窗节能性能标识的门窗产品，验收时应对照标识证书和计算报告，核对相关的材料、附件、节点构造，复验玻璃的节能性能指标（即可见光透射比、太阳得热系数、传热系数、中空玻璃的密封性能），可不再进行产品的传热系数和气密性能复验。应核查标识证书与门窗的一致性，核查标识的传热系数和气密性能等指标，并按门窗节能性标识模拟计算报告核对门窗节点构造。中空玻璃密封性能按照本标准附录 E 的检验方法进行检验。

检查数量：质量证明文件、复验报告和计算报告等应全数核查；按同厂家、同材质、同开启方式、同型材系列的产品各抽查一次；对于有节能性能标识的门窗产品，复验时可仅核查标识证书和玻璃的检测报告。同工程项目、同施工单位且同期施工的多个单位工程，可合并计算抽检数量。

【技术要点说明】 本条为强制性条文。

建筑外门窗的气密性、保温性能（传热系数）、中空玻璃露点、玻璃遮阳系数和可见光透射比都是重要的节能指标，所以应符合强制的要求。

为了保证工程使用的门窗质量达到标准，保证门窗的性能，需要在建筑外窗进入施工现场时进行复验。

由于在严寒、寒冷、夏热冬冷地区对门窗保温节能性能要求更高，门窗容易结露，所以需要对门窗的气密性能、传热系数进行复验；夏热冬暖地区由于夏天阳光强烈，太阳辐射对建筑空调能耗的影响很大，主要考虑门窗的夏季隔热，所以在此仅对气密性能进行复验。测试门窗的传热系数应根据《建筑外门窗保温性能分级及检测方法》GB/T 8484—2020选取。复验时应取一定尺寸的标准试件，送试验室进行测试。测试气密性能应根据《建筑外门窗气密、水密、抗风压性能检测方法》GB/T 7106—2019选取。

验收时只需要对照标识证书和计算报告，核对相关的材料、附件、节点构造，复验玻璃的性能指标即可，不必再进行产品的传热系数和气密性能复验。门窗品种若进行门窗节能指标的标识，应核对标识证书中的产品主要材料、构配件是否与现场所用的一致，如果一致，可采用标识证书中的参数。

一定规格尺寸门窗的传热系数可以通过试验室测试确定，测试系数通过核查检测报告来检验。但实际工程中，门窗的尺寸是很多的，各种尺寸门窗的传热系数只能依靠计算确定。《建筑门窗玻璃幕墙热工计算规程》JGJ/T 151—2008对门窗的热工计算问题提供了详细的计算方法。

玻璃的遮阳系数、可见光透射比以及中空玻璃的露点是建筑玻璃的基本性能，应该进行复验。因为在夏热冬冷和夏热冬暖地区，遮阳系数是非常重要的。测量玻璃系统的相关热工参数应采用测试和计算相结合的办法。首先应测量组成玻璃系统的单片玻璃的性能，然后采用行业标准《建筑门窗玻璃幕墙热工计算规程》JGJ/T 151—2008计算。单片玻璃应进行抽样，按照实验室的要求取相应大小的玻璃片，送试验室测试。计算中空玻璃的相关参数应由实验室一并进行，并在玻璃检测报告中给出计算结果。

遮阳材料的主要性能是光学性能，本规范提出要复验，这主要是因为有些材料的要求比较特别，如半透光、半透明、高反光材料。遮阳材料的光学性能检测应按照《建筑门窗遮阳性能检测方法》JG/T 440—2014中遮阳材料的光学性能测试方法进行测试。

门窗的节能很大程度上取决于门窗所用玻璃的形式（如单玻、双玻、三玻等）、种类（普通平板玻璃、浮法玻璃、吸热玻璃、镀膜玻璃、贴膜玻璃）及加工工艺（如单道密封、双道密封等）。中空玻璃一般均应采用双道密封，为保证中空玻璃内部空气不受潮，需要再加一道丁基胶密封。有些暖边间隔条将密封和间隔两个功能置于一身，本身的密封效果很好，可以不受此限制。

中空玻璃的密封应满足要求，以保证产品的密封质量和耐久性。在《中空玻璃》GB/T 11944—2012标准中，中空玻璃采用露点法测试的密封性能是反映中空玻璃产品质量的重要指标，露点测试不满足要求，产品的密封则不合格，其节能性能必然受到很大的影响。由于该标准中露点法测试是采用标准样品的，而工程玻璃不可能是标准样品，因而本规范根据该标准中的方法另外编了一个类似的检测方法详见附录E。

门窗产品的复验项目尽可能在一组试件完成，以减少抽样产品的样品成本。门窗抽样后可以先检测中空玻璃密封性能，3樘门窗一般都会有9块玻璃，如果不足10块，可以多抽1樘。然后检测气密性能（3樘），再检测传热系数（1樘），最后如果需要检测玻璃遮阳系数和玻璃传热系数则可在门窗上进行玻璃取样检测。

　　玻璃的遮阳系数、可见光透射比对于门窗都是主要的节能指标要求，更应该强制满足设计要求。中空玻璃密封性能应满足要求，以保证产品的质量和性能的耐久性。

　　建筑各个立面的窗墙面积比是围护结构的关键指标，窗墙面积比越大，能耗越高。门窗的开启面积与自然通风有直接关系，开启面积越大，通风越好。门窗的尺寸需要进行复测，开启面积也要进行测量，然后计算窗墙面积比、开启面积。

【实施与检查】

　　1. 实施

　　门窗（包括天窗）进场时，分核查和复验两种。在不同气候区，复验的内容不同。

　　在严寒、寒冷地区，材料、构件进场时，除了核查质量证明文件、节能性能标识证书、门窗节能性能计算书外，还要复验以下内容：

　　（1）门窗的传热系数、气密性能。

　　（2）透光、部分透光遮阳材料的太阳光透射比、太阳光反射比。

　　（3）中空玻璃的密封性能。

　　复验按照见证取样检验。

　　在夏热冬冷地区，材料、构件进场时，除了核查质量证明文件、节能性能标识证书、门窗节能性能计算书外，还要复验以下内容：

　　（1）门窗的传热系数、气密性能。

　　（2）玻璃的遮阳系数、可见光透射比。

　　（3）透光、部分透光遮阳材料的太阳光透射比、太阳光反射比。

　　（4）中空玻璃的密封性能。

　　复验按照见证取样检验。

　　在夏热冬暖地区，材料、构件进场时，除了核查质量证明文件、节能性能标识证书、门窗节能性能计算书外，还要复验以下内容：

　　（1）门窗的气密性能。

　　（2）玻璃的遮阳系数、可见光透射比。

　　（3）透光、部分透光遮阳材料的太阳光透射比、太阳光反射比。

　　（4）中空玻璃的密封性能。

　　复验按照见证取样检验。

　　2. 检查

　　本条的检验主要是抽样进行实验室测试。测试门窗或玻璃的相关参数必须委托专业实验室，由实验室出具复验报告。

　　检验的内容为外门窗的气密性、保温性能（传热系数）、中空玻璃密封性能、玻璃遮阳系数、可见光透射比、阳材料光学性能等。内容应根据所在地的气候分区进行选择。其中，如果门窗有节能性能标识，则气密性和传热系数不需要试验室检测，只查标识证书，并进行产品节点、材料的详细核对。

　　窗墙比和开启面积需进行现场尺寸复查，并与设计文件进行核对，并进行相应的核算，看窗墙面积比是否过大，开启面积是否过小。

复验的品种应覆盖主要的外门窗品种。检验的数量是同一厂家、同一品种、同一类型的产品应各抽查不少于 3 樘。

验收内容：核查复验报告，核对门窗的性能指标是否符合设计要求。

6.2.3 金属外门窗框的隔断热桥措施应符合设计要求和产品标准的规定，金属附框应按照设计要求采取保温措施。

检验方法：随机抽样，对照产品设计图纸，剖开或拆开检查。

检查数量：同厂家、同材质、同规格的产品各抽查不少于 1 樘。金属附框的保温措施每个检验批按本规范第 3.4.3 条的规定抽检。

【技术要点说明】

金属窗的隔热措施非常重要，直接关系到其传热系数的大小。金属框的隔断热桥措施一般采用穿条式隔热型材、注胶式隔热型材，也有部分采用连接点断热措施，所以验收时应检查金属外门窗隔断热桥措施是否符合设计要求和产品标准的规定。

隔热型材的隔热条、隔热材料（一般为发泡材料）等，隔热条的尺寸和隔热条的导热系数对框的传热系数影响很大，所以隔热条的类型、标称尺寸必须符合设计的要求。

铝合金隔热型材应符合下列标准的要求：

《建筑用隔热铝合金型材》JG 175—2011

《铝合金建筑型材 第 6 部分：隔热型材》GB 5237.6—2017

检验这些隔热措施主要采用观察，必要时剖开检查，应核对所采取的隔热措施是否与设计图纸中的一致。检验时应采用游标卡尺测量隔热处的几何尺寸，核对其是否与图纸和性能检验报告中的一致。

有些金属门窗采用先安装附框的干法安装方法。这种方法因可以在土建基本施工完成后安装门窗，因而门窗的外观质量得到了很好的保护。但金属附框经常会形成新的热桥，在严寒、寒冷和夏热冬冷地区，金属附框的隔热措施就很重要了。这些部位可以采用发泡材料进行填充，使得金属附框不同时直接接触室外和室内的金属窗框。为了达到隔热效果，不影响门窗的热工性能，隔热措施应与窗的隔热措施效果相当。

【实施与检查】

1. 实施

铝合金门窗隔热热桥设计按照《建筑用隔热铝合金型材》JG 175—2011、《铝合金建筑型材 第 6 部分：隔热型材》GB 5237.6—2017 设计，验收是否符合设计与产品要求。其他金属外门窗验收是否符合金属外门窗设计与产品要求。

金属附框易形成新的热桥，因此需要对金属附框采取保温措施，验收保温措施是否符合设计与产品要求。

2. 检查

本条检验采用的方法主要是观察检查和核对设计图纸文件，隔热的尺寸可采用游标卡尺测量。一些已经隐蔽的部位可采用剖开检查的方式。

检验的内容主要包括：型材的隔热措施、金属附框的隔热措施。

门窗检验的数量是同一厂家、同一品种、同一类型的产品应各抽查不少于3樘。金属附框按照第3.4.3条的检验数量进行检验。

验收内容：核查门窗进场检验单，核查金属附框的隐蔽检验验收单。

6.2.4 外门窗框或附框与洞口之间的间隙应采用弹性闭孔材料填充饱满，并进行防水密封，夏热冬暖地区、温和地区当采用防水砂浆填充间隙时，窗框与砂浆间应用密封胶密封；外门窗框与附框之间的缝隙应使用密封胶密封。

检验方法：观察检查；核查隐蔽工程验收记录。

检查数量：全数检查。

【技术要点说明】

外门窗框与附框之间以及门窗框或附框与洞口之间间隙的密封也是影响建筑节能的一个重要因素，控制不好，容易导致透水，形成热桥，所以应该对缝隙的填充进行要求。这些部位主要是密封问题和热桥问题。密封问题对于冬季节能非常重要，热桥则容易引起结露和发霉，所以必须将这些部位处理好。工程施工中应对这些部位进行隐蔽工程验收。

处理门窗与墙体之间的缝隙有多重方法。对于南方夏热冬暖地区，缝隙的处理主要是防水，所以一般采用塞缝和密封胶密封处理即可。对于需要保温的其他地区，则应考虑缝隙处理带来的热桥问题，处理不好，容易在这些部位造成结露。

处理门窗缝隙的保温，现在多采用现场注发泡胶，然后采用密封胶密封防水。《塑料门窗工程技术规程》JGJ 103—2008要求，窗框与洞口之间的伸缩缝内腔应采用闭孔泡沫塑料、发泡聚苯乙烯等弹性材料分层填塞，填塞不宜过紧。

现场检验主要采用观察检查的手段，针对所检验的部位，核对门窗安装节点构造设计，看是否满足要求。

【实施与检查】

1. 实施

外门窗框或附框与洞口之间的间隙容易渗水，形成热桥，采用弹性闭孔材料填充饱满可以避免渗水。隐蔽工程验收应做好相关记录。夏热冬暖地区和温和地区采用防水砂浆填充间隙时，窗框与砂浆间用密封胶密封，外门窗框与附框之间的缝隙使用密封胶密封。

2. 检查

本条检验采用的方法主要是观察检查和核对设计图纸文件，一些已经隐蔽的部位可采用剖开检查的方式。

检验内容：外门窗框或附框与洞口之间的间隙填充是否满足要求。

检验数量：要求进行全数检查。

验收内容：核查门窗安装的隐蔽检验验收单。

6.2.5 严寒和寒冷地区的外门应按照设计要求采取保温、密封等节能措施。

　　检验方法：观察检查。

　　检查数量：全数检查。

【技术要点说明】

　　严寒、寒冷地区的外门主要是指居住建筑的户门，公共建筑的常开出入门等。这些外门节能也很重要，设计中一般均会采取保温、密封等节能措施。这些措施一般是采用门斗，公共建筑往往采用旋转门、自动门等。由于这些门需要经常活动，活动频率高，其密封措施也比较特殊。

　　由于这些外门在一个单位工程中一般不多，往往又不容易做好，因而要求全数检查。检查的方法主要是观察和核对节能设计。

【实施与检查】

　　1. 实施

　　严寒、寒冷地区冬季室内外温差大，外门节能很重要。外门按照设计要求采取保温、密封等节能措施，观察是否采用保温、密封措施并做好记录。

　　2. 检查

　　本条检验采用的方法主要是现场观察检查。

　　检验的内容：外门的节能措施。

　　现场检验数量：全部检查。

　　验收内容：核查现场检验单，核对措施是否符合设计要求。

6.2.6 外窗遮阳设施的性能、位置、尺寸应符合设计和产品标准要求；遮阳设施的安装应位置正确、牢固，满足安全和使用功能的要求。

　　检验方法：核查质量证明文件；观察、尺量、手扳检查；核查遮阳设施的抗风计算报告。

　　检查数量：每个检验批按本规范第3.4.3条的规定抽检；安装牢固程度全数检查。

6.2.6【示例或专题】

【技术要点说明】

　　在夏季炎热的地区应用外窗遮阳设施是很好的节能措施。遮阳设施的性能主要是其遮挡阳光的能力，这与其形状、尺寸、颜色、透光性能等均有很大关系，还与其调节能力有关，这些性能均应符合设计要求。我国现行遮阳标准与常用标准见表6-23和表6-24。

　　遮阳构件种类繁多，如百叶、遮阳板、遮阳挡板、卷帘、花格等。对于遮阳构件，其尺寸直接关系到遮阳效果。如果尺寸不够大，必然不能按照设计的预期遮住阳光。遮阳构件所用的材料也是非常重要的。材料的光学性能、材质、耐久性等均很重要，所以材料应为所设计的材料。遮阳构件的构造关系到其结构安全、灵活性、活动范围等，应该按照设计的构造制造遮阳的构件。

遮阳设施主要是遮挡太阳的直射，这与位置有很大的关系。目前，遮阳系数的计算主要由建筑设计完成，建筑设计图中对遮阳设施的位置以及遮阳设施的形状有明确的图纸或要求。为保证达到遮阳设计要求，遮阳设施的安装应安装在正确的位置。

由于遮阳设施安装在室外效果好，而室外往往有较大的风荷载，所以遮阳设施的牢固问题非常重要。在目前北方普遍采用外墙外保温的情况下，活动外遮阳设施的固定往往成了难以解决的问题，所以，遮阳设施在设计中应进行荷载核算，保证遮阳设施自身的安全。

我国现行遮阳标准情况　　　　　　　　　　　　表 6-23

序号	标准层次	标准号	标准名称	对应国外标准
1	工程技术规范	JGJ 237—2011	建筑遮阳工程技术规范	—
2	基础标准	JG/T 399—2012	建筑遮阳产品术语标准	EN 12216
3	通用标准（包括产品、材料配件等）	JG/T 274—2018	建筑遮阳通用技术要求	—
4		JG/T 277—2010	建筑遮阳热舒适、视觉舒适性能与分级	EN 14501
5		GB 4706.101—2010	家用和类似用途电器的安全 卷帘百叶门窗、遮阳篷、遮帘和类似设备的驱动装置的特殊要求	
6		JG/T 276—2010	建筑遮阳产品电力驱动装置技术要求	EN 60335
7		JG/T 278—2010	建筑遮阳产品用电机	—
8		JG/T 424—2013	建筑遮阳用织物通用技术要求	EN 13561、EN 13120
9		JG/T 482—2015	建筑用光伏遮阳构件通用技术条件	—
10	通用标准（检测方法标准）	JG/T 240—2009	建筑遮阳篷耐积水载荷试验方法	EN 1933
11		JG/T 241—2009	建筑遮阳产品机械耐久性能试验方法	EN 14201
12		JG/T 239—2009	建筑外遮阳产品抗风性能试验方法	EN 1932
13		JG/T 242—2009	建筑遮阳产品操作力试验方法	EN 13527
14		JG/T 281—2010	建筑遮阳产品隔热性能试验方法	—
15		JG/T 280—2010	建筑遮阳产品遮光性能试验方法	—
16		JG/T 279—2010	建筑遮阳产品声学性能测量	—
17		JG/T 275—2010	建筑遮阳产品误操作试验方法	EN 12194
18		JG/T 282—2010	遮阳百叶窗气密性试验方法	—
19		JG/T 356—2012	建筑遮阳热舒适、视觉舒适性能检测方法	EN 14500
20		JG/T 412—2013	建筑遮阳产品耐雪载荷性能检测方法	EN 12833
21		JG/T 440—2014	建筑门窗遮阳性能检测方法	—
22		JG/T 479—2015	建筑遮阳产品抗冲击性能试验方法	EN 13330

续表

序号	标准层次	标准号	标准名称	对应国外标准
23		JG/T 251—2017	建筑用遮阳金属百叶帘	EN 13659
24		JG/T 255—2020	内置遮阳中空玻璃制品	—
25		JG/T 253—2015	建筑用曲臂遮阳篷	EN 13561
26		JG/T 254—2015	建筑用遮阳软卷帘	EN 13120
27	专用标准	JG/T 252—2015	建筑用遮阳天篷帘	EN 13561
28	(产品、材料配件)	JG/T 416—2013	建筑用铝合金遮阳板	EN 13659
29		JG/T 443—2014	建筑遮阳硬卷帘	EN 13659
30		JG/T 423—2013	遮阳用膜结构织物	—
31		JG/T 500—2016	建筑一体化遮阳窗	—
32		JG/T 499—2016	建筑用遮阳非金属百叶帘	EN 13659

遮阳相关部分常用标准情况　　　　表 6-24

序号	标准号	标准名称
1	JGJ 339—2015	非结构构件抗震设计规范
2	JGJ 145—2013	混凝土结构后锚固技术规程
3	GB/T 1499.1—2017	钢筋混凝土用钢 第1部分:热轧光圆钢筋
4	GB/T 1499.2—2018	钢筋混凝土用钢 第2部分:热轧带肋钢筋
5	GB/T 16938—2008	紧固件 螺栓、螺钉、螺柱和螺母 通用技术条件
6	GB/T 3098.1—2010	紧固件机械性能 螺栓、螺钉和螺柱
7	GB/T 3098.2—2015	紧固件机械性能 螺母
8	GB/T 3098.3—2016	紧固件机械性能 紧定螺钉
9	GB/T 3098.5—2016	紧固件机械性能 自攻螺钉
10	GB/T 3098.6—2014	紧固件机械性能 不锈钢螺栓、螺钉、螺柱
11	GB/T 3098.15—2015	紧固件机械性能 不锈钢螺母
12	GB/T 3098.21—2014	紧固件机械性能 不锈钢自攻螺钉
13	GB/T 16824.1—2016	螺纹紧固件应力截面积和承载面积

【实施与检查】

1. 实施

遮阳设施的性能主要是其遮挡阳光的能力,这与其形状、尺寸、颜色、透光性能等均有很大关系,还与其调节能力有关,这些性能需按照设计要求来施工。遮阳设施的性能、位置、尺寸符合设计和表 6-23 相应的产品标准要求。

遮阳设施的安装应位置正确、牢固,同时满足安全和使用功能的要求,并且满足表 6-25

相关标准要求。

2. 检查

本条检验采用的方法主要是核查遮阳设施的质量证明文件，观察检查、量尺寸、量位置、手扳检查其牢固程度。

检验的内容：质量证明文件，必要时包括性能检测报告；测量遮阳构件的尺寸、位置；现场观察检查遮阳构件的外观质量；遮阳设施的牢固程度，必要时可根据设计要求进行现场荷载测试。

现场检验数量：按照第 3.4.3 条的检验数量的 30% 抽查，安装牢固程度应全部检查，测试按照测试方案进行。

验收内容：核查构件进场验收检验单，现场检验单，核对是否符合设计要求。

6.2.7　用于外门的特种门的性能应符合设计和产品标准要求；特种门安装中的节能措施，应符合设计要求。

检验方法：核查质量证明文件；观察、尺量检查。

检查数量：全数检查。

【技术要点说明】

特种门与节能有关的性能主要是密封性能和保温性能。对于人员出入频繁的门，其自动启闭、阻挡空气渗透的性能也很重要。自动启闭的门有旋转门、平移推拉门等，有的出入口采用消防逃生门。这些特殊品种的门，其产品的性能也有其特殊性。对照设计文件和产品质量证明文件，核对这些产品的性能是否符合要求。

另外，特种门的安装也有其特殊的要求，安装后应保证门的密封性能和启闭的灵活性。安装中采取的相应措施非常重要，施工一定要按照产品设计的要求施工。

【实施与检查】

1. 实施

建设方或者施工方购买的用于外门的特种门的密封性能、自动启闭、保温性能等节能相关的性能应符合产品标准要求，且按照设计要求安装和施工。

2. 检查

本条检验采用的方法主要是核查质量证明文件、观察检查、量尺寸等。

检验的内容：质量证明文件，必要时包括性能检测报告；测量门的规格尺寸；现场观察检查门的外观质量；门的安装是否符合设计要求，安装是否牢固、到位，必要时可根据设计要求进行现场启闭测试。

现场检验数量：全部检查，测试按照测试方案进行。

验收内容：核查构件进场验收检验单，现场检验单，核对是否符合设计要求。

6.2.8　天窗安装的位置、坡向、坡度应正确，封闭严密，不得渗漏。

检验方法：观察检查；用水平尺（坡度尺）检查；淋水检查。

检查数量：每个检验批第 3.4.3 条规定的最小抽样数量 2 倍抽检。

【技术要点说明】

天窗与节能有关的性能均与普通门窗类似，因而，天窗的传热系数、遮阳系数、可见光透射比、气密性能等均应该满足普通门窗的要求，前面的条款均应得到满足。

天窗与普通窗最大的不同是安装的角度。由于角度的不同往往会导致在水密性方面的巨大差别，所以天窗的安装位置、坡度等均应正确，保证雨水密封的性能。安装后的天窗应保证封闭严密，不渗漏雨水。

天窗的检验主要采用观察和尺量检测的方式，水密性可采用现场淋水的方法。现场淋水可以采用喷水头喷水的方式。

【实施与检查】

1. 实施

建设方或者施工方采用符合产品标准要求的天窗，天窗的安装位置、坡度符合设计要求，对缝隙采取密封措施，确保封闭严密，不渗透。

2. 检查

本条检验采用的方法主要是观察检查、量尺寸、现场进行淋水试验等。

检验的内容：测量天窗的规格尺寸；现场观察检查天窗的外观质量；天窗的安装是否符合设计要求，安装是否符合坡度的要求，并进行现场淋水测试。

现场检验数量：按照第3.4.3条的检验数量，淋水测试按照测试方案进行。

验收内容：核查现场检验单，核对是否符合设计要求，现场淋水测试是否不渗漏。

6.2.9 通风器的尺寸、通风量等性能应符合设计要求；通风器的安装位置应正确，与门窗型材间的密封应严密，开启装置应能顺畅开启和关闭。

检验方法：核查质量证明文件；观察、尺量检查。

检查数量：每个检验批按本规范第3.4.3条规定的最小抽样数量的2倍抽检。

【技术要点说明】

安装通风器主要是为了换气，也可以在夏季用于自然通风。所以，通风器的尺寸应该满足设计的尺寸要求，开启和关闭也要求顺畅。

通风器既可以装在门窗上，也可以安装在墙上，安装在门窗上的通风器要求较高，需要特别注意。安装得不好，可能会带来隔声问题，也有可能带来雨水渗漏。

【实施与检查】

1. 实施

建设方或者施工方应采用符合产品标准要求的门窗通风器，通风尺寸、通风量应满足设计的要求。检查通风器是否能够关闭，对缝隙采取密封措施，确保与门窗连接的部位密封良好，从而保证门窗的气密性。

2. 检查

本条的检验方法主要是核对设计的相关参数是否得到满足，尺寸是否符合要求。

检查数量按本规范第 3.4.3 条规定数量的 2 倍抽检。

6.3　一般项目

6.3.1　门窗扇密封条和玻璃镶嵌的密封条，其物理性能应符合相关标准中的要求。密封条安装位置应正确，镶嵌牢固，不得脱槽。接头处不得开裂。关闭门窗时密封条应接触严密。

检验方法：观察检查，核查质量证明文件。

检查数量：全数检查。

【技术要点说明】

门窗扇和玻璃的密封条的安装及性能对门窗节能有很大影响，使用中经常出现由于断裂、收缩、低温变硬等缺陷造成门窗渗水、漏气，所以塑料门窗密封条质量应该符合《塑料门窗密封条》GB/T 12002—1989 标准的要求。铝合金门窗的密封条经常采用的品种有三元乙丙橡胶、氯丁橡胶条、硅橡胶条等。密封胶条应符合现行国家标准《建筑门窗、幕墙用密封胶条》GB/T 24498—2009 的规定。

门窗开启部位的密封条尤其重要。平开窗主要采用各种空心的橡胶密封条，而推拉窗则采用带胶片的毛条，或采用空心橡胶条。

密封条安装完整、位置正确、镶嵌牢固对于保证门窗的密封性能均很重要。保障密封条的完整性对于密封质量也是非常关键的，所以密封条不能开裂。

关闭门窗时应能保证密封条的接触严密，不脱槽。这就要求安装好后，门窗关闭时密封条应能保持被压缩的状态。毛条的压缩应超过 10%，橡胶密封条应保持与铝型材紧密接触。

【实施与检查】

1. 实施

大部分工程的门窗都是施工现场安装的，密封条质量应符合《塑料门窗用密封条》GB 12002—1989、《建筑门窗、幕墙用密封胶条》GB/T 24498—2009、《建筑门窗复合密封条》JG/T 386—2012、《中空玻璃用复合密封胶条》JC/T 1022—2007 的要求。

密封条按照设计要求安装完整、位置正确、镶嵌牢固。

2. 检查

本条检验采用的方法主要是核查密封条的质量证明文件、观察检查密封条的安装质量和窗扇安装的质量。

检验的内容：质量证明文件，且包括物理性能检测报告；现场观察检查密封条的外观质量；观察密封条的安装是否符合要求，安装是否牢固，接头处是否开裂，关闭后密封条是否处于被压缩状态或与型材紧密接触。

现场检验数量：采用巡查全部检查，重点门窗应详细检验记录。

验收内容：核查现场检验单，核对是否符合要求。

6.3.2 门窗镀（贴）膜玻璃的安装方向应符合设计要求，采用密封胶密封的中空玻璃应采用双道密封，采用了均压管的中空玻璃其均压管应进行密封处理。

检验方法：观察检查，核查质量证明文件。

检查数量：全数检查。

【技术要点说明】

镀（贴）膜玻璃在节能方面有两方面的作用，一方面是遮阳，另一方面是降低传热系数。膜层位置与节能的性能和中空玻璃的耐久性均有关。对于遮阳而言，镀膜可以反射阳光或吸收阳光，所以镀膜一般应放在靠近室外的玻璃上。为了避免镀膜层的老化，镀膜面一般在中空玻璃内部，单层玻璃应将镀膜置于室内侧。对于低辐射玻璃（Low-E玻璃），低辐射膜应该置于中空玻璃内部。采用单片低辐射镀膜玻璃时，应使用在线热喷涂低辐射镀膜玻璃；离线镀膜的低辐射镀膜玻璃宜加工成中空玻璃使用，且镀膜面应朝向中空气体层。有颜色的镀膜很容易通过对比留样样品而得知是否正确。

为了保证中空玻璃在长途（尤其是海拔高度、温度相差悬殊）运输过程中不至损坏，或者保证中空玻璃不至于因生产环境和使用环境相差甚远而出现损坏或变形，许多中空玻璃设有均压管。在玻璃安装完成之后，为了确保中空玻璃的密封，均压管应进行密封处理。

【实施与检查】

1. 实施

镀（贴）膜玻璃在安装时要注意安装方向，密封胶要使用双道密封。在玻璃安装完成之后，均压管再进行密封处理，确保中空玻璃的密封性能。

2. 检查

本条检验采用的方法主要是观察检查。

检验的内容：现场观察检查玻璃的安装方向；验收玻璃时检查均压管（如有设置）是否在安装前被封闭。

现场检验数量：按照巡查的方式全部检查，重点部位仔细检查。

验收内容：核查现场检验单，核对是否符合要求。

6.3.3 外门、窗遮阳设施调节应灵活、调节到位。

检验方法：现场调节试验检查。

检查数量：全数检查。

【技术要点说明】

活动遮阳设施的调节机构是保证活动遮阳设施发挥作用的重要部件。这些部件应灵活，能够将遮阳板等调节到位。遮阳设施的调节机构种类繁多，各种机构的要求都不一样，如有撑杆机构、导轨机构、线控机构等。调节遮阳设施有人工的，也有采用电动的；有卷帘形式，有线拉控形式等。

测试遮阳构件的灵活、可靠，可采用试验的方法。试验应通过直接采用该遮阳装置的调节方式进行。

【实施与检查】

本条的检验采用的方法主要是现场试验的方法，每个遮阳设施至少一个来回的试验，重点部位应测试 10 次以上。

检验的内容：遮阳装置的调节功能是否满足设计要求，遮阳设施的调节是否到位。

现场检验数量：全部检查，重点测试按照测试方案进行。

验收内容：核查现场检验单，核对是否符合要求。

第7章 屋面节能工程

【概述】屋面是房屋建筑最上层起覆盖作用的围护结构，由屋面和支承结构等组成，屋面工程的主要功能有：具有良好的排水功能和阻止水侵入建筑物内的作用；冬季保温减少建筑物的热损失和防止结露；夏季隔热降低建筑物对太阳辐射热的吸收；适应主体结构的受力变形和温差变形；承受风、雪荷载的作用不产生破坏；具有阻止火势蔓延的性能；满足建筑外形美观和使用等要求。屋面的形式，按使用材料可分为钢筋混凝土屋面、瓦屋面、金属屋面、采光顶屋面等；由于支承结构形式和建筑平面的不同，又可分为平屋面、坡屋面、曲面屋面、折板屋面等。另外，屋面按使用和热工特征可分为保温屋面与隔热屋面，其中隔热屋面包括架空、蓄水、种植植物屋面等。

屋面保温隔热层是建筑围护结构节能的重要组成部分，在节能方面有着重要作用。屋面在整个建筑围护结构面积中所占比例虽然远低于外墙，但对于顶层房间而言，却是比例最大的外围护结构，相当于五个面被室外空气包围。无论是在冬季严酷风雪侵蚀下的北方严寒、寒冷地区，还是在夏季强烈太阳辐射下南方的夏热冬冷和夏热冬暖地区，如果屋面保温隔热性能太差，对顶层房间的室内热环境的影响是比较严重的，因此，提高屋面的保温隔热性能，是改善室内热环境的一个重要措施。屋面保温隔热是建筑围护结构节能的重要组成部分。

做好建筑屋面节能工程的质量验收对保证屋面节能效果和改善顶层居民热环境意义重大。屋面节能工程施工质量验收时，应注意下列几方面：

（1）设计文件、质量证明文件、复验报告、隐蔽工程验收资料、专项施工方案等技术资料要齐全。

（2）把好原材料进场验收、复验关；要核查进场材料的规格、品种是否符合设计要求和产品标准要求，避免个别材料供应商以次充好。材料复验应随机抽样，要有代表性；要检查保温隔热材料的导热系数或热阻、密度、压缩强度或抗压强度、吸水率、燃烧性能（不燃材料除外）和反射隔热材料的太阳光反射比、半球发射率等性能参数，确定其符合设计要求。

（3）要加强施工过程隐蔽部位的验收，重点是保温层的厚度，特别是现场喷涂浇筑的保温层。

（4）要保证保温材料施工过程中不受潮、不淋雨水。

（5）要控制好天沟、檐沟、女儿墙以及凸出屋面结构部位等热桥部位的保温处理，这些部位在施工过程中比较复杂，处理不好很容易结露。

（6）当严寒、寒冷地区屋面结构冷凝界面内侧实际具有的蒸汽渗透阻小于所需值，或其他地区室内湿气有可能透过屋面结构层进入保温层时，应设置隔汽层，验收时应注意屋面隔汽层的位置、材料及构造做法符合设计要求，隔汽层确保完整、严密，穿透隔汽层处应采取密封措施。

本章屋面节能工程的验收内容分为一般规定、主控项目、一般项目，分别叙述了屋面节能验收的基本要求。一般规定5条、主控项目10条、一般项目3条，共18条，其中强制性条文1条。

一般规定主要叙述屋面节能验收的适用范围、验收程序、隐蔽工程验收的项目和检验批划分等基本要求。

主控项目是屋面分项工程节能验收的核心内容，分别给出屋面节能材料的进场核查要求、重要材料进场复验要求和保温隔热屋面、通风隔热架空层、屋面隔汽层、带铝箔的空气隔层、坡屋面、种植物屋面、有机类保温隔热材料屋面、金属板保温夹芯屋面等质量验收要求。

一般项目给出一般性验收要求。主要是对屋面保温层、反射隔热屋面等提出要求。

与《建筑节能工程施工质量验收规范》GB 50411—2007相比，条文修订如下：

（1）在一般规定中，最主要的变化是增加了7.1.5条，同墙体、门窗、幕墙和用能设备等其他章节一样，增加"屋面节能工程施工质量验收的检验批划分"要求，并明确检验批计算方法、面积覆盖范围和其他检验批划分原则等内容。

（2）在主控项目中，第7.2.1条与本次修订文本体例格式保持一致，明确了材料或构件进场验收的要求；合并了原第7.2.2条、第7.2.3条，并将复验要求增加为强条，复验参数除原来要求的参数外，增加了保温材料燃烧性能、反射隔热材料的太阳光反射比、半球发射率的进场见证取样复验的要求，并修订了检验数量；明确了保温材料导热系数或热阻、密度、燃烧性能必须在同一个报告中；第7.2.5条是在原来第7.2.8条基础上重新对屋面隔汽层提出了要求；取消了原第7.2.6条和第7.2.7条对采光屋面要求的内容，将其并入门窗幕墙章节作要求；增加了第7.2.6~7.2.9条，即"坡屋面、架空屋面采用内保温的保温隔热材料要求""带铝箔的空气隔层""种植屋面"以及"采用有机类保温隔热材料的屋面，防火隔离措施的相关要求"；同时，将原来一般项目7.3.2条对金属板保温夹芯屋面的要求调整到了主控项目。另外，主控项目中关于屋面保温层施工、通风架空隔热屋面、屋面隔汽层、坡屋面、带铝箔的空气隔层做隔热保温屋面的检查数量较原规范有变化。

（3）在一般项目中，将原来一般项目第7.3.2条对金属板保温夹芯屋面的要求调整到了主控项目，增加了"反射隔热屋面的相关要求"。

7.1　一般规定

7.1.1　本章适用于采用板材、现浇、喷涂等保温隔热做法的建筑屋面节能工程施工质量验收。

【技术要点说明】

本条规定了建筑屋面节能工程质量验收适用范围，包括采用板材、现浇、喷涂等保温材料施工的平屋面、坡屋面、架空隔热层、种植屋面、金属板保温夹芯屋面等。

屋面保温隔热层应根据屋面所需传热系数或热阻选择高效的保温隔热材料，保温隔热层的材料选择和厚度由单体建筑节能设计确定，以保证屋面保温性能和使用要求。

板状保温材料具有施工速度快、保温效果好等优点，在工程中应用比较广泛。例如：模塑聚苯乙烯泡沫塑料板（EPS板）、挤塑聚苯乙烯泡沫塑料板（XPS板）等。

现浇保温材料主要是指现浇泡沫混凝土，用机械方法将发泡剂水溶液制备成泡沫，再将泡沫加入水泥、集料、掺合料、外加剂和水等组成的料浆中，经混合搅拌、浇筑自然养护而成的轻质多孔保温材料。

喷涂类保温材料主要是指喷涂硬泡聚氨酯，现场使用专用喷涂设备在屋面基层上连续多遍喷涂发泡聚氨酯后，形成无接缝的硬质泡沫体，其具有不吸水、不透水的功能，同时还具有较好的保温性能。

> **7.1.2** 屋面节能工程应在基层质量验收合格后进行施工，施工过程中应及时进行质量检查、隐蔽工程验收和检验批验收，施工完成后应进行屋面节能分项工程验收。

【技术要点说明】

本条对屋面节能工程施工条件、施工过程质量控制和施工完成后屋面分项工程验收提出了明确的要求。屋面节能工程施工前要求敷设保温隔热层的基层质量必须达到合格。在建筑外围护结构中，屋面工程是一个完整的系统，屋面工程的构造是由若干构造层次组成的，如果下一层的构造层质量不合格，而被上一层构造层覆盖，就会造成屋面工程的质量隐患。同时，在屋面工程施工中，必须按各道工序分别并及时进行检查验收，每一道工序完成后，应经建设或监理单位进行质量检查、隐蔽工程验收和检验批验收，合格后方可进行下道工序的施工。不能到工程全部做完后才进行一次性检查验收。屋面节能工程施工完成后，应将该项工程作为节能分部工程一个分项进行验收。

1. 基层要求

基层应平整、干燥干净，保证铺设的保温隔热层厚度均匀，避免保温隔热层铺设后吸收基层中的水分，导致导热系数增大，降低保温效果；保证板状保温材料紧靠在基层表面上，铺平垫稳防止滑动。

基层的质量对保温隔热层的质量有直接的影响，甚至影响整个屋面工程质量，基层质量不合格，不能进行屋面保温隔热层施工。

2. 屋面节能工程施工验收

屋面节能工程施工应遵照"按图施工、材料检验、工序检查、过程控制、质量验收"的原则。屋面工程施工时，各道工序之间常常因上道工序存在的质量问题未解决，而被下道工序所覆盖，给屋面工程留下质量隐患。因此，必须强调按工序、层次进行检查验收。

施工过程中应对每道工序每个施工环节，特别是关键工序的质量控制点应进行严格的质量检查，隐蔽之前，应按检验批进行隐蔽验收，施工完成后应进行屋面节能分项工程验收。影响屋面保温工程质量的隐蔽部位主要包括：基层；保温隔热层的敷设方式、厚度及板材缝隙填充质量；屋面热桥部位；隔汽层。因为这些部位被后道工序隐蔽覆盖后无法检查和处理，因此，在被隐蔽覆盖前必须进行验收，只有验收合格后才能进行后序施工。

3. 屋面节能分项工程验收

整个屋面节能工程完成后应按分项工程进行验收，其结果做为单位节能工程的一个分项。

7.1.3　屋面节能工程应对下列部位进行隐蔽工程验收，并应有详细的文字记录和必要的图像资料：

　　1　基层及其表面处理；

　　2　保温材料的种类、厚度、保温层的敷设方式；板材缝隙填充质量；

　　3　屋面热桥部位处理；

　　4　隔汽层。

【技术要点说明】

　　本条列出屋面节能工程应该进行隐蔽工程验收的具体部位和内容，主要有：①基层以及表面处理；②保温隔热材料的种类、厚度、保温层的敷设方式，板材缝隙填充质量；③屋面热桥部位；④隔汽层。因为这些部位被后道工序隐蔽覆盖后无法检查和处理，为保证每道工序的施工质量，在被隐蔽覆盖前必须进行验收，只有验收合格后才能进行下道工序的施工。

　　需要注意，本条要求隐蔽工程验收不仅要有详细的文字记录，还应有必要的图像资料，采用多种手段更好地记录隐蔽工程施工的真实情况。文字记录主要为材料合格证、复检报告等质量证明文件、专项施工方案和检验批验收记录等；必要的图像资料，可以是有隐蔽工程全貌和有代表性的局部（部位）照片，其分辨率以能够表达清楚受检部位的情况为准；也可以是连续的摄像记录等。图像资料应作为隐蔽工程验收资料与文字资料一同归档保存。

　　（1）基层及其表面处理直接影响保温隔热层的敷设效果。确保基层平整、干燥、干净，保证保温隔热材料紧靠在基层表面上，铺平垫稳防止滑动。基层及其表面的处理应严格符合要求，被下道工序隐蔽覆盖后无法检查和处理，因此应对其进行隐蔽工程验收。

　　（2）保温隔热材料的种类、厚度应符合设计要求，保温层的敷设方式、板材缝隙填充质量应符合施工技术规范要求。板状材料保温层板与板的拼接缝处是热量传递的一个通道，要求板与板之间缝隙也需要同类材料的保温带或条嵌填密实，避免产生热桥。保温隔热材料的种类、厚度，保温层的敷设方式，板材缝隙填充质量等，在被下道工序隐蔽覆盖后无法检查和处理，因此应对其进行隐蔽工程验收。

　　（3）屋面热桥部位对于屋面总体保温效果影响较大，应按设计要求采取节能保温隔断热桥等措施。屋面热桥部位主要包括女儿墙、檐沟、变形缝、落水口及伸出屋面的构件或管道等。这些部位如果处理不当，容易在屋面热桥部位内表面产生结露，这不仅影响了节能保温效果，而且因结露发霉变黑，影响室内居住环境。屋面热桥部位的施工也应对其进行隐蔽工程验收。

（4）当严寒、寒冷地区屋面结构冷凝界面内侧实际具有的蒸汽渗透阻小于所需值，或其他地区室内湿气有可能透过屋面结构层进入保温层时，应设置隔汽层。隔汽层的施工质量对于上部保温层的保温效果非常重要，如果隔汽层所采用材料、位置及敷设施工达不到设计要求，施工过程中材料接缝密封不严，湿气将进入保温层，不仅将影响保温效果，而且可能造成保温层因结冻或湿汽膨胀而造成破坏。隔汽层在被下道工序隐蔽覆盖后无法检查和处理，因此应对其进行隐蔽工程验收。

7.1.4 屋面保温隔热层施工完成后，应及时进行后续施工或加以覆盖。

【技术要点说明】

屋面保温隔热层施工完成后，应及时进行找平层和防水层的施工，避免保温隔热层受潮、浸泡或受损。由于保温隔热材料大多数属于多孔结构，干燥时孔隙中的空气导热系数较小，静态空气的导热系数 λ 为 0.02W/（m·K），保温性能较好。保温材料受潮后，其孔隙中存在水蒸气和水，而水的导热系数 λ 为 0.5W/（m·K），比静态空气大 20 倍左右，若材料孔隙中的水分受冻成冰，冰的导热系数 λ 为 2.0W/（m·K），相当于水的导热系数的 4 倍，因此，保温材料的干湿程度与导热系数关系很大，同时屋面保温层容易出现冻胀、空鼓、变形、裂缝等现象，裂缝会使外界雨水进入，进一步浸湿、冻胀，形成恶性循环，进而影响到整个屋面工程的质量，因此，屋面保温层施工完成后，应及时进行找平层和防水层的施工，避免保温层受潮、浸泡或受损，影响建筑物的保温效果。

7.1.5 屋面节能工程施工质量验收的检验批划分，除本章另有规定外应符合下列规定：
　　1 采用相同材料、工艺和施工做法的屋面，扣除天窗、采光顶后的屋面面积每 1000m² 面积划分为一个检验批。
　　2 检验批的划分也可根据与施工流程相一致且方便施工与验收的原则，由施工单位与监理单位协商确定。

【技术要点说明】

本条为新增条文，节能工程的分项工程划分方法和应遵守的原则已由本标准第 3.4.1 条规定。如果分项工程的工程量较大，需要划分检验批时，可按照本条规定进行。本条规定的原则与现行国家标准《建筑工程施工质量验收统一标准》GB 50300—2013 基本一致。同时，《屋面工程质量验收规范》GB 50207—2012 对屋面工程作为分项工程规定，宜按屋面面积每 500～1000m² 划分为一个检验批。本标准取最大范围值作为屋面节能工程的检验批计算面积。

应注意屋面节能工程检验批的划分并非是唯一或绝对的。当遇到较为特殊的情况时，检验批的划分也可根据方便施工与验收的原则，由施工单位与监理（建设）单位共同商定。

7.2 主控项目

7.2.1 屋面节能工程使用的保温隔热材料、构件应进行进场验收，验收结果应经监理工程师检查认可，且应形成相应的验收记录。各种材料和构件的质量证明文件与相关技术资料应齐全，并应符合设计要求和国家现行有关标准的规定。

  检验方法：观察、尺量检查；核查质量证明文件。

  检查数量：按进场批次，每批随机抽取 3 个试样进行检查；质量证明文件应按照其出厂检验批进行核查。

7.2.1【示例或专题】

【技术要点说明】

  屋面节能工程使用的保温隔热材料、构件产品质量的控制是屋面节能工程质量控制的重要内容之一。本条对保温隔热材料进场验收提出要求。对进入施工现场的保温隔热材料、构件等进行外观质量检查和规格、型号、技术参数及质量证明文件核查，并形成相应验收记录。屋面节能工程所用保温隔热材料的品种、规格和性能应按设计要求和相关标准规定选择，不得随意改变其品种和规格。

  严格质量控制验收程序，进场材料必须有质量证明文件，主要指随同进场材料、构件等一同提供的能够证明其质量状况的文件，通常包括出厂合格证、中文说明书、型式检验报告及相关性能检测报告等。对于进场的材料，必须在监理的见证下并按照相关规范、标准要求取样、送检，保证送检的样品在进场材料中均匀分布。

  用于屋面节能工程的保温隔热材料，应按照相应标准要求的试验方法进行试验，测定其是否满足标准要求。常见保温隔热材料的相关标准参见表 7-1，保温隔热材料进场外观质量检查参见表 7-2。

保温隔热材料相关标准　　　　　　　　　　　　　　　　　　表 7-1

标准名称	标准编号
《模塑聚苯板薄抹灰外墙外保温系统材料》	GB/T 29906
《挤塑聚苯板(XPS)薄抹灰外墙外保温系统材料》	GB/T 30595
《建筑绝热用硬质聚氨酯泡沫塑料》	GB/T 21558
《喷涂聚氨酯硬泡体保温材料》	JC/T 998
《膨胀珍珠岩绝热制品》	GB/T 10303
《蒸压加气混凝土砌块》	GB/T 11968
《泡沫玻璃绝热制品》	JC/T 647
《泡沫混凝土砌块》	JC/T 1062

续表

标准名称	标准编号
《建筑绝热用玻璃棉制品》	GB/T 17795
《建筑用岩棉、矿渣棉绝热制品》	GB/T 19686
《建筑用金属面绝热夹芯板》	GB/T 23932

保温隔热材料进场外观质量检查 表 7-2

序号	材料名称	外观质量检查
1	模塑聚苯板	色泽均匀,阻燃型应掺有颜色的颗粒;表面平整,无明显收缩变形和膨胀变形;熔结良好;无明显油渍和杂质
2	挤塑聚苯板	表面平整,无夹杂物,颜色均匀;无明显起泡、裂口、变形
3	硬质聚氨酯泡沫塑料	表面平整,无严重凹凸不平
4	泡沫玻璃绝热制品	垂直度、最大弯曲度、缺棱、缺角、孔洞、裂纹
5	膨胀珍珠岩制品(憎水型)	弯曲度、缺棱、掉角、裂纹
6	加气混凝土砌块	缺棱掉角;裂纹、爆裂、粘膜和损坏深度;表面疏松、层裂;表面油污
7	泡沫混凝土砌块	缺棱掉角;平面弯曲、裂纹、爆裂、粘膜和损坏深度;表面疏松、层裂;表面油污
8	玻璃棉、岩棉、矿渣棉制品	表面平整、伤痕、污迹、破损、覆层与基材粘贴
9	金属面绝热夹芯板	表面平整,无明显凹凸、翘曲、变形;切口平直、切面整齐,无毛刷;芯板切面整齐,无剥落

注:上述材料或产品外观质量检查内容参照表 7-1 对应的产品标准。

【实施与检查】

1. 实施

在保温材料、构件进场后,项目负责人组织监理工程师、专业负责人、施工单位指定人员参加联合检查验收。检查内容包括:

(1)产品的质量证明文件和检测报告是否齐全。

(2)质量证明文件是否与设计要求相符。

(3)进场材料的品种、规格、包装、外观和尺寸等可视质量的检查验收。

(4)保温材料、构件应抽样检验,以验证其质量是否符合要求。

材料进场检验合格后,专业负责人组织填写《材料、设备进场检验记录》,参与检验的人员签字后报监理验收。其中,上述所说的质量证明文件通常包括出厂合格证、中文说明书、型式检验报告及相关性能检测报告等。

2. 检查

(1)材料进场时,产品外观质量采用目测观察和手摸检查,几何尺寸采用尺量检查,重点检验保温材料的品种、规格和厚度。

(2)核对其使用说明书、出厂合格证、型式检验报告、性能检测报告等质量证明文件及技术资料,确保其品种、规格、主要性能参数如保温材料的导热系数或热阻、密度、压缩强度或抗压强度、吸水率、燃烧性能、反射隔热材料的太阳光反射比、半球发射率等性能参数是否符合设计要求。

（3）对照设计文件要求，核对技术资料和性能检测报告等质量文件与实物是否一致。

7.2.2 屋面节能工程使用的材料进场时，应对其下列性能进行复验，复验应为见证取样检验：

1 保温隔热材料的导热系数或热阻、密度、压缩强度或抗压强度、吸水率、燃烧性能（不燃材料除外）；

2 反射隔热材料的太阳光反射比、半球发射率。

检验方法：核查质量证明文件，随机抽样检验，核查复验报告，其中：导热系数或热阻、密度、燃烧性能必须在同一个报告中。

检查数量：同厂家、同品种产品，扣除天窗、采光顶后的屋面面积在 1000m² 以内时应复验 1 次；面积每增加 1000m² 应增加复验 1 次。同工程项目、同施工单位且同期施工的多个单位工程，可合并计算抽检面积。当符合本标准第 3.2.3 条规定时，检验批容量可以扩大一倍。

7.2.2【示例或
专题】

【技术要点说明】

本条为强制性条文，是对屋面节能工程中使用的保温隔热材料和反射隔热材料进场时提出的见证取样复验要求。在屋面保温隔热工程中，保温隔热材料的导热系数或热阻、密度或干密度、吸水率以及反射隔热材料的太阳光反射比、半球发射率等性能参数直接影响到屋面保温隔热效果，压缩强度或抗压强度影响到保温隔热层的抗压受力性能，燃烧性能是材料防火的重要指标，条文所列项目均为保证屋面节能效果和安全使用的关键指标。因此，应对保温隔热材料的导热系数或热阻、密度或干密度、压缩强度或抗压强度、吸水率和燃烧性能以及反射隔热材料的太阳光反射比、半球发射率进行严格的控制和见证取样复检，必须符合节能设计、产品标准以及相关施工技术标准要求。

（1）导热系数是保温材料的一个重要性能指标，它直接影响着保温材料的传热性能。导热系数与保温材料的组成结构、密度、吸水率等因素有关。导热系数越大，保温材料的保温效果就越差；反之，导热系数越小，其保温效果就越好。

（2）保温材料的吸水率是指材料在水中所吸收水分的百分数。一般情况下，保温材料的吸水率越大，其导热系数越大，保温材料的保温效果越差；同时由于吸水率过大导致屋面保温层冻胀或湿气膨胀引起保温层空鼓、变形、裂缝等现象，进而影响到整个屋面工程的质量。严格控制保温材料的吸水率是保证屋面保温效果和工程质量的重要措施，因此，要对屋面保温隔热材料该项指标进行见证取样复检。

（3）保温材料的密度是指材料中完全不含水的密度，即固体颗粒的质量与其对应体积的比值。密度的大小对导热系数和抗压强度都有影响。一般来讲，密度的大小直接影响导热系数的大小，同时密度与抗压强度之间互相关联。由于保温材料的导热系数和抗压强度同时与密度有关，因此，检测和使用时，一般是指一定密度下保温材料的导热系数和抗压强度，三个参数是对应关系。

（4）保温材料的压缩强度或抗压强度，是材料主要的力学性能，是指材料使用时会受到外力的作用，当材料内部产生应力增大到超过材料本身所能承受的极限值时，材料就会产生破坏，因此，必须根据材料的主要力学性能因材使用，才能更好地发挥材料的优势。

（5）保温材料的燃烧性能是建筑材料防火性能的一个重要判定指标。燃烧性能是指材料燃烧或遇火时所发生的一切物理和化学变化，这项性能由材料表面的着火性和火焰传播性、发热、发烟、炭化、失重以及毒性生成物的产生等特性来衡量。建筑防火关系到人民财产及生命安全和社会稳定，因此，保温材料的燃烧性能是防止火灾隐患的重要条件。

（6）太阳光反射比是指在 300～2500nm 可见光和近红外波段反射与同波段入射的太阳辐射通量的比值。半球发射率是指热辐射体在半球方向上的辐射出射度与处于相同温度的全辐射体（黑体）的辐射出射度的比值。太阳光反射比、半球发射率是反射隔热材料重要的性能指标，直接影响隔热效果。

【实施与检查】

1. 实施

屋面用保温隔热材料进场时，应参照常规建筑工程材料进场验收办法，由监理人员现场见证随机抽样送有资质的试验室复验，并应形成相应的复验报告，复验数量应满足标准要求。复验内容包括：保温隔热材料的导热系数、密度、压缩强度或抗压强度、吸水率、燃烧性能以及反射隔热材料的太阳光反射比、半球发射率等性能指标，复验结果可作为屋面保温隔热工程质量验收的一个重要依据。

2. 检查

检查数量的规定：同厂家、同品种产品，扣除天窗、采光顶后的屋面面积在 1000m² 以内时应复验 1 次；面积每增加 1000m² 应增加复验 1 次。同工程项目、同施工单位且同期施工的多个单位工程，可合并计算抽检面积。当符合本标准第 3.2.3 条规定，获得建筑节能产品认证、具有节能标识或连续三次见证取样检验均一次检验合格时，检验批容量可以扩大一倍。

具体检查方法为：

（1）对照标准和设计要求核查产品质量证明文件，重点核查材料进场型式检验报告。

（2）核查材料性能指标是否符合质量证明文件，核查复验报告。以有无复验报告、复验报告的数量以及质量证明文件与复验报告是否一致作为判定依据。

保温隔热材料的导热系数、密度或干密度、压缩强度或抗压强度、吸水率、燃烧性能以及反射隔热材料的太阳光反射比、半球发射率应严格控制，必须符合节能设计要求、产品标准要求以及相关施工技术规程要求。保温材料主要性能指标参见表 7-3。

保温材料主要性能指标　　　　　　　　　　　　　　表 7-3

| 项目 | 聚苯乙烯泡沫塑料 | | 硬质聚氨酯泡沫塑料 | 泡沫玻璃制品 | 憎水型膨胀珍珠岩制品 | 加气混凝土砌块 | 泡沫混凝土砌块 |
	挤塑聚苯板	模塑聚苯板					
表观密度或干密度（kg/m³）	22～35	≥20	≥30	≤200	≤350	≤425	≤530

项目	指标						
	聚苯乙烯泡沫塑料		硬质聚氨酯泡沫塑料	泡沫玻璃制品	憎水型膨胀珍珠岩制品	加气混凝土砌块	泡沫混凝土砌块
	挤塑聚苯板	模塑聚苯板					
压缩强度(kPa)	≥200	≥100	≥120	—	—	—	—
抗压强度(MPa)	—	—	—	≥0.4	≥0.3	≥1.0	≥0.5
导热系数[W/(m·K)]	不带表皮的毛面板	带表皮的开槽板	≤0.039	≤0.024	≤0.070	≤0.087	≤0.120	≤0.120
	≤0.032	≤0.030					
尺寸稳定性 (70℃,48h,%)	≤2.0	≤3.0	≤2.0				
水蒸气渗透系数 [ng/(Pa·m·s)]	≤3.5	≤4.5	≤6.5				
吸水率(v/v,%)	≤1.5	≤4.0	≤4.0	≤0.5			
燃烧性能	不低于 B₂ 级			A 级			

注：上述材料或产品性能参数指标参照表 7-1 对应的产品标准。

现浇泡沫混凝土主要性能指标满足《泡沫混凝土应用技术规程》JGJ/T 341—2014 标准要求。

喷涂硬泡聚氨酯主要性能指标满足《硬泡聚氨酯保温防水工程技术规范》GB 50404—2017 标准要求。

《建筑外表面用热反射隔热涂料》JC/T 1040—2020 规定：反射隔热材料的太阳反射比（白色）应在 0.83 以上；半球发射率在 0.85 以上。

7.2.3 屋面保温隔热层的敷设方式、厚度、缝隙填充质量及屋面热桥部位的保温隔热做法，应符合设计要求和有关标准的规定。

检验方法：观察、尺量检查。

检查数量：每个检验批抽查 3 处，每处 10m²。

7.2.3【示例或专题】

【技术要点说明】

影响屋面保温隔热效果的主要因素除了保温隔热材料本身的性能以外，还与保温隔热材料的敷设方式、厚度、缝隙填充质量以及屋面热桥部位的处理等施工质量有关。对于屋面热桥部位如女儿墙、檐沟、变形缝、落水口及伸出屋面的构件或管道等，均应做保温处理，否则，热桥将成为热流密集部位，特别是冬季时，当屋顶内表面温度低于室内空气露点温度时，将会在屋面内表面形成水珠，即发生"结露现象"。这不仅降低了室内环境的舒适度，破坏了室内装饰，严重时将对人们正常的居住生活带来影响。

保温隔热材料的热工性能（导热系数、密度或干密度）和厚度、敷设方式均达到设计标准要求，其保温隔热效果基本可以保证。因此，在本标准第 7.2.2 条按主控项目对保温隔热材料的性能进行控制外，本条要求对保温隔热材料的敷设方式、厚度、缝隙填充质量以及屋面热桥部位保温隔热做法也按主控项目进行验收。

1. 保温层的敷设

板状材料铺设：板状材料主要包括聚苯乙烯泡沫塑料板、硬质聚氨酯泡沫塑料板、膨胀珍珠岩制品、泡沫玻璃制品、加气混凝土砌块、泡沫混凝土砌块。按施工方法不同分为干铺法、粘贴法、机械固定法。

现浇泡沫混凝土铺设：浇筑面应做到平整，并一次成型，浇筑达到设计标高后应用刮板刮平；刮平后在终凝前不得扰动和上人，不应承重，在终凝后应及时做砂浆找平层。具体敷设要求和方法可参考《泡沫混凝土应用技术规程》JGJ/T 341—2014。

硬质聚氨酯材料铺设：喷涂硬泡聚氨酯时，一个作业面应分遍喷涂完成，一是为了能及时控制、调整喷涂层的厚度，减少收缩影响；二是可以增加结皮层，提高防水效果。在硬泡聚氨酯分遍喷涂时，由于每遍喷涂的间隔时间很短，当日的作业面完全可以当日连续喷涂施工完毕；如果当日不连续喷涂施工完毕，一是会增加基层的清理工作，二是不易保证分层之间的粘结质量。

2. 屋面热桥部位

屋面热桥部位对于屋面总体保温效果影响较大，应按设计要求采取节能保温隔断热桥等措施。屋面热桥部位主要包括女儿墙、檐沟、变形缝、落水口及伸出屋面的构件或管道等。这些部位如果处理不当，容易在屋面热桥部位内表面产生结露，这不仅影响了节能保温效果，而且因结露发霉变黑，影响室内居住环境。故本条规定屋面热桥部位处理必须符合设计要求。

【实施与检查】

1. 实施

应对屋面保温隔热层的敷设方式、厚度、缝隙填充质量及屋面热桥部位的保温隔热做法进行质量检查和验收。

屋面保温层及屋面热桥部位的保温做法应符合下列要求：

1) 板状材料保温层

(1) 板状保温材料应按其设计厚度进行铺设；铺设时应紧贴基层，应铺平垫稳，拼缝应严密，粘贴应牢固。

(2) 固定件的规格、数量和位置均应符合设计要求，垫片应与保温层表面齐平。

(3) 板状材料保温层表面平整度及接缝高低差的允许偏差应符合相关要求。

2) 现浇泡沫混凝土保温层

(1) 现浇泡沫混凝土保温层应按其设计厚度进行施工，并应分层施工，粘结应牢固，表面应平整，找坡应正确。

(2) 现浇泡沫混凝土保温层在施工时，不得有贯通性裂缝，不得出现疏松、起砂、起坡现象。

(3) 现浇泡沫混凝土保温层表面平整度的允许偏差应符合要求。

3) 喷涂硬泡聚氨酯保温层

(1) 喷涂硬泡聚氨酯保温层应按其设计厚度进行喷涂；施工时应分遍喷涂，粘结应牢固，表面应平整，找坡应正确。

（2）喷涂硬泡聚氨酯保温层表面平整度的允许偏差应符合相关要求。

4）屋面热桥部位的保温隔热措施应按照设计要求进行施工。

2. 检查

对于保温隔热层的敷设方式、缝隙填充质量和热桥部位采取观察检查，检查敷设的方式、位置、缝隙填充的方式是否正确，是否符合设计要求和国家有关标准要求。保温隔热层的厚度可采取钢针插入后用尺测量，也可采取将保温层切开用尺直接测量。具体采取哪种方法由验收人员根据实际情况确定。每个检验批抽查 3 处，每处 $10m^2$。

1）板状材料保温层检查

（1）板状保温层的厚度可采用钢针插入后用尺测量，也可采用将保温切开用尺直接测量。

（2）板状保温材料铺设后，采用目测观察和水平靠尺检查其上表面是否平整。

（3）板状保温层的敷设方式、缝隙填充质量采用目测观察检查。

（4）对屋面热桥部位如女儿墙、檐沟、变形缝、落水口及伸出屋面的构件或管道等，热桥部位的特殊处理是否符合设计要求可采用目测观察检查。

2）现浇泡沫混凝土检查

（1）泡沫混凝土保温层的厚度可采用钢针插入后用尺测量，也可采用将保温切开用尺直接测量。

（2）现浇泡沫混凝土施工后，采用目测观察检查找坡是否正确，采用靠尺检查其表面平整度。

（3）对屋面热桥部位如女儿墙、檐沟、变形缝、落水口及伸出屋面的构件或管道等，热桥部位的特殊处理是否符合设计要求可采用目测观察检查。

3）喷涂硬泡聚氨酯检查

（1）喷涂硬泡聚氨酯保温层的厚度可采用钢针插入后用尺测量，也可采用将保温切开用尺直接测量。

（2）喷涂硬泡聚氨酯施工后，采用目测观察检查找坡是否正确，采用靠尺检查其表面平整度。

（3）采用目测观察检查女儿墙、檐沟、变形缝、落水口及伸出屋面的构件或管道等热桥部位的处理是否符合设计要求。

7.2.4 屋面的通风隔热架空层，其架空高度、安装方式、通风口位置及尺寸应符合设计及有关标准要求。架空层内不得有杂物。架空面层应完整，不得有断裂和露筋等缺陷。

　　检验方法：观察、尺量检查。

　　检查数量：每个检验批抽查 3 处，每处 $10m^2$。

7.2.4【示例或专题】

【技术要点说明】

　　通风隔热架空层是采用防止太阳直接照射屋面上表面的起到隔热作用的一种平屋面，

如图 7-1 所示。基本构造做法是在卷材、涂膜防水屋面或倒置式屋面上做支墩（或支架）和架空板，利用架空层内空气的流动，减少太阳辐射热向室内传递，起到阻挡太阳辐射热和通风降温作用。

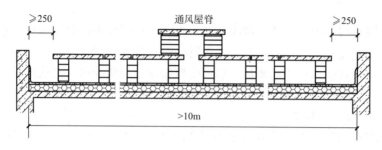

图 7-1 架空隔热屋面剖面示意图

通风隔热架空层宜在通风较好的平屋顶建筑上采用，适用于夏季炎热和较炎热的地区。

影响架空隔热效果的主要因素有：架空隔热层的高度、通风口的尺寸和架空通风安装方式；架空隔热层材质的品质和架空层的完整性；架空隔热层内应畅通，不得有杂物。

通风隔热架空层具体要求：当采用混凝土板架空隔热层时，屋面坡度不宜大于 5%；架空隔热层的高度应根据屋面宽度和坡度大小由工程设计确定，层间高度一般在 180～300mm，架空板距女儿墙不小于 250mm；当屋面宽度大于 10m 时，在架空层的中部应设置通风屋脊，以加强通风强度；架空隔热层进风口，宜设在当地炎热季节最大频率风向的正压区，出风口设在负压区，以利于通风，避免顶裂山墙。

【实施与检查】

1. 实施

为了保证屋面通风隔热架空层的隔热效果，应检查架空隔热层的架空高度、安装方式、通风口位置及尺寸等。屋面通风隔热架空层质量应满足下列规定：

（1）架空隔热制品的铺设应平整、稳固，缝隙勾填应密实；架空隔热制品距山墙或女儿墙不得小于 250mm。

（2）架空隔热层应按其设计高度进行施工，通风屋脊及变形缝的做法应符合设计要求。

（3）架空隔热制品接缝高低差的允许偏差应符合相关要求。

（4）架空隔热层内不得残留施工过程中的各种杂物，确保架空层内气流畅通。

2. 检查

在验收时一是检查架空隔热层的形式，用尺测量架空隔热层的设计是否符合设计要求；二是检查架空隔热层的完整性，如果使用了有断裂和露筋等缺陷的制品，天长日久后会使隔热层受到破坏，对隔热效果带来不良的影响；三是检查架空隔热层内不得残留施工过程中的各种杂物，确保架空隔热层内气流畅通。每个检验批抽查 3 处，每处 10m²。

1）通风隔热架空层的架空高度和通风口尺寸等采用尺量检查。

2）通风隔热架空层的安装方式、通风口位置及表观质量等对照设计文件采用目测观察检查。

3）目测观察检查架空隔热层内部通风是否畅通，是否存留施工过程中的各种杂物。

4）目测观察检查架空隔热层的材料是否完整，架空面层是否平整、是否断裂。

> **7.2.5**　屋面隔汽层的位置、材料及构造做法应符合设计要求，隔汽层应完整、严密，穿透隔汽层处应采取密封措施。
>
> 检验方法：观察检查；核查隐蔽工程验收记录。
>
> 检查数量：每个检验批抽查 3 处，每处 $10m^2$。

7.2.5【示例或专题】

【技术要点说明】

按照现行国家标准《民用建筑热工设计规范》GB 50176—2016 中有关围护结构内部冷凝受潮验算的规定，屋顶冷凝计算界面的位置应取保温层与外侧密实材料层的交界处。当严寒、寒冷地区屋面结构冷凝界面内侧实际具有的蒸汽渗透阻小于所需值，或其他地区室内湿气有可能透过屋面结构层进入保温层时，应设置隔汽层。

保温屋面在保温层下方设置隔汽层是防止室内水蒸汽进入保温层内，影响其保温效果。隔汽层的作用是防潮和隔汽，位置应设置在结构层上、保温层下，隔汽层铺在保温层下面，可以隔绝室内水蒸气通过板缝或孔隙进入保温层；若隔汽层出现破损现象，将不能起到隔绝室内水蒸气的作用，严重影响保温层的保温效果。

隔汽层具有较好的蒸汽渗透阻，应选用气密性、水密性好的防水卷材或涂料。

隔汽层的基层应平整、干净、干燥；应设置在结构层与保温层之间，隔汽层应选用气密性、水密性好的材料；在屋面与墙的连接处，隔汽层应沿墙面向上连续铺设，高出保温层上表面不得小于 150mm；采用卷材时宜空铺，卷材搭接缝应满粘，其搭接宽度不应小于 80mm；隔汽层采用涂料时，应涂刷均匀；穿过隔汽层的管线周围应封严，转角处应无折损；隔汽层凡有缺陷或破损的部位，均应进行返修。

【实施与检查】

1. 实施

隔汽层主要防止室内水蒸气透过结构层进入保温层，故其应铺设在结构层和保温层之间，应完整无损无渗漏。在施工过程检查中要核查屋面隔汽层的位置、材料及构造做法是否符合设计要求。屋面隔汽层的施工质量应符合下列要求：

（1）卷材隔汽层应铺设平整，卷材搭接缝应粘结牢固，密封应严密，不得有破损、扭曲、皱折和起泡等缺陷。

（2）涂膜隔汽层应粘结牢固，表面应平整，涂布均匀，不得有破损、堆积、起泡和露底等缺陷。

2. 检查

屋面隔汽层施工质量主要通过观察检查和核查隐蔽工程验收记录进行验收。每个检验批抽查 3 处，每处 10m²。

（1）目测观察检查隔汽层是否存在破损现象。

（2）目测观察检查卷材隔汽层铺设是否平整，卷材搭接缝是否粘结牢固，密封是否严密，是否存在扭曲、皱折和起泡等缺陷。

（3）目测观察检查隔汽层是否完整、严密。

（4）目测观察检查穿透隔汽层处是否采取密封措施。

（5）目测观察检查涂膜隔汽层表面是否平整，涂布是否均匀，是否存在堆积、起泡和露底等缺陷。

7.2.6 坡屋面、架空屋面内保温应采用不燃保温材料，保温层做法应符合设计要求。

检验方法：观察检查；核查复验报告和隐蔽工程验收记录。

检查数量：每个检验批抽查 3 处，每处 10m²。

【技术要点说明】

坡屋顶是指屋面坡度较陡的屋顶，其坡度一般在 10％以上。对于传统坡屋顶，保温层铺设在瓦材和檩条间，或铺设在吊顶顶棚上面而构成复合保温屋面。保温材料设置在建筑屋面的室内侧，一旦发生火灾，如果采用可燃、难燃保温材料，遇热或燃烧分解产生的烟气和毒性较大，对于人员安全带来较大威胁，不易施救，危害严重，因此该条规定应使用不燃保温材料。保温隔热材料可以采用矿棉、岩棉、玻璃棉毡或板等。

【实施与检查】

1. 实施

在施工过程检查中要现场核查坡屋面或架空屋面内保温采用的保温材料是否为 A 级不燃材料；同时对照施工图，核查保温层的做法是否符合设计或设计依据的图集构造要求，保温材料燃烧性能等级应有复验报告，做法应有隐蔽工程验收记录。

2. 检查

该条主要通过观察检查、核查复检报告和隐蔽工程验收记录进行验收。每个检验批抽查 3 处，每处 10m²。

（1）目测观察检查现场所用保温材料。

（2）核查保温材料复验报告。

（3）核查隐蔽工程验收记录，对照施工图，核查保温层做法是否符合设计或设计所依据的图集构造要求。

填写《坡屋面、架空屋面内保温材料检验批工程质量验收记录表》，可参考表 7-4。

坡屋面、架空屋面内保温材料检验批工程质量验收记录表　　　表 7-4

工程名称	××××××	分项工程名称	屋面节能工程
施工单位	××××××	检查项目	坡屋面、架空屋面内保温材料
项目经理	×××	专业工长	×××
分包单位	××××××	分包项目经理	×××
施工标准名称、编号及条文	《建筑节能工程施工质量验收标准》GB 50411—2019 第 7.2.6 条	施工图名称及编号	××××××
抽查部位	×××	抽查数量	3 处,每处 10m²

序号	标准要求内容	施工单位自查记录	监理(建设)单位验收记录
1	坡屋面、架空屋面内保温材料	材料类型: 是否为不燃保温材料: 是□　　否□ 图片资料:	是否满足设计要求: 是□　　否□
2	坡屋面、架空屋面内保温材料做法	做法: 是否满足设计要求: 是□　　否□ 是否有隐蔽工程验收记录: 是□　　否□ 图片资料:	是否有隐蔽工程验收记录: 是□　　否□ 是否满足设计要求: 是□　　否□
施工单位检查结论		项目专业质量检查员: (项目技术负责人)　　　　　　　　　　　　　年　月　日	
监理(建设)单位验收结论		监理工程师(建设单位项目负责人): 　　　　　　　　　　　　　　　　　　　年　月　日	

7.2.7　当采用带铝箔的空气隔层做隔热保温屋面时,其空气隔层厚度、铝箔位置应符合设计要求。空气隔层内不得有杂物,铝箔应铺设完整。

检验方法:观察、尺量检查。

检查数量:每个检验批抽查 3 处,每处 10m²。

【技术要点说明】

夏热冬冷地区、夏热冬暖地区、温和地区屋面隔热设计可采用带铝箔的封闭空气隔层的隔热屋面。其保温效果主要与空气隔层厚度和铝箔位置密切相关。单面设置铝箔层的空气隔层，其位置应设在温度较高一侧。

【实施与检查】

1. 实施

当采用带铝箔的空气隔层做隔热屋面时，其隔热效果主要与空气隔层厚度和铝箔位置密切相关，因此，在施工质量检查中应特别要注意空气隔层的厚度和铝箔的铺贴位置。

2. 检查

(1) 空气隔层的厚度尺寸等采用尺量检查。

(2) 铝箔的贴放位置等采用目测观察检查，如图 7-2 所示。

(3) 目测观察检查空气隔层内是否存留施工过程中的各种杂物。

图 7-2 铝箔防潮层敷设

填写《屋面带铝箔空气隔层检验批工程质量验收记录表》，可参考表 7-5。

屋面带铝箔空气隔层检验批工程质量验收记录表   表 7-5

工程名称	×××××××	分项工程名称	屋面节能工程
施工单位	×××××××	检查项目	带铝箔空气隔层屋面施工质量
项目经理	×××	专业工长	×××
分包单位	×××××××	分包项目经理	×××
施工标准名称、编号及条文	《建筑节能工程施工质量验收标准》GB 50411—2019第 7.2.7 条	施工图名称及编号	××××××
抽查部位	×××	抽查数量	3 处,每处 10m²

序号	标准要求内容	施工单位 自查记录		监理（建设） 单位验收记录
1	屋面带铝箔空气隔层厚度	现场厚度测量：		是否满足设计要求： 是□　　否□
		是否满足设计要求： 是□　　否□		
		图片资料：		
2	屋面带铝箔空气隔层 铝箔位置	铝箔位置：		是否满足设计要求： 是□　　否□
		是否满足设计要求： 是□　　否□		
		图片资料：		
3	空气隔层内不得有杂物	空气隔层内是否有杂物： 是□　　否□		是否满足标准要求： 是□　　否□
		图片资料：		
4	铝箔应铺设完整	铝箔是否铺设完整： 是□　　否□		是否满足标准要求： 是□　　否□
		图片资料：		
施工单位 检查结论		项目专业质量检查员： （项目技术负责人） 　　　　　　　　　　　　　　　年　月　日		
监理（建设） 单位验收结论		监理工程师（建设单位项目负责人）： 　　　　　　　　　　　　　　　年　月　日		

7.2.8 种植植物的屋面，其构造做法与植物的种类、密度、覆盖面积等应符合设计及相关标准要求，植物的种植与维护不得损害节能效果。

　　检验方法：对照设计检查。

　　检查数量：全数检查。

7.2.8【示例或专题】

【技术要点说明】

　　种植屋面是指铺以种植土或设置容器种植植物的建筑屋面或地下建筑顶板。种植屋面具有较好的隔热和绿化美化效果。在施工时防止渗漏是第一位，必须按构造做法施工，保证其使用功能，同时要使植物种类、植物密度、覆盖面积符合设计要求，如图7-3所示。

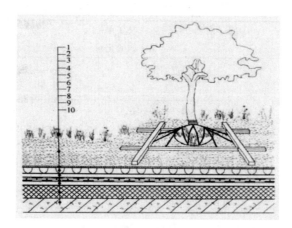

图 7-3　种植平屋面基本构造层示意图

1—植被层；2—种植土层；3—过滤层；4—排（蓄）水层；5—保护层；
6—耐根穿刺防水层；7—普通防水层；8—找坡（找平）层；9—绝热层；10—基层

种植屋面绝热层、找坡（找平）层、普通防水层和保护层设计应符合现行国家标准《屋面工程技术规范》GB 50345—2012、《地下工程防水技术规范》GB 50108—2008 的有关规定。

种植屋面保温材料宜采用憎水性密度宜小于 100kg/m³ 的轻质保温板，可采用模塑聚苯乙烯泡沫塑料板、挤塑聚苯乙烯泡沫塑料板和硬泡聚氨酯。不应采用散状绝热材料，厚度按建筑节能标准计算。种植屋面保温隔热材料的密度不宜大于 100kg/m³，压缩强度不得低于 100kPa。在 100kPa 压缩强度下，压缩比不得大于 10％。

【实施与检查】

1. 实施

种植屋面工程完工后，施工单位应整理施工过程中的有关文件和记录，确认合格后报建设单位或监理单位，由建设单位按有关规定组织验收。工程验收的文件和记录经各级技术负责人签字后方为有效。

保温层：保温层应按其设计厚度进行施工；铺设时应紧贴基层，铺平垫稳，固定牢固，拼缝严密；保温层的平整度和接缝高差的允许偏差应符合相关要求；

屋面种植植物的类型：屋面种植植物宜按《种植屋面工程技术规程》JGJ 155—2013选用；绿篱、色块、藤本植物宜选用三年生以上苗木；地被植物宜选用多年生草本植物和覆盖能力强的木本植物；不宜种植高大乔木、速生乔木；不宜种植根系发达的植物和根状茎植物；高层建筑屋面和坡屋面宜种植草坪和地被植物。

屋面种植植物的覆盖面积：地被植物种植区域应均匀满覆盖，无杂草、无病虫害、无枯枝落叶；草坪覆盖率应达到 100％；种植屋面绿化指标宜符合表 7-6 的规定。

种植屋面绿化指标　　　　　　　　　　　　　　　　　　　　　　　　　　　表 7-6

种植屋面类型	项目	指标（％）
简单式	绿化屋顶面积占屋顶总面积	≥80
	绿化种植面积占绿化屋顶面积	≥90

续表

种植屋面类型	项目	指标（%）
花园式	绿化屋顶面积占屋顶总面积	≥60
	绿化种植面积占绿化屋顶面积	≥85
	铺装园路面积占绿化屋顶面积	≤12
	园林小品面积占绿化屋顶面积	≤3

注：1. 简单式种植屋面是指仅种植地被植物、低矮灌木的屋面。

2. 花园式种植屋面是指种植乔灌木和地被植物，并设置园路、坐凳等休憩设施的屋面。

2. 检查

（1）保温层的厚度可采用钢针插入后用尺测量，也可采用将保温切开用尺直接测量。

（2）保温材料铺设后，采用靠尺检查其平整度。

（3）采用目测观察、核数、尺量、计算检查法对照设计全数检查植物的种类、密度、覆盖面积等是否符合设计及相关标准要求。

7.2.9　采用有机类保温隔热材料的屋面，防火隔离措施应符合设计和现行国家标准《建筑设计防火规范》GB 50016 的规定。

检验方法：对照设计检查。

检查数量：全数检查。

7.2.9【示例或专题】

【技术要点说明】

有机保温材料在我国建筑外保温应用中占据主导地位，但由于有机保温材料的可燃性，使得外保温系统火灾屡屡发生，并造成了严重后果。屋面保温隔热层常采用的有机保温材料有聚苯乙烯泡沫塑料板、硬质聚氨酯泡沫塑料、喷涂硬泡聚氨酯等。

《建筑防火设计规范》GB 50016—2014（2018 年版）第 6.7.10 条规定：建筑的屋面外保温系统，当屋面板的耐火极限不低于 1.00h 时，保温材料的燃烧性能不应低于 B_2 级；当屋面板的耐火极限低于 1.00h 时，不应低于 B_1 级。采用 B_1、B_2 级保温材料的外保温系统应采用不燃材料作防护层，防护层的厚度不应小于 10mm。

当建筑的屋面和外墙外保温系统均采用 B_1、B_2 级保温材料时，屋面与外墙之间应采用宽度不小于 500mm 的不燃材料设置防火隔离带进行分隔，如图 7-4 所示。

防火隔离带保温材料的燃烧性能等级应为 A 级，常用材料为岩棉带、发泡水泥板、泡沫玻璃板等。

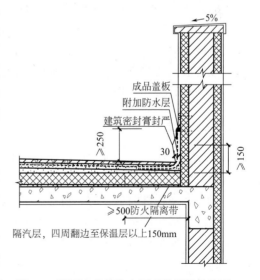

图 7-4　屋面女儿墙防火隔离带设置构造图

【实施与检查】

1. 实施

应对采用有机类保温隔热材料屋面的防火措施和施工质量进行重点检查：

（1）屋面防火隔离带保温材料的性能指标，应符合设计要求。

（2）屋面防火隔离带设置位置、宽度和厚度等应符合设计和相关技术标准要求。

2. 检查

（1）检查屋面防火隔离带保温材料的性能指标，通过对照标准和设计要求核查产品质量证明文件和检测报告。

（2）采用目测观察检查屋面防火隔离带的位置是否符合设计要求及《建筑设计防火规范》GB 50016—2014（2018年版）等相关标准的规定。

（3）采用尺量检查屋面防火隔离带的宽度和厚度是否符合设计要求及《建筑设计防火规范》GB 50016—2014（2018年版）等相关标准的规定。

7.2.10 金属板保温夹芯屋面应铺装牢固、接口严密、表面洁净、坡向正确。

检验方法：观察、尺量检查；核查隐蔽工程验收记录。

检查数量：全数检查。

7.2.10【示例或专题】

【技术要点说明】

金属板屋面是由金属面绝热夹芯板与支承结构组成，不分担主体结构所受作用且与水平方向夹角小于70°的建筑围护结构。

金属板保温夹芯屋面设计要求：应采用屋面板压盖和带防水密封胶垫自攻螺钉，将夹芯板固定在檩条上；夹芯板的纵向搭接应位于檩条处，每块板的支座宽度不应小于50mm，支承处宜采用双檩或檩条一侧加焊通长角钢；夹芯板的纵向搭接应顺流水方向，纵向搭接长度不应小于200mm，搭接部位均应设置防水密封胶带，并应用拉铆钉连接；夹心板的横向搭接方向宜与主导风向一致，搭接尺寸应按具体板型确定，连接部位均应设置防水密封胶带，并用拉铆钉连接。

【实施与检查】

1. 实施

应对金属板保温夹芯屋面的铺装施工质量进行重点检查：

（1）金属板铺装应牢固、可靠。

（2）金属板的接口应严密、缝隙应按要求填充密实。

（3）金属板应坡向正确，利于排水。

2. 检查

（1）金属屋面的金属板材料、芯材、紧固件和密封材料的品种、规格和性能、质量是否符合设计要求，验收检查出厂合格证、质量检验报告和进场检验报告。

（2）采用坡度尺、观察检查的检验方法检查金属板铺装是否平整、顺滑，排水坡度是否符合设计要求。

（3）目测检查压型金属板咬口锁边连接是否严密、连续、平整，是否有扭曲和裂口。

（4）核查隐蔽工程验收记录。

7.3 一般项目

7.3.1 屋面保温隔热层应按专项施工方案施工，并应符合下列规定：

    1 板材应粘贴牢固、缝隙严密、平整；

    2 现场采用喷涂、浇筑、抹灰等工艺施工的保温层，应按配合比准确计量、分层连续施工、表面平整、坡向正确。

    检验方法：观察、尺量检查，检查施工记录。

    检查数量：每个检验批抽查 3 处，每处 $10m^2$。

【技术要点说明】

本条强调的是屋面保温隔热层的施工应按项目总监理工程师批复的专项施工方案进行施工，同时对板材类、现场喷涂和浇筑类型保温层的施工提出了具体要求。

板状材料铺设要求：采用干铺法施工板状材料保温层，必须要将板材铺平、垫稳，板与板的拼接缝及上下板的拼接缝要相互错开，并用同类材料的碎屑嵌填密实，避免产生热桥；采用粘贴法铺设板状材料保温层要注意所用的胶粘剂必须与板材的材性相容，以避免粘结不牢或发生腐蚀；机械固定法应选择专用螺钉和金属垫片，保证保温板与基层连接固定，并允许保温板产生相对滑动，但不得出现保温板与基层相互脱离或松动。

现浇泡沫混凝土铺设要求：现浇泡沫混凝土的外观不得有贯通性裂缝，施工时应重视泡沫混凝土终凝后的养护和成品保护。对已经出现的严重缺陷，应由施工单位提出技术处理方案，并经监理或建设单位认可后进行处理。现浇泡沫混凝土施工后，其表面应平整，以确保铺抹找平层的厚度均匀。

喷涂硬泡聚氨酯铺设要求：应控制硬泡聚氨酯保温层的厚度均匀，当日的作业面当日连续喷涂施工完毕。喷涂硬泡聚氨酯施工后，其表面应平整，以确保铺抹找平层的厚度均匀。

【实施与检查】

1. 实施

应检查核实屋面保温隔热层的施工按项目总监理工程师批复的专项施工方案进行施工，同时板材应粘贴牢固、缝隙严密、平整；现场采用喷涂、浇筑等工艺施工的保温层，应按配合比准确计量，分层连续施工，表面平整，坡向正确。

板状材料：板状材料铺设时应紧贴基层，应铺平垫稳，拼缝应严密，粘贴应牢固；固定件的规格、数量和位置均应符合设计要求，垫片应与保温层表面齐平；板状材料保温层表面平整度及接缝高低差的允许偏差应符合相关要求。

现浇泡沫混凝土：现浇泡沫混凝土所用原材料的质量及配合比，应符合设计要求；现浇泡沫混凝土应分层施工，粘结应牢固，表面应平整，找坡应正确；现浇泡沫混凝土不得有贯通性裂缝，以及疏松、起砂、起坡现象；现浇泡沫混凝土保温层表面平整度的允许偏差应符合相关要求。

喷涂硬泡聚氨酯：喷涂硬泡聚氨酯所用原材料的质量及配合比，应符合设计要求；喷涂硬泡聚氨酯应分遍喷涂，粘结应牢固，表面应平整，找坡应正确；喷涂硬泡聚氨酯保温层表面平整度的允许偏差应符合相关要求。

2. 检查

每 100m² 抽查 1 处，每处 10m²，整个屋面抽查不得少于 3 处。

板状材料：采用观察检查的检验方法检查板状材料铺设是否紧贴基层，是否铺平垫稳，拼缝是否严密，粘贴是否牢固；采用观察检查的检验方法检查固定件的规格、数量和位置是否符合设计要求；垫片是否与保温层表面齐平；用 2m 靠尺和塞尺检查板状材料保温层表面的平整度；用直尺和塞尺检查板状材料保温层接缝高低差的偏差。

现浇泡沫混凝土：采用观察法检查现浇泡沫混凝土是否分层施工，粘结是否牢固，表面是否平整，找坡是否正确；现浇泡沫混凝土不得有贯通性裂缝，以及疏松、起砂、起皮现象检查方法采用观察法；用靠尺和塞尺检查现浇泡沫混凝土保温层表面平整度。

喷涂硬泡聚氨酯：采用观察法检查喷涂硬泡聚氨酯是否分遍喷涂，粘结是否牢固，表面是否平整，找坡是否正确；用 2m 靠尺和塞尺检查喷涂硬泡聚氨酯保温层表面平整度的允许偏差。

7.3.2 反射隔热屋面的颜色应符合设计要求，色泽应均匀一致，没有污迹，无积水现象。

检验方法：观察检查。

检查数量：全数检查。

【技术要点说明】

采用建筑反射隔热涂料的屋面，其保温系统性能和构造层应符合现行国家标准《屋面工程技术规程》GB 50345—2012 的有关规定；建筑屋面外饰面采用建筑反射隔热涂料进行隔热节能设计时应采用污染修正后的太阳辐射吸收系数进行计算；反射隔热涂料宜选择浅色产品。

【实施与检查】

1. 实施

应对热反射屋面的施工质量进行检查：

（1）热反射屋面的颜色应符合设计要求，色泽应均匀一致。

（2）热反射屋面应没有污迹，应无积水现象。

2. 检查

热反射屋面的颜色应符合设计要求，采用观察的方法全数检查热反射屋面的颜色色泽是否均匀一致，有无污迹，有无积水现象。

7.3.3 坡屋面、架空屋面当采用内保温时，保温隔热层应设有防潮措施，其表面应有保护层，保护层的做法应符合设计要求。

检验方法：观察检查；核查隐蔽工程验收记录。

检查数量：每个检验批抽查 3 处，每处 $10m^2$。

【技术要点说明】

当坡屋面、架空隔热屋面的保温层敷设于屋面内侧时，如果保温层未进行密封防潮处理，室内空气中湿气将渗入保温层内，增大了保温材料的导热系数，减低节能效果，而且由于受潮之后还容易产生细菌，严重的可能会有水溢出，因此必须对保温材料采取有效防潮措施，使之与室内的空气隔绝。尤其是户内梁、板、柱等与屋面的交接热桥部位，若防潮措施不到位，更容易发生保温层与屋面基层内表面结露现象，致使保温层膨胀、空鼓，严重时可脱落，波及室内使用安全。同时，保温层表面不能裸露，应设置保护层。

【实施与检查】

1. 实施

坡屋面、架空屋面当采用内保温时，应核查保温隔热层设有防潮措施，防潮层的位置、材料及构造做法应符合设计要求。防潮层应铺设平整，卷材搭接缝应粘结牢固，密封应严密，不得有破损、扭曲、皱折和起泡等缺陷；其表面应有保护层，保护层的做法应符合设计要求。

2. 检查

坡屋面、架空屋面采用内保温时，通过观察检查以及核查隐蔽工程验收记录，检查其保温隔热层是否采用了防潮措施，其表面保护层的做法是否符合设计要求。

第8章　地面节能工程

【概述】 在建筑围护结构中，地面保温是建筑围护结构节能的重要组成部分，尤其对于我国北方严寒地区，地面节能对建筑物整体节能效果影响更大。严寒地区的供暖建筑，直接接触土壤的周边地面如不做保温处理，靠近墙角的周边地面因温度过低，不仅可能出现结露，而且可能出现结霜，影响正常使用。寒冷地区的供暖建筑，接触室外空气的楼板地面及不供暖地下室顶板如果不进行保温构造处理，不仅增加供暖能耗，而且因地面温度过低，会影响底层室内热环境。节能标准从改善室内热环境和控制供暖能耗出发，对地面的保温提出相应的要求。

地面节能主要包括三部分：一是底层地面直接接触土壤或室外空气的地面；二是毗邻不供暖空间的地面；三是与土壤接触的地下室外墙。底层地面直接接触土壤或室外空气的地面、与土壤接触的地下室外墙、非供暖房间与供暖房间的楼板和地面主要是针对北方严寒和寒冷地区，这在《严寒和寒冷地区居住建筑节能设计标准》JGJ 26—2018 和《公共建筑节能设计标准》GB 50189—2015 标准中均已提出了要求。对于夏热冬冷地区和夏热冬暖地区的居住建筑节能设计标准《夏热冬冷地区居住建筑节能设计标准》JGJ 134—2010 中对土壤接触的地面和外墙的传热系数（热阻）没有规定，但对于地面接触室外空气的架空楼板或外挑楼板提出了传热系数限值要求。地面工程应按节能标准进行设计，加强地面节能工程验收。

地面节能工程施工质量验收时，应注意下列几方面：

（1）设计文件、质量证明资料、复验报告、隐蔽验收资料、专项施工方案要齐全。

（2）把好原材料进场验收、复验关；要核查进场材料的规格、品种是否符合设计要求和产品标准要求，材料复验应随机抽样，要有代表性；要检查保温材料的导热系数或热阻、密度、压缩强度或抗压强度、吸水率、燃烧性能（不燃材料除外）等性能参数，确定其完全符合设计要求。

（3）要加强施工过程隐蔽部位的验收，重点是保温层的厚度。

（4）要保证保温材料施工过程中不受潮、不淋雨水。

（5）加强保温层的基层处理。对于在不供暖空间的顶板和直接接触室外空气的楼板底面粘贴保温材料时，基层的质量对保温材料粘贴的牢固可靠性非常重要。在节能施工前一定要将基层清理干净，特别是现浇楼板采用隔离剂时更要注意。对于与土壤接触的地面或墙面，做保温时基层的防潮一定要处理，如果处理不当，基层下部土壤中的水将进入保温层，影响保温效果。

（6）对卫生间、厨房等地面，要做好面层的防水处理，一旦地面的水进入保温层就很难排出，将影响保温效果。

（7）对目前应用较多的采用地面辐射供暖的工程，地面节能做法应符合设计要求和现行行业标准《辐射供暖供冷技术规程》JGJ 142—2012 的规定。

（8）对于严寒和寒冷地区，对地面的热桥部位要严格检查。

本章地面节能工程验分为一般规定、主控项目、一般项目。本章共 15 条，分别叙述了地面节能验收的基本要求，一般规定 4 条、主控项目 9 条、一般项目 2 条，其中强制性条文 1 条。

一般规定主要叙述地面节能验收的适用范围、验收程序、隐蔽工程验收的项目和检验批划分等基本要求。

主控项目是地面分项工程节能验收的核心内容，分别给出对地面节能材料的要求，重要材料进场复验的要求，基层处理，保温层、隔离层、防潮层和保护层施工的要求和特殊部位（地下室顶板和架空楼板底面），特殊要求（有防水要求的地面）地面保温的要求等。

一般项目给出一般性验收要求，主要是对辐射供暖地面节能做法、接触土壤地面的保温层下面的防潮层提出要求。

与《建筑节能工程施工质量验收规范》GB 50411—2007 相比，条文修订如下：

在一般项目中，增加了对"接触土壤地面的保温层下面的防潮层"的要求。

（1）在一般规定中，第 8.1.1 条适用范围除了适用于接触土壤或室外空气的地面、毗邻不供暖空间的地面，增加了"与土壤接触的地下室外墙"节能工程；最主要的变化是第 8.1.4 条对检验批的划分进行了重新规定，同墙体、门窗、幕墙和用能设备等其他章节一样，并明确检验批面积覆盖范围和其他检验批划分原则等内容。其次，8.1.1 条微调了隐蔽工程验收的表述方法。

（2）在主控项目中，第 8.2.1 条与本次修订文本体例格式保持一致，明确了材料或构件进场验收的要求；合并了原第 8.2.2 条、第 8.2.3 条，并将复检要求增加为强条。复检参数除原来要求的参数外，增加了保温材料燃烧性能和吸水率性能参数的进场见证取样复检的要求，明确了保温材料导热系数或热阻、密度、燃烧性能必须在同一个报告中；并修订了检验数量；增加了对地下室顶板和架空楼板底面的保温材料的要求。另外，地面保温层、隔离层、保护层等各层的设置和构造做法及施工每个检验批的检查数量有部分变化。

（3）在一般项目中，增加第 8.3.2 条对接触土壤地面的保温层下面防潮层的验收要求。

8.1　一般规定

8.1.1　本章适用于建筑工程中接触土壤或室外空气的地面、毗邻不供暖空间的地面，以及与土壤接触的地下室外墙等节能工程施工质量验收。

【技术要点说明】

本条明确了建筑地面节能工程的适用范围，包括供暖空调房间接触土壤的地面、接触室外空气（或外挑楼板）的地面、毗邻不供暖空调房间的楼地面、与土壤接触供暖地下室外墙等。从建筑节能角度讲，上述地面可分为四类：

（1）接触土壤的底层地面，包括建筑底层无地下室或半地下室直接接触土壤的地面和供暖地下室或半地下室与土壤直接接触的地面，此类地面节能工程主要在地面基层上部进行保温施工。

（2）接触室外空气的地面，主要是指底面架空或挑空与室外空气直接接触的地面，此类地面保温性能尤其要重视，节能做法主要在地面的底部进行保温施工。

（3）毗邻不供暖空间的地面，包括不供暖地下室（半地下室）顶板、不供暖车库楼板。此类地面保温性能也应重视，节能做法可在地面底部、也可在地面上部进行保温施工。

（4）与土壤接触的供暖地下室外墙，包括供暖全地下室与土壤接触的外墙和供暖半地下室与土壤接触的外墙。特别是严寒地区一定要引起重视，因为这一地区冬季冻土层的深度都在0.5m以上，有的地区可能达到1m。此类节能工程主要在与土壤接触的供暖地下室外墙内侧进行保温施工。

8.1.2 地面节能工程的施工，应在基层质量验收合格后进行。施工过程中应及时进行质量检查、隐蔽工程验收和检验批验收，施工完成后应进行地面节能分项工程验收。

【技术要点说明】

本条对地面节能工程施工条件、施工过程质量控制和施工完成后地面分项工程验收提出了明确的要求，地面节能工程施工前要求敷设保温层的基层质量必须达到合格，基层的质量不仅影响地面工程质量，而且对保温施工质量也有直接的影响。同时，在地面工程施工中，必须按各道工序分别并及时进行检查验收，每一道工序完成后，应经建设或监理单位进行质量检查、隐蔽工程验收和检验批验收，合格后方可进行下道工序的施工。不能到工程全部做完后才进行一次性检查验收。地面节能工程施工完成后，应将该项工程作为节能分部工程一个分项进行验收。

1. 基层要求

为保证施工质量，在进行地面保温施工前，应将基层处理好。基层应平整、清洁，接触土壤的地面应将垫层处理好。基层的平整和清洁将影响保温层的施工质量，特别是板状类保温材料，基层不平整可能导致保温层空鼓，基层表面不清洁会使粘结不牢固，存在一定的安全隐患。而对于直接接触土壤的保温地面，应处理好保温层下面的防水问题，否则地下土壤的水分或潮气将会渗透到保温层，将影响地面保温材料的保温效果。

2. 地面节能工程施工验收

保温层施工过程中，应对每道工序每个施工环节，特别是关键工序的质量控制点应进行严格的质量检查，隐蔽之前，应按检验批进行隐蔽验收，施工完成后应进行地面节能分项工程验收。应严格按施工方案施工，以避免上层与下层因施工质量缺陷而造成的返工，从而保证建筑地面（含构造层）工程整体施工质量水平的提高。建筑地面各构造层施工时，不仅是本工程上、下层的施工顺序，有时还涉及与其他各分部工程之间交叉进行。为保证相关土建和安装之间的施工质量，避免完工后发生质量问题的纠纷，强调中间交叉质量检验是非常重要的。

3. 地面节能分项工程验收

整个地面保温工程完成后应按分项工程进行验收，其结果作为单位节能工程的一个分项。

8.1.3 地面节能工程应对下列部位进行隐蔽工程验收，并应有详细的文字记录和必要的图像资料：

　　1　基层及其表面处理；

　　2　保温材料种类和厚度；

　　3　保温材料粘结；

　　4　地面热桥部位处理。

【技术要点说明】

　　本条列出地面节能工程通常应该进行隐蔽工程验收的具体部位和内容，主要有：基层以及表面处理；保温材料的种类和厚度；保温材料粘结；地面热桥部位的处理。因为这些部位被后道工序隐蔽覆盖后无法检查和处理，因此在被隐蔽覆盖前必须进行验收，只有合格后才能进行下道工序的施工。

　　需要注意，本条要求隐蔽工程验收不仅要有详细的文字记录，还应有必要的图像资料，应用多种手段更好地记录隐蔽工程施工的真实情况。文字记录主要为材料合格证、复验报告等质量证明文件、施工方案和检验批验收记录等。必要的图像资料，如隐蔽工程全貌和代表性的局部（部位）照片，其分辨率以能够表达清楚受检部位的情况为准；也可以是连续的摄像记录等。图像资料应作为隐蔽工程验收资料与文字资料一同归档保存。

　　（1）基层应平整、干燥干净，保证铺设的保温层厚度均匀，避免保温层铺设后吸收基层中的水分，导致导热系数增大，降低保温效果；保证板状保温材料紧靠在基层表面上，铺平垫稳防止滑动。基层及其表面的处理应严格符合要求，被下道工序隐蔽覆盖后无法检查和处理，因此应对其进行隐蔽工程验收。

　　（2）保温材料的种类、厚度应符合设计要求。保温隔热材料的种类、厚度、保温层的敷设方式，板材缝隙填充质量等；在被下道工序隐蔽覆盖后，无法对保温材料及其厚度进行检查和处理，因此应对其进行隐蔽工程验收。

　　（3）保温材料粘结质量影响保温效果。板状保温材料板与板应采用无缝铺贴铺设，如果板和板之间有缝隙，在缝处的热量就会散失，影响保温效果。施工过程中材料接缝密封不严，潮气将进入保温层，不仅将影响效果，而且可能造成保温层因结冻或湿汽膨胀而造成破坏。在被下道工序隐蔽覆盖后，无法对保温材料粘结方式进行检查和处理，因此应对其进行隐蔽工程验收。

　　（4）地面热桥部位应按设计要求采取节能保温隔断热桥等措施。如果处理不当，将会在热桥部位产生结露，这不仅影响了节能保温效果，而且因结露发霉变黑，影响使用效果。在被下道工序隐蔽覆盖后，无法对地面热桥部位进行检查和处理，因此应对其进行隐蔽工程验收。

8.1.4 地面节能分项工程检验批划分，除本章另有规定外应符合下列规定：

1 采用相同材料、工艺和施工做法的地面，每 1000m² 面积划分为一个检验批。

2 检验批的划分也可根据与施工流程相一致且方便施工与验收的原则，由施工单位与监理单位协商确定。

【技术要点说明】

节能工程的分项工程划分方法和应遵守的原则已由本标准第 3.4.1 条规定。如果分项工程的工程量较大，需要划分检验批时，可按照本条规定进行。本条规定的原则与现行国家标准《建筑工程施工质量验收统一标准》GB 50300—2013 基本一致。

应注意地面节能工程检验批的划分并非是唯一或绝对的。当遇到较为特殊的情况时，检验批的划分也可根据方便施工与验收的原则，由施工单位与监理（建设）单位共同商定。

8.2 主控项目

8.2.1 用于地面节能工程的保温材料、构件应进行进场验收，验收结果应经监理工程师检查认可，且应形成相应的验收记录。各种材料和构件的质量证明文件与相关技术资料应齐全，并应符合设计要求和国家现行有关标准的规定。

检验方法：观察、尺量检查；核查质量证明文件。

检查数量：按进场批次，每批随机抽取 3 个试样进行检查；质量证明文件应按照其出厂检验批进行核查。

8.2.1【示例或专题】

【技术要点说明】

地面节能工程使用的保温材料、构件质量的控制是建筑地面节能工程质量控制的重要内容之一。本条对保温材料进场检验提出要求。地面节能工程所用保温材料的品种、规格和性能应按设计要求和相关标准规定选择，不得随意改变其品种和规格。

严格质量控制验收程序，进场材料必须有质量证明文件，主要指随同进场材料、构件等一同提供的能够证明其质量状况的文件，通常包括出厂合格证、中文说明书、型式检验报告及相关性能检测报告等。对于进场的材料，必须在监理的见证下并按照相关规范、标准要求取样、送检，保证送检的样品在取样次数中均匀分布。

用于地面节能工程的保温材料，应按照相应标准要求的试验方法进行试验，确定其是否满足标准要求。现行保温材料相关标准参见表 7-1，保温隔热材料进场外观质量检查参见表 7-2。

【实施与检查】

1. 实施

在材料、构件进场后，监理单位、施工单位的相关人员应对进场材料按批进行检查验收。检查内容包括：

（1）产品的质量证明文件和检测报告是否齐全。

（2）质量证明文件是否与设计要求相符。

（3）进场材料的品种、规格、包装、外观和尺寸等可视质量的检查验收。

（4）保温材料、构件应抽样检验，以验证其质量是否符合要求。

材料进场检验合格后，施工方相关人员填写《材料、设备进场检验记录》，签字后报监理签字验收。

2. 检查

检查数量的规定：按进场批次，每批随机抽取 3 个试样进行检查，相关质量证明文件按其出厂检验批进行核查。

（1）材料进场时，产品外观质量采用目测观察和手摸检查，几何尺寸采用尺量检查，重点检验保温材料的品种、规格和厚度。

（2）核对其使用说明书、出厂合格证以及型式检验报告等质量证明文件及技术资料，确保其品种、规格、主要性能参数如保温材料的导热系数或热阻、密度、压缩强度或抗压强度、吸水率、燃烧性能等是否符合设计要求。

（3）对照设计文件要求，核对技术资料和性能检测报告等质量文件与实物是否一致。

8.2.2　地面节能工程使用的保温材料进场时，应对其导热系数或热阻、密度、压缩强度或抗压强度、吸水率、燃烧性能（不燃材料除外）等性能进行复验，复验应为见证取样检验。

　　检验方法：核查质量证明文件，随机抽样检验，核查复验报告，其中：导热系数或热阻、密度、燃烧性能必须在同一个报告中。

　　检查数量：同厂家、同品种产品，地面面积在 1000m² 以内时应复验 1 次；面积每增加 1000m² 应增加 1 次。同工程项目、同施工单位且同期施工的多个单位工程，可合并计算抽检面积。当符合本标准第 3.2.3 条规定时，检验批容量可以扩大一倍。

8.2.2【示例或专题】

【技术要点说明】

本条为强制性条文。在地面节能工程中，保温材料的导热系数、密度或干密度、吸水率等性能参数直接影响到地面保温效果，压缩强度或抗压强度影响到保温层的抗压受力性能，燃烧性能是保温材料防火的重要指标，本条所列项目均为保证地面节能效果和安全使用的关键指标，因此，应对保温材料的导热系数、密度、压缩强度或抗压强度及燃烧性能进行严格的控制和见证取样复验，必须符合节能设计要求、产品标准要求以及相关施工技术标准要求。

【实施与检查】

1. 实施

地面用保温材料在进场时，应参照常规建筑工程材料进场验收办法，由监理人员现场见证随机抽样送有资质的试验室复验。复验内容包括：保温材料的导热系数、密度、压缩强度或抗压强度、吸水率、燃烧性能等性能指标。复验结果和复检数量可作为地面保温工程质量验收的一个重要依据。用于地面节能工程的保温材料，应按照相应标准要求的试验方法进行试验。

2. 检查

同厂家、同品种产品，地面面积在 1000m² 以内时应复验 1 次；当面积每增加 1000m² 应增加 1 次。同工程项目、同施工单位且同期施工的多个单位工程，可合并计算抽检面积。当符合本标准第 3.2.3 条规定时，检验批容量可以扩大一倍。

按照本标准第 3.2.3 条的规定，当获得建筑节能产品认证、具有节能标识或连续三次见证取样检验均一次检验合格时，其检验批的容量可以扩大一倍。

具体检查方法为：

（1）对照标准和设计要求核查产品质量证明文件，重点核查材料进场复验报告。

（2）核查材料性能指标是否符合质量证明文件，核查复验报告。以有无复验报告、复验报告的数量以及质量证明文件与复验报告是否一致作为判定依据。

保温材料的导热系数、密度或干密度、抗压强度或压缩强度、吸水率、燃烧性能应严格控制，必须符合节能设计要求、产品标准要求以及相关施工技术规程要求。常规保温材料主要性能指标参见表 7-3。

8.2.3 地下室顶板和架空楼板底面的保温材料应符合设计要求，并应粘贴牢固。

检验方法：观察检查，核查质量证明文件。

检查数量：每个检验批应抽查 3 处。

8.2.3【示例或专题】

【技术要点说明】

地下室顶板和架空楼板因相邻两室温差或直接接触室外空气等原因，为了降低供暖能耗，改善上部使用空间的热环境，要求采取保温措施。本条要求保温材料的品种、型号、厚度、性能参数等应符合设计要求，但由于顶板上部有活动荷载，会使其产生振动，从而引发脱落，造成质量和安全问题，因此要求粘贴牢固。可参考本标准第 4.2.7 条规定和《外墙外保温工程技术标准》JGJ 144—2019 相关要求。

【实施与检查】

1. 实施

在地下室顶板或架空楼板底面保温工程施工时，应对照设计要求和专项施工方案，对所采用保温材料品种、型号、厚度、性能参数等进行现场核查。

粘贴牢固主要包括以下几个方面：

（1）保温材料的厚度不得低于设计要求。

（2）保温板材与基层之间及各构造层之间的粘结或连接必须牢固。保温板材与基层的连接方式、拉伸粘结强度和粘结面积比应符合设计要求。保温板材与基层之间的拉伸粘结强度应进行现场拉拔试验，且不得在界面破坏。粘结面积比应进行剥离检验。

（3）当保温层采用锚固件固定时，锚固件数量、位置、锚固深度、胶结材料性能和锚固力应符合设计和施工方案的要求；锚固力应做现场拉拔试验。

2. 检查

（1）对照设计要求和专项施工方案，对所采用保温材料品种、型号、厚度、性能参数等进行现场核查。

（2）核查隐蔽工程验收记录和检验报告等质量证明文件，确保粘贴牢固、安全。核查隐蔽工程验收记录和检验报告等质量证明文件。

8.2.4 地面节能工程施工前，基层处理应符合设计和专项施工方案的有关要求。

检验方法：对照设计和专项施工方案观察检查。

检查数量：全数检查。

8.2.4【示例或专题】

【技术要点说明】

为了保证施工质量，在进行地面保温施工前，应将基层处理好，基层应平整、清洁，接触土壤的地面应将垫层处理好。基层表面应坚实具且有一定的强度，清洁干净，表面无浮土、砂粒等污物，对残留的砂浆或突起物应以铲刀削平。基层的平整和清洁影响保温层工序的施工质量，特别是板状类保温材料，基层不平整可能导致保温层空鼓，表面不清洁会使粘结不牢固。在建筑围护结构保温中，地面的保温层质量要求应引起重视。

【实施与检查】

1. 实施

在地面节能工程施工之前，应对照设计要求和施工方案，对基层的平整度、清洁性和垫层处理进行现场检查。基层的处理应符合下列要求：

（1）基层铺设的材料质量、密实度和强度等级（或配合比）等应符合设计要求和相关规范的规定。

（2）垫层分段施工时，接槎处应做成阶梯形，每层接槎处的水平距离应错开 0.5～1.0m。接槎处不应设在地面荷载较大的部位。

（3）当垫层、找平层、填充层内埋设暗管时，管道应按设计要求予以稳固。

（4）基层的标高、坡度、厚度等应符合设计要求。基层表面应平整，其允许偏差应符合表 8-1 的规定。

2. 检查

（1）对照设计要求和施工方案，对基层平整度、清洁性和垫层处理现场观察检查。

（2）基层的标高、坡度、厚度等是否符合设计和施工方案的要求，可按照表 8-1 规定的检验方法进行检查。

基层表面的允许偏差和检验方法

表 8-1

项目	允许偏差(mm)													检验方法
	基土	垫层			垫层地板		找平层			金属板面层	填充层		隔离层	
	土	砂、砂石、碎石、碎砖	灰土、三合土、四合土、炉渣、水泥混凝土、陶粒混凝土	木搁栅	拼花实木地板、拼花实木复合地板、软木类地板面层	其他种类面层	用胶结料做结合层铺设板块面层	用水泥砂浆做结合层铺设板块面层	用胶粘剂做结合层铺设拼花模板、浸渍纸层压木质地板、实木复合地板、竹地板、软木地板面层		松散材料	板、块材料	防水、防潮、防油渗	
表面平整度	15	15	10	3	3	5	3	5	2	3	7	5	3	用 2m 靠尺和楔形塞尺检查
标高	0～50	±20	±10	±10	±5	±5	±8	±4	±4	±4	±4	±4	±4	用水准仪检查
坡度	不大于房间相应尺寸的 2/1000,且不大于 30													用坡度尺检查
厚度	在个别地方不大于设计厚度的 1/10,且不大于 20													用钢尺检查

注:基层表面的允许偏差和检验方法摘自《建筑地面工程施工质量验收规范》GB 50209—2010。

8.2.5 地面保温层、隔离层、保护层等各层的设置和构造做法应符合设计要求，并应按专项施工方案施工。

检验方法：对照设计和专项施工方案观察检查；尺量检查。

检查数量：每个检验批抽查 3 处，每处 $10m^2$。

8.2.5【示例或专题】

【技术要点说明】

影响地面保温效果的主要因素除了保温材料的性能和厚度以外，另一个重要因素是保温层、隔离层、保护层等的设置、构造做法和施工质量。保温材料的热工性能（导热系数、密度或干密度）、厚度、敷设方式满足设计标准要求，其保温效果可以有保证。因此，在本标准第 8.2.2 条按主控项目对保温材料的热工性能进行控制外，本条要求对保温层、隔离层、保护层等的设置和构造做法也按主控项目进行验收。

地面的保温层、隔离层、保护层等各层设置和构造做法应符合设计要求，并应按专项施工方案施工。

1. 保温层的位置

1）底层地面保温层

保温层铺设位置在地面垫层之上，详见图 8-1。地面保温构造做法应根据公共建筑节能设计标准及居住建筑节能设计标准规定的热阻指标选择保温材料及其厚度。

2）楼层地面保温层

（1）保温层设置在结构层上表面，位于结构层之上，面层之下，详见图 8-2。除满足热工要求外，设计时还应考虑所选择的保温材料及其强度是否满足工程所需的承载能力的要求。如采用 XPS 挤塑聚苯板，用于一般民用建筑的楼地面时，其压缩强度应不小于 250kPa；用于停小型车的楼地面时，其压缩强度应不小于 350kPa；有特殊荷载要求时，应按计算确定其压缩强度。

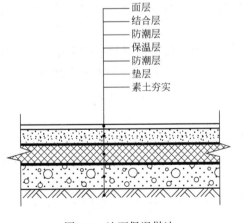

图 8-1　地面保温做法

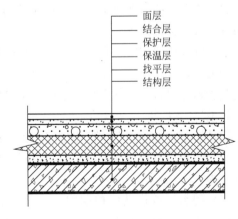

图 8-2　楼面保温做法一

171

（2）保温层设置在结构层底面，详见图 8-3。应注意保温层材料的耐火性能问题，材料与构造的选用应符合国家有关防火的规定。

（3）保温层设在结构层下、吊顶之上，详见图 8-4。应注意保温层材料的耐火性能问题，材料与构造的选用应符合国家有关防火规定。

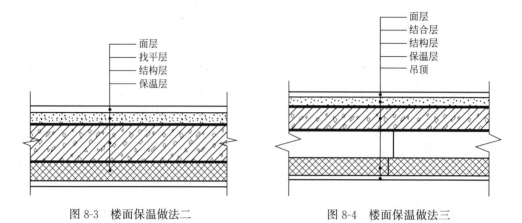

图 8-3　楼面保温做法二　　　　　　图 8-4　楼面保温做法三

2. 保温层要求

（1）建筑地面铺设保温层前，表面平整度宜控制在 3mm 以内。

（2）有防水、防潮要求的地面，宜在防水、防潮隔离层施工完毕并验收合格后再铺设保温层。穿越地面进入非供暖保温区域的金属管道应采取隔断热桥的措施。

3. 隔离层要求

（1）隔离层材料的防水、防油渗性能应符合设计要求。

（2）隔离层的铺设层数（或道数）、上翻高度应符合设计要求。

（3）在水泥类找平层上铺设卷材类、涂料类防水、防油渗隔离层时，其表面应坚固、洁净、干燥。

（4）当采用掺有防渗外加剂的水泥类隔离层时，其配合比、强度等级、外加剂的复合掺量等应符合设计要求。

（5）铺设隔离层时，在管道穿过楼板面四周，防水、防油渗材料应向上铺涂，并超过套管的上口；在靠近柱、墙处，应高出面层 200～300mm 或按设计要求的高度铺涂。当阴阳角和管道穿过楼板面的根部时应增加铺涂附加防水、防油渗的隔离层。

4. 保护层要求

保护层是指对防水层或保温层起防护作用的构造层。

（1）用块体材料做保护层时，宜设置分格缝。分格缝纵横间距不应大于 10m，分格缝宽度宜为 20mm。

（2）用水泥砂浆做保护层时，表面应抹平压光，并应设表面分格缝。分格面积宜为 1m^2。

（3）用细石混凝土做保护层时，混凝土应振捣密实，表面应抹平压光。分格缝纵横间距不应大于 6m，分格缝的宽度宜为 10～20mm。

（4）保护层的允许偏差应符合表 8-2 的规定。

保护层的允许偏差和检验方法　　　　　　　　表 8-2

项　目	允许偏差（mm）			检验方法
	块体材料	水泥砂浆	细石混凝土	
表面平整度	4.0	4.0	5.0	2m 靠尺和塞尺检查
缝格平直	3.0	3.0	3.0	拉线和尺量检查
接缝高低差	1.5	—	—	直尺和塞尺检查
板块间隙宽度	2.0	—	—	尺量检查
保护层厚度	设计厚度的 10%，且不得大于 5mm			钢针插入和尺量检查

注：保护层的允许偏差和检验方法摘自《建筑地面工程施工质量验收规范》GB 50209—2010。

【实施与检查】

1. 实施

地面保温层、隔离层、保护层等各层的设置和构造做法应符合设计要求，并应按施工方案施工。

1）保温层

保温层应按其设计厚度进行铺设；板状材料应采用无缝铺贴法铺设，表面应平整、无开裂；绝热层的材料不应采用松散型材料或抹灰浆料。

2）隔离层

（1）隔离层应按其设计厚度进行铺设。

（2）隔离层应粘结牢固，不应有空鼓；防水涂层应平整、均匀，无脱皮、起壳、裂缝、鼓泡等缺陷。

（3）隔离层表面的允许偏差应符合表 8-1 的规定。

3）保护层

（1）应按设计的坡度，进行保护层的施工。

（2）块体材料保护层表面应干净，接缝应平整，周边应顺直，镶嵌应正确，无空鼓现象。

（3）水泥砂浆、细石混凝土保护层不得有裂纹、脱皮、麻面和起砂等现象。

（4）浅色涂料应与防水层粘结牢固，厚薄应均匀，不得漏涂。

2. 检查

（1）对照设计和专项施工方案观察检查地面保温层、隔离层、保护层等各层的设置位置和构造做法是否符合设计要求和国家有关标准要求，是否按施工方案施工。

（2）采用直尺、钢尺或卡尺检查地面保温层、隔离层、保护层厚度是否符合设计要求。

（3）采用小锤轻击检查和观察检查隔离层与其下一层是否粘结牢固，不应有空鼓。

（4）采用目测观察检查防水涂层是否平整、均匀，是否存在脱皮、起壳、裂缝、鼓泡等现象。

8.2.6 地面节能工程的施工质量应符合下列规定：

1 保温板与基层之间、各构造层之间的粘结应牢固，缝隙应严密；

2 穿越地面到室外的各种金属管道应按设计要求采取保温隔热措施。

检验方法：观察检查；核查隐蔽工程验收记录。

检查数量：每个检验批抽查 3 处，每处 $10m^2$；穿越地面的金属管道全数检查。

8.2.6【示例或专题】

【技术要点说明】

本条对保温板与基层之间、各构造层之间的粘结、缝隙处理、穿越地面到室外的各种金属管道采取保温措施提出了明确要求。

1. 保温层粘结

在施工过程中保温层与基层之间、各构造层之间应粘结牢固、缝隙严密，特别是地下室（或车库）的顶板粘贴保温板时，虽然这些部位不同于建筑外墙有风荷载的作用，但由于顶板上部有活动荷载，会使其产生振动，从而会引发保温板脱落。

2. 穿越地面到室外的各种金属管道

穿越地面接触室外空气的各种金属类管道都是传热量很大的热桥，这些热桥部位除了对节能效果有一定的影响外，而且热桥部位的周围还可能结露，影响使用功能，因此必须对其采取有效的保温措施。

【实施与检查】

1. 实施

地面节能工程的施工质量应符合下列规定：

1）保温板与基层之间、各构造层之间的粘结应牢固，缝隙应严密。

2）穿越地面到室外的各种金属管道应按设计要求采取保温措施。

地面节能工程施工质量要求见表 8-3。

地面节能工程施工质量要求 表 8-3

序号	项目	施工要求
1	保温层粘结	保温板与基层之间、各构造层之间黏结应牢固，缝隙应严密
2	直接接触室外空气的金属管道	穿越地面直接接触室外空气的各种金属管道应按设计要求，采取隔断热桥的保温措施

2. 检查

（1）对照设计要求，核查所有隐蔽工程验收记录。

（2）采用目测观察和手扳检查，检查基层与保温板粘结是否牢固。

（3）采用观察检查、楔形塞尺检查保温层的板块材料是否采用无缝铺贴法铺设，表面是否平整。

（4）采用目测观察检查保温层与地面面层之间的结合层或找平层，表面是否平整。

（5）采用目测观察检查，全数检查对于穿越地面到室外的各种金属管道是否按设计要求采取保温措施。

> **8.2.7**　有防水要求的地面，其节能保温做法不得影响地面排水坡度，防护面层不得渗漏。
> 　　检验方法：观察、尺量检查，核查防水层蓄水试验记录。
> 　　检查数量：全数检查。

8.2.7【示例或专题】

【技术要点说明】

本条对有防水要求地面的构造做法和验收方法提出了明确要求。

楼层地面应采用现浇混凝土。楼板四周除门洞外，应做强度等级不小于 C20 的混凝土翻边，其高度不小于 200mm。在铺设保温层时，要确保地面排水坡度不受影响，保证地面排水畅通。

地面排水坡度的确定：

（1）底层地面的坡度，宜采用修正地基高程筑坡。楼层地面的坡度，宜采用变更填充层、找平层的厚度或结构起坡。

（2）地面排水坡度，应符合下列要求：整体面层或表面比较光滑的块材面层，宜为 0.5%～1.5%；表面比较粗糙的块材面层，宜为 1%～2%。

（3）排水沟的纵向坡度不宜小于 0.5%。排水沟宜设盖板。

【实施与检查】

1. 实施

（1）对于有防水要求的地面进行保温时，应设防水层和找坡层。

（2）为便于施工及降低造价常优先选用涂膜防水，适当采用卷材防水。

（3）地面保温层构造做法不得影响地面排水坡度，采用坡度尺测量地面排水坡度，并观察防护面层渗漏情况。

2. 检查

（1）对照设计要求，核查所有隐蔽工程验收记录。

（2）对于地面排水坡度，采用坡度尺测量地面排水坡度，检查地面排水坡度是否符合设计要求。

（3）采用现场目测观察地面抗渗漏能力，核查防水层蓄水试验记录。

> **8.2.8**　严寒和寒冷地区，建筑首层直接接触土壤的地面、底面直接接触室外空气的地面、毗邻不供暖空间的地面以及供暖地下室与土壤接触的外墙应按设计要求采取保温措施。
> 　　检验方法：观察检查，核查隐蔽工程验收记录。
> 　　检查数量：全数检查。

8.2.8【示例或专题】

【技术要点说明】

在严寒、寒冷地区，冬季室外气温很低，冻土层靠近建筑首层直接与土壤接触的周边地面热量流失非常严重，如不采取有效措施进行处理，会在建筑室内地面产生结露，影响节能效果，因此必须对这些部位采取保温措施。周边地面是指室内距外墙内表面 2 m 以内的地面。根据《严寒和寒冷地区居住建筑节能设计标准》JGJ 26—2018 和《公共建筑节能设计标准》GB 50189—2015 标准要求，对建筑物周边地面、地下室外墙（与土壤接触的外墙）、底面接触室外空气的架空或外挑楼板、非供暖房间与供暖房间的楼板和地面进行保温节能设计。《夏热冬冷地区居住建筑节能设计标准》JGJ 134—2010 对夏热冬冷地区居住建筑底面接触室外空气的架空或外挑楼板传热系数进行了要求，应根据规定的传热系数选择或计算保温层厚度。

【实施与检查】

1. 实施

（1）地面保温层应按其设计厚度进行施工；板状材料应采用无缝铺贴法铺设，表面应平整、无开裂。

（2）保温层表面平整度及接缝高低差的允许偏差应符合相关要求。

（3）地面热桥部位的保温措施应按照设计要求进行施工。

2. 检查

采用目测观察检查严寒、寒冷地区的建筑首层直接接触土壤的地面、底面直接接触室外空气的地面、毗邻不供暖空间的地面以及供暖地下室与土壤接触的外墙是否采取了保温措施。

（1）对照设计要求，核查所有隐蔽工程验收记录。

（2）地面保温层的厚度可采用钢针插入后用尺测量，也可采用将保温切开用尺直接测量。

（3）保温材料铺设后，采用目测观察检查其上表面是否平整。

（4）保温层的敷设方式、缝隙填充质量采用目测观察检查。

（5）地面热桥部位如穿越地面到室外的各种金属管道等处，热桥部位的特殊处理是否符合设计要求可采用目测观察检查。

填写《地面保温设置检验批工程质量验收记录表》，可参考表 8-4。

地面保温设置检验批工程质量验收记录表   表 8-4

工程名称	×××××××	分项工程名称	地面节能工程
施工单位	×××××××	检查项目	严寒和寒冷地区地面保温设置
项目经理	×××	专业工长	×××
分包单位	×××××××	分包项目经理	×××
施工标准名称、编号及条文	《建筑节能工程施工质量验收标准》GB 50411—2019 第 8.2.8 条	施工图名称及编号	××××××
抽查部位	×××	抽查数量	全数检查

序号	标准要求内容	施工单位 自查记录		监理(建设) 单位验收记录
1	建筑首层直接接触土壤的地面	保温材料类型： 保温材料厚度：		是否有隐蔽工程验收记录： 是□ 否□ 是否满足设计要求： 是□ 否□
		是否满足设计要求： 是□ 否□	
		是否有隐蔽工程验收记录： 是□ 否□	
		图片资料：	
2	底面直接接触室外空气的地面	保温材料类型： 保温材料厚度：		是否有隐蔽工程验收记录： 是□ 否□ 是否满足设计要求： 是□ 否□
		是否满足设计要求： 是□ 否□	
		是否有隐蔽工程验收记录： 是□ 否□	
		图片资料：	
3	毗邻不供暖空间的地面	保温材料类型： 保温材料厚度：		是否有隐蔽工程验收记录： 是□ 否□ 是否满足设计要求： 是□ 否□
		是否满足设计要求： 是□ 否□	
		是否有隐蔽工程验收记录： 是□ 否□	
		图片资料：	
4	供暖地下室与土壤接触的外墙	保温材料类型： 保温材料厚度：		是否有隐蔽工程验收记录： 是□ 否□ 是否满足设计要求： 是□ 否□
		是否满足设计要求： 是□ 否□	
		是否有隐蔽工程验收记录： 是□ 否□	
		图片资料：	
施工单位 检查结论		项目专业质量检查员： (项目技术负责人) 年 月 日		
监理(建设) 单位验收结论		监理工程师(建设单位项目负责人)： 年 月 日		

8.2.9 保温层的表面防潮层、保护层应符合设计要求。

　　检验方法：观察检查，核查隐蔽工程验收记录。

　　检查数量：全数检查。

8.2.9【示例或专题】

【技术要点说明】

　　为防止保温层材料吸潮，提高保温层表面的抗冲击能力，防止保温层受到外力破坏，对保温层表面必须采取有效措施进行保护。

【实施与检查】

　　1. 实施

　　1）防潮层

　　（1）防潮层应按其设计厚度进行铺设。

　　（2）防潮层与其下一层应粘结牢固，不应有空鼓；防水涂层应平整、均匀，无脱皮、起壳、裂缝、鼓泡等缺陷。

　　（3）防潮层表面的允许偏差应符合相关标准规定。

　　2）保护层

　　（1）应按设计的坡度，进行保护层的施工。

　　（2）块体材料保护层表面应干净，接缝应平整，周边应顺直，镶嵌应正确，应无空鼓现象。

　　（3）水泥砂浆、细石混凝土保护层不得有裂纹、脱皮、麻面和起砂等现象。

　　（4）浅色涂料应与防水层粘结牢固，厚薄应均匀，不得漏涂。

　　2. 检查

　　（1）对照设计要求，核查所有隐蔽工程验收记录。

　　（2）采用坡度尺检查保护层的排水坡度是否符合设计要求。

　　（3）采用目测观察检查防潮层、保护层是否完整无损，封闭是否严密，位置是否符合设计要求。

　　（4）采用小锤轻击检查和观察检查防潮层与其下一层是否粘结牢固，不应有空鼓。

　　（5）采用目测观察检查防水涂层是否平整、均匀，是否存在脱皮、起壳、裂缝、鼓泡等现象。

8.3　一般项目

8.3.1 采用地面辐射供暖的工程，其地面节能做法应符合设计要求和现行行业标准《辐射供暖供冷技术规程》JGJ 142 等的规定。

　　检验方法：观察检查，核查隐蔽工程验收记录。

　　检查数量：每个检验批抽查 3 处。

8.3.1【示例或专题】

【技术要点说明】

地面辐射供暖系统的设计、施工及验收应符合现行行业标准《辐射供暖供冷技术规程》JGJ 142—2012 的有关规定。地面辐射供暖系统施工验收合格后，方可进行面层铺设。

辐射供暖地面面层材料不宜架空铺设，宜实铺，宜采用热阻小于 0.05（$m^2 \cdot K$）/W 的材料；与土壤相邻的地面、直接与室外空气相邻的楼板应设保温层；与土壤相邻的地面，其保温层下部必须设置防潮层。构造层如图 8-5 所示。

散热管应铺设在填充层内，不应铺设在架空层内（不利传热），填充层厚度不应小于 50mm；当保温层在地面上时，保温层厚度应根据国家及当地节能设计标准要求，由计算确定。

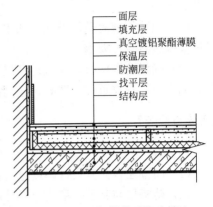

面层
填充层
真空镀铝聚酯薄膜
保温层
防潮层
找平层
结构层

图 8-5　地面辐射供暖构造做法

【实施与检查】

1. 实施

采用地面辐射供暖的工程，其地面节能做法应符合设计要求及《辐射供暖供冷技术规程》JGJ 142—2012 的规定。

保温层铺设规定：铺设保温层的地面应平整、干燥、无杂物；墙面根部应平直，且无积灰现象。保温层的铺设应平整，保温层相互间接合应严密；直接与土壤接触或有潮湿气体侵入的地面，在铺放保温层之前应先铺一屋防潮层等。

2. 检查

（1）根据《辐射供暖供冷技术规程》JGJ 142—2012 的规定，核查所有隐蔽工程验收记录，采用目测观察检查地面节能做法是否符合设计要求。

（2）采用观察检查法，检查面层分格缝的构造做法是否符合设计要求。

8.3.2　接触土壤地面的保温层下面的防潮层应符合设计要求。

检验方法：观察检查，核查隐蔽工程验收记录。

检查数量：每个检验批抽查 3 处。

【技术要点说明】

对于保温层来讲，防潮是非常重要的因为保温材料受潮后，其孔隙中存在水蒸气和水，材料的导热系数增大，将会降低保温效果。如果接触土壤地面保温层下侧的防潮层处理不好，保温层受潮后将会降低保温效果，为了防止地面以下土壤中的水分进入保温层，应设置防潮层。

（1）防潮层的铺设层数（或道数）、上翻高度应符合设计要求。

（2）在水泥类找平层上铺防潮层时，其表面应坚固、洁净、干燥。铺设前，应涂刷基层处理剂。基层处理剂应采用与卷材性能相容的配套材料或采用与涂料性能相容的同类涂料的底子油。

（3）当采用掺有防渗外加剂的水泥类防潮层时，其配合比、强度等级、外加剂的复合掺量等应符合设计要求。

（4）铺设防潮层时，在管道穿过楼板面四周，防水、防油渗材料应向上铺涂，并超过套管的上口；在靠近柱、墙处，应高出面层 200～300mm 或按设计要求的高度铺涂。

【实施与检查】

1. 实施

（1）防潮层应按其设计厚度进行铺设。

（2）防潮层与其下一层应粘结牢固，不应有空鼓；防水涂层应平整、均匀，无脱皮、起壳、裂缝、鼓泡等缺陷。

（3）防潮层表面的允许偏差应符合设计要求。

2. 检查

（1）对照设计要求，核查所有隐蔽工程验收记录。

（2）采用直尺、钢尺或卡尺检查地面防潮层厚度是否符合设计要求。

（3）目测观察检查防潮层是否完整无损，封闭是否严密，位置是否符合设计要求。

（4）采用小锤轻击检查和观察检查防潮层与其下一层是否粘结牢固，不应有空鼓。

第9章　供暖节能工程

【概述】本章为修订章节，主要对室内集中供暖系统节能工程施工质量验收做出了相关规定。在国家标准《民用建筑供暖通风与空气调节设计规范》GB 50736—2012 的术语中，已将过去俗称的"采暖"改为"供暖"。供暖是指用人工的方法通过消耗一定的能源向室内供给热量，是室内保持生活和工作所需要温度的技术、装备（散热设备）的总称。因此，本次修订，将第9章名称由"采暖节能工程"变更为"供暖节能工程"，同时原规范中"采暖系统""采暖节能"等专业名词全部被"供暖系统""供暖节能"所替代。"采暖"主要强调用户热能利用的单一过程。而"供暖"相对于"采暖"，强调热能由热源生产、热能输送、热能利用的全过程，更贴切地表述了热量靠外界提供的这一事实。

修改后的供暖节能工程条款内容，主要是对室内集中热水供暖节能工程施工质量的验收做出了规定。本章共有3节14条，分为一般规定、主控项目和一般项目，涵盖了供暖节能工程施工及验收各方面。其中，第9.1节为一般规定，主要对本章的适用范围、隐蔽部位隐蔽前的验收以及供暖节能工程验收的方式进行了规定；第9.2节为主控项目，主要对有关供暖节能工程的保温材料、散热设备及阀门与仪表等的进场验收，对保温材料与散热设备部分技术性能参数的复验提出了要求，并对供暖系统的安装形式和供暖管道保温层与防潮层、散热设备、阀门与仪表的施工安装，以及供暖系统与热源的联合试运转和调试进行了规定；第9.3节为一般项目，对供暖系统阀门、过滤器等配件、保温层施工的验收进行了规定。

供暖系统根据热媒种类、热媒温度、系统循环压力、管道敷设方式、供回水方式等方式的不同，具有多种分类方式。其中，根据供暖系统热媒种类的不同，供暖系统可主要分为热水系统、蒸汽系统两类。目前，从卫生条件和节能等方面考虑，民用建筑应采用热水作为热媒。热水供暖系统也用在生产厂房及辅助建筑物中。根据热媒温度的不同，可将供暖系统分为低温水供暖系统和高温水供暖系统。在我国，习惯认为：水温低于或等于100℃的热水，称为低温水；水温超过100℃的热水，称为高温水。本章供暖节能工程内容，适用范围主要针对室内集中热水供暖系统。

现行标准第9.1.1条与2007年版规范相比，删除"适用于不超过95℃室内集中采暖系统"的字样。主要依据为《民用建筑供暖通风与空气调节设计规范》GB 50736—2012中第5.3.1条的规定："散热器供暖系统应采用热水作为热媒，散热器集中供暖系统宜按75℃/50℃连续供暖进行设计，且水温不宜大于85℃，供回水温差不宜小于20℃"。对于采用散热器的热水供暖系统，目前已不再使用95℃/70℃进行设计。对于采用低温热水地板辐射供暖的系统，其设计的热媒温度更低，并且，绝大多数供暖系统的运行参数达不到设计参数的要求，因此，从我国集中供暖系统现状考虑，删除原有的"适用于不超过95℃室内集中采暖系统"的字样。

现行标准与2007年版规范相比，将隐蔽部位验收规定的位置，由2007年版主控项目中的第9.2.9条，变更为现行标准一般规定中的9.1.2条。强调对于隐蔽工程在封闭前，首先对隐蔽工程质量进行验收的重要性。隐蔽部位在隐蔽前进行隐蔽验收，是保证施工质量的一种重要措施，原条文作为主控项目进行了规定。但隐蔽验收是质量验收的一个重要组成部分，无论哪个部位，只要是隐蔽的，在隐蔽前都要进行隐蔽验收。因此，本次修订，该要求放在一般规定章节里。

现行标准第9.2.1条与2007年版规范相比，增加了热计量装置、温度控制装置、自动阀门的进场验收。国家行业标准《供热计量技术规程》JGJ 173—2009中第3.0.1条和第7.2.1条做出如下强制性规定："集中供热的新建建筑和既有建筑的节能改造必须安装热计量装置"；"新建建筑和改扩建的居住建筑或以散热器为主的公共建筑的室内供暖系统应安装自动温度控制阀进行室温控制"。《建筑节能工程施工质量验收规范》GB 50411—2007实施时，我国热计量仍处于探索阶段，热计量并非强制性规定。随着热计量收费政策、技术等一系列问题的突破，热计量技术在我国已完全适用，现行标准修订时，热计量已成为供暖行业的强制性规定，因此，现行标准增加了热计量装置、温度控制装置、自动阀门进场验收的内容。

现行标准第9.2.2条与2007年版规范相比，由非强制性条文修订为强制性条文。检测方法由现场随机抽样送检、核查复检报告，修订为核查复检报告。检查数量由"同一厂家同一规格的散热器按其数量的1%进行见证取样送检，但不得少于2组；同一厂家同种材质的保温材料见证取样送检的次数不得少于2次"，修订为"同厂家、同材质的散热器，数量在500组及以下时，抽检2组；当数量每增加1000组时应增加抽检1组。同工程项目、同施工单位且同期施工的多个单位工程可合并计算。当符合本标准第3.2.3条规定时，检验批容量可以扩大一倍。同厂家、同材质的保温材料，复检次数不得少于2次"。与2007年版规范相比，现行标准对于散热器和保温材料复检的检验方法及检验数量均更加宽松，主要原因在于原《建筑节能工程施工质量验收规范》GB 50411—2007实施以来，散热器及保温材料生产厂家加强自身质量控制，产品质量得到很大的提升。减少复检数量，避免对于人力、物力的浪费。当产品获得建筑节能产品认证、具有节能标识或连续三次见证取样检验均一次检验合格时，其检验批的容量可以扩大一倍。此次修订，可发挥积极作用，促进厂家生产出更加节能、质量更高的产品。同时，本次将此条修订为强制性条文，说明虽可通过厂家的自身行为约束产品质量，但散热器的单位散热量、金属热强度和保温材料的导热系数或热阻、密度、吸水率等技术参数，直接影响供暖系统的运行及节能效果。对于重要的性能参数应做到严格把控，避免成为监管真空区域，促进行业健康持续发展。

现行标准第9.2.3条为新增条文，由2007年版规范第9.2.3条中的第四款独立拆分而成，第9.2.3条为强制性条文。该条文规定供暖系统安装的温度控制装置和热计量装置应满足设计要求。供暖热计量是我国有关标准的强制性要求，对于供暖节能工程均安装了热计量装置。由于很多客观原因，许多供热企业仍未能实现热计量收费。部分工程虽进行了热计量改造，但仅仅处于"是否有热计量装置"的阶段，热计量装置达不到计量和调节的功能。为避免迎合建设工程竣工验收的需要，导致部分用户的热计量装置后期无法使用，使热计量装置处于闲置状态的现象，本条文强制规定安装的温度控制装置和热计量装置应到达设计要求，并将检验方法由2007年版规范第9.2.3条中的观察检查，修订为观察检查、核查调试报告，强化对热计量装置实用性的检验。

现行标准第9.2.4条与2007年版规范第9.2.3条相比，由强制性条文修订为普通条文，并将原有第9.2.3条第四款中的供热热计量安装的相关要求独立为现行标准的第9.2.3条。施工单位按照设计图纸进行施工是施工阶段的前提和基本要求，本标准修订时不再对室内供暖系统的安装要求加以强调。同时，将2007年版规范中"水力平衡装置、热计量装置、室内温度控制装置的安装位置和方向应符合设计要求，并便于数据读取、操作和调试"修订为"便于数据读取、操作、调试和维护"，强调上述装置安装位置和方向便于维护对于上述装置在长期运行中的重要性。供暖系统的"制式"，是针对设计阶段而言的专业术语；在施工验收阶段，我们要求管道敷设形式应符合设计图纸要求。因此，本次修订，把"采暖系统的制式"改为"供暖系统的形式"。

现行标准第9.2.5条与2007年版规范第9.2.4条相比，检查数量由"按散热器组数抽查5％，不得少于5组"修订为"按本标准第3.4.3条的规定抽检，最小抽样数量不得少于5组"。本修订标准对于散热器及其安装的检查数量更加宽松，旧版规范实施以来，施工企业对工程质量把握日益严格。从减少复检数量，避免对于人力、物力浪费的角度考虑，鼓励安装企业约束自身行为保证工程质量。

现行标准第9.2.10条与2007年版规范第9.2.10条相比，原规范中的："采暖系统安装完毕后，应在供暖期内与热源进行联合试运转和调试。联合试运转和调试结果应符合设计要求，供暖房间温度不得低于设计计算温度2℃，且不高于设计值1℃"，在本次修订时也作了调整。因调试的时机不一定是在供暖季节，室外环境温度很难与设计参数相符，故未对供暖房间温度的调试提出要求，但调试结果应保证各环路和支路水力平衡，符合设计要求。因此，本次修订，强调了调试结果符合设计要求即可，即："供暖系统安装完毕后，应在供暖期内与热源进行联合试运转和调试，试运转和调试结果应符合设计要求"。供暖房间温度是否符合设计要求，要按照本标准第17.2.1条和第17.2.2条的规定进行检测验证；这两条规定供暖系统安装调试完成后，应由建设单位委托具有相应资质的检测机构对供暖房间的室内温度进行检测，室温不得低于设计计算温度2℃，且不高于设计值1℃。受季节影响未进行供暖房间室温检测的，应在保修期内补做。

把好设备、材料进场关是节能工程验收的一个重要方面。对于保温材料与散热设备的某些重要技术性能参数还应进行复验，且复验应为见证取样送检。验收的结果应经监理工程师（建设单位代表）检查认可，并应形成相应的验收记录。另外，对于各种材料与设备及阀门与仪表等的质量证明文件和相关技术资料，要求齐全并应符合有关现行的国家标准和规定。

供暖系统的安装形式必须符合设计要求。节能工程前提必须是设计为节能设计，而供暖的形式是节能运转的前提。

供暖系统要实现节能，对系统进行水力平衡调节和室温调控并进行用热量计量非常重要。因此，供暖系统中设计选用的自控阀门与仪表、水力平衡装置、室内温控装置及热量计量装置是实现节能的关键部件，应按照设计要求安装齐全，并不得随意增减和更换，这是实现供暖系统节能运行的必要条件。

在供暖期内对其与热源进行联合试运转和调试，并对调试结果做出了规定，这是检验供暖系统节能工程安装是否符合设计要求的手段。

本章只对供暖系统的节能效果有重要影响的绝热材料、散热设备及自控阀门与仪表等的安装做出了原则性的规定，对于它们及整个供暖系统的其他材料与设备等的具体安装要求，本标准不再赘述，可详见其他施工安装验收规范的有关规定。

9.1 一般规定

> **9.1.1** 本章适用于室内集中供暖系统节能工程施工质量验收。

【技术要点说明】

本条根据目前国内室内供暖系统的现状，对本章的适用范围做出了规定。室内集中热水供暖系统包括散热设备、管道、保温、热计量装置、室（户）温自动调控装置等。

本章所述内容，是指包括热力入口装置在内的室内集中热水供暖系统，从节能的角度出发，对其与节能有关的项目的施工质量进行验收，称之为供暖节能工程施工质量验收。

供暖节能工程施工质量验收的主要内容包括：系统形式、散热器、阀门与仪表、热力入口装置、保温材料、系统调试等。

目前，我国供暖区域的供暖方式大部分是以热水为热媒的集中供暖方式。

集中供暖是指热源和散热设备分别设置，由热源通过管道向各个房间或各个建筑物供给热量的供暖方式。目前，供暖主要是以城市热网、区域供热厂、小区锅炉房或单幢建筑物锅炉房为热源的集中供暖方式，也有以单元燃气炉或电热水炉等为分户独立热源的供暖方式。从节省能源、供热质量、环保、消防安全和卫生条件等方面来看，以热水作为热媒的集中供暖更为合理。因此，凡有集中供暖条件的地区，其幼儿园、养老院、中小学校、医疗机构、办公、住宅等建筑，均宜采用集中热水供暖方式。

与国外相比，我国目前的大部分集中热水供暖系统比较落后，具体体现在供热品质差，即室温冷热不均，系统热效率低，不仅多耗成倍的能量，而且用户不能自行调节室温；加之当前供暖费按供暖面积计费，亦无助于提高用户的节能意识。实行供暖用热计量并向用户收费，是适应社会主义市场经济要求的一大改革，也是落实中央提出的建设节约型社会的具体体现。根据发达国家的经验，采取供热计量收费措施，即可节能 20%～30%。住房和城乡建设部已将集中供暖的民用建筑实施热计量收费列入全国建筑节能计划和发展目标，把建筑供暖的热计量和温度调控技术及供热管网调节控制技术作为今后研究开发的主要内容。

室内供暖节能工程施工质量验收主要是对影响节能效果的散热设备、管道、保温、阀门及仪表等的施工安装质量及系统调试和性能检测进行专项验收。

> **9.1.2** 供暖节能工程施工中应及时进行质量检查，对隐蔽部位在隐蔽前进行验收，并应有详细的文字记录和必要的图像资料，施工完成后应进行供暖节能分项工程验收。

【技术要点说明】

供暖保温管道及附件，被安装于封闭的部位或直接埋地时，均属于隐蔽工程。在封闭前，必须对该部分将被隐蔽的管道工程施工质量进行验收，且应得到现场监理人员认可并签字，否则不得进行隐蔽封闭作业。必要时应对隐蔽部位进行录像或照相以便追溯。

隐蔽工程检查是需要有建设单位、监理及施工方参加的对于施工工程隐蔽之前的检查验收，是在施工方自检合格的基础上，对于所施工的工程做出合格判断后所进行的工作，不能没有通过施工方预检、自检合格就邀请其他方进行检查。

隐蔽工程检查分为以下几个方面的内容：

（1）直埋于地下或垫层中，暗埋敷设于沟槽、管井、吊顶内及不进人的设备层内的供暖管道和相关设备，检查管材、管件、阀门、设备的材质与型号、安装位置、标高、坡度；管道连接做法及质量；附件使用、支架固定、防腐处理，以及是否已按设计要求及施工规范验收规定完成强度、严密性、冲洗等试验。管道安装验收合格后再对保温情况做隐蔽验收。

（2）埋地的供暖管道，在保温层、保护层完成后，所在部位进行回填之前，应进行隐检。检查安装位置、标高、坡度，支架做法，保温层、保护层设置，水压试验结果及冲洗情况。

（3）对于低温热水地面辐射供暖系统的地面防潮层和绝热层在铺设管道前还要单独进行隐蔽检查验收。

9.1.3　供暖节能工程验收的检验批划分可按本规范第 3.4.1 条的规定执行，也可按系统或楼层，由施工单位与监理单位协商确定。

【技术要点说明】

本条给出了供暖系统节能工程验收的划分原则和方法。

供暖系统节能工程的验收，应根据工程的实际情况，结合本专业特点，分别按系统、楼层等进行。

供暖系统可以按每个热力入口作为一个检验批进行验收；对于垂直方向分区供暖的高层建筑供暖系统，可按照供暖系统不同的设计分区分别进行验收；对于系统大且层数多的工程，可以按几个楼层作为一个检验批进行验收。

本条给出了供暖系统节能工程验收的划分原则和方法。

供暖系统节能工程的验收，应根据工程的实际情况，结合本专业特点，可以按供暖系统节能分项工程进行验收；对于规模比较大的，也可分为若干个检验批进行验收，可分别按系统、楼层等进行。

对于设有多个供暖系统热力入口的多层建筑工程，可以按每个热力入口作为一个检验批进行验收。

对于垂直方向分区供暖的高层建筑供暖系统，可按照供暖系统不同的设计分区分别进行验收；对于系统大且层数多的工程，可以按 5～7 层作为一个检验批进行验收。

9.2　主控项目

9.2.1　供暖节能工程使用的散热设备、热计量装置、温度调控装置、自控阀门、仪表、保温材料等产品应进场验收，验收结果应经监理工程师检查认可，且应形成相应的验收记录。各种材料和设备的质量证明文件和相关技术资料应齐全，并应符合设计要求和国家现行有关标准的规定。

　　检验方法：观察、尺量检查，核查质量证明文件。
　　检查数量：全数检查。

9.2.1【示例或专题】

【技术要点说明】

供暖系统中散热设备的散热量和金属热强度以及热计量装置、室（户）温自动调控装置、管材、保温材料等产品的规格、热工技术性能，是供暖系统节能工程中的主要技术参数。为了保证供暖系统节能工程施工全过程的质量控制，在上述产品进场时，要按照工程设计要求对其类别、规格及外观等进行逐一核对验收，验收一般应由供货商、监理、施工单位的代表共同参加，并应经监理工程师（建设单位代表）检查认可，形成相应的验收记录。各种产品和设备的质量证明文件和相关技术资料应齐全，并应符合国家现行有关标准和规定。

本条突出强调了供暖工程中与节能有关的散热设备、阀门、仪表、管材、保温材料和设备进场时，应按设计要求对其类型、材质、规格及外观等进行逐一核对验收。验收一般应由供货商、监理、施工单位的代表共同参加，并应经监理工程师（建设单位代表）检查认可，形成相应的验收记录。

由于进场验收只能核查材料和设备的外观质量，其内在质量则需由各种质量证明文件和技术资料加以证明。故进场验收的一项重要内容，是对材料和设备附带的质量证明文件和技术资料进行检查。这些文件和资料应符合现行国家有关标准和规定并应齐全，主要包括产品质量合格证、中文说明书、产品标识及相关性能检测报告等。进口材料和设备还应按规定进行出入境商品检验合格证明。

【实施与检查】

1. 实施
1) 验收人员
参加验收的人员包括：监理工程师、建设单位专业负责人、供应商代表、施工单位技术质量负责人、施工单位专业质量检查员。
2) 验收条件
(1) 实际进场设备、材料及阀门与仪表的类型、材质、规格等满足设计要求。
(2) 设备、材料等的外观质量满足设计要求或有关标准的规定。

（3）反映设备、材料及阀门与仪表内在质量的各种质量证明文件及检测报告齐全，主要包括产品质量合格证、中文说明书、产品标识及相关性能检测报告等。进口材料和设备还应按规定进行出入境商品检验合格证明。

3）验收结论

满足验收条件的产品为合格，可以通过验收；否则，为不合格，不能通过验收。验收合格后必须形成文字记录，填写进场验收记录，验收人员签字应齐全。

2. 检查

1）检查方法

物资进场后，对实物现场验收，观察和尺量检查其外观质量；对技术资料和性能检测报告等质量证明文件与实物一一核对。

2）检查数量

对进场的材料和设备应全数检查。

3）检查内容

（1）实际进场设备、材料及阀门与仪表的类型、材质、规格、数量等是否满足设计要求。

（2）设备、材料等的外观质量是否满足设计要求或有关标准的规定。

（3）设备、材料出厂质量证明文件及检测报告是否齐全。

合格证明文件必须是中文的表示形式，应具备产品名称、规格、型号、国家质量标准代号、出厂日期、生产厂家的名称、地址、出厂产品检验证明或代号、必要的测试报告；对于进口产品，必须有商检合格报告。同种材料、同一种规格、同一批生产的要有一份原件，如无原件应有复印件并指明原件存放处。

4）重点检查内容

（1）各类管材应有产品质量证明文件；散热设备应有出厂性能检测报告。

（2）阀门、仪表等应有产品质量合格证及相关性能检验报告。

（3）散热器和恒温阀应有产品说明书及安装使用说明书，重点是节能性能参数。

（4）保温材料应有产品质量合格证和材质检测报告，检测报告必须是有效期内的抽样检测报告。使用到建筑物内的保温材料还要有防火等级的检验报告。

9.2.2 供暖节能工程采用的散热器和保温材料进场时，应对其下列性能进行复验，复验应为见证取样检验：

1 散热器的单位散热量、金属热强度；

2 保温材料的导热系数或热阻、密度、吸水率。

检验方法：核查复验报告。

检查数量：同厂家、同材质的散热器，数量在500组及以下时，抽检2组；当数量每增加1000组时应增加抽检1组。同工程项目、同施工单位且同期施工的多个单位工程可合并计算。当符合本规范第3.2.3条规定时，检验批容量可以扩大一倍。

同厂家、同材质的保温材料，复验次数不得少于2次。

9.2.2【示例或专题】

【技术要点说明】

本条为强制性条文。供暖系统中散热器的单位散热量、金属热强度和保温材料的导热系数或热阻、密度、吸水率等技术参数，是供暖系统节能工程中的重要性能参数，它是否符合设计要求，将直接影响供暖系统的运行及节能效果。

"同厂家、同材质的散热器"，是指由同一个生产厂家生产的相同材质的散热器。在同一单位工程对散热器进行抽检时，应包含不同结构形式、不同长度（片数）的散热器，检验抽样样本应随机抽取，满足分布均匀、具有代表性的要求。

本次修订，对单位工程散热器复验数量进行了调整，通过调研，本标准发布实施以来，促进了散热器生产行业加强自身质量控制，产品质量得到了很大的提升，在进场复验时，可以减少复验数量；在修订时，也考虑到了群体建筑，当采用同一厂家、同材质的产品时，在保证加工工艺相同的情况下，重复复验，也存在浪费问题，因此做了修订。即：同工程项目、同施工单位且同期施工的多个单位工程可合并计算。

在散热器和保温材料进场时，应对其热工等技术性能参数进行复验。进场复验是对进入施工现场的材料、设备等在进场验收合格的基础上，按照有关规定从施工现场抽样送至试验室进行部分或全部性能参数的检验。同时应见证取样检验，即施工单位在监理或建设单位代表见证下，按照有关规定从施工现场随机抽样，送至有相应资质的检测机构进行检测，并应形成相应的复验报告。

按照本标准第3.2.3条第4款的规定，当获得建筑节能产品认证、具有节能标识或连续三次见证取样检验均一次检验合格时，其检验批的容量可以扩大一倍，其每500组为一个检验批，检验批的容量扩大一倍，即500组变为1000组，不少于2组。检验数量也相应的减少了，这是鼓励社会约束。

核查性能指标是否符合质量证明文件，核查复验报告。以有无复验报告以及质量证明文件与复验报告是否一致作为判定依据。

【实施与检查】

1. 实施

1）验收人员

参加检查验收的人员包括监理工程师、建设单位专业负责人、施工单位技术质量负责人、施工单位专业质量检查员。

2）验收条件

（1）核查性能指标是否符合质量证明文件。

（2）核查复验报告，以有无复验报告以及质量证明文件与复验报告是否一致作为判定依据。

3）验收结论

满足验收条件的产品为合格，可以通过验收；否则，为不合格，不能通过验收。验收合格后必须形成文字记录，填写进场复验记录，验收人员签字应齐全。

2. 检查

1）检查方法

检查复验结果，查看复验报告。

2) 检查数量

（1）同厂家、同材质的散热器，数量在 500 组及以下时，抽检 2 组；当数量每增加 1000 组时应增加抽检 1 组。同工程项目、同施工单位且同期施工的多个单位工程可合并计算。当符合本标准第 3.2.3 条规定时，检验批容量可以扩大一倍。

（2）同一厂家相同材质的保温材料见证取样送检的次数不得少于 2 次；不同厂家或不同材质的保温材料应分别见证取样送检，且次数不得少于 2 次。取样应在不同的生产批次中进行。考虑到保温材料品种的多样性，以及供货渠道的复杂性，抽捡不少于 2 次是比较合理的。现场可以根据工程的大小，在方案中确定抽检的次数，并得到监理的认可，但不得少于 2 次。对于分批次进场的，抽捡的时间可以定在首次大批量进场时以及供货后期；如果是一次性进场，现场应随机抽检不少于 2 个测试样品进行检验。

3) 检查内容

（1）核查散热器复验报告中的单位散热量、金属热强度等技术性能参数，是否与设计要求及散热器进场时提供的产品检验报告中的技术性能参数一致。

（2）核查保温材料的导热系数或热阻、密度、吸水率等技术性能参数，是否与设计要求及保温材料进场时提供的产品检验报告中的技术性能参数一致。

9.2.3 供暖系统安装的温度调控装置和热计量装置，应满足设计要求的分室（户或区）温度调控、楼栋热计量和分户（区）热计量功能。

　　检验方法：观察检查，核查调试报告。

　　检查数量：全数检查。

9.2.3【示例或专题】

【技术要点说明】

本条强制性规定设有温度调控装置和热计量装置的供暖系统安装完毕后，应能实现设计要求的分室（户）温度调控和分栋热计量及分户或分室（区）热量（费）分摊功能。如某供暖工程竣工后能够达到此要求，就表明该供暖工程能够真正地实现节能运行；反之，亦然。

分户分室（区）温度调控和实现分栋分户（区）热量计量，一方面是为了通过对各场所室温的调节达到舒适度要求；另一方面是为了通过调节室温而达到节能的目的。对有分栋、分室（区）热计量要求的建筑物，要求其供暖系统安装完毕后，能够通过热量计量装置实现热计量。量化管理是节约能源的重要手段，按照用热量的多少来计收取供暖费用，既公平合理，又有利于提高用户的节能意识。

按照设计图纸进行施工的供暖系统，对设有室（户）温自动调控装置和热计量装置的供暖系统安装完毕后，检查是否能实现设计要求的分室（户或区）温度调控和楼栋热计量及分户或分室（区）热量（费）分摊。

以是否能实现设计要求的分室（户或区）温度调控和楼栋热计量及分户或分室（区）热量（费）分摊功能作为判定依据。

【实施与检查】

1. 实施

（1）验收人员

参加检查验收的人员包括：监理工程师、建设单位专业负责人、施工单位技术质量负责人、施工单位专职质量检查员。

（2）验收条件

设有温度调控装置和热计量装置的供暖系统安装完毕后，能够实现设计要求的分室（区）温度调控、分栋热计量和分户或分室（区）热量（费）分摊的功能。

（3）验收结论

满足验收条件的为合格，可以通过验收；否则，为不合格，不能通过验收。验收合格后必须形成文字记录，填写检查验收记录，验收人员签字应齐全。

2. 检查

（1）检查方法

现场观察检查，核查调试报告。

（2）检查数量

对于条文所规定的内容全数检查。

（3）检查内容

检查设有温度调控装置和热计量装置的供暖系统安装完毕后，能否实现设计要求的分室（区）温度调控、分栋热计量和分户或分室（区）热量（费）分摊的功能。

9.2.4 室内供暖系统的安装应符合下列规定：

1 供暖系统的形式应符合设计要求；

2 散热设备、阀门、过滤器、温度、流量、压力等测量仪表应按设计要求安装齐全，不得随意增减或更换；

3 水力平衡装置、热计量装置、室内温度调控装置的安装位置和方向应符合设计要求，并便于数据读取、操作、调试和维护。

检验方法：观察检查。

检查数量：全数检查。

9.2.4【示例或专题】

【技术要点说明】

（1）供暖系统的形式，是设计人员根据具体的工程特点和使用要求等情况经过周密考虑而设计的。供暖系统的形式设计的合理，供暖系统才能具备节能功能。但是，如果在施工过程中擅自改变了供暖系统的设计形式，就有可能影响供暖系统的正常运行和节能效果。因此，要求施工单位必须按照设计的供暖系统形式进行施工。

（2）供暖系统选用节能型的散热设备和必要的自控阀门与仪表等，并能根据设计要求的类型、规格等全部安装到位，是实现供暖系统节能运行的必要条件。因此，要求在进行供暖节能工程施工时，必须根据施工图设计要求进行安装，未经设计同意，不得随意增减和更换有关的节能设备和自控阀门与仪表等。

供暖系统所选用的散热设备也包括地面辐射供暖系统暗埋地面垫层内的散热管道。

（3）在许多工程中，发现热力入口处没有安装过滤器，这对以往旧的不节能供暖系统影响不大，但在节能供暖系统中，由于设置了自动温控阀和热计量装置及水力平衡装置等，要求水质很严格，过滤器起到保护这些装置不被堵塞而安全运行的作用。因此，设置过滤器是必需的，同时，数量和规格也必须符合设计要求。

（4）温度计及压力表等是正确反映系统运行参数的仪表。在许多工程中，这些仪表并没有安装到位，不能确定供暖热源的供水温度和压力是否满足设计要求，难以去进行系统水力平衡调节，也就无法保证供暖室温和效果，更无法判断系统是否节能。

（5）供暖系统水力不平衡的现象现在依然很严重，而水力不平衡是造成供热能耗浪费的主要原因之一，同时，水力平衡又是保证其他节能措施能够可靠实施的前提。因此，对供暖系统节能而言，首先应该做到水力平衡。除规模较小的供热系统经过计算可以满足水力平衡外，一般室外供热管线较长，计算不易达到水力平衡。为了避免设计不当造成水力不平衡，一般供暖系统均应在建筑物的热力入口处设置静态水力平衡阀和过滤器，并应根据建筑物内供暖系统的形式和资用压头要求，决定是否还需要设置自力式流量控制阀（对定流量的单管系统而言）或自力式压差控制阀（对变流量的双管系统而言），否则出现不平衡问题时将无法调节。

（6）室内温度调控装置、热计量装置、水力平衡装置以及热力入口装置的安装位置和方向关系到系统能否正常地运行，应符合设计要求，同时，这些装置应便于观察、操作和调试。在实际工程中，室内温控装置经常被遮挡或安装方向不正确，无法真正反映室内真实温度，不能起到有效的调节作用；有很多供暖系统的热力入口只有总开关阀门和旁通阀门，没有按照设计要求安装热力入口装置，起不到过滤、热能计量及调节水力平衡等功能，从而达不到节能运行的目的。有的工程虽然安装了，但空间狭窄，过滤器和水力平衡阀无法操作，热计量装置、压力表、温度计等仪表很难观察读取，保证不了其读数的准确性。

【实施与检查】

1. 实施

1）验收人员

参加检查验收的人员包括：监理工程师、建设单位专业负责人、施工单位技术质量负责人、施工单位专职质量检查员等。

2）验收条件

（1）供暖系统安装形式符合设计要求。

（2）散热设备、阀门、过滤器、温度计及仪表的规格和安装数量均符合设计要求。

（3）室内温度调控装置、热计量装置、水力平衡装置以及热力入口装置的安装位置和方向符合设计要求，并便于观察、操作和调试。

3）验收结论

满足验收条件的为合格，可以通过验收；否则，为不合格，不能通过验收。验收合格后必须形成文字记录，填写检查验收记录，验收人员签字应齐全。

2. 检查

1）检查方法

现场实际观察、操作检查。

2）检查数量

对于条文所规定的内容全数检查。

3）检查内容

（1）查看供暖系统安装的形式，管道的走向、坡度，管道分支位置，管径大小等，并与施工图纸进行核对是否符合设计要求。

（2）逐一检查散热设备、阀门、过滤器、温度计及仪表安装的数量、规格及安装位置，并与施工图纸进行核对是否符合设计要求。

（3）检查室内温度调控装置、热计量装置、水力平衡装置的安装位置和方向便于观察、操作和调试，并与施工图纸核对是否符合设计要求。

9.2.5 散热器及其安装应符合下列规定：

1 每组散热器的规格、数量及安装方式应符合设计要求；

2 散热器外表面应刷非金属性涂料。

检验方法：观察检查。

检查数量：按本标准第3.4.3条的规定抽检，最小抽样数量不得少于5组。

9.2.5【示例或专题】

【技术要点说明】

目前对散热器的安装存在很多误区，常常会出现散热器的规格、型号、数量及安装方式与设计不符等情况。例如装修时，用装饰板或罩把散热器全部包裹起来，仅留很少一点点通道，或随意增加减少散热器的数量，以致每组散热器的散热量不能达到设计要求，而影响供暖系统的运行效果。散热器暗装在罩内时，不但散热器的散热量会大幅度减少，而且由于罩内空气温度远远高于室内空气温度，从而使罩内墙体的温差传热损失大大增加。散热器暗装时，还会影响恒温阀的正常工作。另外，实验证明：散热器外表面涂刷非金属性涂料时，其散热量比涂刷金属性涂料时能增加10%左右，故本条对此进行了强调和规定。

散热器暗装时，由于空气的自然对流受限，热辐射被遮挡。所以，散热效率大都比明装时低。同时，散热器暗装时，它周围的空气温度远远高于明装时的温度，这将导致局部围护结构的温差传热量增大。而且，散热器暗装时，不仅要增加建造费用，还必须占用一部分建筑面积。显然，这样做是很不明智的，应该尽量避免。散热器暗装时，还会影响温控阀的正常工作。因此，散热器宜明装。

但必须指出，有些建筑如幼儿园、托儿所，为了防止幼儿烫伤，采用暗装还是必要的。但是，必须注意以下三点：一是在暗装时，必须选择散热损失小的暗装构造形式；二是对散热器后部的外墙增加保温措施；三是要注意散热器罩内的空气温度并不代表室内供暖计算温度。所以，这时应该选择带外置式温度传感器的温控阀，以确保温控阀能根据设定的室内温度正常地进行工作。

散热器布置在外墙的窗台下，从散热器上升的对流热气流能阻止从玻璃窗下降的冷气流，使流经生活区和工作区的空气比较暖和，给人以舒适的感觉；如果把散热器布置在内墙，流经人们经常停留地区的是较冷的空气，使人感到不舒适，也会增加墙壁积尘的可能，因此应把散热器布置在外墙的窗台下。考虑到分户热计量时，为了有利于户内管道的布置，也可以靠内墙安装。

从我国最早使用的铸铁散热器开始，散热器表面涂饰基本为含金属的涂料，其中尤以银粉漆为最普遍。对于散热器表面状况对散热量的影响，国内外研究结论早已证明：采用含有金属粉末的涂料来涂饰散热器表面，将降低散热器的散热能力。但是，这个问题在实际的工程实践中，没有受到应有的重视。散热器表面涂刷金属涂料如银粉漆的现象，至今仍然存在。

早在 1946 年，美国 J. R. 艾伦等著的《供暖与空调》一书中，通过实验已得出了表 9-1 所列结果。同时还指出：如有一层以上涂料层时，最后的涂层是决定其结果（相对散热量）的涂层。

涂料对散热量的影响　　　　　　　　　　　　　　　　　表 9-1

序号	表面涂料	相对散热量(%)
1	裸体散热器	100
2	铝粉涂料	93.7
3	铜粉涂料	92.6
4	浅棕色涂料	104.8
5	浅米黄色涂料	104.0
6	白色光泽涂料	102.2

国际标准 ISO 3147-3150（1975）第 4.1（J）条对散热器的要求："全部外表应涂以均匀的油漆，不应采用含金属颜料的油漆（注：J 要求不适用于对流器）。"

英国标准 BS 3528—1977 第 8.1（5）条对散热器的要求："全部外表应涂以均匀的油漆，不应采用含金属颜料的油漆。对流器无此要求。"

德国标准 DIN 4704—1977 也有类似要求。

我国清华大学散热器检测室，经多年反复实验研究，得出了表 9-2 所示的结果。

铸铁四柱 760 型散热器各种表面状况的实验结果　　　　　　　表 9-2

编号	表面涂料	散热量(W)	传热系数	相对散热量(%)	备注
8401-B4	银粉漆两道	1200	7.9	100	
8401-A	自然金属表面(未涂漆)	1305	8.5	109	
8401-C2	米黄漆一道	1390	9.1	116	
8401-D	乳白漆一道	1373	9.0	114	$\Delta t = 64.5℃$
8401-E	深棕漆一道	1394	9.1	114	
8401-F	浅蓝漆一道	1398	9.2	117	
8401-G	浅绿漆一道	1357	8.8	113	

实验结果证实，若将柱型铸铁散热器的表面涂料由传统的银粉漆改为非金属涂料，就可提高散热能力13％～16％。这是一种简单易行的节能措施，无疑应予以大力推广。因此，本标准在用词时采用了"应"字，即要求在正常情况下均应这样做。这里特别需要指出的是，以上分析是针对表面具有辐射散热能力的散热器进行的，对于对流型散热器，因其基本依靠对流换热，表面辐射散热成分很小，上述效应则不很明显。

【实施与检查】

1. 实施

1) 验收人员

参加检查验收的人员包括：监理工程师、建设单位专业负责人、施工单位技术质量负责人、施工单位专职质量检查员。

2) 验收条件

（1）散热器安装的规格、数量以及安装的位置和方式应符合设计要求。

（2）散热器表面应刷非金属涂料。

3) 验收结论

满足验收条件的为合格，可以通过验收；否则，为不合格，不能通过验收。验收合格后必须形成文字记录，填写进场复验记录，验收人员签字应齐全。

2. 检查

1) 检查方法

采取抽查、观察检查的方法。

2) 检查数量

按本标准第3.4.3条的规定抽检（包括不同规格），不得少于5组。

3) 检查内容

（1）抽查每组被抽检散热器的规格（包括散热器的宽度、长度或片数、高度）、数量是否符合设计要求。

（2）散热器的安装位置及方式，有无遮挡。

（3）散热器表面刷涂料的情况，是否为非金属性涂料。

9.2.6 散热器恒温阀及其安装应符合下列规定：

1 恒温阀的规格、数量应符合设计要求；

2 明装散热器恒温阀不应安装在狭小和封闭空间，其恒温阀阀头应水平安装，且不应被散热器、窗帘或其他障碍物遮挡；

3 暗装散热器恒温阀的外置式温度传感器，应安装在空气流通且能正确反映房间温度的位置上。

检验方法：观察检查。

检查数量：按本标准第3.4.3条的规定抽检，最小抽样数量不得少于5组。

9.2.6【示例或专题】

【技术要点说明】

散热器恒温阀（又称温控阀、恒温器）安装在每组散热器的进水管上，它是一种自力式调节控制阀。恒温阀在实现每组散热器单独控制温度，大大提高居室舒适度的同时，还可通过利用自由热和用户根据需要调节设定温度来大幅度降低供暖能耗。自由热即除固定热源暖气片之外的热源，如朝阳房间的太阳光辐射、室内人体、电器等散发出来的热量等。当自由热导致室温上升时，恒温阀会减少散热器热水供应，从而降低供暖能耗。此外，用户根据需求及时调节设定温度，可以避免不必要的高室温造成的能源浪费。

散热器恒温阀头应水平安装。如果垂直安装或安装时被散热器、窗帘或其他障碍物遮挡，恒温阀将不能真实反映出室内温度，也就不能及时调节进入散热器的水流量，从而达不到节能的目的。恒温阀应具有人工调节和设定室内温度的功能，并通过感应室温自动调节流经散热器的热水流量，实现室温自动恒定。对于安装在装饰罩内的恒温阀，则必须采用外置传感器，传感器应设在能正确反映房间温度的位置。

【实施与检查】

1. 实施

1）验收人员

参加检查验收的人员包括：监理工程师、建设单位专业负责人、施工单位技术质量负责人、施工单位专职质量检查员。

2）验收条件

（1）恒温阀的规格、数量应符合设计要求。

（2）明装散热器恒温阀未安装在狭小和封闭空间，恒温阀阀头均水平安装，且不被任何障碍物遮挡。

（3）暗装散热器的恒温阀，其温度传感器采用的是外置式，并安装在空气流通且能正确反映房间温度的位置上，一般设在房间内墙上。

3）验收结论

散热器恒温阀的选型及其安装对节能至关重要，只有满足验收条件，方可合格通过验收；否则，为不合格，不能通过验收。验收合格后必须形成文字记录，填写检查验收记录，验收人员签字应齐全。

2. 检查

1）检查方法

采取抽查、观察检查的方法进行验收。

2）检查数量

按标准第 3.4.3 条的规定抽检，不得少于 5 个。如果有暗装的散热器，要分别抽查，不得少于 5 个。

3）检查内容

（1）检查被抽查的恒温阀的规格、数量。

（2）明装散热器恒温阀安装的位置，恒温阀阀头的安装状态，恒温阀阀头被遮挡情况。

（3）暗装散热器的恒温阀是否采用了外置式温度传感器，以及安装位置是否正确。

9.2.7 低温热水地面辐射供暖系统的安装，除应符合本标准第 9.2.4 条的规定外，尚应符合下列规定：

1 防潮层和绝热层的做法及绝热层的厚度应符合设计要求；

2 室内温度调控装置的安装位置和方向应符合设计要求，并便于观察、操作和调试；

3 室内温度调控装置的温度传感器宜安装在距地 1.4m 的内墙上或与照明开关在同一高度上，且避开阳光直射和发热设备。

检验方法：防潮层和绝热层隐蔽前观察检查；用钢针刺入绝热层、尺量；观察检查、尺量室内温度调控装置传感器的安装高度。

检查数量：按本规范第 3.4.3 条的规定抽检，最小抽样数量不得少于 5 处。

9.2.7【示例或专题】

【技术要点说明】

低温热水地面辐射供暖通常是一种将管道敷设在地面或楼面现浇垫层内，以工作压力不大于 0.8MPa、温度不高于 60℃ 的热水为热媒，在加热管内循环流动加热地板，通过地面以辐射和对流的传热方式向室内供热的供暖系统。该系统以整个地面作为散热面，地板在通过对流换热加热周围空气的同时，还与人体、家具及四周的围护结构进行辐射换热，从而使其表面温度提高，其辐射换热量约占总换热量的 50% 以上，是一种理想、节能的供暖系统，可以有效地解决散热器供暖系统存在的有关问题。

在低温热水地面辐射供暖系统的施工安装时，对无地下室的一层地面应分别设置防潮层和绝热层，例如在北京：当绝热层采用聚苯乙烯泡沫塑料板［导热系数≤0.041W/（m·K），密度≥20.0 kg/m³］时，其厚度不应小于 30mm；直接与室外空气相邻的楼板应设绝热层，当绝热层采用聚苯乙烯泡沫塑料板［导热系数≤0.041W/（m·K），密度≥20.0 kg/m³］时，其厚度不应小于 40mm。当采用其他绝热材料时，可根据热阻相当的原则确定厚度。

室内温控装置的传感器应安装在距地面 1.4m 的内墙墙面上（或与室内照明开关并排设置），并应避开阳光直射和发热设备。

【实施与检查】

1. 实施

1）验收人员

参加检查验收的人员包括：监理工程师、建设单位专业负责人、施工单位技术质量负责人、施工单位专职质量检查员。

2）验收条件

（1）防潮层和绝热层的做法及厚度应符合设计要求，且厚度不得有负偏差。

（2）室内温度调控装置安装位置和方向是否正确并便于观察、操作和调试。

（3）室内温控装置的传感器安装在避开阳光直射和有发热设备且距地 1.4m 处的内墙

面上，距地高度偏差在±20mm以内。

3）验收结论

满足验收条件的为合格，可以通过验收；否则，为不合格，不能通过验收。验收合格后必须形成文字记录，填写检查验收记录，验收人员签字应齐全。

2. 检查

1）检查方法

采用抽查、观察检查的验收方法。对被抽检的绝热层部位用钢针刺入绝热层、尺量；尺量室内温控装置传感器的安装高度。

2）检查数量

按本标准第3.4.3条的规定抽检，最小抽样数量不得少于5处。

3）检查内容

（1）检查防潮层和绝热层的做法及厚度，必要时剖开检查。

（2）室内温度调控装置安装位置和方向是否正确并便于观察、操作和调试。

（3）室内温控装置传感器的安装位置及安装高度。

9.2.8 供暖系统热力入口装置的安装应符合下列规定：

1 热力入口装置中各种部件的规格、数量应符合设计要求；

2 热计量表、过滤器、压力表、温度计的安装位置及方向应正确，并便于观察、维护；

3 水力平衡装置及各类阀门的安装位置、方向应正确，并便于操作和调试。

检验方法：观察检查。

检查数量：全数检查。

9.2.8【示例或专题】

【技术要点说明】

热力入口是指室外热网与室内供暖系统的连接点及其相应的入口装置，一般是设在建筑物楼前的暖气沟内或地下室等处。热力入口装置通常包括开关阀门、水力平衡阀、总热计量表、过滤器、压力表、温度计等。

在实际工程中有很多供暖系统的热力入口只有总开关阀门和旁通阀门，没有按照设计要求安装相应的水力平衡阀、热计量装置、过滤器、压力表、温度计等入口装置；有的工程虽然安装了入口装置，但空间狭窄，过滤器和阀门无法操作，热计量装置、压力表、温度计等仪表很难观察读取。因此，热力入口装置常常是起不到过滤、热能计量及调节水力平衡等功能，从而起不到节能的作用。

1. 新建集中供暖系统热力入口的要求

（1）热力入口供、回水管均应设置过滤器。供水管应设两级过滤器，顺水流方向第一级为粗滤，滤网孔径不宜大于ϕ3.0mm，第二级为精过滤，滤网规格宜为60目。

（2）供、回水管应设置必要的压力表或压力表管口。

（3）无地下室的建筑，宜在楼梯间下部或室外管沟入口设置小室，室外管沟小室应有防水和排水措施。小室净高应不低于1.4m，操作面净宽应不小于0.7m。

（4）有地下室的建筑，宜设在地下室可锁闭的专用空间内，空间净高度应不低于2.0m，操作面净宽应不小于0.7m。

2. 关于水力平衡阀

1）水力平衡阀的工作原理

（1）静态水力平衡阀（图9-1），是最基本的平衡元件，亦称平衡阀、手动平衡阀、数字锁定平衡阀、双位调节阀等，它是通过改变阀芯与阀座的间隙（开度），来改变流经阀门的流动阻力以达到调节流量的目的，其作用对象是系统的阻力。平衡阀与普通阀门的不同之处在于有开度指示、开度锁定装置及阀体上有两个测压小阀。管网系统安装完毕，并具备测试条件后，对管网进行平衡调试，用软管将被调试的平衡阀测压小阀与专用智能仪表连接，仪表能显示出流经阀门的流量值（及压降值），经与仪表人机对话向仪表输入该平衡阀处要求的流量值后，仪表经计算、分析，可显示出管路系统达到水力平衡时该阀门的开度值，将各阀门开度锁定，使管网实现水力工况平衡。因此，设在热力入口处的平衡阀，其作用相当于调节阀和等效孔板流量仪的组合，使各个热用户的流量分配达到要求。当总循环泵变速运行时，各个热用户的流量分配比例保持不变，起到水力平衡的作用。从流体力学观点看，平衡阀相当于一个局部阻力可以改变的节流元件，实际上就是一种有开度指示的手动调节阀。

静态水力平衡阀的特性：

① 流量特性线性好。这一特性对方便准确地调整系统平衡具有重要意义。

② 有清晰、准确的阀门开度指示。

③ 平衡调试后，阀门锁定功能使开度值不能随便地被变更。通过阀门上的特殊装置锁定了阀门开度后，无关人员不能随便开大阀门开度。如果管网环路需要检修，仍可以关闭平衡阀，待修复后开启阀门，但最大只能开启至原设定位置为止。

④ 平衡阀阀体上有两个测压小阀，在管网平衡调试时，用软管与专用智能仪表相连，能由仪表显示出流量值及计算出该阀门在设计流量时的开度值。

（2）自力式流量控制阀（图9-2），亦称为动态流量平衡阀、自力式平衡阀、定流量阀、自动平衡阀等，是一种工作时不依靠外部动力，在压差控制范围内，保持流量恒定的阀门，即当阀门前后压差增大时，通过阀门的自动关小的动作能够保持流量不增大，反之，当压差减小时，阀门自动开大，流量仍旧保持恒定。其产品标准为住房和城乡建设部发布的城镇建设行业标准《自力式流量控制阀》CJ/T 179—2003。

（3）自力式压差控制阀（图9-3），亦称为动态压差控制阀、自力式压差控制阀、压差平衡阀、压差控制器等，是一种不需外来能源，依靠被控介质自身压力变化进行自动调节，自动消除管网的剩余压头及压力波动引起的流量偏差，恒定用户进出口压差，有助于稳定系统运行的阀门。其产品标准为住建部发布的建筑工业行业标准《采暖空调用自力式压差控制阀》JG/T 383—2012。

2）水力平衡阀的选型及安装位置要求

（1）静态水力平衡阀

静态水力平衡阀是用于消除环路剩余压头、限定环路水流量的。为了合理地选择平衡阀的型号，在设计水系统时，仍要进行管网水力计算及环网平衡计算，按管径选取平衡阀

图 9-1　静态水力平衡阀

图 9-2　自力式流量控制阀

图 9-3　自力式压差控制阀

的口径（型号）。对于旧系统改造时，当资料不全时，为方便施工安装，可按管径尺寸配用同样口径的平衡阀，直接以平衡阀取代原有的截止阀或闸阀。但需要作压降校核计算，以避免原有管径过于富裕使流经平衡阀时产生的压降过小，引起调试时由于压降过小而造成仪表较大的误差。校核步骤如下：按该平衡阀管辖的供热面积估算出设计流量，按管径求出设计流量时管内的流速 v（m/s），由该型号平衡阀全开时的 ζ 值，按公式 $\triangle P = \zeta$ $(v^2 \cdot \rho/2)$ Pa，求得压降值 $\triangle P$（式中 $\rho = 1000$ kg/m³），如果 $\triangle P$ 小于 2～3 kPa，可改选用小口径型号平衡阀，重新计算 v 及 $\triangle P$，直到所选平衡阀在流经设计水量时的压降 $\triangle P \geqslant 2～3$ kPa 时为止。

　　为了避免设计不当造成水力不平衡，供暖系统均应在建筑物的热力入口处设置静态水力平衡阀。

　　（2）自力式流量控制阀

　　当室内供暖为单管跨越式定流量系统时，为了维持供暖系统的流量恒定，可在热力入口处设置自力式流量控制阀，但因其自身阻力较大，供暖系统是否需要设置，则应根据水力平衡计算确定。因此，即使是针对定流量系统，对设计人员的要求也首先是通过管路和系统设计来实现各环路的水力平衡，即"设计平衡"；当由于管径、流速等原因的确无法做到"设计平衡"时，才应考虑采用自力式流量控制阀通过初调试来实现水力平衡的方式；或只有当设计认为系统可能出现由于运行管理原因（例如水泵运行台数的变化等）有可能导致的水量较大波动时，才宜采用阀权度要求较高、阻力较大的自力式流量控制阀。但是，对于变流量系统来说，除了某些需要特定定流量的场所（例如为了保护特定设备的正常运行或特殊要求）外，不应在系统中设置自力式流量控制阀。

　　自力式流量控制阀两端压差不宜大于 100kPa，不应小于 8.0kPa，具体规格应由计算确定。

　　（3）自力式压差控制阀

　　当室内供暖为双管变流量系统时，为了维持供暖系统的压差恒定，可在热力入口处设置自力式压差控制阀，但因其自身阻力较大，供暖系统是否需要设置，则应根据水力平衡计算确定。实践证明，在系统进行第一次调试平衡后，在设置了供热量自动控制装置进行质调节的情况下，室内散热器恒温阀的动作引起系统压差的变化不会太大，因此，只在某些条件下才需要设置自力式压差控制阀，例如距离热源较近的热用户等。

　　自力式压差控制阀两端压差不宜大于 100kPa，不应小于 8.0kPa，具体规格应由计算确定。

3. 关于热计量装置

1）热计量装置的选型

本标准 9.2.3 条和 9.2.4 条的规定，无论是住宅建筑还是公共建筑，无论建筑物中采用何种热计量方式，其热力入口处均应设置热计量装置——总热量表，作为房屋产权单位（物业公司）的住户结算或分配热费的依据。从防堵塞和提高计量的准确度等方面考虑，该表宜采用超声波型热量表。

2）热计量装置的安装和维护

（1）热力入口装置中总热量表的流量传感器宜装在回水管上，以延长其寿命、降低故障率、计量成本；进入流量计前的回水管上应设过滤器，滤网规格不宜小于 60 目。

（2）总热量表应严格按产品说明书的要求安装。

（3）对总热量表要定期进行检查维护，内容为：检查铅封是否完好；检查仪表工作是否正常；检查有无水滴落在仪表上，或将仪表浸没；检查所有的仪表电缆是否连接牢固可靠，是否因环境温度过高或其他原因导致电缆损坏或失效；根据需要检查、清洗或更换过滤器；检查环境温度是否在仪表使用范围内。

【实施与检查】

1. 实施

1）验收人员

参加检查验收的人员包括：监理工程师、建设单位专业负责人、施工单位技术质量负责人、施工单位专职质量检查员。

2）验收条件

（1）热力入口各装置部件的规格、数量应符合设计要求。

（2）热计量装置、过滤器、压力表、温度计的安装位置及方向正确，并方便观察、维护更换容易。

（3）水力平衡装置及各类阀门的安装位置及方向正确，便于操作和调试。

3）验收结论

对热力入口装置进行单项检查验收，满足验收条件的为合格，可以通过验收；否则为不合格，不能通过验收。验收合格后必须形成文字记录，填写检查验收记录，验收人员签字应齐全。

2. 检查

1）检查方法

采用现场实地观察检查的方法进行验收。

2）检查数量

对热力入口的各装置部件全数检查。

3）检查内容

（1）对照设计施工图纸，检查热力入口各装置部件的数量、规格、型号是否符合设计要求。

（2）实地观察热计量表、过滤器、压力表、温度计的安装位置及方向是否正确，并便于读取、维护。

（3）观察水力平衡装置及各类阀门的安装位置、方向是否正确，并便于操作和调试。

9.2.9【示例或专题】

> **9.2.9** 供暖管道保温层和防潮层的施工应符合下列规定：
>
> 1　保温材料的燃烧性能、材质及厚度等应符合设计要求。
>
> 2　保温管壳的捆扎、粘贴应牢固，铺设应平整。硬质或半硬质的保温管壳每节至少应采用防腐金属丝、耐腐蚀织带或专用胶带捆扎2道，其间距为300mm～350mm，且捆扎应紧密，无滑动、松弛及断裂现象。
>
> 3　硬质或半硬质保温管壳的拼接缝隙不应大于5mm，并用粘结材料勾缝填满；纵缝应错开，外层的水平接缝应设在侧下方。
>
> 4　松散或软质保温材料应按规定的密度压缩其体积，疏密应均匀，搭接处不应有空隙。
>
> 5　防潮层应紧密粘贴在保温层上，封闭良好，不得有虚粘、气泡、褶皱、裂缝等缺陷；防潮层外表面搭接应顺水。
>
> 6　立管的防潮层应由管道的低端向高端敷设，环向搭接缝应朝向低端；纵向搭接缝应位于管道的侧面，并顺水。
>
> 7　卷材防潮层采用螺旋形缠绕的方式施工时，卷材的搭接宽度宜为30mm～50mm。
>
> 8　阀门及法兰部位的保温应严密，且能单独拆卸并不得影响其操作功能。
>
> 检验方法：观察检查；用钢针刺入保温层、尺量。
>
> 检查数量：按本规范第3.4.3条的规定抽检，最小抽样数量不得少于5处。

【技术要点说明】

本条文涉及的是供暖管道保温方面的问题，对供暖管道及其部、配件保温层和防潮层施工的基本质量要求做出了规定。供暖管道保温厚度是由设计人员依据保温材料的导热系数、密度和供暖管道允许的温降等条件计算得出的。如果管道的保温厚度等技术性能达不到设计要求，或者保温层与管道粘贴得不紧密、松动，或者设在地沟及潮湿环境内的保温管道不做防潮层或者防潮层做得不完整或有缝隙，都将会严重影响供暖管道的保温节能效果。因此，除了要把好保温材料的质量关之外，还必须对供暖管道保温层和防潮层的施工质量引起重视。

供暖管道常用保温材料有岩棉、矿棉管壳、玻璃棉壳及聚氨酯硬质泡沫保温管等。我国保温材料工业发展迅速，岩棉和玻璃棉保温材料生产量已有较大规模。聚氨酯硬质泡沫塑料保温管（直埋管）近几年发展很快，它保温性能优良，虽然目前价格较高，但随着技术进步和产量增加，将在工程中得到广泛应用。

岩棉是以精选的玄武岩或辉绿岩为主要原料，经高温熔融制成的无机人造纤维。纤维直径4～7μm。在岩棉中加入一定量的胶粘剂、防尘油、憎水剂，经固化、切割、贴面等工序，可制成岩棉板、缝毡、保温带、管壳等制品。岩棉制品具有良好的保温、隔热、吸声、耐热、不燃等性能和良好的化学稳定性。

矿棉是利用高炉矿渣或铜矿渣、铝矿渣等工业矿渣为主要原料，经熔化，用高速离心法或喷吹法工艺制成的棉丝状无机纤维，纤维直径4～7μm。在矿渣棉中加入一定量胶粘剂、憎水剂、防尘剂等，经固化、切割、烘干等工序，可制成矿棉板、缝毡、保温带、管壳等制品。矿渣棉制品具有良好的保温、隔热、吸声、不燃、防蛀等性能，以及较好的化学稳定性。

玻璃棉是以硅砂、石灰石、萤石等矿物为主要原料，经熔化，用火焰法、离心法或高压载能气体喷吹法等工艺，将熔融玻璃液制成的无机纤维。纤维平均直径：1号玻璃棉≤5.0μm；2号玻璃棉≤8μm；3号玻璃棉≤13.0μm。在玻璃纤维中加入一定量的胶粘剂和其他添加剂，经固化、切割、贴面等工序，可制成玻璃棉毡、玻璃棉板、玻璃棉管壳。玻璃棉制品具有良好的保温、隔热、吸声、不燃、耐腐蚀等性能。

聚氨酯泡沫塑料是把含有羟基的聚醚或聚酯树脂与异氰酸酯反应构成聚氨酯主体，并由异氰酸酯与水反应生成的二氧化碳或用低沸点的氟氢化烷烃为发泡剂发泡，生产内部具有无数小气孔的一种塑料制品。聚氨酯泡沫塑料可分为软质、半硬质、硬质三类，软质聚氨酯泡沫塑料在建筑中应用尚少，只用在要求严格隔声的场合以及管道弯头的保温等处；半硬质制品的主要用途是车辆，在建筑业中可用来填塞波纹板屋顶及作填充外墙板端部空隙的芯材，其用途也较为有限；硬质聚氨酯泡沫塑料，近年来，作为一种新型隔热保温材料，在建筑上得到了越来越广泛的应用。

根据国家新的节能政策，对每米管道保温后的允许热耗，保温材料的导热系数及保温厚度，以及保护壳作法等都必须在原有基础上加以改善和提高，设计中要给予重视，施工中应予以关切。当管道周围空气与热媒之间的温差小于或等于60℃时，安装在室外或室内地沟中的供暖管道的保温厚度，不得小于表9-3中规定的限值。

供暖管道最小保温厚度 δ_{min} 表9-3

保温材料	直径(mm)		最小保温厚度 δ_{min}(mm)
	公称直径 DN	外径 φ	
岩棉或矿棉管壳 $\lambda_m=0.0314+0.0002t_m[\text{W}/(\text{m·K})]$ 当$t_m=70℃$时，$\lambda_m=0.045[\text{W}/(\text{m·K})]$	25～32	32～38	30
	40～200	45～219	35
	250～300	273～325	45
玻璃棉管壳 $\lambda_m=0.024+0.00018t_m[\text{W}/(\text{m·K})]$ 当$t_m=70℃$时，$\lambda_m=0.037[\text{W}/(\text{m·K})]$	25～32	32～28	25
	40～200	45～219	30
	250～300	273～325	40
聚氨酯硬质泡沫保温管（直埋管） $\lambda_m=0.02+0.00014t_m[\text{W}/(\text{m·K})]$ 当$t_m=70℃$时，$\lambda_m=0.03[\text{W}/(\text{m·K})]$	25～32	32～38	20
	40～200	45～219	25
	250～300	273～325	35

注：表中t_m为保温材料层的平均使用温度(℃)，取管道热媒与管道周围空气的平均温度。表中推荐的最小保温厚度，是以北京地区全年供暖3000 h及1993年原煤价格和热价进行计算得到的，所得经济保温厚度是最小的保温厚度。

当选用其他保温材料或其导热系数与表9-3中值差异较大，最小保温厚度应按下式修正：

$$\delta'_{min}=\lambda'_m \cdot \delta_{min}/\lambda_m$$

式中　δ'_{min}——修正后的最小保温厚度（mm）；

δ_{min}——表 9-3 中最小保温厚度（mm）；

λ'_m——实际选用的保温材料在其平均使用温度下的导热系数［W/（m·K）］；

λ_m——表 9-3 中保温材料在其平均使用温度下的导热系数［W/（m·K）］。

当实际热媒温度与管道周围空气温度之差大于 60℃时，最小保温厚度按下式修正：

$$\delta'_{min} = (t_w - t_a)\delta_{min}/60$$

式中　t_w——实际供暖热媒温度（℃）；

t_a——管道周围空气温度（℃）。

为保证距热源最远点建筑物的供暖质量，当系统供暖面积大于或等于 50000m² 时，应将 200～300mm 管径的保温厚度在表 9-3 最小保温厚度的基础上再增加 10mm。

供暖管道穿楼板和穿墙处应设置套管，且不需要保温的供暖管道与套管之间应用不燃材料填实不得有空隙，套管两端应采用不燃材料进行密封封堵，是出于防火、防水及隔声的考虑。供暖管道与套管之间的缝隙常常会忘记封堵，致使两相邻房间通过这些缝隙而连通，在夜间或较安静的白天，可从一个房间听到或听清另一个房间的说话声音。

管道保温层的施工要求：

1. 基本要求

（1）管道穿墙、穿楼板套管处的保温，应用相近效果的软散材料填实。

（2）保温层采用保温涂料时，应分层涂抹，厚度均匀，不得有气泡和漏涂。表面固化层应光滑，牢固无缝隙，并且不得影响阀门正常操作。

（3）保温层的材质及厚度应符合设计要求。

2. 保温层施工

（1）管道的保温施工应在管道试压、清洗、防腐完成以后进行；水平管应从一侧或弯头的直管段处顺序进行，非水平管道的保温自下而上进行。

（2）管道的保温要密实，特别是三通、弯头、支架及阀门、法兰等部位要填实。

（3）硬质保温层管壳，可采用 16～18 号镀锌铁丝双股捆扎，捆扎的间距不应大于 350mm，并用粘结材料紧密粘贴在管道上。管壳之间的缝隙不应大于 2mm 并用粘结材料勾缝填满，环缝应错开，错开距离不小于 75mm，管壳从缝应设在管道轴线的左右侧，当保温层大于 80mm 时，保温层应分两层铺设。

（4）半硬质及软质保温制品的保温层可采用包装钢带、14～16 号镀锌钢丝进行捆扎。其捆扎间距，对半硬质保温制品不应大于 300mm；对软质不大于 200mm。

（5）每块保温制品的捆扎件，不得少于两道。管道保温时，保温管壳纵缝要错开，用铝箔胶带密封好，保温要求厚度均匀，外表面光滑，不许有褶皮。

（6）不得采用螺旋式缠绕捆扎。

（7）为保证保温质量和美观，对弯头、三通、阀门、附件要进行组合件保温。按不同的管径制作模板，按模板对保温材料下料，达到预制成型、现场组装、提高工作效率和保温质量的作用。

（8）遇到三通处应先做主干管，后分支管。凡穿过隔墙和楼板处的套管与管道间的缝隙应用保温材料填塞紧密，且套管两端应采用不燃材料进行密封封堵。

（9）管道上的温度计插座宜高出所设计的保温层厚度。不保温的管道不要同保温管道敷设在一起，保温管道应与建筑物保持足够的距离。

【实施与检查】

1. 实施

1）验收人员

参加验收的人员包括：监理工程师、施工单位技术质量负责人、施工单位专职质量检查员、专业工长。

2）验收条件

（1）所有保温材料为不燃或难燃材料，其材质、规格及厚度等符合设计要求；厚度不得有负偏差，允许有正偏差。

（2）保温管壳的粘贴牢固，铺设应平整。硬质或半硬质的保温管壳每节至少用防腐金属丝或难腐织带或专用胶带捆扎、粘贴2道，其间距在300～350mm，且捆扎、粘贴紧密，无滑动、松弛与断裂现象。采用胶带时，没有脱胶现象。

（3）硬质或半硬质的保温管壳捆扎牢固，拼接缝隙不大于5mm，并用粘结材料勾缝填满；纵缝应错开，外层的水平接缝均设在侧下方。

（4）松散或软质保温材料疏密应均匀，毡类材料在管道上包扎搭接处没有空隙。

（5）防潮层紧密粘贴在保温层上，封闭良好，无虚粘、气泡、褶皱、裂缝等缺陷。

（6）防潮层的立管由管道的低端向高端敷设，环向搭接缝朝向低端；对于横管道纵向搭接缝均位于管道的侧面，并顺水。

（7）卷材防潮层采用螺旋形缠绕的方式施工时，卷材的搭接宽度均为30～50mm。

（8）阀门及法兰部位的保温严密，且能单独拆卸并不影响其操作功能。

3）验收结论

满足验收条件为合格，可以通过验收；否则为不合格，不能通过验收。验收合格后必须形成文字记录，填写检查验收记录，验收人员签字应齐全。

2. 检查

1）检查方法

采用观察、尺量检查的方法进行验收，被抽查部位用钢针刺入保温层，尺量检查其厚度，必要时剖开保温层检查。

2）检查数量

按本标准第3.4.3条的规定抽检，最小数量不得少于2件。

3）检查内容

（1）检查保温层防火检测报告；与施工图纸对照，检查施工完成后的保温材料材质、规格及厚度。

（2）对于保温管壳，用手扳检查粘贴和捆扎得是否牢固、紧密，观察表面平整度。

（3）对于硬质或半硬质保温管壳，检查拼接缝隙情况。

（4）保温材料采用松散或软质保温材料时，检查其压缩体积是否符合规定的密度，检查搭接处缝隙情况。

（5）检查防潮层施工顺序、搭接缝朝向及其密封和平整情况。

（6）立管的防潮层是否由管道的低端向高端敷设，环向搭接缝是否朝向低端；纵向搭接缝是否位于管道的侧面，并顺水。

（7）卷材防潮层采用螺旋形缠绕的方式施工时，检查卷材的搭接宽度是否为 30～50mm。

（8）检查管道阀门及法兰部位的保温是否严密，实际操作保温层结构，看其能否单独拆卸并不影响操作功能。

> **9.2.10**　供暖系统安装完毕后，应在供暖期内与热源进行联合试运转和调试，试运转和调试结果应符合设计要求。
>
> 　　检验方法：观察检查；核查供暖系统试运转和调试记录。
>
> 　　检查数量：全数检查。

9.2.10【示例或专题】

【技术要点说明】

供暖系统工程安装完工后，为了使供暖系统达到正常运行和节能的预期目标，规定必须在供暖期与热源连接进行系统联合试运转和调试，进行试运转和调试是对供暖系统功能的检验，以设计要求为标准，检验结果应满足设计要求。

系统调试前，首先应进行单机试运转和调试，合格后再进行系统的平衡与调节，这是工程施工完毕后使系统正常运行的先决条件，是一个较容易执行的项目。由于它受到竣工时间、热源条件、室内外环境、建筑结构特性、系统设置、设备质量、运行状态、工程质量、调试人员技术水平和调试仪器等诸多条件的影响和制约，又是一项季节性、时间性、技术性较强，很难不折不扣地执行的工作，但是，它又是非常重要，必须完成好的任务。

【实施与检查】

1. 实施

1）验收人员

参加验收的人员包括：监理工程师、建设单位专业负责人、施工单位技术质量负责人、施工单位专职质量检查员、专业工长。

2）验收条件

（1）供暖系统工程安装完毕后，应在供暖期内与热源进行联合试运转和调试，试运转和调试结果应满足室内平均温度不低于设计值 2℃，且不高于设计值 1℃。

（2）供暖系统工程竣工如果是在非供暖期或虽然在供暖期却还不具备热源条件时，应对供暖系统进行水压试验，试验压力应符合设计要求。但是，这种水压试验，并不代表系统已进行调试和达到平衡，不能保证供暖房间的室内温度能达到设计要求。因此，施工单位和建设单位应在工程（保修）合同中进行约定，在具备热源条件后的第一个供暖期间再进行联合试运转及调试，并补做本标准第 17.2.2 条表 17.2.2 中序号为 1 的"室内平均温度"项的检测。补做的联合试运转及调试报告应经监理工程师签字确认后，以补充完善验收资料。

3）验收结论

供暖期的工程调试结果满足验收条件为合格，可以通过验收；非供暖期竣工的工程，应办理延期调试手续，供暖节能工程可以暂不进行验收，并予以注明。在具备热源条件后的第一个供暖期间补做该项工作，应在保修协议中予以明确，合格后完善验收资料。

2. 检查

1) 检查方法

实地观察检查，并核查室内供暖系统试运转和调试记录。

2) 检查数量

全数检查。

3) 检查内容

检查施工单位试运转及调试方案，查看供暖系统试运转和调试记录。

9.3 一般项目

9.3.1 供暖系统阀门、过滤器等配件的保温层应密实、无空隙，且不得影响其操作功能。

检验方法：观察检查。

检查数量：按本标准第 3.4.3 条的规定抽检，最小抽样数量不得少于 2 件。

9.3.1【示例或专题】

【技术要点说明】

供暖系统的阀门、仪表等配件应做好保温，保温层应密实、无空隙，且不得影响阀门的操作使用及仪表的观察。

阀门、过滤器和配件保温要求：

所有阀门、过滤器、法兰和其他配件等应按与其联接管道的保温厚度作相同厚度保温处理。阀门的外壳覆盖至阀杆并设有箱盖方便阀门操作；而在邻近接驳法兰两侧的管道保温须整齐地折入，以方便法兰的螺栓装拆。

设备管道上的阀门、法兰及其他可拆卸部件保温两侧应留出螺栓长度加 25mm 的空隙。阀门、法兰部位则应单独进行保温。法兰保温时，保温材料要分块下料，便于将来管道检修。

过滤器向下的滤芯外部要做活体保温，同样以利于检修、拆卸的方便。

为保证保温质量和美观，对弯头、三通、阀门、附件要进行组合件保温。按不同的管径制作模板，按模板对保温材料下料，达到预制成型、现场组装、提高工作效率和保温质量的作用。

遇到三通处应先做主干管，后分支管。凡穿过建筑物保温管道套管与管子四周间隙应用不燃材料填塞紧密。

【实施与检查】

1. 实施

1) 验收人员

参加验收的人员包括：监理工程师、施工单位专职质量检查员、专业工长。

2）验收条件

（1）阀门、过滤器、法兰和其他配件等应方便阀门操作和法兰的螺栓装拆。

（2）阀门保温时要将手柄露在外面，便于手动调节。

（3）过滤器保温、应方便检修、拆卸。穿过建筑物保温管道套管与管子四周间隙保温材料填塞应紧密。

3）验收结论

满足验收条件可以通过验收。该项验收与保温管道验收一起进行。

2. 检查

（1）检查方法

采用抽查、观察检查的方法。

（2）检查数量

分类按本标准第3.4.3条的规定分类抽检，最小抽样数量不得少于2件。

（3）检查内容

抽检配件的保温密实情况，以及保温后的操作性能。

第 10 章　通风与空调节能工程

【概述】本章所涉及的是有关通风与空调系统节能工程施工质量验收的条款，对影响通风与空调系统工程节能的材料、设备的进场检验、性能参数的核查与复验及设备与系统的安装和调试等进行了规定。本章共有 3 节 17 条，其中，第 10.1 节为一般规定，主要对本章的适用范围以及通风与空调节能工程验收的方式进行了规定；第 10.2 节为主控项目，主要对有关节能材料、设备的进场验收和对部分节能材料、设备技术性能参数的核查或复验提出了要求，并对通风与空调系统的安装形式和有关节能材料与设备的施工安装、设备的单机试运转和调试，以及系统的试运转和调试进行了规定；第 10.3 节为一般项目，对空气风幕机的安装和变风量末端装置的动作试验等的验收进行了规定。

本章适用范围所讲的通风与空调系统，包括通风系统、空调风系统、空调水系统。前两者很容易理解和区分，但对于空调系统的水系统，要注意的是除了空调冷热源侧及室外管网以外的空调水系统。

为了保证通风与空调节能工程的施工质量，本章重点对其安装验收的以下四个环节控制进行了严格规定：

一是要求对有关节能材料与设备进行进场验收、核查及复验，依此来保证通风与空调系统所采用的材料与设备是节能的，并符合设计和节能标准要求。材料与设备本身符合节能标准要求，是实现通风与空调系统节能的基本条件。因此，在编制本章时，充分考虑了材料、设备对于整个通风与空调系统节能性能效果的影响。在广泛调研的基础上，结合目前我国通风空调工程施工的实际现状，第 10.2.1 条做出了对通风与空调系统节能工程所使用的设备、管道、自控阀门、仪表、绝热材料等产品进场时应按设计要求对其类型、材质、规格及外观等进行验收，对重要的通风与空调设备的性能参数应进行核查的规定，且验收与核查的结果应经监理工程师（建设单位代表）检查认可，并应形成相应的验收、核查记录。另外，对于各种材料与设备的质量证明文件和相关技术资料，要求齐全并应符合有关现行的国家标准和规定；第 10.2.2 条做出了对绝热材料和风机盘管空调器的性能参数应进行复验，且复验应为见证取样送检的规定。这是本章的特点，也是要求参与施工的各方必须遵守的。

二是要求通风与空调系统的安装形式符合设计要求，以此来保证安装后的通风与空调系统具有节能运行功能，这是实现通风与空调系统节能运行的前提条件。因此，本章的第 10.2.3 条规定通风与空调节能工程中的送、排风系统，空调风系统，空调水系统的安装形式应符合设计要求。

三是要求各种节能设备，特别是自控阀门与仪表、温控装置、冷热量计量装置及水力平衡装置等应按照设计要求安装齐全，并不得随意增减和更换，这是实现通风与空调系统节能运行的必要条件。因此，本标准的第 10.2.7 条也对此进行了明确规定。

四是要求通风与空调系统安装完毕后，必须对通风机和空调机组等设备进行单机试运转和调试，并对系统的风量进行平衡调试，且试运转和调试结果应满足设计要求，这是通风与空调系统节能工程安装达标并通过验收的必备条件。因此，本标准的第 10.2.11 条对此进行了明确规定。

本章只对与通风和空调系统的节能效果有重要影响的绝热材料、风机盘管和空调机组、风机及自控阀门与仪表等的安装等做出了原则性的规定，对于它们及整个通风与空调系统的其他材料与设备的具体安装要求，本标准不再赘述，可按照有关现行国家标准和《通风与空调工程施工质量验收规范》GB 50243—2016 的相关规定执行。

与 2007 年版规范不同的是，本章第 10.1.2 条及第 10.2.12 条为新增项，第 10.2.1 条及第 10.2.2 条内容较 2007 年版规范有修改或补充。

10.1　一般规定

10.1.1　本章适用于通风与空调系统节能工程施工质量验收。

【技术要点说明】

本条明确了本章的适用范围。本条所指的通风系统是指包括风机、消声器、风口、风管、风阀等部件在内的整个送、排风系统。空调系统包括空调风系统和空调水系统，前者是指包括空调末端设备、消声器、风管、风阀、风口等部件在内的整个送、回风系统；后者指除了空调冷热源和其辅助设备与管道及室外管网以外的空调水系统。

10.1.2　通风与空调节能工程施工中应及时进行质量检查，对隐蔽部位在隐蔽前进行验收，并应有详细的文字记录和必要的图像资料，施工完成后应进行通风与空调系统节能分项工程验收。

【技术要点说明】

通风与空调节能工程的隐蔽部位是指当工程完工后，该部位的设备、管道、配件及绝热材料等不显露在外表，一旦出现质量问题后不易发现。因此，本条规定应随施工进度对隐蔽部位及时进行验收。验收标准应符合现行《通风与空调工程施工质量验收规范》GB 50243—2016 的相关规定。

通常主要隐蔽部位检查内容有：地沟和吊顶内部的管道、配件安装及绝热、绝热层附着的基层及其表面处理、绝热材料粘结或固定、绝热板材的板缝及构造节点、热桥部位处理等。

一般由监理工程师、施工单位项目专业质量（技术）负责人、施工单位项目专业质量检查员和专业工长参加验收，对全数产品进行观察检查，判断是否符合规范要求。

满足验收条件的为合格，通过验收；否则为不合格，不能通过验收。验收合格后应形成详细的文字记录和必要的图像资料，填写检查验收记录，验收人员签字应齐全。施工完成后，进行通风与空调系统节能分项工程验收。

10.1.3 通风与空调节能工程验收的检验批划分可按本标准第 3.4.1 条的规定执行，也可按系统或楼层，由施工单位与监理单位协商确定。

【技术要点说明】

本条给出了通风与空调系统节能工程验收的划分原则和方法。

通风与空调系统节能工程的验收，应根据工程的实际情况，结合本专业特点，分别按系统、楼层等进行。

空调冷（热）水系统的验收，一般应按系统分区进行；通风与空调的风系统可按风机或空调机组等各自负担的风系统分别进行验收。

对于系统大且层数多的空调冷（热）水系统及通风与空调的风系统工程，可分别按几个楼层作为一个检验批进行验收。

10.2 主控项目

10.2.1 通风与空调节能工程使用的设备、管道、自控阀门、仪表、绝热材料等产品应进场验收，并应对下列产品的技术性能参数和功能进行核查。验收与核查的结果应经监理工程师检查认可，且应形成相应的验收记录。各种材料和设备的质量证明文件和相关技术资料应齐全，并应符合设计要求和国家现行有关标准的规定。

1 组合式空调机组、柜式空调机组、新风机组、单元式空调机组及多联机空调系统室内机等设备的供冷量、供热量、风量、风压、噪声及功率，风机盘管的供冷量、供热量、风量、出口静压、噪声及功率；

2 风机的风量、风压、功率、效率；

3 空气能量回收装置的风量、静压损失、出口全压及输入功率；装置内部或外部漏风率、有效换气率、交换效率、噪声；

4 阀门与仪表的类型、规格、材质及公称压力；

5 成品风管的规格、材质及厚度；

6 绝热材料的导热系数、密度、厚度、吸水率。

检验方法：观察、尺量检查，核查质量证明文件。

检查数量：全数检查。

【技术要点说明】

通风与空调系统所使用的设备、管道、阀门、仪表、绝热材料等产品是否相互匹配、完好，是决定其节能效果好坏的重要因素。本条是对其进行进场验收的规定，这种进场验收主要是根据设计要求对有关材料和设备的类型、材质、规格及外观等"可视质量"进行检查验收，并应经监理工程师（建设单位代表）核准。进场验收应形成相应的验收记录。事实表明，许多通风与空调工程，由于在产品的采购过程中擅自改变有关设备、绝热材料等的设计类型、材质或规格等，结果造成了设备的外形尺寸偏大、设备重量超重、设备耗电功率大、绝热材料绝热效果差等不良后果，从而给设备的安装和维修带来不便，给建筑物带来安全隐患，并且降低了通风与空调系统的节能效果。

产品的"可视质量"只能反映材料和设备的外观质量，其内在质量则需由各种质量证明文件和技术资料加以证明，故进场验收的一项重要内容是对材料和设备附带的质量证明文件和技术资料进行核查。这些文件和资料应符合国家现行有关标准和规定，并应齐全，主要包括质量合格证明文件、中文说明书及相关性能检测报告等。进口材料和设备还应按规定，进行出入境商品检验合格证明。

为保证通风与空调节能工程的质量，本条规定在有关设备、自控阀门与仪表进场时，应对其热工等技术性能参数进行核查，根据设计要求对其技术资料和相关性能检测报告等给出的热工等技术性能参数进行一一核对和确认，并应形成相应的核查记录。

事实表明，许多空调工程，由于所选用空调末端设备的冷量、热量、风量、风压及功率高于或低于设计要求，而造成了空调系统能耗高或空调效果差等不良后果。

近年来，多联机空调系统被大量使用到工程中，其室内机热工性能也直接影响到节能效果。因此，本次修订增加了对该项的进场验收和核查要求。

成品风管指非现场加工的风管或采购的工业化加工的风管。成品风管进场时应检查其出厂合格证、强度及严密性试验报告等质量证明文件。

双向换气装置和空气—空气回收装置应按照《热回收新风机组》GB/T 21087—2020的要求提供装置的检测报告，报告中应有下列内容：风量、静压损失、出口全压及输入功率；装置内部和外部漏风率、有效换气率、交换效率、凝露、噪声。

【实施与检查】

1. 实施
1）验收人员

在材料、设备、半成品及加工订货进场后，由建设单位项目负责人或监理工程师组织、供应商、专业负责人、施工单位指定人员等参加联合检查验收。

2）验收条件

（1）设备、自控阀门与仪表、成品风管及绝热材料等的外观质量满足设计要求或有关标准的规定。

（2）设备、材料的质量证明文件及检测报告齐全，实际进场数量、规格、材质等满足设计和施工要求。

（3）设备、阀门与仪表的技术性能参数经核查全部符合设计要求。

（4）成品风管的强度和严密性现场抽样测试全部合格。

3）验收结论

满足验收条件的为合格，可以通过验收；否则为不合格，不能通过验收。验收合格后必须形成文字记录，填写进场验收记录和核查记录，验收人员签字应齐全。不合格的材料和设备不得在工程上使用，否则追究当事人责任。

2. 检查

1）检查方法

对实物现场尺量检查，观察其外观质量；对产品质量合格证明文件、中文说明书及相关技术资料和性能检测报告等进行核查，并与实物一一核对，进口材料和设备还应按规定核查其出入境商品检验合格证明；检查有关产品进场验收和核查记录。

2）检查数量

按照本条所规定的内容全数检查。

3）检查内容

（1）设备、材料出厂质量证明文件及检测报告是否齐全。

（2）设备、材料的外观质量是否满足设计要求或有关标准的规定。需注意：合格证明文件必须是中文的表示形式，应具备产品名称、规格、型号，国家质量标准代号，出厂日期，生产厂家的名称、地址，出厂产品检验证明或代号，必要的测试报告。

（3）对于进口产品，必须有商检合格报告。同种材料、同一种规格、同一批生产的要有一份原件，如无原件应有复印件并指明原件存放处。

4）重点检查内容

（1）各类管材应有产品质量证明文件；成品风管应有出厂性能检测报告，如无出厂检测报告，除查看加工工艺以外，还要对进入现场的风管进行强度和严密性试验。

（2）自控阀门、仪表等应有产品质量合格证及相关性能检验报告。

（3）绝热材料应有产品质量合格证和材质检测报告，检测报告必须是有效期内的抽样检测报告。使用到建筑物内的绝热材料还要有防火等级的检验报告。

（4）设备应有产品说明书及安装使用说明书，重点要有技术性能参数，如空调机组等设备的冷量、热量、风量、风压、功率及额定热回收效率，风机的风量、风压、功率。

10.2.2 通风与空调节能工程风机盘管机组和绝热材料进场时，应对其下列性能进行复验，复验应为见证取样检验：

1 风机盘管机组的供冷量、供热量、风量、水阻力、功率及噪声；

2 绝热材料的导热系数或热阻、密度、吸水率。

检验方法：核查复验报告。

检查数量：按结构形式抽检，同厂家的风机盘管机组数量在 500 台及以下时，抽检 2 台；当数量每增加 1000 台时应增加 1 台抽检。同工程项目、同施工单位且同期施工的多个单位工程可合并计算。当符合本标准第 3.2.3 条规定时，检验批容量可以扩大一倍。

同厂家、同材质的绝热材料，复验次数不得少于 2 次。

10.2.2【示例或专题】

【技术要点说明】

通风与空调节能工程中风机盘管机组和绝热材料的用量较多，且其供冷量、供热量、风量、出口静压、噪声、功率、水阻力及绝热材料的导热系数、材料密度、吸水率等技术性能参数是否符合设计要求，会直接影响通风与空调节能工程的节能效果和运行的可靠性。通风与空调节能工程中风机盘管机组和绝热材料的用量较多，且其供冷量、供热量、风量、出口静压、噪声、功率、水阻力及绝热材料的导热系数、材料密度、吸水率等技术性能参数是否符合设计要求，会直接影响通风与空调节能工程的节能效果和运行的可靠性。

《风机盘管机组》GB/T 19232—2019 对风机盘管的分类有：按特征分有单盘管、双盘管；按安装形式分有明装、暗装；按结构形式分有立式、卧式、卡式及壁挂式。实际工程中按照风机盘管不同结构形式进行抽检复验可以做到对其质量的控制。因此，本条规定应按风机盘管机组的结构形式不同进行统计和抽检。

本次修订，对单位工程风机盘管的复验数量进行了调整，是基于 2007 年版规范发布实施以来，促进了风机盘管生产行业加强自身质量控制，产品质量得到了很大的提升，在进场复验时，可以减少复验数量；在修订时，也考虑到了群体建筑，当采用同一厂家的产品时，在保证加工工艺相同的情况下，重复复验，也存在浪费问题。因此，增加了对于由同一施工单位施工的同一建设单位的两个及以上单位工程的要求，当使用同一生产厂家、同批次加工的风机盘管时，为了减少不必要的浪费，不再对每个单位工程单独进行抽检，即：同一个工程项目、同一个施工单位且同施工期施工的多个单位工程（群体建筑），可合并计算。

按照本标准第 3.2.3 条的规定，当获得建筑节能产品认证、具有节能标识或连续三次见证取样检验均一次检验合格时，其检验批的容量可以扩大一倍，其每 500 台为一个检验批，检验批的容量扩大一倍，即 500 台变为 1000 组，不少于 2 台。检验数量相应地减少了，这是鼓励社会约束。

核查风机盘管机组和绝热材料的性能指标是否符合质量证明文件，并核查复验报告。以有无复验报告以及质量证明文件与复验报告是否一致作为验收的判定依据。

【实施与检查】

1. 实施

（1）验收人员

参加验收的人员包括：监理工程师、建设单位项目专业技术负责人、供应商代表、施工单位项目专业质量（技术）负责人。

（2）验收条件

根据标准要求对风机盘管和绝热材料进行了复验，且复验检验（测）报告的结果符合设计要求，并与进场时提供的产品检验（测）报告中的技术性能参数一致。

（3）验收结论

满足验收条件的为合格，可以通过验收；否则为不合格，不能通过验收。验收合格后必须形成文字记录，填写进场复验记录，验收人员签字应齐全。

2. 检查

1）检查方法

核查复验报告的结果是否符合设计要求，是否与进场时提供的产品检验（测）报告中的技术性能参数一致。

2）检查数量

（1）按结构形式抽检，同厂家的风机盘管机组数量在500台及以下时，抽检2台；当数量每增加1000台时应增加1台抽检。同工程项目、同施工单位且同期施工的多个单位工程可合并计算。当符合本标准第3.2.3条规定时，检验批容量可以扩大一倍，由监理监督执行。抽取的风机盘管要有代表性，不同的规格都要抽取。

（2）同一厂家、同材质的绝热材料见证取样送检的次数不得少于2次。抽样应在不同的生产批次中进行。考虑到绝热材料品种的多样性，以及供货渠道的复杂性，抽取不少于2次是比较合理的。现场可以根据工程的大小，在方案中确定抽检的次数，并得到监理的认可，但不得少于2次。对于分批次进场的，抽取的时间可以定在首次大批量进场时以及供货后期；如果是一次性进场，现场应随机抽检不少于2个测试样品进行检验。

3）检查内容

（1）风机盘管机组的供冷量、供热量、风量、水阻力、功率及噪声。

（2）绝热材料的导热系数或热阻、密度、吸水率。

> **10.2.3** 通风与空调节能工程中的送、排风系统及空调风系统、空调水系统的安装，应符合下列规定：
>
> 　1　各系统的形式应符合设计要求；
>
> 　2　设备、阀门、过滤器、温度计及仪表应按设计要求安装齐全，不得随意增减或更换；
>
> 　3　水系统各分支管路水力平衡装置，温度控制装置的安装位置，方向应符合设计要求，并便于数据读取、操作、调试和维护；
>
> 　4　空调系统应满足设计要求的分室（区）温度调控和冷、热计量功能。
>
> 　检验方法：观察检查。
>
> 　检查数量：全数检查。

10.2.3【示例或专题】

【技术要点说明】

为保证通风与空调节能工程中送、排风系统及空调风系统、空调水系统具有节能效果，首先要求工程设计人员将其设计成具有节能功能的系统；其次要求在各系统中要选用节能设备和设置一些必要的自控阀门与仪表，并安装齐全到位。这些要求，必然会增加工程的初投资。因此，有的工程为了降低工程造价，根本不考虑日后的节能运行和减少运行费用等问题，在产品采购或施工过程中擅自改变了系统的形式并去掉一些节能设备和自控阀门与仪表，或将节能设备及自控阀门更换为不节能的设备及手动阀门，导致了系统无法实现节能运行，能耗及运行费用大大增加。为避免上述现象的发生，保证以上各系统的节能效果，本条做出了通风与空调节能工程中送、排风系统及空调风系统、空调水系统的安装形式应符合设计要求的规定，且各种节能设备、阀门、温度计与仪表应全部安装到位，不得随意增加、减少或更换。

水力平衡装置，其作用是可以通过对系统水力分布的调整与设定，保持系统的水力平衡，保证获得预期的空调效果。为使其发挥正常的功能，本条要求其安装位置、方向应正确，并便于调试操作。

空调系统安装完毕后应能实现分室（区）温度调控，一方面是为了通过对各空调场所室温的调节达到舒适度要求；另一方面是为了通过调节室温而达到节能的目的。对有分栋、分室（区）冷、热计量要求的建筑物，要求其空调系统安装完毕后，能够通过冷（热）量计量装置实现冷、热计量，是节约能源的重要手段，按照用冷、热量（或用电量）的多少来计收空调费用，既公平合理，又有利于提高用户的节能意识，这也是目前推广的分项计量的一部分。

【实施与检查】

1. 实施

1）验收人员

参加验收的人员包括：监理工程师、建设单位项目专业技术负责人、施工单位项目专业质量（技术）负责人、施工单位项目专业质量检查员。

2）验收条件

（1）各系统的安装形式均符合设计要求。

（2）相关设备、阀门、过滤器、温度计及仪表等都安装到位齐全。

（3）水系统各分支管路水力平衡装置，温度控制装置的安装位置，方向应符合设计要求，并便于数据读取、操作、调试和维护。

（4）空调系统能够满足设计要求的分室（区）温度调控和冷、热计量功能。

3）验收结论

验收人员根据检查内容对系统进行核查，满足验收条件的为合格，可以通过验收；否则为不合格，不能通过验收。验收合格后必须形成文字记录，填写检查验收记录，验收人员签字应齐全。

2. 检查

1）检查方法

现场实际观察检查。

2）检查数量

对于本条所规定的内容全数检查。

3）检查内容

（1）现场查看通风与空调各系统安装的形式，管道的走向、坡度，管道分支位置，管径等，并与工程设计图纸进行核对。

（2）逐一检查设备、阀门、过滤器、温度计及仪表安装的数量以及安装位置，并与工程设计图纸核对。

（3）检查水系统各分支管路水力平衡装置，温控装置与仪表的安装位置、方向，并与工程设计图纸核对；进行实地操作调试，看是否方便。

（4）检查安装的温控装置和热计量装置，看其能否实现设计要求的分室（区）温度调控及冷、热计量功能。

10.2.4 风管的安装应符合下列规定：

    1 风管的材质、断面尺寸及壁厚应符合设计要求；

    2 风管与部件、建筑风道及风管间的连接应严密、牢固；

    3 风管的严密性检验结果应符合设计和国家现行标准的有关要求；

    4 需要绝热的风管与金属支架的接触处，需要绝热的复合材料风管及非金属风管的连接处和内部支撑加固处等，应有防热桥的措施，并应符合设计要求。

    检验方法：观察、尺量检查；核查风管系统严密性检验记录。

    检查数量：按本标准第 3.4.3 条的规定抽检，风管的严密性检验最小抽样数量不得少于 1 个系统。

10.2.4【示例或专题】

【技术要点说明】

    制定本条的目的是为了保证通风与空调系统所用风管的质量和风管系统安装严密，以减少因漏风和热桥作用等带来能量损失，保证系统安全可靠地运行。

    工程实践表明，许多通风与空调工程中的风管并没有严格按照设计和国家现行有关标准的要求去制作和安装，造成了风管品质差、断面积小、厚度薄等不良现象，严重影响了风管系统的安全运行。

    风管与部件、风管与土建风道及风管间的连接应严密、牢固，是减少系统漏风量，保证风管系统安全、正常、节能运行的重要措施。对于风管的严密性，《通风与空调工程施工质量验收规范》GB 50243—2016 第 4.2.1 条要求，必须通过工艺性地检测或验证，并应符合设计要求或下列规定：

    （1）矩形风管的允许漏风量应符合：

低压系统风管 $Q_L \leqslant 0.1056 P^{0.65}$

中压系统风管 $Q_M \leqslant 0.0352 P^{0.65}$

高压系统风管 $Q_H \leqslant 0.0117 P^{0.65}$

式中，Q_L、Q_M、Q_H 为系统风管在相应工作压力下，单位面积风管单位时间内的允许漏风量 $[m^3/(h \cdot m^2)]$；P 指风管系统的工作压力（Pa）。

    （2）低压、中压圆形金属与复合材料风管以及采用非法兰形式的非金属风管的允许漏风量，应为矩形金属风管规定值的 50%。

    （3）砖、混凝土风道的允许漏风量不应大于矩形低压系统风管规定值的 1.5 倍。

    （4）排烟、除尘、低温送风及变风量空调系统风管的严密性应符合中压风管的规定，N1～N5 级净化空调系统风管的严密性应符合高压风管的规定。

    风管系统的严密性测试，是根据通风与空调工程发展需要而决定，它与国际上技术先进国家的标准要求相　致。同时，风管系统的漏风量测试又是一件在操作上具有一定难度的工作。测试需要一些专业的检测仪器、仪表和设备，还需要对系统中的开口进行封堵，并要与工程的施工进度及其他工种施工相协调。因此，根据《通风与空调工程施工质量验收规范》GB 50243—2016 的有关规定，结合我国通风与空调工程施工的实际情况，将工程的风管系统严密性的检验分为三个等级，分别规定了抽检数量和方法：

（1）高压风管系统的泄漏，对系统的正常运行会产生较大的影响，应进行全数检测。

（2）中压风管系统大都为低级别的净化空调系统、恒温恒湿与排烟系统等，对风管的质量有较高的要求，应进行系统漏风量的抽查检测。

（3）低压系统在通风与空调工程中占有最大的数量，大都为一般的通风、排气和舒适性空调系统。随着国家节能减碳政策的不断深入，通风空调风系统作为能耗较大的设备系统，严格控制风管系统漏风量，提高能源利用率，对建筑双碳目标的实现具有重要意义。因此，不再用漏光法作为检验低压风管严密性的方法，而采用漏风量测试方法进行抽样检测。

（4）N1～N5级的净化空调系统风管的过量泄漏，会严重影响洁净度目标的实现，故规定以高压系统的要求进行验收。

防热桥的措施一般是在需要绝热的风管与金属支、吊架之间设置绝热衬垫（承压强度能满足管道重量的不燃、难燃硬质绝热材料或经防腐处理的木衬垫），其厚度不应小于绝热层厚度，宽度应大于支、吊架支承面的宽度。衬垫的表面应平整，衬垫与绝热材料间应填实无空隙；复合风管及需要绝热的非金属风管的连接和内部支撑加固处的热桥，通过外部敷设的符合设计要求的绝热层就可防止产生。

风管的安装正确与否不仅关系到空调风系统能否安全使用，而且也决定了系统节能效果的优劣。因此，应对风管的安装进行检查和验收。

【实施与检查】

1. 实施

1）验收人员

参加验收的人员包括：监理工程师、施工单位项目专业质量（技术）负责人、施工单位项目专业质量检查员、专业工长等。

2）验收条件

（1）风管的材质、断面尺寸及厚度符合设计要求。

（2）风管与部件、风管与土建风道及风管间的连接严密、牢固。

（3）风管系统、漏风量测试结果，符合设计或现行国家标准《通风与空调工程施工质量验收规范》GB 50243—2016 的有关规定。

（4）需要绝热的风管与金属支架的接触处、复合风管及需要绝热的非金属风管的连接和内部支撑加固等处，有防热桥的措施，并符合设计要求。

3）验收结论

验收人员根据检查内容对风管的安装进行检查，满足验收条件的为合格，可以通过验收，验收合格后必须形成文字记录，填写检查验收记录，验收人员签字应齐全。否则不能通过验收，必须重新修复，直至符合验收条件后方可使用。

2. 检查

1）检查方法

抽查、观察、尺量检查；核查风管及风管系统严密性检验记录。

2）检查数量

按本标准第3.4.3条的规定抽检，风管的严密性检验最小抽样数量不得少于1个系统。

需要说明的是，因本条对风管与风管系统严密性检验的内容在《通风与空调工程施工质量验收规范》GB 50243—2016 中已有规定，且要求按风管系统的类别和材质分别抽查。因此，在本标准中，对于风管与风管系统严密性检验，不再规定按系统类别和材质分别抽查。本条之所以这样规定，是因为对风管与风管系统的严密性检验是一项较为复杂的工作，特别是对架空或隐蔽安装的风管系统来说，进行这项工作就更困难了，所以应尽量减少其工作量。但是，由于风管与风管系统的严密性对通风与空调系统的节能效果影响很大，所以，对其检验又是一项必须进行的工作。

3）检查内容

（1）风管的材质、断面尺寸及厚度。

（2）风管与部件、风管与土建风道及风管间的连接情况。

（3）核查已检验过风管及风管系统的严密性检验记录。

（4）绝热风管防热桥的措施。

10.2.5 组合式空调机组、柜式空调机组、新风机组、单元式空调机组的安装应符合下列规定：

1 规格、数量应符合设计要求；

2 安装位置和方向应正确，且与风管、送风静压箱、回风箱、阀门的连接应严密可靠；

3 现场组装的组合式空调机组各功能段之间连接应严密，其漏风量应符合现行国家标准《组合式空调机组》GB/T 14294 的有关要求；

4 机组内的空气热交换器翅片和空气过滤器应清洁、完好，且安装位置和方向正确，并便于维护和清理。

检验方法：观察检查；核查漏风量测试记录。

检查数量：全数检查。

10.2.5【示例或专题】

【技术要点说明】

对组合式空调机组、柜式空调机组、新风机组、单元式空调机组安装的验收质量做出如下规定：

（1）组合式空调机组、柜式空调机组、单元式空调机组是空调系统中的重要末端设备，其规格、台数是否符合设计要求，将直接影响其能耗大小和空调场所的空调效果。事实表明，许多工程在安装过程中擅自更改了空调末端设备的台数，其后果是或因设备台数增多造成设备超重而给建筑物安全带来隐患及能耗增大，或因设备台数减少及规格与设计不符等而造成了空调效果不佳。因此，本条对此进行了强调。

（2）本条对各种空调机组的安装位置和方向的正确性提出了要求，并要求机组与风管、送风静压箱、回风箱的连接应严密可靠，其目的是为了减少管道交叉、方便施工、减少漏风量，进而保证工程质量，满足使用要求，降低能耗。

（3）一般大型空调机组由于体积大，不便于整体运输，常采用散装或组装功能段运至现场进行整体拼装的施工方法。由于加工质量和组装水平的不同，组装后机组的密封性能存在较大的差异，严重的漏风量不仅影响系统的使用功能，而且会增加能耗；同时，空调机组的漏风量测试也是工程设备验收的必要步骤之一。因此，现场组装的机组在安装完毕后，应进行漏风量的测试。

（4）空气热交换器翅片在运输与安装过程中被损坏和沾染污物，会增加空气阻力，影响热交换效率，增加系统的能耗。

【实施与检查】

1. 实施

1）验收人员

参加验收的人员包括：监理工程师、施工单位项目专业质量（技术）负责人、施工单位项目专业质量检查员、专业工长等。

2）验收条件

（1）安装的各种空调机组的规格、数量均符合设计要求。

（2）安装位置和方向正确，且与风管、送风静压箱、回风箱的连接严密可靠。

（3）现场组装的组合式空调机组各功能段之间连接严密，漏风量符合现行国家标准《组合式空调机组》GB/T 14294—2008 的规定。

（4）机组内的空气热交换器翅片和空气过滤器清洁、完好，且安装位置和方向正确，并便于维护和清理。

3）验收结论

满足验收条件的为合格，可以通过验收；否则为不合格，不能通过验收。验收合格后必须形成文字记录，填写检查验收记录，验收人员签字应齐全。

2. 检查

1）检查方法

抽查、观察检查；核查漏风量测试记录。

2）检查数量

对于本条所规定的内容全数检查。

3）检查内容

（1）各种空调机组的规格、数量。

（2）各种空调机组安装位置和方向，与风管、送风静压箱、回风箱的连接。

（3）现场组装的组合式空调机组的漏风量。

（4）机组内的空气热交换器翅片和空气过滤器清洁、完好性，安装位置和方向是否正确并便于维护和清理。检查过滤器的初阻力参数。

10.2.6 带热回收功能的双向换气装置和集中排风系统中的能量回收装置的安装应符合下列规定：

1　规格、数量及安装位置应符合设计要求；

2　进、排风管的连接应正确、严密、可靠；

3　室外进、排风口的安装位置、高度及水平距离应符合设计要求。

检验方法：观察检查。

检查数量：全数检查。

10.2.6【示例或专题】

【技术要点说明】

在建筑物的空调负荷中,新风负荷所占比例较大,一般占空调总负荷的 20%~30%。为保证室内环境卫生,空调运行时要排走室内部分空气,必然会带走部分能量,而同时又要投入能量对新风进行处理。如果在系统中安装能量回收装置,用排风中的能量来处理新风,就可减少处理新风所需的能量,降低机组负荷,提高空调系统的经济性。

在选择热回收装置时,应当结合当地气候条件、经济状况、工程的实际状况、排风中有害气体的情况等多种因素综合考虑,以确定选用合适的热回收装置,从而达到花较少的投资,回收较多热(冷)量的目的。换热器的布置形式和气流方式对换热性能也有影响,热回收系统设计要充分考虑其安装尺寸、运行的安全可靠性以及设备配置的合理性,同时还要保证热回收系统的清洁度。热回收设备可以与不同的系统结合起来使用,利用冷凝热,以节约能源。目前热回收设备主要有两类:一类是间接式,如热泵等;第二类是直接式,常见的有转轮式、板翅式、热管式和热回路式等,是利用热回收换热器回收能量。

由于节能的需要,热回收装置在许多空调系统工程中被应用。在施工安装时,要求双向换气装置和排风热回收装置的规格、数量应符合设计规定,这是为了保证对系统排风的热回收效率(全热和显热)不低于 60%;同时,对它的安装和进、排风口位置、高度、水平距离及接管等应正确,这是为了防止功能失效和污浊的排风对系统的新风引起污染。

为了使装置更好地发挥其节能的运行特性,依据国家标准《通风与空调工程施工质量验收规范》GB 50243—2016 的有关规定,对带热回收功能的双向换气装置和集中排风系统中的能量回收装置的安装进行检查。

【实施与检查】

1. 实施

1) 验收人员

参加验收的人员包括:监理工程师、施工单位项目专业质量(技术)负责人、施工单位项目专业质量检查员、专业工长等。

2) 验收条件

(1) 规格、数量及安装位置应符合设计要求。

(2) 进、排风管的连接应正确、严密、可靠。

(3) 室外进、排风口的安装位置、高度及水平距离应符合设计要求,偏差在±20mm以内。

3) 验收结论

满足验收条件的为合格,可以通过验收;否则为不合格,不能通过验收。验收合格后必须形成文字记录,填写检查验收记录,验收人员签字应齐全。

2. 检查

1) 检查方法

抽查、观察、尺量检查。

2）检查数量

对于本条所规定的内容全数检查。

3）检查内容

（1）检查所安装的设备的规格、数量及安装位置。

（2）进、排风管的连接情况。

（3）检查室外进、排风口的安装位置，测量其安装高度及水平距离。

10.2.7【示例或专题】

10.2.7　空调机组、新风机组及风机盘管机组水系统自控阀门与仪表的安装应符合下列规定：

　　1　规格、数量应符合设计要求；

　　2　方向应正确，位置应便于读取数据、操作、调试和维护。

　　检验方法：观察检查。

　　检查数量：按本标准第 3.4.3 条的规定抽检，并不少于 10 个。

【技术要点说明】

　　在空调系统中设置自控阀门和仪表，是实现系统节能运行的必要条件。当空调场所的空调负荷发生变化时，动态平衡电动两通（调节）阀可以根据已设定的室温通过调节流经空调机组的水流量，使空调冷热水系统实现变流量的节能运行；水力平衡装置，可以通过对系统水力分布的设定与调节，保持系统的水力平衡，保证获得预期的空调效果；冷（热）量计量装置，是实现量化管理、节约能源的重要手段，按照用冷、热量的多少来计收空调费用，既公平合理，又有利于提高用户的节能意识。

　　工程实践表明，许多工程为了降低造价，不考虑日后的节能运行和减少运行费用等问题，未经设计人员同意，就擅自去掉一些自控阀门与仪表，或将自控阀门更换为不具备主动节能功能的手动阀门，或将平衡阀、热计量装置去掉；有的工程虽然安装了自控阀门与仪表，但是其进、出口方向和安装位置却不符合产品及设计要求。这些不良做法，导致了空调系统无法进行节能运行和水力平衡及冷（热）量计量，能耗及运行费用大大增加。为避免上述现象的发生，本条对此进行了强调。

【实施与检查】

　　1. 实施

　　1）验收人员

　　参加验收的人员包括：监理工程师、施工单位项目专业质量（技术）负责人、施工单位项目专业质量检查员、专业工长。

　　2）验收条件

　　（1）空调机组和新风机组回水管上的动态平衡电动两通调节阀、风机盘管机组回水管上的动态平衡电动两通（调节）阀、空调冷热水系统中的水力平衡阀、冷（热）量计量装置等自控阀门与仪表的安装的规格、数量应符合设计要求。

　　（2）自控阀门与仪表的安装方向应正确，位置应便于观察、操作、调试和维护。

3）验收结论

满足验收条件的为合格，可以通过验收；否则为不合格，不能通过验收。验收合格后必须形成文字记录，填写检查验收记录，验收人员签字应齐全。

2. 检查

1）检查方法

抽查、观察、尺量检查。

2）检查数量

按本标准第3.4.3条的规定抽检，并不少于10个。

3）检查内容

（1）检查自控阀门与仪表的规格、数量是否符合设计要求。

（2）检查自控阀门与仪表安装的方向是否正确，位置是否便于观察、操作、调试和维护。

10.2.8 空调风管系统及部件的绝热层和防潮层施工应符合下列规定：

1 绝热材料的燃烧性能、材质、规格及厚度等应符合设计要求。

2 绝热层与风管、部件及设备应紧密贴合，无裂缝、空隙等缺陷，且纵、横向的接缝应错开。

3 绝热层表面应平整，当采用卷材或板材时，其厚度允许偏差为5mm；采用涂抹或其他方式时，其厚度允许偏差为10mm。

4 风管法兰部位绝热层的厚度，不应低于风管绝热层厚度的80%。

5 风管穿楼板和穿墙处的绝热层应连续不间断。

6 防潮层（包括绝热层的端部）应完整，且封闭良好，其搭接缝应顺水。

7 带有防潮层隔汽层绝热材料的拼缝处，应用胶带封严，粘胶带的宽度不应小于50mm。

8 风管系统阀门等部件的绝热，不得影响其操作功能。

检验方法：观察检查；用钢针刺入绝热层、尺量。

检查数量：按本标准第3.4.3条的规定抽检，最小抽样数量绝热层不得少于10段、防潮层不得少于10m、阀门等配件不得少于5个。

10.2.9 空调水系统管道、制冷剂管道及配件绝热层和防潮层的施工，应符合下列规定：

1 绝热材料的燃烧性能、材质、规格及厚度等应符合设计要求。

2 绝热管壳的捆扎、粘贴应牢固，铺设应平整。硬质或半硬质的绝热管壳每节至少应用防腐金属丝、耐腐蚀织带或专用胶带捆扎2道，其间距为300mm～350mm，且捆扎应紧密，无滑动、松弛及断裂现象。

3 硬质或半硬质绝热管壳的拼接缝隙，保温时不应大于5mm、保冷时不应大于2mm，并用粘结材料勾缝填满；纵缝应错开，外层的水平接缝应设在侧下方。

10.2.9【示例或专题】

4　松散或软质保温材料应按规定的密度压缩其体积，疏密应均匀，搭接处不应有空隙。

5　防潮层与绝热层应结合紧密，封闭良好，不得有虚粘、气泡、褶皱、裂缝等缺陷。

6　立管的防潮层应由管道的低端向高端敷设，环向搭接缝应朝向低端；纵向搭接缝应位于管道的侧面，并顺水。

7　卷材防潮层采用螺旋形缠绕的方式施工时，卷材的搭接宽度宜为 30mm～50mm。

8　空调冷热水管穿楼板和穿墙处的绝热层应连续不间断，且绝热层与穿楼板和穿墙处的套管之间应用不燃材料填实不得有空隙；套管两端应进行密封封堵。

9　管道阀门、过滤器及法兰部位的绝热应严密，并能单独拆卸，且不得影响其操作功能。

检验方法：观察检查；用钢针刺入绝热层、尺量。

检查数量：按本标准第 3.4.3 条的规定抽检，最小抽样数量绝热层不得少于 10 段、防潮层不得少于 10m，阀门等配件不得少于 5 个。

【技术要点说明】

第 10.2.8 条和第 10.2.9 条涉及的都是管道绝热方面的问题，对空调风、水系统管道及其部、配件绝热层和防潮层施工的基本质量要求做出了规定。

绝热节能效果的好坏除了与绝热材料的材质、密度、导热系数、热阻等有着密切的关系外，还与绝热层的厚度有直接的关系。绝热层的厚度越大，热阻就越大，管道的冷（热）损失也就越少，绝热节能效果就好。工程实践表明，许多空调工程因绝热层的厚度等不符合设计要求，而降低了绝热材料的热阻，导致绝热失败，浪费了大量的能源。室内空调风管的绝热层最小热阻可按表 10-1 选用；空调冷热水管的绝热厚度，应按现行国家标准《设备及管道绝热设计导则》GB/T 8175—2008 的经济厚度和防表面结露厚度的方法计算。建筑物室内空调冷热水管道的最小绝热厚度，可按照表 10-2 和表 10-3 选用，蓄冷设备保冷厚度可按对应介质温度最大口径管道的保冷厚度再增加 5～10mm 选用。

室内空调风管绝热层最小热阻　　　　　　　　　　表 10-1

风管类型	适用介质温度（℃）		最小热阻 $R[(m^2 \cdot K)/W]$
	冷介质最低温度	热介质最高温度	
一般空调风管	15	30	0.81
低温风管	6	39	1.14

室内空调冷水管道最小绝热层厚度（介质温度≥5℃）（mm）　　　　表10-2

地区	柔性泡沫橡塑		玻璃棉管壳	
	管径	厚度	管径	厚度
较干燥地区	≤DN40	19	≤DN32	25
	DN50～DN150	22	DN40～DN100	30
	≥DN200	25	DN125～DN900	35
较潮湿地区	≤DN25	25	≤DN25	25
	DN32～DN50	28	DN32～DN80	30
	DN70～DN150	32	DN100～DN400	35
	≥DN200	36	≥DN450	40

室内空调冷水管道最小绝热层厚度（介质温度≥－10℃）（mm）　　　　表10-3

地区	柔性泡沫橡塑		聚氨酯发泡	
	管径	厚度	管径	厚度
较干燥地区	≤DN32	28	≤DN32	25
	DN40～DN80	32	DN40～DN150	30
	DN100～DN200	36	≥DN200	35
	≥DN250	40	—	—
较潮湿地区	≤DN50	40	≤DN50	35
	DN70～DN100	45	DN70～DN125	40
	DN125～DN250	50	DN150～DN500	45
	DN300～DN2000	55	≥DN600	50
	≥DN2100	60	—	—

从防火的角度出发，绝热材料应尽量采用不燃的材料。但是，从我国目前生产的绝热材料品种构成、绝热的使用效果、性能等诸多条件来对比，难燃材料还有其相对的长处，在工程中还占有一定的比例。无论是国内，还是国外，都发生过空调工程中的绝热材料，因防火性能不符合设计要求被引燃后而造成恶果的案例。因此，风管和空调水系统管道的绝热应采用不燃或难燃材料，其材质、密度、导热系数、规格与厚度等应符合设计要求。

空调风管和冷热水管穿楼板和穿墙处的绝热层应连续不间断，均是为了保证绝热效果，以防止产生凝结水并导致能量损失；绝热层与穿楼板和穿墙处的套管之间应用不燃材料填实不得有空隙、套管两端应进行密封封堵，是处于防火、防水及隔声的考虑；空调风管系统部件的绝热不得影响其操作功能，以及空调水管道的阀门、过滤器及法兰部位的绝热结构应能单独拆卸且不得影响其操作功能，均是为了方便维修保养和运行管理。

通过调研，许多工程的绝热层在套管中是间断的，有的没有用不燃材料填实，套管两端也没有进行密封封堵，其主要原因是由于套管设置的型号小造成的。所以，要保证空调风管和冷热水管穿楼板和穿墙处的绝热层连续不间断，套管的尺寸就要大于绝热完成后的管道直径，同时在施工时，也要保证该处管道的防潮层、保护层完善。

【实施与检查】

1. 实施

1）验收人员

因为绝热层的施工对节能影响尤为突出，所以对其施工应单独验收。

参加验收的人员包括：监理工程师、施工单位项目专业质量（技术）负责人、施工单位项目专业质量检查员、专业工长。

2）验收条件

（1）所有绝热材料为不燃或难燃材料，其材质、规格及厚度等符合设计要求。厚度不得有负偏差，允许有正偏差。

（2）绝热管壳的粘贴牢固，铺设应平整。硬质或半硬质的绝热管壳每节至少用防腐金属丝或难腐织带或专用胶带进行捆扎或粘贴2道，其间距在300～350mm之内，且捆扎、粘贴紧密，无滑动、松弛与断裂现象。采用胶带时，没有脱胶现象。

（3）硬质或半硬质绝热管壳的拼接缝隙保温时不应大于5mm、保冷时不应大于2mm，并用粘结材料勾缝填满；纵缝应错开，外层的水平接缝均设在侧下方。

（4）松散或软质绝热材料疏密应均匀。毡类材料在管道上包扎时，搭接处没有空隙。

（5）防潮层紧密粘贴在绝热层上，封闭良好，不得有虚粘、气泡、褶皱、裂缝等缺陷。

（6）防潮层的立管由管道的低端向高端敷设，环向搭接缝朝向低端；对于横管道纵向搭接缝均位于管道的侧面，并顺水。

（7）卷材防潮层采用螺旋形缠绕的方式施工时，卷材的搭接宽度均为30～50mm。

（8）管道阀门、过滤器及法兰部位的绝热层结构严密，且能单独拆卸并不得影响其操作功能。

（9）空调冷热水管穿楼板和穿墙处的绝热层连续不间断，且绝热层与穿楼板和穿墙处的套管之间用不燃材料填实没有空隙、套管两端密封严密。

3）验收结论

满足验收条件为合格，可以通过验收；否则为不合格，不能通过验收。验收合格后必须形成文字记录，填写检查验收记录，验收人员签字应齐全。

2. 检查

1）检查方法

抽查、观察检查，对被抽查部位用钢针刺入保温层，尺量检查其厚度，必要时剖开保温层检查。

2）检查数量

按本标准第3.4.3条的规定抽检，最小抽样数量绝热层不得少于10段、防潮层不得少于10m、阀门等配件不得少于5个。

3）检查内容

（1）检查绝热层防火检测报告；检查施工完成后的绝热材料材质、规格及厚度。

（2）对于绝热管壳，用手扳，检查粘贴和捆扎得是否牢固、紧密，观察表面平整度。

（3）对于硬质或半硬质的绝热管壳，检查拼接缝隙情况。

（4）如绝热材料采用松散或软质绝热材料时，按其密度要求检查其疏密度。毡类绝热材料在管道上包扎时，其搭接处是否有空隙。

（5）检查防潮层的施工顺序、搭接缝朝向及其密封和平整情况。

（6）检查穿楼板和穿墙处的绝热层是否连续不间断，检查绝热层与穿楼板和穿墙处的套管之间是否用不燃材料填实、套管两端是否进行了密封封堵。

（7）检查管道阀门、过滤器及法兰部位的绝热层结构，实际操作绝热层结构是否能单独拆卸。

10.2.10 空调冷热水管道及制冷剂管道与支、吊架之间应设置绝热衬垫，其厚度不应小于绝热层厚度，宽度应大于支、吊架支承面的宽度。衬垫的表面应平整，衬垫与绝热材料之间应填实无空隙。

　　检验方法：观察检查、尺量。

　　检查数量：按本标准第3.4.3条的规定抽检，最小抽样数量不得少于5处。

10.2.10【示例或专题】

【技术要点说明】

本条是参照《通风与空调工程施工质量验收规范》GB 50243—2016第9.3.5条第3款进行规定的。

在空调水系统的冷热水管道与支、吊架之间应设置绝热衬垫（承压强度能满足管道重量的不燃、难燃硬质绝热材料或经防腐处理的木衬垫），是防止产生热桥作用而造成能量损失的重要措施。

通过调研，许多空调工程的冷热水管道与支、吊架之间由于没有设置绝热衬垫，或设置不合格的绝热衬垫，造成管道与支、吊架直接接触而形成了热桥，导致了能量损失并且产生了凝结水。因此，本条对空调水系统的冷热水管道与支、吊架之间应设置绝热衬垫进行了强调，目的也是为了让施工、监理及验收人员在通风与空调节能工程的施工和验收过程中，对此给予高度重视。

【实施与检查】

1. 实施

1）验收人员

参加验收的人员包括：监理工程师、施工单位项目专业质量（技术）负责人、施工单位项目专业质量检查员、专业工长。

2）验收条件

（1）所抽查的支、吊架必须全部设置绝热衬垫，尺量其厚度不小于绝热层厚度，宽度大于支、吊架支承面的宽度。

（2）观察衬垫的表面平整，无明显凹凸，衬垫与绝热材料间填实无空隙。

3）验收结论

所抽查的支、吊架的绝热衬垫全部符合验收条件为合格，可以通过验收；否则为不合格，不能通过验收。验收合格后必须形成文字记录，填写检查验收记录，验收人员签字应齐全。

2.检查

1）检查方法

抽查、观察、尺量检查。

2）检查数量

按本标准第 3.4.3 条的规定抽检，最小抽样数量不得少于 5 处。

3）检查内容

(1) 检查是否设置绝热衬垫，尺量绝热衬垫的厚度、宽度。

(2) 观察衬垫与绝热材料间空隙。

10.2.11　通风与空调系统安装完毕，应进行通风机和空调机组等设备的单机试运转和调试，并应进行系统的风量平衡调试，单机试运转和调试结果应符合设计要求；系统的总风量与设计风量的允许偏差不应大于 10%，风口的风量与设计风量的允许偏差不应大于 15%。

　　检验方法：核查试运转和调试记录。

　　检查数量：全数检查。

10.2.11【示例或专题】

【技术要点说明】

　　本条是参照《通风与空调工程施工质量验收规范》GB 50243—2016 第 11.2.1 条、第 11.2.2 条、第 11.2.3 条以及第 11.3.2 条第 1 款的有关内容编制的。通风与空调节能工程安装完工后，为了达到系统正常运行和节能的预期目标，规定必须进行通风机和空调机组等设备的单机试运转和调试及系统的风量平衡调试。且试运转和调试结果应符合设计要求，并应满足本标准表 17.2.2 中第 2~3 项的规定。

　　通风与空调工程的节能效果好坏，是与系统调试紧密相关的。通过调研发现，许多工程的施工没有严格执行《通风与空调工程施工质量验收规范》GB 50243—2016 的有关条文规定，或根本不进行调试。许多施工安装单位，连最起码的风量测试仪器都没有，对风量不能进行测试，也就无法保证系统达到平衡，结果造成系统冷热不均，这是系统运行高能耗的原因之一。

　　通风与空调节能工程完工后的系统调试，应以施工企业为主，监理单位监督，设计单位、建设单位参与配合。设计单位的参与，除应提供工程设计的参数外，还应对调试过程中出现的问题提出明确的处理意见。监理、建设单位参加调试，既可起到工程的协调作用，又有助于工程的管理和质量的验收。

　　对有的施工企业，如果不具备工程系统调试的能力，则可以将调试工作委托给具有相应调试能力的其他单位或施工企业进行。

　　通风与空调工程的调试，首先应编制调试方案。调试方案可指导调试人员按规定的程序、正确方法与进度实施调试；同时，也利于监理对调试过程的监督。通风与空调工程的系统调试是一项技术性很强的工作，调试的质量会直接影响到工程系统功能的实现及节能效果，必须认真做好。

【实施与检查】

1. 实施

1）验收人员

参加验收的人员包括：监理工程师、建设单位项目专业技术负责人、施工单位项目专业质量（技术）负责人、施工单位项目专业质量检查员、专业工长。

2）验收条件

（1）单机试运转和调试结果应符合设计要求。

（2）系统的总风量与设计风量的允许偏差不应大于10%，风口的风量与设计风量的允许偏差不应大于15%。

3）验收结论

调试结果符合验收条件为合格，可以通过验收；调试结果任何一处超出允许偏差为不合格，不得通过验收。验收合格后，填写验收记录，验收人员签字应齐全。

2. 检查

（1）检查方法

实地观察检查试运转及调试过程，并核查有关设备和系统的试运转和调试记录。

（2）检查数量

对于本条所规定的内容全数检查。

（3）检查内容

检查施工单位对通风机和空调机组等设备及系统的试运转和调试方案，观察调试情况，核查有关设备和系统的试运转及调试记录。

10.2.12 多联机空调系统安装完毕后，应进行系统的试运转与调试，并应在工程验收前，进行系统运行效果检验，检验结果应符合设计要求。

　　检验方法：核查系统试运行和调试及系统运行效果检验记录。

　　检查数量：全数检查。

10.2.12【示例或专题】

【技术要点说明】

多联式空调系统（又叫变制冷剂流量空调系统），俗称"一拖多"，指的是一台室外机通过配管连接两台及以上室内机，室外侧采用风冷换热形式、室内侧采用直接蒸发换热形式的一次制冷剂空调系统。

与传统的中央空调系统相比，多联机空调系统不用专设空调机房，具有运行可靠，使用灵活方便，且便于计量等优点，被广泛应用于中小型建筑中。

根据《多联机空调系统工程技术规程》JGJ 174—2010的有关规定，多联机空调系统安装完成后应进行系统调试，系统工程验收前，应进行系统运行效果检验。多联机空调系统工程空调系统的调试运转、检验及验收应符合现行国家标准《通风与空调工程施工质量验收规范》GB 50243—2016的有关规定。系统调试所使用的测量仪器和仪表，性能应稳定可靠，其精度等级及最小分度值应满足测试要求，并应符合国家现行有关计量法规及检定标准的规定。

【实施与检查】

1. 实施
（1）验收人员
参加验收的人员包括：监理工程师、建设单位项目专业技术负责人、施工单位项目专业质量（技术）负责人、施工单位项目专业质量检查员、专业工长。
（2）验收条件：系统运行效果检验结果符合设计要求。
（3）验收结论
调试结果符合验收条件为合格，可以通过验收；调试结果任何一处超出允许偏差为不合格，不得通过验收。验收合格后，填写验收记录，验收人员签字应齐全。

2. 检查
1）检查方法
核查系统试运行和调试及系统运行效果检验记录。
2）检查数量
对于本条所规定的内容全数检查。
3）检查内容
试运转中应按要求检查以下项目，并做好记录：
（1）吸排气的压力和温度。
（2）载冷剂的温度（适用时）。
（3）各运动部件有无异常声响，各连接和密封部位有无松动、漏气、漏油等现象。
（4）电动机的电压、电流和温升。
（5）能量调节装置的动作是否灵敏、准确。
（6）各安全保护继电器的动作是否灵敏、准确。
（7）机器的噪声和振动。

10.3　一般项目

10.3.1　空气风幕机的规格、数量、安装位置和方向应正确，垂直度和水平度的偏差均不应大于2/1000。
检验方法：观察检查。
检查数量：全数检查。

【技术要点说明】

空气风幕机的作用是通过其出风口送出具有一定风速的气流并形成一道风幕屏障，来阻挡由于室内外温差而引起的室内外冷（热）量交换，以此达到节能的目的。带有电热装

229

置或能通过热媒加热送出热风的空气风幕机，被称作热空气幕。公共建筑中的空气风幕机，一般应安装在经常开启且不设门斗及前室外门的上方，并且宜采用由上向下的送风方式，出口风速应通过计算确定，一般不宜大于6m/s。空气风幕机的台数，应保证其总长度略大于或等于外门的宽度。

实际工程中，经常发现安装的空气风幕机其规格和数量不符合设计要求，安装位置和方向也不正确。如：有的设计选型是热空气幕，但安装的却是一般的自然风空气风幕机；有的安装在内门的上方，起不到应有的作用；有的采用暗装，但却未设置回风口，无法保证出口风速；有的总长度小于外门的宽度，难以阻挡屏障全部的室内外冷（热）量交换，节能效果不明显。

【实施与检查】

1. 实施

1）验收人员

参加验收的人员包括监理工程师、建设单位项目专业技术负责人、施工单位项目专业质量（技术）负责人、施工单位项目专业质量检查员、专业工长。

2）验收条件

（1）空气风幕的规格、数量符合设计要求。

（2）空气风幕的安装位置及方向正确，垂直度和水平度的偏差均不大于2/1000。

3）验收结论

满足验收条件的为合格，通过验收；否则为不合格，不能通过验收。验收合格后必须形成文字记录，填写检查验收记录，验收人员签字应齐全。

2. 检查

1）检查方法

观察检查。

2）检查数量

全数检查。

3）检查内容

（1）空气风幕的规格、数量、安装位置和方向是否正确。

（2）纵向垂直度和横向水平度是否符合标准要求。

10.3.2 变风量末端装置与风管连接前应做动作试验，确认运行正常后再进行管道连接。

　　检验方法：观察检查。

　　检查数量：按总数量抽查10%，且不得少于2台。

【技术要点说明】

变风量末端装置是变风量空调系统的主要部件，其规格和技术性能参数是否符合技术要求、动作是否可靠，将直接关系到变风量空调系统能否正常运行和节能效果的好坏，最终影响空调效果。因此，求变风量末端装置与风管连接前宜做动作实验，确认运行正常后再进行管道连接。

【实施与检查】

1. 实施

1）验收人员

参加验收的人员包括监理工程师、建设单位项目专业技术负责人、施工单位项目专业质量（技术）负责人、施工单位项目专业质量检查员、专业工长。

2）验收条件

（1）变风量末端装置的规格、数量符合设计要求。

（2）变风量末端装置的一次风阀动作灵敏可靠，风机能根据信号要求运转，叶轮选择方向正确，运转平稳，不应有异常振动与声响。

3）验收结论

满足验收条件的为合格，通过验收；否则为不合格，不能通过验收。验收合格后必须形成文字记录，填写检查验收记录，验收人员签字应齐全。

2. 检查

1）检查方法

观察检查。

2）检查数量

按总数量抽查 10%，且不得少于 2 台。

3）检查内容

（1）变风量末端装置的规格、数量是否符合设计要求。

（2）变风量末端装置与风管连接前的动作试验是否正常。

第11章　空调与供暖系统冷热源及管网节能工程

【概述】同第9章供暖节能工程一样，对于隐蔽部位在隐蔽前进行隐蔽验收，是保证施工质量的一种重要措施，原条文作为主控项目，进行了规定。隐蔽验收是质量验收的一个重要组成部分，无论哪个部位，只要是隐蔽的，在隐蔽前都要进行隐蔽验收。因此，本次修订，将该要求放在一般规定章节里。

对于绝热材料进场验收条文，原规范中是作为普通条款进行了规定。考虑到该项内容对节能效果所起的作用，本次修订是列为强制性条文。原规范的三条要求符合设计的强制性条文，在本次修订中均为一般性条文。

原规范第11.2.11条内容共有3款。本次修订，保留前两款，并且只要求进行单机试运行和联合调试；对于原规范第3款要求允许偏差内容，与第17章内容有重合。所以，本次修订予以取消。

本章所涉及的是空调与供暖系统中冷热源设备、辅助设备及其管道和室外管网系统节能工程施工质量的验收方面的问题。冷热源设备及附属设备是能耗大户，我们在关注供暖工程节能及通风与空调工程节能的同时，对于其冷热源部分也不能放松。

空调有多种方式，如集中式、分散式等。如采用集中空调系统，由空调冷热源向多个房间、多栋建筑甚至建筑群提供冷热源；或者由户式集中空调向一套建筑提供冷热源。

集中空调系统中，冷热源的能耗是空调系统能耗的主体。因此，冷热源能源效率对节省能源至关重要。性能参数、能效比是反映冷热源能源效率的主要指标之一，为此，将冷热源的性能参数、能效比作为必须达标的项目。

同供暖及通风与空调节能工程一样，对影响空调与供暖系统冷热源及管网节能工程的材料、设备的性能及进场检验、施工过程中的节能效果的检测进行了规定。

本章共3节14条，分为一般规定、主控项目和一般项目，涵盖了空调与供暖系统冷热源及管网节能工程施工及验收。

材料设备本身是要符合节能标准要求的，这是前提。所以，在编制条文时，充分考虑了材料、设备的性能参数对于节能的影响，结合目前我国冷热源的实际现状，在广泛的调研基础上，对于材料、设备的性能参数的复验进行了强制规定，这是本标准的特点，也是要求参与施工的各方必须遵守的，关系到整个系统的节能性能效果。

对于管道系统的形式，各种设备、自控阀门与仪表的安装齐全，本章进行了强制规定，同时要求空调冷（热）水系统，应能实现设计要求的变流量或定流量运行以及供热系统应能根据热负荷及室外温度变化实现设计要求的集中质调节、量调节或质-量调节相结合的运行。

第11.1节为一般规定，主要是对本章的适用范围以及空调与供暖系统冷热源及管网节能工程验收的方式进行了规定。

第11.2节为主控项目，主要是对进场验收及施工安装验收进行了规定。

第11.3节为一般项目。

11.1　一般规定

11.1.1　本章适用于空调与供暖系统中冷热源设备、辅助设备及其管道和室外管网系统节能工程施工质量验收。

【技术要点说明】

本条规定了本章的适用范围。

11.1.2　空调与供暖系统冷热源和辅助设备及其管道和室外管网系统施工中应及时进行质量检查，对隐蔽部位在隐蔽前进行验收，并应有详细的文字记录和必要的图像资料，施工完成后应进行空调与供暖系统冷热源及管网节能分项工程验收。

【技术要点说明】

在施工过程中，通风与空调工程系统中的风管或水管道，被安装于封闭的部位或埋设于结构内或直接埋地时，均属于隐蔽工程。在结构做永久性封闭前，必须对该部分即将被隐蔽的风管或管道工程施工质量进行验收，风管做严密性试验，水管必须进行水压试验，如有防腐及绝热施工的，则应该完成全部施工，试验必须合格，且必须得到现场监理人员认可的合格签证，办妥手续后，方可进行下道隐蔽工程的施工。否则，不得进行封闭作业。同时，为了便于质量验收和追溯，对于隐蔽的部位还要进行拍照或录像存档。

由于通风与空调系统中与节能有关的隐蔽部位或内容位置特殊，一旦出现质量问题后不易发现和修复，要求质量验收应随施工进度及时对其进行验收。通常主要的隐蔽部位或内容有：管沟和设备机房吊顶内部的管道、配件安装及绝热、绝热层附着的基层及其表面处理、绝热材料粘结或固定、绝热板材的板缝及构造节点、热桥部位处理等。

11.1.3　空调与供暖系统冷热源设备、辅助设备及其管道和管网系统节能工程的验收，可按冷源系统、热源系统和室外管网进行检验批划分，也可由施工单位与监理单位协商确定。

11.1.3【示例或专题】

【技术要点说明】

本条给出了供暖与空调系统冷热源、辅助设备及其管道和管网系统节能工程验收的划分原则和方法。

空调的冷源系统，包括冷源设备及其辅助设备（含冷却塔、水泵等）和管道；空调与供暖的热源系统，包括热源设备及其辅助设备和管道。

不同的冷源系统或热源系统，应分别进行验收；室外管网应单独验收，不同的系统应分别进行验收。

11.2 主控项目

11.2.1 空调与供暖系统使用的冷热源设备及其辅助设备、自控阀门、仪表、绝热材料等产品应进场验收，并应对下列产品的技术性能参数和功能进行核查。验收与核查的结果应经监理工程师检查认可，且应形成相应的验收记录。各种材料和设备的质量证明文件和相关技术资料应齐全，并应符合设计要求和国家现行有关标准的规定。

    1 锅炉的单台容量及名义工况下的热效率；

    2 热交换器的单台换热量；

    3 电驱动压缩机蒸气压缩循环冷水（热泵）机组的额定制冷（热）量、输入功率、性能系数（COP）、综合部分负荷性能系数（IPLV）值；

    4 电驱动压缩机单元式空气调节机组、风管送风式和屋顶式空气调节机组的名义制冷量、输入功率及能效比（EER）；

    5 多联机空调系统室外机的额定制冷（热）量、输入功率及制冷综合性能系数 $[IPLV(C)]$；

    6 蒸汽和热水型溴化锂吸收式冷水机组及直燃型溴化锂吸收式冷（温）水机组的名义制冷量、供热量、输入功率及性能系数；

    7 供暖热水循环水泵、空调冷（热）水循环水泵、空调冷却水循环水泵等的流量、扬程、电机功率及效率；

    8 冷却塔的流量及电机功率；

    9 自控阀门与仪表的类型、规格、材质及公称压力；

    10 管道的规格、材质、公称压力及适用温度；

    11 绝热材料的导热系数、密度、厚度、吸水率。

检验方法：观察、尺量检查，核查质量证明文件。

检查数量：全数检查。

11.2.1【示例或专题】

【技术要点说明】

对空调与供暖系统冷热源设备及其辅助设备、管道、自控阀门与仪表、绝热材料等产品进场验收与核查的规定，其中，对进场验收的具体解析可参见本标准第10.2.1条的有关条文说明。

空调与供暖系统在建筑物中是能耗大户，而其冷热源和辅助设备又是空调与供暖系统中的主要设备，其能耗量占整个空调与供暖系统总能耗量的大部分，其选型是否合理，设备技术性能参数是否符合设计要求，将直接影响空调与供暖系统的总能耗及使用效果。事实表明，许多工程基于降低空调与供暖系统冷热源及其辅助设备的初投资，在采购过程中，擅自改变了有关设备的类型和规格，使其制冷量、制热量、额定热效率、流量、扬程、输入功率等性能系数不符合设计要求，结果造成空调与供暖系统能耗过大，安全可靠性差，不能满足使用要求等不良后果。因此，为保证空调与供暖系统冷热源及管网节能工程的质量，本条做出了在空调与供暖系统的冷热源及其辅助设备进场时，应对其热工等技术性能进行核查，并应形成相应的核查记录的规定。对有关设备等的核查，应根据设计要求对其技术资料和相关性能检测报告等所表示的热工等技术性能参数进行一一核对。

锅炉的额定热效率、电机驱动压缩机的蒸气压缩循环冷水（热泵）机组的性能系数和综合部分负荷性能系数、单元式空气调节及风管送风式和屋顶式空气调节机组的能效比、多联机能效等级对应制冷综合性能系数、蒸汽和热水型溴化锂吸收式机组及直燃型溴化锂吸收式冷（温）水机组的性能参数，是反映上述设备节能效果的一个重要参数，其数值越大，节能效果就越好；反之亦然。因此，在上述设备进场时，应核查它们的有关性能参数是否符合设计要求并满足国家现行有关标准的规定，进而促进高效、节能产品的应用，淘汰低效、落后产品的使用。

【实施与检查】

1. 实施

1）验收人员

参加检查验收的人员包括：监理工程师、供应商、施工单位技术质量负责人、施工单位专业质量检查员、工长等。

2）验收条件

（1）设备、材料出厂质量证明文件及检测报告齐全，实际进场数量、规格、材质等应满足设计和施工要求。

（2）设备、阀门与仪表等的性能参数以及外观质量满足设计要求或有关标准的规定。

（3）绝热材料应有产品质量合格证和材质要求检验报告，其有关性能系数符合设计要求。

3）验收结论

满足验收条件的可以通过验收，否则不能通过验收。验收合格后必须形成文字记录，填写进场检验报告。验收人员签字齐全。

2. 检查

1）检查方法

采用现场检验的方法。检查外观情况；对技术资料和性能检测报告等质量证明文件与实物一一核对。

2）检查数量

对进场的材料和设备应全数检查。

3）检查内容

（1）实际进场设备、材料数量、规格等是否满足设计和施工要求。

（2）设备、材料外观质量是否满足设计要求或有关标准的规定。

（3）设备、材料出厂质量证明文件及检测报告是否齐全。

国产设备与材料其合格证明文件必须是中文的表示形式，应具备产品名称、规格、型号，国家质量标准代号，出厂日期，生产厂家的名称、地址，出厂产品检验证明或代号，必要的测试报告；对于进口产品，必须有商检合格报告。同种材料、同一种规格、同一批生产的要一份，如无原件应有复印件并指明原件存放处。

4）重点检查内容

（1）锅炉的单台容量及名义工况下的热效率。

（2）热交换器的单台换热量。

（3）电驱动压缩机蒸气压缩循环冷水（热泵）机组的额定制冷（热）量、输入功率、性能系数（COP）、综合部分负荷性能系数（IPLV）值。

（4）电驱动压缩机单元式空气调节机组、风管送风式和屋顶式空气调节机组的名义制冷量、输入功率及能效比（EER）。

（5）多联机空调系统室外机的额定制冷（热）量、输入功率、全年性能系数（APF）及制冷综合性能系数〔IPLV（C）〕。

（6）蒸汽和热水型溴化锂吸收式冷水机组及直燃型溴化锂吸收式冷（温）水机组的名义制冷量、供热量、输入功率及性能系数。

（7）供暖热水循环水泵、空调冷（热）水循环水泵、空调冷却水循环水泵等的流量、扬程、电机功率及效率。

（8）冷却塔的流量及电机功率；自控阀门与仪表的类型、规格、材质及公称压力。

（9）自控阀门与仪表的类型、规格、材质及公称压力。

（10）管道的规格、材质、公称压力及适用温度。

（11）绝热材料的导热系数、密度、厚度、吸水率。

11.2.2 空调与供暖系统冷热源及管网节能工程的预制绝热管道、绝热材料进场时，应对绝热材料的导热系数或热阻、密度、吸水率等性能进行复验，复验应为见证取样检验。

检验方法：核查复验报告。

检查数量：同厂家、同材质的绝热材料，复验次数不得少于2次。

11.2.2【示例或专题】

【技术要点说明】

绝热材料的导热系数、材料密度、吸水率等技术性能参数，是空调与供暖系统冷热源及管网节能工程的主要参数，它是否符合设计要求，将直接影响到空调与供暖系统冷热源及管网的绝热节能效果。

在预制绝热管道和绝热材料进场时，应对其热工等技术性能参数进行复验。进场复验是对进入施工现场的材料、设备等在进场验收合格的基础上，按照有关规定从施工现场抽样送至试验室进行性能参数的检验。同时，应见证取样检验，即施工单位在监理或建设单位代表见证下，按照有关规定从施工现场随机抽样，送至有相应资质的检测机构进行检测，并应形成相应的复验报告。

【实施与检查】

1. 实施

1）验收人员

参加检查验收的人员包括监理工程师、施工单位技术质量负责人、施工单位专业质量检查员、专业工长等。

2）验收条件

（1）核查性能指标是否符合质量证明文件。

（2）核查复验报告，以有无复验报告以及质量证明文件与复验报告是否一致作为判定依据。

3）验收结论

满足验收条件的产品为合格，可以通过验收；否则，为不合格，不能通过验收。验收合格后必须形成文字记录，填写进场复验记录，验收人员签字应齐全。

2. 检查

1）检查方法

检查复验结果，查看复验报告。

2）检查数量

（1）同一厂家相同材质的保温材料见证取样送检的次数不得少于2次；不同厂家或不同材质的保温材料应分别见证取样送检，且次数分别不得少于2次。

（2）取样应在不同的生产批次中进行。考虑到保温材料品种的多样性，以及供货渠道的复杂性，抽捡不少于2次是比较合理的。现场可以根据工程的大小，在方案中确定抽检的次数，并得到监理的认可，但不得少于2次。对于分批次进场的，抽捡的时间可以定在首次大批量进场时以及供货后期；如果是一次性进场，现场应随机抽检不少于2个测试样品进行检验。

3）检查内容

核查复验报告中保温材料的导热系数或热阻、密度、吸水率等技术性能参数，是否与设计要求及保温材料进场时提供的产品检验报告中的技术性能参数一致。

11.2.3 空调与供暖系统冷热源设备和辅助设备及其管网系统的安装，应符合下列规定：

1 管道系统的形式应符合设计要求；

2 设备、自控阀门与仪表，应按设计要求安装齐全，不得随意增减或更换；

3 空调冷（热）水系统，应能实现设计要求的变流量或定流量运行；

4 供热系统应能根据热负荷及室外温度变化，实现设计要求的集中质调节、量调节或质—量调节相结合的运行。

检验方法：观察检查。

检查数量：全数检查。

11.2.3【示例或专题】

【技术要点说明】

为保证空调与供暖系统具有良好的节能效果，首先要求将冷热源机房、换热站内的管道系统设计成具有节能功能的系统形式；其次要求所选用的节能型冷、热源设备及其辅助设备，均要安装齐全、到位；最后在各系统中要设置一些必要的自控阀门和仪表，是系统实现自动化、节能运行的必要条件。上述要求增加工程的初投资是必然的，但是，有的工程为了降低工程造价，却忽略了日后的节能运行和减少运行费用等重要问题，未经设计单位同意，就擅自改变系统的形式并去掉一些节能设备和自控阀门与仪表，或将节能设备及自控阀门更换为不节能的设备及手动阀门，导致了系统无法实现节能运行，能耗及运行费用大大增加。为避免上述现象的发生，保证以上各系统的节能效果，本条做出了空调与供暖冷热源管道系统的安装形式应符合设计要求，各种设备和自控阀门与仪表应安装齐全且不得随意增减和更换的规定。

本条规定的空调冷（热）水系统应能实现设计要求的变流量或定流量运行，以及供热系统应能实现根据热负荷及室外温度的变化实现设计要求的集中质调节、量调节或质—量调节相结合的运行，是空调与供暖系统最终达到节能目标的重要保证。为此，本条要求安装完毕的空调与供热工程，应能实现工程设计的节能运行方式。

【实施与检查】

1. 实施

1）验收人员

参加验收的人员包括：监理工程师、建设单位专业负责人、施工单位技术质量负责人、施工单位专职质量检查员、专业工长等。

2）验收条件

满足本条 1~4 项规定的逐项检查内容。

3）验收结论

满足验收条件的可以通过验收，否则不能通过验收。验收合格后必须形成文字记录，填写检查验收记录。验收人员签字齐全。

2. 检查

1）检查方法

采用现场实际观察检查的方法。

2）检查数量

对于本条所规定的内容全数检查。

3）检查内容

（1）现场查看管道系统安装的形式、管道的走向、坡度、管道分支位置及管径等，并与工程设计图纸进行核对。

（2）逐一检查设备、自控阀门与仪表的安装数量及安装位置，并与工程设计图纸核对。

（3）检查空调冷（热）水系统，看其能否实现设计要求的运行方式(变流量或定流量运行)。

（4）检查供热系统，是否具备能根据热负荷及室外温度变化实现设计要求的调节运行（集中质调节、量调节或质—量调节相结合的运行）。

11.2.4 冷热源侧的电动调节阀、水力平衡阀、冷（热）量计量装置、供热量自动控制装置等自控阀门与仪表的安装，应符合下列规定：

1 类型、规格、数量应符合设计要求；

2 方向应正确，位置便于数据读取、操作、调试和维护。

检验方法：观察检查。

检查数量：全数检查。

11.2.4【示例或专题】

【技术要点说明】

在冷热源及空调系统中设置自控阀门和仪表，是实现系统节能运行的必要条件。当空调负荷发生变化时，可以通过调节设置在冷源侧空调供回水总管之间电动两通调节阀的开度，使空调冷水系统实现变流量节能运行；水力平衡装置，可以通过对系统水力分布的设定与调节，实现系统的水力平衡，保证获得预期的空调和供热效果；冷（热）量计量装置，是实现量化管理、节约能源的重要手段，按照用冷、热量的多少来计收空调和供暖费用，既公平合理，又有利于提高用户的节能意识。供热计量自动控制装置能够根据室外温度调节系统供热量，充分利用自由热实现系统节能，常见的供热计量自动控制装置包括气候补偿器。

工程实践表明，许多工程为了降低造价，不考虑日后的节能运行和减少运行费用等问题，未经设计人员同意，就擅自去掉一些自控阀门与仪表，或将自控阀门更换为不具备主动节能功能的手动阀门，或将平衡阀、热计量装置去掉；有的工程虽然安装了自控阀门与仪表，但是其进、出口方向和安装位置却不符合产品及设计要求。这些不良做法，导致了空调与供暖水系统的水力失调，无法进行节能运行和冷（热）量计量，能耗及运行费用大大增加。为避免上述现象的发生，本条对此进行了强调。

【实施与检查】

1. 实施

1）验收人员

参加验收的人员包括：监理工程师、施工单位技术质量负责人、施工单位专职质量检查员、专业工长。

2）验收条件

（1）自控阀门与仪表的规格、数量符合设计要求。

（2）自控阀门与仪表安装的方向符合说明书的要求，安装的位置便于操作和观察。

3）验收结论

满足验收条件的可以通过验收，否则不能通过验收。验收合格后必须形成文字记录，填写检查验收记录。验收人员签字齐全。

2. 检查

1）检查方法

采用观察检查，实地操作的方法。

2）检查数量

对于本条所规定的内容全数检查。

3）检查内容

（1）对照施工图纸检查各种自控阀门与仪表的规格、数量是否符合设计要求。

（2）实地检查自控阀门与仪表安装的方向是否正确，安装位置是否便于数据读取、操作、调试和维护。

11.2.5 锅炉、热交换器、电驱动压缩机蒸气压缩循环冷水（热泵）机组、蒸汽或热水型溴化锂吸收式冷水机组及直燃型溴化锂吸收式冷（温）水机组等设备的安装，应符合下列规定：

　1　类型、规格、数量应符合设计要求；

　2　安装位置及管道连接应正确。

检验方法：观察检查。

检查数量：全数检查。

11.2.5【示例或专题】

【技术要点说明】

空调与供暖系统在建筑物中是能耗大户，而锅炉、热交换器、电机驱动压缩机的蒸汽压缩循环冷水（热泵）机组、蒸汽或热水型溴化锂吸收式冷水机组及直燃型溴化锂吸收式冷（温）水机组等设备又是空调与供暖系统中的主要设备，其能耗占整个空调与供暖系统总能耗的大部分，其选型是否合理、台数是否符合设计要求，将直接影响空调与供暖系统的总能耗及空调场所的空调效果。

工程实践表明，许多工程在安装过程中，未经设计人员同意，擅自改变了有关设备的台数及安装位置，有的甚至将管道接错。其后果是或因设备台数增加而增大了设备的能耗，给设备的安装带来了不便，也给建筑物的安全带来了隐患；或因设备台数减少而降低了系统运行的可靠性，满足不了工程使用要求。因此，本条对此进行了强调。

【实施与检查】

1. 实施

1）验收人员

参加检查验收的人员包括：监理工程师、建设单位专业负责人、施工单位技术质量负责人、施工单位专职质量检查员、专业工长等。

2）验收条件

（1）安装设备的规格、数量全部符合设计要求。

（2）设备安装位置及管道连接正确。

3）满足验收条件的可以通过验收，否则不能通过验收。验收合格后必须形成文字记录，填写检查验收记录。验收人员签字齐全。

2. 检查

1）检查方法

现场实际观察检查。

2）检查数量

对于本条所规定的内容全数检查。

3）检查内容

（1）检查设备的类型、规格、数量是否符合设计要求。

（2）设备安装位置及管道连接是否正确。

11.2.6 冷却塔、水泵等辅助设备的安装应符合下列规定：

　　1　类型、规格、数量应符合设计要求；

　　2　冷却塔设置位置应通风良好，并应远离厨房排风等高温气体；

　　3　管道连接应正确。

　　检验方法：观察检查。

　　检查数量：全数检查。

11.2.6【示例或专题】

【技术要点说明】

冷却塔、冷却水循环水泵的规格及数量符合设计要求，在进场检验时已明确，但在安装时也应符合设计给定的位置，这是最基本的要求。

冷却塔安装位置应保持通风良好。通过调研发现，有许多工程冷却塔冷却效果不好，达不到设计要求效果，其主要原因就是安装位置不合理，或因后期业主自行改造，遮挡了冷却塔，使冷却效率降低；另外还发现有的冷却塔靠近烟道，这也直接影响到冷却塔的冷却效果。

设备的管道连接应正确，要求进出口方向及接管尺寸大小也应符合设计要求。

【实施与检查】

1. 实施

1）验收人员

参加检查验收的人员包括：监理工程师、建设单位专业负责人、施工单位技术质量负责人、施工单位专职质量检查员、专业工长等。

2）验收条件

（1）安装的设备的规格、数量全部符合设计要求。

（2）设备安装位置及管道连接正确，冷却塔设置位置应通风良好，并应远离厨房排风等高温气体。

3）验收结论

满足验收条件的可以通过验收，否则不能通过验收。验收合格后必须形成文字记录，填写检查验收记录。验收人员签字齐全。

2. 检查

1）检查方法

采用现场观察检查的方法。

2）检查数量

对于本条所规定的内容全数检查。

3）检查内容

（1）检查冷却塔和冷却水循环水泵的类型、规格、数量是否与设计相符。

（2）冷却塔的安装位置是否通风良好，并远离厨房排风等高温气体。

（3）管道连接是否正确。

11.2.7 多联机空调系统室外机的安装位置应符合设计要求，进排风应通畅，并便于检查和维护。

　　检验方法：观察检查。

　　检查数量：全数检查。

11.2.7【示例或专题】

【技术要点说明】

要保证多联机空调系统的运行效果，多联机空调系统室外机的安装位置及其四周进排风和维护空间的尺寸应满足进排风通畅，并便于安装和维修。必要时室外机应安装气流导向管，并应考虑风扇电机等的维修口。设置格栅风口时，叶片角度应保证其通风净面积。

【实施与检查】

1. 实施

1）验收人员

参加检查验收的人员包括：监理工程师、建设单位专业负责人、施工单位技术质量负责人、施工单位专职质量检查员、专业工长等。

2）验收条件

安装位置应符合设计要求，进排风通畅，检修方便。

3）满足验收条件的可以通过验收，否则不能通过验收。验收合格后必须形成文字记录，填写检查验收记录。验收人员签字齐全。

2. 检查

1）检查方法

采用观察检查的方法。

2）检查数量

对于本条所规定的内容全数检查。

3）检查内容

（1）对照设计图纸进行检查，安装位置是否正确并便于通风。

（2）查看室外机的安装空间尺寸是否保证进排风通畅，并便于检查和维护。

11.2.8 空调水系统管道、制冷剂管道及配件绝热层和防潮层的验收，按照本标准第10.2.9条的规定执行。

【技术要点说明】

参考第10章，第10.2.9条内容。

11.2.9　冷热源机房、换热站内部空调冷热水管道与支、吊架之间绝热衬垫的验收，按照本标准第 10.2.10 条执行。

【技术要点说明】

参考第 10 章，第 10.2.10 条内容。

11.2.10　空调与供暖系统冷热源和辅助设备及其管道和管网系统安装完毕后，应按下列规定进行系统的试运转与调试：

1　冷热源和辅助设备应进行单机试运转与调试；

2　冷热源和辅助设备应同建筑物室内空调或供暖系统进行联合试运转与调试。

检验方法：观察检查；检查试运转和调试记录。

检验数量：全数检查。

11.2.10【示例或专题】

【技术要点说明】

空调与供暖系统的冷、热源和辅助设备及其管道和室外管网系统安装完毕后，为了达到系统正常运行和节能的预期目标，规定应进行空调与供暖系统冷、热源和辅助设备的单机试运转与调试及系统的联合试运转与调试。单机试运转与调试，是进行系统联合试运转与调试的先决条件，是一个较容易执行的项目；系统的联合试运转与调试对空调与供暖系统冷热源和辅助设备的单机试运转与调试及系统的联合试运转与调试的具体要求，可详见《通风与空调工程施工规范》GB 50738—2011 和《通风与空调工程施工质量验收规范》GB 50243—2016 的有关规定。

【实施与检查】

1. 实施

（1）验收人员

参加检查验收的人员包括：监理工程师、建设单位专业负责人、施工单位技术质量负责人、专业工长等。

（2）验收条件

单机试运转及调试合格，系统调试所检测的项目全部符合要求。

（3）验收结论

满足验收条件的可以通过验收，否则不能通过验收。验收合格后必须形成文字记录，填写进场检验报告。验收签字齐全。

2. 检查

1）检查方法

观察检查；检查试运转和调试记录。

2）检查数量

对于本条所规定的内容全数检查。

3）检查内容

（1）检查试运转及调试方案，观察调试情况。

（2）检查系统试运转和调试记录。

11.3 一般项目

11.3.1 空调与供暖系统的冷热源设备及其辅助设备、配件的绝热，不得影响其操作功能。

检验方法：观察检查。

检查数量：全数检查。

【技术要点说明】

参考第9章，第9.3.1条内容。

第12章 配电与照明节能工程

【概述】前瞻产业研究院 2013 年发布的分析报告显示我国建筑能耗的总量逐年上升，在能源总消费量中所占的比例已从 20 世纪 70 年代末的 10％，上升到 27.45％，逐渐接近三成。而国际上发达国家的建筑能耗一般占全国总能耗的 33％左右。以此推断，随着城市化进程的加快和人民生活质量的改善，我国建筑耗能比例最终还将上升至 35％左右。就建筑运行能耗而言，电力消耗已成为建筑物的主要能耗，其中电气照明的能耗比例相当高，占到总能耗的 1/4 以上。因此，应该重视照明的节能工作。

本章主要是对建筑内的低压配电与照明系统节能工程的施工质量的验收做出规定，共分 3 节 13 条，包括强制性条文 2 条。其中，第 12.1 节为一般规定，主要对本章的适用范围以及配电与照明节能工程验收的原则作出规定；第 12.2 节为主控项目，主要对配电与照明节能工程使用的配电设备、电线电缆、照明光源、灯具及其附属装置等产品的进场验收做出规定，并对其需要复验的性能参数提出要求，对配电与照明系统调试和试运行的检测参数做出规定；第 12.3 节为一般项目，主要对配电系统的导体截面、母线搭接、交流单芯电缆或分相后的每相电缆的敷设以及三相照明配电各干线的负荷分配作出规定。

目前，已颁布的荧光灯产品的国家标准包括：《双端荧光灯安全要求》GB 18774—2002、《双端荧光灯性能要求》GB/T 10682—2010、《单端荧光灯性能要求》GB/T 17262—2011、《普通照明用自镇流荧光灯性能要求》GB/T 17263—2013、《单端荧光灯的安全要求》GB 16843—2008 和《普通照明用自镇流灯的安全要求》GB 16844—2008。这六个国家标准，规范了双端荧光灯、单端荧光灯和普通照明用自镇流荧光灯的安全、性能和能效等各方面的技术要求，为荧光灯产品的生产、销售和检测提供了技术依据。

此外，原国家质量监督检验检疫总局又制定了有关能效的国家标准，我国已制定的照明产品能效标准见表 12-1。

我国已制定的照明产品能效标准 　　　　　　　　　　　　　　　表 12-1

序号	标准编号	标准名称
1	GB 17896—2012	管型荧光灯镇流器能效限定值及能效等级
2	GB 19043—2013	普通照明用双端荧光灯能效限定值及能效等级
3	GB 19044—2013	普通照明用自镇流荧光灯能效限定值及能效等级
4	GB 19415—2013	单端荧光灯能效限定值及节能评价值
5	GB 19573—2004	高压钠灯能效限定值及能效等级
6	GB 19574—2004	高压钠灯用镇流器能效限定值及节能评价值
7	GB 20053—2015	金属卤化物灯用镇流器能效限定值及能效等级
8	GB 20054—2015	金属卤化物灯能效限定值及能效等级

以上这些标准基本涵盖了照明节能部分的产品能效限定值。

国家能效标准的颁布为我国进一步开展照明产品的节能认证提供技术依据。国家标准规定了产品的技术要求，安全标准是性能标准和能效标准的前提，性能标准是能效标准的依据。安全标准及能效标准中的能效限定值是强制性的，性能标准和能效标准的节能评价值是推荐性的。由于能效标准中能效限定值和光通维持率等参数是强制性的指标，因此，要求产品必须达到这些指标要求。另外，还鼓励企业生产能效符合节能评价值要求的节能效率更高的产品。通过节能认证的产品可以使用节能标志，并优先被政府大宗采购目录采用，这就相应地提高了产品的市场地位。强制性标准是市场的门槛，推荐性标准是引导提倡的标准。认真贯彻执行好国家标准，必将限制低劣产品，推广优质产品，规范好市场，从而促进产品质量的提高。

12.1 一般规定

12.1.1 本章适用于配电与照明节能工程施工质量的验收。

12.1.1【示例或专题】

【技术要点说明】

本条指明了施工质量验收的适用范围，它适用于建筑物内的低压配电（380/220V）和照明系统，以及与建筑物配套的道路照明、小区照明、泛光照明等。从节能的角度出发，对建筑低压配电与照明系统中与节能有关的项目施工质量进行验收，称之为配电与照明节能工程施工质量验收。

配电与照明节能工程包括：低压配电电源；照明光源、灯具；电线电缆；附属装置；控制功能；调试等（图12-1）。

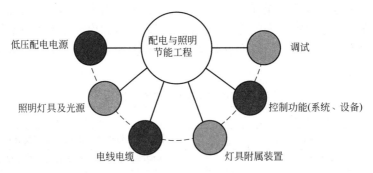

图12-1 配电与照明节能工程

在建筑配电与照明节能工程中采用高效节能的电光源；采用高效节能照明灯具；采用高效节能的灯具附属装置；采用电能损耗低、传输效率高、使用寿命长并且安全可靠的配电线材；采用各种照明节能的控制设备或器件都对照明节能会产生正面影响。其中光源、灯具及其附属装置的选择直接关系到照明节能效果的好坏。

热致发光光源是用电把灯丝加热至白炽状态而发光，如白炽灯和卤钨灯；气体放电光源是让电流流经气体（如氩气、氖气）或金属蒸气（如汞蒸气），使之放电而发光，如荧光灯、高压钠灯；固体发光光源是把发光体如氮化镓、砷化镓等置于光源的电极间，电极加上电压后将产生电场，它将激励发光体发光，发光二极管即属固体发光光源，如图 12-2 所示。

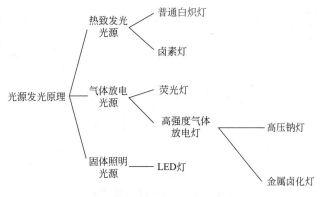

图 12-2　灯具按发光原理分类

根据《中国逐步淘汰白炽灯路线图》，2014 年 10 月 1 日起，我国已禁止进口和销售 60W 及以上的普通照明用白炽灯。从 2016 年 10 月 1 日起，将禁止进口和销售 15W 及以上的白炽灯，这基本上意味着，届时除特殊场所外，白炽灯将全面停产、禁用。根据《建筑照明设计标准》GB 50034—2013 中第 3.3.2 条的规定，新建项目在满足眩光限制和配光要求条件下，应优先选用效率或效能高的灯具。

对配电与照明系统节能工程的主要验收内容进行规范，合理选择灯具及其附属装置，保障电源的质量，保证施工工艺和材料质量，使其满足设计和节能要求，是做好建筑节能工程的关键。

12.1.2　配电与照明系统施工中应及时进行质量检查，对隐蔽部位在隐蔽前进行验收，并应有详细的文字记录和必要的图像资料，施工完成后应进行配电与照明节能分项工程验收。

12.1.2【示例或专题】

【技术要点说明】

由于电气施工的隐蔽性，交工后若出现问题，随之进行的整改将直接影响建筑的质量与结构，因此，要随施工进度及时进行隐蔽部位的验收。配电与照明节能工程中需要检查的隐蔽项目主要是电线电缆的敷设，其截面和电阻值要符合设计要求，单芯电缆或分相后的单相电缆敷设要成品字形排列，并且不得单独穿过钢管，其固定卡子不能形成闭合铁磁回路。隐蔽工程的验收要附有详细的文字记录和图像记录，验收合格并经监理认可签字后方可进行下个工序施工。

电线电缆敷设隐蔽工程检查验收程序如图 12-3 所示。

在"三检"合格，确认隐蔽工程和工程的隐蔽部位具备条件后的 24h 内，通知监理工程师进行检查，通知按规定的格式说明检查地点、内容和检查时间，并附有项目部自检记录和必要的检查资料。由项目部专业技术负责人和质量安全部负责人按时参加和配合，由

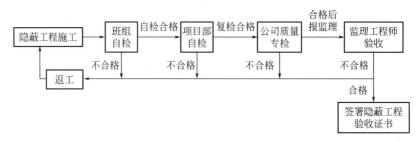

图 12-3　电线电缆敷设隐蔽工程检查验收程序

专业监理工程师组织施工、设计、建设单位项目专业技术负责人等共同进行验收。在监理确认质量符合要求，并在检查验收记录上签字后，才能进行隐蔽。

12.2　主控项目

12.2.1　配电与照明节能工程使的配电设备、电线电缆、照明光源、灯具及其附属装置等产品应进场验收，验收结果应经监理工程师检查认可，且应形成相应的验收记录。各种材料和设备的质量证明文件和相关技术资料应齐全，并应符合设计要求和国家现行有关标准的规定。

检验方法：观察、尺量检查，核查质量证明文件。

检查数量：全数检查。

12.2.1【示例或专题】

【技术要点说明】

在施工验收中，关于材料的规格、质量常常引起争议，这是决定施工质量的主控参考点。配电与照明节能工程中常用的电气材料包括：照明灯具、光源及其附属装置，还包括电线电缆和低压母线。为了避免因材料问题造成的施工后的改造，必须要做好材料的进场验收，保证所有的材料符合图纸要求和国家规范。

照明灯具一般由玻璃、塑料、铝合金等原材料制成，而且零件较多，运输放置过程中易破损或丢失，根据《建筑电气工程施工质量验收规范》GB 50303—2015 相关规定：

1）查验合格证

合格证内容应填写齐全、完整，灯具材质应符合设计要求和产品标准要求；气体放电灯应随带技术文件；太阳能灯具的内部短路保护、过载保护、反向放电保护、极性反接保护等功能性试验资料应齐全，并应符合设计要求。

2）外观检查

（1）灯具涂层应完整、无损伤，附件应齐全，Ⅰ类灯具的外露可导电部分应具有专用的 PE 端子（图 12-4）。

（2）固定灯具带电部件及提供防触电保护的部位应为绝缘材料，且应耐燃烧和防引燃（图 12-5）。

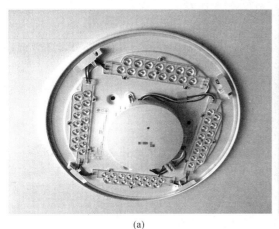

(a)　　　　　　　　　　　　　　　　(b)

图 12-4　灯具的外露可导电部分专用 PE 端子图

(a)　　　　　　　　　　　　　　　　(b)

图 12-5　固定灯具带电部件及提供防触电保护的部位图

（3）消防应急灯具应获得消防产品型式试验合格评定，且具有认证标志（图 12-6）。

图 12-6　消防产品型式认可和查询

（4）疏散指示标志灯具的保护罩应完整、无裂纹（图 12-7）。

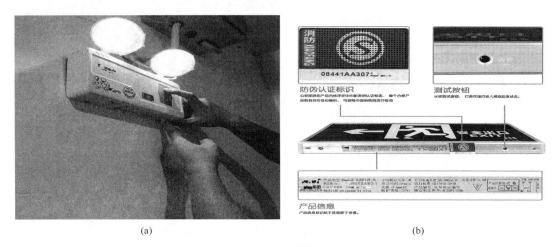

(a)　　　　　　　　　　　　　　　　　(b)

图 12-7　消防应急灯具及疏散指示标志灯具检查图

（5）游泳池和类似场所灯具（水下灯及防水灯具）的防护等级应符合设计要求，当对其密闭和绝缘性能有异议时，应按批抽样送有资质的试验室检测（图 12-8）。

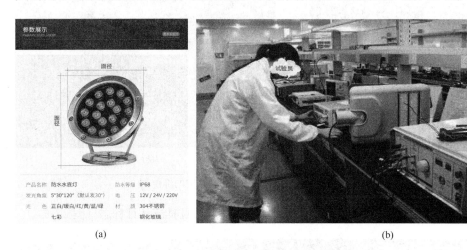

(a)　　　　　　　　　　　　　　　　　(b)

图 12-8　灯具试验室检测图

（6）内部接线应为铜芯绝缘导线，其截面积应与灯具功率相匹配，且不应小于 $0.5mm^2$。

3）自带蓄电池的供电时间检测

对于自带蓄电池的应急灯具，应现场检测蓄电池最少持续供电时间，且应符合设计要求。

4）绝缘性能检测

对灯具的绝缘性能进行现场抽样检测，灯具的绝缘电阻值不应小于 $2M\Omega$，灯具内绝缘导线的绝缘层厚度不应小于 $0.6mm$。

对电线电缆的验收要符合《建筑电气工程施工质量验收规范》GB 50303—2015 相关规定：

（1）查验合格证

合格证内容填写应齐全、完整。

（2）外观检查

包装完好，电缆端头应密封良好，标识应齐全。抽检的绝缘导线或电缆绝缘层应完整无损，厚度均匀。电缆无压扁、扭曲，铠装不应松卷。绝缘导线、电缆（外护层）应有明显标识和制造厂标。

（3）检测绝缘性能

电线、电缆的绝缘性能应符合产品技术标准或产品技术文件规定。

（4）检查标称截面积和电阻值

绝缘导线、电缆的标称截面积应符合设计要求，其导体电阻值应符合现行国家标准《电缆的导体》GB/T 3956—2008 的有关规定。当对绝缘导线和电缆的导电性能、绝缘性能、绝缘厚度、机械性能和阻燃耐火性能有异议时，应按批抽样送有资质的试验室检测。检测项目和内容应符合国家现行有关产品标准的规定。

在材料或设备进场验收时要注意技术资料的检查，包括出厂合格证书、检测报告、产品说明书及其他质量证明文件，并做好验收和核查记录。有监理的签章确认，以作为工程质量验收的证明材料。

照明光源、灯具及其附属装置核查其技术资料必须符合设计要求，当设计无要求时，应符合《建筑照明设计标准》GB 50034—2013 有关能效的国家标准。

我国把室内普通照明灯具、镇流器都列入强制性产品认证目录内。

强制性产品认证，是通过制定强制性产品认证的产品目录和实施强制性产品认证程序，对列入《目录》中的产品实施强制性的检测和审核（图 12-9）。凡列入强制性产品认证目录内的产品，没有获得指定认证机构的认证证书，没有按规定标明认证标志，一律不得进口、不得出厂销售和在经营服务场所使用。

图 12-9 3C 认证标识示意图

【实施与检查】

1. 实施

在材料或设备进场后，项目负责人组织监理工程师、供应商、施工单位指定人员参加联合检查验收。

检查内容包括：

（1）产品的质量证明文件和检测报告是否齐全。

（2）实际进场物资数量、规格、型号是否满足设计和施工要求。

（3）进场材料或设备的外观质量是否满足规范要求。

（4）按规定须抽检的材料、构配件，如灯具、电线电缆是否及时抽检等（图 12-10）。

满足验收条件的可以通过验收，否则不能通过验收。验收合格后必须形成文字记录，专业负责人组织填写《材料、设备进场检验记录》，参与检验的人员签字后报监理验收。材料设备进场检验记录如图 12-11 所示。

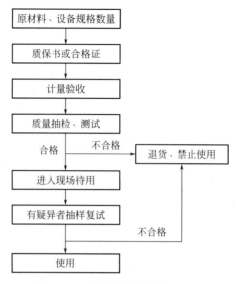

图 12-10　材料设备质量保证流程

材料、设备进场检验记录

C06-2-01-GD

工程名称					施工单位			
监理单位					分部工程名称			
分包单位					检验日期			
序号	名称	规格型号	进场日期	进场数量	生产厂家	合格证号	检验项目	检验结果
1	1kV五芯(五等芯)电缆热缩终端	SY-1/5.0,5.1,5.2,5.3	7月22日	160个	电缆附件有限公司	见后附合格证	通电测试及外观检验	合格
2	1kV五芯(五等芯)电缆热缩中间	SY-1/5.0,5.1,5.2,5.3.	7月22日	88个	电缆附件有限公司	见后附合格证	通电测试及外观检验	合格
3	铜接线端子	16~240mm²	7月22日	248个	电力金具有限公司	见后附合格证	通电测试及外观检验	合格
4								
5								
6								
7								
8								
9								
检验结论		检验报告齐全，合格证有效，经现场外观检测，通电测试符合规定规范要求						
签定栏	建设单位		监理单位		施工单位			
					技术负责人		质检员	专业工长

图 12-11　材料、设备进场检验记录参考样表

2. 检查

观察、量测检查；核查产品出厂合格证、出厂检测报告、中文说明书及相关性能检测报告等质量证明文件。

按规定须进场复试的材料，外观检验合格后，由项目负责人组织，按规范规定对材料进行取样，送检验部门检验。同时，做好监理工程师或建设单位人员参加的见证取样工作，材料复试合格后方可使用。项目负责人对材料的抽样复试工作进行检查监督。在检验过程中发现的不合格材料、设备，应做退货处理，并进行记录，报公司材料部门，所造成的费用由厂家承担。

见证取样、送检流程如图 12-12 所示。

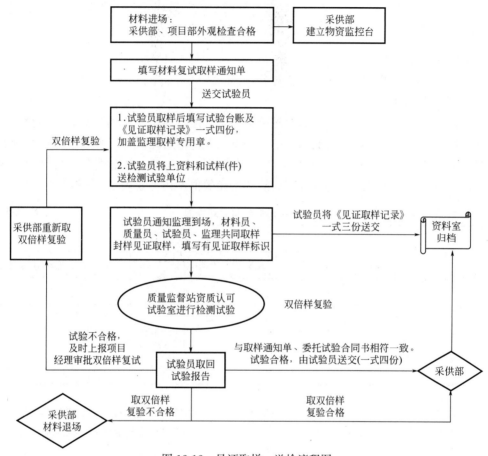

图 12-12　见证取样、送检流程图

专业负责人及现场指定收货人员做好材料的品种、数量清点，进货检验后要全部入库，及时点验。在进行材料、设备的检验工作完成后，相关资料如合格证、质量证明文件、检测报告等要求归档的材质证明文件由专业负责人收集齐全后，及时整理归档。

12.2.2 配电与照明节能工程采用的照明光源、照明灯具及其附属装置等进场时，应对其下列性能进行复验，复验应为见证取样检验：

1　照明光源初始光效；

2　照明灯具镇流器能效值；

3　照明灯具效率；

4　照明设备功率、功率因数和谐波含量值。

检验方法：现场随机抽样检验；核查复验报告。

12.2.2【示例或专题】

检查数量：同厂家同一批次的照明光源、镇流器、灯具、照明设备，数量在200套（个）～2000套（个）范围内时（落实），（含数量少于200套）抽检3套（个）；当数量每增加1000套（个）时应增加抽检1套（个）。同工程项目、同施工单位且同期施工的多个单位工程可合并计算。当符合本规范第3.2.3条规定时，检验批容量可以扩大一倍。

【技术要点说明】

本条是强制性条文。

照明灯具节能主要与以下几个参数有关：

1. 照明光源初始光效

光效也称为光源的发光效率，初始光效是评定节能灯能效水平的参数，该参数是单端荧光灯初始光通量与实测功率的比值，单位为 lm/W。初始光效可反映节能灯产品是否具备节能效果，各类灯具要满足表12-2中相应国家标准的规定，如双端荧光灯能效等级分为3级，其中1级能效最高，各等级产品的初始光效值不应低于表12-2的规定。

双端荧光灯初始光效限值 表 12-2

标称功率范围(W)	初始光效(lm/W)								
	能效等级(色调:RR,RZ)			能效等级(色调:RL,RB)			能效等级(色调:RN,RD)		
	1	2	3	1	2	3	1	2	3
14～21	75	53	44	81	62	51	81	64	53
22～35	84	57	53	88	68	62	88	70	64
36～65	75	67	55	82	74	60	85	77	63

发光效率值越高，表明照明光源将电能转化为光能的能力越强，即在提供同等照度的情况下，该照明器材的节能性越强；在同等功率下，该照明器材的照明性越强，即照度越大。

发光效率单位为流明/瓦。

2. 灯具效率

灯具效率是指在规定条件下测得的灯具所发射的光通量值与灯具内所有光源发出的光通量测定值之和的比值。灯具效率要符合《建筑照明设计标准》GB 50034—2013中第3.3.2条的规定，见表12-3～表12-8。

直管形荧光灯灯具的效率（%） 表 12-3

灯具出光口形式	开敞式	保护罩(玻璃或塑料)		格栅
		透明	棱镜	
灯具效率	75	70	55	65

紧凑型荧光灯筒灯灯具的效率（%）　表 12-4

灯具出光口形式	开敞式	保护罩	格栅
灯具效率	55	50	45

小功率金属卤化物灯筒灯灯具效率（%）　表 12-5

灯具出光口形式	开敞式	保护罩	格栅
灯具效率	60	55	50

高强度气体放电灯灯具的效率（%）　表 12-6

灯具出光口形式	开敞式	格栅或透光罩
灯具效率	75	60

发光二极管筒灯灯具的效能（lm/W）　表 12-7

色温	2700K		3000K		4000K	
灯具出光口形式	格栅	保护罩	格栅	保护罩	格栅	保护罩
灯具效率	55	60	60	65	65	70

发光二极管平面灯灯具的效能（lm/W）　表 12-8

色温	2700K		3000K		4000K	
灯具出光口形式	反射式	直射式	反射式	直射式	反射式	直射式
灯盘效率	60	65	65	70	70	75

　　规定了荧光灯灯具、高强度气体放电灯和发光二极管灯灯具的最低效率或效能值，以利于节能，这些规定仅是最低允许值。

　　3. 照明灯具镇流器的能效值

　　镇流器是气体放电光源正常工作时必不可少的电器，也是灯具照明过程中除灯管以外耗能最高的器件。镇流器按结构一般分为电感镇流器和电子镇流器；根据其用途和性能的不同，又可分为不同的类型，如图 12-13 所示。

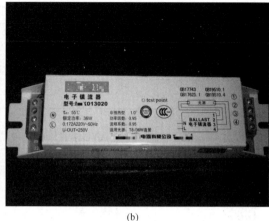

(a)   (b)

图 12-13 镇流器的分类示意图

电感镇流器由于结构简单，寿命长，作为第一种与荧光灯配合工作的镇流器，曾经市场占有率很大，但是，由于它的功率因数低（表 12-9），低电压启动性能差，耗能大，笨重和频闪等诸多缺点，它的市场慢慢地被电子镇流器所取代。电子镇流器是采用电子技术驱动电光源的电子设备。现代荧光灯越来越多的使用电子镇流器，轻便小巧，甚至可以将电子镇流器与灯管等集成在一起，同时，电子镇流器通常可以具有起辉器功能，可省去单独的起辉器，因此应用领域非常广泛。我国电子镇流器市场竞争极为激烈，厂家纷纷打起价格战，直接冲击了电子镇流器的质量，低价竞争也使得厂家利润微薄。很多厂家采用的工作原理和驱动方法都是电子开关技术中最原始、最落后的部分，存在很多致命的、无法克服的缺陷。镇流器的能效限定值即镇流器的效率应符合《管形荧光灯镇流器能效限定值及能效等级》GB 17896—2012 中第 5.3 条的规定。

镇流器的功率损耗所占灯功率的百分比（%）   表 12-9

灯功率	电感镇流器		电子镇流器
	传统型	节能型	
＜20W	40～50	20～30	10～11
30W	30～40	≈15	≈10
40W	22～25	≈12	≈9
100W	15～20	≈11	≈8
250W	14～18	≈10	＜8
400W	12～14	≈9	≈7
＞1000W	10～11	≈8	

4. 照明设备功率、功率因数和谐波含量值

灯具功率因数表征灯具电能有效利用的能力。气体放电灯配电感镇流器时，通常功率

因数很低，一般为 0.4~0.5，所以一般要设置补偿以降低线路能耗和电压损失，提高功率因数。根据《建筑照明设计标准》GB 50034—2013 中第 7.2.7 条规定，荧光灯功率因数不应低于 0.9，高强度气体放电灯功率因数不应低于 0.85。

荧光灯、高压钠灯等气体放电灯是使电力系统产生高次谐波的非线性元件，谐波使电能的传输和利用的效率降低，还会使电气设备过热，甚至发生故障或烧毁。25W 以上照明设备适用于《电磁兼容 限值 谐波电流发射限值（设备每相输入电流≤16A）》GB 17625.1—2012/IEC 61000-3-2：2009 第 7.3 条规定的 C 类设备，对其谐波电流有了明确的限定，见表 12-10。

照明设备谐波电流的限值　　　　　　　　　　　　　　　表 12-10

谐波次数 n	基波频率下输入电流百分比数表示的最大允许谐波电流（%）
2	2
3	$30 \times \lambda^1$
5	10
7	7
9	5
11≤n≤39（仅有奇次谐波）	3

[1]:λ 是电路功率因数。

【实施与检查】

1. 实施

复验应该采取见证取样送检的方式，即在监理工程师或建设单位代表见证下，同厂家、同一批次的照明光源、镇流器、灯具、照明设备，数量在 200~2000 套范围内（含数量少于 200 套）抽检 3 套，当数量每增加 1000 套时应增加抽检 1 套，送至有见证检测资质的检测机构进行检测，并形成相应的复验报告。

2. 检查

观察、量测检查，核查产品出厂合格证、出厂检测报告、中文说明书及相关性能检测报告等质量证明文件。

按规定须进场复试的材料，外观检验合格后，由项目负责人组织，按规范规定对材料进行取样，送检验部门检验，然后核查复验检测报告的各项参数是否符合设计要求，是否与进场是提供的产品检测报告中的技术性能参数一致。材料复验合格后方可使用，否则判定该批次产品不合格，应全部退货，供应商应承担一切损失费用。项目负责人对材料的抽样复验工作进行检查监督。

在进行材料、设备的检验工作完成后，相关资料如合格证、质量证明文件、检测报告等要求归档的纸质证明文件由专业负责人收集齐全后，及时整理归档。验收合格后必须形成文字记录，验收记录上要有参与检验的人员共同签字。

12.2.3 低压配电系统选择的电线、电缆进场时，应对其导体电阻值进行复验，复验应为见证取样检验。

检验方法：现场随机抽样检验；核查复验报告。

检查数量：同厂家各种规格总数的 10%，且不少于 2 个规格。

12.2.3【示例或专题】

【技术要点说明】

本条为强制性条文。

电线电缆主要的基础标准是《电缆的导体》GB/T 3956—2008/IEC 60228：2004，这本标准规定了电力电缆和各种软线用的标称截面从 $0.5 \sim 2500 \text{mm}^2$ 的导体的电阻值。我们需要重点检测的是建筑工程中使用数量大的电线电缆，所以本标准中我们只规定对固定敷设用电缆中，材料为不镀金属退火铜的单芯和多芯用第 1 种实心导体和第 2 种绞合导体进行见证取样送检，并且只规定检测其导体电阻值。一般建筑电气设计中采用的电缆最大截面一般不超过 300mm^2，因此本标准中给出了电线电缆截面从 $0.5 \sim 300 \text{mm}^2$ 的电阻值。导体电阻值应符合表 12-11 的规定。

单芯和多芯电缆用实心导体及绞合导体的最大电阻值　　　　　　表 12-11

标称截面 （mm^2）	20℃时导体最大电阻（Ω/km）
	圆铜导体（实心及绞合导体）
	不镀金属
1.5	12.1
2.5	7.41
4	4.61
6	3.08
10	1.83
16	1.15
25	0.727
35	0.524
50	0.387
70	0.268
95	0.193
120	0.153
150	0.124
185	0.101
240	0.0775
300	0.0620

电缆进行电阻测试时应在试验区域存放充分时间，以使导体达到某温度，在该温度下

可采用修正系数，精确测量电阻值。

制定本条的目的是加强对建筑物内配电大量使用的电线电缆质量的监控，防止在施工过程中使用不合格的电线电缆。有些生产商为了降低成本偷工减料，造成电线电缆的导体截面变小，导体电阻不符合产品标准的要求。有些施工单位明知这种电线电缆有问题，但为了节省开支也购买这类产品，这样不但会造成严重的安全隐患，还会使电线电缆在输送电能的过程中发热，增加电能的损耗。因此应采取有效措施杜绝这类现象的发生。

【实施与检查】

1. 实施

电线电缆材料进场后，施工单位应按照有关材料设备进场的规定提交监理或建设方相关资料，并在监理或建设方的监督下进行见证取样，送到具有国家认可检验资质的检验机构进行检验，并出具检验报告。目前，在中国认证认可委员会网站上可以查到具有各类电线电缆进行质量检验的检测机构，基本涵盖了全国大部分省市。

规格的分类依据电线电缆内导体的材料类型，按照表 12-14 中的分类，相同截面、相同材料（如不镀金属、镀金属、圆或成型铝导体、铝合金导体）导体和相同芯数为同规格，如 VV3×185 与 YJV3×185 为同规格，BV6.0 与 BVV6.0 为同规格。现场进行随机抽样时，同一厂家抽样规格数不少于规格总数的 10%，且最少不少于 2 种规格。

测量导体电阻可以在整根长度的电缆上或至少 1m 长的试样上进行，把测量值除以其长度后，检验是否小于表 12-14 中规定的导体电阻最大值（非铜质材料的参考其相应的标准执行）。

如果需要可采用下列公式校正到 20℃和 1km 长度时的导体电阻：

$$R_{20} = R_t \times K_t \times \frac{1000}{L}$$

式中　R_{20}——20℃时电阻（Ω/km）；

　　　R_t——t℃时 Lm 长电缆实测电阻值（Ω）；

　　　K_t——t℃时的电阻温度校正系数，$K_t = \frac{250}{230+t}$；

　　　L——电缆长度（m）；

　　　t——测量时导体温度（℃）。

2. 检查

在材料进场后，项目负责人组织监理工程师、专业负责人、施工单位指定人员参加的联合检查验收。检查内容包括：

（1）产品的质量证明文件和检测报告是否齐全，按《额定电压 450V/750V 及以下聚氯乙烯绝缘电缆》GB 5023.1～5023.7 标准生产的产品要有安全认证标志。

（2）实际进场物资数量、规格、型号是否满足设计和施工要求。

（3）进场材料的外观质量是否满足设计和规范要求。

（4）施工单位应在监理或建设方的监督下进行见证取样，送到具有国家认可检验资质的检验机构进行检验，并出具检验报告，如图 12-14 所示。

（5）对复验报告进行核查，电阻值是否满足设计要求。

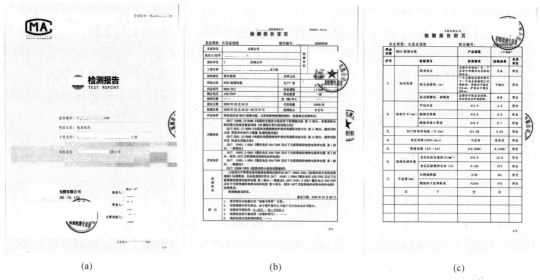

(a)   (b)   (c)

图 12-14　电线电缆第三方检验报告图

材料进场检验合格，且送检的电线电缆全部合格，专业负责人组织填写《材料、设备进场检验记录》，参与检验的人员签字后报监理验收，否则不能通过验收。

12.2.4 工程安装完成后应对配电系统进行调试，调试合格后应对低压配电系统以下技术参数进行检测，其检测结果应符合下列规定：

1　用电单位受电端电压允许偏差：三相 380V 供电为标称电压的 $\pm 7\%$；单相 220V 供电为标称电压的 $+7\%$、-10%；

2　正常运行情况下用电设备端子处额定电压的允许偏差：室内照明 $\pm 5\%$，一般用途电动机 $\pm 5\%$、电梯电动机 $\pm 7\%$，其他无特殊规定设备 $\pm 5\%$；

3　10kV 及以下配电变压器低压侧，功率因数不低于 0.9；

4　380V 的电网标称电压谐波限值：电压总谐波畸变率（THD_u）为 5%，奇次（1 次~25 次）谐波含有率为 4%，偶次（2 次~24 次）谐波含有率为 2%；

5　谐波电流不应超过表 12.2.4 中规定的允许值。

12.2.4【示例或专题】

谐波电流允许值　　　　　　　　　表 12.2.4

标准电压 （kV）	基准短路容量 （MVA）	谐波次数及谐波电流允许值											
0.38	10	谐波次数	2	3	4	5	6	7	8	9	10	11	12	13
		谐波电流允许值（A）	78	62	39	62	26	44	19	21	16	28	13	24
		谐波次数	14	15	16	17	18	19	20	21	22	23	24	25
		谐波电流允许值（A）	11	12	9.7	18	8.6	16	7.8	8.9	7.1	14	6.5	12

> 检验方法：在用电负荷满足检测条件的情况下，使用标准仪器仪表进行现场测试；对于室内插座等装置使用带负载模拟的仪表进行测试。
>
> 检查数量：受电端全数检查，末端按本规范表 3.4.2 最小抽样数量抽样。

【技术要点说明】

近年来，我国对电能质量日渐重视，已出台了多项电能质量标准，本条是根据《电能质量、供电电压允许偏差》GB/T 12325—2008、《民用建筑电气设计标准》GB 51348—2019 和《电能质量 公用电网谐波》GB/T 14549—1993 有关条款来编写的。

系统的无功功率不平衡是引起系统电压偏离标称值的根本原因，电压偏差对灯具的功率流量、光通量和其发光的效率以及其使用寿命会产生极大的影响，而且可能使得配电的变压器或者线路的损耗量增大，不符合节能要求。

谐波是与电网相连接的各种非线性负载产生的。在建筑物中引起谐波的主要谐波源有：铁磁设备、电弧设备以及电力电子设备。铁磁设备包括变压器、旋转电机等；电弧设备包括放电型照明设备（荧光灯等）。这两种都是无源型的，其非线性是由铁心和电弧的物理特性导致的。电力电子设备的非线性是由半导体器件的开关导致的，属于有源型。电力电子设备主要包括电机调速用变频器、直流开关电源、计算机、不间断电源和其他整流/逆变设备，目前这部分所产生的谐波所占比重也越来越大，已成为电力系统的主要谐波污染源。

谐波对电力系统和其他用电设备带来非常严重的影响：

（1）大大增加了系统谐振的可能性。谐波容易使电网与补偿电容器之间发生并联谐振或串联谐振，使谐波电流放大几倍甚至数十倍，造成过电流，引起电容器、与之相连接的电抗器和电阻器的损坏。

（2）使电网中的设备产生附加谐波损失，降低输电及用电设备的使用效率，增加电网线损。在三相四线制系统中，零线电流会由于流过大量的 3 次及其倍数次谐波电流造成零线过热，甚至引发火灾。

（3）谐波会产生额外的热效应从而引起用电设备发热，使绝缘老化，降低设备的使用寿命。

（4）谐波会引起一些保护设备误动作，如继电保护、熔断器等。

（5）谐波会导致电气测量仪表计量不准确。

（6）谐波通过电磁感应和传导耦合等方式对电子设备和通信系统产生干扰，如医院的大型电子诊疗设备、计算机数据中心、商场超市的电子扫描结算系统、通信系统终端等，降低数据传输质量，破坏数据的正常传递。

目前，针对电能质量的改善有以下几种方式：

（1）对谐波的抑制方法

增加 LC 滤波装置，它即可过滤谐波又可补偿无功功率（图 12-15）。滤波装置又分成无源滤波和有源滤波两种，前者针对特定谐波进行过滤，如果控制不当容易与电网发生串联和并联谐振。后者可对多次谐波进行过滤，一般不会与电网产生谐振。

（2）无功功率的补偿方法

采用自换相变流电路的静止型无功补偿装置——静止无功发生器 SVG（Static Var

Generator）。它与传统的静止无功补偿装置需要大量的电抗器、电容器等储能元件不同，SVG 在其直流侧只需要较小容量的电容器维持其电压即可。SVG 通过不同的控制，使其发出无功功率，呈电容性，也可使其吸收无功功率，呈电感性（图 12-16）。

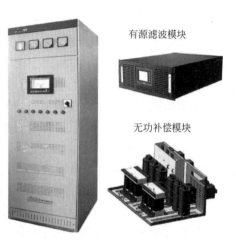

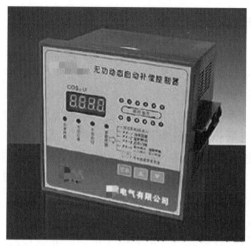

图 12-15　LC 滤波装置　　　　　图 12-16　无功功率的补偿装置

（3）负序电流的抑止方法

不对称负载会产生负序电流，从而造成三相不平衡，通常使用晶闸管控制电抗器配合晶闸管投切电容器来抑止负序电流，但会引起谐波放大问题。

（4）有源电力滤波器对电能质量进行综合治理

有源电力滤波器是一种可以动态抑止谐波、负序和补偿无功的新型电力电子装置，它能对变化的谐波、无功和负序进行补偿（图 12-17）。与传统的电能质量补偿方式相比，它的调节响应更加快速、灵活。

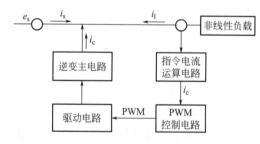

图 12-17　有源电力滤波器原理图

【实施与检查】

1. 实施

照明系统的电参数测量包括：

（1）照明末端灯具或插座的电气参数，如工作电压、输入功率、谐波含量等。宜采用量程适宜、功能满足要求的单相电气测量仪表。

（2）照明系统的电气参数，如电源电压、工作电流、系统功率因数、谐波含量等。在变压器低压出线或低压配电总进线柜进行检测，检测人员应注意采取有效的安全措施，使用耐压大于 500V 的绝缘手套、帽子、鞋，绝缘物品应在标定期内使用。使用的三相电能质量分析仪应具备以下功能：

① 符合低压配电系统中所有连接的安全要求。

② 符合国家有关电能质量标准中参数测量和计算的要求。

③ 测量电压准确度 0.5% 标称电压。

④ 测量参数为：电压、电流真有效值和峰值，频率，基波和真功率因数，功率，电量，至少达 25 次谐波。

⑤ 电流总谐波畸变率（THD_i），电压总谐波畸变率（THD_u）。

⑥ 测量仪器的峰值因数 $cf > 3$。$cf = \dfrac{\text{峰值}}{\text{有效值}}$。

⑦ 电压不平衡度测量的绝对误差 $\leqslant 0.2\%$；电流不平衡度测量的绝对误差 $\leqslant 1\%$。

⑧ 可设置参数记录间隔时间。自动存储容量应满足要求记录参数的最小容量。具有统计和计算功能，可直接给出测量参数值。

2. 检查

（1）供电电压允许偏差计算

获得电压有效值的基本的测量时间窗口应为 10 周波（频率），并且每个测试时间窗口应该与邻近的测量时间窗口接近而不重叠，连续测量并计算电压有效值的平均值，最终计算获得供电电压偏差值，计算公式如下：

$$电压偏差（\%） = \frac{实测电压 - 额定电压}{额定电压} \times 100\%$$

对 A 级性能电压检测仪，可以根据具体情况选择 4 个不同类型时间长度计算供电电压偏差：3s、1min、10min、2h。对 B 级性能电压监测仪制造商应该标明测量时间窗口、计算供电电压偏差的时间长度。时间长度推荐采用 1min 或 10min。

（2）谐波电压限值计算

第 h 次谐波电压含有率 HRU_h：$\qquad HRU_h = \dfrac{U_h}{U_1} \times 100 \;（\%）$

谐波电压含有量 U_H：$\qquad U_H = \sqrt{\sum_{h=2}^{\infty} (U_h)^2}$

电压总谐波畸变 THD_u：$\qquad THD_u = \dfrac{U_H}{U_1} \times 100 \;（\%）$

式中　U_h——第 h 次谐波电压（方均根值）；

$\qquad U_1$——基波电压（方均根值）。

（3）谐波电流允许值计算

第 h 次谐波电流含有率 HRI_h：$\qquad HRI_h = \dfrac{I_h}{I_1} \times 100 \;（\%）$

谐波电流含有量 I_H：$\qquad I_H = \sqrt{\sum_{h=2}^{\infty} (I_h)^2}$

电流总谐波畸变 THD_i： $$THD_i = \frac{I_H}{I_1} \times 100 \quad (\%)$$

式中　I_h——第 h 次谐波电流（方均根值）；

　　　I_1——基波电流（方均根值）。

（4）功率因数

记录三相电能质量分析仪中的功率因数。

经过三相电力分析仪测量的所有检测参数均符合 12.2.4 中的规定，由检测单位出具检测报告。验收由建设单位（或使用方）组织。验收结论为合格、不合格。不合格时监理单位会同设计单位制定整改措施，施工单位进行整改直至检测合格方可通过验收。验收合格后必须形成文字记录，填写检验报告。验收人员签字齐全。

参加验收的人员包括：监理工程师、建设单位（或使用方）专业负责人、供应商代表、施工单位技术质量负责人、施工单位专业质量检查员。

12.2.5　照明系统安装完成后应通电试运行，其测试参数和计算值应符合下列规定：

1　照度值允许偏差为设计值的 $\pm 10\%$；

2　功率密度值不应大于设计值，当典型功能区域照度值高于或低于其设计值时，功率密度（限）值可按比例同时提高或降低。

检验方法：检测被检区域内平均照度和功率密度。

检查数量：各类典型功能区域，每类检查不少于 2 处。

12.2.5【示例或专题】

【技术要点说明】

本条是参照《建筑照明设计标准》GB 50034—2013 中第 4.1.7 条和第 6.3.15 条编制的。照度与人们的生活有着密切的关系。照度过低会影响视觉工效，增加视觉疲劳甚至产生安全隐患，照度过高可能会使人感到不适，还会造成资源的浪费。不同功能的建筑和建筑内不同的功能区域，照度标准值都是不同的，可参照设计值，当无设计值规定时，参照《建筑照明设计标准》GB 50034—2013 中第 5 章对应的标准值。在现场进行照明测量时，测量条件应满足《照明测量方法》GB/T 5700—2008 中第 4.2 条的规定：

（1）白炽灯和卤钨灯累计点燃时间在 50h 以上。

（2）气体放电灯类光源累计点燃时间在 100h 以上。

在测量前应保证白炽灯和卤钨灯已点燃 15min，气体放电灯已点燃 40min；测量时应监测电源电压，保证灯具在额定电压下进行照明测量。在室内测量照明应保证在没有天然光和其他非被测光源影响下进行。

我国已将照明功率密度作为建筑照明节能的评价指标，它是指单位面积的照明安装功率（含镇流器、变压器的功耗）。需要注意，要先测量计算照度，在照度满足设计要求或照度标准值的前提下计算区域内灯数量及照明负荷（包括光源、镇流器或变压器等灯的附属装置），再用 LPD 值作校验和评价。不同功能建筑、不同工作区域的照明功率密度限值不同，要参照设计要求或《建筑照明设计标准》GB 50034—2013 中第 6.3 节对应规定，不能大于限定值。对某些特定的场所，低据《建筑照明设计标准》GB 50034—2013 第 4.12 或 4.13 条，调高或调低照明标准等级时，照明功率密度限值要按照度同样的比例调高或调低。

【实施与检查】

1. 实施
照度测量
在光源、电源质量、周围环境满足测试前要求的情况下，用照度计测量某区域内照度。照度的测量可采用中心布点法。

在照度测量的区域一般将测量区域划分成矩形网格，网格宜为正方形，应在矩形网格中心点测量照度，如图 12-18 所示。该布点方法适用于水平照度、垂直照度或摄像机方向的垂直照度的测量，垂直照度应标明照度的测量面和法线方向。

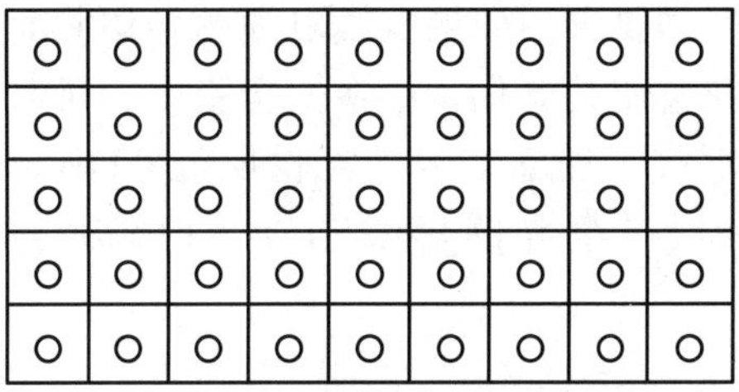

○:测点。

图 12-18　在网格中心布点示意图

中心布点法的平均照度计算公式如下：

$$E_{av} = \frac{1}{M \times N} \sum E_i$$

式中　E_{av}——平均照度（lx）；

　　　E_i——在第 i 个测点上的照度（lx）；

　　　M——纵向测点数；

　　　N——横向测点数。

照明密度的计算公式如下：

$$LPD = \frac{\sum P_i}{S}$$

式中　LPD——照明功率密度（W/m^2）；

　　　P_i——被测量照明场所中的第 i 单个照明灯具的输入功率（W）；

　　　S——被测量照明场所的面积（m^2）。

其中单个照明灯具输入功率可采用量程适宜、功能满足要求的单相电气测量仪表。

2. 检查
检验批按区域的功能划分，每类检查数不少于 2 处。检查测试记录完整齐全，检查记录中无不合格项则可以通过验收。验收合格后必须形成文字记录，填写检查验收记录。验收人员签字齐全。

参加验收的人员包括：监理（或建设）单位专业工程师、施工单位技术质量负责人、施工单位专职质量检查员。

12.3 一般项目

12.3.1 配电系统选择的导体截面不得低于设计值。

　　检验方法：核查质量证明文件。尺量检查。

　　检查数量：每种规格检验不少于5次。

12.3.1【示例或专题】

【技术要点说明】

　　配电系统中电缆电线的导体截面不满足设计要求的话，导线就不能满足安全载流量和机械强度的要求。如果电线电缆的导体截面过细，会造成电线电缆发烫，不仅增加能耗，长时间会使其老化，存在安全隐患。所以电线电缆进场时，对电线电缆的验收要符合《建筑电气工程施工质量验收规范》GB 50303—2015的规定："按制造标准，现场抽样绝缘层厚度和圆形线芯直径；线芯直径误差不大于标称直径的 1‰"。

【实施与检查】

　　1. 实施

　　在材料进场后，项目负责人组织监理工程师、专业负责人、施工单位指定人员参加联合检查验收。检查内容包括：

　　（1）产品的质量证明文件和检测报告是否齐全。

　　（2）实际进场物资数量、规格、型号是否满足设计和施工要求。

　　（3）进场线缆是否包装完好，无压扁、扭曲，绝缘层厚度均匀无破损。

　　（4）按规定对电线电缆的线径、电阻值等进行复检。

　　材料进场检验合格后，专业负责人组织填写《材料、设备进场检验记录》，参与检验的人员签字后报监理验收，否则不能通过验收。

　　2. 检查

　　观察、量测检查，核查产品出厂合格证、出厂检测报告、中文说明书及相关性能检测报告等质量证明文件。

　　按规定须进场复试的材料，外观检验合格后，由项目负责人组织，按标准规定对电线电缆进行取样，送检验部门检验。同时，做好监理工程师或建设单位代表参加的见证取样工作，复试合格后方可使用。项目负责人对材料的抽样复试工作进行检查监督。在进行材料、设备的检验工作完成后，相关资料如合格证、质量证明文件、检测报告等要求归档的纸质证明文件由专业负责人收集齐全后，及时整理归档。

12.3.2　母线与母线或母线与电器接线端子，当采用螺栓搭接连接时应牢固可靠。

检验方法：使用力矩扳手对压接螺栓进行力矩检测。

检查数量：母线按检验批抽查10%。

12.3.2【示例或专题】

【技术要点说明】

本条是参考《建筑电气工程施工质量验收规范》GB 50303—2015制定的。关于母线压接头制作的部分原文如下：

"母线与母线或母线与电器接线端子，当采用螺栓搭接连接时，应符合下列规定：

母线的各类搭接连接的钻孔直径和搭接长度符合本规范附录D的规定，用力矩扳手拧紧钢制连接螺栓的力矩值符合本规范附录E（表12-12）的规定。"

母线搭接螺栓的拧紧力矩　　　　　　　　　　　　　　表 12-12

序号	螺栓规格	力矩值（N·m）
1	M8	8.8~10.8
2	M10	17.7~22.6
3	M12	31.4~39.2
4	M14	51.0~60.8
5	M16	78.5~98.1
6	M18	98.0~127.4
7	M20	156.9~196.2
8	M24	274.6~343.2

制定本条的目的是强调母线压接头的制作质量，在母线搭接或母线与电器连接时要注意按照规范要求施工，当母线上流过大电流时，如果搭接处有虚接现象，会使虚接处电阻增加从而引起局部发热，不仅会增加损耗，更严重的是随时可能引发火灾。

【实施与检查】

1. 实施

在建筑物配电系统通电前，安装单位应使用力矩扳手检验（图12-19）。使用的力矩扳手应符合国家标准《手用扭力扳手通用技术条件》GB/T 15729—2008和《扭矩扳子》JJG707—2014的要求，并在其有效检定期内，采用可预置扭矩且具有显示功能的力矩扳手，定期送计量部门检验。

将力矩扳手卡在钢制螺栓上，力矩扳手预置力设置在小于规定值的范围内，如M8的螺栓规定力矩值为8.8~10.8N·m，力矩扳手预置力可设置为小于8.8N·m，例如7.8N·m，然后转动扳手，观察螺栓是否转动，如果在7.8N·m的预置力内没有转动，则上调力矩扳手预置力，直至螺栓开始转动，此时力矩扳手上显示的力矩值即为安装完成时的数值，以此判定是否符合母线搭接螺栓的拧紧力矩（图 12-20）。力矩扳手拧紧钢制连接螺栓的力矩值应符合表 12-12 的规定。

图 12-19　力矩扳手示意图

图 12-20　力矩扳手检定检验示意图

2. 检查

按照检验批的划分原则划分出批次，然后每批次全数检查。检测由施工单位负责，并形成检测记录。当建设单位对检测结果有疑问时，可委托具有国家认可资质的检测单位进行检测。检测的所有母线压接头全部合格方可进行验收，验收合格后必须形成文字记录，验收人员签字齐全。

12.3.3　交流单芯电缆或分相后的每相电缆宜品字型（三叶型）敷设，且不得形成闭合铁磁回路。

　　检验方法：观察检查。

　　检查数量：全数检查。

12.3.3【示例或专题】

【技术要点说明】

本条是参考《建筑电气工程施工质量验收规范》GB 50303—2015 制订的。制订本条的目的是强调单芯电缆的敷设方式。虽然一般建筑物内设备供电为 380/220V，但有时也会出现单相电缆供电的情况，如演播厅等需要大功率照明光源的场所，此时如果敷设不当就会造成局部发热。在采用预制电缆头做分支连接时，要防止分支处单相电缆芯线固定时，采用的夹具和支架形成闭合铁磁回路。建议采用铝合金金具线夹，减少由于涡流和磁滞损耗产生的能耗。

【实施与检查】

1. 实施

交流单芯电力电缆应布置在同侧支架上，并加以固定。当按紧贴正三角形排列时，应每隔一定距离用绑带扎牢，以免其松散。

在电缆隧道中，多芯电缆安装在金属支架上，一般可以不做机械固定，但单芯电缆则必须固定。因发生短路故障时，由于电动力作用，单芯电缆之间所产生的相互排斥力，可能导致很长一段电缆从支架上移位，以致引起电缆损伤。固定电缆时，不得用铁丝直接捆扎电缆，宜采用铝合金等不构成闭合铁磁回路的夹具，也可采用专用的电缆固定夹。

2. 检查

对交流单芯电缆敷设固定用的电力金具和支架进行全数检查，看其是否形成闭合面并形成检查记录，全部合格后方可验收。不合格时施工单位需进行整改直至检查合格方可通过验收。验收合格后必须形成文字记录，验收人员签字齐全。

参加验收的人员包括：监理工程师、建设单位（或使用方）专业负责人、施工单位技术质量负责人、施工单位专业质量检查员。

> **12.3.4**　三相照明配电干线的各相负荷宜分配平衡，其最大相负荷不宜超过三相负荷平均值的 115％，最小相负荷不宜小于三相负荷平均值的 85％。
>
> 　　检验方法：在建筑物照明通电试运行时开启全部照明负荷，使用三相功率计检测各相负载电流、电压和功率。
>
> 　　检查数量：全数检查。

12.3.4【示例或专题】

【技术要点说明】

本条文完全引自《建筑照明设计标准》GB 50034—2013 中的第 7.2.3 条。电源各相负载不均衡会影响照明器具的发光效率和使用寿命，造成电能损耗和资源浪费。为了验证设计和施工的质量情况，特别加设本项检查内容。刚竣工的项目只要施工按设计进行，一般都较容易达到标准要求。但竣工项目投入使用后，因为使用情况的不确定性而往往达不到标准的要求，而且有些改造项目在配电干线不做改动的情况下，随意增加单相用电设备，如增加房间分体式空调等，尤其是这些空调有些是增加在照明配电回路中，这些不对称负载会产生负序电流，从而造成三相不平衡。三相不平衡会使零线电流增加，造成发热增加线路的损耗，严重时还可能引发火灾，这就给我们的检测与控制提出了更高的要求。

【实施与检查】

1. 实施

将负荷均衡分配到各相上可以减少各相的电压偏差。当在照明通电试运行时，使用三相功率计测试照明回路各相的负载电流、电压和功率。填写相应的检查记录。

2. 检查

按照系统对电压、电流和功率全数检查。检查记录完整齐全，检查记录中无不合格项则可以通过验收。验收合格后必须形成文字记录，填写检查验收记录。验收人员签字齐全。

参加验收的人员包括：监理（或建设）单位专业工程师、施工单位技术质量负责人、施工单位专职质量检查员。

第13章 监测与控制节能工程

【概述】本章主要涉及与建筑节能密切相关的建筑耗能设备的监测与控制内容，规定了监测与控制系统的施工质量验收要求。

本章共分3节、17条，无强制性条文。其中，第13.1节为一般规定，共4条管理性条款，主要涉及本章的适用范围，以及对隐蔽工程、系统试运行等重点内容的验收。第13.2节为主控项目，共12条主控技术性条款，分别对设备及材料、传感器及执行器等重要部件安装、系统集成软件测试、能耗计量装置功能检测做了规定，对供暖通风空调系统、冷热源水系统、供配电系统、照明系统、自动扶梯等耗能设备的监测与控制功能规定了验收要求。另外，规定了涉及建筑能源管理系统的功能、协调控制及优化、可再生能源利用方面的内容。第13.3节为一般项目，共1条一般技术性条款，规定了监测与控制系统的性能监测要求。

监测与控制系统节能工程的验收，应符合本标准第3章基本规定等通用要求部分规定。

13.1 一般规定

13.1.1 本章适用于监测与控制系统节能工程施工质量的验收。

13.1.1【示例或专题】

【技术要点说明】

本章对与建筑节能有关的监测与控制系统内容做了规定，监测与控制节能工程应依据设计要求进行检测和验收。

监测与控制系统验收的主要对象包括：供暖、通风与空调、给水排水、电梯及自动扶梯、供配电与照明所采用的监测与控制系统，能耗计量系统以及建筑能源管理系统（图13-1）。

建筑节能工程所涉及的可再生能源利用、建筑冷热电联供系统、能源回收利用以及其他与节能有关的建筑设备监控部分的验收，应参照本章的相关规定执行。

在各类建筑能耗中，供暖、通风与空调、配电及照明、给水排水、电梯与自动扶梯系统是主要的建筑耗能设备；建筑节能工程应按不同设备、不同耗能用户设置监测计量系统，便于对建筑能耗实施计量管理，故列为检测验收的重点内容。建筑能源管理系统（BEMS，Building Energy Management System）是指用于建筑能源管理的管理策略和软件系统。建筑冷热电联供系统（BCHP，Building Cooling Heating & Power）是为建筑物提供电、冷、热的现场能源系统。

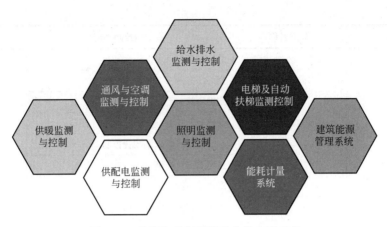

图 13-1　监测与控制系统验收的主要对象

【实施与检查】

建筑节能工程的监测与控制系统应以"智能建筑设备监控系统"为基础进行施工验收。

监测与控制系统的施工图设计、控制流程设计和软件选用是保证施工质量的重要环节，通常由施工单位完成。施工单位应对原设计单位的施工图进行复核（具体项目及要求可参考表 13-1），并在此基础上进行深化设计和必要的设计变更。

建筑节能工程监测与控制系统功能综合表

表 13-1

类型	系统名称	检测与控制功能	备注
通风与空调的监测控制	空气处理系统控制	空调箱启停控制状态显示	
		送回风温度检测	
		焓值控制	
		过渡季节新风温度控制	
		最小新风量控制	
		过滤器报警	
		送风压力检测	
		风机故障报警	
		冷(热)水流量调节	
		加湿器控制	
		风门控制	
		风机变频调速	
		二氧化碳浓度、室内温湿度检测	
		与消防自动报警系统联动	

续表

类型	系统名称	检测与控制功能	备注
通风与空调的监测控制	变风量空调系统控制	总风量调节	
		变静压控制	
		定静压控制	
		加热系统控制	
		智能化变风量末端装置控制	
		送风温湿度控制	
		新风量控制	
	通风系统控制	风机启停控制状态显示	
		风机故障报警	
		通风设备温度控制	
		风机排风排烟联动	
		地下车库二氧化碳浓度控制	
		根据室内外温差中空玻璃幕墙通风控制	
	风机盘管系统控制	室内温度检测	
		冷热水量开关控制	
		风机启停和状态显示	
		风机变频调速控制	
冷热源、空调水的监测控制	压缩式制冷机组控制	运行状态监视	能耗计量
		启停程序控制与连锁	
		台数控制（机组群控）	
		机组疲劳度均衡控制	
	变制冷剂流量空调系统控制		能耗计量
	吸收式制冷系统/冰蓄冷系统控制	运行状态监视	冰库蓄冰量检测、能耗累计
		启停控制	
		制冰/融冰控制	
	锅炉系统控制	台数控制	能耗计量
		燃烧负荷控制	
		换热器一次侧供回水温度监视	
		换热器一次侧供回水流量控制	
		换热器二次侧供回水温度监视	
		换热器二次侧供回水流量控制	
		换热器二次侧变频泵控制	
		换热器二次侧供回水压力监视	
		换热器二次侧供回水压差旁通控制	
		换热站其他控制	

续表

类型	系统名称	检测与控制功能	备注
冷热源、空调水的监测控制	冷冻水系统控制	供回水温差控制	冷源负荷监视，能耗计量
		供回水流量控制	
		冷冻水循环泵启停控制和状态显示（二次冷冻水循环泵变频调速）	
		冷冻水循环泵过载报警	
		供回水压力监视	
		供回水压差旁通控制	
	冷却水系统控制	冷却水进出口温度检测	能耗计量
		冷却水泵启停控制和状态显示	
		冷却水泵变频调速	
		冷却水循环泵过载报警	
		冷却塔风机启停控制和状态显示	
		冷却塔风机变频调速	
		冷却塔风机故障报警	
		冷却塔排污控制	
配电系统监测	配电系统监测	功率因数控制	用电量计量
		电压、电流、功率、频率、谐波、功率因数检测	
		中/低压开关状态显示	
		变压器温度检测与报警	
照明系统控制	照明系统控制	磁卡、传感器、照明的开关控制	照明系统用电量计量
		根据亮度的照明控制	
		办公区照度控制	
		时间表控制	
		自然采光控制	
		公共照明区开关控制	
		局部照明控制	
		照明的全系统优化控制	
		室内场景设定控制	
		室外景观照明场景设定控制	
		路灯时间表及亮度开关控制	
建筑能源系统协调控制，供暖、通风与空调系统优化监控	建筑能源系统协调控制，供暖、通风与空调系统优化监控	建筑能源系统的协调控制	
		供暖、空调与通风系统的优化监控	
建筑能源管理系统的能耗数据采集与分析	建筑能源管理系统的能耗数据采集与分析	管理软件功能检测	

13.1.2 监测与控制节能工程施工中应及时进行质量检查，对隐蔽部位在隐蔽前进行验收，并应有详细的文字记录和必要的图像资料。

13.1.2【示例或专题】

【技术要点说明】

监测与控制系统节能工程实施阶段应重点对隐蔽工程和相关接口进行及时检查，工程施工质量验收可直接采用"智能建筑设备监控系统"的检测结果。

【实施与检查】

由于监测与控制系统安装施工涉及空调、给水排水、电气、电梯、土建等专业，各专业之间应相互协调配合，保证监控系统工程的顺序实施（图 13-2）。

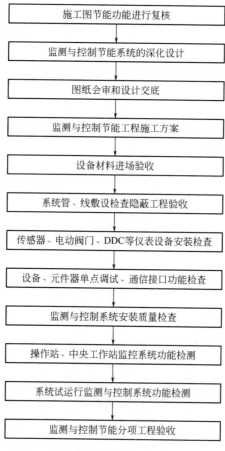

图 13-2 监测与控制节能工程施工流程图

13.1.3 监测与控制节能工程安装完成后应进行系统试运行，并对安装质量、监控功能、能源计量及建筑能源管理等进行检查和系统检测，并应进行监测与控制节能分项工程验收。

13.1.3【示例或专题】

【技术要点说明】

监测与控制系统节能工程应检查系统的设备安装质量、监测控制功能、能源计量功能，通过系统试运行进行调试和验证，完成监测与控制节能分项工程的验收。

【实施与检查】

工程常见检测与控制系统节能控制要求见表 13-2。

工程常见检测与控制系统节能控制要求
表 13-2

分类	控制对象	节能控制策略及说明
冷冻站房	冷水机组	(1)冷水机组变频运行:选用变频驱动式冷水机组; (2)变水温控制:根据空调末端负荷需求,提高冷冻供水温度。BAS 系统(即监测与控制系统)可根据所有空调末端表冷阀的开度状态进行空调负荷判断,通过与冷水机组自带控制器进行通讯的方式实现冷冻供水温度再设定功能
	冷冻水系统	(1)尽量避免二次泵系统设计或运行。 (2)变流量控制:根据末端环路压差控制法、温差控制法等方法对冷冻水泵进行变频控制。变流量控制应保证冷水机组的最低流量限制。 (3)$\triangle T$ 恒定控制:尽量避免冷冻供回水直接混合,保证冷冻供回水温差 $\triangle T \geqslant 5℃$。
	冷却水系统	(1)最佳冷却水温控制:根据冷水机组最高效率下的冷却水温范围对冷却塔风机进行启停控制。 (2)变流量控制:根据最佳冷却水温范围、冷水机组和冷却水泵的综合能耗对冷却水泵进行变频控制
	冷冻站群控	根据空调侧负荷需求,启停冷水机组及辅联设备的台数,以保证冷水机组在最高效率所对应的负荷状态下运行
	安全联锁运行	以上各节能运行策略应考虑冷冻站房各设备之间的安全联琐运行
热力站房	热交换站(城市热网集中供热)	根据二次侧供水温度需求(如 60℃)对一次侧高温热水(或蒸汽)流量进行自动调节
	锅炉(蒸汽或热水)	(1)台数群控:根据末端负荷需求,对锅炉运行台数进行群控,保证每台锅炉在最高效率下工作。 (2)对供水(汽)压力、温度进行优化控制
	循环水泵	根据末端负荷需求对循环水泵进行变频(变流量)控制,方法同冷冻水泵
	蒸汽凝结水热回收系统	根据蒸汽凝结水热回收系统的工艺特点(如开式系统、闭式系统),对系统上各装置的压力、温度进行优化控制

分类	控制对象	节能控制策略及说明
空调末端设备	空气处理机组新风机组	(1)变室温设定值控制(新风补偿控制):根据室外温度的变化相应调整室内温度设定值,避免过大的室内外温差导致人体的不适感,同时因提高室内温度设定值带来节能效果。 (2)等效温度(ET)舒适控制法:根据室内影响人体舒适度的温度、相对湿度、风速、辐射温度等组成的综合等效温度(ET)或PMV舒适指标对室内热环境进行调节,追求舒适与节能的最佳搭配。 (3)全年多工况节能控制(最大限度利用新风冷源):根据室外气象条件和空气处理机组的组合形式,将全年划分成若干个工况区域,优化空气热湿处理过程,最大限度利用室外新风冷源,避免冷热抵消现象。 (4)最佳启停控制:根据季节、节假日时间、建筑物的蓄冷蓄热效果,合理制定出设备启动和停止运行的最佳时间。 (5)室内空气品质控制:根据室内(或回风)的CO_2浓度或VOC浓度控制新风量。 (6)变风量控制:根据室内热负荷变化或送风静压要求对风机进行变频节能控制;新风机组一般不采用变风量控制。 (7)过滤器压差监测:空调机组应配置过滤效率至少不低于G4(欧洲标准)的过滤器,以便对空调自身的换热盘管、BAS系统传感器进行保护;过滤器阻力到达上限时,BAS应提醒维护人员及时清洗或更换过滤器,节省风机运行能耗
	风机盘管	(1)各房间配置独立的温控器和三速开关。 (2)在风机盘管供回水管道上配置二通调节阀。 (3)在无人值守的公共区域(如大堂、会议室)可配超声波人员探测器与风机盘管启停进行联动;或选择具有网络通信能力的温控器,由BAS系统集中管理
	VAV末端装置	(1)就地设置VAV控制器,VAV控制器应具备网络通信能力,集成至BAS系统。 (2)通过定静压、变静压等多种方式对VAV末端装置所对应的空气处理机组进行变风量调节
	新排风热回收装置	根据新排风焓值合理使用热回收装置,冬夏季最大限度发挥热回收效率,过渡季节调节旁通阀或转轮转速(转轮式热交换器),最大限度利用新风冷源
照明系统	照明回路	(1)定时开关控制:室外环境照明、公共区域照明。 (2)人员感应控制:小型会议室、大开间办公室区域控制。 (3)根据室外光源照度控制:广场照明、室内大开间办公室、多功能厅的减光控制。 (4)多种模式的场景控制:多功能厅、大会议室、外立面照明等
能源管理	能耗计量	BAS系统应对建筑物内的水、电、(蒸)汽、(煤、天然)气、油等耗量进行计量监测和统计,配置相应的电表、流量计、热量计等。按年、月、日进行统计,建立数据库、曲线趋势图等
	能耗分析	BAS系统应根据监测的原始能耗数据,对建筑物的能耗状态和运行费用进行分析、报表打印。和正常(标准)值、往年同期值相比,判断节能效率以及改进方向等。举例如下: (1)(年、月、日)单位建筑平米的能耗指标(或运行费用)。 (2)(年)供冷期间(如150d)每吨(m^3)冷冻水流量空调系统所花费的用电量。 (3)(年)供暖期间(如150d)每吨(m^3)热水空调系统所花费的用电量。 (4)(年、月、日)冷冻站房的总COP值(Total COP)。 (5)(年)新风冷源的节能率等

13.1.4 监测与控制节能工程验收可按本标准第 3.4.1 条进行检验批划分，也可按照系统、楼层、建筑分区，由施工单位与监理单位协商确定。

13.1.4【示例或专题】

【技术要点说明】

监测与控制节能工程的检验批划分，也可以按照监测控制系统回路进行划分。

【实施与检查】

监测与控制节能工程的检验批划分见表 13-3。

监测与控制节能工程的检验批划分　　　　　　　　　　表 13-3

分项系统子系统名称	检验批工程划分要求
冷热源系统的监测控制系统	按各监测控制系统划分检验批
空调水系统的监测控制系统	
通风与空调系统的监测控制系统	
监测与计量装置	
供电的监测控制系统	
照明自动控制系统	
综合控制系统	

13.2　主控项目

13.2.1 监测与控制节能工程使用的设备、材料应进行进场验收，验收结果应经监理工程师检查认可，并应形成相应的验收记录。各种材料和设备的质量证明文件和相关技术资料应齐全，并应符合设计要求和国家现行有关标准的规定。并应对下列主要产品的技术性能参数和功能进行核查：

1　系统集成软件的功能及系统接口兼容性；

2　自动控制阀门和执行机构的设计计算书；控制器、执行器、变频设备以及阀门等设备的规格参数；

3　变风量（VAV）末端控制器的自动控制和运算功能。

检验方法：观察、尺量检查；对照设计文件核查质量证明文件。

检查数量：全数检查。

13.2.1【示例或专题】

【技术要点说明】

设备材料进场验收应执行《智能建筑工程质量验收规范》GB 50339—2013 和本标准第 3.2 节的有关规定。涉及系统集成的部分，施工单位应依据供应商提供的软件测试大纲（预先经监理工程师批准），进行工厂见证测试，重点测试接口的兼容性，保证接口双方中任何一方发生故障时不影响另一方。并应对下列主要产品的技术性能参数和功能进行核查：

（1）对照安装使用说明书，核查系统集成软件的功能及系统接口兼容性。

（2）对照自动控制阀门和执行机构的设计计算书，核查控制器、执行器、变频设备以及阀门等设备的规格参数。

（3）变风量（VAV）末端控制器的自动控制和运算功能。

【实施与检查】

1. 材料设备进场验收要求

1）按照合同技术文件和工程设计文件的要求，对设备、材料和软件进行进场验收，进场验收应有书面记录和参加人员签字。未经进场验收合格的设备、材料和软件不得在工程上使用和安装。经进场验收合格的设备和材料应按产品的技术要求妥善保管。

2）设备及材料的进场验收应填写设备材料进场检验表，具体要求如下：

（1）保证外观完好，产品无损伤、无瑕疵，品种、数量、产地符合要求。

（2）设备和软件产品的质量检查应执行以下规定：

① 产品应为列入《中华人民共和国实施强制性产品认证的产品目录》或实施生产许可证和上网许可证管理的产品，未列入强制性认证产品目录或未实施生产许可证和上网许可证管理的产品，应按规定程序通过产品检测后方可使用。

② 产品功能、性能等项目的检测应按相应的现行国家产品标准进行；供需双方有特殊要求的产品，可按合同规定或设计要求进行。

③ 对不具备现场检测条件的产品，可要求进行工厂检测并出具检测报告。

④ 硬件设备及材料的质量检查重点应包括安全性、可靠性及电磁兼容性等项目，可靠性检测可参考生产厂家出具的可靠性检测报告。

⑤ 软件产品质量应按下列内容检查：

A. 商业化的软件，如操作系统、数据库管理系统、应用系统软件、信息安全软件和网管软件等应做好使用许可证及使用范围的检查。

B. 由系统承包商编制的用户软件，用户组态软件及接口软件等应用软件，除进行功能测试和系统测试之外，还应根据需要进行容量、可靠性、安全性、可恢复性、兼容可靠性、自诊断等多项功能测试，并保证软件的可维护性。

C. 所有自编软件均应提供完整的文档（包括软件资料、程序结构说明、安装调试说明、使用和维护说明书等）。

⑥ 系统接口的质量应按下列要求检查：

A. 系统承包商应提交接口规范，接口规范应在合同签订时由合同签订机构负责审定。

B. 系统承包商应根据接口规范制定接口测试方案，接口测试方案经检测机构批准后实施。系统接口测试应保证接口性能符合设计要求，实现接口规范中规定的各项功能，不发生兼容性及通信瓶颈问题，并保证系统接口的制造和安装质量。

（3）依规定程序获得批准使用的新材料和新产品除符合本条规定外，尚应提供主管部门规定的相关证明文件。

（4）进口产品除应符合《智能建筑工程质量验收规范》GB 50339—2013 的规定外，尚应提供原产地证明和商检证明，配套提供的质量合格证明、检测报告及安装、使用、维护说明书等文件资料应为中文文本（或附中文译文）。

13.2.2 监测与控制节能工程的传感器、执行机构，其安装位置、方式应符合设计要求；预留的检测孔位置正确，管道保温时应做明显标识；监测计量装置的测量数据应准确并符合设计要求。

检验方法：观察检查；用标准仪器仪表实测监测计量装置的实测数据，分别与直接数字控制器和中央工作站显示数据对比。

检查数量：按本标准表 3.4.2 最小抽样数量抽样，不足 10 台应全数检查。

【技术要点说明】

现场传感器、执行机构等仪表设备的安装质量对监测与控制系统的功能发挥和系统节能运行效果影响较大，本条要求对现场仪表的安装质量进行重点检查。

【实施与检查】

建筑设备的监测与控制系统主要由输入装置和输出装置组成。

1. 输入装置主要包括：温度变送器、湿度变送器、压力变送器、压差变送器、压差开关、流量计、流量变送器、空气质量变送器以及其他检测现场各类参数的变送器等。

2. 输出装置主要有各类执行器，如电磁阀、电动调节阀、电动风阀执行器、变频器等。

1）传感器、变送器、阀门及执行器、现场控制器等定位和安装

（1）一般规定

① 现场检测与控制元器件不应安装在阳光直射的位置，应远离有较强振动、电磁干扰的区域，其位置不能破坏建筑物的外观与完整性，室外型温湿度传感器应有防风雨的防护罩。

② 应尽可能远离门、窗和出风口的位置，若无法避开，则与之距离不应小于 2m。

③ 并列安装的传感器，距地高度应一致，高度差不应大于 1mm，同一区域高度差不应大于 5mm。

（2）温度传感器至 DDC 之间的连接应符合设计要求，应尽量减少因接线引起的误差，对于镍温度传感器的接线电阻应小于 3Ω，铂温度传感器的接线总电阻应小于 1Ω。

2）风管式温、湿度传感器的安装

用于风道及管道温度测量时长度的选择应该是管道直径的 3/5 为宜。

（1）测量范围依据被测量在测量上限的 2/3 处左右进行选择。

（2）探头直立或迎着液体（气体）方向安装，端点位于管道中部。

（3）新回风温湿度传感器必须在阀前安装。测送风湿度时送风湿度传感器在尽量远离出风口的地方安装。

（4）在选择传感器输出形式时，对于现场有变频设备干扰信号强的场所，适合选择电流型的传感器；DDC控制箱到传感器的距离比较远时也适合选择电流型的传感器。

（5）传感器接线口必须向下（即为下进线方式）。

（6）风管型温湿度传感器应安装在风管的直管段，如不能安装在直管段，则应避开风管内通风死角的位置安装。

3）水管温度传感器的安装

（1）水管温度传感器的开孔与焊接，必须在工艺管道的防腐、衬里、吹扫和压力试验前进行。

（2）水管温度传感器的安装位置应在水流温度变化灵敏和具有代表性的地方，不宜选择在阀门等阻力部件附近，以及介质流动呈死角和振动较大的位置。

（3）水管温度传感器的感温段大于管道口径的1/2时，可安装在管道的顶部。若感温段小于管道口径的1/2，应安装在管道的侧面或底部。

（4）水管温度传感器不宜在焊缝及其边缘上开孔和焊接。

4）压力、压差传感器和压差开关、水流开关的安装

（1）传感器应安装在便于调试、维修的位置。

（2）压力、压差传感器应安装在温、湿度传感器的上游侧。

（3）风管型压力、压差传感器应在风管的直管段，若不能安装在直管段应避开风管内死角位置。

（4）管道型蒸汽压力与压差传感器的安装：其开孔与焊接工作必须在工艺管道的防腐、衬里、吹扫和压力试验前进行。

（5）管道型蒸汽压力与压差传感器不宜在管道焊缝及其边缘处开孔及焊接安装。

（6）压力取原部件的端部不应超出设备或管道的内壁。

（7）安装压差开关时，宜将薄膜处于垂直于平面的位置；风压压差开关安装距地面高度不应小于0.5m。

（8）水流开关应安装在水平管段上，不应安装在垂直管段上，水流开关应安装在便于试调、维修的地方。水流开关的叶片长度应与水管管径相匹配，应避免安装在侧流孔、直角弯头或阀门附近。

5）流量传感器的安装

流量仪表的型号和参数、仪表前后的直管段长度等应符合产品要求。

（1）电磁流量计的安装

① 电磁流量计应避免安装在有较强的交直流磁场或有剧烈振动的场所。

② 电磁流量计、被测介质及管道连接法兰三者之间应连接成等电位，并应接地。

③ 电磁流量计应安设在流量调节阀的上游，流量计的上游应有一定的直管段，长度为 $L=10D$（D 为管径），下游段应有 $L=(4\sim5)D$ 的直管段。

④ 在垂直的工艺管道上安装时，液体流向应自下而上，以保证导管内充满被测液体并不至于产生气泡；在水平管道上安装时必须使电极处在水平方向，以保证测量精度。

（2）涡轮式流量传感器的安装

① 涡轮式流量传感器应安装在便于维修并避免管道振动、强磁场及热辐射的场所。

② 涡轮式流量传感器安装时应水平，流体的流动方向必须与传感器壳体上所示的流向标志一致。

③ 当可能产生逆流时，流量变送器后面应装设逆止阀。流量变送器应安装在测压点上游，距测压点（3.5～5.5）D 的位置，测温应设置在下游侧，距流量传感器（6～8）D 的位置。

④ 流量传感器需安装在一定长度的直管上，以确保管道内流速平稳。流量传感器上游应留有 10 倍管径的直管，下游应留有 5 倍管径的直管。如传感器前后的管道中安装有阀门、管道缩径、弯管等影响流量平稳的管路附件，则直管段的长度还需相应的增加。

⑤ 信号的传输线宜采用屏蔽和有绝缘保护层的电缆，宜在 DDC 侧一点接地。

⑥ 为了避免流体中脏物堵塞涡轮叶片和减少轴承磨损，应在流量计前的直管段（20D）前部安装 20～60 目的过滤器，通径小的目数密，通径大时，目数稀。过滤器应定期清洗。涡轮式流量传感器构造如图 13-3 所示。

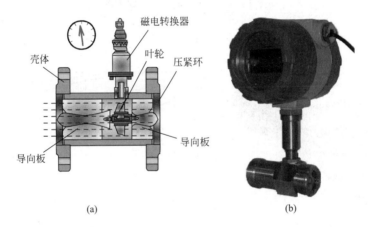

图 13-3　涡轮式流量传感器构造图

6）空气质量传感器的安装

（1）空气质量传感器应安装在便于试调、维修的位置。

（2）空气质量传感器的安装应在风管保温层完成之后进行。

（3）被测气体密度比空气轻时，空气质量传感器应安装在风管或房间的上部；被测气体密度比空气重时，空气质量传感器应安装在风管或房间的下部。

（4）空气质量传感器应安装在能反映监测空间的空气质量状况的区域或位置。

空气质量传感器原理、外形及灵敏度曲线如图 13-4 和图 13-5 所示。

7）空气速度传感器的安装

（1）空气速度传感器应安装在便于试调、维修的位置。

（2）空气速度传感器的安装应在风管保温层完成之后进行。

（3）空气速度传感器应安装在风管的直管段，若不能安装在直管段，应避开风管内通风死角位置。

（4）空气速度传感器安装应避开蒸汽放空口。

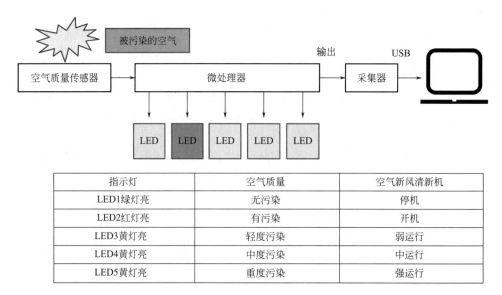

指示灯	空气质量	空气新风清新机
LED1绿灯亮	无污染	停机
LED2红灯亮	有污染	开机
LED3黄灯亮	轻度污染	弱运行
LED4黄灯亮	中度污染	中运行
LED5黄灯亮	重度污染	强运行

图 13-4　空气质量传感器原理图

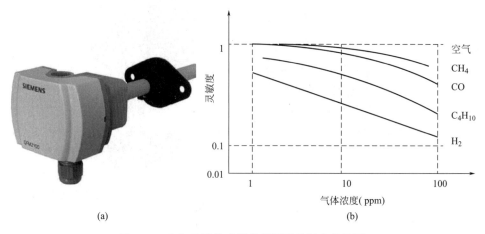

(a)　　　　　　　　　　　　　　(b)

图 13-5　空气质量传感器外形图及灵敏度曲线图

8）风机盘管温控器、电动阀的安装

（1）温控开关与其他开关并列安装时，距地面高度应一致，高度差不应大于 1mm，同一区域高度差不应大于 5mm，温控开关外型尺寸与其他开关不一样，以底边齐平为准。

（2）电动阀阀体上箭头的指向应与水流方向一致。

（3）风机盘管电动阀应安装在风机盘管的回水管上（图 13-6）。

（4）四管制风机盘管的冷热水管电动阀共用线为零线（图 13-7）。

（5）客房风机盘管温控系统应与节能系统连接。

9）电量变送器的安装

（1）电量变送器通常安装在检测设备（高低压开关柜）内，或者在变配电设备附近装设单独的电量变送器柜，将全部的变送器安装在该柜内，然后将相应的检测设备的 CT、PT 输出端通过电缆接入电量变送器柜，并按设计和产品说明书提供的接线图接线，在将

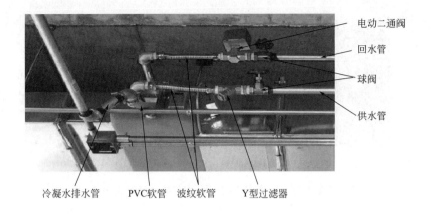

图 13-6　风机盘管安装示意图

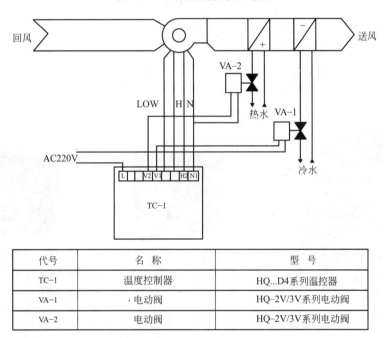

代　号	名　　称	型　　号
TC-1	温度控制器	HQ...D4系列温控器
VA-1	·电动阀	HQ-2V/3V系列电动阀
VA-2	电动阀	HQ-2V/3V系列电动阀

图 13-7　四管制冷/热合用风机盘管控制原理图

其对应的输出端接入 DDC 控制柜。

（2）变送器接线时，严防其电压输入端短路和电流输入端开路。

（3）必须注意变送器输入、输出端的范围与设计和 DDC 控制柜所要求的信号相符。

电量变送器外观及测量电路组成如图 13-8 所示。

10）电磁阀的安装

（1）电磁阀阀体上箭头的指向应与水流方向一致。

（2）空调器的电磁阀旁一般应装有旁通管道。

（3）电磁阀的口径与管道通径不一致时，应采用渐缩管件，同时电磁阀的口径一般不应小于管道通径两个等级。

（4）执行机构应固定牢靠，操作手轮应处于便于操作的位置。

（5）执行机构的机械转动应灵活，无松动或卡涩现象。

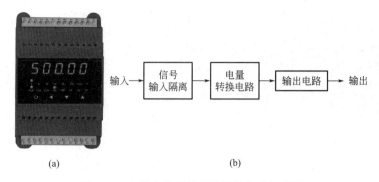

(a)　　　　　　　　　　　　(b)

图 13-8　电量变送器外观及测量电路组成图

（6）有阀位指示装置的电磁阀，阀位指示装置应面向便于观察的位置。

（7）电磁阀安装前应按使用说明书的规定检查线圈与阀体之间的电阻。

（8）电磁阀在安装前宜进行仿真动作和试压试验。

（9）电磁阀一般安装在回水管上。

（10）电磁阀在管道冲洗前，应完全打开。

电磁阀外观及工作原理如图 13-9 所示。

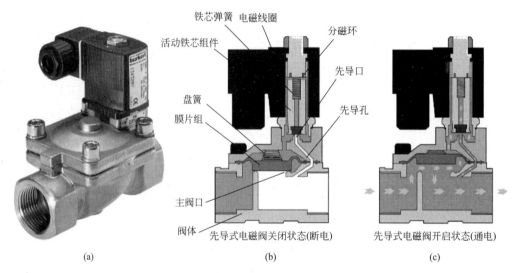

(a)　　　　　　　　　　(b)　　　　　　　　　　(c)

图 13-9　电磁阀外观图及工作原理图

11）电动调节阀的安装

（1）电动阀阀体上箭头的指向应与水流方向一致。

（2）空调器的电动阀旁一般应装有旁通管道。

（3）电动阀的口径与管道通径不一致时，应采用渐缩管件，电动阀的口径一般不应小于管道通径两个等级并满足设计要求。

（4）电动阀执行机构应固定牢靠，手动操作机构应处于便于操作的位置。

（5）电动阀应垂直安装在水平管道上，特别是对大口径电动阀不能有倾斜。

（6）有阀位指示装置的电动阀，阀位指示装置应面向便于观察的位置。

（7）安装在室外的电动阀应有防晒、防雨措施。

（8）电动阀在安装前宜进行仿真动作和试压试验。

（9）电动阀一般安装在回水管路上。

（10）电动阀在管道冲洗前，应完全打开，清除污物。

（11）检查电动阀门的驱动器，其行程、压力和最大关紧力（关阀的压力）必须满足设计和产品说明书的要求。

（12）检查电动调节阀的型号、材质必须符合设计要求，其阀体强度、阀芯泄漏试验必须满足产品说明书的有关规定。

（13）电动调节阀安装时，应避免给调节阀带来附加压力，若调节阀安装在管道较长的地方，应安装支架和采取防振措施。

（14）检查电动调节阀的输入电压、输出信号和接线方式，应符合产品说明书的要求。

（15）将电动执行器和调节阀进行组装时，应保证执行器的行程和阀的行程大小一致。

电动调节阀外观及执行机构构造如图 13-10 所示。

(a)　　　　　　　　　　(b)

图 13-10　电动调节阀外观图及执行机构构造图

12）电动风门驱动器的安装

（1）风阀控制器上开闭箭头的指向应与风门开闭方向一致。

（2）风阀控制器与风阀门轴的连接应牢固可靠。

（3）风阀的机械机构开闭应灵活，无松动或卡阻现象。

（4）风阀控制器安装后，风阀控制器的开闭指示位应与风阀实际情况一致，风阀控制器宜面向便于观察的位置。

（5）风阀控制器应与风阀门轴垂直安装，其垂直度不小于 85°。

（6）风阀控制器安装前应按安装使用说明书的规定检查线圈、阀体之间的电阻、供电电压、控制输入等，应符合设计和产品说明书的要求。

（7）风阀控制器在安装前宜进行仿真动作试验。

（8）风阀控制器的输出力矩必须与风阀所需的相匹配，且符合设计要求。

（9）风阀控制器不能直接与风门挡板轴相连接时，可通过附件与挡板轴相连，其附件装置必须保证风阀控制器旋转角度有足够的调整范围。

风阀控制器外观及接线如图 13-11 所示。

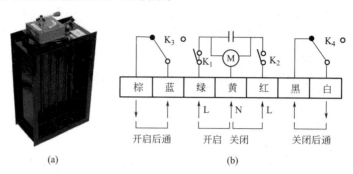

图 13-11　风阀控制器外观图及接线图

13）变送器的安装检查

（1）变送器接线时，严禁其电压输入端短路和电流输入端开路。通电时必须检查其通断否。

（2）必须检查变送器输入、输出端的信号范围，应与设计和 DDC 的要求相符合。

14）变频器的安装位置、电源回路敷设、控制回路敷设应符合设计和产品技术条件要求。

15）智能化变风量末端装置的温度设定器的安装位置，应符合产品和设计要求。

16）涉及节能控制的关键传感器应预留检测孔或检测位置，管道保温时应作明显标志。

检测控制元器件安装质量的检验方法和检查数量。

（1）检查方法

通过观察和尺量进行现场仪表的安装质量检查。核对相关设计文件复核仪表选型。

（2）检查内容

① 电动调节阀的口径应有设计计算说明书。电动调节阀应选用等百分比特性的阀门。阀门控制精度应优于 1%，调节阀的阻力应为系统总阻力的 10%～30%。系统断电时阀门位置应保持不变，并具备手动功能，其自动/手动状态应能被计算机测出并显示；在安装自动调节阀的回路上不允许同时安装自力式调节阀。安装位置正确，阀前阀后直管段长度应符合设计要求。

② 压力和压差仪表的取压点应符合设计要求，压力传感器应通过带有缓冲功能的环行管针阀与被测管道连接，压差仪表应带三阀组；同一楼层内的所有压力仪表应安装在同一高度上。

③ 流量仪表的准确度优于满量程的 1%，量程选择应与该管段最大流量一致；必须满足流量传感器产品要求的安装直管段长度。涡街流量计的选用口径应小于其安装管道的口径。流量表的最大使用温度应高于实际出现的最高热水温度，且其累计值应大于被测管路在一个供暖季的总累计值。保证安装直管段要求，并正确安装测温装置。

④ 温度传感器的安装位置、插入深度应符合设计要求，管道上安装的温度传感器应保证冷桥现象导致的温差小于 0.05℃，当热电偶直接与计算机监控系统的温度输入模块连接时，其配置的补偿导线应与所用传感器的分度号保持一致，且必须采用铜导线连接，并单独穿管。测量空调系统的温度传感器的安装位置必须严格按设计施工图执行。

⑤ 变频器在其最大频率下的输出功率应大于此转速下设备的最大功率，转速反馈信

号可被监控系统测知并显示，现场可手动调速或与市电切换。

（3）检查数量

每种仪表按 20% 抽检，不足 10 台全部检查。

13.2.3　监测与控制节能工程的系统集成软件安装并完成系统地址配置后，在软件加载到现场控制器前，应对中央控制站软件功能进行逐项测试，测试结果应符合设计文件要求。测试项目包括：系统集成功能、数据采集功能、报警连锁控制、设备运行状态显示、远动控制功能、程序参数下载、瞬间保护功能、紧急事故运行模式切换、历史数据处理等。

　　检验方法：观察检查；根据软件安装使用说明书提供的检测案例及检测方法逐项核查测试报告。

　　检查数量：全数检测。

13.2.3【示例或专题】

【技术要点说明】

系统集成软件的检测和验收应依据本条规定执行。

【实施与检查】

（1）测试在于通过与系统的需求定义做比较，验证程序是否满足软件需求说明书中规定的全部功能和性能要求。通过测试，尽可能地暴露程序中可能存在的各种类型的错误并纠正错误，最终提交高质量的、符合用户需要的软件。

（2）软件接收测试的标准

① 软件开发计划已通过评审。

② 有完整并且已审核通过的软件需求文档。

③ 软件提交测试后，如果软件界面有明显超过 10 处错误或者软件基本功能有明显超过 10 处严重或重要错误，测试组有权退回待测软件，停止测试，待开发组提高程序质量后再重新提交测试申请继续测试。

（3）测试的范围

测试阶段需完成的有：功能测试、用户界面测试、性能测试、安装卸载测试、安全性测试、配置测试、数据和数据库完整性测试、业务周期测试。

系统测试阶段推荐完成的测试有：文档测试、故障转移和恢复测试、可靠性测试。

不同的项目和产品可以对以上测试范围做适当剪裁,但必须在测试计划中说明剪裁的原因。

13.2.4　监测与控制系统和供暖通风与空调系统应同步进行试运行与调试，系统稳定后，进行不少于 120h 的连续运行，系统控制及故障报警功能应符合设计要求。当不具备条件时，应以模拟方式进行系统试运行与调试。

　　检验方法：观察检查；核查调试报告和试运行记录。

　　检查数量：全数检查。

13.2.4【示例或专题】

【技术要点说明】

在试运行中，对各监测控制回路分别进行自动控制投入、自动控制稳定性、监测控制各项功能、系统连锁和各种故障报警试验，调出计算机内的全部试运行历史数据，通过查阅现场试运行记录和对试运行历史数据进行分析，确定监测控制系统是否符合设计要求。

【实施与检查】

监测与控制系统和供暖通风与空调系统应同步进行试运行与调试，主要分项系统测试调试要点有：

1. 新风机组系统检测与调试

新风机组检测调试项目包括送风温度控制、送风相对湿度控制、电气连锁以及防冻连锁控制等。

（1）检查新风机控制柜的全部电气元器件有无损坏，内部与外部接线是否正确无误。

（2）按监控点表要求，检查安装在新风机组上的温、湿度传感器，电动阀，风阀，压差开关等现场设备的位置，接线是否正确和输入/输出信号类型、量程是否和设置相一致。

（3）在手动位置，确认风机在手动状态下运行正常。

（4）确认DDC控制器和I/O模块的地址码设置是否正确。

（5）编程器检查所有模拟量输入点（送风温度、湿度和风压）的量值，核对其数值是否正确。检查所有开关量输入点（压差开关和防冻开关等）工作状态是否正常。强置所有开关量输出点（启/停控制、变风量多档速度控制），检查相关的风机、风门、阀门等工作是否正常。强置所有模拟量输出点、输出信号，检查相关的电动阀（冷热水调节阀）、电动风阀变频器的工作是否正常。

（6）确认DDC送电并接通主电源开关，观察DDC控制器和各元件状态是否正常。

（7）启动新风机，新风机组应联锁打开，送风温度调节控制应投入运行。

（8）模拟送风温度大于送风温度设定值（一般为3℃左右），热水调节阀应逐渐减小开度直至全部关闭（冬天工况），或者冷水阀逐渐加大开度直至全部打开（夏天工况）。模拟送风温度小于送风温度设定值（一般为3℃左右），确认其冷热水阀运行工况与上述完全相反。

（9）需进行湿度调节时，则模拟送风湿度小于送风湿度设定值，一般为10％RH左右，加湿器应按预定要求投入工作，直到送风湿度趋于设定值。

（10）当新风机采用变频调速或高、中、低三速控制器时，应模拟变化风压测量值或其他工艺要求，确认风机转速能相应改变或切换到测量值并稳定在设计值，风机转速应稳定在某一点上，同时，按设计和产品说明书的要求记录30％、50％、90％风机速度时对应高、中、低三速的风压或风量。

（11）停止新风机运转，则新风门，冷、热水调节阀门，加湿器等应回到全关闭位置。

（12）确认按设计图纸、产品供应商的技术资料、软件功能和调试大纲规定的其他功能，以及联锁、联动都达到规定要求。

（13）单体调试完成时，应按工艺和设计要求在系统中设定其送风温度、湿度和风压的初始状态。

2. 定风量空调机组系统检测与调试

定风量空调机组系统检测调试项目包括：回风温度（房间温度）控制、回风相对湿度（房间相对湿度）控制、电气连锁控制、阀门开度比例控制功能等。

按新风机组系统检测与调试中（1）～（6）的要求测试检查与确认。

（1）在现场控制器（DDC）显示终端检查温度、相对湿度测量值，核对其数据是否正确，必要时可用手持式仪表测量回风温度（房间温度）和回风相对湿度（房间相对湿度），比较测量精度；检查风压开关、防冻工作状态是否正常；检查送风机、回风机及相应冷热水调节阀工作状态；检查新风阀、排风阀、回风阀开关状态。

（2）进行温度调节，改变回风温度设定值，使其小于回风温度测量值，一般为3℃左右。观察冷水阀开度应逐渐加大，热水阀开度应减小（冬季工况），回风温度测量值应逐步减小并接近设定值；改变回风温度设定值，使其大于回风温度测量值时，观察结果应与上述相反。检测时应注意，回风温度测量值随着回风温度设定值的改变而变化，稳定在回风温度设定值附近的相应时间；系统稳定后，回风温度测量值不应出现明显的波动，其偏差不超过要求范围。要保证系统稳定工作和满足基本的精度要求。

（3）进行湿度调节，改变回风湿度设定值，使其大于回风湿度测量值，一般为10%RH左右，观察加湿器应投入工作或加大加湿量，回风相对湿度测量值应逐步趋于设定值。改变回风湿度设定值，使其小于回风相对湿度测量值时，过程与上述相反。相对湿度控制应满足系统稳定性和基本精度的要求。

通过以上调节及运行过程，观察运行工况的稳定性、系统响应时间及控制效果。

回风温度控制精度以保持设定值为原则。当设计文件有控制精度要求时，应符合设计要求。控制精度设计文件无要求时，一般为温度设定值±2℃。

相对湿度控制精度应根据加湿控制方式的选择，检测工况的相对湿度控制效果，当设计文件有控制精度要求时，应符合设计要求。

（4）改变预定时间表，检测空调机组的自动启停功能。

（5）启动/关闭空调机组，检查各设备电气连锁。电气连锁包括送风机、回风机、新风阀、回风阀、排风阀、冷热水调节阀、加湿器等设备。启动空调风机，新风阀、回风阀、排风阀、冷热水调节阀门、加湿器等回到全关闭位置。

（6）防冻连锁功能检测应依据设计文件要求，在冬季室外气温低于0℃的地区，除电气连锁外，还应限制热盘管电动阀的最小开度，最小开度设置应能保证盘管内水不结冰的最小水量。

（7）检测系统故障报警功能，包括过滤器压差开关报警、风机故障报警、测控点传感器故障报警及处理。

（8）节能优化控制功能检测，节能优化控制功能的检测包括实施节能优化的措施和达到的效果，可进行现场观察和查询历史数据来进行。

3. 变风量空调系统检测与调试

变风量空调机组系统检测与调试项目包括：冷水量/送风温度控制、风机转速/静压点的静压控制、送风量/室内温度控制、新风量/二氧化碳浓度控制、相对湿度控制、电气连锁控制、阀门开度比例控制功能等。

按新风机组系统检测与调试中（1）～（6）的要求测试检查与确认。

（1）在现场控制器（DDC）显示终端检查温度、相对湿度测量值，核对其数据是否正确，必要时可用手持式仪表测量回风温度（房间温度）和回风相对湿度（房间相对湿度），比较测量精度；检查风压开关、防冻工作状态是否正常；检查送风机及回风机调速工作状态、冷热水调节阀工作状态；检查新风阀、排风阀、回风阀开关状态。

（2）进行送风温度调节，改变送风温度设定值，使其小于送风温度测量值，一般为3℃左右。观察冷水阀开度应逐渐加大，热水阀开度应减小（冬季工况），送风温度测量值应逐步减小并接近设定值；改变送风温度设定值，使其大于送风温度测量值时，观察结果应与上述相反。

（3）静压控制检测，改变静压设定值，使之大于或小于静压测量值，变频风机转速应随之升高或降低，静压测量值应逐步趋于设定值。

（4）室内温度控制功能检测，改变送风量进行室内温度调节。

（5）二氧化碳浓度控制检测，改变二氧化碳浓度设定值，检查新风阀开度变化。

（6）进行湿度调节，改变送风湿度设定值，使其大于送风湿度测量值，一般为10%RH左右。观察加湿器应投入工作或加大加湿量，送风相对湿度测量值应逐步趋于设定值。改变送风湿度设定值，使其小于送风相对湿度测量值时，观察结果应相反。相对湿度控制应满足系统稳定性和基本精度的要求。

通过以上调节及运行过程，观察运行工况的稳定性、系统响应时间及控制效果。

温度控制精度以保持设定值为原则。当设计文件有控制精度要求时，应符合设计要求。控制精度设计文件无要求时，一般为温度设定值±2℃。

相对湿度控制精度应根据加湿控制方式的选择，检测工况的相对湿度控制效果，当设计文件有控制精度要求时，应符合设计要求。

（7）改变预定时间表，检测变风量空调机组的自动启停功能。

（8）启动/关闭变风量空调机组，检查各设备电气连锁。电气连锁包括送风机、回风机、新风阀、回风阀、排风阀、冷热水调节阀、加湿器等设备。启动空调风机，新风阀、回风阀、排风阀等连锁打开，温度、相对湿度、风机转速调节控制投入运行；关闭空调风机，新风阀、回风阀、排风阀、冷热水调节阀门、加湿器等回到全关闭位置。

（9）防冻连锁功能检测应依据设计文件要求，在冬季室外气温低于0℃的地区，除电气连锁外，还应限制热盘管电动阀的最小开度，最小开度设置应能保证盘管内水不结冰的最小水量。

（10）检测系统故障报警功能，包括过滤器压差开关报警、风机故障报警、测孔点传感器故障报警及处理。

（11）节能优化控制功能检测，节能优化控制功能的检测包括实施节能优化的措施和达到的效果，可进行现场观察和查询历史数据来进行。

4.冷源设备监测与控制系统检测与调试

（1）按设计和产品说明书的规定，在确认主机、冷水泵、冷却水泵、冷却塔、风机、电动蝶阀等相关设备单机运行正常的情况下，在DDC侧或主机侧检测该设备的全部AO、AI、DO、DI点，确认其满足设计和监控点表的要求。启动自动控制方式，确认系统设备按设计和工艺要求顺序投入运行和关闭自动退出运行，两种方式均应满足要求。

（2）增加或减少空调机运行台数，增减其冷负荷，检验平衡管流量的方向和数值，确认能启动或停止制冷机组的台数，以满足负荷变动需要。

（3）模拟一台设备故障停运以及整个机组停运，检验系统是否能自动启动一个预定的机组投入运行。

（4）按设计和产品技术说明书的规定，模拟冷却水温度的变化，确认冷却水温度旁通控制和冷却塔高、低速控制及冷却风机群控的功能，并检查旁通阀动作方向是否正确。

5. 风机盘管单体调试检测

（1）检查电动阀门和温度控制器安装和接线是否正确。

（2）确认风机和管路已处于正常运行状态。

（3）设置风机高、中、低三速和电动开关阀的状态，观察风机和阀门工作是否正常。

（4）操作温度控制器的温度设定按钮和模拟设定按钮，风机盘管的电动阀应有相应的变化。

（5）若风机盘管控制器与DDC相连，应检查主机对全部风机盘管的控制和监测功能（包括设定值修改、温度控制调节和运行参数）。

6. 空调水二次泵及压差平衡阀检测与调试

（1）若压差平衡阀门采用无位置反馈，应做如下测试：打开调节阀驱动器外罩，观察并记录阀门从全关至全开所需时间，取两者较大的作为阀门"全行程时间"参数，输入DDC控制器输出点数据区。

（2）压差旁路控制的调节：先在负荷侧全开一定数量的调节阀，其流量应等于一台二次泵额定流量，接着启动一台二次泵运行，然后逐个关闭已开的调节阀，检查压差平衡阀的动作。在上述过程中应同时观察压差测量值是否在设定值附近，否则应寻找不稳定的原因，并排除故障。

（3）检查二次泵的台数控制程序，是否能按预定的要求运行。其中负载侧总流量先按设备工艺参数设定，经过一年的负载高峰期可获得实际峰值，结合每台二次泵负荷适当调整。当发生二次泵台数启/停切换时，应注意压差测量值也应基本稳定在设定值附近，否则可适当调整压差旁通控制的PID参数，试验是否能缩小压差值的波动。

（4）检验系统的联锁功能：每当有一次机组在运行，二次泵台数控制便应同时投入运行，只要有二次泵在运行，压差旁通控制便应同时工作。

13.2.5 能耗监测计量装置宜具备数据远传功能和能耗核算功能，其设置应符合下列规定：

1 按分区、分类、分系统、分项进行设置和监测。

2 对主要能耗系统、大型设备的耗能量（含燃料、水、电、汽）、输出冷（热）量等参数进行监测；

3 利用互联网、物联网、云计算及大数据等创新技术构建的新型建筑节能平台，具备建筑节能管理功能。

检验方法：对检测点逐点调出数据与现场测点数据核对，观察检查，并在中央工作站调用监测数据统计分析结果及能耗图表。

检查数量：全数检查。

13.2.5【示例或专题】

【技术要点说明】

本条主要适用于与监测控制系统联网的监测计量仪表，应通过定期的校准和检验，保证监测计量仪表的测量准确度。对利用互联网＋、物联网、云计算及大数据等创新技术构建的新型建筑节能平台，应加强建筑节能管理并具有相应的功能。依照本规定进行监测与计量装置的设置，可以更好地完成建筑节能监测和控制功能。

根据系统安装使用说明书提供的检测方法，对检测点逐点调出数据，与现场测点数据进行核对，并在中央工作站调用监测数据统计分析结果及能耗图表。

【实施与检查】

1. 分类能耗应当包括：电量、水耗量、气量（天然气量或者煤气量）、集中供热耗热量、集中供冷耗冷量及其他能源应用量（如集中热水供应量、煤、油、可再生能源等）。以电量能耗为例：

1) 电量分项能耗

电量分项能耗包括：

（1）照明插座用电：为建筑物主要功能区域的照明、插座等室内设备用电。主要包括照明和插座用电、走廊和应急照明用电、室外景观照明用电。

（2）空调用电：主要包括冷热站用电、空调末端用电。

（3）动力用电：主要包括电梯用电、水泵用电、通风机用电。

（4）特殊用电：主要包括信息中心、洗衣房、厨房餐厅、游泳池、健身房或者其他特殊用电。

2) 电能计量

电能计量应当合理设置分项计量回路。

其分项计量系统应当采用电子式、精度等级为1.0级及以上（0.2、0.5、1.0级）的有功电能表。采用的普通电能表，应当由测量单元和数据处理单元等组成，并能显示、储存和输出数据，具有标准通信接口。

在变压器低压侧（AC230/400V）总进线处，应当设置多功能电能表，至少具有监测和计量三相电流、电压、有功功率、功率因数、有功电能、最大需量、总谐波含量和2～21次各次谐波分量的功能。

2. 建筑总能耗为建筑各分类能耗（除水耗量外）所折算的标准煤量之和。

总用电量＝Σ各变压器总表直接计量值

分类能耗量＝Σ各分类能耗计量表的直接计量值

分项用电量＝Σ各分项用电计量表的直接计量值

单位建筑面积用电量＝总用电量/总建筑面积

单位空调面积用电量＝总用电量/总空调面积

3. 数据中心接收并存储其管理区域内监测建筑和数据中转站上传的数据，并对其管理区域内的能耗数据进行处理、分析、展示和发布。

数据中心分为部级数据中心、省（自治区、直辖市）级数据中心和市级数据中心。

市级和省（自治区、直辖市）级数据中心应将各种分类能耗汇总数据逐级上传。

部级数据中心对各省（自治区、直辖市）级数据中心上报的能耗数据进行分类汇总后形成国家级的分类能耗汇总数据，并发布全国和各省（自治区、直辖市）的能耗数据统计报表以及各种分类能耗汇总表。

> **13.2.6** 冷热源的水系统当采取变频调节控制方式时，机组、水泵在低频率工况下，水系统应能正常运行。
>
> 检验方法：将机组运行工况调到变频器设定的下限，实测水系统末端最不利点的水压值应符合设计要求。
>
> 检查数量：全数检查。

13.2.6【示例或专题】

【技术要点说明】

冷热源水系统变频控制的检测和验收依照本条规定执行。

实测机组运行工况在变频器设定的下限时，水系统末端最不利点的水压值应符合设计要求。

【实施与检查】

1. 冷冻和冷却水监测与控制系统检测与调试

（1）检查冷冻和冷却水系统控制柜中的全部电气元件是否无损坏，内部与外部接线应正确无误。严防强电串入 DDC，直流弱电入地与交流强电入地应分开。

（2）按监控点表要求，检查冷冻和冷却系统的温、湿度传感器，电动阀，压差开关等设备的位置，接线应正确，输入/输出信号类型、量程应和设计相一致。

（3）手动位置时，确认各单机在非 BAS 系统控制状态下运行正常。

（4）确认 DDC 控制器和 I/O 模块的地址码设置应正确。

（5）确认 DDC 送电并接通主电源开关，观察 DDC 控制器和各组件状态是否正常。

（6）对填写的 BAS 监控点记录表进行核查。

（7）按设计和产品技术说明书规定在确认主机、冷冻水泵、冷却泵、风机、电动蝶阀等相关设备单独运行正常的情况下，检查全部 AO、AI、DO、DI 点是否满足设计和监控点表要求；确认系统在激活或关闭自动控制两种情况下，各设备按设计和工艺要求顺序投入或退出运行两种方式是否都正确。

（8）增减空调机运行台数，增减其冷负荷，检验平衡管流量的方向和数值，确认能激活或停止制冷机组的运行台数，以满足负荷变动需要。

（9）模拟一台设备故障停运，或者整个机组停运，检验系统是否自动激活一个预定的机组投入运行。

（10）按设计和产品技术说明规定，模拟冷却水温度的变化，确认冷却水温度旁通控制和冷却塔高、低速控制及冷却风机群控的功能，并检查旁通阀动作方向应正确。

2. 热源（热泵）及热交换监测与控制系统的检测与调试

（1）检查热泵机组控制柜的全部电气元件是否无损坏，内部与外部接线应正确。

（2）按监控点表要求，检查热泵机组上的温度传感器、电动阀、风阀、压差开关等设备的位置，接线是否正确。输入/输出信号类型、量程应和设计相一致。

（3）手动位置时，确认各单机在手动状态下是否运行正常。

（4）确认 DDC 控制器和 I/O 模块的地址码设置是否正确。

（5）确认 DDC 送电并接通主电源开关，观察 DDC 控制器和各组件状态是否正常。

（6）对填写的 BA 系统监控点记录表进行核查。

（7）按设计和产品技术说明书规定，在确认主机、热泵机组、电动蝶阀等相关设备单独运行正常下，全部 AI、AO、DI、DO 点是否满足设计和监控点表要求，然后确认系统在启动或关闭两种自动控制情况下，按设计和工艺要求顺序，各设备投入或退出运行两种方式是否正确。

（8）增减空调机运行台数，增减其热负荷，检验平衡管流量的方向和数值，确定能启动或停止热泵机组的运行台数，以满足负荷变动需要。

（9）模拟一台设备故障停运，或者整个机组停运，检验系统是否自动启动一个备用的机组投入运行。

冷热源水系统变频控制系统调试流程如图 13-12 所示。

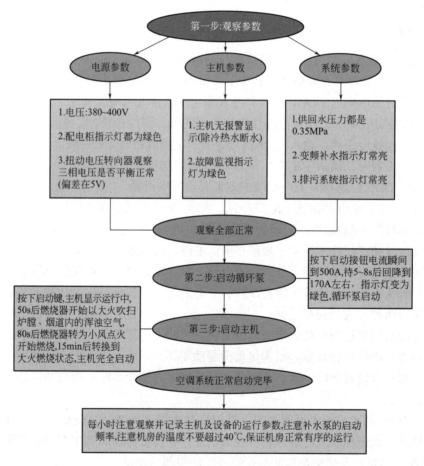

图 13-12　冷热源水系统变频控制系统调试流程图

13.2.7 供配电系统的监测与数据采集应符合设计要求。

　　检验方法：观察检查，在中央工作站检查供配电系统的运行数据显示和报警功能。

　　检查数量：全数检查。

13.2.7【示例或专题】

【技术要点说明】

当配电的监测与控制系统联网时，应满足本条所提出的功能要求。

【实施与检查】

供配电监测系统的检测

1.模拟量输入信号的精度测试检查

在变送器输出端测量其输出信号的数值，通过计算机与主机上的显示数值进行比较，其误差应满足设计和产品的技术要求。

2.检测

变配电设备的 BA 系统监控项目必须全部检测检查，应全部符合设计要求。

13.2.8 照明自动控制系统的功能应符合设计要求，当设计无要求时，应符合下列规定：

　　1 大型公共建筑的公用照明区应采用集中控制，按照建筑使用条件、自然采光状况和实际需要，采取分区、分组及调光或降低照度的节能控制措施；

　　2 宾馆的每间（套）客房应设置总电源节能控制开关；

　　3 有自然采光的楼梯间、廊道的一般照明，应采用按照度或时间表开关的节能控制方式；

　　4 当房间或场所设有两列或多列灯具时，应采取下列控制方式：

　　1）所控灯列应与侧窗平行；

　　2）电教室、会议室、多功能厅、报告厅等场所，应按靠近或远离讲台方式进行分组；

　　3）大空间场所应间隔控制或调光控制。

13.2.8【示例或专题】

　　检验方法：

　　1 现场操作检查控制方式；

　　2 依据施工图，按回路分组，在中央工作站上进行被检回路的开关控制，观察相应回路的动作情况；

　　3 在中央工作站改变时间表控制程序的设定，观察相应回路的动作情况；

　　4 在中央工作站采用改变光照度设定值、室内人员分布等方式，观察相应回路的调光效果；

　　5 在中央工作站改变场景控制方式，观察相应的控制情况。

　　检查数量：现场操作检查为全数检查，在中央工作站上按照明控制箱总数的5%抽样检查，不足5台应全数检查。

【技术要点说明】

　　照明控制是建筑节能的主要环节，照明控制应满足本条所规定的各项功能要求。

【实施与检查】

　　照明控制系统的调试检测：

　　（1）按设计图纸和通信接口的要求，检查强电柜与DDC通信方式的接线是否正确，数据通信协议、格式、传输方式、速率应符合设计要求。

　　（2）系统监控点的测试检查。根据设计图纸和系统监控点表的要求，按有关规定的方式逐点进行测试。确认受BAS控制的照明配电箱运行正常情况下，启动顺序、时间或照度控制程序，按照明系统设计和监控要求，按顺序、时间程序或分区方式进行测试。

13.2.9　　自动扶梯无人乘行时，应自动停止运行。

　　检验方法：观察检查。

　　检查数量：全数检查。

13.2.9【示例或专题】

【技术要点说明】

　　应选择有自动节能控制方式的自动扶梯产品。

【实施与检查】

　　通过安装在扶梯入口处的人体自动感应装置检测有无乘客进入的信号，该信号通过微电脑进行分析、延时，最后确定智能变频器输出电压及频率的高低，使自动扶梯根据乘客的有、无、多、少来确定扶梯的运行速度以及扶梯的主机马达出力量的大小，达到节约电能、减少机械磨损、延长使用寿命的最佳效果。

　　（1）无人乘梯时：保证扶梯自动平稳过渡到节能运行，以1/5额定速度运行（可以选择当无人乘梯时，扶梯自动停止的功能）。

　　（2）有人乘梯时：保证扶梯自动以节能速度平稳过渡到额定速度运行。

　　（3）扶梯空载时以节能速度模式运行，电流仅为空载时额定速度运行电流的1/3。

　　（4）检修运行时：扶梯系统以1/2额定速度运行，便于检修和观察扶梯机构的运行情况，避免原系统以额定速度运行，点动操作停止不及时的不足。

　　（5）由于无人乘梯时节能运行时速度很低，机械部分的磨损大大降低，相对延长了扶梯的使用寿命。

　　（6）变频技术的采用，大大降低了扶梯启动时对电网的冲击，采用变频器可有效改善电网的功率因数，降低无功损耗。

13.2.10 建筑能源管理系统的能耗数据采集与分析功能、设备管理和运行管理功能、优化能源调度功能、数据集成功能应符合设计要求。

　　检验方法：观察检查，对各项功能逐项测试，核查测试报告。

　　检查数量：全数检查。

13.2.10【示例或专题】

【技术要点说明】

　　应设置建筑能源管理系统，以保证建筑设备通过优化运行、维护、管理实现节能。建筑能源管理系统按时间（月或年），根据检测、计量和计算的数据，做出统计分析，绘制成图表；或按建筑物内各分区、用户，或按建筑节能工程的不同系统，绘制能流图；用于指导管理者实现建筑的节能运行。

　　根据软件安装使用说明书的要求对各项功能进行逐项测试，并形成测试报告，核查测试报告是否符合设计要求。

【实施与检查】

　　数据是能源管理分析的基础，对于每一类建筑，需要采集的数据指标分为建筑基本情况数据和能耗数据采集指标两大类。能源管理系统的分析基础来自于建筑内的各种能耗数据的采集，依据建筑物的不同功能区域和系统设计，针对能源管理系统的分析需要进行选择性的数据采集，采集依据见表13-4。

　　能耗数据采集指标包括各分类能耗和分项能耗的逐时、逐日、逐月和逐年数据，以及各类相关能耗指标。各分类能耗、分项能耗以及相关能耗指标的具体内容见表13-5和表13-6。

　　除此之外，建筑基本情况数据包括建筑名称、建筑地址、建设年代、建筑层数、建筑功能、建筑总面积、空调面积、供暖面积、建筑空调系统形式等表征建筑规模、建筑功能、建筑用能特点的参数。此类数据通过系统录入或导入获得。

能耗指标分类　　　　　　　　　　　　　　　　　　　　　表13-4

分类能耗	1. 电
	2. 水（生活冷水、中水）
	3. 天然气
	4. 空调热水（供热量）
	5. 空调冷水（供冷量）

电能能耗分项采集　　　　　　　　　　　　　　　　　　　表13-5

分项能耗	1. 商业用电（照明、插座）
	2. 空调用电（换热站用电、空调机房用电、新风盘管用电）
	3. 公共照明用电（室内公共照明、应急照明、室外景观照明）
	4. 一般动力用电（电梯用电、给水排水泵用电、通风机用电）
	5. 其他用电（信息中心）

系统考核的能耗指标 表13-6

能耗指标	1. 建筑总能耗量(折算标准煤量)
	2. 分类能耗量
	3. 单位建筑面积能耗量(折算标准煤量)
	4. 单位建筑面积分类能耗量
	5. 单位空调面积能耗量(折算标准煤量)(只空调相关分类能耗)
	6. 单位空调面积分类能耗量(只空调相关分类能耗)
	7. 其他指标(功率、流量、压力、温度、效率等)

13.2.11 建筑能源系统的协调控制及供暖、通风与空调系统的优化监控等节能控制系统应满足设计要求。

　　检验方法：输入仿真数据，进行模拟测试，按不同的运行工况监测协调控制和优化监控功能。

　　检查数量：全数检查。

13.2.11【示例或专题】

【技术要点说明】

　　建筑能源系统的协调控制及供暖、通风与空调系统的优化监控是节能控制系统的主要功能。

　　（1）建筑能源系统的协调控制是指将整个建筑物看成一个能源系统，综合考虑建筑物中的所有耗能设备和系统，包括建筑物内的人员，以建筑物中的环境要求为目标，实现所有建筑设备的协调控制，使所有设备和系统在不同的运行工况下尽可能高效运行，实现节能的目标。因涉及建筑物内的多种系统之间的协调动作，故称之为协调控制。

　　（2）供暖、通风与空调系统的优化监控是根据建筑环境的需求，合理控制系统中的各种设备，使其尽可能运行在设备的高效率区内，实现节能运行。如采取时间表控制、一次泵变流量控制等控制策略。

　　（3）人为输入的数据可以是通过仿真模拟系统产生的数据，也可以是同类在运建筑的历史数据，应由施工单位或系统供货商提出模拟测试方案，经监理工程师批准后，执行测试。

【实施与检查】

　　（1）制冷或供热系统的中央管理工作站是微机监控系统的调度中心，通过它可以实现数据实时监测与存储、图形显示与转换、运行参数与状态、中央调度及故障分析。具有集中监督管理和自动控制的功能；通信网络由接口机、RH-NTI现场通信接口及与之互连的通信导线三部分组成。通信速率为350～1400bit/s，环路电流15～25mA，最大通信距离12km，通信网络能保证整个系统正常地工作；现场控制机既可独立工作，又可以完成数据采集和控制，它配有一块可同时显示4个参数的壁挂式显示屏，用来显示检测到的温度、压力、流量等参数。

　　（2）系统的协调与控制技术

① 自动控制系统的运行

全网平衡控制软件和组态软件配合使用，利用通信系统可以采集到制冷站或热力站的实时数据，这些实时数据中包含了一次网回水流量和一次网回水电动阀门的相关参数，全网平衡软件根据数据进行分析之后，就可以调整一次网回水电动阀门的大小，有利于对温度的合理控制。

② 自动系统的协调

现场总线控制系统的最终目的是为了提高系统的可靠性和精确度，并且能够延长信息传输的距离。它不但是一种全分布的控制系统，也是一个新型的网络集成自动化系统。现场总线控制系统以现场总线为纽带，通过基本控制和补偿计算，实现综合自动化等多项功能。管网的弊端是，数据要通过原有集团调度中心的监控网，首先把数据传输到调度中心，再次从调度中心接着把数据传达至泵站，考虑到系统的安全性，所以要选择多个管网不利点，根据预先设立的优先级，作为控制参照参数。

③ 系统的自动故障诊断和操作

通过微机控制及管理系统的远动功能对制冷站或热力站的设备进行操作，减少各值班人员的配备，有效提高运行的稳定性。系统可根据自动调节阀门的开度，满足不同天气的需要，同时又节能降耗。根据控制算法对管网补水流量进行前期补偿，以提高恒压补水系统的变频器输出频率，从而满足管网压力需要。利用模糊自适应控制方式建立系统最优工作点，使生产运行实现平衡、高效，有效提高效能。生产情况分析系统能够在最短时间内发现故障点并及时发出警示，消除运行的故障损失。对于抗干扰问题，利用光电隔离技术，通过 A/D 转换后增强了系统的可靠性。

13.2.12 监测与控制节能工程应对下列可再生能源系统参数进行监测：

1 地源热泵系统：室外温度、典型房间室内温度、系统热源侧与用户侧进出水温度和流量、机组热源侧与用户侧进出水温度和流量、热泵系统耗电量；

2 太阳能热水供暖系统：室外温度、典型房间室内温度、辅助热源耗电量、集热系统进出口水温、集热系统循环水流量、太阳总辐射量；

3 太阳能光伏系统：室外温度、太阳总辐射量、光伏组件背板表面温度、发电量。

检验方法：将现场实测数据与工作站显示数据进行比对，偏差应符合设计要求。

检查数量：全数检查。

13.2.12【示例或专题】

【技术要点说明】

可再生能源的监测应完成本条规定的功能。

【实施与检查】

1. 地源热泵系统（图 13-13）

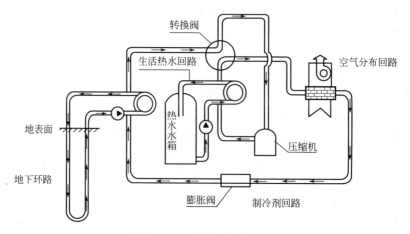

图 13-13　地源热泵系统组成

（1）建筑物内系统的设计应符合现行国家标准《工业建筑供暖通风与空气调节设计规范》GB 50019—2015 的规定。其中，涉及生活热水或其他热水供应部分，应符合现行国家标准《建筑给水排水设计标准》GB 50015—2019 的规定。

（2）水源热泵机组性能应符合现行国家标准《水（地）源热泵机组》GB/T 19409—2013 的相关规定，且应满足地源热泵系统运行参数的要求。

（3）水源热泵机组应具备能量调节功能，且其蒸发器出口应设防冻保护装置。

（4）水源热泵机组及末端设备应按实际运行参数选型。

（5）建筑物内系统应根据建筑的特点及使用功能确定水源热泵机组的设置方式及末端空调系统形式。

（6）水源热泵机组、附属设备、管道、管件及阀门的型号、规格、性能及技术参数等应符合设计要求，并具备产品合格证书、产品性能检验报告及产品说明书等文件。

（7）水源热泵机组及建筑物内系统安装应符合现行国家标准《制冷设备、空气分离设备安装工程施工及验收规范》GB 50274—2010 及《通风与空调工程施工质量验收规范》GB 50243—2016 的规定。

2. 太阳能热水供暖系统（图 13-14）

1）太阳能供热供暖系统由以下四部分组成：

（1）屋面太阳能集热系统，由真空管热管太阳集热器采用管道串联组成，设支架支撑并与屋面固定连接。

（2）设备间，设置有太阳能储热水箱、供暖水箱、生活热水箱、换热循环泵、供暖循环泵、辅助智能变频供暖器。生活热水箱架空布置，热水供应可不设置供水泵。水箱内设置铜管换热器。

（3）地板辐射供暖系统，住户房间供暖采用地板辐射供暖系统。

（4）配电及控制系统，外接电源由用户配套提供。

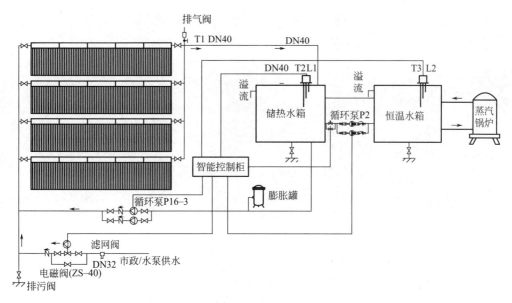

图 13-14 某项目太阳能热水供暖系统原理图

2）城市建筑多属多层建筑，其中多层建筑屋顶集热面积一般能满足太阳热水系统需求，故安装形式以屋顶安装为主。高层建筑由于建筑面积大，相对屋顶面积过小故不能满足集热需求，可利用东、南、西三个建筑立面的阳台、窗间墙等部位解决集热面积不足的问题。

（1）坡屋面安装方式。坡屋面多采用集热器与屋面结合，平铺在屋面上的集热器能很好地与屋面一体化（图 13-15）。

(a)   (b)

图 13-15 太阳能坡屋面安装图

（2）平屋面安装方式。在平屋面建筑中，屋面安装是一种风险较小、较安全的方式，故一般尽可能将集热器安装在屋面上。在安装中，如果直接将集热器布置在屋面上，将占据住户活动的空间并影响屋面的使用。而将集热器安装在屋面上的架空钢架上，则不影响原楼面的利用（绿化、晒被褥、休闲等），甚至可以起到美化和遮阳的作用。架空安装在一定程度上能增加集热面积，其遮阳效果还能降低顶层房间的空调能耗，但必须考虑安全性能以及维修的方便（图 13-16）。

(a)   (b)

图 13-16　太阳能平屋面安装图

（3）立面安装方式。在高层建筑中，有时即使屋面全部利用还不能解决集热面积不足的问题，可采用立面安装形式。立面安装应尽量使集热器多接收太阳光，避免遮挡，且安全问题应特别重视（图 13-17）。

(a)   (b)

图 13-17　太阳能立面安装图

3. 太阳能光伏发电系统

1）太阳能光伏发电系统是利用太阳电池半导体材料的光伏效应，将太阳光辐射能直接转换为电能的一种新型发电系统，有独立运行和并网运行两种方式。

独立运行的光伏发电系统需要有蓄电池作为储能装置，主要用于无电网的边远地区和人口分散地区，整个系统造价很高（图 13-18）。

在有公共电网的地区，光伏发电系统与电网连接并网运行，省去蓄电池，不仅可以大幅度降低造价，而且具有更高的发电效率和更好的环保性能，光伏并网发电系统有分布式并网与集中式并网（图 13-19 和图 13-20）。

2）一套基本的太阳能发电系统是由太阳电池板、充电控制器、逆变器和蓄电池组构成。

图 13-18　分布式并网光伏发电系统

图 13-19　分布式并网光伏发电系统

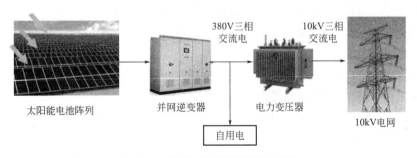

图 13-20　集中式并网光伏发电系统

（1）太阳电池板

太阳电池板的作用是将太阳辐射能直接转换成直流电，供负载使用或存贮于蓄电池内备用。一般根据用户需要，将若干太阳电池板按一定方式连接，组成太阳能电池方阵，再配上适当的支架及接线盒组成。

（2）充电控制器

在不同类型的光伏发电系统中，充电控制器不尽相同，其功能及复杂程度差别很大，这需根据系统的要求及重要程度来确定。充电控制器主要由电子元器件、仪表、继电器、开关等组成。在太阳发电系统中，充电控制器的基本作用是为蓄电池提供最佳的充电电流和电压，快速、平稳、高效地为蓄电池充电，并在充电过程中减少损耗，尽量延长蓄电池的使用寿命；同时保护蓄电池，避免过充电和过放电现象的发生。如果用户使用直流负载，通过充电控制器还能为负载提供稳定的直流电（由于天气的原因，太阳电池方阵发出的直流电的电压和电流不是很稳定）。

（3）逆变器

逆变器的作用就是将太阳能电池方阵和蓄电池提供的低压直流电逆变成220V交流电，供给交流负载使用。

（4）蓄电池组

蓄电池组是将太阳电池方阵发出直流电贮存起来供负载使用。在光伏发电系统中，电池处于浮充放电状态，夏天日照量大，除了供给负载用电外，还对蓄电池充电。在冬天日照量少时，这部分贮存的电能逐步放出。白天太阳能电池方阵给蓄电池充电，同时方阵还要给负载用电，晚上负载用电全部由蓄电池供给。因此，要求蓄电池的自放电要小，而且充电效率要高，同时还要考虑价格和使用是否方便等因素。常用的蓄电池有铅酸蓄电池和硅胶蓄电池，在要求较高的场合也有价格比较昂贵的镍镉蓄电池。

13.3 一般项目

13.3.1 监测与控制系统的可靠性、实时性、可操作性、可维护性等系统性能的检测，主要包括下列内容：

1 执行器动作应与控制系统的指令一致；

2 控制系统的采样速度、操作响应时间、报警反应速度；

3 冗余设备的故障检测、切换时间和切换功能；

4 应用软件的在线编程（组态）、参数修改、下载功能，设备及网络故障自检测功能；

5 故障检测与诊断系统的报警和显示功能；

6 被控设备的顺序控制和连锁功能；

7 自动控制、远程控制、现场控制模式下的命令冲突检测功能；

8 人机界面可视化功能。

检验方法：分别在中央工作站、现场控制器上和现场，利用参数设定、程序下载、故障设定、数据修改和事件设定等方法，通过与设定的参数要求对照，进行上述系统的性能检测。

检查数量：全数检查。

【技术要点说明】

本条所列的系统性能检测是监测与控制系统实现建筑节能的重要保证。本部分检测内容一般已在"智能建筑设备监控系统"的验收中完成，进行建筑节能工程检测验收时，以复核已有的检测结果为主，故列为一般项目。

分别在中央工作站、现场控制器上和现场，根据系统软件安装使用说明书提供的测试案例和测试方法，通过与设定的参数要求对照，进行上述系统的性能检测。

第14章　地源热泵换热系统节能工程

【概述】 本章为新增章节，主要对地源热泵系统中地埋管、地下水、地表水换热系统节能工程施工质量验收做出了规定。地源热泵换热系统往往具有施工一次成型、难修复的特点。因此，地源热泵换热系统的性能往往决定了地源热泵工程的节能性，其施工质量更应是我们关注的重点。

本章共有3节14条，分为一般规定、主控项目和一般项目，涵盖了地源热泵换热系统节能工程施工及质量验收各方面。其中，第14.1节为一般规定，主要对本章的适用范围以及地源热泵换热系统验收的方式及依据进行了规定。第14.2节为主控项目，主要对地源热泵换热系统节能工程使用的管材、管件、水泵、自控阀门、仪表、绝热材料等产品的进场验收提出了要求；对地源热泵地埋管换热系统设计前应进行岩土热响应试验做出了规定；对地埋管换热系统的管道连接及安装要求做出了规定；对地下水换热系统、地表水换热系统的施工要求做出了规定；对地源热泵系统整体运转、调试及测试评价做出了明确规定。第14.3节为一般项目，对地埋管换热系统管道安装前后的冲洗做出了规定；对地源热泵换热系统热源水井的抽水和回灌功能做出了规定。

地源热泵换热系统大多为隐蔽工程，对所用的换热设备、管材、管件等必须做好进场验收及核查，依此来保证地源热泵换热系统所采用的材料与设备是节能的，并符合设计和节能标准要求。现行国家标准《建筑给水排水及采暖工程施工质量验收规范》GB 50242—2002对设备、材料进场验收已做出相应规定，本标准又着重强调，希望引起高度关注。进场验收应经监理工程师（建设单位代表）检查认可，并应形成相应的验收记录。另外，各种材料设备的质量证明文件和相关技术资料要求齐全，并应符合有关现行的国家标准和规定。

地埋管换热系统对工程所在地的地质情况及岩土热物性依赖性较高。岩土热物性参数是土壤源热泵系统勘察设计的关键性参数，影响整个系统的设计合理与否，影响地热利用的效率和投资成本，是土壤源热泵系统设计和应用的前提，获取工程所在地的地质资料及岩土热物性参数（如：岩土初始温度、导热系数、比热容、冬夏季延米换热量等基础数据）就显得尤为重要。岩土热响应试验是获取上述资料的基本方式，现行国家标准《地源热泵系统工程技术规范》（2009年版）GB 50366—2005中对岩土热响应试验做了明确规定。

地源热泵换热系统中与节能有关的隐蔽部位位置特殊，出现质量问题后不易发现和修复，一旦失败几乎无法更改。因此，第14.2.3条～第14.2.6条对施工安装过程做了明确规定，各施工单位必须严格遵守，确保地源热泵工程的正常应用。

地源热泵换热系统安装完毕后，应进行整体试运转、调试，检验地源热泵换热系统节能工程是否符合设计要求。调试过程应严格遵守现行国家标准《地源热泵系统工程技术规范》（2009 年版）GB 50366—2005 对调试方式和结果的规定，本标准的第 14.2.7 条对此进行了明确规定。

地源热泵系统的整体运行效果如何，是否满足现行国家标准中能效标准的要求，需要经过冬、夏两季的实际运行测试，通过测试可以及时发现系统运行和管理中所存在的问题，测试方法应依据现行国家标准《可再生能源建筑应用工程评价标准》GB/T 50801—2013 的规定，本标准的第 14.2.8 条对此进行了明确要求。

14.1　一般规定

14.1.1　本章适用于地源热泵地埋管、地下水、地表水换热系统节能工程施工质量的验收。

【技术要点说明】

本条明确了本章适用的范围。地源热泵系统是开发利用浅层地热能最主要的方式。本条所讲的地源热泵换热系统包括地埋管、地下水、地表水（江河、湖泊）、海水换热系统。从节能的角度出发，对地源热泵换热系统中与节能有关的项目的施工质量进行验收，称之为地源热泵换热系统节能工程施工质量验收。

地源热泵换热系统节能质量验收的主要内容包括：热能交换形式；设备；阀门与仪表；管材、管件；保温材料；换热孔、热源井；管道连接与安装；系统调试；测试评价等。

受我国浅层地热能资源分布特点局限，我国浅层地热能的换热形式主要以地下岩土体、地下水、地表水及海水为主，具有普遍性的特点。其他换热形式依据项目所在地的资源条件零星出现。本标准对上述几种地热能交换形式的换热系统做出了明确规定，未提及的换热形式（如污水换热系统）可参照执行。

与国外地源热泵系统应用建筑体量小、浅层地热能资源丰富的特点相比，我国目前地源热泵工程存在应用建筑体量大、地热能换热形式单一、浅层地热能资源不足的问题，具体体现在：地源热泵系统建设盲目跟风，不考虑实际资源储备量；工程建设前没有进行详细论证，凭经验实施；建设过程中为降低系统投资，减少换热系统工程体量，最终导致地源热泵工程运行不节能或失败，阻碍了节能技术的推广。因此，地源热泵系统在建设前必须进行详细论证，在施工过程中严格控制施工质量，施工完成后进行详细调试及整体运转，最终达到设计要求，保证地源热泵系统的节能性。

14.1.2　地源热泵换热系统施工中应及时进行质量检查，对隐蔽部位在隐蔽前进行验收，并应有详细的文字记录和必要的图像资料，施工完成后应进行地源热泵换热系统节能分项工程验收。

【技术要点说明】

地源热泵换热系统工程中与节能有关的隐蔽部位位置特殊，一旦出现质量问题后不易发现和修复。因此，地源热泵换热系统施工中应对隐蔽部位在隐蔽前进行验收，隐蔽工程施工完成后，应由施工单位专业工长、专业质检员及项目专业技术（质量）负责人会同监理工程师（或建设单位专业技术负责人）及时对工程质量进行检查，检查隐蔽工程是否满足设计及标准要求。符合要求形成隐蔽工程验收记录后，方可进行下一工序。

地源热泵换热系统的隐蔽工程应有详细的文字记录和必要的图像资料，一方面保证隐蔽工程质量，施工有可追溯性；另外一方面起到成品保护作用，避免因记录位置、标高等参数不准确，其他专业施工时对隐蔽工程造成破坏。

地源热泵换热系统通常主要的隐蔽部位检查内容有：地源热泵地埋管换热系统钻孔、换热管道及附属设备、阀门、仪表安装及绝热、地源热泵地下水换热系统热源井安装、地源热泵地表水换热系统换热盘管安装等。

地源热泵换热系统节能工程为可再生能源节能工程的分项工程，施工完成后，进行分项工程验收，并形成记录。

14.1.3　地源热泵换热系统节能工程的验收，可按本标准第 3.4.1 条进行检验批划分，也可按照不同系统、不同地热能交换形式，由施工单位与监理单位协商确定。

【技术要点说明】

本条给出了地源热泵换热系统节能工程验收的划分原则和方法。地源热泵换热系统节能工程的验收，应根据工程的实际情况，结合本专业特点进行验收。地源热泵换热系统包括地埋管、地下水、地表水、海水、污水等换热系统。不同的热能交换形式应分别进行验收。

按照本标准，地源热泵换热系统节能工程的主要验收内容包括：岩土热响应试验；钻孔数量、位置及深度；管材、管件；热源井数量、井位分布、出水量及回灌量；换热设备；自控阀门与仪表；绝热材料；调试等。

地源热泵换热系统节能工程建筑物内系统施工质量的验收可与空调（冷、热）水系统的验收、室内供暖系统验收相同，一般应按换热系统分区进行，划分成若干个检验批。对于系统大且换热系统分区多的地源热泵系统工程，可分别按负担 6～9 个楼层所需的换热系统作为一个检验批进行验收，其验收项目、验收内容、验收标准和验收记录均应符合本标准的规定。

本标准的地源热泵换热系统分项工程验收内容，与现行国家标准《建筑工程施工质量验收统一标准》GB 50300—2013 中建筑工程分部、分项工程划分要求的通风与空调分部工程有一定的交叉，本标准中的分项工程验收内容，重点是指其"节能性能"，这样理解就能够与原有的分部、分项工程划分协调一致。

14.1.4　地源热泵换热系统热源井、输水管网的施工及验收应符合现行国家标准《供水管井技术规范》GB 50296、《给水排水管道工程施工及验收规范》GB 50268 的规定。

【技术要点说明】

地源热泵换热系统热源井的验收应在现场进行，并符合下列质量标准：

（1）热源井井身结构、井管配置及管材选用、填砾位置及滤料规格、封闭位置及材料应符合设计及现行国家标准《管井技术规范》GB 50296—2014 的要求；热源井井群总出水量及回灌量应符合设计要求，并应小于开采地区地下水允许开采量。

（2）热源井的出水含沙量应小于 1/200000（比体积）。

（3）小于或等于 100m 的井段，其顶角的偏斜不得超过 1°；大于 100m 的井段，每百米顶角的偏斜的递增速度不得超过 1.5°，井段的顶角和方位角不得有突变。

（4）井内沉淀物的高度，应小于井深的 5‰。

（5）热源井验收后应填写供水管井验收单。

输水管网的施工及验收可参照本标准空调与供暖系统冷热源及管网节能工程章节中相关规定执行，并应符合现行国家标准《给水排水管道工程施工及验收规范》GB 50268—2008 的规定。

14.2　主控项目

14.2.1　地源热泵换热系统节能工程使用的管材、管件、水泵、自控阀门、仪表、绝热材料等产品应进行进场验收，进场验收的结果应经监理工程师检查认可，并应形成相应的验收记录。各种材料和设备的质量证明文件与相关技术资料应齐全，并应符合设计要求和国家现行有关标准的规定。

14.2.1【示例或专题】

　　检验方法：观察、尺量检查，核查质量证明文件。

　　检查数量：全数检查。

【技术要点说明】

本条是对地源热泵换热系统设备及其辅助设备、管材、管件、水泵、自控阀门、仪表、绝热材料等产品进场验收及核查的规定。

本条是参考现行国家标准《建筑给水排水及采暖工程施工质量验收规范》GB 50242—2002 第 3.2.1 条的内容："建筑给水、排水及采暖工程所使用的主要材料、成品半成品、配件、器具和设备必须具有中文质量合格证明文件，规格、型号及性能检测报告应符合国家技术标准或设计要求。进场时应做检查验收，并经监理工程师核查确认"而编制的。

地源热泵换热系统工程质量直接关系到地源热泵系统的成败，其设备、材料选型是否合理，所用设备、材料质量、热工等技术性能参数是否符合设计要求，将直接影响地源热泵系统的总能耗及使用效果。事实表明，许多工程为降低地源热泵换热系统及其辅助设备的初投资，在采购过程中，擅自改变了有关设备、材料的类型、规格及质量要求，使其换热量、流量、扬程、功率等性能系数不符合设计要求，结果造成整个地源热泵系统能耗过大、安全可靠性差、不能满足使用要求等不良后果。因此，为保证地源热泵换热系统节能工程的质量，本条做出了在地源热泵换热系统及其辅助设备、材料进场时，应对其产品质量、热工性能等技术参数进行核查，并应形成相应的核查记录的规定。对有关设备等的核查，应根据设计要求对其技术资料和相关性能检测报告等所表示的热工等技术性能参数进行一一核对。

如：地埋管换热系统中的地埋管应采用化学稳定性好、耐腐蚀、导热系数大、流动阻力小的塑料管材及管件，宜采用聚乙烯管（PE）或聚丁烯管（PB），不宜采用聚氯乙烯（PVC）管。管件与管材应为相同材料。埋地聚乙烯给水管道的管材、管件应分别符合现行国家标准《给水用聚乙烯（PE）管道系统 第 2 部分：管材》GB/T 13663.2—2018 和《给水用聚乙烯（PE）管道系统 第 3 部分：管件》GB/T 13663.3—2018 的规定："外观：管材的内外表面应清洁、光滑，不允许有气泡、明显的划伤、凹陷、杂质、颜色不均等缺陷。管端头应切割平整，并与管轴线垂直"。

工程现场对管材、管件、设备及附件的验收，应重点检查下列项目：出厂合格证、检测报告。PE 管使用的聚乙烯原料级别和牌号、外观、长度、颜色、不圆度、外径及壁厚、生产日期。管材的公称压力不应小于 1.0MPa，工作温度应在－20～50℃范围内。与管材连接的管件等配件，宜由管材生产企业配套供应。

在上述设备进场时，应核查它们的有关性能参数是否符合设计要求并满足国家现行有关标准的规定，进而扩大高效、节能产品的市场，淘汰低效、落后产品的使用。

【实施与检查】

1. 实施

地源热泵换热系统节能工程使用的管材、管件、水泵、自控阀门、仪表、绝热材料等产品进场后，由施工单位材料负责人组织施工单位内部自检，合格后向监理工程师进行申报，由监理工程师组织建设单位专业负责人，施工单位技术、质量、材料负责人共同对进场材料、设备进行进场验收。材料、设备进场验收合格后，应形成《材料、构配件进场检验记录》《设备开箱检验记录》等验收资料。

2. 检查

1）检查方法

对实物现场验收，观察和尺量检查其外观质量；对技术资料和性能检测报告等质量证明文件与实物一一核对。

2）检查数量

对进场的材料和设备应全数检查。

3）检查内容

地源热泵换热系统节能工程使用的管材、管件、水泵、自控阀门、仪表、绝热材料等进场检查主要包括以下内容包括：

（1）材料、设备包装应完好，表面无划痕及外力冲击破损。

（2）材料、设备应具有质量证明文件和检测报告，检测报告应符合国家技术标准和设计要求，对于进口产品，必须有商检合格报告。

（3）材料、设备的合格证明文件必须是中文的表示形式，应包括产品名称、规格、型号，国家质量标准代号，出厂日期，生产厂家的名称、地址，出厂产品检验证明或代号；对于进口产品，必须有商检合格报告。同种材料、同一种规格、同一批生产的要有一份原件，如无原件应有复印件并指明原件存放处。

（4）材料、设备外观质量应满足国家技术标准或设计要求。

（5）实际进场材料、设备的规格、型号、材质、数量及各项技术参数等应满足国家技术标准和设计要求。

（6）各类管材应有产品质量证明文件。

（7）换热设备、水泵等应有出厂性能检测报告。

（8）阀门、仪表等应有产品质量合格证及相关性能检验报告。

（9）绝热材料应有产品质量合格证和材质检测报告，检测报告必须是有效期内的抽样检测报告。

（10）设备、自控阀门等应有产品说明书及安装使用说明书。

14.2.2 地源热泵地埋管换热系统方案设计前，应由有资质的第三方检验机构在建设项目地点进行岩土热响应试验，并应符合下列规定：

1 地源热泵系统的应用建筑面积小于 $5000m^2$ 时，测试孔不应少于 1 个；

2 地源热泵系统的应用建筑面积大于或等于 $5000m^2$ 时，测试孔不应少于 2 个。

检验方法：核查热响应试验测试报告。

检查数量：全数检查。

14.2.2【示例或专题】

【技术要点说明】

地埋管地源热泵系统的节能性与其应用规模、场地条件、地质条件（地质构造、岩土热响应参数）、气候条件密切相关，只有同时满足上述所有条件才能确保地源热泵系统高效运行，充分发挥其节能环保效果，产生社会和经济效益。

其中地质条件决定了工程所在地的浅层地热能蕴藏情况及开发利用难度，判断是否适宜采用地埋管地源热泵系统的先决条件。为保证地埋管地源热泵系统具有良好的节能效果，要求在进行地源热泵系统设计与施工之前，依据工程场地条件确定测试孔的位置与数量，进行岩土热响应试验，取得岩土热物性参数指导地源热泵系统的设计与施工，最终避免地源热泵系统瘫痪或达不到设计效果。因此，本条做出了地埋管地源热泵系统施工前应对工程所在地进行岩土热响应试验的规定。在岩土热响应试验之前应进行钻孔勘探，绘制项目拟钻井区域地质综合柱状图，指导选择合理的施工设备与施工工艺。

【实施与检查】

1. 实施

在地源热泵地埋管换热系统设计施工前，建设单位应委托有资质的第三方机构进行岩土热响应试验并出具相应的检测报告，如果在项目附近的工程中有相应的试验报告也可以参考。试验现场建设单位应提供稳定的电源和水源，提供可靠的测试条件。

岩土热响应试验应该包括以下内容：测量大气温度，岩土初始平均温度，地埋管换热器循环水进出口初始温度及流量，试验过程中向地埋管换热器施加的加热功率，试验过程中不间断记录在恒定热负荷下地埋管换热器循环水进出口温度、循环水流量、加热功率、记录时间等参数。

2. 检查

1）检查方法

核查检测报告。以有无检测报告以及设计文件与检测报告是否一致作为判定依据。对于2个及以上测试孔的测试，其测试结果应取算术平均值。

2）检查数量

对岩土热响应试验报告全数核查。

3）检查内容

岩土热响应试验测试报告应检查以下内容：

（1）项目概况。

（2）测试方案。

（3）参考标准。

（4）测试过程中参数的连续记录，应包括：循环水流量、加热功率、地埋管换热器的进出口水温。

（5）项目所在地岩土柱状图。

（6）岩土热物性参数。

（7）测试条件下，钻孔单位延米换热量参考值。

其中测试方案及测试过程应符合以下要求：

（1）测试孔的深度应与实际的用孔相一致。

（2）岩土热响应试验应在测试孔完成并放置48h以后进行。

（3）岩土初始平均温度的测试应采用布置温度传感器的方法，测点的布置宜在地埋管换热器埋设深度范围内，且间隔不宜大于10m；以各测点实测温度的算术平均值作为岩土初始平均温度。

（4）岩土热响应试验应连续不间断，持续时间不宜少于48h。

（5）试验期间，加热功率应保持恒定。

（6）地埋管换热器的出口温度稳定后，其温度宜高于岩土初始平均温度5℃以上且维持时间不应少于12h。

（7）地埋管换热器内流速不应低于0.2m/s。

（8）试验数据读取和记录的时间间隔不应大于10min。

14.2.3 地源热泵地埋管换热系统的安装应符合下列规定：

1 竖直钻孔的位置、间距、深度、数量应符合设计要求；

2 埋管的位置、间距、深度、长度以及管材的材质、管径、厚度，应符合设计要求；

3 回填料及配比应符合设计要求，回填应密实；

4 地埋管换热系统应进行水压试验，并应合格。

检验方法：尺量和观察检查；核查相关检验与试验报告。

检查数量：全数检查。

14.2.3【示例或专题】

【技术要点说明】

根据工程设计要求，为确保施工质量，施工单位在地埋管换热系统施工之前，应对现场情况、地质资料进行准确翔实的勘察与调研，建设单位与监理单位应积极配合，提供相应的技术资料。施工前应了解埋管场地内已有的地下管线、地下构筑物的功能及其准确位置。地埋管换热系统施工时，应避让并严禁损坏其他地下管线及构筑物等。现场勘查与调研的主要内容包括：

（1）土地面积大小和形状。

（2）已有的和计划建的建筑或构筑物。

（3）是否有树木和高架设施，如高压电线等。

（4）自然或人造地表水源的等级和范围。

（5）交通道路及其周边附属建筑及地下服务设施。

（6）现场已敷设的地下管线布置和废弃系统状况。

（7）钻孔挖掘所需的电源、水源情况。

（8）其他可能安装系统的设置位置等。

地埋管换热系统应综合考虑埋管区域面积、工程地质条件及钻探、挖掘成本等因素，进行技术经济分析后确定埋管方式。地埋管换热系统有水平和竖直两种埋管方式。当可利用地表面积较大，浅层岩土体的温度及热物性受气候、雨水、埋设深度影响较小时，宜采用水平埋管方式，否则，宜采用竖直埋管方式。目前，我国地源热泵地埋管换热系统多采用竖直埋管方式。

地埋管深度应满足设计要求，水平地埋管换热器可不设坡度，最上层埋管顶部应在冻土层以下 0.4m，且距地面不宜小于 0.8m。竖直地埋管设计深度宜大于 20m，一般在 40～120m 之间，也有部分工程由于钻孔区域面积不够，将钻孔深度加深，但无论如何一定要满足设计要求，满足工程的实际需要。竖直地埋管换热器埋管钻孔孔径不宜小于 $\phi110$，钻孔间距应满足换热需要，间距宜为 3～6m。地埋管换热器安装位置应远离水井及室外排水设施，并宜靠近机房或以机房为中心设置。

地埋管及管件应符合设计要求，且应具有质量检验报告和生产厂的合格证。地埋管应采用化学稳定性好、耐腐蚀、导热系数大、流动阻力小的塑料管材及管件，宜采用聚乙烯管（PE80 或 PE100）或聚丁烯管（PB），不宜采用聚氯乙烯（PVC）管，管件与管材应为相同材料。地埋管质量应符合国家现行标准中的各项规定。管材的公称压力及使用温度应满足设计要求，且管材的公称压力不应小于 1.0MPa。地埋管外径及壁厚应满足现行国家标准《地源热泵系统工程技术规范》（2009 年版）GB 50366—2005 规定。

回填材料的选择以及正确的回填施工对于保证地埋管换热器的性能有重要的意义。U形管安装完毕后应立即用回填材料封孔，根据不同的地质情况选择合理的回填材料。垂直回灌回填是地埋管换热器施工过程中的重要环节，即在钻孔完毕、下完 U 形管后，向钻孔中注入回填材料。回填料介于地埋管换热器的埋管与钻孔壁之间，用来增强埋管和周围岩土的换热；同时防止地面水通过钻孔向地下渗透，以保护地下水不受地表污染物的污染，并防止各个蓄水层之间的交叉污染。如果沿地埋管管长方向，回填不严实，就会削弱热传递过程，进而影响地下换热器的性能。当竖直埋管穿过断层或暗河时，回灌材料可以保护地下暗河的水力特性，防止地下水层与层之间的迁移，防止表面或接近表面的污染源沿地埋管方向向下渗流。回灌材料应具备高热传导性和低黏度的物理性，以提高竖直埋管与钻孔壁间的导热性能和减少在回灌过程中形成空穴，提高其回灌的密封性和传热效果。

地埋管换热系统设计时应考虑地埋管换热器的承压能力，若室内系统压力超过地埋管换热器的承压能力时，应设中间换热器将地埋管换热器与室内系统分开。聚乙烯管道在水温20℃以上、40℃以下时，管材最大允许工作压力 MOP（MPa）的计算公式为：公称压力（MPa）×压力折减系数。压力折减系数值见表14-1。

压力折减系数值　　　　　　　　　　表 14-1

温度（℃）	20	30	40
压力折减系数	1.00	0.87	0.74

管道系统正常工作状态下，选用的管材最大设计内水压力（F_{wd}）的计算公式为：$1.5\times F_w$（管道工作压力，不包括水锤压力）。

地埋管换热器安装完毕后，应在埋管区域做出标志或标明管线的警示带，并在现场设立两个永久目标作为定位点。

【实施与检查】

1. 实施

地埋管换热系统安装前，应根据工程地质情况选择合理的施工设备及施工工艺，同时应明确拟埋管区域内地下管线的种类、位置及深度，预留其他专业地下管线所需的敷设空间及重型设备的车道位置。

钻探设备安装之后，选用合理的钻进方法、钻具、钻进技术参数及工艺。严格按钻探规程进行作业，合理掌握进尺长度。施工前和施工过程中，经常检查钻头直径，确保钻头直径达到设计孔径要求。严格按钻探规程进行作业，合理掌握进尺长度。

地埋管换热器施工前，建设单位应组织有关单位向施工单位进行现场交桩：临时水准点和管道轴线控制桩的设置应便于观测且必须牢固，并应采取保护措施。开槽辅设管道的沿线临时水准点，每200m不宜少于1个；临时水准点、管道轴线控制桩、高程桩应经过复核方可使用，并应经常校核；已建管道、构筑物等与本工程衔接的平面位置和高程，开工前应校测。

地埋管换热系统应根据地质特征确定回填料配方，回填料的导热系数应不低于钻孔外和沟槽外岩土体的导热系数。

系统水压试验应严格按照《地源热泵系统工程技术规范》（2009年版）GB 50366—2005 的有关规定进行。系统试压前应进行充水浸泡，时间不应少于12h。管道充水后应对未回填的外露连接点（包括管道与管道附件连接部位）进行检查，发现渗漏应进行排除。不得将气压试验代替水压试验。管道水压试验长度不宜大于1000m。对中间设有附件的管段，水压试验分段长度不宜大于500m，系统中不同材质的管道应分别进行试压。

试验压力：当工作压力小于等于 1.0MPa 时，应为工作压力的 1.5 倍，且不应小于 0.6MPa；当工作压力大于 1.0MPa 时，应为工作压力加 0.5 MPa。

水压试验应按以下步骤实施：

（1）竖直地埋管换热器插入钻孔前，应做第一次水压试验。在试验压力下，稳压至少 15min，稳压后压力降不应大于 3%，且无泄漏现象；将其密封后，在有压状态下插入钻孔，完成灌浆之后保压 1h。水平地埋管换热器放入沟槽前，应做第一次水压试验。在试验压力下，稳压至少 15min，稳压后压力降不应大于 3%，且无泄漏现象。

（2）竖直或水平地埋管换热器与环路集管装配完成后，回填前应进行第二次水压试验。在试验压力下，稳压至少 30min，稳压后压力降不应大于 3%，且无泄漏现象。

（3）环路集管与机房分集水器连接完成后，回填前应进行第三次水压试验。在试验压力下，稳压至少 2h，且无泄漏现象。

（4）地埋管换热系统全部安装完毕，且冲洗、排气及回填完成后，应进行第四次水压试验。在试验压力下，稳压至少 12h，稳压后压力降不应大于 3%。

地埋管换热器施工过程中，建设单位与监理单位应进行现场检查，并形成相关验收记录。

2. 检查

1）检查方法

对地埋管换热系统进行现场验收，尺量检查竖直钻孔的位置、间距是否符合设计要求；为保证下管深度和打井深度能够尽量接近，必须做到提完钻杆后不停顿立即下管。在下管前通过 PE 管上的标尺核实整个管道的长度，下管后根据留出的管道长度计算下管深度，由建设单位及监理单位现场监督。观察检查管材的材质、外观是否符合设计要求，尺量检查管材的管径及厚度是否符合设计要求，对技术资料和性能检测报告等质量证明文件与实物一一核对。

核查回填料配比单，观察井口是否回填密实，核查单井回填料数量及回填记录，核查相关水压试验记录。

2）检查数量

对地埋管换热系统进行全数检查。

3）检查内容

地源热泵地埋管换热系统的安装应检查以下内容：

（1）尺量检查竖直钻孔的位置、间距，核对钻孔数量，检查地埋管上标尺刻度，核查打井深度，并与工程设计图纸进行核对。

（2）观察检查地埋管管材的材质、外观及地埋管换热系统布置方式等，并与工程设计图纸进行核对；尺量检查管材的管径及厚度，并与工程设计图纸进行核对。

（3）核查回填料配比单及单井回填料数量，并与工程图纸进行核对。

（4）核查水压试验记录，核对试验压力、持续时间、试验步骤是否符合设计及相关规范要求。

14.2.4 地源热泵地埋管换热系统管道的连接应符合下列规定：

1 埋地管道与环路集管连接应采用热熔或电熔连接，连接应严密、牢固；

2 竖直地埋管换热器的U形弯管接头应选用定型产品；

3 竖直地埋管换热器U形管的组对，应能满足插入钻孔后与环路集管连接的要求，组对好的U形管的开口端部应及时密封保护。

检验方法：观察检查；核查隐蔽工程验收记录。

检查数量：全数检查。

14.2.4【示例或专题】

【技术要点说明】

按照现行国家标准《地源热泵系统工程技术规范》（2009年版）GB 50366—2005规定，地源热泵地埋管换热系统管道应采用化学稳定性好、耐腐蚀、导热系数大、流动阻力小的塑料管材及管件，宜采用聚乙烯管或聚丁烯管。管道连接前应对管材、管件及管道附件按设计要求进行核对，并应在施工现场进行外观质量检查，符合要求方准使用。

地源热泵地埋管换热系统管道不应有接头，埋地管道与环路集管连接时应采用热熔连接或电熔连接，并应符合现行行业标准《埋地塑料给水管道工程技术规程》CJJ 101—2016的有关规定：

（1）连接部分内部熔化的材料不能造成管径缩小。

（2）不同SDR系列的聚乙烯管材不得采用热熔对接连接。

（3）管道连接宜采用同种牌号级别及压力等级相同的管材、管件以及管道附件。不同牌号的管材以及管道附件之间的连接，应经过试验，判定连接质量能得到保证后，方可连接。

（4）在寒冷气候（−5℃以下）或大风环境条件下进行热熔或电熔连接操作时，应采取保护措施，或调整连接机具的工艺参数。

（5）管材、管件以及管道附件存放处与施工现场温差较大时，连接前应将聚乙烯管材、管件以及管道附件在施工现场放置一段时间，使其温度接近施工现场温度。

（6）管道连接时，管材切割应采用专用割刀或切管工具，切割断面应平整、光滑、无毛刺，且应垂直于管轴线。

竖直地埋管换热器的管件、弯头等采用定形的成品件，是实现地源热泵地埋管换热系统达到良好运行方式的先决条件。竖直埋管U形弯管接头，应选用定形的U形弯头成品件，不允许采用90°的弯头对接的方式构成U形弯管接头。

管道连接后，应及时检查接头外观质量，不合格者必须返工。组对好的地埋管换热器开口端部应及时密封，防止施工现场的石块、杂物等异物进入地埋管换热器造成阻塞，且地埋管换热器埋入地下后将无法取出，阻塞的异物也几乎无法从地埋管换热器中冲洗出来，从而导致废井。

竖直管下到钻孔底部后，应在地面保留一定长度的管材，保证与水平环路的顺利连接。

【实施与检查】

1. 实施

地源热泵地埋管换热系统管道不应有接头，埋地管道与环路集管连接时可采用热熔连接或电熔连接。

（1）热熔连接

热熔连接工具的温度控制应精确，加热面温度分布应均匀，加热面结构应符合焊接工艺要求。热熔连接前、后应使用洁净棉布擦净加热面上的污物。热熔连接加热时间、加热温度和施加的压力以及保压、冷却时间，应符合热熔连接工具生产企业和聚乙烯管材、管件以及管道附件生产企业的规定。在冷却期间不得移动连接件或在连接件上施加任何外力。

（2）电熔连接

电熔连接机具输出电流、电压应稳定，符合电熔连接工艺要求。

电熔连接机具有与电熔管件应正确连通。连接时，通电加热的电压和加热时间应符合电熔连接机具和电熔管件生产企业的规定。电熔连接冷却期间，不得移动连接件或在连接件上施加任何外力。

地埋管换热器应选用定形的 U 形弯头成品件，现场应对每个 U 形接头进行检查，并在下管时再次进行检查，确保 U 形弯头的质量。施工单位在订货时，要求的竖直管的长度应大于竖直钻孔的深度，监理单位在验收时也应确保每个竖直管的长度满足连接水平集管的要求。

2. 检查

1）检查方法

观察检查，核查隐蔽工程验收记录。

2）检查数量

对地埋管换热器进行全数检查。

3）检查内容

观察检查热熔或电熔连接接头处质量，接头处焊接质量应符合现行行业标准《埋地塑料给水管道工程技术规程》CJJ 101—2016 中的相关要求。

热熔对接连接质量检验应符合下列规定：

（1）连接完成后，应对接头进行 100% 的翻边对称性、接头对正性检验和不少于 10% 的翻边切除检验。

（2）翻边对称性检验的接头应具有沿管材整个圆周平滑对称的翻边，翻边最低处的深度不应低于管材表面。

（3）接头对正性检验的焊缝两侧紧邻翻边的外圆周的任何一处错边量不应超过管材壁厚的 10%。

（4）翻边切除检验应使用专用工具，并应在不损伤管材和接头的情况下，切除外部的焊接翻边，且翻边应是实心圆滑的，根部较宽，翻边下侧不应有杂质、小孔、扭曲和损坏，每隔 50mm 应进行 180° 的背弯试验，且不应有开裂、裂缝，接缝处不得露出熔合线。

电熔承插连接质量检验应符合下列规定：

（1）电熔管件端口处的管材周边应有明显刮皮痕迹和明显的插入长度标记。

（2）接缝处不应有熔融料溢出。

（3）电熔管件内电阻丝不应挤出（特殊结构设计的电熔管件除外）。

（4）电熔管件上观察孔中应能看到有少量熔融料溢出，但溢料不得呈流淌状。

观察检查地埋管换热器 U 形头是否采用定形产品。

观察检查地埋管换热器下管长度，观察检查换热井外的换热管材长度是否满足连接水平集管的需求，观察检查地埋管换热器端口处是否密封。

核查隐蔽工程验收记录，是否符合设计及相关规范的要求。

14.2.5 地源热泵地下水换热系统的施工应符合下列规定：

1 施工前应具备热源井及周围区域的工程地质勘察资料、设计文件、施工图纸和专项施工方案。

2 热源井的数量、井位分布及取水层位应符合设计要求。

3 井身结构、井管配置、填砾位置、滤料规格、止水材料及抽灌设备选用均应符合设计要求。

4 热源井应进行抽水试验和回灌试验并应单独验收，其持续出水量和回灌量应稳定，并应满足设计要求；抽水试验结束前应在抽水设备的出口处采集水样进行水质和含砂量测定，水质和含砂量应满足系统设备的使用要求。

5 地下水换热系统验收后，施工单位应提交热源成井报告。报告应包括文字说明，热源井的井位图和管井综合柱状图，洗井、抽水和回灌试验、水质和含砂量检验及管井验收资料。

检验方法：观察检查；核查相关资料文件、验收记录及检测报告。

检查数量：全数检查。

14.2.5【示例或专题】

【技术要点说明】

为保证地源热泵地下水换热系统工程具有良好的节能效果，首先要求在地下水换热系统设计前，应具备热源井及周围区域的水文地质勘察资料、设计文件和施工图纸，并已经完成施工组织设计；其次热源井和输配管网应符合现行国家标准《管井技术规范》GB 50296—2014、《供水水文地质钻探与凿井操作规程》CJJ 13—2013、《室外给水设计规范》GB 50013—2018 及《给水排水管道工程施工质量验收规范》GB 50268—2008 的有关要求，热源井的数量应符合工程实际需要，并应满足设计要求；根据地下水位的深度设计井身结构，选择合理的井管，填砾位置、滤料规格、止水材料及抽灌设备的选用一定符合设计要求，并且与工程实际相符。

热源井的抽水试验应稳定延续 12h，出水量不应小于设计出水量，降深不应大于 5m；回灌试验应稳定延续 36h 以上，回灌量应大于设计回灌量，热源井持续出水量和回灌量应稳定，并应满足设计要求。抽水试验结束前应采集水样，进行水质测定和含砂量测定，应满足设计要求。直接进入水源热泵机组的地下水质应满足以下的水质标准：含砂量小于 1/

200000（重量比），pH 值为 6.5～8.5，CaO 小于 200mg/L，矿化度小于 3g/L，Cl⁻ 小于 100mg/L，SO_4^{2-} 小于 200mg/L，Fe^{2+} 小于 1mg/L，H_2S 小于 0.5mg/L。如果水质达不到以上要求，应进行处理。经处理后仍达不到水质标准时，应安装中间换热器。对于腐蚀性及硬度高的地下水源，应根据水质选择相应材质的换热器。

抽水井和回灌井的过滤器应符合《管井技术规范》GB 50296—2014 的要求，其中：

（1）过滤器孔隙率不宜小于 25%。

（2）钢管条孔缠丝过滤器的条孔应冲压成型，条孔宽度根据空隙率和强度要求而定，一般为 10～15mm，条孔长度一般为宽度的 10 倍。

（3）钢筋骨架缠丝过滤器的骨架应采用 φ16 钢筋且不少于 32 根，加强箍宜采用 φ18 钢筋，间距不大于 300mm。

（4）缠丝过滤器的缠丝材料宜采用不锈钢丝、铜丝、镀锌铁丝或增强性聚乙烯滤水丝等。缠丝间距应根据含水层的颗粒组成和均匀性确定。

（5）回灌井的过滤器宜采用钢管缠丝或钢管桥式类型。

（6）填砾过滤器滤料的规格和级配应按凿井中取样筛分后的地层颗粒组份、依据《管井技术规范》GB 50296—2014 规定执行。

地下水换热系统必须采取可靠回灌措施，确保置换冷量或热量后的地下水全部回灌到同一含水层，并不得对地下水资源造成浪费及污染。系统投入运行后，应对抽水量、回灌量及其水质进行定期监测。

热源井成井报告中管井综合柱状图应包括开孔井径、终孔井径、孔身各段井径及变径位置、井深等井身结构，井管配置及管材的选用，填砾位置及滤料规格，封闭位置及所用材料，井的附属设施等。实际操作中，有的工程为了降低造价，未经设计单位同意，擅自减少回灌井数量或者回灌水量，擅自删减热源井一些必要的保护措施，导致系统无法实现长期、节能运行，能耗及运行费用大大增加。

【实施与检查】

1. 实施

地源热泵地下水换热系统热源井应符合现行国家标准《管井技术规范》GB 50296—2014 及《供水水文地质钻探与凿井操作规程》CJJ 13—2013 的规定。输水管网设计、施工及验收应符合现行国家标准《室外给水设计规范》GB 50013—2018 及《给水排水管道工程施工及验收规范》GB 50268—2008 的规定。

施工单位应根据地质勘察资料、设计文件及施工图纸编制完成热源井专项施工方案，并通过审批。热源井及其周围区域的工程勘察资料包括施工场区内地下水换热系统勘察资料及其他专业的管线布置图等。热源管井应布置在建筑物场地周边，与建（构）筑物、市政管网设施的距离不得小于 10m，并应满足小区总体规划的要求。

热源井的施工队伍应具有相应的施工资质，施工过程中应保证热源井的数量、井位分布、取水层位、井身结构、井管配置、填砾位置、滤料规格、止水材料及抽灌设备选用均应符合设计要求，施工过程中应同时绘制地层钻孔柱状剖面图。

地下水换热系统需对热源井抽水量、回灌量、地下水水位、水温及水质进行定期监测，均应设置水样采集口及监测口。

取水井和回灌井的井壁管和沉淀管宜采用钢管。抽水井与回灌井宜能相互转换，其间应设排气装置。热源井井口处应设检查井。井口之上若有构筑物，应留有检修用的足够高度或在构筑物上留有检修口。

地下水的持续出水量应稳定，并应满足设计要求。

地下水抽水井、回灌井不得与市政管道连接，避免回灌水排入污水管道，保护水资源不被浪费。

2. 检查

（1）检查方法

观察检查，并与工程设计图纸核对；核查相关资料文件、验收记录及检测报告。

（2）检查数量

对地埋管换热器进行全数检查。

（3）检查内容

检查热源井成井报告，应包括管井结构图（井径、井深、过滤器规格和位置、填砾和封闭深度等）、洗井方法、抽水和回灌试验记录、水质检验报告等资料。

检查热源井使用说明书，应说明：抽水设备的型号及规格，热源井的最大允许开采量，水井使用中可能发生的问题及使用维修的建议等。

核查产品出厂合格证、出厂检测报告、中文说明书及相关性能检测报告等质量证明文件，热源井井管使用的材料应采用具有出厂合格证的产品。井管及有关材料应采用无污染和无毒性材料。

14.2.6 地源热泵地表水换热系统的施工应符合下列规定：

1 施工前应具备地表水换热系统所用水源的水质、水温、水量的测试报告等勘察资料；

2 地表水塑料换热盘管的长度和布置方式及管沟设置，换热器与过滤器及防堵塞等设备的安装，均应符合设计要求；

3 海水取水口与排水口设置应符合设计要求，并应保证取水防护外网的布置不影响该区域的海洋景观或船舶航运；与海水接触的设备、部件及管道应具有防腐、防生物附着的能力；

4 地表水换热系统应进行水压试验，并应合格。

检验方法：观察检查；核查相关资料、文件、验收记录及检测报告。

检查数量：全数检查。

14.2.6【示例或专题】

【技术要点说明】

为保证地源热泵地表水换热系统工程具有良好的节能效果，首先要求在地表水换热系统设计前，应具备地表水换热系统勘察资料；其次地表水换热系统形式设计应满足长期、节能、安全运行的要求，水压试验应符合现行国家标准《地源热泵系统工程技术规范》（2009年版）GB 50366—2005的有关规定。开式取水形式应按照设计要求布置取水与排水口。另外，采用闭式形式地表水换热系统换热盘管的材质、直径、厚度及长度、布置方式及管沟设置，应符合设计要求；采用开式形式地表水换热系统，地表水尽可能不直接进入水源热泵机组，以上两点是实现系统正常运行，保证节能效果的必要条件。

为保证地源热泵海水换热系统工程具有良好的节能效果，首先要求在海水换热系统设计前，应具备当地海域的水文条件；其次海水换热系统形式设计应满足长期、节能、安全运行的要求，开式取水形式应按照设计要求布置取水与排水口。另外，海水换热系统中要设置必要的过滤、杀菌祛藻类设备，是实现系统正常运行，保证节能效果的必要条件。

为保证地源热泵污水系统工程具有良好的节能效果，首先要求在污水换热系统设计前，应对项目所用污水的水质、水温及水量进行测定；其次污水换热系统形式设计应满足长期、节能、安全运行的要求，并应设置保证循环水流速恒定的一些自控阀门和仪表。另外，污水换热系统中要设置必要的防阻设备，设备应尽量具备自清洁功能，是实现系统正常运行，保证节能效果的必要条件。

地源热泵地表水换热系统勘察应包括下列内容：

（1）地表水水源性质、水面用途、深度、面积及其分布。

（2）不同深度的地表水水温、水位动态变化。

（3）地表水流速和流量动态变化。

（4）地表水水质及其动态变化。

（5）地表水利用现状。

（6）地表水取水和回水的适宜地点及路线。

地表水换热盘管管材及管件应符合设计要求，且具有质量检验报告和生产厂的合格证。换热盘管宜按照标准长度由厂家做成所需的预制件，且不应有扭曲。换热盘管任何扭曲部分均应切除，未受损部分熔接后须经压力测试合格后才可使用。换热盘管存放时，不得在阳光下曝晒。

【实施与检查】

1. 实施

地源热泵地表水换热系统所用的材料、设备、半成品的外观、包装应完整无破损，符合设计要求和国家现行有关标准规定。管道敷设及其连接方法应符合设计要求和国家现行标准、产品使用说明书规定。检查井砌筑应符合设计要求和国家现行有关标准的规定。供、回水管进入地表水源处应设明显标志。过滤器、换热器的附属设备的混凝土基础应满足设计要求。防冻剂和防腐剂的特性及浓度应符合设计要求。污水专用换热器采用的管材应耐腐蚀并设置有清洗装置。

1）过滤器、中间换热器、闭式地表水换热器应满足下列规定：

（1）过滤器、中间换热器外表应无损伤，密封良好，随机文件和配件应齐全。

（2）过滤器过滤精度应符合设计要求，验收时可根据全自动过滤器参数要求进行水质抽检试验。试验结果应控制在设计要求±5％为合格。

（3）过滤器、中间换热器安装、试验、运转及验收还应符合现行国家标准《工业水和冷却水净化处理滤网式全自动过滤器》HG/T 3730—2004 和《热交换器》GB/T 151—2014 有关规定要求。

2）海水源热泵系统的取水管网和设备涂刷防腐保护层时，应满足下列规定：

（1）采用的涂料应能与阴极保护配套，具有较好的抗阴极剥离能力和耐碱性能。

（2）其他应按《滩海石油工程外防腐蚀技术规范》SY/T 4091—2016执行。

3）当采用电化学防腐保护层时，应满足下列规定：

（1）钢、铸铁、铜合金、不锈钢等组成的设备、部件和管道，保护电位范围应达—0.85～—1.05V（相对于铜/饱和硫酸铜参比电极）。

（2）铁与钢、铸铁、铜合金等组成的设备，铁表面保护电位不得小于—0.80V。

（3）电化学防腐保护层尚应符合现行国家标准《滨海电厂海水冷却水系统牺牲阳极阴极保护》GB/T 16166—2013的规定。

4）地源热泵闭式地表水换热系统水压试验应符合下列规定：

（1）试验压力。当工作压力小于等于1.0MPa时，应为工作压力的1.5倍，且不应小于0.6MPa；当工作压力大于1.0MPa时，应为工作压力加0.5MPa。

（2）水压试验步骤。换热盘管组装完成后，应做第一次水压试验，在试验压力下，稳压至少15min，稳压后压力降不应大于3%，且无泄漏现象；换热盘管与环路集管装配完成后，应进行第二次水压试验，在试验压力下，稳压至少30min，稳压后压力降不应大于3%，且无泄漏现象；环路集管与机房分集水器连接完成后，应进行第三次水压试验，在试验压力下，稳压至少12h，稳压后压力降不应大于3%。

开式地表水换热系统水压试验应符合现行国家标准《通风与空调工程施工质量验收规范》GB 50243—2016的相关规定。

2. 检查

1）检查方法

观察检查，并与图纸核对；核查相关资料、文件、验收记录及检测报告。

2）检查数量

对换热系统进行全数检查。

3）检查内容

地源热泵地表水换热系统的施工应检查以下内容：

（1）地表水面的用途、地方水利法规、潜在生态环境影响的评估报告。

（2）地表水的平均深度和地表水面积，供回水管和冷热源处水体的深度、水温、水位的测量数据。

（3）水体的置换速度，水体对制冷与制热的最大负荷的供给能力。

（4）季节性水位、水温、水质变化对换热系统的影响。

（5）地表水水质分析及采取的水质处理措施。

（6）管材、管件等材料的型号、规格及材质应符合设计要求和相关标准的规定，质量证明文件齐全，符合相关标准规定和设计要求。

（7）换热器的长度、布置方式及管沟的设置应符合设计要求。

（8）各环路流量应平衡，且应满足设计要求，循环水流量及进出水温差应符合设计要求。

（9）过滤器、中间换热器、闭式地表水换热器的规格、性能参数等必须符合设计要求。

（10）换热系统水压试验符合相关标准规定和设计要求。

14.2.7 地源热泵换热系统交付使用前的整体运转、调试应符合设计要求。

检验方法：按现行国家标准《地源热泵系统工程技术规范》GB 50366 的相关要求进行整体运转、调试。检查系统试运行与调试记录。

检查数量：全数检查。

14.2.7【示例或专题】

【技术要点说明】

地源热泵换热系统工程安装完工后，为了使地源热泵换热系统达到正常运行和节能的预期目标，规定必须在供热（供冷）期与冷热源设备连接进行系统联合试运转和调试。进行系统联合试运转和调试，是对地源热泵换热系统功能完备性的检验，其结果应满足或优于设计要求。由于系统联合试运转和调试受到竣工时间、冷热源条件、室内外环境、建筑结构特性、系统设置、设备质量、运行状态、工程质量、调试人员技术水平和调试仪器等诸多条件的影响和制约，又是一项季节性、时间性、技术性较强的工作，所以很难不折不扣地执行；但是，由于它非常重要，会直接影响到地源热泵系统能否正常运行、能否达到节能目标，所以又是一项必须完成好的工程施工任务。

若地源热泵换热系统工程竣工不在供热（供冷）期或虽在供热（供冷）期却还不具备调试条件时，应对地源热泵换热系统进行水压试验，水压试验应符合设计要求。但进行水压试验，并不代表系统能达到设计要求。因此，施工单位和建设单位应在工程（保修）合同中进行约定，在具备调试条件后立即补做联合试运转及调试。补做的联合试运转及调试报告应经监理工程师（建设单位代表）签字确认后，以补充完善验收资料。

【实施与检查】

1. 实施

地源热泵换热系统联合试运转及调试是确保整个地源热泵系统工程质量的最后一个环节，也是检验系统技术状态、保证系统可靠运行的关键步骤。在联合试运转与调试之前，需对工程的调试成员、调试步骤、调试时间和调试关键技术进行精心的策划。

联合试运转及调试过程应由施工单位牵头，供货单位、监理单位共同参与。地源热泵系统联合试运转与调试应符合下列规定：

（1）联合试运转与调试前应制定具体运转与调试方案，并报送专业监理工程师及业主项目部专业工程师审核批准。

（2）水源热泵机组试运转前应进行水系统及风系统平衡调试，确定系统循环总流量、各分支流量及各末端设备流量均达到设计要求。

（3）水力平衡调试完成后，应进行水源热泵机组的试运转，并填写运转记录，运行数据应达到设备技术要求。

（4）水源热泵机组试运转正常后，应进行连续 24h 的系统试运转，并填写运转记录。

（5）地源热泵系统调试应分冬、夏两季进行，且调试结果应达到设计要求。调试完成后施工单位应编写调试报告及运行操作规程，并提交业主项目部确认后存档。

2. 检查

1）检查方法

核查检查系统试运行与调试记录，并与相关工程技术图纸及资料核对。

2）检查数量

对换热系统进行全数检查。

3）检查内容

检查施工单位联合试运转及调试方案，观察调试情况，并查看地源热泵系统试运转和调试记录。调试报告应包括调试前的准备记录、水力平衡、机组及系统试运转的全部测试数据。

地源热泵系统试运转和调试应包括以下内容：

（1）系统的压力、温度、流量等各项技术数据应符合有关技术文件的规定。

（2）系统连续运行应达到正常平稳；水泵的压力和水泵电机的电流不应出现大幅波动。

（3）各种自动计量检测元件和执行机构的工作应正常，满足建筑设备自动化系统对被测定参数进行监测和控制的要求。

（4）控制和检测设备应能与系统的检测元件和执行机构正常沟通，系统的状态参数应能正确显示，设备连锁、自动调节、自动保护应能正确动作。

14.2.8 地源热泵系统整体验收前，应进行冬、夏两季运行测试，并对地源热泵系统的实测性能作出评价。

　　检验方法：检查评价报告。

　　检查数量：全数检查。

14.2.8【示例或专题】

【技术要点说明】

目前，地源热泵系统的整体应用效果并不理想，部分项目还不能满足现行国家标准中能效标准的要求。系统运行不标准、管理不科学是造成系统能耗高的主要原因之一。因此本条强调地源热泵系统测试的重要性，通过对系统的运行测试，及时发现系统运行和管理中所存在的问题。

地源热泵系统制冷、制热能效比，是反映地源热泵系统整体性能的重要指标。若地源热泵系统整体能效比过低，可能还不如常规能源系统节能，因此十分有必要做出相应规定。

地源热泵系统包含地埋管、地下水、地表水、污水等不同的热源形式，不同热源形式的地源热泵能效优于热源品质的不同而有一定的差别，但工程所在气候区域、资源条件、工程规模等因素也会影响系统的整体性能。但无论选择何种热源形式，其系统性能应优于常规空调系统。

【实施与检查】

1. 实施

可参照现行国家标准《可再生能源建筑应用工程评价标准》GB/T 50801—2013 中地

源热泵系统测试、评价进行，主要有以下几个方面：

1）当地源热泵系统的热源形式相同且系统装机容量偏差在 10% 以内时，应视为同一类型地源热泵系统。同一类型地源热泵系统测试数量应为该类型系统总数量的 5%，且不得少于 1 套。

2）地源热泵系统测试包括以下内容：

（1）室内温湿度。

（2）热泵机组制热性能系数（COP）、制冷能效比（EER）。

（3）热泵系统制热性能系数（COP_{sys}）、制冷能效比（EER_{sys}）。

3）地源热泵系统的测试分为长期测试和短期测试，长期测试应符合下列规定：

（1）对于已安装测试系统的地源热泵系统，其系统性能测试宜采用长期测试。

（2）对于供暖和空调工况，应分别进行测试，长期测试的周期与供暖季或空调季应同步。

（3）长期测试前应对测试系统主要传感器的准确度进行校核和确认。

4）短期测试应符合下列规定：

（1）对于未安装测试系统的地源热泵系统，其系统性能测试宜采用短期测试。

（2）短期测试应在系统开始供冷（供热）15d 以后进行测试，测试时间不应小于 4d。

（3）系统性能测试宜在系统负荷率达到 60% 以上进行。

（4）热泵机组的性能测试宜在机组的负荷达到机组额定值的 80% 以上进行。

（5）室内温湿度的测试应在建筑物达到热稳定后进行，测试期间的室外温度测试应与室内温湿度的测试同时进行。

（6）短期测试应以 24h 为周期，每个测试周期具体测试时间应根据热泵系统运行时间确定，但每个测试周期测试时间不宜低于 8h。

5）地源热泵系统的评价指标及其要求应符合下列规定：

（1）地源热泵系统制冷能效比、制热性能系数应符合设计文件的规定，当设计文件无明确规定时，地源热泵系统制冷能效比 $EER_{sys} \geqslant 3.0$、系统制热性能系数 $COP_{sys} \geqslant 2.6$。

（2）热泵机组的实测制冷能效比、制热性能系数应符合设计文件的规定，当设计文件无明确规定时应在评价报告中给出。

（3）室内温湿度应符合设计文件的规定，当设计文件无明确规定时应符合国家现行相关标准的规定。

（4）地源热泵系统常规能源替代量、二氧化碳减排量、二氧化硫减排量、粉尘减排量应符合项目立项可行性报告等相关文件的要求，当无文件明确规定时，应在评价报告中给出。

（5）地源热泵系统的静态投资回收期应符合项目立项可行性报告等相关文件的要求，当无文件明确规定时，地源热泵系统的静态回收期不应大于 10 年。

2. 检查

1）检查方法

核查检查系统评价报告，并与相关工程技术图纸及资料核对。

2）检查数量

对评价报告进行全数检查。

3）检查内容

检查地源热泵系统评价报告以下内容是否满足现行国家标准和设计要求：

（1）测试内容是否齐全。

（2）测试方法是否准确。

（3）各项评价指标计算是否正确。

（4）评价判定和分级是否符合评价标准规定。

14.3 一般项目

14.3.1 地埋管换热系统在安装前后均应对管路进行冲洗，并应符合下列规定：

    1 竖直埋管插入钻孔后，应进行管道冲洗；

    2 环路水平地埋管连接完成，在与分、集水器连接之前，应进行管道二次冲洗；

    3 环路水平管道与分、集水器连接完成后，地源热泵换热系统应进行第三次管道冲洗。

    检验方法：观察检查；核查管道冲洗记录等相关资料。

    检查数量：全数检查。

14.3.1【示例或专题】

【技术要点说明】

系统冲洗是保证地埋管换热系统可靠运行的必须步骤，如地埋管换热器管内含有泥沙或其他性质的污物，在随水循环过程中，极易堵塞在地埋管换热器内，使循环水量减少而导致地热能换热量不够，系统运行效果下降，严重堵塞时会导致地埋管换热器大面积报废和机组不能开机运行等后果。因此，在地埋管换热器安装前，地埋管换热器与环路集管装配完成后及地埋管换热系统全部安装完成后均应对管道系统进行冲洗。

【实施与检查】

1. 实施

地埋管换热系统管路应采用清水冲洗，冲洗时宜采用最大设计流量，系统内冲洗介质流速不得低于 1.5m/s，冲洗排放水应引入可靠的排水井或排水沟中。

地埋管换热系统内所有管道应全部冲洗，在不同的施工阶段共计进行三次。地埋管换热系统水冲洗应连续进行，水冲洗的质量应符合设计要求，当设计未规定时，水冲洗的质量可用目测检查，以冲洗口的水色和透明度与入口一致时为合格。地埋管换热系统经水冲洗后暂不运行时，应用压缩空气将管道内的水吹扫干净。

2. 检查

（1）检查方法

观察检查冲洗口出水质量；检查管道清洗检验记录。

（2）检查数量

对地埋管换热系统全数检查。

（3）检查内容

观察检查冲洗口出水透明度是否与入口一致。管道冲洗检验记录应重点检查：管道类别、清洗部位、工作介质、试验时间、管道冲洗方法、冲洗标准、标准依据、冲洗结果、试验情况及冲洗检查意见等资料。

> **14.3.2** 地源热泵换热系统热源水井均应具备连续抽水和回灌的功能。
> 　　检验方法：观察检查；核查相关资料、文件。
> 　　检查数量：全数检查。

14.3.2【示例或专题】

【技术要点说明】

地源热泵换热系统热源井可靠的抽水和回灌功能是地源热泵系统正常运行的基础。

热源井可靠回灌措施是指将地下水通过回灌井全部送回原来的取水层的措施，要求从哪层取水必须再灌回哪层，回灌井要具有持续回灌能力，并且不得对地下水资源造成浪费及污染，有效保护地热能资源。

地源热泵换热系统热源井抽水井与回灌井应能相互转换，有利于开采、洗井、岩土体和含水层的热平衡。抽水、回灌过程中应采取密闭等措施，不得对地下水造成污染。系统投入运行后，应对抽水量、回灌量及其水质进行定期监测。

热源井只能用于置换地下冷量或热量，不得用于取水等其他用途。

【实施与检查】

1. 实施

抽水井和回灌井应采用相同的管井结构，管井设置相应的抽水管、回灌管，并配置相应的阀门等附件（图14-1）。井室回灌管上设电动阀，并设置液位传感器，当液面位置高于井室地面以上250mm时，关闭电动阀门，以防止井室被淹没。当潜水泵采用双位控制时，应加设止回阀，以免停泵时水倒空，氧气进入系统腐蚀设备。回灌管应延伸至抽水液面以下不小于1m，施工完成后及时做记录。

热源井进行抽水试验和回灌试验，抽水试验应稳定延续12h，出水量不应小于设计出水量，降深不应大于5m；回灌试验应稳定延续36h以上，回灌量应大于设计回灌量。

2. 检查

1）检查方法

观察检查抽水井和回灌井能否互换；检查抽水井与回灌井相关资料、文件。

2）检查数量

对抽水井与回灌井进行全数检查。

3）检查内容

检查地源热泵换热系统热源水井的连续抽水和回灌的功能主要有以下几个方面：

（1）抽水井与回灌井是否可互换运行。

（2）热源井抽水试验和回灌试验记录是否符合规范和设计要求。

（3）抽水井与回灌井相关资料、文件是否符合设计。

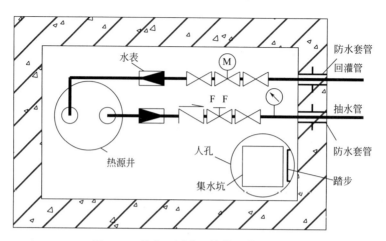

图 14-1　抽水、回灌互换热源井示意图

第15章　太阳能光热系统节能工程

【概述】本章为新增内容，对太阳能光热系统的集热设备、贮热设备、循环设备、供水设备、辅助热源、保温等节能工程施工质量的验收做出了规定，共有3节15条，有2条为强制性条文。其中，第15.1节为一般规定，主要对本章的适用范围、验收程序和检验批划分进行了规定。第15.2节为主控项目，主要对太阳能光热系统节能工程的管材、设备、阀门、仪表等产品应进场验收和集热设备、保温材料进场复验提出了要求，对太阳能光热系统节能工程的设备、管道保温和防潮、阀门及仪表、辅助加热设备的安装与检验提出了要求，并对建筑增设或改造太阳能光热系统做出了规定。第15.3节为一般项目，对太阳能光热系统的过滤器、热水循环管以及太阳能建筑一体化的安装做了规定。

太阳能光热系统是最为常见的太阳能利用形式之一，随着绿色建筑、可再生能源建筑应用的发展，建筑安装太阳能光热系统的数量不断增多，为保证建筑太阳能光热系统的安装应用符合设计要求，必须对系统的安装、设备材料性能验收检查。

集热设备是太阳能光热系统的重要组成部分，直接影响着系统的太阳能利用效率，市场上集热设备厂家众多，产品质量参差不齐；另外，太阳能光热系统的热水温度较高，与管外温差加大，若保温材料达不到要求，将产生较大的热量散失，浪费能源。因此，为保证集热设备和保温材料的性能，第15.2.2条对这些设备材料进场复验进行了强制性规定。

辅助能源加热设备为电加热器时，有人身安全问题。因此，第15.2.6条对接地保护和防漏电、防干烧保护装置等的要求进行了强制性规定。

15.1　一般规定

15.1.1　本章适用于太阳能光热系统中生活热水、供暖和空调节能工程施工质量验收。

【技术要点说明】

本章所述内容，是指包括太阳能生活热水、太阳能供暖、太阳能光热转换制冷系统。本条根据目前太阳能光热系统的应用现状，对本章的适用范围做出了规定。从节能的角度出发，对太阳能光热系统中与节能有关的项目的施工质量进行验收，称之为太阳能光热系统节能工程施工质量验收。

太阳能光热系统包括集热设备、贮热设备、循环设备、供水设备、辅助热源、控制系统、管道、阀门、仪表、保温等，太阳能光热系统节能工程施工质量验收的主要内容包括：设计要求、设备和材料进场验收及其安装、水压试验、系统调试记录等。

目前，我国常见的太阳能光热应用形式主要有太阳能生活热水、太阳能供暖和太阳能空调。太阳能生活热水系统是目前太阳能热利用最成熟和经济性最好的方式，系统一般由集热器、贮热水箱、循环水泵、管道、控制系统及相关附件组成，太阳能集热器是利用温室原理，将太阳的能量转变为热能，并向水传递热量，从而获得生活热水的一种装置。太阳能供暖系统是指以太阳能作为供暖系统的热源，利用太阳能集热器等手段将太阳能转换成热能，供给建筑物冬季供暖和全年其他用热的系统。采用太阳能进行供暖的建筑称为"太阳房"，按照供暖系统形式，太阳房分为被动式太阳房、主动式太阳房以及与热泵相结合的系统形式。被动式太阳房通过建筑的朝向和周围环境的合理布置，内部空间和外部形体的巧妙处理，以及建筑材料和结构构造的恰当选择，使建筑物在冬季能充分收集、存储和分配太阳辐射热。主动式太阳房主要由太阳能集热系统、蓄热系统、末端供热供暖系统、自动控制系统和其他能源辅助加热、换热设备集合构成，相比于被动式太阳能供暖，其供热工况更加稳定，但同时投资费用也增大，系统更加复杂。随着经济和社会的发展，主动式太阳能供暖开始大规模应用。太阳能热泵系统是利用集热器进行太阳能低温集热（10~20℃），然后用热泵将热媒升温，达到供暖所必须的温度（30~50℃），该种系统可以有效利用低温热源，减少集热面积。太阳能光热转换制冷是利用太阳集热器为吸收式制冷机提供其发生器所需要的热媒水，由吸收式制冷机组产生空调用的冷水。

2005年后，随着我国对可再生能源应用与节能减排工作的不断加强，国家先后出台《可再生能源法》《节约能源法》《可再生能源中长期发展规划》《建设部、财政部关于推进可再生能源在建筑中应用的实施意见》等相关文件。自2006年起，各省市也陆续出台了《新能源发展规划》《可再生能源建筑应用发展规划》《可再生能源建筑应用实施方案》《民用建筑节能管理条例（办法）》等相关指导性文件，对太阳能光热的应用目标、系统建设和运行管理以及产业发展都做出了相应规定和指导。在我国的未来发展中，太阳能光热系统作为可再生能源建筑应用的重要组成部分必然会得到更多的政策倾斜，作为建筑节能产业升级的重要组成部分在建筑节能领域发挥更大的作用。

15.1.2 太阳能光热系统节能工程施工中及时进行质量检查，应对隐蔽部位在隐蔽前进行验收，并应有详细的文字记录和必要的图像资料，施工完成后应进行太阳能光热系统节能分项工程验收。

【技术要点说明】

太阳能光热系统工程中与节能有关的隐蔽部位位置特殊，一旦出现质量问题后不易发现和修复。因此，应随施工进度对其及时进行验收，隐蔽工程施工完成后，应由施工单位专业工长、专业质检员及项目专业技术（质量）负责人会同监理工程师（或建设单位专业技术负责人）及时对工程质量进行检查，检查隐蔽工程是否满足设计及规范要求，符合要求形成隐蔽工程验收记录后，方可进行下一工序。

太阳能光热系统工程中主要的隐蔽部位检查内容有：热水管道及附属设备、阀门及绝热等。

太阳能光热系统节能工程为可再生能源节能工程的分项工程，施工完成后，进行分项工程验收，并形成记录。

> **15.1.3** 太阳能光热系统节能工程的验收，可按本标准第3.4.1条进行检验批划分，也可按照系统形式、楼层，由施工单位与监理单位协商确定。

【技术要点说明】

太阳能光热系统节能工程的验收，应根据工程的实际情况，结合本专业特点进行验收，一般情况下，可按第3.4.1条的规定划分检验批。若工程较大、系统形式较多，也可按系统形式、楼层进行检验批划分，其验收项目、验收内容、验收标准和验收记录均应符合本标准的规定。

按照本标准，太阳能光热系统节能工程的主要验收内容包括：太阳能集热器、贮热设备、控制系统、管路系统、调试等。

太阳能光热系统按照供水方式的可分为分散式、集中分散式、集中式；太阳能光热系统是由集热、贮热、循环、供水、辅助能源、控制系统、附件组成；对于集中式和集中分散式，可按系统组成进行验收；对于系统大且层数多的工程，可以按几个楼层或分区进行检验分批验收。

15.2 主控项目

> **15.2.1** 太阳能光热系统节能工程所采用的管材、设备、阀门、仪表、保温材料等产品应进行进场验收，验收结果应经监理工程师检查认可，并应形成相应的验收记录。各种材料和设备的质量证明文件与相关技术资料应齐全，并应符合设计要求和国家现行有关标准的规定。
>
> 检验方法：观察、尺量检查；核查质量证明文件。
>
> 检查数量：全数检查。

【技术要点说明】

本条是参考《建筑给水排水及采暖工程施工质量验收规范》GB 50242—2002第3.2.1条的内容"建筑给水、排水及采暖工程所使用的主要材料、成品半成品、配件、器具和设备必须具有中文质量合格证明文件，规格、型号及性能检测报告应符合国家技术标准或设计要求。进场时应做检查验收，并经监理工程师核查确认"而编制的。突出强调了太阳能光热系统工程中与节能有关的管材、设备、阀门、仪表、保温材料等产品进场时，应按设计要求对其类型、材质、规格及外观等进行逐一核对验收。验收一般应由供货商、监理、施工单位的代表共同参加，并应经监理工程师（建设单位代表）检查认可，形成相应的验收记录。

工程现场对管材、设备、保温材料的验收，应重点检查下列项目：出厂合格证、检测报告、产品说明书等各种质量证明文件和技术资料；集热设备的规格、集热量、集热效率、集热器采光面积；辅助热源的额定制热量、功率；管材的外观、长度、颜色、不圆度、外径及壁厚、生产日期，与管材连接的管件等配件；水泵的检查报告；保温材料的厚度、等级；仪表、阀门的规格性能等是否满足相关规范和设计要求。

【实施与检查】

1. 实施

在材料、设备、半成品及加工订货进场后，由施工单位材料负责人组织施工单位内部自检，合格后向监理工程师进行申报，由监理工程师组织建设单位专业负责人，施工单位技术、质量、材料负责人共同对进场材料、设备进行进场验收。材料、设备进场验收合格后，应形成《材料、构配件进场检验记录》《设备开箱检验记录》等验收资料。

按规定须进场复验的设备和材料，外观检验合格后，由项目负责人组织，按标准规定对设备和材料进行取样，送检验部门检验。同时，做好监理参加的见证取样工作，设备和材料复试合格后方可使用。项目负责人对设备和材料的抽样复验工作进行检查监督。

在材料、设备的检验工作完成后，相关资料（质量证明文件、检测报告等）由施工单位专业负责人收集齐全后，及时整理归档。

设备和材料进场检验时严格按有关验收规范执行，自检及监理检验合格后方可使用。没有验收合格的设备、材料不得在工程上使用，否则追究当事人责任。施工单位专业负责人及现场指点收货人员做好材料的品种、数量清点，进货检验后要全部入库，及时点验。

2. 检查

1）检查方法

对实物现场验收，观察、量测检查其外观质量；对产品出厂合格证、出厂检测报告、中文说明书及相关性能检测报告等质量证明文件与实物一一核对。

按规定须进场复验的设备和材料，外观检验合格后，按标准规定对设备和材料进行取样，送检验部门检验。

2）检查数量

对进场的材料和设备应全数检查。

3）检查内容

太阳能光热系统节能工程所采用的管材、设备、阀门、仪表、保温材料等进场检查主要包括以下内容：

（1）产品的质量证明文件和检测报告是否齐全。

（2）实际进场物资数量、规格、型号是否满足设计和施工要求。

（3）物资的外观质量是否满足设计和规范要求。

（4）按规定须抽检的材料、构配件是否及时抽检等。

其中集热设备的集热量、集热效率、集热器采光面积、贮热水箱、阀门、仪表、管材、保温材料等产品的规格、热工性能是太阳能光热系统节能工程中的主要技术参数，应作为材料、设备进场检查重点。

15.2.2　太阳能光热系统节能工程采用的集热设备、保温材料进场时，应对其下列性能进行复验，复验应为见证取样检验：

　　1　集热设备的热性能；

　　2　保温材料的导热系数或热阻、密度、吸水率。

　　检验方法：现场随机抽样检验；核查复验报告。

　　检查数量：同厂家、同类型的太阳能集热器或太阳能热水器数量在200台及以下时，抽检1台（套）；200台以上抽检2台（套）。同工程项目、同施工单位且同期施工的多个单位工程可合并计算。当符合本标准第3.2.3条规定时，检验批容量可以扩大一倍。同厂家、同材质的保温材料复验次数不得少于2次。

15.2.2【示例或专题】

【技术要点说明】

本条为强制性条文，对太阳能光热系统的集热设备、保温材料的进场复验进行了强制性规定。

太阳能集热设备的热性能、保温材料的导热系数或热阻、密度、吸水率等技术参数，是太阳能光热系统节能工程的重要性能参数，这些参数是否符合设计要求，将直接影响太阳能系统的运行及节能效果。因此，为保证进场的集热设备和保温材料满足要求，本条规定在集热设备和保温材料进场时，应对集热设备的热性能，保温材料的导热系数或热阻、密度、吸水率进行复验。

太阳能光热系统节能工程集热设备及其对应的标准如下：

（1）平板型太阳能集热器的热性能应符合现行国家标准《平板型太阳能集热器》GB/T 6424—2021的要求；真空管型太阳能集热器的热性能应符合现行国家标准《真空管型太阳能集热器》GB/T 17581—2021的要求。

（2）家用太阳能热水系统的热性能应符合现行国家标准《家用太阳能热水系统技术条件》GB/T 19141—2011的要求，其能效等级应符合现行国家标准《家用太阳能热水系统能效等级及能效限定值》GB 26969—2011的要求。

（3）集热设备采用全玻璃真空太阳集热管时，应根据太阳能集热器或太阳能热水器的抽检数量同时检验，全玻璃真空太阳集热管的空晒性能参数、闷晒太阳辐照量、平均热损因数应符合现行国家标准《全玻璃真空太阳集热管》GB/T 17049—2005的要求。

保温材料的作用是减少太阳能光热系统集热器向周围环境的散热，以提高集热器的热效率。要求保温层材料的保温性能良好，热导率小，不吸水。

【实施与检查】

1. 实施

复验应采取见证取样送检的方式。在集热设备、保温材料进场后，在监理工程师或建设单位代表见证下，按照有关规定从施工现场随机抽取试样，送至有检测资质的第三方检测机构进行检测，同时，做好取样见证记录，并归档。有资质的第三方检验机构应出具相应的复验检测报告。

检测应符合现行国家标准《太阳能集热器性能试验方法》GB/T 4271—2021 的规定。

2. 检查

（1）检查方法

复验应采取见证取样送检的方式，必须是现场随机抽取试样送检；核查复验检测报告，以有无检测报告以及检测报告的结果是否符合相关规范或设计要求作为判定依据。

（2）检查数量

同厂家、同类型的太阳能集热器或太阳能热水器数量在 200 台及以下时，抽检 1 台（套）；200 台以上抽检 2 台（套）。同工程项目、同施工单位且同期施工的多个单位工程可合并计算。当获得建筑节能产品认证、具有节能标识或连续三次见证取样检验均一次检验合格时，检验批容量可以扩大一倍。

同厂家、同材质的保温材料复验次数不得少于 2 次。

（3）检查内容

太阳能光热系统节能工程采用的集热设备、保温材料复验应检查检测报告中检测样品是否与现场见证取样一致；样品描述是否与实物相符合；检测项目是否齐全，检测结论是否合格。

其中集热设备检测其热性能，包括瞬时效率、时间常数和入射角修正系数；保温材料检测其导热系数或热阻、密度、吸水率。

15.2.3 太阳能光热系统的安装应符合下列规定：

1 太阳能光热系统的形式应符合设计要求。

2 集热器、吸收式制冷机组、吸收式热泵机组、吸附式制冷机组、换热装置、贮热设备、水泵、阀门、过滤器、温度计及传感器等设备设施仪表应按设计要求安装齐全，不得随意增减和更换。

3 各类设备、阀门及仪表的安装位置、方向应正确，并便于读取数据、操作、调试和维护。

4 供回水（或高温导热介质）管道的敷设坡度应符合设计要求。

5 集热系统所有设备的基座与建筑主体结构的连接应牢固。

6 太阳能光热系统的管道安装完成后应进行水压试验，并应合格。

7 聚焦型太阳能光热系统的高温部分（导热介质系统管道及附件）安装完成后，应进行压力试验和管道吹扫。

检验方法：观察检查，核查相关技术资料。

检查数量：全数检查。

15.2.3【示例或专题】

【技术要点说明】

太阳能光热系统的形式，是经过设计人员周密考虑而设计的。如果在施工过程中擅自改变系统的设计形式，就有可能影响太阳能光热系统的正常运行和节能效果。因此，要求施工单位必须按照设计的太阳能光热系统形式进行施工。

太阳能集热系统按集热器工质的循环特点，可分为自然（被动）循环集热系统、强制

（主动）循环集热系统和直流式集热系统。

　　自然循环集热系统（图15-1）：自来水通过上水管进入补给水箱，再经由补给水箱进入蓄水箱。集热器内的水被加热后通过上循环管进入蓄水箱的上部，蓄水箱下部密度较大的冷水自动通过下循环管进入集热器的下部形成循环，上述循环是连续进行的。一般情况下，经过一天的日照，贮热水箱的水能全部被加热，供给用户使用。

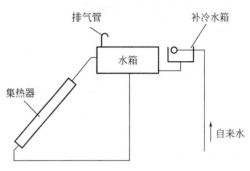

图15-1　自然循环太阳能热水系统示意图

　　强制循环集热系统（图15-2）：它是利用温差控制器来控制水泵的开关，当集热器顶部的温度和水箱下部水温之差达到预定数值时，水泵开始运行，否则水泵关闭。逆止阀的作用是防止水倒流。排气管的作用和自然循环系统的排气管作用一样。强迫循环系统的技术要求是：水箱安装位置无须高于集热器，可根据需要安放在任何地方。该系统的运行可靠性主要取决于控制器和水泵的可靠性，因此应选择高质量的产品。这种循环系统需要消耗少量的电能。

　　直流式集热系统（图15-3）：当集热器上部的电接点温度计达到预定的温度（如45℃）时，控制器就启动电磁阀，自来水就将集热器内的热水顶入水箱。当集热器上部的温度低于预定的温度时，电磁阀关闭。通过一天的间断运行，进入水箱的水均为45℃左右的热水。直流式集热系统的技术要求是：水箱的位置可根据需要安放在任何地方；系统运行的可靠性主要取决于电接点温度计、控制器及电磁阀的可靠性；水箱应有足够的富余量，否则，当日照好的时候，因水箱容量不够而造成热水外溢。

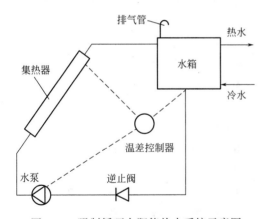

图15-2　强制循环太阳能热水系统示意图

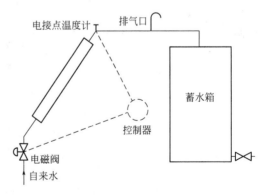

图15-3　直流式太阳能热水系统示意图

　　太阳能光热系统选用的集热器、吸收式制冷机组、吸收式热泵机组、吸附式制冷机组、换热装置、贮热设备、水泵、阀门、过滤器、温度计及传感器等设备设施仪表，能根据设计要求的类型、规格等全部安装到位，是实现太阳能光热系统正常运行的必要条件。因此，要求在进行太阳能光热系统节能工程施工时，必须根据施工图设计要求进行，未经设计同意，不得随意增减和更换有关的设备、设施、仪表等。

　　太阳能光热系统的各类设备、阀门及仪表的安装位置和方向关系到系统能否正常地运行，应符合设计要求，同时这些装置应便于观察、操作和调试。在实际工程中，这些部件经常被遮挡或安装方向不正确，不能起到有效的调节作用；

由于热水温度较高，在管道流动过程中容易产生蒸汽。管道敷设设计时，要考虑管道的排气，因此，供回水（或高温导热介质）管道的敷设坡度应符合设计要求，不得擅自更改设计进行施工，否则将影响热水循环。

集热系统所有设备的基座与建筑主体结构的连接应牢固，否则将影响集热系统的运行安全。基座是关键部位，应与建筑主体结构连接牢固。尤其是在既有建筑上增设的基座，由于不是与原建筑工程同时施工，更需采取技术措施，与主体结构可靠连接。

按照现行国家标准《建筑给排水及采暖工程施工质量验收规范》GB 50242—2002 的要求，各种承压管道系统均应做水压试验，在水压试验合格且得到现场监理人员认可的合格签证后，方可进行防腐及保温施工。

聚焦型太阳能光热系统的高温部分（导热介质系统管道及附件）属承压设备，安装完成后，按要求需进行压力试验。为减少施工粉尘等垃圾影响运行效果，需对管道进行吹扫。

【实施与检查】

1. 实施

1）系统形式

施工单位按图纸进行施工，监理单位对图纸进行监督检查，要求太阳能光热系统安装的系统形式、设备设施仪表的数量及型号均符合设计要求。常见的太阳能光热系统形式见表 15-1。

常见的太阳能光热系统形式　　　　　　　　　　表 15-1

系统选择		建筑物类型	居住建筑					公共建筑	
			低层	多层	高层	养老院	学生宿舍	宾馆医院	游泳池
太阳能热水系统类型	集热与供热水范围	集中供热水系统	●	●	●	●	●	●	●
		集中—分散供热水系统	●	●	●	—	—	—	—
		分散供热水系统	●	—	—	●	—	—	—
	集热循环系统运行方式	自然循环系统	●	●	—	●	—	—	—
		强制循环系统	●	●	●	●	●	●	●
		直流式系统	●	●	●	●	●	—	●
	集热器内传热工质	直接系统	●	●	●	●	●	●	●
		间接系统	●	●	●	●	●	●	●
	辅助加热能源	空气源热泵	●	●	●	●	●	●	●
		燃气	●	●	●	●	●	●	●
		电加热	●	●	●	—	—	—	—
	辅助能源启动方式	全日自动启动系统	●	●	●	●	●	●	—
		定时自动启动系统	●	●	●	●	—	—	●
		按需手动启动系统	●	—	—	●	●	—	●

2）设备阀门仪表

各类设备、阀门、仪表安装时，注意安装方向，避免出现方向装反影响系统使用。同时注意各类设备设施安装后的操作、维护保养是否具有空间，是否会影响阀门的操作，仪表读数是否方便。

3）管道敷设

（1）热水管道有明敷设和暗敷设两种敷设方式。明敷即热水管道沿着建筑物的墙、梁、板、柱进行布置、安装；暗敷有直埋敷设和非直埋敷设，直埋敷设是将管子直接埋设在建筑物的墙、楼板的垫平层内，非直埋敷设是将管子敷设在地下室、地沟、技术设备层、管廊、管窿、闷顶内。

采用哪种敷设方式要视建筑物的性质、规模、等级和施工的可行性等综合而定。

（2）热水系统要采取切实可行的排气泄水措施。上行下给式系统配水干管的最高点应加设排气装置，最低点加设泄水装置；下行上给式系统设有循环管道时，其回水立管可在最高配水点以下约 0.5m 处与配水立管连接。

（3）热水管道系统，应有补偿管道热胀冷缩的措施。

（4）热水横管的敷设坡度不宜小于 0.003，坡向有利于排气泄水。

（5）热水管道穿越基础、有地下室的建筑物外墙时，应加设柔性防水套管，穿越楼板和屋面时均应加设刚性防水套管。

（6）塑料热水管宜暗设，明设时管道宜布置在不受撞击处，如不能避免，应在管外采取保护措施。

（7）机房、设备间内的管道不应采用塑料热水管。

（8）当需计量热水总用水量时，可在水加热设备的冷水供水管上装冷水表，对成组和个别用水点可在专供支管上装设热水水表。有集中供应热水的住宅应装设热水水表。

4）基础与主体结构连接

（1）在屋面结构层上现场施工的基座，应与建筑主体结构连接牢固；基座的表面要平整并符合安装要求。

（2）在屋面结构层上现场施工的基座完工后，基座节点应注意防水处理，做好防水附加层，并应符合现行国家标准《屋面工程质量验收规范》GB 50207—2012 的要求。

（3）预埋件应在结构施工时埋入，预埋件的位置应准确。钢基座及混凝土基座顶面的预埋件，在太阳能热水系统安装前应涂防腐涂料或采取防腐措施，并妥善保护。

（4）基座施工应保证强度，基座与建筑主体结构应牢固连接，不得破坏屋面防水层，预制的集热器支架基座应摆放平稳、整齐。

（5）预埋件应在结构层施工时同步埋入，位置应准确，并与支撑固定点相对应，预埋件与基座之间的空隙应采用细石混凝土填捣密实。

（6）单跨跨度 2m 以上或高度 1m 以上的钢基座，应由有资质的单位施工。在集热器和集热器支架安装前，钢基座和混凝土基座顶面的预埋件应做防腐处理，并妥善保护。

（7）在屋面结构层上现场施工的基座完成后，应做防水处理，防水制作应符合《屋面工程质量验收规范》GB 50207—2012 的规定。基座完工，做好屋面的防水保温后，不应再在屋面上凿孔打洞。

（8）支架应按设计要求安装在主体结构上，位置准确，与主体结构固定牢靠。所有钢结构支架材料放置时，在不影响其承载力的情况下，应选择有利于排水的方式放置。当由于结构或其他原因造成不易排水时，应采取合理的排水防水措施，确保排水通畅。

（9）支承太阳能热水系统的钢结构支架和金属管路系统，应与建筑物防雷接地系统可靠连接。

（10）钢结构支架焊接完毕，应做防腐处理。防腐施工应符合现行国家标准《建筑防腐蚀工程施工规范》GB 50212—2014 和《建筑防腐蚀工程质量验收标准》GB 50224—2018 的要求。

（11）太阳能集热器支架安装在平屋面、坡屋面、阳台和墙面或其他建筑部位，应与建筑主体结构、承重基座或预埋件固定牢靠，位置准确，角度一致，做好防水、密封和排水构造。

（12）钢结构支架的焊接应符合现行国家标准《钢结构工程施工质量验收标准》GB 50205—2020 的规定，太阳能集热器支架与预埋件如采用焊接连接，焊接质量应符合现行行业标准《钢筋焊接及验收规程》JGJ 18—2012 的要求，如采用螺栓连接，其抗拉强度应满足设计要求。

5）水压试验

系统管道安装完成后，按《建筑给排水及采暖工程施工质量验收规范》GB 50242—2002 要求，进行水压试验，并做好水压试验记录。试验结果得到监理人员认可后，才可进行下一工序的施工。

水压试验的试验压力应符合设计要求。当设计未注明时，热水供应系统水压试验压力应为系统顶点的工作压力加 0.1MPa，同时在系统顶点的试验压力不小于 0.3MPa。钢管或复合管道系统试验压力下 10min 内压力降不大于 0.02MPa，然后降至工作压力检查，压力应不降，且不渗不漏；塑料管道系统在试验压力下稳压 1h，压力降不得超过0.05MPa，然后在工作压力 1.15 倍状态下稳压 2h，压力降不得超过 0.03MPa，连接处不渗不漏为合格。

太阳能光热系统中的非承压设备施工完成后应做满水试验，满水灌水检验方法为满水试验静置 24h，观察不漏不渗为合格。

聚焦型太阳能光热系统的高温部分完成压力试验后，需要进行吹扫，吹扫时应保证有足够的流量和压力，速度不低于工作流速，压力不得超过管道系统的设计压力。吹扫合格后，应由施工单位会同有关单位共同检查确认，并按规定形成《管道系统吹扫及清洗记录》。

2. 检查

1）检查方法

观察检查，核对现场各项施工内容是否符合相关规范及设计要求，核查相关技术资料；测量管道敷设坡度是否符合设计要求。

2）检查数量

进行全数检查。

3）检查内容

太阳能光热系统的安装主要检查以下内容：

（1）系统形式是否符合设计要求。

（2）各类设备设施仪表的数量、规格型号是否符合设计要求，安装质量是否符合相关规范及设计要求。

（3）各类设备、阀门、仪表的安装位置、方向是否正确，是否便于读取数据、操作、调试和维护。

（4）供回水管道、高温导热介质管道的敷设坡度是否符合设计要求。

（5）设备基座与建筑主体结构连接是否牢固，基座固定方式是否满足设计要求。

（6）检查系统水压试验、吹扫等试验记录是否满足相关规范及设计要求。

15.2.4　集热器设备安装应符合下列规定：

1　集热设备的规格、数量、安装方式、倾角及定位应符合设计要求。平板和真空管型集热器的安装倾角和定位允许误差不大于±3°；聚焦型光热系统太阳能收集装置在焦线或焦点上，焦线或焦点偏差不大于±2mm；

15.2.4【示例或专题】

2　集热设备、支架、基座三者之间的连接必须牢固，支架应采取抗风、抗震、防雷、防腐措施，并与建筑物接地系统可靠连接；

3　集热设备连接波纹管安装不得有凸起现象。

检验方法：观察检查。

检查数量：按本标准第3.4.3条的规定抽检，不少于5组。

【技术要点说明】

集热设备是太阳能光热系统的主要设备，其规格、数量、安装方式、倾角和定位均是通过设计人员计算确定的，安装时应符合设计要求，否则不能达到太阳能利用效率设计值，甚至影响系统的正常运行。平板和真空管型集热器的安装倾角和定位是根据各地的经纬度计算确定的，使集热器能够最大限度地吸收太阳能，其安装误差要求不大于±3°；聚焦型光热系统太阳能收集装置在焦线或焦点上能最大限度地收集太阳能，其焦线或焦点偏差要求不大于±2mm。

集热设备一般安装在屋顶上，裸露在室外，需采取抗风、抗震、防雷、防腐措施，并与建筑物接地系统可靠连接，设备安装必须牢固。抗风、抗震、防雷、防腐措施均是影响集热设备的安全条件，使设备具有抗击各种自然条件的能力，如果不能达到设计要求，会存在设备偏移、倾倒、雷电击毁伤人等安全隐患。

集热设备连接波纹管安装不得有凸起现象，避免出现空气柱，影响集热系统的水循环。

【实施与检查】

1. 实施

太阳能光热系统全年使用的，太阳能集热器安装倾角应等于当地纬度。如系统侧重在夏季使用，其安装倾角应等于当地纬度减10°；如系统侧重在冬季使用，其安装倾角应等于当地纬度加10°，安装倾角误差为±3°。当全玻璃真空管东西向放置的集热器安装倾角可适当减小。

除了太阳集热器安装倾角，还应注意集热器的安装朝向。一般情况下，集热器摆放面向正南或正南偏西5°，安装误差为±3°。对受条件限制，集热器不能朝南设置的建筑，集热器可朝南偏东、南偏西或朝东、朝西设置。当太阳能集热器设置在坡屋面上，集热器可设置在南向、南偏东、南偏西或朝东、朝西建筑坡屋面上。

太阳能光热系统的集热器支架、贮热水箱、其他构件受风力影响有可能造成损坏或影响系统正常运行的，须设有恰当的防风措施。在较高建筑物上或四周较空旷的独立建筑物上的太阳集热系统，应单独做避雷器，同时系统钢结构支架也应与建筑物防雷接地网多点连接，并做防锈处理。处在较低建筑物上的太阳热水系统，系统钢结构支架应与建筑物防雷接地网多点连接，并做防锈处理。

集热设备连接波纹管安装时，避免出现凸起现象，以免产生气塞。

2．检查

1）检查方法

观察检查设备规格、数量等要求；设备测量集热器安装倾角与定位。

2）检查数量

检查数量按本标准第3.4.3条的规定抽检，且不少于5组。

3）检查内容

太阳能光热系统集热器设备的安装应检查以下内容：

（1）集热设备的安装规格及数量应符合设计要求。

（2）用分度仪检查集热设备的安装倾角与定位应符合标准要求和设计要求。

（3）抗风、抗震、防雷、防腐措施应符合标准要求和设计要求。

（4）集热器间的连接方式应符合设计要求，且密封可靠、无泄漏、无扭曲变形。集热器之间采用非焊接方式连接的连接件，应便于拆卸或更换。

（5）集热设备连接波纹管安装不得有凸起现象。

15.2.5 贮热设备安装及检验应满足下列规定：

1 贮热设备的材质、规格、热损因数、保温材料及其性能应符合设计要求；

2 贮热设备应与底座固定牢固；

3 贮热设备应选择耐腐蚀材料制作；内壁防腐应符合卫生、无毒、环保要求，且应能承受所贮存介质的最高温度和压力；

4 敞口设备的满水试验和密闭设备的水压试验应符合设计要求。

15.2.5【示例或专题】

检验方法：观察检查；贮热设备热损因数测试时间从晚上8时开始至次日6时结束，测试开始时贮热设备水温不得低于50℃，与贮热设备所处环境温度差应不小于20℃，测试期间应确保贮热设备的液位处于正常状态，且无冷热水进出水箱；满水试验静置24h观察，应不渗不漏；水压试验在试验压力下10min压力不降，应不渗不漏。

检查数量：全数检查。

【技术要点说明】

贮热设备是太阳能光热系统的重要组成部分，其规格直接影响着系统的贮热量，热损因数及保温性能影响着贮热损失，因此其材质、规格、热损因数、保温材料及其性能应符合设计要求，并应安装牢固。

贮热设备热损因数较低可以有效降低系统热损失，能够充分利用太阳能。现行国家标准对贮热设备的热损因数有一定的不同。以家用太阳能热水系统为例，参照现行国家标准《家用太阳热水系统技术条件》GB/T 19141—2011 和《太阳热水系统性能评定规范》GB/T 20095—2006，GB/T 19141 规定家用太阳能热水系统的贮热水箱热损因数 $U_{SL} \leqslant 22$W/$(m^3 \cdot K)$，而根据 GB/T 20095 规范对贮热水箱保温性能的要求规定，贮热水箱容量 $V \leqslant 2m^3$ 时，贮热水箱热损因数 $U_{SL} \leqslant 27.7$W/$(m^3 \cdot K)$；贮热水箱容量 $2m^3 < V \leqslant 4m^3$ 时，贮热水箱热损因数 $U_{SL} \leqslant 26.0$W/$(m^3 \cdot K)$；贮热水箱容量 $V > 4m^3$ 时，贮热水箱热损因数 $U_{SL} \leqslant 17.3$W/$(m^3 \cdot K)$。综合两个标准所述，现行国家标准《可再生能源建筑应用工程评价标准》GB/T 50801—2013 规定贮热设备热损因数取值为 $U_{SL} \leqslant 30$W/$(m^3 \cdot K)$。

贮热设备选择耐腐蚀材料制作，其防腐应符合生活用水的要求，即符合卫生、无毒、环保的要求，且可以承受热水的高温和压力，同时确保人体健康和能承受热水的温度。

按照《建筑给排水及采暖工程施工质量验收规范》GB 50242—2002 的要求，敞口设备的满水试验和密闭设备的水压试验应符合设计要求。

【实施与检查】

1. 实施

按设计要求制作贮热设备，进行相应的防腐和保温措施，并按相关规范的要求进行安装。

贮热设备热损因数测试：测试时间从晚上 8 时开始至次日 6 时结束，测试开始时贮热设备水温不得低于 50℃，与贮热设备所处环境温度差应不小于 20℃，测试期间应确保贮热设备的液位处于正常状态，且无冷热水进出水箱，按下式计算热损因素：

$$U_{SL} = \frac{\rho_w c_{pw}}{\Delta \tau} \ln \left[\frac{t_i - t_{as(av)}}{t_f - t_{as(av)}} \right]$$

式中　U_{SL}——贮热设备热损因数 $[W/(m^3 \cdot K)]$；

ρ_w——水的密度（kg/m^3）；

c_{pw}——水的比热容 $[J/(kg \cdot K)]$；

$\Delta \tau$——降温时间（s）；

t_i——贮热设备内初始温度（℃）；

t_f——贮热设备内结束温度（℃）；

$t_{as(av)}$——贮热设备附近的平均空气温度（℃）。

满水试验和水压试验：敞口贮热设备满水试验静置 24h 观察，应不渗不漏；密闭贮热设备水压试验在试验压力下 10min 压力不降，应不渗不漏。密闭贮热设备是与系统连在一起的，其水压试验应与系统相一致，即以其工作压力的 1.5 倍作为试验压力，且不小于 0.6MPa。

2. 检查

1）检查方法

观察检查，对贮热设备的技术资料和检测报告等质量证明文件与实物一一核对。

2）检查数量

进行全数检查。

3）检查内容

贮热设备安装及检验应检查以下内容：

（1）贮热设备的材质、规格、热损因数、保温材料及其性能是否符合标准及设计要求。

（2）贮热设备应与底座固定牢固，底座基础应符合设计要求，不能有沉降与局部变形。

（3）贮热设备应选择耐腐蚀材料制作，内壁防腐应满足卫生、无毒、环保要求，且应能承受所储存介质的最高温度和压力。

（4）检查敞口设备的满水试验和密闭设备的水压试验记录，核对试验压力、持续时间、试验步骤是否符合设计及相关规范要求。

15.2.6 太阳能光热系统辅助加热设备为电直接加热器时，接地保护必须可靠固定，并应加装防漏电、防干烧等保护装置。

　　检验方法：观察、测试检查；核查质量证明文件和相关技术资料。

　　检查数量：全数检查。

15.2.6【示例或专题】

【技术要点说明】

本条为强制性条文。太阳能光热系统在太阳能不够时，需要使用辅助热源提供热量，常见的辅助热源有电加热、常规燃油（燃气）锅炉、电锅炉、空气源热泵。当辅助能源采用电加热器时，有人身安全问题，安装时应按设计要求做好接地保护和防漏电、防干烧等保护装置。

现行国家标准《建筑电气安装工程施工质量验收规范》GB 50303—2015 规定：电加热器及电动执行机构的外露可导电部分必须与保护导体可靠连接；电加热器及电动执行机构的绝缘电阻值不应小于 $0.5M\Omega$。

【实施与检查】

1. 实施

当设计选用的辅助热源为电加热器时，按现行国家标准《建筑电气安装工程施工质量验收规范》GB 50303　2015 的相关要求，应相应的设计接地保护、防漏电和防干烧等保护装置。施工过程中，施工单位应制定对应的施工方案，监理单位根据设计图纸和施工方案等技术资料，对这些保护装置的安装进行监督。安装完成后，施工单位应进行相应的测试，确保这些保护装置能正常动作。验收检查时，以有无接地保护和防漏电、防干烧等保护装置的测试检查报告，以及核查实际工程与检查报告是否一致作为判定依据。

2. 检查

（1）检查方法

观察、测试检查，核查质量证明文件和相关技术资料。

（2）检查数量

进行全数检查。

（3）检查内容

太阳能光热系统辅助加热设备为电直接加热器时，应检查的主要内容为：在施工现场对照设计图纸进行检查，核查是否按图纸安装规定数量的接地保护和防漏电、防干烧等保护装置，以及这些保护装置是否进行过测试，是否具有相应的测试检查报告，核查这些保护装置的技术参数及性能是否符合设计要求等。

15.2.7 管道保温层和防潮层的施工应按本标准第 9.2.9 条执行。

【技术要点说明】

参见第 9.2.9 条的有关内容。

【实施与检查】

1. 实施

参见第 9.2.9 条的有关内容。

2. 检查

参见第 9.2.9 条的有关内容。

15.2.8 太阳能光热系统安装完毕后，应进行系统试运转和调试，并应连续运行 72h，设备及主要部件的联动应协调、动作准确，无异常现象。

检验方法：按现行国家标准《太阳能供热采暖工程技术标准》GB 50495 的相关要求进行系统试运转和调试；核查记录。

检查数量：全数检查。

15.2.8【示例或专题】

【技术要点说明】

太阳能光热系统的应用效果好坏，是与系统调试紧密相关的。通过调研发现，许多工程的施工没有进行调试，造成系统水力不平衡，部分末端热水温度过高，部分末端热水温度达不到使用要求。因此，系统安装完成后，应对系统进行试运转和调试，包括循环水泵、阀门、温度传感器、流量计、辅助热源等设备和部件的单机试运转和联合运行调试，为确保系统的调试效果，应连续运行 72h，检查系统各设备及主要部件是否运转正常。

【实施与检查】

1. 实施

太阳能光热系统完工后的系统调试，应以施工企业为主，监理单位监督，设计单位、建设单位参与配合。设计单位的参与，除应提供工程设计的参数外，还应对调试过程中出现的问题提出明确的处理意见。监理、建设单位参加调试，既可起到工程的协调作用，又有助于工程的管理和质量的验收。

对有的施工企业，如果不具备工程系统调试的能力，则可以将调试工作委托给具有相应调试能力的其他单位或施工企业进行。

太阳能光热系统的调试，首先应编制调试方案。调试方案可指导调试人员按规定的程序、正确方法与进度实施调试，同时也利于监理对调试过程的监督。

太阳能光热系统的试运转和调试应按《太阳能供热采暖工程技术标准》GB 50495—2019 的相关要求进行。系统的试运转和调试的执行顺序，应首先进行设备单机和部件的调试和试运转，设备单机、部件调试合格后才能进行系统联动调试。

1) 设备单机、部件调试内容包括：

（1）水泵安装方向应正确。

（2）电磁阀安装方向应正确。

（3）温度、温差、水位、流量等仪表显示正常。

（4）电气控制系统达到设计要求功能，动作准确。

（5）剩余电流保护装置动作准确可靠。

（6）防冻、过热保护装置工作正常。

（7）各种阀门开启灵活，密封严密。

（8）辅助能源加热设备工作正常，加热能力达到设计要求。

2) 系统联合调试内容包括：

（1）调整系统各个分支回路的调节阀门，使各回路流量平衡，达到设计流量。

（2）调试辅助热源加热设备与太阳能集热系统的工作切换，达到设计要求。

（3）调整电磁阀，使阀前阀后压力处于设计要求的压力范围。

3) 系统联合调试宜在设计工况下进行，调试后的运行参数应符合下列规定：

（1）供热供暖系统的流量和供热水温度、热风供暖系统的风量和热风温度的调试结果与设计值的偏差不应大于现行国家标准《通风与空调工程施工验收规范》GB 50243—2016 的相关规定。

（2）太阳能集热系统的流量或风量与设计值的偏差不应大于10％。

（3）太阳能集热系统进出口工质的温差应符合设计要求。

2. 检查

1) 检查方法

按《太阳能供热采暖工程技术标准》GB 50495—2019 的相关要求核查系统试运转和调试记录。

2) 检查数量

进行全数检查。

3）检查内容

太阳能光热系统试运转和调试应检查以下内容：

（1）太阳能光热系统水泵、电磁阀、温度、温差、水位、流量等仪表，电气控制系统，剩余电流保护装置，防冻、防过热保护装置，各种阀门，辅助能源加热设备等设备、部件的单机试运转记录，核对设备名称、规格型号、试验项目、试验记录、试验结论等是否符合规范及设计要求。

（2）系统联合试运转调试记录，核对系统概况、试运转调试方法、全过程的各种试验数据、控制参数、运行状况、试运转调试结论等是否符合规范及设计要求。

15.2.9 在建筑上增设太阳能光热系统时，系统设计应满足建筑结构及其他相应的安全性能要求，并不得降低相邻建筑的日照标准。

检验方法：观察检查，核查建筑结构设计、核验相关资料、文件。

检查数量：全数检查。

15.2.9【示例或专题】

【技术要点说明】

在既有建筑上增设或改造太阳能光热系统时，应充分考虑建筑的结构安全和其他相应的安全性，当涉及主体和承重结构改动或增加荷载时，必须由原结构设计单位或具备相应资质（不低于原设计单位资质）的设计单位核查有关原始资料，对既有建筑结构的安全性进行核验、确认；同时，不得遮挡相邻建筑的日照，影响相邻建筑的采光和日照要求。

【实施与检查】

1. 实施

准备增设或改造太阳能光热系统时，先根据建筑的结构设计图纸进行安全性核算。当不涉及主体和承重结构改动或增加荷载时，可由设计单位对建筑的结构安全和其他相应的安全性进行核算；当涉及主体和承重结构改动或增加荷载时，由原结构设计单位或具备相应资质（不低于原设计单位资质）的设计单位进行核算，核算完成后，由建筑业主进行确认，并报有关部门批准。

对于是否降低相邻建筑的日照标准，可通过观察检查。观察时间通常选择在冬至日9点或15点。

2. 检查

（1）检查方法

观察检查，核查建筑结构设计，核验相关资料、文件。

（2）检查数量

进行全数检查。

（3）检查内容

在建筑上增设太阳能光热系统时应检查以下内容：

（1）查看太阳能光热系统设计方案建筑结构安全性评估资料、建筑结构设计图纸、相关主管部门的批复意见，核对现场施工是否符合设计要求。

（2）日照计算及模拟结果，并按照规范要求时间观察检查对相邻建筑的日照影响。

15.3 一般项目

> **15.3.1** 太阳能光热系统过滤器等配件的保温层应密实、无空隙，且不得影响其操作功能。
>
> 检验方法：观察检查。
>
> 检查数量：按本标准第 3.4.3 条的规定抽检，并不少于 2 件。

15.3.1【示例或专题】

【技术要点说明】

太阳能光热系统内的热水温度与其系统环境温度的温差较大，过滤器等配件是系统管道的一部分，应与管道同样进行保温。保温层应密实、无空隙，减少系统热量散失，但其保温不能影响运营管理人员对设备的使用操作。一般情况下，设备、管道、管件等无需检修处宜采用固定式保温，法兰、阀门、过滤器等需要运营管理人员检修、维护、操作的宜可拆卸式保温。

【实施与检查】

1. 实施

保温层应结合紧密，封闭良好，不得有虚粘、气泡、褶皱、裂缝等缺陷。过滤器、阀门、法兰部位应单独进行保温。保温厚度应与其连接管道的保温厚度相同，且结构应能单独拆卸。阀门保温时，保温结构应覆盖至阀杆并设有箱盖且将手柄露在外面，以方便阀门维护和手动调节；法兰保温时，保温材料要分块下料便于将来管道检修；设备管道上的阀门、法兰及其他可拆卸配件保温两侧应留出螺栓长度加 25mm 的空隙，且在邻近接驳法兰两侧的管道保温须整齐地折入，以方便法兰的螺栓装拆。遇到三通处应先做主干管，后分支管。凡穿过隔墙和楼板处的套管与管道间的缝隙应用保温材料填塞紧密，且套管两端应进行密封封堵。管道上的温度计插座宜高出所设计的保温层厚度。不保温的管道不要同保温管道敷设在一起，保温管道应与建筑物保持足够的距离。

2. 检查

1）检查方法

观察，用钢针刺入保温层检查过滤器等配件的保温情况。

2）检查数量

按本标准第 3.4.3 条的规定抽检，并不少于 2 件。

3）检查内容

太阳能光热系统过滤器等配件的保温应检查以下内容：

（1）保温层应密实、无空隙。

（2）检查过滤器等配件处是否采用可拆卸式的单独保温，配件的使用功能是否因保温受限，如清理过滤器、查看温度计读数等应方便。

> **15.3.2** 太阳能集中热水供应系统热水循环管的安装，应保证干管和立管中的热水循环正常。
>
> 检验方法：观察检查；核查试验记录。
>
> 检查数量：全数检查。

15.3.2【示例或专题】

【技术要点说明】

太阳能集中热水供应系统的热水循环解决了由于集中热水系统管路较长，导致用热水之前不能及时用上适宜温度热水的情况，实现了"龙头一开，热水即来"。其干管和立管是系统的主干管路，必须保持循环正常，才能保证各用水末端用水时，可以"龙头一开，热水即来"。

现行国家标准《建筑给水排水设计标准》GB 50015—2019 有以下规定，

（1）集中热水供应系统应设热水循环系统，并应满足热水配水点保证出水温度不低于45℃的时间，居住建筑不应大于 15s，公共建筑不应大于 10s。

（2）小区集中热水供应系统应设热水回水总管和总循环水泵保证供水总管的热水循环，单栋建筑的集中热水供应系统应设热水回水管和循环水泵保证干管和立管中的热水循环。

（3）采用干管和立管循环的集中热水供应系统的建筑，当出热水的时间不能满足时，还应采取以下措施：支管设置自调控电伴热保温；不设分户水表的支管应设支管循环系统。

【实施与检查】

1. 实施

热水循环系统安装完成后，运行热水循环泵，对各末端出水温度进行检测。对于出水温度不正常的末端，应检查其末端管路和其对应干管和立管的热水是否循环正常。

2. 检查

1）检查方法

观察检查，核查相关试验记录。

2）检查数量

进行全数检查。

3）检查内容

太阳能集中热水供应系统热水循环管的安装应检查以下内容：

（1）热水循环泵规格型号是否符合设计要求。

（2）热水循环泵是否正常运转。

（3）检查末端放水试验记录，核对末端热水出水时间是否满足规范及设计要求。

15.3.3 太阳能光热系统在建筑中的安装，应符合太阳能建筑一体化设计要求。

　　检验方法：观察检查；核查相关技术资料。

　　检查数量：全数检查。

15.3.3【示例或专题】

【技术要点说明】

　　太阳能建筑一体化设计，即将太阳能的产品及构件在建筑上应用，并做到与建筑设计进行有机的结合，达到浑然一体的效果。要达到这种效果，建筑设计阶段就应将太阳能光热系统与建筑有机结合，实现与建筑的同步设计、同步施工、同步验收、同步后期管理，从而实现两者的完美结合，以达到建筑节能和增强建筑美观的双重效果。

　　应用太阳能光热系统的建筑工程，规划设计时应根据地理、气候、场地条件、建筑功能和立面要求，在建筑总体规划、平面布局、朝向间距、群体组合和空间环境上为太阳能光热系统的设计、安装和使用提供技术条件。

　　太阳能建筑一体化除了与建筑美观有关系以外，还应在结构安全、电气保障与安全、使用方便等各专业方面统筹考虑。

【实施与检查】

　　1. 实施

　　太阳能集热器安装在建筑屋面、墙面、阳台上或作为建筑屋面、墙面、阳台栏板和遮阳板使用时，功能和性能应满足建筑设计的要求，外形应与建筑协调一致。

　　设置太阳能集热器、贮热设备以及太阳能光热系统中其他设备的建筑部位，应设方便安全的安装搬运通道和检修维护设施。

　　设置太阳能集热器和贮热水箱的建筑部位，应有防止部件老化或损坏坠落伤人的安全防护措施。

　　设置太阳能光热系统的建筑，其主体结构或结构构件应能够承受太阳能光热系统的荷载，并满足安全性和耐久性要求。结构设计应为太阳能光热系统安装埋设预埋件或其他连接件，连接件必须有一定的适应位移能力。

　　电气专业应满足太阳能光热系统用电负荷和运行安全要求，用电设备应设单独回路保护和控制，配电回路除具有过载、短路、剩余电流和防雷浪涌保护外，还应有过欠电压及断相保护；太阳能光热系统的金属部件应与接地系统可靠连接，并设置可靠的防雷措施。

　　2. 检查

　　1）检查方法

　　观察检查，核查相关技术资料，核对相关各专业施工是否满足设计要求。

　　2）检查数量

　　进行全数检查。

　　3）检查内容

　　太阳能光热系统符合太阳能建筑一体化设计要求检查以下内容：

（1）太阳能集热器与建筑外观、建筑环境的整体协调性。

（2）太阳能光热系统各设备运输、维修的方便性。

（3）太阳能光热系统各设备的用电、防护等安全保障措施是否符合设计要求。

（4）检查相关资料，核对太阳能光热系统的各设备、管路安装、布置是否符合设计要求。

第16章 太阳能光伏节能工程

【概述】本章为新增内容，对太阳能光伏系统的光伏组件、汇流箱、逆变器、储能蓄电池及相关控制和保护系统等节能工程施工质量的验收做出了规定，共有3节。其中，第16.1节为一般规定，主要对本章的适用范围、验收程序和检验批划分进行了规定。第16.2节为主控项目，主要对太阳能光伏系统节能工程的光伏组件、汇流箱、逆变器、储能蓄电池、电缆等产品的进场验收和安装提出了要求，对光伏组件的光电转换效率提出了要求，并对光伏系统的试运行与调试做出了规定。第16.3节为一般项目，对太阳能光伏系统的标识做了规定。

太阳能光伏系统是较为常见的太阳能利用形式之一，随着绿色建筑、可再生能源建筑应用的发展，建筑安装太阳能光伏系统的数量不断增多，为保证建筑太阳能光伏系统的安装应用符合设计要求，必须对系统的安装、设备、材料性能进行验收检查。

太阳能光伏系统的电气保护关乎系统的运行安全，极性、标称功率和电能质量影响着光伏系统的使用。因此，第16.2.3条对这些内容要求进行调试。

光伏组件是太阳能光伏系统的重要组成部分，直接影响着系统的太阳能利用效率，市场上光伏组件厂家众多，产品质量参差不齐。因此，为保证光伏组件的性能，第16.2.4条对光伏组件光电转换效率进行了规定。

16.1 一般规定

16.1.1 本章适用于太阳能光伏系统建筑节能工程施工质量验收。

【技术要点说明】

本章所述内容，是指太阳能光伏系统的建筑应用。本条根据目前太阳能光伏系统的应用现状，对本章的适用范围做出了规定。从节能的角度出发，对太阳能光伏系统中与节能有关的项目施工质量进行验收，称之为太阳能光伏系统节能工程施工质量验收。

太阳能光伏系统是由光伏子系统、功率调节器、电网接入单元、主控和监视系统、配套设备等组成的。其中：

（1）光伏子系统包括光伏组件、光伏组件安装及支撑结构、汇流箱等。

（2）功率调节器包括并网逆变器、充电控制器、蓄电池、独立逆变器及配电设备等。

（3）电网接入单元包括继电保护、电能计量等设备。

（4）主控和监视系统包括数据采集、现场显示系统、远程传输和监控系统等。

（5）配套设备包括电缆、线槽、防雷接地装置等。

目前，我国常见的太阳能光伏应用形式可分为独立光伏发电、并网光伏发电、分布式光伏发电。

独立光伏发电系统也叫离网光伏发电系统，主要由太阳能光伏组件、控制器、蓄电池组成，若要为交流负载供电，还需要配置交流逆变器。

并网光伏发电系统就是太阳能组件产生的直流电经过并网逆变器转换成符合市电电网要求的交流电后，直接接入公共电网。并网光伏发电系统有集中式大型并网光伏电站，一般都是国家级电站，主要特点是将所发电能直接输送到电网，由电网统一调配，向用户供电。但这种电站投资大、建设周期长、占地面积大，发展难度相对较大，而分散式小型并网光伏系统，特别是光伏建筑一体化发电系统，由于投资小、建设快、占地面积小、政策支持力度大等优点，是并网光伏发电的主流。

分布式光伏发电系统，又称分散式发电或分布式供能，是指在用户现场或靠近用电现场配置较小的光伏发电供电系统，以满足特定用户的需求，支持现存配电网的经济运行，或者同时满足这两个方面的要求。分布式光伏发电系统的基本设备包括光伏组件、光伏方阵支架、直流汇流箱、直流配电柜、并网逆变器、交流配电柜等设备，另外还有供电系统监控装置和环境监测装置。其运行模式是在有太阳辐射的条件下，光伏发电系统的太阳能组件阵列将太阳能转换输出的电能，经过直流汇流箱集中送入直流配电柜，由并网逆变器逆变成交流电供给建筑自身负载，多余或不足的电力通过连接电网来调节。

16.1.2　太阳能光伏系统节能工程施工中及时进行质量检查，应对隐蔽部位在隐蔽前进行验收，并应有详细的文字记录和必要的图像资料，施工完成后应进行太阳能光伏节能分项工程验收。

【技术要点说明】

太阳能光伏系统工程中与节能有关的隐蔽部位位置特殊，一旦出现质量问题后不易发现和修复。因此，应随施工进度对其及时进行验收。隐蔽工程应经过中间验收合格并有详细的中间验收记录后，方可进行下一工序。

通常主要的隐蔽部位检查有以下内容：

（1）预埋件或后置螺栓（或锚栓）连接件。

（2）基座、支架、光伏组件四周与主体结构的连接节点。

（3）基座、支架、光伏组件四周与主体围护结构之间的建筑构造做法。

（4）系统防雷与接地保护的连接节点。

（5）隐蔽安装的电气管线工程。

其中与节能工程相关的主要是系统防雷接地连接和电气管线工程。

太阳能光伏节能工程作为可再生能源节能工程的一个分项工程，主要包括光伏组件、逆变器、配电系统、储能蓄电池、充放电控制器、调试等内容。施工完成后进行分项工程验收，并形成分项工程验收记录。

16.1.3 太阳能光伏系统建筑节能工程的验收，可按本标准第3.4.1条的规定进行检验批划分，也可按照系统，由施工单位与监理单位协商确定。

【技术要点说明】

太阳能光伏系统节能工程的验收，应根据工程的实际情况，结合本专业特点进行验收。一般情况下，可按第3.4.1条的规定划分检验批，验收内容包括光伏组件、逆变器、配电系统、储能蓄电池、充放电控制器、调试等。若工程较大、系统较多，也可按系统进行检验批划分。

16.2 主控项目

16.2.1 太阳能光伏系统建筑节能工程所采用的光伏组件、汇流箱、电缆、逆变器、充放电控制器、储能蓄电池、电网接入单元、主控和监视系统、触电保护和接地、配电设备及配件等产品应进行进场验收，验收结果应经监理工程师检查认可，并应形成相应的验收记录。各种材料和设备的质量证明文件和相关技术资料应齐全，并应符合设计要求和国家现行有关标准的规定。

16.2.1【示例或专题】

检验方法：观察、尺量检查；核查质量证明文件和相关技术资料。

检查数量：全数检查。

【技术要点说明】

本条编制依据《建筑电气工程施工质量验收规范》GB 50303—2015第3.2.1条："主要设备、材料、成品和半成品应进场验收合格，并应做好验收记录和验收资料归档。当设计有技术参数要求时，应核对其技术参数，并应符合设计要求。"主要设备、材料、成品和半成品进场检验工作，是施工管理的停止点，其工作过程、检验结果要有书面证据，所以要有记录，检验工作应有施工单位和监理单位参加，施工单位为主，监理单位确认。

太阳能光伏系统工程中与节能有关的光伏组件、汇流箱、电缆、逆变器、充放电控制器、储能蓄电池、电网接入单元、主控和监视系统、触电保护和接地、配电设备及配件等产品进场时，应按设计要求对其类型、材质、规格、外观及其性能等进行逐一核对验收。验收一般应由供货商、监理、施工单位的代表共同参加，并应经监理工程师（建设单位代表）检查认可，形成相应的验收记录。

工程现场对光伏组件、汇流箱、电缆、逆变器、储能蓄电池等设备、材料及配件的验收，应重点检查下列项目：出厂合格证、检测报告、产品说明书等各种质量证明文件和技术资料。主控和监视系统应检查其说明书、功能等。

【实施与检查】

1. 实施

太阳能光伏系统工程中的材料、设备、半成品及加工订货进场后，由施工单位材料负责人组织施工单位内部自检，合格后向监理工程师进行申报，由监理工程师组织建设单位专业负责人，施工单位技术、质量、材料负责人共同对进场材料、设备进行进场验收。材料、设备进场验收合格后，应形成《材料、构配件进场检验记录》《设备开箱检验记录》等验收资料。

在材料、设备的检验工作完成后，相关资料（质量证明文件、检测报告等）由专业负责人收集齐全后，及时整理归档。

设备和材料进场检验时严格按有关验收规范执行，自检及监理检验合格后方可使用。没有验收合格的设备、材料不得在工程上使用，否则追究当事人责任。施工单位专业负责人及现场指点收货人员做好材料的品种、数量清点，进货检验后要全部入库，及时点验。

2. 检查

1）检查方法

观察、尺量检查，核对材料、设备型号规格；核查产品出厂合格证、出厂检测报告、中文说明书及相关性能检测报告等质量证明文件，并与进场材料、设备实物一一核对。

2）检查数量

进行全数检查。

3）检查内容

太阳能光伏系统建筑节能工程所采用的材料、设备进场验收应检查以下内容：

（1）产品的质量证明文件和检测报告是否齐全。

（2）实际进场物资数量、规格、型号是否满足设计和施工要求。

（3）检查材料、设备的外观质量是否满足设计和规范要求，电缆包装应完好，电缆端头应密封良好，标识应齐全，电缆无压扁、扭曲，铠装不应松卷，绝缘导线、电缆外护层应有明显标识和制造厂标；设备应有铭牌，表面涂层应完整、无明显碰撞凹陷，设备内元器件应完好无损，接线无脱落脱焊，绝缘导线的材质、规格应符合设计要求。

（4）实行生产许可证或强制性认证（CCC 认证）的产品，应有许可证编号或 CCC 认证标志，并应抽查生产许可证或 CCC 认证证书的认证范围、有效性及真实性。

（5）进口电气设备、器具和材料进场验收时应提供质量合格证明文件，性能检测报告以及安装、使用、维修、试验要求和说明等技术文件；对有商检规定要求的进口电气设备，应提供商检证明。

（6）按规定须抽检的材料、构配件是否及时抽检等。

16.2.2 太阳能光伏系统的安装应符合下列规定：

1 太阳能光伏组件的安装位置、方向、倾角、支撑结构等，应符合设计要求。

2 光伏组件、汇流箱、电缆、逆变器、充放电控制器、储能蓄电池、电网接入单元、主控和监视系统、触电保护和接地、配电设备及配件等应按照设计要求安装齐全，不得随意增减、合并和替换。

3 配电设备和控制设备安装位置等应符合设计要求，并便于读取数据、操作、调试和维护。逆变器应有足够的散热空间并保证良好的通风。

16.2.2【示例或专题】

> 4 电气设备的外观、结构、标识和安全性应符合设计要求。
>
> 检验方法：观察检查，核查质量证明文件。
>
> 检查数量：全数检查。

【技术要点说明】

为保证太阳能光伏系统安装调试后能稳定安全运行，得到良好的节能效果，要求在进场安装期间必须检查关键电气设备的子系统和部件，对于增设或更换的现有设备，需要检查其是否符合《建筑物电气装置》GB/T 16895系列标准，并且不能损害现有设备的安全性能。

太阳能光伏组件上应标有带电警告标识，强度应满足设计强度要求；光伏组件或方阵应按设计要求可靠地固定在支架或连接件上，排列整齐，光伏组件之间的连接件应便于拆卸和更换。光伏组件或方阵与建筑面层之间应留有安装空间和散热间隙，并不得被施工等杂物填塞。安装时必须严格遵守生产厂指定的安装条件，在坡屋面上安装时，其周边的防水连接构造必须严格按设计要求施工，且不得渗漏。在盐雾、寒冷、积雪等地区安装光伏组件时，应与产品生产厂协商制定合理的安装施工和运营维护方案。

电气装置安装应符合现行国家标准《建筑电气工程施工质量验收规范》GB 50303—2015的相关规定；电缆线路施工应符合现行国家标准《电气装置安装工程电缆线路施工及验收规范》GB 50168—2018的相关要求；电气系统接地应符合现行国家标准《电气装置安装工程接地装置施工及验收规范》GB 50169—2016的相关要求。

带蓄能装置的光伏系统，蓄电池的上方和周围不得堆放杂物，并应保障蓄电池的正常通风，防止蓄电池两极短路。在并网逆变器等控制器的表面，不得设置其他电气设备和堆放杂物，并应保证设备的通风环境。

【实施与检查】

1. 实施

目前太阳能光伏系统施工安装人员的技术水平差别较大，施工单位应严格按照设计图纸及现场条件，制定专项施工方案以及安全措施，制定详细的施工流程与操作方案，经审批后方可施工。

每项施工内容完成后由施工单位自检完成后，报监理单位进行验收，如检查结果表明质量验收合格，监理工程师应在验收记录上签字，施工单位可以继续施工或进行工程隐蔽后继续施工；验收不合格，施工方应在监理工程师限定的期限内整改，整改后重新验收。

由于太阳能光伏系统安装包括多种特种作业内容，施工过程中应检查安装的电工、焊工、起重吊装人员的操作资质，应按有关要求持证上岗。

2. 检查

1）检查方法

观察检查，核查相关技术资料。

2）检查数量

进行全数检查。

3）检查内容

太阳能光伏组件系统的安装应检查的主要项目包括直流系统、光伏组件、汇流箱、直流配电柜、电缆、触电保护接地等。

（1）直流系统的检查，至少包含如下项目：

① 直流系统的设计、说明与安装应满足《低压电气装置　第 5-52 部分：电气设备的选择和安装　布线系统》GB/T 16895.6—2014 要求，特别是满足《建筑物电气装置　第 7-712 部分：特殊装置或场所的要求　太阳能光伏（PV）电源系统》GB/T 16895.32—2021 的要求。

② 在额定情况下所有直流元器件能够持续运行，并且在最大直流系统电压和最大直流故障电流下能够稳定工作（开路电压的修正值是根据当地的温度变化范围和组件本身性能确定）。根据《建筑物电气装置　第 7-712 部分：特殊装置或场所的要求　太阳能光伏（PV）电源系统》GB/T 16895.32—2021 规定，故障电流为短路电流的 1.25 倍。

③ 直流侧保护措施采用Ⅱ类或等同绝缘强度。

④ 光伏组串电缆、光伏方阵电缆和光伏直流主电缆的选择与安装应尽可能降低接地故障和短路时产生的危险。

⑤ 配线系统的选择和安装要求能够抵抗外在因素的影响，比如风速、覆冰、温度和太阳辐射。

⑥ 对于没有装设组串过电流保护装置的系统，组件的反向额定电流值（I_r）应大于可能产生的反向电流，同样组串电缆载流量应与并联组件的最大故障电流总和相匹配。

⑦ 若装设了过电流保护装置的系统，应检查组串过电流保护装置的匹配性，并且根据《建筑物电气装置　第 7-712 部分：特殊装置与场所的要求　太阳能光伏（PV）电源系统》GB/T 16895.32—2021 关于光伏组件保护说明来检查制造说明书的正确性和详细性。

⑧ 直流隔离开关的参数是否与直流侧的逆变器相匹配。

⑨ 阻塞二极管的反向额定电压至少是光伏组串开路电压的两倍。

⑩ 如果直流导线中有任何一端接地，应确认在直流侧和交流侧设置的分离装置，而且接地装置应合理安装，以避免电气设备腐蚀。

（2）太阳光伏组件的检查应包括如下项目：

① 光伏组件必须选用按 IEC 61215、IEC 61646 或 IEC 61730 的要求通过产品质量认证的产品。

② 材料和元件应选用符合相应的图纸和工艺要求的产品，并经过常规检测、质量控制与产品验收程序。

③ 组件产品应是完整的，每个太阳能光伏组件上的标志应符合 IEC 61215 或 IEC 61646 中第 4 章的要求，标注额定输出功率（或电流）、额定工作电压、开路电压、短路电流；有合格标志；附带制造商的贮运、安装和电路连接指示。

④ 组件产品安装后应进行抽样 EL 测试，检测组件有无隐裂、碎片、断栅、明暗片等异常现象。

⑤ 组件互连应符合方阵电气结构设计。

现场 EL 检测前应将待检组件进行清理或清洗，使其表面保持清洁，以防止对组件 EL 检查照片成像造成影响。现场外观检查时，应在较好的自然光或散射光照条件下进行，一般被测表面自然可见光照度不低于 1000lx，散射可见光照度不应低于 500lx。EL 检测时，应在暗黑区室或暗处进行，一般可见光照度不应高于20lx。具体操作如下（图16-1）：

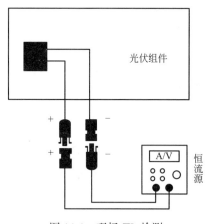

光伏组件

恒流源

A/V

图16-1 现场EL检测

A. 将照度计放置在组件上，并与组件倾角保持一致，测量光照度是否满足测试条件。

B. 按照上图连接被测组件和恒流电源模块，向光伏组件通入0.9～1.1倍的组件最大工作电流值大小的反向电流，电压按组件最大工作电压的0.9～1.1倍设定。

C. 调整红外成像设备支架高度、倾角，红外成像设备的光学检测模块应与组件夹角保持在70°～110°，调节红外成像设备的取景距离与焦距，使组件在取景视界内清晰、完整。

D. 采集检测图像，图像无重影，曝光时间宜为1/250～1/30s。

（3）汇流箱和组串式逆变器检查应包括如下项目：

① 产品质量应安全可靠，通过相关产品质量认证，外观完好，应有安全警示标志。

② 室外使用的汇流箱应采用密封结构，设计应能满足室外使用要求。

③ 采用金属箱体的汇流箱和组串式逆变器应可靠接地。

④ 采用绝缘高分子材料加工的，所选用材料应有良好的耐候性，并附有所用材料的说明书、材质证明书等相关技术资料。

⑤ 汇流箱和组串式逆变器接线端子设计应能保证电缆线可靠连接，应有防松动零件，对既导电又作紧固用的紧固件，应采用铜质零件，压接导线不得出现裸露铜线，进出线不应暴露在阳光下；接头端子应完好无破损，未接的端子应安装密封盖。

⑥ 各光伏支路进线端及子方阵出线端，以及接线端子与汇流箱接地端绝缘电阻应不小于1MΩ（DC500V）。

⑦ 有独立风道的逆变器，进风口与出风口不得有物体堵塞，散热风扇工作应正常。

⑧ 箱体及电缆孔洞密封严密，雨水不应进入箱体内；未使用的穿线孔洞应用防火泥封堵。

⑨ 汇流箱和组串逆变器的防护等级应满足环境要求，严禁室外采用室内箱体。

⑩ 汇流箱和组串逆变器箱体门内侧应有电气接线图，接线处应有规格统一的标识牌，字迹清晰、不褪色。

（4）在较大的光伏方阵系统中应设计直流配电柜，将多个汇流箱汇总后输出给并网逆变器柜，检查项目应包括如下：

① 直流配电柜结构的防护等级设计应能满足使用环境的要求。

② 直流配电柜应进行可靠接地，并具有明显的接地标识，设置相应的浪涌吸收保护装置。

③ 直流配电柜的接线端子设计应能保证电缆线可靠连接，应有防松动零件，对既导电又作紧固用的紧固件，应采用铜质材料。

（5）连接电缆检查应包括如下项目：

① 连接电缆应采用耐候、耐紫外辐射、阻燃等抗老化的电缆。

② 连接电缆的线径应满足方阵各自回路通过最大电流的要求，以减少线路的损耗。

③ 电缆与接线端应采用连接端头，并且有抗氧化措施，连接紧固无松动。

（6）触电保护、接地触电保护和接地检查，至少应该包括如下内容：

① B类漏电保护：漏电保护器应确认能正常动作后才允许投入使用。

② 为了尽量减少雷电感应电压的侵袭，应可能地减少接线环路面积。

③ 光伏方阵框架应对等电位连接导体进行接地。等电位体的安装应把电气装置外露的金属及可导电部分与接地体连接起来。所有附件及支架都应采用电导率至少相当于截面为 $35mm^2$ 铜导线电导率的接地材料和接地体相连，接地应有防腐及降阻处理。

④ 光伏并网系统中的所有汇流箱、交直流配电柜、并网功率调节器柜、电流桥架应保证可靠接地，接地应有防腐及降阻处理。

（7）光伏系统交流部分的检验，至少包含下列项目：

① 在逆变器的交流侧应有绝缘保护。

② 所有的绝缘和开关装置功能正常。

③ 逆变器保护。除以上专项检查内容外，还应检查所有设备的安装位置、外观、结构、标识和安全性是否符合设计要求。

16.2.3 太阳能光伏系统的试运行与调试应包括下列内容：

1 保护装置和等电位体的连接匹配性；

2 极性；

3 光伏组串电流；

4 系统主要电气设备功能；

5 光伏方阵绝缘阻值；

6 触电保护和接地；

7 光伏方阵标称功率；

8 电能质量。

检验方法：观察检查；并采用万用表、光照测试仪等仪器测试。

检查数量：根据项目类型，每个类型抽取不少于 2 个点进行检查。

16.2.3【示例或专题】

【技术要点说明】

太阳能光伏系统的试运行与测试应符合现行《建筑物电气装置》GB/T 16895 系列标准、《电力工程直流电源系统设计技术规程》DL/T 5044—2014、《家用太阳能光伏电源系统技术条件和试验方法》GB/T 19064—2003 的相关要求并测试合格。

测量仪器和监测设备及测试方法应参照现行国家系列标准《交流 1000V 和直流 1500V以下低压配电系统电气安全 防护措施的试验、测量或监控设备》GB/T 18216 的相关要求。如果使用另外的设备代替，设备必须达到同一性能和安全等级。

【实施与检查】

1. 实施

太阳能光伏系统的试运行调试工作应由调试单位、生产厂家进行，施工单位配合。相关试运行调试与测试人员应按有关要求持证上岗；试运行调试与测试人员使用的各类测量调试仪器应检定合格，使用时在有效期内。

在测试过程中如发现不合格，需要对之前所有项目逐项重新测试。

各项目的测试方法及注意事项如下：

1）极性

应检查所有直流电缆的极性并标明极性，确保电缆连接正确。

为了安全起见和预防设备损坏，进行极性测试应在进行其他测试和开关关闭或组串过流保护装置接入前进行。

应测量每个光伏组串的开路电压。在对开路电压测量之前，应关闭所有的开关和过电流保护装置（如安装）。

测量值应与预期值进行比较，将比较的结果作为检查安装是否正确的依据。对于非稳定光照条件，可以采用以下方法：

（1）延长测试时间。

（2）采用多个仪表，一个仪表测量一个光伏组串。

（3）使用辐照表来标定读数。

测试电压值低于预期值可能表明一个或多个组件的极性连接错误，或者绝缘等级低，或者导管和接线盒有损坏或有积水；高于预期值并有较大出入通常是由于接线错误引起。

2）光伏组串电流的测试

（1）光伏组串短路电流的测试

光伏组串电流测试的目的是检验光伏方阵的接线是否正确，该测试不用于衡量光伏组串或方阵的性能。

用适合的测试设备测量每一光伏组串的短路电流。组串短路电流的测试是有相应的测试程序和潜在危险，应以下面要求的测试步骤进行。

测量值必须与预期值作比较。对于多个相同的组串系统并且在稳定的光照条件下，单个组串之间的电流应该进行比较。

对于非稳定光照条件，可以采用以下方法：

① 延长测试时间。

② 可采用多个仪表，一个仪表测量一个光伏组串。

③ 使用辐照表标定当前读数。

（2）短路电流测试步骤

① 确保所有光伏组串是相互独立的并且所有的开关装置和隔离器处于断开状态。

② 短路电流可以用钳型电流表和同轴安培表进行测量。

（3）光伏组串运转测试

测量值必须同预期值作比较。对于多种相同组串的系统，在稳定光照辐射情况下，各组串应该分别进行比较。这些组串电流值应该是相同的（在稳定光照情况下，应在5%范围内）。

对于非稳定光照条件下，可以采用以下方法：

① 延长测试时间。

② 测试采用多个仪表，一个仪表测量一个光伏组串。

③ 使用辐照表来标定当前的读数。

3）系统主要电气设备功能测试按照如下步骤执行：

（1）开关设备和控制设备都应进行测试以确保系统正常运行。

（2）应对逆变器进行测试，以确保系统正常的运行。测试过程应该由逆变器供应商来提供。

（3）电网故障测试过程如下：交流主电路隔离开关断开，光伏系统应立即停止运行。在此之后，交流隔离开关应该重合闸使光伏系统恢复正常的工作状态。

注：电网故障测试能在光照稳定的情况下进行修正，在这种情况下，在闭合交流隔离开关之前，负载尽可能地匹配以接近光伏系统所提供的实际功率。

4）光伏方阵绝缘阻值测试

（1）光伏方阵应按照如下要求进行测试：

① 测试时限制非授权人员进入工作区。

② 不得用手直接触摸电气设备以防止触电。

③ 绝缘测试装置应具有自动放电的能力。

④ 在测试期间应当穿好适当的个人防护服/设备。

注：对于某些系统安装，例如大型系统绝缘安装出现事故或怀疑设备具有制造缺陷或对干燥时的测试结果存有疑问，可以适当采取测试湿方阵。

（2）测试方法

测试方法有两种，①先测试方阵负极对地的绝缘电阻，然后测试方阵正极对地的绝缘电阻；②测试光伏方阵正极与负极短路时对地的绝缘电阻。

对于方阵边框没有接地的系统（如有Ⅱ类绝缘），可以选择做两种测试，第一，在电缆与大地之间做绝缘测试；第二，在方阵电缆和组件边框之间做绝缘测试。

对于没有接地的导电部分（如：屋顶光伏瓦片）应在方阵电缆与接地体之间进行绝缘测试。

凡采用测试方法2，应尽量减少电弧放电，在安全方式下使方阵的正极和负极短路。指定的测试步骤要保证峰值电压不能超过组件或电缆额定值。

（3）测试过程

在开始测试之前，禁止未经授权的人员进入测试区，从逆变器到光伏方阵的电气连接必须断开。

测试方法2中，若采用短路开关盒时，在短路开关闭合之前，方阵电缆应安全地连接到短路开关装置。采用适当的方法进行绝缘电阻测试，测量连接到地与方阵电缆之间的绝缘电阻。

在做任何测试之前要保证测试安全。保证系统电源已经切断之后，才能进行电缆测试或接触任何带电导体。

5）光伏方阵标称功率测试

现场功率的测定可以采用由第三方检测单位校准过的"太阳能光伏方阵测试仪"抽测太阳能光伏支路的I-V特性曲线，抽检比例一般不得低于30%。由I-V特性曲线可以得出该支路的最大输出功率，为了将测试得到的最大输出功率转换到标称功率，需要做如下第（1）、（2）、（3）、（5）项的校正。

如果没有"太阳能光伏方阵测试仪"，也可以通过现场测试电站直流侧的工作电压和工作电流得出电站的实际直流输出功率。为了将测试得到的电站实际输出功率转换到标称功率，需要做如下所有项目的校正。

光伏方阵标称功率是在标准测试条件测试得到的功率值，因此实际测试后应当进行如下5项的校正，以确保公正：

（1）光强校正：在非标准条件下测试应当进行光强校正，光强按照线性法进行校正。

（2）温度校正：按照该型号产品第三方测试报告提供的温度系数进行校正，如无法获得可信数据，可按照晶体硅组件功率温度系数－0.35％/℃，非晶硅按照功率温度系数－0.20％/℃进行校正。按照功率随温度变化的公式 $P=P_m\times[1+a\times(T-25℃)]$（$P$ 为光伏组件实际输出功率、P_m 为光伏组件标称功率、a 为功率温度系数、T 为光伏组件背板温度）计算校正。例：标称功率为260W的晶体硅光伏组件在60℃的背板温度下工作，光伏组件实际输出功率：

$$P=260W\times[1-0.35％/℃\times(60℃-25℃)]=228.15W$$

（3）组合损失校正：太阳能光伏组件串并联后会有组合损失，应当进行组合损失校正，太阳能光伏的组合损失应当控制在5％以内。

（4）最大功率点校正：工作条件下太阳能光伏很难保证工作在最大功率点，需要与功率曲线对比进行校正；对于带有太阳光伏发电最大功率点跟踪（MPPT）装置的系统可以不做此项校正。

（5）太阳能光伏朝向校正：不同的太阳能光伏阵列朝向具有不同的功率输出和功率损失，如果有不同朝向的太阳能光伏阵列接入同一台逆变器的情况下，需要进行此项校准。

6）电能质量的测试

首先将光伏电站与电网断开，测试电网的电能质量参数；然后将逆变器并网，待稳定后再测试并网点的电能质量。

测试内容主要包括：三相电压偏差、频率偏差、电压谐波含量与畸变率、电压不平衡度、功率因数及直流分量，光伏电站与电网断开时还应测试是否存在电压波动与闪变事件。

7）系统电气效率测试

（1）一般要求

光伏系统电气效率应按照如下要求进行测试：

① 测试时限制非授权人员进入工作区。

② 不得用手直接触摸电气设备以防止触电。

③ 系统电气效率测试应在日照强度大于500W/m² 的条件下进行。

④ 在测试期间应当穿好适当的个人防护服并佩带防护设备。

注：当光伏组件安装为一定的倾角时，日照强度测试装置应与组件保持统一的倾斜角度。

（2）测试方法

光伏系统电气效率应按照如下步骤进行测试：

① 首先用标准的日射计测量当前的日照强度。

② 在测量日照强度的同时，测量并网逆变器交流并网点侧的交流功率。

③ 根据光伏方阵功率、日照强度及温度功率系数，根据计算公式，可以计算当时的光伏方阵的产生功率。

④ 根据下列公式可计算出系统的电气效率。

系统输出功率与光伏组件在一定条件下产生的电功率之比。

系统电气效率计算公式：$\eta_P = P_{OP}/P_{SP}$

式中　η_P——系统电气效率；

　　　P_{OP}——系统输出功率（kW）；

　　　P_{SP}——光伏组件产生的总功率（kW）。

在适当的情况下应按照下面顺序进行逐项测试：

（1）交流电路的测试。

（2）保护装置和等势体的连接匹配性测试。

（3）极性测试。

（4）组串开路电压测试。

（5）组串短路电流测试。

（6）系统主要电气设备功能测试。

（7）直流回路的绝缘电阻测试。

按一定方式串联、并联使用的光伏组件Ⅰ-Ⅴ特性曲线应具有良好的一致性，以减小方阵组合损失；优化设计的光伏子系统组合损失应不大于8%。

2. 检查

1）检查方法

观察检查和现场抽查测试的方法，并采用万用表、光照测试仪等仪器测试。

2）检查数量

根据项目类型，每个类型抽取不少于2个点进行检查。

3）检查内容

太阳能光伏系统的试运行与调试应检查以下内容：

（1）保护装置或等电位联接体连接应可靠。

（2）所有直流电缆的极性并标明极性，确保电缆连接正确。

（3）测量每个光伏组串的开路电压，测量值应与预期值进行比较，对于多个相同的组串系统在稳定的光照条件下，这些组串电压值应该是相等的（误差应在5%范围内）。

（4）光伏组串电流测试的目的是检验光伏方阵的接线是否正确，光伏组串短路电流值和光伏组串电流值的测量值与相应的预期值作比较，对于多个相同的组串系统并且在稳定的光照条件下，相对应的测量值与预期值应该是相同的（误差应在5%范围内）。

（5）系统主要电气设备，如开关设备、控制设备、逆变器功能应正常，交流主电路隔离开关断开后光伏系统能立即停止运行。

（6）光伏方阵最小绝缘阻值应符合表16-1的要求。

表 16-1

系统电压(V)	测试电压(V)	最小绝缘电阻(MΩ)
120	250	0.5
<600	500	1
<1000	1000	1

（7）光伏方阵标称功率、电能质量应符合设计要求。

16.2.4 光伏组件的光电转换效率应符合设计文件的规定。

　　检验方法：光电转换效率使用便携式测试仪现场检测，测试参数包括：光伏组件背板温度、室外环境平均温度、平均风速、太阳辐照强度、电压、电流、发电功率、光伏组件光照面积，其余项目为观察检查。

　　检查数量：同一类型太阳能光伏系统被测试数量为该类型系统总数量的5%，且不得少于1套。

16.2.4【示例或专题】

【技术要点说明】

　　光伏组件的光电转换效率指光伏组件最大输出功率和照射到光伏组件上的入射功率之比，是光伏组件性能优劣的最重要判断依据。

【实施与检查】

　　1. 实施

　　光电转换效率使用便携式测试仪现场检测，测试参数包括：光伏组件背板温度、室外环境平均温度、平均风速、太阳辐照强度、电压、电流、发电功率、光伏组件光照面积。

　　根据本标准第16.2.3条光伏方阵标称功率测试进行功率测试和校正后得到光伏组件峰值功率。光伏组件的光电转换效率计算公式：

$$\eta = P/A/Pin \times 100\%$$

式中　η——光伏组件的光电转换效率；

　　　P——校正后的光伏组件峰值功率（W）；

　　　A——光伏组件光照面积（m²），一般含光伏组件边框面积；

　　Pin——标准条件测试条件的单位面积太阳辐照度1000W/m²。

　　2. 检查

　　1）检查方法

　　使用观察检查和现场抽查测试的方法。

　　2）检查数量

　　抽查数量为同一类型太阳能光伏系统被测试数量为该类型系统总数量的5%，且不得少于1套。

　　同一类型光伏系统是指系统光伏方阵标称功率容量偏差在10%以内的光伏系统。

3）检查内容

光伏组件的光电转换效率的检查应包括以下内容：

（1）计算参数的测试方法、测试设备选用是否正确。

（2）实际测试后对光强、温度、组合损失、最大功率点、太阳能光伏阵列朝向的校正是否正确。

（3）光电转换效率的计算结果是否符合设计要求。

16.2.5　太阳能光伏系统安装完成经调试后，应具有下列功能，并符合设计要求：

　　1　测量显示功能；

　　2　数据存储与传输功能；

　　3　交（直）流配电设备保护功能。

　　检验方法：观察检查。

　　检查数量：全数检查。

16.2.5【示例或专题】

【技术要点说明】

为保证太阳能光伏系统并拥有很好的节能减排效果，系统运行质量至关重要。

太阳能光伏系统应具有以下三项功能，有利于系统的运行维护，有利于系统安全稳定运行：

1）测量显示

逆变设备应有主要运行参数的测量显示和运行状态的指示。参数测量精度应不低于1.5级。测量显示参数至少包括直流输入电压、输入电流、交流输出电压、输出电流、输出功率功率因数；运行状态的指示显示逆变设备状态（运行、故障、停机等）。

显示功能包括内容显示和状态显示。

内容显示包括直流电流、直流电压、直流功率、交流电压、交流电流、交流频率、率因数、交流发电量、系统发电功率、系统发电量、气温、日射量等。

状态显示主要包括运行状态、异常状态、解列状态、并网运行、应急运行、告警内容代码等。

2）数据存储与传输

并网光伏发电系统须配置现地数据采集系统，能够采集系统的各类运行数据，并按规定的协议通过 GPRS/CDMA 无线通道、电话线路或 Internet 公众网上传。

3）交（直）流配电设备至少应具有如下保护功能：

（1）输出过载、短路保护。

（2）过电压保护（含雷击保护）。

（3）漏电保护功能。

【检查】

1. 检查方法

使用观察检查的方法。

2. 检查数量

进行全数检查。

3. 检查内容

太阳能光伏系统功能的检查包括以下主要内容：

（1）测量显示，分别检查逆变器设备和系统的运行参数、运行状态是否显示齐全准确。

（2）数据存储与传输，检查并网光伏发电系统是否配置现地数据采集系统，同时检查数据采集系统是否可以将数据顺利上传。

（3）交（直）流配电设备保护功能是否符合设计要求。

16.2.6 在建筑上增设太阳能光伏发电系统时，系统设计应满足建筑结构及其他相应的安全性能要求，并不得降低相邻建筑的日照标准。

检验方法：观察检查，核查建筑结构设计，核验相关资料、文件。

检查数量：全数检查。

16.2.6【示例或专题】

【技术要点说明】

在建筑上增设或改造太阳能光伏发电系统时，系统设计必须充分考虑建筑结构安全，并应满足建筑结构及其他相应的安全性要求，不得因此降低相邻建筑的日照标准。当涉及主体和承重结构改动或增加荷载时，必须由原结构设计单位或具备相应资质（不低于原设计单位资质）的设计单位核查有关原始资料，对既有建筑结构的安全性进行核验、确认，需要时报请有关部门批准。

在既有建筑上增设或改造光伏系统，必须进行建筑结构设计、结构材料、耐久性、安装部位的构造及强度的复核，并应满足建筑结构及其他相应的安全性能要求，还应对建筑电气安全进行复核，并应满足光伏组件所在建筑部位的防火、防雷、防触电等相关功能要求和建筑节能要求。

光伏系统的支架、支撑金属件及其连接节点，应具有承受系统自重、风荷载、雪荷载、检修荷载和地震作用的能力。

光伏组件不应跨越主体结构的变形缝，或应采用与主体建筑的变形缝相适应的构造措施。因为建筑主体结构在伸缩缝、沉降缝、防震缝的变形缝两侧会发生相对位移，光伏组件跨越变形缝时容易遭到破坏，造成漏电、脱落等危险。

光伏组件不应影响安装部位建筑雨水系统设计，不应造成局部积水，防水层破坏、渗漏等情况。

【实施与检查】

1. 实施

准备增设或改造太阳能光伏系统时，先根据建筑的结构设计图纸进行安全性核算。对于是否满足建筑结构的安全性要求，当不涉及主体和承重结构改动或增加荷载时，可由一般的设计单位对建筑的结构安全和其他相应的安全性进行核算，也可核查建筑结构设计，核验相关资料、文件，例如：施工图专项审查文件、建筑结构计算书等；当涉及主体和承重结构改动或增加荷载时，由原结构设计单位或具备相应资质（不低于原设计单位资质）的设计单位进行核算，核算完成后，由建筑业主进行确认，并报有关部门批准。

对于是否降低相邻建筑的日照标准，可通过观察检查，观察时间通常选择在冬至日9点或15点。

2. 检查

1）检查方法

观察检查，核查建筑结构设计，核验相关资料、文件。

2）检查数量

进行全数检查。

3）检查内容

在建筑上增设太阳能光伏发电系统时，安全性和日照情况应检查以下内容：

（1）太阳能光伏系统设计方案建筑结构安全性评估资料。

（2）建筑结构设计图纸，核对现场施工是否与设计图纸相符。

（3）相关主管部门的批复意见。

（4）日照计算及模拟结果。

16.3 一般项目

16.3.1 太阳能光伏系统安装完成后，应按设计要求或相关标准规定进行标识。

检验方法：观察检查。

检查数量：全数检查。

16.3.1【示例或专题】

【技术要点说明】

图形标志一般用来告诫人们不要去接近有危险的场所。为保证系统运行和安全用电，必须严格按有关标准使用颜色标志和图形标志。明确统一的标志是保证用电安全的一项重要措施。统计表明，不少电气事故完全是由于标志不统一而造成的。

太阳能光伏系统的标识应符合现行国家标准《光伏发电站标识系统编码导则》GB/T 35691—2017和设计要求。

【实施与检查】

1. 实施

太阳能光伏系统标识检查应包括如下项目：

（1）所有的电路、开关和终端设备都必须粘贴相应的标签。

（2）所有的直流接线盒（光伏发电和光伏方阵接线盒）必须粘贴警告标签，标签上应说明光伏方阵接线盒内含有源部件，并且当光伏逆变器和公共电网脱离后仍有可能带电。

（3）交流主隔离开关要有明显的标识。

（4）并网光伏系统属于双路电源供电的系统，应在两电源点的交汇处粘贴双电源警告标签。

（5）应在设备柜门内侧粘贴系统单线图。

（6）应在逆变器室合适的位置粘贴逆变器保护的设定细节的标签。

（7）应在合适位置粘贴紧急关机程序。

（8）所有的标志和标签都必须以适当的形式持久粘贴在设备上。

2. 检查

1）检查方法

观察检查。

2）检查数量

进行全数检查。

3）检查内容

太阳能光伏系统的标识应检查以下标签、标识是否正确，是否符合设计要求：

（1）电路、开关和终端设备的标签。

（2）直流接线盒的警告标签。

（3）交流主隔离开关显的标识。

（4）并网光伏系统的双电源警告标签。

（5）设备的系统图。

（6）逆变器保护的设定细节的标签。

（7）紧急关机程序及说明等。

第17章 建筑节能工程现场检验

【概述】《建筑工程施工质量验收统一标准》GB 50300—2013 第 3.0.6 条规定："对涉及结构安全、节能、环境保护和使用功能的重要分部工程，应在验收前按规定进行抽样检验"，明确规定建筑节能工程应进行现场抽样检验。这种现场抽样检验也称现场检验或实体检验。这种检验是在施工过程质量控制的基础上，对规定的重要项目进行的验证性检查，是强化施工质量验收的重要措施。

本章对建筑节能工程现场检验的内容和方法给出具体要求，全章共分 2 节，分别对围护结构和设备系统的现场检验进行规范。

第 17.1 节是围护结构现场实体检验，全节共有 8 条，主要规定了建筑围护结构节能工程施工完成后，对围护结构的外墙节能构造和外窗气密性进行现场实体检验的具体要求，包括抽样方式、抽样数量、检验方法、见证要求、检测单位资质和注意事项等多项规定，并给出了当出现不符合要求情况时的处理方法。本次修订继承了 2007 年版标准的特点，内容上做了三个方面的调整，一是放宽了抽样数量，允许同工程项目、同施工单位且同期施工的多个单位工程可以合并计算建筑面积；二是对建筑外窗气密性检测的适用范围做了调整和限定；三是对部分文字表述做了修改。

第 17.2 节是设备系统节能性能检验，全节共有 4 条，主要规定了供暖节能、通风与空调节能、配电与照明节能等工程安装调试完成后，应由建设单位委托具有相应资质的检测机构进行系统节能性能检验，并规定如果受季节影响未进行的节能性能检验项目，应在保修期内补做。

对于设备系统节能性能检测，采用列表形式给出了检测项目、抽样数量、允许偏差和符合相关标准要求的规定值。

为了解决某个检测项目遇到在工程竣工验收时可能因受条件限制（如供暖工程不在供暖期竣工，或竣工时热源和室外管网工程还没有安装完毕等情况）而不能进行的问题，允许建设单位事先在合同中约定延期补做。

17.1 围护结构现场实体检验

17.1.1 建筑围护结构节能工程施工完成后，应对围护结构的外墙节能构造和外窗气密性进行现场实体检验。

17.1.1【示例或专题】

【技术要点说明】

对已完工的工程进行实体检验，是验证工程质量的有效手段之一。通常只有对涉及安全或重要功能的部位采取这种方法验证。围护结构对于建筑节能意义重大，虽然在施工过程中采取了多种质量控制手段，但是现场操作人员的施工技术水平参差不齐，其节能效果如何仍需最终加以确认。建筑物的外墙和外窗是影响围护结构节能效果的两大关键因素，在严寒和寒冷地区，外窗的空气渗透热损失和外墙的传热热损失甚至约占到了建筑物能耗全部损失的 50％，因此本条规定了建筑围护结构现场实体检验项目为外墙节能构造和外窗气密性能。

【实施与检查】

1. 实施

围护结构节能材料或产品的质量在进场时由见证取样复验进行控制，而对于施工质量，则在建筑外围护结构节能工程的施工过程中进行检验批、分项、子分部工程的分层次验收。《建筑工程施工质量验收统一标准》GB 50300—2013 规定的重要分部工程明确包含节能工程，故在节能分部工程验收前应进行抽样检验，以确保其结果的真实性。具体检验项目有 2 个：对带有保温层的围护结构外墙节能构造进行检验，并在其使用位置上对建筑外窗气密性进行现场实体检测。

2. 检查

建筑节能分部工程验收时，应核实工程项目是否已按本标准规定进行带保温层围护结构外墙节能构造钻芯（或外墙传热系数）和建筑外门窗气密性能现场实体检测，且检测结果应符合要求，其目的是验证确认外墙和外窗的保温效果是否满足要求。节能分部工程验收时，则需要对外墙节能构造钻芯（或外墙传热系数）和外门窗气密性能现场实体检测报告进行核查。

17.1.2 建筑外墙节能构造的现场实体检验应包括墙体保温材料的种类、保温层厚度和保温构造做法。检验方法宜按照本标准附录 F 检验，当条件具备时，也可直接进行外墙传热系数或热阻检验。当附录 F 的检验方法不适用时，应进行外墙传热系数或热阻检验。

17.1.2【示例或专题】

【技术要点说明】

本条给出了外墙节能构造现场实体检验所包含的内容和采用的方法。

现场实体检验内容包括：

（1）验证保温材料的种类是否符合设计要求。

（2）验证保温层厚度是否符合设计要求。

（3）检查保温构造做法是否符合设计和施工方案要求。

围护结构的外墙节能构造现场实体检验的方法可采取本标准附录 F 规定的方法。

由于外墙节能做法的多样性和复杂性，有时可能出现钻芯法不适用或无法采用的情况。故本条规定了另一种方法，即当测试条件具备或附录 F 的检验方法不适用时还可选择直接进行外墙传热系数或热阻检验。

需要注意，直接进行外墙传热系数或热阻检验虽不失为一种可选方法，但这种方法有许多制约因素。第一，外墙传热系数或热阻检验对检测环境有着较高的要求，一般墙体内外（室内外）的温差至少要稳定在 10℃ 以上（《居住建筑节能检测标准》JGJ/T 132—2009 要求 10℃ 以上；《公共建筑节能检测标准》JGJ/T 177—2009 要求 15℃ 以上）；第二，测试时间较长，可能达数日或更长（不少于 96 h）；第三，新施工的墙体含水率变化会导致检测结果出现较大偏差；第四，直接检验传热系数成本较高；第五，墙体不同检测部位检测数据的离散性较大，导致检验结果的复现性差。

在工程实践中，一般夏热冬暖地区和温和地区不具备现场直接检测墙体传热系数的条件，只有严寒、寒冷地区的冬季才可能有条件进行现场传热系数测试。即使温差条件和测试设备允许，对于新建工程墙体来说，其含水率情况复杂，大多数墙体含水率高于正常使用环境，如果此时进行墙体传热系数检测，需要有较完善的测试数据处理能力方能得到准确检测结果。夏热冬冷地区由于多数民用建筑工程不集中供暖，虽然有一段时间的冬天，但气温稳定的温差持续时间短、温差小，也需要有较完善的数据处理能力方能检测。

对于建筑外墙节能构造采用保温砌块、干挂幕墙内置保温、预制构件、定型产品等构造的现场实体检验，目前已有相关检测标准，可以按照现行有关标准的规定对其主体部位的传热系数或热阻进行检验。

因此在一般情况下可首选外墙节能构造现场实体检验的方法，只有当工程合同有约定或建筑外墙节能构造采用某些不适用附录 F 的检验方法（如采用保温砌块、干挂幕墙内置保温、预制构件、定型产品等构造等）时，可以按照《建筑物围护结构传热系数及采暖供热量检测方法》GB/T 23483—2009、《居住建筑节能检测标准》JGJ/T 132—2009、《围护结构传热系数现场检测技术规程》JGJ/T 357—2015 等国家现行有关标准的规定对其主体部位的传热系数或热阻进行检验。

当不适宜采用钻芯法进行外墙节能构造现场检验时，可对围护结构直接进行传热系数检验，此时不必再进行外墙节能构造钻芯检验。

【实施与检查】

外墙节能构造的现场实体检验方法已经在本标准附录 F 中加以详细规定，按照执行即可。注意在检验过程中，选取部位应由施工与监理双方共同确定，且不得在施工前预先确定，这是为了提高检验结果的可信度，防止造假、特制等现象发生。

17.1.3 建筑外窗气密性能现场实体检验的方法应符合国家现行有关标准的规定，下列建筑的外窗应进行气密性能实体检验：

　　1. 严寒、寒冷地区建筑；

　　2. 夏热冬冷地区高度大于或等于 24m 的建筑和有集中供暖或供冷的建筑；

　　3. 其他地区有集中供冷或供暖的建筑。

17.1.3【示例或专题】

【技术要点说明】

本条规定了外窗气密性能的实体检验的方法和适用范围。检验方法比较明确，即可按照《建筑外窗气密、水密、抗风压性能现场检测方法》JG/T 211—2007等国家现行有关标准执行。但由于检测标准属于方法标准，大多是推荐性标准，因此当有其他标准可选（如地方标准）时，经各方协商后也可采用。

适用范围的规定较为复杂，分为三种情况：

第一种情况是首先按照气候区划，所有严寒、寒冷地区的民用建筑都要检验。

第二种情况又细分为两种具体情况：夏热冬冷地区同时高度大于或等于24m的建筑要检测；对于夏热冬冷地区24m以下的建筑，则只针对有集中供暖或供冷的建筑需要检测，但并未要求夏热冬冷地区24m以下没有集中供暖或供冷的建筑进行检测。

第三种情况是针对上述地区以外的所有其他气候区，凡是有集中供冷或供暖的建筑都要检测。

之所以如此规定，是因为集中供暖或有空调的建筑，其门窗的气密性能对供暖和供冷能耗有较大影响；夏热冬冷地区高层建筑风压较大，门窗的空气渗透比较大，所以气密性能也有较高要求。

【实施与检查】

建筑外窗安装完成后，对于严寒、寒冷地区的建筑、有集中供暖或供冷的建筑、夏热冬冷地区高度大于或等于24m的建筑，建设单位应委托具有相应资质的检测机构进行外窗气密性能现场实体检测，并取得外窗气密性能现场实体检测报告，证实已安装完成的建筑外窗气密性性能指标确实符合要求。在有关建筑节能监理实施细则和建筑节能专项施工方案检测实施计划中，应包含本条所列适用范围的外窗气密性能现场实体检测内容，以及选择的检验方法。

组织节能检查或验收时，相关单位应首先确认建筑是否在本条适用范围内，如是，核查其是否已进行建筑外窗气密性能现场实体检测，要求提供现场实体检测报告，检测方法是否符合检测标准的要求，检测结果应给出是否符合设计要求或按照现行国家标准《建筑外门窗气密、水密、抗风压性能检测方法》GB/T 7106—2019确定检测分级指标值。当外窗气密性能现场检测结果出现不合格或不符合设计要求的情况时，应当分析原因，进行返工修理，再次检测，直至达到合格水平。

17.1.4 外墙节能构造和外窗气密性能现场实体检验的抽样数量应符合下列规定：

1 外墙节能构造实体检验应按单位工程进行，每种节能构造的外墙检验不得少于3处，每处检查一个点；传热系数检验数量应符合国家现行有关标准的要求。

17.1.4【示例或专题】

2 外窗气密性能现场实体检验应按单位工程进行，每种材质、开启方式、型材系列的外窗检验不得少于3樘。

3 同工程项目、同施工单位且同期施工的多个单位工程，可合并计算建筑面积；每30000m² 可视为一个单位工程进行抽样，不足30000m² 也视为一个单位工程。

4　实体检验的样本应在施工现场由监理单位和施工单位随机抽取，且应分布均匀、具有代表性，不得预先确定检验位置。

【技术要点说明】

本条规定了围护结构现场实体检验的抽样数量。为了使抽样合理和均衡，每种抽样均以单位工程为取样范围。

对于外墙节能构造实体检验的抽样，要求每个单位工程每种节能构造的外墙检验分别抽样，每种构造外墙抽样检验不得少于3处，每处检查一个点。本条未对外墙传热系数检验的数量作出规定，因为外墙传热系数检验数量及抽样部位的确定比较复杂，与具体工程的实际情况关联密切，难以统一规定，故应按国家现行有关标准的抽样要求确定。

外窗气密性能现场实体检验，规定每个单位工程每种材质、开启方式、型材系列的外窗检验不得少于3樘。此项规定选取的是该项检验的最低抽样数量。

检查数量的确定需考虑同一个工程项目可能包括多个单位工程（例如别墅群或采用相同设计的多层小型群体建筑）的情况，为了合理、均衡并适当降低检验成本，规定同工程项目、同施工单位且同期施工的多个单位工程，可合并计算建筑面积；每30000m² 可视为一个单位工程进行抽样，不足30000m² 也视为一个单位工程。

本条还规定实体检验的样本应在施工现场由监理单位和施工单位随机抽取，且应分布均匀，具有代表性，主要是为了保证检验的公正性和有效性，防止在施工中弄虚作假。

【实施与检查】

外墙节能构造钻芯检验每单位工程每种节能构造的外墙至少检验3处，每处检查一个点，即每处抽取一个芯样，当单位工程存在多种保温构造时，分别按不同保温构造的围护结构各检验3处。由于墙体钻芯虽经修复仍然可能会稍微影响局部外墙的美观，故取样位置应避开公共进出口、主要装饰立面等显著部位，选取山墙、背立面或侧立面等相对隐蔽位置，钻芯后应细心修复使之恢复原状。

外窗气密性现场实体检验每单位工程至少抽取3樘，当单位工程的建筑外窗有多种材质、多种开启方式、多种型材系列时，每种材质、开启方式、型材系列的外窗均应至少抽取3樘进行检验。

假如同一工程项目有多个单位工程，且同一施工单位同一时间施工，可合并计算建筑面积，每30000m² 可视为一个单位工程进行抽样，不足30000m² 也视为一个单位工程。合并计算时对于略多于或略少于30000m² 的情况可以适当调整，由施工和监理双方协商确定。

实体检验的样本应在施工现场由监理单位和施工单位遵循分布均匀，具有代表性的原则随机抽取，相关单位不得预先确定检验位置。

本条实施时，相关单位应严格审核外墙构造钻芯和外窗气密性能现场实体检验方案，核查抽检数量是否满足本标准的最低要求，实体检验的样本是否具有代表性和随机性，检验内容是否符合要求。

17.1.5 外墙节能构造钻芯检验应由监理工程师见证，可由建设单位委托有资质的检测机构实施，也可由施工单位实施。

17.1.5【示例或专题】

【技术要点说明】

本条规定了承担围护结构现场实体检验任务的实施单位和见证单位。主要出发点是既要保证检测的公正性与可靠性，又要尽可能降低检验成本。

考虑到围护结构的现场实体检验是采用钻芯法验证其节能保温构造做法，操作简单，不需要使用试验仪器和复杂设备，而且复现性较好，为了方便施工和降低检验成本，故规定现场实体检验除了可以委托有资质的检测单位承担外，也可由施工单位自行实施，但是不应由项目部而应由其上级即施工单位实施。对检验的实施过程进行见证，是为了保证检验的公正性，对造假者能够构成威慑，对质量则毫无影响。由于抽样少，经济负担也相对较轻。当由施工单位进行钻芯检验时，检验成果应采取本标准附录F的记录格式，须加盖施工单位和施工项目部的印章并由检验人员签署（不要求加盖检测单位印章）。只要抽样数量、检验方法和检验过程符合本标准规定，且有监理见证，由施工单位进行的钻芯法检验成果具有相同效力。

监理单位的现场见证人应认真履行职责，不仅应在检测过程中全程到场见证，而且应填写见证记录，纳入监理资料。检测人员应严格按照本标准附录F的规定执行。

【实施与检查】

本条钻芯法检验，当由施工单位自行实施时，施工单位须具备符合要求的钻芯仪器，操作人员应经过培训，检测前应进行交底，检验数量、部位、方法均须遵循本标准的规定，且全过程均应由监理见证。

当由检测单位检验时，应核查检测机构资质和能力，包括人员、设备、标准、管理、计量认证项目情况等。监理应填写见证记录，给出抽样方法是否符合规定、现场钻芯和芯样照片是否真实等结论。

17.1.6 当对外墙传热系数或热阻检验时，应由监理工程师见证，由建设单位委托具有资质的检测机构实施；其检测方法、抽样数量、检测部位和合格判定标准等可按照相关标准确定，并在合同中约定。

17.1.6【示例或专题】

【技术要点说明】

本条提出了外墙传热系数或热阻检验的具体要求。外墙传热系数或热阻检验相关仪器设备和方法较为复杂，因此规定建设单位应委托具有资质的检测机构实施，同时为保证检验的公正性和有效性，要求检测应由监理工程师见证，并填写见证记录，归档保存。具体的检测方法和合格判定标准等可按照《建筑物围护结构传热系数及采暖供热量检测方法》GB/T 23483—2009、《居住建筑节能检测标准》JGJ/T 132—2009、《围护结构传热系数现场检测技术规程》JGJ/T 357—2015 等国家现行有关标准确定，但抽样数量和检测部位在相关标准中没有规定，可由双方在合同中约定。

【实施与检查】

本条围护结构外墙传热系数或热阻的检测工作，应由建设单位委托具备工程质量见证检测资质和该项目计量认证的检测机构承担，且应由监理工程师见证检验过程，填写见证记录。检测机构应依据国家现行有关标准开展检测工作，抽样数量和检测部位由双方依据相关标准共同确定，且不同保温构造的外墙传热系数或热阻抽检不少于1组。

建设单位核查检测机构的营业执照和资质证书；进场检测时，监理工程师核查检测机构资质证书及计量认证项目参数范围，承担本项目检测人员资格情况和仪器设备检定证书；核查检测方案包括检测方法、抽样数量、检测部位和合格判定标准等内容是否符合要求。

要求由建设单位委托检测机构，依据《建设工程质量检测管理办法》第 12 条的规定："本办法规定的质量检测业务，由工程项目建设单位委托具有相应资质的检测机构进行检测。"

17.1.7 外窗气密性能的现场实体检验应由监理工程师见证，由建设单位委托有资质的检测机构实施。

【技术要点说明】

本条规定了外窗气密性能的现场实体检验的要求。规定承担外窗气密性能现场实体检验任务的单位应该是有资质的检测机构。这是考虑到外窗气密性检验操作较复杂，需要使用整套试验仪器，结果分析也需要一定的技术知识，所有这些内容施工单位难以完成，故规定应委托有资质的检测单位承担。检测过程同样应进行见证，以保证结论的公正性。

对于有资质的检测机构，由于目前《建设工程质量检测管理办法》中未包括建筑门窗专项检测资质，也没有包括建筑节能专项检测资质，故目前承担该项检测的检测机构至少应具备见证检测资质并通过建筑外窗气密性能现场检测项目的计量认证，或按照当地相关规定执行。

在施工现场检测外窗气密性能，其原理与试验室检测相同，采用的分级指标、试验标准也相同。所不同的仅仅是现场条件的差别。实践证明，窗洞的密封对试验结果有重要影响，往往成为检验结果是否正确的决定性因素。现场试验过程中，检测单位应严格按照相关标准的要求操作，保证试验结果的复现性。

【实施与检查】

外窗气密性能检测，应严格按照国家现行有关检测标准实施，抽检对象由监理单位与施工单位双方代表随机抽取，满足本标准第 3.2.4 条的规定。检测前建设单位应与检测机构签订委托合同，监理人员应对现场检测人员持证上岗情况进行核查，对现场检测过程进行见证（必要时可留取现场检测情况的影像资料），并填写见证记录，纳入监理资料，检测完成后检测机构应出具符合要求的检测报告。

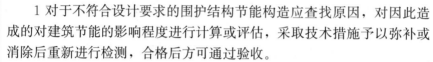

17.1.8 当外墙节能构造或外窗气密性能现场实体检验结果不符合设计要求和标准规定时，应委托有资质的检测机构扩大一倍数量抽样，对不符合要求的项目或参数再次检验。仍然不符合要求时应给出"不符合设计要求"的结论，并应符合下列规定：

　　1 对于不符合设计要求的围护结构节能构造应查找原因，对因此造成的对建筑节能的影响程度进行计算或评估，采取技术措施予以弥补或消除后重新进行检测，合格后方可通过验收。

　　2 对于建筑外窗气密性能不符合设计要求和国家现行标准规定的，应查找原因，经过整改使其达到要求后重新进行检测，合格后方可通过验收。

17.1.8【示例或专题】

【技术要点说明】

　　当围护结构节能性能的现场实体检验出现不符合要求的情况时，显示节能工程质量可能存在问题。此时为了得出更为真实可靠的结论，考虑到实体检验的抽样数量太少，可能缺乏代表性，故不宜立即得出不合格的最终结论，而应委托有资质的检测单位（通常宜为原来的检测单位，必要时也可委托其他有资质的检测机构，由各方协商决定）再次检验。增加抽样的代表性，应扩大一倍数量再次抽样。再次检验只需要对不符合要求的项目或参数检验，不必对已经符合要求的参数再次检验。如果再次检验仍然不符合要求时，则应给出"不符合设计要求"的结论。

　　对于外墙节能构造不符合要求的情况，如果不是材料不合格或施工中故意偷工减料，实际是很少发生的。遇到这种情况，首先应扩大一倍数量再次抽样检测，再次检验应只针对不符合要求的那一类或几类外墙构造，仍然不符合要求时应给出"不符合设计要求"或"不合格"的结论。

　　对于外墙节能构造不符合要求的情况，难以返工修理，此时应由各方分析查找原因，由节能设计单位对不符合节能性能要求的墙体进行核算，评价节能效果的受损程度，提出补救措施。按照《建筑工程施工质量验收统一标准》GB 50300—2013的规定验收。

　　对于外窗气密性能不符合要求的情况，通常原因是密封条引起。故应首先查找原因，对所造成的影响范围和影响程度进行计算或评估，然后采取某些可行的技术措施予以弥补、修理或消除。这些措施通常需要征得节能设计、建设、监理单位的同意。注意消除隐患后必须重新进行检测，合格后方可通过验收。

　　《建筑工程施工质量验收统一标准》GB 50300—2013规定了当工程质量出现不符合要求的情况时应采取的处理措施，这些处理措施对建筑节能工程同样适用。如果最终处理后留下永久性缺陷，应按照国际惯例实行让步接受。

【实施与检查】

外墙节能构造和外窗气密性能现场实体首次检验结果不符合设计要求和标准规定时，建设单位应委托原有或其他有资质的检测机构对不符合要求的扩大一倍数量抽样，扩大抽样再次检验原不符合要求的项目或参数，仍然不符合要求时应给出"不符合设计要求"或"不合格"的结论。

对于检测不符合设计和国家现行标准要求的，建设单位应督促施工单位查找原因，采取技术措施并整改使其达到要求后重新委托检测，合格后方可通过验收。

建设或监理单位组织节能分部验收前，核查外墙节能构造和外窗气密性能现场实体检测结果，不符合要求应扩大一倍数量抽样检验，且应涵盖首次检验不合格的项目或参数。施工单位整改所采取的技术措施应符合相关要求，须征得节能设计、建设、监理单位的同意。

17.2　设备系统节能性能检验

17.2.1　供暖节能工程、通风与空调节能工程、配电与照明节能工程安装调试完成后，应由建设单位委托具有相应资质的检测机构进行系统节能性能检验并出具报告。受季节影响未进行的节能性能检验项目，应在保修期内补做。

【技术要点说明】

本条给出了供暖节能工程、通风与空调节能工程、配电与照明节能工程系统节能性能检验的总体要求，并明确规定对这些项目节能性能的检验应由建设单位委托具有相应资质的第三方检验单位，按照国家现行有关标准的规定进行。

本标准第 9.2.10 条和第 10.2.11 条分别规定了供暖、通风与空调系统安装完毕后应进行试运转和调试的要求，属于施工过程中的检验，由施工单位自行组织完成，目的是检验施工安装结果与设计要求是否一致。

本条规定是在施工单位试运转和调试完成的基础上，对系统的节能性能进行检验，检验系统是否满足节能要求，节能必须由专业第三方检验机构完成并出具报告，不能够由施工单位或建设单位自行实施。

同时本条还要求，受季节影响，如在夏季不能进行供暖系统节能性能检验、冬季不能进行空调系统节能性能检验，未进行的节能性能检测项目应在保修期内补做。

节能性能检验，突出了本标准的中心思想，是验收标准的核心所在，是推动能源合理利用的一项重要手段，是贯彻落实国家节能政策的充分体现和有力保证。拥有相应资质的第三方检测机构具有权威性、独立性、公正性，其通过各种仪器设备的测试和检验技术手段，能够对建筑的能源利用状况进行定量分析，大量的数据能够更科学地反映建筑的能源利用状况，能够为节能主管部门提供建筑节能的科学分析。

17.2.2 供暖节能工程、通风与空调节能工程、配电与照明节能工程的设备系统节能性能检测应符合表17.2.2的规定。

表17.2.2 设备系统节能性能检测主要项目及要求

序号	检测项目	抽样数量	允许偏差或规定值
1	室内平均温度	以房间数量为受检样本基数,最小抽样数量按本标准第3.4.3条规定执行,且均匀分布,并具有代表性;对面积大于100m²的房间或空间,可按每100m²划分为多个受检样本。公共建筑的不同典型功能区域检测部位不应少于2处	冬季不得低于设计计算温度2℃,且不应高于1℃;夏季不得高于设计计算温度2℃,且不应低于1℃
2	通风、空调(包括新风)系统的风量	以系统数量为受检样本基数,抽样数量按本标准第3.4.3条规定执行,且不同功能的系统不应少于1个	符合现行国家标准《通风与空调工程施工质量验收规范》GB 50243有关规定的限值
3	各风口的风量	以风口数量为受检样本基数,抽样数量按本标准第3.4.3条规定执行,且不同功能的系统不应少于2个	与设计风量的允许偏差不大于15%
4	风道系统单位风量耗功率	以风机数量为受检样本基数,抽样数量按本标准第3.4.3条规定执行,且不同功能的风机不应少于1台	符合《公共建筑节能设计标准》GB 50189规定的限值
5	空调机组的水流量	以空调机组数量为受检样本基数,抽样数量按本标准第3.4.3条规定执行	定流量系统允许偏差为15%,变流量系统允许偏差为10%
6	空调系统冷水、热水、冷却水的循环流量	全数检测	与设计循环流量的允许偏差不大于10%
7	室外供暖管网水力平衡度	热力入口总数不超过6个时,全数检测;超过6个时,应根据各个热力入口距热源距离的远近,按近端、远端、中间区域各抽检2个热力入口	0.9~1.2
8	室外供暖管网热损失率	全数检测	不大于10%
9	照度与照明功率密度	每个典型功能区域不少于2处,且均匀分布,并具有代表性	照度不低于设计值的90%;照明功率密度值不应大于设计值

注:受检样本基数对应本标准表3.4.3检验批的容量。

【技术要点说明】

本条给出了供暖、通风与空调及冷热源、配电与照明系统节能性能检测的具体项目及要求。

本标准表17.2.2中各检测项目的允许偏差或规定值,取自《居住建筑节能检测标准》JGJ/T 132—2009、《公共建筑节能检测标准》JGJ/T 177—2009和《通风与空调工程施工质量验收规范》GB 50243—2016 等国家现行有关标准。

表 17.2.2 中第 1 项的室内平均温度允许偏差，主要针对供暖和舒适性空调工程，而对于工艺性空调或有特殊要求场所的室内温度允许偏差，则应按照有关的特殊规定和要求执行。其检测方法应按现行行业标准《居住建筑节能检测标准》JGJ/T 132—2009 和《公共建筑节能检测标准》JGJ/T 177—2009 等有关规定执行。

表 17.2.2 中第 9 项照度测量方法按现行国家标准《照明测量方法》GB/T 5700—2008 中有关规定执行。现场检测时应选择设计文件中对照明功率密度值做出明确规定的各类房间或场所作为典型功能区域，并将其规定值和设计值作为判断依据。

另外，表 17.2.2 中序号为 1～8 的检测项目，是本标准第 9～11 章中有关条文所规定的，在室内空调与供暖系统及其冷热源和管网工程竣工验收时所必须进行的试运转及调试内容。为了保证工程的节能效果，对于表 17.2.2 中所规定的某个检测项目，如果在工程竣工验收因受某种条件的限制（如供暖工程不在供暖期竣工或竣工时热源和室外管网工程还没有安装完毕等情况）而不能进行时，施工单位与建设单位应事先在工程（保修）合同中对该检测项目做出延期补做试运转、调试及检测的约定。

【实施与检查】

各项系统节能性能检测的条件见表 17-1。

节能性能检测条件　　　　　　　　　表 17-1

序号	检测项目	检测条件
1	室内平均温度	测试期间,冬季供暖系统、夏季空调系统均应正常运行,且门窗处于关闭状态
2	通风、空调(包括新风)系统的风量	系统和机组正常运行
3	各风口的风量	检测风口所在系统正常运行,风阀、风口处于正常开启状态。检测期间,受检系统的总风量应维持恒定且为设计值的 100%～110%
4	风道系统单位风量耗功率	风机正常运行
5	空调机组的水流量	空调冷冻水(热水)循环系统运行正常,检测期间,受检系统的冷冻水(热水)总流量应维持恒定
6	空调系统冷水、热水、冷却水的循环流量	系统水阀门应按水系统平衡调试的结果调整到预定状态
7	室外供暖管网水力平衡度	供暖系统在正常工况下运行,采用热计量装置或流量计同时在建筑物热力入口处或主供水回路上检测
8	室外供暖管网热损失率	检测应在最冷月供暖系统正常运行 120h 后进行。检测期间,供暖系统在正常工况下运行,热源供水温度的逐时值不应低于 35℃;锅炉(或换热器)出力的波动不应超过 10%,供回水温度与设计值之差不应大于 10℃
9	照度与照明功率密度	检测房间内,根据需要点亮必要的光源,排除其他无关光源的影响,关闭门窗、遮蔽窗户等;断开房间内不同类型用电设备电源,点亮供电回路上所测灯具,待各种光源的光输出稳定后开始测量

各项系统节能性能检测的具体要求如下：

1. 居住建筑室内平均温度

（1）居住建筑室内平均温度的检测持续时间宜为整个供暖期。

（2）以房间数量为受检样本基数，抽样数量按本标准第3.4.3条的规定执行，且均匀分布。当受检房间使用面积大于或等于30m² 时，应设置两个测点。测点应设于室内活动区域，且距地面或高出楼面700～1800mm 范围内有代表性的位置；温度传感器不应受到太阳辐射或室内热源的直接影响。

（3）室内平均温度应采用温度自动检测仪进行连续检测，检测数据记录时间间隔不宜超过30min。

（4）室内温度逐时值和室内平均温度应分别按下列公式计算：

$$t_{rm,i} = \frac{\sum_{j=1}^{p} t_{i,j}}{p}$$

$$t_{rm} = \frac{\sum_{j=1}^{n} t_{rm,i}}{n}$$

式中　t_{rm}——受检房间的室内平均温度（℃）；

　　$t_{rm,i}$——受检房间第 i 个室内温度逐时值（℃）；

　　$t_{i,j}$——受检房间第 j 个测点的第 i 个室内温度逐时值（℃）；

　　n——受检房间的室内温度逐时值的个数；

　　p——受检房间布置的温度测点的点数。

（5）对于已实施按热量计量且室内散热设备具有可调节的温控装置的供暖系统，当住户人调低室内温度设定值时，供暖期室内温度逐时值可不作判定。

2. 公共建筑室内平均温度

（1）设有集中供暖空调系统的建筑物，室内温度检测数量应按照供暖空调系统分区进行选取。当系统形式不同时，每种系统形式均应检测。以相同系统形式的房间数量为受检样本基数，抽样数量按本标准第3.4.3条的规定执行，且不同典型功能区域检测部位不应少于2处。

（2）温度测点布置应符合下列原则：

① 3层及以下的建筑物应逐层选取区域布置温度测点。

② 3层以上的建筑物应在首层、中间层和顶层分别选取区域布置温度测点。

③ 气流组织方式不同的房间应分别布置温度测点。

（3）温度测点应设于室内活动区域，且应在距地面700～1800mm 范围内有代表性的位置，温度传感器不应受到太阳辐射或室内热源的直接影响。温度测点位置及数量还应符合下列规定：

① 当房间使用面积小于16m² 时，应设测点1个。

② 当房间使用面积大于或等于16m²，且小于30m² 时，应设测点2个。

③ 当房间使用面积大于或等于30m²，且小于60m² 时，应设测点3个。

④ 当房间使用面积大于或等于60m²，且小于100m² 时，应设测点5个。

⑤ 当房间使用面积大于或等于100m² 时，每增加20～30m² 应增加1个测点。

（4）室内平均温度检测应在最冷或最热月，且在供暖或供冷系统正常运行后进行，室内平均温度应进行连续检测，检测时间不得少于 6h，且数据记录时间间隔最长不得超过 30min。

（5）公共建筑室内平均温度计算与居住建筑室内平均温度计算相同。

3. 通风、空调（包括新风）系统的风量测量

（1）通风、空调、新风系统风量检测，以系统数量为受检样本基数，抽样数量按本标准第 3.4.3 条的规定执行，且不同功能的系统不应少于 1 个。

（2）风量检测应在系统正常运行后进行，且所有风口应处于正常开启状态；应采用风管风量检测方法。

（3）风管风量检测宜采用毕托管和微压计；当动压小于 10Pa 时，宜采用数字式风速计。

（4）风量测量断面应选择在机组出口或入口直管段上，且宜距上游局部阻力部件大于或等于 5 倍管径（或矩形风管长边尺寸），并距下游局部阻力构件大于或等于 2 倍管径（或短形风管长边尺寸）的位置。

（5）测量断面测点布置应符合下列规定：

① 矩形断面测点数及布置方法应符合图 17-1 和表 17-2 的规定。

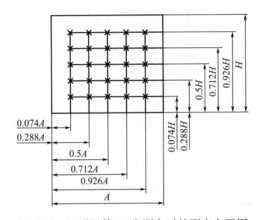

图 17-1　矩形风管 25 个测点时的测点布置图

矩形断面测点位置表　　　　　　　　　　　　　表 17-2

横线数或每条横线上的测点数目	测点	测点位置 X/A 或 X/H
5	1	0.074
	2	0.288
	3	0.500
	4	0.712
	5	0.926
6	1	0.061
	2	0.235
	3	0.437
	4	0.563
	5	0.765
	6	0.939

续表

横线数或每条横线上的测点数目	测点	测点位置 X/A 或 X/H
7	1	0.053
	2	0.203
	3	0.366
	4	0.500
	5	0.634
	6	0.797
	7	0.947

② 圆形断面测点数及布置方法应符合图 17-2 和表 17-3 的规定。

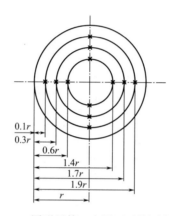

图 17-2　圆形风管 3 个圆环时的测点布置

圆形截面测点布置　　　　　　　　　　　　　　　　　表 17-3

风管直径	≤200mm	200~400mm	400~700mm	≥700mm
圆环个数	3	4	5	5~6
测点编号	测点到管壁的距离(r 的倍数)			
1	0.10	0.10	0.05	0.05
2	0.30	0.20	0.20	0.15
3	0.60	0.40	0.30	0.25
4	1.40	0.70	0.50	0.35
5	1.70	1.30	0.70	0.50
6	1.90	1.60	1.30	0.70
7	—	1.80	1.50	1.30
8	—	1.90	1.70	1.50
9	—	—	1.80	1.65
10	—	—	1.95	1.75
11	—	—	—	1.85
12	—	—	—	1.95

（6）测量时，每个测点应至少测量 2 次，当 2 次测量值接近时，应取 2 次测量的平均值作为测点的测量值。

（7）当采用毕托管和微压计测量风量时，平均动压计算应取各测点的算术平均值作为平均动压。当各测点数据变化较大时，应按下式计算动压的平均值：

$$P_\mathrm{v} = (\frac{\sqrt{P_\mathrm{v1}} + \sqrt{P_\mathrm{v2}} + \cdots + \sqrt{P_\mathrm{vn}}}{n})^2$$

式中　　　　　P_v——平均动压（Pa）；

　P_v1、P_v2、P_vn——各测点的动压（Pa）。

断面平均风速应按下式计算：

$$V = \sqrt{\frac{2P_\mathrm{v}}{\rho}}$$

式中　V——断面平均风速（m/s）；

　　　ρ——空气密度（kg/m³），$\rho = 0.349B/(273.15+t)$；

　　　B——大气压力（hPa）；

　　　t——空气温度（℃）。

机组或系统实测风量应按下式计算：

$$L = 3600VF$$

式中　F——断面面积（m²）；

　　　L——机组或系统风量（m³/h）。

（8）采用数字式风速计测量风量时，断面平均风速应取算数平均值；机组或系统实测风量应按上式计算。

4. 风口风量

（1）风口风量的检测以风口数量为受检样本基数，抽样数量按本标准第 3.4.3 条的规定执行，且不同功能的系统不应少于 2 个。

（2）风口风量测量方法选择宜符合下列规定：

① 散流器风口风量，宜采用风量罩法测量。

② 当风口为格栅或网格风口时，宜采用风口风速法测量。

③ 当风口为条缝形风口或风口气流有偏移时，宜采用辅助风管法测量。

④ 当风口风速法测试有困难时，可采用风管风量法。

（3）风口风量测量应符合下列规定：

① 采用风口风速法测量风口风量时，在风口出口平面上，测点不应少于 6 点，并应均匀布置。

② 采用辅助风管法测量风口风量时，辅助风管的截面尺寸应与风口内截面尺寸相同，长度不应小于 2 倍风口边长。辅助风管应将被测风口完全罩住，出口平面上的测点不应少于 6 点，且应均匀布置。

（4）当采用风量罩测量风口风量时，应选择与风口面积较接近的风量罩罩体，罩口面积不得大于 4 倍风口面积，且罩体长边不得大于风口长边的 2 倍；风口宜位于罩体的中间位置；罩口与风口所在平面应紧密接触、不漏风。

（5）风口风量检测的数据处理应符合下列规定：

① 采用风口风速法（辅助风管法）测量时，风口风量应按下式计算：

$$L = 3600 \times F \times V$$

式中　F——风口截面有效面积（或辅助风管的截面积）（m²）；

　　　V——风口处测得的平均风速（m/s）。

② 采用风管风量法测量时，式中 F 为风管测定断面面积（m²），V 为风管测定断面平均风速（m/s）。

5. 风道系统单位风量耗功率

风道系统单位风量耗功率，严格来讲是指通风空调系统单位风量耗功率，也是指该风管系统的风机或空调机组单位风量耗功率。

（1）风道系统单位风量耗功率的检测，应以风机数量为受检样本基数，抽样数量按本标准第3.4.3条的规定执行，且不应少于1台。

（2）风道系统单位风量耗功率的检测应在通风空调系统正常运行工况下进行。

（3）风道系统检测应采用风管风量检测方法。

（4）风机的风量应取吸入端风量和压出端风量的平均值，且风机前后的风量之差不应大于5%。

（5）风机的输入功率应在电动机输入线端同时测量。

（6）风道系统单位风量耗功率（W_s）可以按实测风量和实际输入功率计算：

$$W_s = \frac{N}{L}$$

式中　W_s——风道系统单位风量耗功率［W/（m³/h）］；

　　　N——风机的实际输入功率（W）；

　　　L——空调机组或风机的实测风量（m³/h）。

风道系统单位风量耗功率（W_s）也可以按实测风压进行计算：

$$W_s = P / (3600 \times \eta_{CD} \times \eta_F)$$

式中　W_s——风道系统单位风量耗功率［W/（m³/h）］；

　　　P——空调机组的余压或通风系统风机的风压（Pa）；

　　　η_{CD}——电机及传动效率（%），η_{CD} 取 0.855；

　　　η_F——风机效率（%），按设计图中标注的效率选择。

（7）空调风系统和通风系统的风量大于 10000m³/h 时，风道系统单位风量耗功率（W_s）不宜大于表17-4的规定值。

风道系统单位风量耗功率 W_s［W/（m³/h）］　　　　　　表 17-4

系统形式	W_s 限值
机械通风系统	0.27
新风系统	0.24
办公建筑定风量系统	0.27
办公建筑变风量系统	0.29
商业、酒店建筑全空气系统	0.30

6. 空调机组的水流量和空调系统冷水、热水、冷却水的循环流量

（1）空调机组的水流量检测以空调机组的数量为受检样本基数，抽样数量按本标准第3.4.3条的规定执行。

（2）空调系统冷水、热水、冷却水的循环流量检测应全数检测。

（3）水流量测量断面应设置在距上游局部阻力构件10倍管径、距下游局部阻力构件5倍管径的长度的管段上。

（4）当采用转子或涡轮等整体流量计进行流量的测量时，应根据仪表的操作规程，调整测试仪表到测量状态，待测试状态稳定后，开始测量，测量时间宜取10min。

（5）当采用超声波流量计进行流量的测量时，应按管道口径及仪器说明书规定选择传感器安装方式。测量时，应清除传感器安装处的管道表面污垢，并应在稳态条件下读取数值。

（6）水流量检测值应取各次测量值的算术平均值。

7. 室外供暖管网水力平衡度

（1）室外管网水力平衡度的检测应在供暖系统正常运行后进行。

（2）室外供暖系统水力平衡度的检测宜以建筑物热力入口为测试对象。

（3）受检热力入口位置和数量的确定应符合下列规定：

① 当热力入口总数不超过6个时，应全数检测。

② 当热力入口总数超过6个时，应根据各个热力入口距热源距离的远近，按近端2处、远端2处、中间端2处的原则确定受检热力入口。

③ 受检热力入口的管径不应小于$DN40$。

（4）水力平衡度检测期间，供暖系统总循环水量应保持恒定，且应为设计值的$100\%\sim110\%$。

（5）流量计量装置宜安装在建筑物相应的热力入口处，且宜符合产品的使用要求。

（6）循环水量的检测值应以相同检测持续时间内各热力入口处测得的结果为依据进行计算。检测持续时间宜取10min。

（7）水力平衡度应按下式计算：

$$HB_j = \frac{G_{wm,j}}{G_{wd,j}}$$

式中 HB_j——第j个热力入口的水力平衡度；

$G_{wm,j}$——第j个热力入口的循环水量检测值（m^3/s）；

$G_{wd,j}$——第j个热力入口的设计循环水量（m^3/s）。

（8）供暖系统室外管网热力入口处的水力平衡度应为$0.9\sim1.2$。

8. 室外供暖管网热损失率

（1）供暖系统室外管网热损失率的检测应在供暖系统正常运行120h后进行，检测持续时间不应少于72h。

（2）室外供暖管网热损失率的检测应全数检测。

（3）检测期间，供暖系统应处于正常运行工况，热源供水温度的逐时值不应低于35℃。

（4）室外供暖管网供水温降应采用温度自动检测仪进行同步检测，数据记录时间间隔

不应大于 60min。

（5）室外供暖管网热损失率应按下式计算：

$$\alpha_{ht} = (1 - \sum_{j=1}^{n} Q_{a,j} / Q_{a,t}) \times 100\%$$

式中　α_{ht}——供暖系统室外管网热损失率；

　　　$Q_{a,j}$——检测持续时间内第 j 个热力入口处的供热量（MJ）；

　　　$Q_{a,t}$——检测持续时间内热源的输出热量（MJ）。

（5）供暖系统室外管网热损失率不应大于 10%。

9. 照度与照明功率密度

（1）照度与照明功率密度值的检测，每个典型功能区域不少于 2 处，且均匀分布，并具有代表性。

（2）建筑室内照明照度测量测点的间距一般在 0.5～10m 选择。

（3）照度测量宜采用矩形网格。

（4）中心布点法测量方法，在照度测量的区域一般将测量区域划分成矩形网格，网格宜为正方形，应在矩形网格中心点测量照度，如图 17-3 所示。该布点方法适用于水平照度、垂直照度或摄像机方向的垂直照度的测量，垂直照度应标明照度的测量面的法线方向。

平均照度计算公式为：$E_{av} = \dfrac{1}{M \cdot N} \sum E_i$

式中　E_{av}——平均照度（lx）；

　　　E_i——在第 i 个测量点上的照度（lx）；

　　　M——纵向测点数；

　　　N——横向测点数。

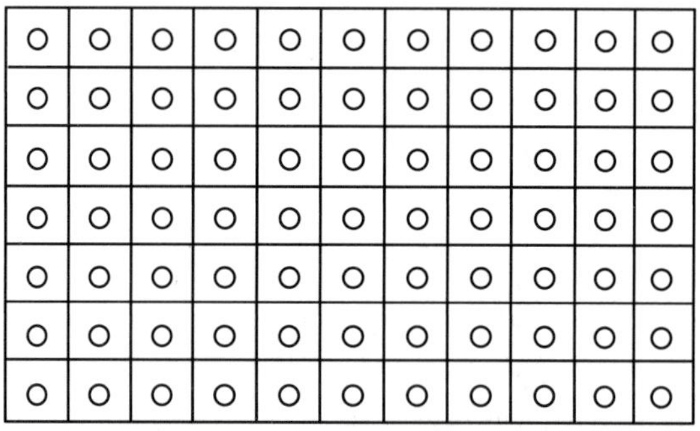

注：○——测点。

图 17-3　中心布点法

（5）四角布点法测量方法，在照度测量的区域一般将测量区域划分成矩形网格，网格宜为正方形，应在矩形网格 4 个角点上测量照度，如图 17-4 所示。该布点方法适用于水平照度、垂直照度或摄像机方向的垂直照度的测量，垂直照度应标明照度的测量面的法线方向。

四角布点法的平均照度计算公式：$E_{av} = \dfrac{1}{4MN}(E_\theta + 2E_0 + 4E)$

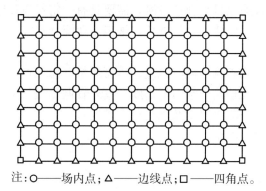

注：○——场内点；△——边线点；□——四角点。

图 17-4 四角布点法

式中　E_{av}——平均照度（lx）；

M——纵向测点数；

N——横向测点数；

E_{θ}——测量区域四个角处的测点照度（lx）；

E_0——除 E_{θ} 外，四条外边上的测点照度（lx）；

E——四条外面以内的测点的照度（lx）。

（6）居住建筑、公共建筑、工业建筑等照明照度测点位置、高度及推荐测量间距符合现行国家标准《照明测量方法》GB 5700—2008 的规定。

（7）照明功率密度计算公式为：

$$LDP = \frac{\sum P_i}{S}$$

式中　LDP——照明功率密度（W/m²）；

P_i——被测量照明场所中的第 i 单个照明灯具的输入功率（W）；

S——被测量照明场所的面积（m²）。

（8）照度和照明功率密度的检测一般安排在建筑物照明通电试运行时进行，因工程现场的检测环境多变且复杂，所以中心布点法的检测和计算操作相对四角布点法便捷，现检测单位一般以中心布点法为主。

17.2.3 设备系统节能性能检测的项目和抽样数量可在工程合同中约定，必要时可增加其他检测项目，但合同中约定的检测项目和抽样数量不应低于本标准的规定。

【技术要点说明】

从建设节约型社会的目的出发，类似供暖、通风与空调、配电与照明工程节能相关设备材料（如风机盘管、保温（绝热）材料、电线电缆等）必须进行性能见证取样、送检复验，由专业检测机构对其进行系统节能性能检测，检验其是否达到设计和有关节能标准的要求，是非常重要的环节。

设备系统节能性能检测的项目和数量可在施工合同中预定，检测项目不得少于本标准规定；当按计数方法检验时，抽样数量除本标准另有规定外，检验批最小抽样数量不得低于验收标准表 3.4.3 的规定。

设备系统节能性能检测项目是现场检测，需要具有一定资质和能力的专业机构完成。设备系统性能检测项目由建设单位委托，施工企业配合完成。

现场检测包括以下内容：

(1) 通风空调系统节能检测（风口风量、风管风量、总风量、水流量等）。

(2) 供暖供热系统节能检测（水力平衡度、室外管网热损失率）。

(3) 配电与照明系统检测（照度及照明功率密度）。

(4) 室内舒适度检测（温度）。

17.2.4 当设备系统节能性能检测的项目出现不符合设计要求和标准规定的情况时，应委托具有资质的检测机构扩大一倍数量抽样，对不符合要求的项目或参数再次检验。仍然不符合要求时应给出"不合格"的结论。

对于不合格的设备系统，施工单位应查找原因，整改后重新进行检测，合格后方可通过验收。

【技术要点说明】

当现场实体检测出现不符合本标准 17.2.2 条及其他相关规范标准要求的情况时，表明设备系统节能工程质量可能存在问题，此时为了得出更为真实可靠的结论，应委托有资质的检测单位再次检验。且为了增加抽样的代表性，规定应扩大一倍数量再次抽样。再次检验只需要对不符合要求的项目或参数检验，不必对已经符合要求的参数再次检验。如果再次检验仍然不符合要求时，则应给出"不合格"的结论。

当再次检测仍然不符合要求时，需要对不合格项目查找原因，从检测条件、外部环境、系统试运行及调试结果、系统运行状况、施工质量、设备选型及设计图纸各方面逐步查找原因，明确原因后采取可行的技术措施予以弥补、修理、消除或整改，采取的措施与原设计图纸不一致时应征得原设计单位的同意。注意消除隐患后必须重新进行检测，合格后方可通过验收。

第18章 建筑节能分部工程质量验收

【概述】 第18章是本标准最后一章,叙述建筑节能分部工程验收的相关规定。

在此前各章对13个分项工程提出详细验收要求,第17章又给出了实体检验的要求,本章具体规定了建筑节能分部工程验收的各项要求。

这些要求包括验收的条件、内容、程序与组织、合格标准以及验收记录格式等,并对验收前的实体检验、资料核查做出了详细规定,同时规定了建筑节能工程施工质量验收的前提是施工单位自检合格,且检验批、分项工程全部验收合格。

本章节依据《建筑工程施工施工质量验收统一标准》GB 50300—2013,分别对建筑节能分部工程中的各检验批、分项工程,以及分部工程验收内容逐条作出了规定。

18.0.1 建筑节能分部工程的质量验收,应在施工单位自检合格,且检验批、分项工程全部验收合格的基础上,进行外墙节能构造、外窗气密性能现场实体检验和设备系统节能性能检测,确认建筑节能工程质量达到验收条件后方可进行。

【技术要点说明】

根据国家有关规定,建设工程必须节能,节能达不到要求的建筑工程不得验收交付使用。因此,规定单位工程竣工验收应在建筑节能分部工程验收合格后方可进行,即建筑节能验收是单位工程验收的先决条件,具有"一票否决权"。

建筑节能工程更应注重其节能性能。因此,本条规定了除符合《建筑工程施工质量验收统一标准》GB 50300—2013外,结合建筑节能工程的特点,又规定了性能检验。

性能检验与功能检验有所不同。功能检验是施工企业在施工过程中为了验证工程的安全性及使用功能必须做好的施工试验,比如:供暖系统的强度及严密性试验,设备单机试运行与调试等。而性能检验,是由第三方或有资质的检测机构进行的检验与试验,并由建设单位委托的见证检验试验。

有关见证检验的要求见以下内容(摘自《建设工程质量检测管理办法》):

"第二条 申请从事对涉及建筑物、构筑物结构安全的试块、试件以及有关材料检测的工程质量检测机构资质,实施对建设工程质量检测活动的监督管理,应当遵守本办法。

本办法所称建设工程质量检测(以下简称质量检测),是指工程质量检测机构(以下简称检测机构)接受委托,依据国家有关法律、法规和工程建设强制性标准,对涉及结构安全项目的抽样检测和对进入施工现场的建筑材料、构配件的见证取样检测。

第十二条 本办法规定的质量检测业务,由工程项目建设单位委托具有相应资质的检测机构进行检测。委托方与被委托方应当签订书面合同。

第十三条　质量检测试样的取样应当严格执行有关工程建设标准和国家有关规定，在建设单位或者工程监理单位监督下现场取样。提供质量检测试样的单位和个人，应当对试样的真实性负责。

第十四条　检测机构完成检测业务后，应当及时出具检测报告。检测报告经检测人员签字、检测机构法定代表人或者其授权的签字人签字，加盖检测机构公章或者检测专用章方可生效。检测报告经建设单位或者工程监理单位确认后，由施工单位归档。

见证取样检测的检测报告中应当注明见证人单位及姓名。"

18.0.2　参加建筑节能工程验收的各方人员应具备相应的资格，其程序和组织应符合下列规定：

1　节能工程检验批验收和隐蔽工程验收应由专业监理工程师组织并主持，施工单位相关专业的质量检查员与施工员参加验收；

2　节能分项工程验收应由监理工程师组织并主持，施工单位项目技术负责人和相关专业的质量检查员、施工员参加验收；必要时可邀请主要设备、材料供应商及分包单位、设计单位相关专业的人员参加验收；

3　节能分部工程验收应由总监理工程师组织并主持，施工单位项目负责人、项目技术负责人和相关专业的负责人、质量检查员、施工员参加验收；施工单位的质量、技术负责人应参加验收；设计单位项目负责人及相关专业负责人应参加验收；主要设备、材料供应商及分包单位负责人应参加验收。

【技术要点说明】

本条是对建筑节能工程验收程序和组织的具体规定。

参加工程施工质量验收的各方人员资格（包括岗位、专业和技术职称等）均应符合国家、行业或地方有关法律、法规及标准、规范的规定，其验收的程序和组织与《建筑工程施工质量验收统一标准》GB 50300—2013 的规定一致，即应由监理方（建设单位项目负责人）主持，会同参与工程建设各方共同进行验收。其中，施工员有的地区称专业工长。

施工企业质量员与施工员负责工程质量最基础的工作，应对自检过程中的检验批质量负责。

依据《建筑与市政工程施工现场专业人员职业标准》JGJ/T 250—2011 的规定，施工员及质量员应具备相应的工作能力和职责。

1. 施工员

是在建筑与市政工程施工现场，从事施工组织策划、施工技术与管理，以及施工进度、成本、质量和安全控制等工作的专业人员。

施工员应熟悉和掌握以下岗位知识：

（1）熟悉与本岗位相关的标准和管理规定。

（2）掌握施工组织设计及专项施工方案的内容和编制方法。

（3）掌握施工进度计划的编制方法。

（4）熟悉环境与职业健康安全管理的基本知识。

（5）熟悉工程质量管理的基本知识。

（6）熟悉工程成本管理的基本知识。

（7）了解常用施工机械机具的性能。

2. 质量员

在建筑与市政工程施工现场，从事施工质量策划、过程控制、检查、监督、验收等工作的专业人员。

质量员应熟悉和掌握以下岗位知识：

（1）熟悉与本岗位相关的标准和管理规定。

（2）掌握工程质量管理的基本知识。

（3）掌握施工质量计划的内容和编制方法。

（4）熟悉工程质量控制的方法。

（5）了解施工试验的内容、方法和判定标准。

（6）掌握工程质量问题的分析、预防及处理方法。

18.0.3 建筑节能工程的检验批质量验收合格，应符合下列规定：

1 检验批应按主控项目和一般项目验收；

2 主控项目均应合格；

3 一般项目应合格；当采用计数抽样检验时应同时符合下列规定：

1）至少应有 80% 以上的检查点合格，且其余检查点不得有严重缺陷；

2）正常检验一次、二次抽样按本规范附录 G 判定的结果为合格；

4 应具有完整的施工操作依据和质量检查验收记录，检验批现场验收检查原始记录。

【技术要点说明】

本条是对建筑节能工程检验批验收合格质量条件的基本规定。

本条规定与《建筑工程施工质量验收统一标准》GB 50300—2013 和各专业工程施工质量验收规范一致。应注意对于"一般项目"不能作为可有可无的验收内容，验收时应要求一般项目亦均合格。当发现不合格情况时，应进行返工修理。只有当难以修复时，对于采用计数检验的验收项目，才允许适当放宽，即至少有 80% 以上的检查点合格即可通过验收，同时规定其余 20% 的不合格点不得有"严重缺陷"。对"严重缺陷"可理解为明显影响了使用功能，造成功能上的缺陷或降低。

检验批现场验收应检查原始记录，即：具有完整的施工操作依据和质量检查验收记录（交接记录、隐蔽验收、系统测试、调试、试运行等记录）。

检验批验收应注意以下问题：

（1）检验批不只是实际施工已完成的工程。检验批是施工过程中条件相同并有一定数量的材料、构配件或安装项目，由于其质量水平基本均匀一致，因此可以作为检验的基本单元，并按批验收。

（2）检验批是组成施工质量验收的基本单元。检验批是工程验收的最小单位，是分项工程、分部工程、单位工程质量验收的基础。

（3）检验批验收的前提是施工资料完整、齐全。检验批验收内容包括施工资料、主控项目和一般项目检验。对于不在主控项目和一般项目的内容，如基本规定、一般规定的内容均应在施工资料里体现。

质量控制资料反映了检验批从原材料到最终验收的各施工工序的操作依据、检查情况以及保证质量所必需的管理制度等。

对其完整性的检查，实际是对过程控制的确认，是检验批合格的前提。

（4）检验批判定合格与否的依据是主控项目和一般项目。检验批的合格与否主要取决于对主控项目和一般项目的检验结果。

主控项目是对检验批的基本质量起决定性影响的检验项目，须从严要求，因此要求主控项目必须全部符合有关专业验收规范的规定，这意味着主控项目不允许有不符合要求的检验结果。

对于一般项目，虽然允许存在一定数量的不合格点，但如果某些不合格点的指标与合格要求偏差较大或存在严重缺陷时，仍将影响使用功能或观感质量，对这些部位应进行维修处理。

18.0.4 建筑节能分项工程质量验收合格，应符合下列规定：

1 分项工程所含的检验批均应合格；

2 分项工程所含检验批的质量验收记录应完整。

【技术要点说明】

分项工程的验收是以检验批为基础进行的，分项工程所包含的检验批应全覆盖。

一般情况下，检验批和分项工程两者具有相同或相近的性质，只是批量的大小不同而已。

分项工程质量合格的条件是构成分项工程的各检验批验收资料完整齐全，且各检验批均已验收合格。

18.0.5 建筑节能分部工程质量验收合格，应符合下列规定：

1 分项工程应全部合格；

2 质量控制资料应完整；

3 外墙节能构造现场实体检验结果应符合设计要求；

4 建筑外窗气密性能现场实体检验结果应符合设计要求；

5 建筑设备系统节能性能检测结果应合格。

【技术要点说明】

本条为强制性条文。

考虑到建筑节能工程的重要性，建筑节能工程分部工程质量验收，除了应在各相关分项工程验收合格的基础上进行技术资料检查外，还增加了对主要节能构造、性能和功能的现场实体检验。在分部工程验收之前进行的这些检查,可以更真实地反映工程的节能性能。具体检查内容在各章均有规定。

1. 分项工程应全部合格

工程中的所有分项工程都应该合格。即:墙体节能工程、幕墙节能工程、门窗节能工程、屋面节能工程、地面节能工程、供暖节能工程、通风与空调节能工程、空调与供暖系统冷热源及管网节能工程、配电与照明节能工程、监测与控制节能工程、地源热泵换热系统、太阳能光热系统节能工程、太阳能光伏节能工程都应该合格。

2. 质量控制资料应完整

承担建筑节能工程的施工企业应有完善的资料管理制度和管理人员,施工过程有关材料验收、施工记录、隐蔽工程验收,以及功能试验、检测等资料均符合《建筑工程施工质量验收统一标准》GB 50300—2013 附录 H 的要求。

3. 外墙节能构造现场实体检验结果应符合设计要求

建筑围护结构施工完成后,应由建设单位(监理)组织并委托有资质的检测机构对围护结构的外墙节能构造进行现场实体检验,并出具报告。

建筑外墙节能构造带有保温层的现场实体检验,应按照本标准附录 E 外墙节能构造钻芯检验方法对下列内容进行检查验证:

(1)墙体保温材料的种类是否符合设计要求。

(2)保温层厚度是否符合设计要求。

(3)保温层构造做法是否符合设计和专项施工方案要求。

当条件具备时,也可直接对围护结构的传热系数或热阻进行检验。

建筑外墙节能构造采用保温砌块、预制构件、定型产品的现场实体检验应按照国家现行有关标准的规定对其主体部位的传热系数或热阻进行检测。验证建筑外墙主体部位的传热系数或热阻是否符合节能设计要求和国家有关标准的规定。

4. 外窗气密性检验应合格

严寒和寒冷地区、夏热冬冷地区和夏热冬暖地区有集中供冷供暖系统的建筑外窗气密性能现场实体检验结果应合格。

建筑围护结构施工完成后,应由建设单位(监理)组织并委托有资质的检测机构对严寒和寒冷地区、夏热冬冷地区和夏热冬暖地区有集中供冷供暖系统的建筑外窗气密性能进行现场实体检验,并出具报告。

严寒、寒冷、夏热冬冷地区和夏热冬暖地区有集中供冷供暖系统的建筑外窗现场实体检验应按照国家现行有关标准的规定执行。验证建筑外窗气密性能是否符合节能设计要求和国家有关标准的规定。

5. 建筑设备工程系统节能性能检测结果应合格

供暖、通风与空调、配电与照明工程安装完成后,应进行系统节能性能的检测,且应由建设单位委托具有相应检测资质的检测机构检测并出具报告。受季节影响未进行节能性能检测的项目,应在保修期内补做。

检查有相应检测资质的检测机构出具的报告。以有无检测报告且检测报告是否符合本标准表 17.2.2 的规定,以及对照设计图纸和施工单位的调试记录与检测报告是否一致作为判定依据。

18.0.6 建筑节能工程验收资料应单独组卷，验收时应对下列资料进行核查：

 1 设计文件、图纸会审记录、设计变更和洽商；

 2 主要材料、设备、构件的质量证明文件，进场检验记录，进场复验报告，见证试验报告；

 3 隐蔽工程验收记录和相关图像资料；

 4 分项工程质量验收记录，必要时应核查检验批验收记录；

 5 建筑外墙节能构造现场实体检验报告或外墙传热系数检验报告；

 6 外窗气密性能现场实体检验报告；

 7 风管系统严密性检验记录；

 8 现场组装的组合式空调机组的漏风量测试记录；

 9 设备单机试运转及调试记录；

 10 设备系统联合试运转及调试记录；

 11 设备系统节能性能检验报告；

 12 其他对工程质量有影响的重要技术资料。

【技术要点说明】

本条规定有关节能的项目应单独填写检查验收表格，整理节能项目验收记录并单独组卷。

本条所指应单独组卷的节能验收资料，包括节能材料的验收资料和节能工程的检验批、分项、分部工程验收资料，以及节能工程实体检验等资料。当部分节能验收资料与其他分项工程的验收资料重复时，可以提供加盖单位印章和经手人签字的复印件。

18.0.7 建筑节能工程分部、分项工程和检验批的质量验收应按本标准附录 H 的要求填写。

 1 检验批质量验收应按本标准附录 H 表 H.0.1 的要求填写；

 2 分项工程质量验收应按本标准附录 H 表 H.0.2 的要求填写；

 3 分部工程质量验收应按本标准附录 H 表 H.0.3 的要求填写。

【技术要点说明】

本标准给出了建筑节能工程分部、子分部、分项工程和检验批的质量验收记录格式。该格式是参照其他验收规范的规定并结合节能工程的特点制定的，具体见本标准附录 H。

当节能工程按分项工程直接验收时，附录 H 中给出的表 H.0.2 可以省略，不必填写，此时使用表 H.0.3 即可。

附录B 保温板材与基层的拉伸粘结强度现场拉拔检验方法

【概述】附录B是本次修订新增内容，分为一般规定、仪器设备、检验步骤与结果3节。一般规定对适用范围、检验时间节点和检验取样部位、数量进行了规定；仪器设备对检验所用的设备、工具和试验标准块尺寸、材料提出了要求；检验步骤与结果对检验步骤、拉伸粘结强度计算方法和检验结果判定作出规定。

B.1 一般规定

B.1.1 本方法适用于保温板材与基层之间的拉伸粘结强度现场检验。

【技术要点说明】

本条规定了本方法的适用范围，是针对标准第4章墙体节能工程第4.2.7条第2款规定"保温板材与基层之间及各构造层之间的粘结或连接必须牢固……保温板材与基层之间的拉伸粘结强度应进行现场拉拔试验，且不得在界面破坏"而制定的检验方法，检验方式为现场检验，检查数量为每个检验批应抽查3处。

B.1.2 检验应在保温层粘贴后养护时间达到粘结材料要求的龄期后进行。

【技术要点说明】

本条规定了检验的时间和前提条件。检验应在保温层粘贴后养护时间达到粘结材料要求的龄期后，且在后续防护层及饰面层施工前进行，这样既满足了粘结材料达到正常强度指标要求，又可避免对饰面层破损。当采用水泥基粘结材料粘贴外墙保温板时，可按水泥基粘结材料使用说明书的规定时间进行拉伸粘结强度检验。当粘贴后14d以内达不到标准或有争议时，应以28d粘结强度为准。该条参考《建筑工程饰面砖粘结强度检验标准》JGJ/T 110—2017和《外墙外保温工程技术标准》JGJ 144—2019。

B.1.3 检验的取样部位、数量，应符合下列规定：
1 取样部位应随机确定，宜兼顾不同朝向和楼层，均匀分布；不得在外墙施工前预先确定。
2 取样数量为每处检验1点。

【技术要点说明】

本条给出了保温板材与基层的拉伸粘结强度检验的取样部位和数量要求。

取样部位应该在检测时由监理与施工双方随机确定，不得预先确定，预先确定会导致缺乏公正性与代表性。取样位置应注意代表性，兼顾朝向和楼层，分布要尽可能均匀，不应取在同一个房间，并注意操作安全、方便。

取样数量为每个检验批应抽查3处，每处检验1点。

B. 2 仪器设备

B. 2.1 粘结强度检测仪，应符合现行行业标准《数显式粘结强度检测仪》JG/T 507的规定。

【技术要点说明】

本条给出了检验所采用的仪器要求。《外墙外保温工程技术标准》JGJ 144—2019、《建筑工程饰面砖粘结强度检验标准》JGJ/T 110—2017均推荐采用电动加载方式的数显式粘结强度检测仪（图B-1），拉伸速度应为5±1mm/min，因此要求检测仪器和使用方法应满足现行行业标准《数显式粘结强度检测仪》JG/T 507—2016的要求。

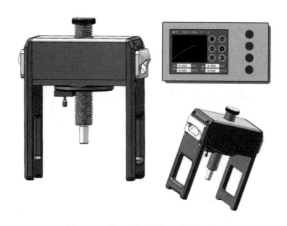

图 B-1 数显式粘结强度检测仪

B. 2.2 钢直尺的分度值应为1mm。

【技术要点说明】

本条给出了检验所采用的钢直尺的精度要求。用钢直尺测量试样粘结面积现场操作方便、快捷，分度值1mm，可满足测试精度要求。

B. 2.3 标准块面积为95mm×45mm，厚度为6mm～8mm，用钢材制作。

【技术要点说明】

本条规定了标准块面积、厚度尺寸和材料要求。主要是参考《建筑工程饰面砖粘结强度检验标准》JGJ/T 110—2017 第 2.0.1 条对饰面砖标准块尺寸的要求，同时还考虑到工程实际中常用的点框粘结工艺（图 B-2），现行常用的是保温板材四周边框粘结砂浆的宽度不小于 50mm，中心圆点的粘结砂浆直径为 80mm 和 100mm 两种。拉伸检验时选择在保温板四周边框部位粘贴标准块，能保证保温板与粘结砂浆的粘结面达到满粘条件，拉伸时受力均匀，计算方便，结果更准确，试验保证率更好。但实际工作中，也可根据现场粘贴方式和设计要求等具体情况采用《外墙外保温工程技术标准》

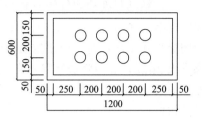

图 B-2 保温板点框粘尺寸示意图

JGJ 144—2019 附录 C 中要求的 100mm×100mm 标准块尺寸。

B.3 检验步骤与结果

B.3.1 保温板材与基层之间粘结强度的检验步骤：

1 选择满粘处作为检测部位，清理粘结部位表面，使其清洁、平整。

2 使用高强度粘合剂粘贴标准块，标准块粘贴后应及时做临时固定，试样应切割至粘结层表面。

3 粘结强度检验应按现行行业标准《建筑工程饰面砖粘结强度检验标准》JGJ/T 110 的要求进行。

4 测量试样粘结面积，当粘结面积比小于 90% 且检验结果不符合要求时，应重新取样。

单点拉伸粘结强度按下式计算，检验结果取 3 个点拉伸粘结强度的算术平均值，精确至 0.01MPa。

$$R = \frac{F}{A}$$ (B.3.1)

式中 R——拉伸粘结强度（MPa）；

F——破坏荷载值（N）；

A——粘结面积（mm²）。

【技术要点说明】

本条给出了保温板材与基层之间粘结强度的检验步骤和计算方法。

（1）选择满粘处作为检测部位，避开保温板接缝处，清理粘结部位表面，使其清洁、平整；必要时采用界面剂处理。

（2）按标准块尺寸划拉拔试件边线，采用切割机具沿边线切割，断缝应切割至粘结层表面，即：测试部位应切割至粘结层或基层墙体。

（3）使用高强度粘合剂粘贴标准块，粘合剂应按使用说明书的规定随用随配。在标准块和面层表面应均匀涂胶，并应及时做临时固定。当现场温度低于 5℃ 时，标准块宜预热后再进行粘贴。

（4）粘结强度检测仪的安装和检测程序应按现行行业标准《建筑工程饰面砖粘结强度检验标准》JGJ/T 110—2017的要求进行。在标准块上安装带有万向接头的拉力杆，安装专用穿心式千斤顶时，应使拉力杆中心与标准块表面垂直；当调整千斤顶活塞时，应使活塞升出2mm，并应将数字显示器调零；应匀速加载，直至试样断开，并记录粘结强度检测仪的数字显示器峰值，该值应为粘结力值；检测后应降压至千斤顶复位，取下拉力杆螺母及拉杆。

（5）用钢直尺测量粘结尺寸，计算试样粘结面积。当粘结面积比小于90%且检验结果不符合要求时，重新取样进行检验，操作步骤同上。

单点拉伸粘结强度按条文中公式（B.3.1）计算，取3个点拉伸粘结强度的算术平均值。

B.3.2 检验结果应符合设计要求及国家现行相关标准的规定。

【技术要点说明】

本条规定了检验结果的要求。对照设计文件，校核检验结果是否满足设计要求，同时应满足《外墙外保温工程技术标准》JGJ 144—2019第7章"工程验收"第7.2.6条文规定"粘贴保温板薄抹灰外保温系统现场检验保温板与基层墙体拉伸粘结强度不应小于0.1MPa，且应为保温板破坏"的要求。

附录C 保温板粘结面积比剥离检验方法

【概述】附录C是本次修订新增内容。本附录共7条，主要从适用范围、检验节点和检验取样部位、数量、面积、检测步骤、粘结面积比计算方法、检验结果判定和检验记录方式等方面作出规定。

C.0.1 本方法适用于外墙外保温构造中保温板粘结面积比的现场检验。

【技术要点说明】

本条规定了本方法的适用范围，是针对标准第4章墙体节能工程第4.2.7条第2款规定"保温板材与基层的连接方式、拉伸粘结强度和粘结面积比应符合设计要求……粘结面积比应进行剥离检验"而制定的检验方法，检验方式为现场检验，检查数量为每个检验批应抽查3处。

C.0.2 检验宜在抹面层施工之前进行。

【技术要点说明】

本条规定了检验的时间要求。为了方便取样，并有利于保证取样板材的完整性，同时便于后期施工恢复，检验宜在保温板敷设后，网格布、锚栓敷设安装和抹面层施工之前进行。

C.0.3 取样部位、数量及面积（尺寸），应符合下列规定：

　　1 取样部位应随机确定，宜兼顾不同朝向和楼层、均匀分布，不得在外墙施工前预先确定；

　　2 取样数量为每处检验1块整板，保温板面积（尺寸）应具代表性。

【技术要点说明】

本条给出了保温板粘结面积比剥离检验的取样部位和数量要求。

取样部位应该在检验时由监理与施工双方随机确定，不得预先确定，预先确定会导致缺乏公正性与代表性。取样位置应注意代表性，兼顾朝向和楼层，分布要均匀，并注意操作安全、方便。宜避开洞口、阴阳转角、檐口等有拼接板的部位。

取样数量为每处检验1块整板，便于计算粘结面积占整块板面积的比例。所选保温板面积（尺寸）应具有代表性，在一般情况下，一个单位工程外墙所选用的保温板材（整块）有多种尺寸，但多数常见尺寸为 400mm×400mm、600mm×600mm、600mm×900mm、600mm×1200mm 等，应选择有较大代表性的板材（整块）进行检验，具有普遍性，可代表总体质量水平。

C.0.4 检验步骤应符合下列规定：

1 将粘结好的保温板从墙上剥离，使用钢卷尺测量被剥离的保温板尺寸，计算保温板的面积；

2 使用钢直尺或钢卷尺测量保温板与粘结材料实粘部分（既与墙体粘结又与保温板粘结）的尺寸，精确至 1mm，计算粘结面积；

3 当不宜直接测量时，使用透明网格板测量保温板及其粘结材料实粘部分（既与墙体粘结又与保温板粘结）的网格数量，网格板的尺寸为 200mm×300mm，分隔纵横间距均为 10mm，根据实粘部分网格数量计算粘结面积。

【技术要点说明】

本条给出了保温板粘结面积比剥离检验的步骤。共 3 个步骤：

（1）将粘结好的保温板从墙上剥离，剥离时避免暴力施工，确保剥离板的完整性，使用钢卷尺测量被剥离的保温板尺寸，计算保温板的面积。

（2）用小锤敲掉粘结材料明显虚粘的部位，使用钢直尺或钢卷尺测量保温板与粘结材料实粘部分（既与墙体粘结又与保温板粘结，即胶粘剂与保温板和基层墙体同时粘结的表面）的尺寸，精确至 1mm，计算粘结面积。

（3）实际工程中，大多数情况会出现图 C-1 胶粘剂与及基层墙体粘结灰饼不规则的情况，不宜直接测量规则尺寸，可使用透明网格板测量保温板及其粘结材料实粘部分（既与墙体粘结又与保温板粘结，注意应校核胶粘剂的与保温板粘结面和与及基层墙体粘结面两个表面）的网格数量，网格板的尺寸为 200mm×300mm，分隔纵横间距均为 10mm，1 个格面积为 100mm²，可以查数实粘部分网格数量计算粘结面积，所占不足 1 个表格的采取四舍五入的方法计算。透明网格板如图 C-2 所示。

图 C-1　保温板材从基层墙体剥离后照片

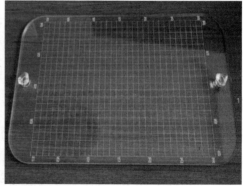

图 C-2　透明网格板示例

C.0.5 保温板粘结面积比应按下式计算，检验结果应取 3 个点的算术平均值，精确至 1%：

$$S = \frac{A}{A_0} \times 100 \%\qquad(C.0.5)$$

式中 S——粘结面积与保温板面积的比值（%）；

A——实际粘结部分的面积（mm^2）；

A_0——保温板的面积（mm^2）。

【技术要点说明】

本条给出了保温板粘结面积比的计算方法。

C.0.6 保温板粘结面积比应符合设计要求且不小于 40%。

【技术要点说明】

本条规定了保温板粘结面积比的合格要求。应优先满足设计要求，同时不小于 40%，与《外墙外保温工程技术标准》JGJ 144—2019 的规定相同。

C.0.7 保温板粘结面积比检验结果应按表 C.0.7 记录。

表 C.0.7 保温板粘结面积比记录

工程名称			
建设单位		委托人/联系电话	
监理单位		检测依据	
施工单位		保温材料种类	
施工日期		检测日期	
合并	项目	检查点 1	检查点 2	检查点 3
	取样部位	轴线/ 层	轴线/ 层	轴线/ 层
	保温板尺寸			
	粘结面积			
	粘结面积比			
	检验结果			
结论：			
检验人员： 校核人员：			
年 月 日		年 月 日	

【技术要点说明】

本条给出了保温板粘结面积比现场检验的记录表。出具检验结果时，检验人员应按表C.0.7规定的内容填写，记录工程信息和现场检测日期、取样部位、保温板尺寸、粘结面积、粘结面积比、检验结果等，明确结论并由参加检验的人员和校核人员签字认可。

附录 D 保温浆料干密度、导热系数、抗压强度检验方法

【概述】附录 D 是本次修订新增内容，是针对标准第 4 章墙体节能工程第 4.2.9 条规定"外墙采用保温浆料做保温层时，应在施工中制作同条件试件，检测其导热系数、干密度和抗压强度"而制定的检验方法。墙体节能工程中采用保温浆料做为保温层时，受施工现场的水胶比（或组成材料配比）精准度、搅拌方式、环境条件等影响，保温浆料的配置与施工质量不易控制，为了检验浆料保温层的实际保温效果，重点关注两个方面，一是同条件试件的取样和制作，二是同一干密度前提下的抗压强度和导热系数。检验方式为见证取样试验室检验。

本附录分为试件制作和试验方法及结果 2 节。试件制作对保温浆料干密度、导热系数、抗压强度 3 个性能参数所需试验试件尺寸、数量、取样送检要求、试件制作和养护要求进行了规定；试验方法及结果规定了 3 个性能参数的试验顺序、依据的方法标准和检验结果的判定。

D.1 试件制作

> **D.1.1** 抗压强度试件应采用 70.7mm×70.7mm×70.7mm 的有底钢模制作；导热系数试件应采用有底钢模制作，其试模尺寸应按导热系数测试仪器的要求确定。

【技术要点说明】

本条规定了试件的尺寸和制作要求。该条参照建筑工程中混凝土和砂浆抗压强度试验试件的尺寸，保温浆料抗压强度试件应采用 70.7mm×70.7mm×70.7mm 的有底模具制作（图 D-1）；导热系数试件应采用有底钢模具制作，其试模尺寸应按导热系数测试仪器的要求确定，一般为 300mm×300mm×（20～40）mm（图 D-2），其中厚度 25mm 或 30mm 常用。

 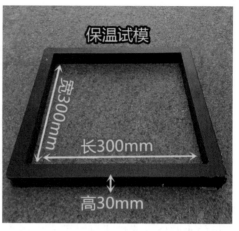

图 D-1　保温浆料抗压强度试件模具　　　　　图 D-2　保温浆料导热系数试件模具
（70.7mm×70.7mm×70.7mm）　　　　　［300mm×300mm×（20～40）mm］

D.1.2　抗压强度试件数量为 1 组（6 个），导热系数试件数量为 1 组（2 个）。

【技术要点说明】

本条规定了抗压强度试件和导热系数试件的数量。参照现行行业标准《无机轻集料砂浆保温系统技术标准》JGJ/T 253—2019 及《胶粉聚苯颗粒外墙外保温系统材料》JG/T 158—2013 规定的抗拉强度及干密度/干表观密度的试件数量为 1 组（6 个）。导热系数检测依据《绝热材料稳态热阻及有关特性的测定 防护热板法》GB/T 10294—2008 进行，常用的平板导热仪一般采用两块试件对称安装的方式进行检验，即规定导热系数试件数量为 1 组（2 个）。

D.1.3　检测保温浆料干密度、导热系数、抗压强度的试样应在现场搅拌的同一盘拌合物中取样。

【技术要点说明】

本条规定了保温浆料检验时的取样要求。墙体节能工程中采用的保温浆料一般在现场配制搅拌，很难保证每一盘保温浆料水胶比（或组成材料配比）的精准度、搅拌方式等相同，造成不同盘拌合的浆料性能差异很大，只有在同一盘拌合物中取样检验，其干密度、导热系数、抗压强度才能对应一致，避免出现有的批次个别指标不合格，"拼凑"另一批次的该项合格指标应对验收的现象。

D.1.4　将在现场搅拌的拌合物一次注满试模，并略高于其上表面，用捣棒均匀由外向里按螺旋方向轻轻插捣 25 次，插捣时用力不应过大，不破坏其保温集料。试件表面应平整，可用油灰刀沿模壁插捣数次或用橡皮锤轻轻敲击试模四周，直至插捣棒留下的空洞消失，最后将高出部分的拌合物沿试模顶面削去抹平。

【技术要点说明】

本条给出了试验用试件制作的具体要求。保温浆料试件的制作参考了现行行业标准《无机轻集料砂浆保温系统技术标准》JGJ/T 253—2019 及《胶粉聚苯颗粒外墙外保温系统材料》JG/T 158—2013 中的制样方法。

> **D.1.5** 试件制作后应于 3d 内放置在温度为 23±2℃、相对湿度为 50％±10％的条件下，养护至 28d。

【技术要点说明】

本条给出了试件的养护环境要求。试件养护环境的温度、相对湿度和养护周期对于检验结果至关重要。《无机轻集料砂浆保温系统技术标准》JGJ/T 253—2019 中标准养护环境温度 23±2℃、相对湿度为 60％±15％，试样养护时间应为 28d；《胶粉聚苯颗粒外墙外保温系统材料》JG/T 158—2013 中标准实验条件温度为 23±2℃、相对湿度为 60％±15％，试件应在标准实验条件下养护不少于 28d；《外墙外保温工程技术标准》JGJ 144—2019 中试样标准养护条件和状态调节环境条件应为温度为 23±2℃、相对湿度为 50％±5％，以水泥为主要粘结基料的试样，养护时间应为 28d。考虑到实际工程上保温浆料施工后的养护条件，依据上述几个标准的规定，提出本条要求。

D.2　试验方法及结果

> **D.2.1** 抗压强度试验应先测试其试件干密度，然后按现行国家标准《无机硬质绝热制品试验方法》GB/T 5486 的规定进行，试验结果取 6 个测试数据的算术平均值。

【技术要点说明】

浆料类保温材料的干密度、抗压强度和导热系数 3 个性能指标存在耦合关联关系，相互影响，不同干密度等级保温材料的抗压强度、导热系数等性能指标差别很大，只有在相同干密度下的导热系数和抗压强度值才有实际意义，因此规定测试抗压强度前应测试试件的干密度，使干密度与抗压强度一一对应，并与测试导热系数试件的干密度进行比对。

抗压强度测试方法按现行国家标准《无机硬质绝热制品试验方法》GB/T 5486—2008 的规定进行，考虑到浆料类保温材料的现场质量较硬质保温材料的质量更容易产生波动，因此试验结果取 6 个测试数据并计算算术平均值。

> **D.2.2** 导热系数试验应先测试其试件干密度，然后可按现行国家标准《绝热材料稳态热阻及有关特性的测定 防护热板法》GB/T 10294 的规定进行，也可按现行国家标准《绝热材料稳态热阻及有关特性的测定 热流计法》GB/T 10295 的规定进行。

【技术要点说明】

浆料类保温材料的干密度对材料导热系数等性能影响较大，一般情况下浆料类保温材料的干密度不同，其导热系数和抗压强度也不同，只有在相同干密度下测试的导热系数和抗压强度值才有实际意义，所以规定测试导热系数前应测试试件的干密度，使干密度与导热系数一一对应，并与测试抗压强度试件的干密度进行比对。

导热系数测试可按现行国家标准《绝热材料稳态热阻及有关特性的测定 防护热板法》GB/T 10294—2008 的规定进行，也可按现行国家标准《绝热材料稳态热阻及有关特性的测定 热流计法》GB/T 10295—2008 的规定进行。一般仲裁测试按《绝热材料稳态热阻及有关特性的测定 防护热板法》GB/T 10294—2008 进行。

D.2.3 干密度试验应按现行行业标准《胶粉聚苯颗粒外墙外保温系统材料》JG/T 158 的规定进行。

【技术要点说明】

本条规定了干密度试验的依据标准。《胶粉聚苯颗粒外墙外保温系统材料》JG/T 158—2013 对胶粉聚苯颗粒外墙外保温系统材料干密度试验的仪器设备、试件制备和测试方法等均做了规定，试验时遵照执行。

D.2.4 抗压强度、导热系数、抗压强度试件的干密度和导热系数试件的干密度均应符合设计要求和相应标准要求。

【技术要点说明】

《外墙外保温工程技术标准》JGJ 144—2019 规定了胶粉聚苯颗粒保温浆料外保温系统和胶粉聚苯颗粒浆料贴砌 EPS 板外保温系统所采用的保温浆料和贴砌浆料抗压强度、导热系数、抗压强度的性能要求，见表 D-1。该条文执行时应注意干密度和抗压强度、导热系数性能指标之间的相互影响的关系，干密度、抗压强度、导热系数应在一个报告中体现，应同时满足设计要求和相应标准要求。

胶粉聚苯颗粒保温浆料和胶粉聚苯颗粒贴砌浆料抗压强度、
导热系数、抗压强度性能要求　　　　　　　　　　表 D-1

检验项目	性能要求		试验方法
	保温浆料	贴砌浆料	
导热系数[W/(m·K)]	≤0.060	≤0.080	现行国家标准《绝热材料稳态热阻及有关特性的测定 防护热板法》GB/T 10294—2008，《绝热材料稳态热阻及有关特性的测定 热流计法》GB/T 10295—2008

检验项目	性能要求		试验方法
	保温浆料	贴砌浆料	
干表观密度(kg/m³)	180~250	250~350	现行行业标准《胶粉聚苯颗粒外墙外保温系统材料》JG/T 158—2013
抗压强度(MPa)	≥0.20	≥0.30	现行行业标准《胶粉聚苯颗粒外墙外保温系统材料》JG/T 158—2013

附录E 中空玻璃密封性能检测方法

【概述】中空玻璃的密封性能是保证产品的密封质量和耐久性的关键要素，密封性能不满足要求会使得中空玻璃失效，失效后不但玻璃节能性能受到很大的影响，同时也会影响到玻璃的透明特性。在现行国家标准《中空玻璃》GB/T 11944—2012中，中空玻璃采用露点法进行测试可反映中空玻璃产品的密封性能，若露点测试不满足要求，意味着有外界空气进入密封腔体，也就是产品的密封性能不合格。由于该标准中露点法测试对象是标准规格样品，应在试验室内进行测试，而工程中使用的玻璃不可能是标准规格样品，因此本标准参考《中空玻璃》GB/T 11944—2012另外制定了一个类似的检测方法，以附录的形式详细规定了中空玻璃密封性能检测的要求，如取样数量及要求、检测仪器、检验环境、步骤方法等。

附录E适用于平面中空玻璃，曲面中空玻璃适用范围详见E.0.1要点说明。

E.0.1 中空玻璃密封性能检验采用的仪器应符合下列规定：

1 露点仪：测量管的高度为300mm，测量表面直径为50mm（图E.0.1）；

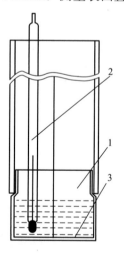

图E.0.1 露点仪
1—铜槽；2—温度计；3—测量面

2 温度计：测量范围为−80～30℃，精度为1℃。

【技术要点说明】

附录E所示露点仪示意图与《中空玻璃》GB/T 11944—2012一致，只对部分物理参数进行了调整。

当测量曲面中空玻璃时，玻璃曲率需保证露点仪底端全面接触的充分性，若该条件不能满足，则不具备测试条件。

> **E. 0. 2**　检验样品应从工程使用的玻璃中随机抽取，每组应抽取检验的产品规格中 10 个样品。检验前应将全部样品在实验室环境条件下放置 24h 以上。

【技术要点说明】

为了真实展现实际的工程质量，本附录要求从工程使用的玻璃中随机抽样。中空玻璃的送检既可以直接抽取中空玻璃，也可以送门窗、幕墙组件，或拆下门窗或幕墙组件的玻璃，甚至是整个门窗，不能另外专门取玻璃样品。检测过程为无损检测，检测合格的样品仍可以安装回原工程。

现场可能存在不同产品的中空玻璃（不同厂家，中空玻璃的空腔数量、充填气体、玻璃镀膜、中空间隔条、边缘密封方式等不同，均为不同产品），本附录规定的抽样应覆盖所有不同产品，一次检验抽样时每个不同产品每组均抽样送检 10 个样品；若不同产品数量总数为 N，则一次抽检样品总数量为 $10 \times N$，具体抽检次数依照本标准第 5.2.2 条要求执行。

为了统一测试条件，要求检验前应将全部样品在试验室环境条件下放置 24h 以上。试验室环境条件为 E. 0. 3 所述，温度 25±3℃、相对湿度 30%～75%。

> **E. 0. 3**　检验应在温度 25±3℃、相对湿度 30%～75%的条件下进行。

【技术要点说明】

检验环境对于检验结果至关重要。检测现场应严格在温度 25±3℃、相对湿度 30%～75%的条件下进行检验。

> **E. 0. 4**　检验应按下列步骤进行：
>
> 1　向露点仪的容器中注入深约 25mm 的乙醇或丙酮，再加入干冰，使其温度冷却到−40±3℃，并在试验中保持该温度不变；
>
> 2　将样品水平放置，保证中空玻璃面的水平，在上表面涂一层乙醇或丙酮，使露点仪与该表面紧密接触，停留时间应符合表 E. 0. 4 的规定；

表 E. 0. 4　不同原片玻璃厚度露点仪接触的时间

原片玻璃厚度（mm）	接触时间（min）
≤4	3
5	4
6	5
8	6
≥10	8

> 3　移开露点仪，立刻观察玻璃样品的内表面上有无结露或结霜。

【技术要点说明】

利用干冰的低温特性使露点仪的冷端降温，通过控制干冰数量使冷端的温度达到设定温度，并在试验中保持温度不变。温度计应尽量触及露点仪冷端底面，感温端应完全浸没在干冰及乙醇（或丙酮）混合物中。待测试件应保持水平，测试部位涂一层乙醇或丙酮，令露点仪冷端与中空玻璃表面完全接触，此时冷端使中空玻璃表面局部冷却降温，当接触时间达到表 E.0.4 规定的时间后，立即观察中空玻璃腔内水气是否在玻璃被接触部位结露或结霜。

注意：（1）原片玻璃的厚度是指露点仪接触的单片（或夹层）玻璃的厚度。如果是双层中空玻璃（即存在两个空气腔体），则中空玻璃需要做两次密封性能测试，每个空腔做一次。再次做测试需要中空玻璃在试验室放置足够时间，消除上一次测试的影响。

（2）如果中空玻璃由夹层玻璃＋空气＋单片玻璃构成，则依据最不利原则，测试面应选在单片玻璃上。

E.0.5 应以中空玻璃内部是否出现结露现象为判定合格的依据，中空玻璃内部不出现结露为合格。所有中空玻璃抽取的 10 个样品均不出现结露即应判定为合格。

【技术要点说明】

中空玻璃密封失败直接表现在中空玻璃的空气层内出现湿空气冷凝现象；当密封失败出现微小间隙，空气层内的玻璃内壁因干燥剂达到饱和结露或结霜。随着时间的推移，中空玻璃空气层内的水越积越多，最终形成了"鱼缸"现象。

根据 E.0.2 条的送检样品的数量及要求，每次每组样品全部检验不结露判定为合格，则该项中空玻璃密封性能的检测方可判定为合格。

附录 F 外墙节能构造钻芯检验方法

【概述】附录 F 共 11 条，在 2007 年版规范基础上补充了相关内容。

F.0.1 本方法适用于带有保温层建筑外墙的节能构造钻芯检验。

【技术要点说明】

本条规定了本方法的适用范围。外墙节能构造钻芯检验方法是专门为检验建筑围护结构节能构造做法而规定的方法和要求，不能任意扩大其适用范围。

为了找到一种简便有效的外墙节能效果的检验方法，编制组做了许多工作。显然，采用仪器测试外墙的传热系数是首先想到的最直接的方法，但是由于检测技术的限制，直接检测墙体传热系数费用高，检测周期长，且对室内外温度差要求较高，加上竣工建筑保温墙体含水率不稳定，因此不便广泛采用。经过多次征求意见，进行研究并在部分工程上试验，决定采取一种更为简便的方法，即对围护结构的外墙构造进行现场实体检验，借此间接证明外墙节能效果达到设计或标准要求。

编制组 2006 年在北京市进行了数个工程的钻芯取样试点，证明此方法可行。钻取的芯样完整、直观、追溯性和可复现性好，对芯样构造做法不易产生争议。钻芯成本低廉，在北京市，每个芯样的钻取时间大约不到十分钟，成本很低，且墙体空洞修补简单，并不会影响节能效果。自 2007 年开始经过十几年的应用，没有出现问题，因此，决定继续采用钻芯法检验外墙节能构造。

F.0.2 检验应在外墙施工完工后、节能分部工程验收前进行。

【技术要点说明】

本条给出墙体钻芯检验的时间。执行时不宜提前钻芯或验收后补做。钻芯检验的时间是由其作用决定的，执行时如果提前到外墙施工尚未全部完工，则抽样范围受到限制，其公正性和代表性可能受到怀疑。而如果验收后补做，则明显违反本标准第 18 章有关验收条件和验收内容的要求。

F.0.3 检验应在监理工程师见证下实施。

【技术要点说明】

为了使钻芯检验外墙节能构造有更好的公正性，本条规定从确定抽样位置到抽样钻芯过程均应在监理人员见证下实施。由于抽样少，样品的公正性就更为重要。见证人应做出见证记录并存入档案。

F.0.4 钻芯检验外墙节能构造的取样部位和数量，应遵守下列规定：

　　1　取样部位应由检测人员随机抽样确定，不得在外墙施工前预先确定；

　　2　取样位置应选取节能构造有代表性的外墙上相对隐蔽的部位，并宜兼顾不同朝向和楼层；

　　3　外墙取样数量为一个单位工程每种节能保温做法至少取 3 个芯样。取样部位宜均匀分布，不宜在同一个房间外墙上取 2 个或 2 个以上芯样。

【技术要点说明】

　　本条给出了钻芯检验外墙节能构造的取样部位和数量要求，共 3 项规定：

　　(1) 取样部位应该在检测时再决定，由监理与施工双方商定，不得预先确定。预先确定会导致缺乏公正性与代表性。

　　(2) 取样位置应注意代表性，并应取隐蔽部位，兼顾朝向和楼层。注意操作安全、方便。

　　(3) 取样数量为一个单位工程每种做法至少 3 个。不宜取在同一个房间。

　　本条上述规定的理由是显而易见的。其抽样数量很少，主要是考虑仅仅用作验证而不是验收，以及尽量减少对墙体的损坏。但是本条规定的是最低抽样数量，如果需要，可以增加一定的数量，使之有更好的代表性。

F.0.5 钻芯检验外墙节能构造可采用空心钻头，从保温层一侧钻取直径 70mm 的芯样。钻取芯样深度为钻透保温层到达结构层或基层表面，必要时也可钻透墙体。

　　当外墙的表层坚硬不易钻透时，也可局部剔除坚硬的面层后钻取芯样，但钻取芯样后应恢复原有外墙的表面装饰层。

【技术要点说明】

　　本条给出钻芯的操作要求。根据实践，采用普通的手持电钻和空心钻头，可以很好地进行钻芯取样。通常不必钻透墙体，仅仅钻透保温层到达墙体基层（结构层）即可。如果遇到外墙的表层（例如贴有表面经过处理的硬质瓷砖）坚硬不易钻透时，也可局部剔除坚硬的面层后钻取芯样，这样对验证节能做法没有影响。但钻取芯样后应注意恢复剔除前原有外墙的表面装饰层，不应影响装饰效果。

F.0.6 钻取芯样时应尽量避免冷却水流入墙体内及污染墙面。从空心钻头中取出芯样时应谨慎操作，以保持芯样完整。当芯样严重破损难以准确判断节能构造或保温层厚度时，应重新取样检验。

【技术要点说明】

本条给出钻芯操作时的几个注意事项：

（1）采用普通的手持电钻钻取芯样时，需要对空心钻头进行冷却。钻取芯样时应尽量避免冷却水流入墙体内及污染墙面。实践证明，使用带内部冷却管道的空心钻头可以较好地解决这一问题。

（2）完成钻芯后，从空心钻头中取出芯样时应谨慎操作，以保持芯样完整并保护钻头。可以采用卸下钻头，用工具将钻头中芯样推出的方法，不应采用猛烈磕碰的方法甩出芯样。

（3）当芯样严重破损难以准确判断节能构造或保温层厚度时，应重新取样检验。

F.0.7　对钻取的芯样，应按照下列规定进行检查：

1　对照设计图纸观察、判断保温材料种类是否符合设计要求；必要时也可采用其他方法加以判断；

2　用分度值为1mm的钢尺，在垂直于芯样表面（外墙面）的方向上量取保温层厚度，精确到1mm；

3　观察或剖开检查保温层构造做法是否符合设计和专项施工方案要求。

【技术要点说明】

本条给出了对芯样进行检查和判断的主要方法：

（1）通过对照图纸观察检查，判断保温材料种类是否符合设计要求。一般情况下对保温材料种类的判断应无困难。当难以判断时，也可采用其他物理、化学等方法加以判断。

（2）用钢尺量取保温层厚度，精确到1mm。对于有倾斜角度的芯样，需要注意量取的方向应垂直于墙面。同一个芯样保温层厚度应该是一样的。为了量取的数值准确，可以在芯样不同处量取2、3个厚度值加以平均，作为保温层厚度值。

（3）观察判断芯样的保温层构造做法是否符合设计和施工方案要求。注意这里所谓的"构造做法"，是指基层至面层之间各层的做法，并非仅仅指保温层或相邻层。

F.0.8　在垂直于芯样表面（外墙面）的方向上实测芯样保温层厚度，当实测厚度的平均值达到设计厚度的95%及以上时，应判定保温层厚度符合设计要求；否则，应判定保温层厚度不符合设计要求；

【技术要点说明】

本条对通过芯样判断外墙保温层厚度是否符合设计要求做出规定。实际是给出了保温层厚度的允许偏差值。这个允许偏差值为5%，即当实测厚度的平均值达到设计厚度的95%及以上时，应判定保温层厚度符合设计要求；否则，应判定保温层厚度不符合设计要求。

F.0.9 实施钻芯检验外墙节能构造的机构应出具检验报告。检验报告的格式可参照表
F.0.9样式。检验报告至少应包括下列内容：

表 F.0.9　外墙节能构造钻芯检验报告

外墙节能构造检验报告		报告编号	
		委托编号	
		检测日期	
工程名称			
建设单位		委托人/联系电话	
监理单位		检测依据	
施工单位		设计保温材料	
节能设计单位		设计保温层厚度	

检验结果	检验项目	芯样 1	芯样 2	芯样 3
	取样部位	轴线/层	轴线/层	轴线/层
	芯样外观	完整/基本完整/破碎	完整/基本完整/破碎	完整/基本完整/破碎
	保温材料种类			
	保温层厚度	mm	mm	mm
	平均厚度	mm		
	围护结构分层做法	1 基层： 2 3 4 5	1 基层： 2 3 4 5	1 基层： 2 3 4 5
	照片编号			

结论：	见证意见： 1 抽样方法符合规定； 2 现场钻芯真实； 3 芯样照片真实； 4 其他； 　见证人；

批　准		审　核		检　验	
检验单位		（印章）		报告日期	

1	抽样方法、抽样数量与抽样部位;	
2	芯样状态的描述;	
3	实测保温层厚度,设计要求厚度;	
4	给出是否符合设计要求的检验结论;	
5	附有带标尺的芯样照片并在照片上注明每个芯样的取样部位;	
6	监理单位取样见证人的见证意见;	
7	参加现场检验的人员及现场检验时间;	
8	检测发现的其他情况和相关信息。	

【技术要点说明】

本条给出对钻芯检验外墙节能构造的检验报告的要求,包括格式和内容。检验报告的格式可参照表 F.0.9 样式。检验报告的内容则按常规提出了要求,共包括 8 个方面。

本标准第 17.1.5 条规定,外墙节能构造的现场实体检验既可委托有资质的检测机构实施,也可由施工单位实施。因此当由施工单位实施时,应由施工单位出具检验报告,但是不应由项目部而应由其上级即施工单位实施。实施过程须见证,以保证检验的公正性。

F.0.10 当取样检验结果不符合设计要求时,应委托具备检测资质的见证检测机构增加一倍数量再次取样检验。仍不符合设计要求时应判定围护结构节能构造不符合设计要求。此时应根据检验结果委托原设计单位或其他有资质的单位重新验算房屋的热工性能,提出技术处理方案。

【技术要点说明】

当取样检验结果出现不符合设计要求的情况时,其原因可能有多种。为了慎重起见,本条规定应委托具备检测资质的见证检测机构增加一倍数量再次取样检验。再次取样检验仍应遵守第一次取样的各项规定。如仍不符合设计要求时,应判定围护结构节能构造不符合设计要求。此时应根据情况严重程度,提请设计单位重新进行热工验算并提出技术处理方案。设计给出的处理方案应经建设和监理方以及施工方确认后方可实施。留下永久性缺陷的,应按照统一标准的规定让步接受。

如果设计认为不需处理,应给出书面意见并予以签字,承担相应的责任。按照标准的规定,此时可以作为通过实体检验对待。

F.0.11 外墙取样部位的修补,可采用聚苯板或其他保温材料制成的圆柱形塞填充并用建筑密封胶密封。修补后宜在取样部位挂贴注有"外墙节能构造检验点"的标志牌。

【技术要点说明】

本条给出外墙取样部位的修补方法。具体修补时可采用该方法，也可采用其他有效的方法。修补的原则是填充密实并可靠密封，不形成热桥，不渗漏。如果取样部位靠近地面或处于易破坏处，应采取措施加强排水或对密封表面进行加固保护。

修补后宜在取样部位挂贴注有"外墙节能构造的钻芯检验点"的标志牌，该标志牌应牢固固定。

附　录

附录一 标准其他相关术语释义及索引

3 基本规定相关术语

3.0.1 单位工程 unit works

（1）具备独立施工条件并能形成独立使用功能的建筑物或构筑物为一个单位工程；对于规模较大的单位工程，可将其能独立形成使用功能的部分划分为一个子单位工程。

（2）具有独立的设计文件能够独立组织施工，但不能独立发挥生产能力或使用功能的工程项目。

【说明】该术语在本标准第3.1.4条中开始使用。（1）参照《建筑工程施工质量验收统一标准》GB 50300—2013。（2）参照《工程造价术语标准》GB/T 50875—2013。

3.0.2 公共机构 public institutions

指全部或者部分使用财政性资金的国家机关、事业单位和团体组织。

【说明】该术语在本标准第3.2.2条中开始使用。公共机构包括各级政府机关、事业单位、医院、学校、文化体育科技类场馆等。参考《公共机构节能条例》。

3.0.3 计数检验 inspection by attributes

通过确定抽样样本中不合格的个体数量，对样本总体质量做出判定的检验方法。

【说明】该术语在本标准第3.4.3条中开始使用。参考《建筑工程施工质量验收统一标准》GB 50300—2013。

3.0.4 检验批 inspection lot

按相同的生产条件或按规定的方式汇总起来供抽样检验用的，由一定数量样本组成的检验体。

【说明】该术语在本标准第3.4.1条中开始使用。参考《建筑工程施工质量验收统一标准》GB 50300—2013。

3.0.5 建筑工程 building engineering

通过对各类房屋建筑及其附属设施的建造和与其配套线路、管道、设备等的安装所形成的工程实体。

【说明】该术语在本标准第 3.2.2 条中开始使用。参考《建筑工程施工质量验收统一标准》GB 50300—2013。

3.0.6　建筑节能 building energy-saving

建筑规划、设计、施工和使用维护过程中，在满足规定的建筑功能要求和室内环境质量的前提下，通过采取技术措施和管理手段，实现提高能源利用效率、降低运行能耗的活动。

【说明】该术语在本标准第 3.1.2 条中开始使用。参考《建筑节能基本术语标准》GB/T 51140—2015。

3.0.7　建筑节能工程 building energy-saving measures

在建筑的规划、设计、施工和使用过程中，各种节能措施的总称。

【说明】该术语在本标准第 3.1.3 条中开始使用。参考《建筑节能基本术语标准》GB/T 51140—2015。

3.0.8　建筑节能工程检验 building energy-saving projects inspection

对建筑节能工程中的材料、产品、设备、施工质量及效果等进行检查和测试，并将结果与设计文件和标准进行比较和判定的活动。

【说明】参考《建筑节能基本术语标准》GB/T 51140—2015。

3.0.9　建筑节能工程施工 building energy-saving projects construction

按建筑工程施工图设计文件和施工方案要求，针对建筑节能措施所开展的建造活动。

【说明】该术语在本标准第 3.1.4 条中开始使用。参考《建筑节能基本术语标准》GB/T 51140—2015。

3.0.10　建筑节能工程验收 building energy-saving projects acceptance

在施工单位自行质量检查评定的基础上，由参与建设活动的有关单位共同对建筑节能工程的检验批、分项工程、分部工程的质量进行抽样复验，并根据相关标准以书面形式对工程质量是否合格进行确认的活动。

【说明】该术语在本标准 3.4.2 条中开始使用。参考《建筑节能基本术语标准》GB/T 51140—2015。

3.0.11　节能产品认证 certificate for energy conservation product certification

依据相关的标准和技术要求，经节能产品认证机构确认并通过颁布节能产品认证证书和节能标志或节能标识，证明某一产品为节能产品的活动。

【说明】该术语在本标准第 3.2.2 条中开始使用。参考《中国节能产品认证管理办法》。

3.0.12　聚合物砂浆 polymer mortar

以水泥、细骨料为主要组分，以聚合物乳液或可再分散乳胶粉为改性剂，添加适量助剂混合制成的砂浆。

【说明】该术语在本标准第 3.2.8 条中开始使用。参考《聚合物水泥防水砂浆》JC/T 984—2011。

3.0.13 绝热材料 thermal insulation material

用于减少热传递的一种功能材料，其绝热性能取决于化学成分和（或）物理结构。

【说明】该术语在表 3.4.1 中开始使用。参考《绝热材料及相关术语》GB/T 4132—2015。

3.0.14 绝热构造 thermal insulation structure

用于降低热传递的功能性系统或构造。

【说明】该术语在表 3.4.1 中开始使用。参考《绝热材料及相关术语》GB/T 4132—2015。

3.0.15 超低能耗建筑 ultra-low energy building

超低能耗建筑是近零能耗建筑的初级表现形式，其室内环境参数与近零能耗建筑相同，能效指标略低于近零能耗建筑，其建筑能耗水平应较国家标准《公共建筑节能设计标准》GB 50189—2015 和行业标准《严寒和寒冷地区居住建筑节能设计标准》JGJ 26—2010、《夏热冬冷地区居住建筑节能设计标准》JGJ 134—2016、《夏热冬暖地区居住建筑节能设计标准》JGJ 75—2012 降低 50％以上。

【说明】参考《近零能耗建筑技术标准》GB/T 51350—2019。

3.0.16 近零能耗建筑 nearly zero energy building

适应气候特征和场地条件，通过被动式建筑设计最大幅度降低建筑供暖、空调、照明需求，通过主动技术措施最大幅度提高能源设备与系统效率，充分利用可再生能源，以最少的能源消耗提供舒适室内环境，且其室内环境参数和能效指标符合本标准规定的建筑，其建筑能耗水平应较国家标准《公共建筑节能设计标准》GB 50189—2015 和行业标准《严寒和寒冷地区居住建筑节能设计标准》JGJ 26—2010、《夏热冬冷地区居住建筑节能设计标准》JGJ 134—2016、《夏热冬暖地区居住建筑节能设计标准》JGJ 75—2012 降低 60％～75％以上。

【说明】参考《近零能耗建筑技术标准》GB/T 51350—2019。

3.0.17 零能耗建筑 zero energy building

零能耗建筑是近零能耗建筑的高级表现形式，其室内环境参数与近零能耗建筑相同，充分利用建筑本体和周边的可再生能源资源，使可再生能源年产能大于或等于建筑全年全部用能的建筑。

【说明】参考《近零能耗建筑技术标准》GB/T 51350—2019。

3.0.18 围护结构 building envelope

（1）建筑物及房间各面的围挡物的总称。

（2）建筑物及房间各面的围挡物，如墙体、屋顶、地板和门窗等。分内、外围护结构两类。

【说明】该术语在本标准表 3.4.1 中开始使用。（1）参考《建筑节能基本术语标准》GB/T 51140—2015。（2）参考《供暖通风与空气调节术语标准》GB/T 50155—2015。

4　墙体节能工程相关术语

4.0.1　保温层 thermal insulation layer

由保温材料组成，在外墙外保温系统中起保温隔热作用的构造层。

【说明】该术语在本标准第 4.1.3 条中开始使用。参考《外墙外保温工程技术规程》JGJ 144—2019。

4.0.2　保温结构一体化 integration of thermal insulation and building structure

保温层与建筑结构同步施工完成的构造技术。

【说明】本标准第 4.1.2 条中"……与主体结构同时施工的墙体节能工程，应与主体结构一同验收。"所指对象，即为保温结构一体化构造。参考《建筑节能基本术语标准》GB/T 51140—2015。

4.0.3　变形缝 deformation joint

为防止建筑物在外界因素作用下，结构内部产生附加变形和应力，导致建筑物开裂、碰撞甚至破坏而预留的构造缝，包括伸缩缝、沉降缝和抗震缝。

【说明】该术语在本标准第 4.1.3 条第 11 款中使用。参考《民用建筑设计统一标准》GB 50352—2019。

4.0.4　玻璃纤维网布 glass fiber mesh

表面经高分子材料涂覆处理的、具有耐碱功能的网格状玻璃纤维织物，作为增强材料内置于抹面胶浆中，用以提高抹面层的抗裂性和抗冲击性，简称玻纤网。

【说明】该术语在本标准第 4.2.15 条中开始使用。参考《外墙外保温工程技术规程》JGJ 144—2019。

4.0.5　传热系数 thermal transmittance

（1）在稳态条件下，围护结构两侧空气为单位温差时，单位时间内通过单位面积传递的热量。传热系数与传热阻互为倒数。

（2）两侧环境温度差为 1K（℃）时，在单位时间内通过单位面积门窗或玻璃幕墙的热量。

【说明】该术语在本标准第 4.2.2 条中开始使用。（1）参考《墙体材料应用统一技术规范》GB 50574—2010；（2）参考《建筑门窗玻璃幕墙热工计算规程》JGJ/T 151—2008。

4.0.6 垂直于板面方向的抗拉强度 tensile strength perpendicular to the plate surface

板状材料受到垂直于板面方向拉力作用时其单位横截面所能承受的最大荷载。

【说明】该术语在本标准第 4.2.2 条中开始使用。参考《胶粉聚苯颗粒外墙外保温系统材料》JG/T 158—2013。

4.0.7 导热系数 thermal conductivity/heat conduction coefficient

（1）在稳态条件和单位温差作用下，通过单位厚度、单位面积匀质材料的热流量。

（2）材料导热特性的一个物理指标。数值上等于热流密度除以负温度梯度。

【说明】该术语在本标准第 4.2.2 条中开始使用。（1）参考《民用建筑热工设计规范》GB 50176—2016；（2）参考《绝热材料及相关术语》GB/T 4132—2015。

4.0.8 反射隔热材料的半球发射率 hemispherical emittance of reflective thermal insulation material

反射隔热材料在半球方向上的辐射出射度与处于相同温度的全辐射体（黑体）的辐射出射度的比值。

【说明】该术语在本标准第 4.2.2 条中开始使用。参考《建筑反射隔热涂料》JG/T 235—2014。

4.0.9 反射隔热材料的太阳光反射比 total solar reflectance of reflective thermal insulation materials

反射隔热材料在 300～2500nm 可见光和近红外波段反射与同波段入射的太阳辐射通量的比值。

【说明】该术语在本标准第 4.2.2 条中开始使用。参考《建筑反射隔热涂料》JG/T 235—2014。

4.0.10 防火隔离带 fire barrier zone

设置在可燃、难燃保温材料外墙外保温工程中，按水平方向分布，采用不燃保温材料制成、以阻止火灾沿外墙面或在外墙外保温系统内蔓延的防火构造。

【说明】该术语在本标准第 4.2.14 条中开始使用。参考《建筑外墙外保温防火隔离带技术规程》JGJ 289—2012。

4.0.11 防火构造 fireproof construction

具有防止火焰沿外墙面蔓延和提高外保温系统防火性能作用的构造措施。

【说明】参考《外墙外保温工程技术规程》JGJ 144—2019。

4.0.12 隔气层 vapor barrier

阻止室内水蒸气渗透到保温层内的构造层。

【说明】该术语在本标准第 4.2.17 条中开始使用。参考《屋面工程技术规范》GB 50345—2012 和《屋面工程质量验收规范》GB 50207—2012。

4.0.13 基层墙体 substrate

建筑物中起承重或围护作用的外墙墙体，可以是混凝土墙体或各种砌体墙体。

【说明】该术语在本标准第 4.2.13 条中开始使用。参考《外墙外保温工程技术规程》JGJ 144—2019。

4.0.14 挤塑聚苯板 extruded polystyrene panel

以聚苯乙烯树脂或其共聚物为主要成分，加入少量添加剂，通过加热挤塑成型而制得的具有闭孔结构的硬质泡沫塑料板材，简称 XPS 板。

【说明】参考《外墙外保温工程技术规程》JGJ 144—2019。

4.0.15 建筑保温 envelope insulation

为减少冬季室内外温差传热，在建筑围护结构上采取的技术措施。

【说明】参考《建筑节能基本术语标准》GB/T 51140—2015。

4.0.16 建筑保温材料 building thermal insulation material

导热系数小于 0.3W/（m·K）、用于建筑围护结构对热流具有显著阻抗性的材料或材料复合体。

【说明】参考《建筑节能基本术语标准》GB/T 51140—2015。

4.0.17 建筑隔热 envelope solar isolation

为减少夏季太阳辐射热量向室内传递，在建筑外围护结构上采取的技术措施。

【说明】参考《建筑节能基本术语标准》GB/T 51140—2015。

4.0.18 建筑隔热材料 building solar insulation material

表面太阳辐射反射率较高、用于建筑围护结构外表面减少太阳辐射热量进入室内的材料。

【说明】参考《建筑节能基本术语标准》GB/T 51140—2015。

4.0.19 胶粉聚苯颗粒保温浆料 mineral binder and expanded polystyrene granule insulating plaster

由可再分散胶粉、无机胶凝材料、外加剂等制成的胶粉料与作为主要骨料的聚苯颗粒复合而成的，可直接作为保温层材料的胶粉聚苯颗粒浆料，简称保温浆料。

【说明】参考《外墙外保温工程技术规程》JGJ 144—2019。

4.0.20 胶粉聚苯颗粒贴砌浆料 mineral binder and expanded polystyrene granule bonding plaster

由可再分散胶粉、无机胶凝材料、外加剂等制成的胶粉料与作为主要骨料的聚苯颗粒复合而成的，用于粘贴、砌筑和找平模塑聚苯板的胶粉聚苯颗粒浆料，简称贴砌浆料。

【说明】参考《外墙外保温工程技术规程》JGJ 144—2019。

4.0.21 胶粘剂 adhesive

由水泥基胶凝材料、高分子聚合物材料以及填料和添加剂等组成，用于基层墙体和保温板之间粘结的聚合物水泥砂浆。

【说明】参考《外墙外保温工程技术规程》JGJ 144—2019。

4.0.22 界面砂浆 interface treating mortar

由水泥、沙、高分子聚合物材料以及添加剂为主要材料配置而成，用以改善基层墙体或保温层表面粘结性能的聚合物水泥砂浆。

【说明】参考《外墙外保温工程技术规程》JGJ 144—2019。

4.0.23 抗压强度 compressive strength

材料受压破坏过程中所承受的最大压应力。对于随着荷载增加、刚性逐渐增加的绝热材料，抗压强度可由应变量的限值来确定。

【说明】该术语在本标准第4.2.2条中开始使用。参考《绝热材料及相关术语》GB/T 4132—2015。

4.0.24 抗风压性 wind pressure resistance

外保温系统试样所能承受的负风压值。

【说明】该术语在本标准第4.2.3条中开始使用。参考《外墙外保温工程技术规程》JGJ 144—2004。

4.0.25 拉伸粘结强度 tensile bond strength

在垂直于胶粘剂层的荷载作用下，胶结试样破坏时，单位面积胶结面所承受的拉伸力，反应胶粘面承受正应力的能力，单位为MPa。

【说明】该术语在本标准第4.2.2条中开始使用。参考《外墙外保温工程技术标准》JGJ 144—2019。

4.0.26 模塑聚苯板 expanded polystyrene panel

由可发性聚苯乙烯珠粒经加热预发泡后在模具中加热成型而制得的具有闭孔结构的聚苯乙烯泡沫塑料板材，包含033级和039级，简称EPS板。

【说明】该术语在本标准第4.2.2条中开始使用。参考《外墙外保温工程技术规程》JGJ 144—2019。

4.0.27 抹面层 rendering

抹在保温层上，中间夹有玻璃纤维网布，保护保温层并起防裂、防水、抗冲击和防火作用的构造层。

【说明】该术语在本标准第4.2.10条中开始使用。参考《外墙外保温工程技术规程》JGJ 144—2019。

4.0.28 抹面胶浆 rendering coat mortar

由水泥基胶凝材料、高分子聚合物材料以及填料和添加剂等组成，具有一定变形能力和良好粘结性能，与玻璃纤维网布共同组成抹面层的聚合物水泥砂浆或非水泥基聚合物砂浆。

【说明】该术语在本标准第4.2.15条的条文说明中开始使用。参考《外墙外保温工程技术规程》JGJ 144—2019。

4.0.29 耐候性 weather resistance

（1）外保温系统试样经高温—淋水循环、加热—冷冻循环进行的外观检查和拉伸粘结强度检测。

（2）材料抵抗日光、温度、风雨等气候条件的能力。

【说明】该术语在本标准第4.2.3条中开始使用。（1）参考《外墙外保温工程技术标准》JGJ 144—2019；（2）参考《建筑密封材料术语》GB/T 14682—2006。

4.0.30 耐久性 durability

在给定的使用条件下可能的使用寿命。

【说明】该术语在本标准第4.2.10条中开始使用。参考《建筑密封材料术语》GB/T 14682—2006。

4.0.31 内保温系统 internal thermal insulation system

由保温层、防护层和固定材料构成，位于建筑围护结构内表面的非承重保温构造总称。

【说明】参考《建筑节能基本术语标准》GB/T 51140—2015。

4.0.32 粘结强度 adhesive strength

干燥后的绝热涂料，在正向拉力作用下与基体脱落过程中所承受的最大拉应力。

【说明】该术语在本标准第4.2.10条中开始使用。参考《绝热材料及相关术语》GB/T 4132—2015。

4.0.33 热桥 thermal bridge

（1）围护结构中局部的传热系数明显大于主体传热系数的部位。

（2）围护结构中热流强度显著增大的部位。

（3）建筑物外围护结构中具有以下热工特征的部位，称为热桥。在室内供暖条件下，该部位内表面温度比主体部位低；在室内空调降温条件下，该部位内表面温度又比主体部位高。

【说明】该术语在本标准第4.1.3条中开始使用。（1）参考《建筑节能基本术语标准》

GB/T 51140—2015；（2）参考《民用建筑热工设计规范》GB 50176—2016；（3）参考《居住建筑节能检测标准》JGJ/T 132—2009。

4.0.34　热阻 thermal resistance

表征围护结构本身或其中某层材料阻抗传热能力的物理量。

【说明】该术语在本标准第4.2.2条中开始使用。参考《民用建筑热工设计规范》GB 50176—2016。

4.0.35　饰面层 finish coat

（1）外保温系统的外装饰构造层，为具有功能性或装饰性的面层材料，如纸、塑料膜、织物或金属箔。

（2）功能性或装饰性的面层材料，如纸、塑料膜、织物或金属箔。

【说明】该术语在本标准第4.2.10条中使用。（1）参考《外墙外保温工程技术规程》JGJ/T 144—2019；（2）参考《绝热材料及相关术语》GB/T 4132—2015。

4.0.36　吸水率 water absorption

材料在水中所吸收水分的百分数。可用质量吸水率或体积吸水率表示。所吸收水分的质量与材料干质量之比称为质量吸水率。所吸收水分的体积与材料容体积之比称为体积吸水率。当材料吸水达到饱和状态时称为饱和吸水率。

【说明】该术语在本标准第4.2.2条中开始使用。参考《绝热材料及相关术语》GB/T 4132—2015。

4.0.37　现场拉拔试验 the pull-out test

在工程现场进行的拉拔检测试验。

【说明】该术语在本标准第4.2.7条中开始使用。参考《建筑工程饰面砖粘结强度检验标准》JGJ/T 110—2017。

4.0.38　外保温复合墙体 wall composed with external thermal insulation

由基层墙体和外保温系统组合而成的墙体。

【说明】参考《外墙外保温工程技术规程》JGJ 144—2019。

4.0.39　外保温系统 external thermal insulation system

由保温层、防护层和固定材料构成，位于建筑围护结构外表面的非承重保温构造总称。

【说明】该术语在本标准第4.2.15条的条文说明中开始使用。参考《建筑节能基本术语标准》GB/T 51140—2015。

4.0.40　外墙外保温工程 engineering of external thermal insulation

将外保温系统通过施工或安装、固定在外墙外表面上形成的建筑构造实体，简称外保温工程。

【说明】该术语在本标准第 4.2.3 条中开始使用。参考《外墙外保温工程技术规程》JGJ 144—2019。

4.0.41 外墙外保温系统 external thermal insulation composite system

由保温层、抹面层、固定材料（胶粘剂、锚固件等）和饰面层构成，并固定在外墙外表面的非承重保温构造总称，简称外保温系统。

【说明】该术语在本标准第 4.2.7 条中开始使用。参考《外墙外保温工程技术规程》JGJ 144—2019。

4.0.42 一般项目 general item

除主控项目以外的检验项目。

【说明】该术语在本标准第 4.3 节中开始使用。参考《建筑工程施工质量验收统一标准》GB 50300—2013。

4.0.43 硬泡聚氨酯 rigid polyurethane foam

由多亚甲基多苯基多异氰酸酯和多元醇及助剂等反应制成的以聚氨基甲酸酯结构为主的硬质泡沫塑料，简称 PUR/PIR。

【说明】参考《外墙外保温工程技术规程》JGJ 144—2019。

4.0.44 硬泡聚氨酯板 rigid polyurethane foam board

以硬泡聚氨酯（包括聚氨酯硬质泡沫塑料和聚异氰脲酸酯硬质泡沫塑料）为芯材，在工厂制成的、双面带有界面层的板材，简称 PUR/PIR 板。

【说明】参考《外墙外保温工程技术规程》JGJ 144—2019。

4.0.45 自保温系统 self-thermal insulation system

以墙体材料自身的热工性能来满足建筑围护结构节能设计要求的构造系统。

【说明】参考《建筑节能基本术语标准》GB/T 51140—2015。

4.0.46 主控项目 dominant item

建筑工程中对安全、节能、环境保护和主要使用功能起决定性作用的检验项目。

【说明】该术语在本标准第 4.2 节中开始使用。参考《建筑工程施工质量验收统一标准》GB 50300—2013。

5 幕墙节能工程相关术语

5.0.1 半隐框玻璃幕墙 semi-hidden frame supported glass curtain wall

金属框架的竖向或横向构件显露于面板外表面的框支承玻璃幕墙。

5.0.2 玻璃幕墙 curtain wall for building

面板材料是玻璃的建筑幕墙。

【说明】该术语在本标准第5.1.1条的条文说明中开始使用。参考《建筑幕墙》GB/T 21086—2007。

5.0.3 沉降缝 settlement joint

为减轻或消除地基不均匀变形对建筑物的不利影响而在建筑物中预先设置的间隙。

【说明】该术语在本标准第5.1.4条的条文说明中开始使用。参考《工程结构设计基本术语标准》GB/T 50083—2014。

5.0.4 单元式玻璃幕墙 frame supported glass curtain wall assembled in prefabricated units

将面板和金属框架（横梁、立柱）在工厂组装为幕墙单元，以幕墙单元形式在现场完成安装施工的框支承玻璃幕墙。

【说明】该术语在本标准第5.1.4条中开始使用。参考《玻璃幕墙工程技术规范》JGJ 102—2003。

5.0.5 点支承玻璃幕墙 point-supported glass curtain wall

由玻璃面板、点支承装置和支承结构构成的建筑幕墙。

【说明】参考《玻璃幕墙工程技术规范》JGJ 102—2003。

5.0.6 点支承装置 point supporting device

以点连接方式直接承托和固定玻璃面板，并传递玻璃面板所承受的荷载或作用的组件。

【说明】参考《建筑玻璃点支承装置》JG/T 138—2010。

5.0.7 防护层 rendering system

抹面层和饰面层的总称。

【说明】该术语在本标准第5.2.8条中开始使用。参考《外墙外保温工程技术规程》JGJ/T 144—2019。

5.0.8 隔热型材 thermal barrier profile

以隔热材料连接金属型材而制成的具有隔热功能的复合型材。

【说明】该术语在本标准第5.2.2条中开始使用。参考《铝合金建筑型材 第6部分：隔热型材》GB/T 5237.6—2017。

5.0.9 构件式玻璃幕墙 frame supported glass curtain wall assembled in elements

在现场依次安装立柱、横梁和玻璃面板的框支承玻璃幕墙。

【说明】参考《玻璃幕墙工程技术规范》JGJ 102—2003。

5.0.10 硅酮建筑密封胶 weather proofing silicone sealant

幕墙嵌缝用的硅酮密封材料，又称耐候胶。

【说明】该术语在本标准第5.3.3条中开始使用。参考《玻璃幕墙工程技术规范》JGJ 102—2003。

5.0.11 硅酮结构密封胶 structural silicone sealant

幕墙中用于板材与金属构架、板材与板材、板材与玻璃肋之间的结构用硅酮粘结材料，简称硅酮结构胶。

【说明】参考《玻璃幕墙工程技术规范》JGJ 102—2003。

5.0.12 建筑幕墙 curtain wall for building

由面板和支承结构体系（支承装置与支承结构）组成的，可相对主体结构有一定位移能力或自身有一定变形能力、不承担主体结构所受作用的建筑外围护墙。

【说明】该术语在本标准第5.1.1条中开始使用。参考《建筑幕墙》GB/T 21086—2007。

5.0.13 节点 joint

构件或杆件相互连接的部位。

【说明】该术语在本标准第5.2.4条中开始使用。参考《工程结构设计基本术语标准》GB/T 50083—2014。

5.0.14 抗震缝 seismic joint

为减轻或防止由地震作用引起相邻结构单元之间的碰撞而预先设置的间隙。

【说明】该术语在本标准第5.3.3条中开始使用。参考《工程结构设计基本术语标准》GB/T 50083—2014。

5.0.15 可见光透射比 visible light transmittance

在可见光谱（380~780nm）范围内，透过玻璃或其他透光材料的光通量与入射的光通量之比。

【说明】该术语在本标准第5.2.2条中开始使用。参考《玻璃幕墙光热性能》GB/T 18091—2015。

5.0.16 可开启部分 active part of window and door

门或窗中的活动扇的总称。

【说明】该术语在本标准第5.2.10条中开始使用。参考《建筑门窗术语》GB/T 5823—2008。

5.0.17 框支承玻璃幕墙 frame supported glass curtain wall

玻璃面板周边由金属框架支承的玻璃幕墙。

【说明】参考《玻璃幕墙工程技术规范》JGJ 102—2003。

5.0.18　明框玻璃幕墙 exposed frame supported glass curtain wall

金属框架的构件显露于面板外表面的框支承玻璃幕墙。

【说明】参考《玻璃幕墙工程技术规范》JGJ 102—2003。

5.0.19　全玻幕墙 full glass curtain wall

由玻璃肋和玻璃面板构成的玻璃幕墙。

【说明】参考《玻璃幕墙工程技术规范》JGJ 102—2003。

5.0.20　伸缩缝 expansion and contraction joint

为减轻材料胀缩变形对建筑物的不利影响而在建筑物中预先设置的间隙。

【说明】该术语在本标准第5.3.3条中开始使用。参考《工程结构设计基本术语标准》GB/T 50083—2014。

5.0.21　太阳辐射吸收系数 solar radiation absorbility factor

表面吸收的太阳辐射热与投射到其表面的太阳辐射热之比。

【说明】参考《民用建筑热工设计规范》GB 50176—2016。

5.0.22　隐框玻璃幕墙 hidden frame supported glass curtain wall

金属框架的构件完全不显露于面板外表面的框支承玻璃幕墙。

【说明】参考《玻璃幕墙工程技术规范》JGJ 102—2003。

5.0.23　遮阳 shading

为减少太阳辐射对建筑的热作用而采取的遮挡措施。

【说明】该术语在本标准第5.2.6条中开始使用。参考《建筑节能基本术语标准》GB/T 51140—2015。

5.0.24　遮阳系数 shading coefficient

在给定条件下，太阳辐射透过玻璃、门窗或玻璃幕墙构件所形成的室内得热量，与相同条件下透过标准玻璃（3mm厚透明玻璃）所形成的太阳辐射得热量之比。

【说明】该术语在本标准第5.2.2条中开始使用。参考《建筑节能基本术语标准》GB/T 51140—2015。

5.0.25　支承结构 supporting structure

点支承玻璃幕墙中，通过支承装置支承玻璃面板的结构体系。

【说明】参考《玻璃幕墙工程技术规范》JGJ 102—2003。

6 门窗节能工程相关术语

6.0.1 附框 appendant frame

预埋或预先安装在门窗洞口中，用于固定门窗的杆件系统。

【说明】该术语在本标准第 6.2.4 条中开始使用。参考《建筑门窗术语》GB/T 5823—2008。

6.0.2 建筑遮阳 shading

在建筑门窗洞口室外侧与门窗洞口一体化设计的遮挡太阳辐射的构件。

【说明】参考《民用建筑热工设计规范》GB 50176—2016。

6.0.3 建筑遮阳产品 solar shading product of building

安装在建筑物上，用以遮挡或调节进入室内太阳光的装置，通常由遮阳材料、支撑构件、调节机构等组成。

【说明】参考《建筑遮阳通用技术要求》JG/T 274—2018。

6.0.4 建筑遮阳系数 shading coefficient of building element

在照射时间内，同一窗口（或透光围护结构部件外表面）在有建筑外遮阳和没有建筑外遮阳的两种情况下，接收到的两个不同太阳辐射量的比值。

【说明】参考《民用建筑热工设计规范》GB 50176—2016。

6.0.5 可见光透射比 visible transmittance

采用人眼视见函数进行加权，标准光源透过玻璃、门窗或玻璃幕墙成为室内的可见光通量与投射到玻璃、门窗或玻璃幕墙上的可见光通量的比值。

【说明】该术语在本标准第 6.2.2 条中开始使用。参考《建筑门窗玻璃幕墙热工计算规程》JGJ/T 151—2008。

6.0.6 框 frame

用于安装门窗活动扇和固定部分（固定扇、玻璃或镶板），并与门窗洞口或附框连接固定的门窗杆件系统。

【说明】该术语在本标准第 6.2.4 条中开始使用。参考《建筑门窗术语》GB/T 5823—2008。

6.0.7 露点温度 dew-point temperature

在大气压力一定、含湿量不变的条件下，未饱和空气因冷却而达到饱和时的温度。

【说明】参考《民用建筑热工设计规范》GB 50176—2016。

6.0.8　门窗洞口 structural opening

墙体上安设门窗的预留开口。

【说明】该术语在本标准第6.2.4条中开始使用。参考《建筑门窗术语》GB/T 5823—2008。

6.0.9　气密性能 air permeability performance

外门窗在正常关闭状态时，阻止空气渗透的能力。

【说明】该术语在本标准第6.2.2条中开始使用。参考《建筑外门窗气密、水密、抗风压性能分级及检测方法》GB/T 7106—2008。

6.0.10　太阳得热系数 solar heat gain coefficient

通过玻璃、门窗或透光幕墙成为室内得热量的太阳辐射部分与投射到玻璃、门窗或透光幕墙构件上的太阳辐射照度的比值。成为室内得热量的太阳辐射部分包括太阳辐射通过辐射透射的得热量和太阳辐射被构件吸收再传入室内的得热量两部分。也称太阳光总透射比，简称SHGC。

【说明】该术语在本标准第6.2.2条中开始使用。参考《建筑节能基本术语标准》GB/T 51140—2015。

6.0.11　太阳光总透射比 total solar energy transmittance（solar factor）

通过玻璃、门窗或玻璃幕墙成为室内得热量的太阳辐射部分与投射到玻璃、门窗或玻璃幕墙构件上的太阳辐射照度的比值。成为室内得热量的太阳辐射部分包括太阳辐射通过辐射透射的得热量和太阳辐射被构件吸收再传入室内的得热量两部分。

【说明】参考《建筑门窗玻璃幕墙热工计算规程》JGJ/T 151—2008和《民用建筑热工设计规范》GB 50176—2016。

6.0.12　天窗 skylight

平行于屋面的可采光或通风的窗，其安装位置比一般窗和斜屋顶窗高，人不能直接触及和操纵窗，并不需要从室内清洁窗的外表面。

【说明】该术语在本标准第6.2.8条中开始使用。参考《建筑门窗术语》GB/T 5823—2008。

6.0.13　透光围护结构太阳得热系数 solar heat gain coefficient（SHGC）of transparent envelope

在照射时间内，通过透光围护结构部件（如：窗户）的太阳辐射室内得热量与透光围护结构外表面（如：窗户）接收到的太阳辐射量的比值。

【说明】该术语在本标准第6.2.2条中开始使用。参考《民用建筑热工设计规范》GB 50176—2016。

6.0.14　透光围护结构遮阳系数 shading coefficient of transparent envelope

在照射时间内，透过透光围护结构部件（如：窗户）直接进入室内的太阳辐射量与透光围护结构外表面（如：窗户）接收到的太阳辐射量的比值。

【说明】参考《民用建筑热工设计规范》GB 50176—2016。

6.0.15 外门窗 external windows and doors

建筑外门及外窗的统称。

【说明】该术语在本标准第 6.3.3 条中开始使用。参考《建筑外门窗气密、水密、抗风压性能分级及检测方法》GB/T 7106—2008。

6.0.16 中空玻璃 insulating glass unit

两片或多片玻璃以有效支撑均匀隔开并周边粘结密封，使玻璃层间形成有干燥气体空间的制品。

【说明】该术语在本标准第 6.2.2 条的条文说明中开始使用。参考《中空玻璃》GB/T 11944—2012。

6.0.17 综合遮阳系数 general shading coefficient

建筑遮阳系数和透光围护结构遮阳系数的乘积。

【说明】参考《民用建筑热工设计规范》GB 50176—2016。

7 屋面节能工程相关术语

7.0.1 保温隔热屋面 thermal insulation roof

采用保温、隔热措施，能够在冬季防止热量散失、夏季防止热量流入的屋面。

【说明】该术语在本标准第 7.2.7 条中开始使用。参考《建筑节能基本术语标准》GB/T 51140—2015。

7.0.2 隔离层（屋面）isolation layer（roof）

消除相邻两种材料之间粘结力、机械咬合力、化学反应等不利影响的构造层。

【说明】参考《屋面工程技术规范》GB 50345—2012 和《屋面工程质量验收规范》GB 50207—2012。

8 地面节能工程相关术语

8.0.1 防潮层 damp course（moisture proofing course）

（1）防止地下潮气透过地面的构造层。

（2）防止建筑地基或楼层地面下潮气透过地面的构造层。

【说明】该术语在本标准第8.2.9条中开始使用。(1)参考《建筑地面设计规范》GB 50037—2013。(2)参考《辐射供暖供冷技术规程》JGJ 142—2012。

8.0.2　隔离层（地面）isolation course（ground）

(1)防止建筑地面上各种液体或水、潮气透过地面的构造层。

(2)防止建筑地面上各种液体或地下水、潮气渗透地面等作用的构造层；当仅防止地下潮气透过地面时，可称作防潮层。

【说明】该术语在本标准第8.2.5条中开始使用。(1)参考《建筑地面设计规范》GB 50037—2013。(2)参考《建筑地面工程施工质量验收规范》GB 50209—2010。

9　供暖节能工程相关术语

9.0.1　地面辐射供暖系统 floor radiant heating system

以辐射方式，由地面向室内进行供暖的系统。

【说明】该术语在本标准第9.2.7条中开始使用。参考《供暖通风与空气调节术语标准》GB/T 50155—2015。

9.0.2　供暖 heating

用人工方法通过消耗一定能源向室内供给热量，使室内保持生活或工作所需温度的技术、装备、服务的总称。供暖系统由热媒制备（热源）、热媒输送和热媒利用（散热设备）三个主要部分组成。

【说明】该术语在本标准第9.1.1条中开始使用。参考《民用建筑供暖通风与空气调节设计规范》GB 50736—2012。

9.0.3　供暖系统 heating system

为使建筑物达到供暖目的，而由热源或供热装置、散热设备和管道等组成的系统。

【说明】该术语在本标准第9.1.1条中开始使用。参考《供暖通风与空气调节术语标准》GB/T 50155—2015。

9.0.4　集中供暖 central heating

热源和散热设备分别设置，用热媒管道相连接，由热源向多个热用户供给热量的供暖系统，又称为集中供暖系统。

【说明】参考《民用建筑供暖通风与空气调节设计规范》GB 50736—2012。

9.0.5　热力入口装置 thermal inlet device

热网与室内用热系统的连接点及其相应的装置，一般设置在建筑物热力入口处的专用小室或空间内，具有过滤水质、测控和调节供回水压力与压差、温度、流量等功能。

【说明】该术语在本标准第 9.2.8 条中开始使用。参考《供暖通风与空气调节术语标准》GB/T 50155—2015 中的"热力入口"术语进行编写。

9.0.6 热量计量装置 heat metering device

热量表以及对热量表的计量值进行分摊的、用以计量用户消费热量的仪表。

【说明】该术语在本标准第 9.2.1 条中开始使用。参考《供热计量技术规程》JGJ 173—2009。

9.0.7 散热器恒温阀 thermostatic radiator valve

与供暖散热器配合使用的一种专用阀门，由阀头和阀体组成，通过其阀头温包感应环境温度驱动阀体动作，调节流经散热器的热水流量，从而实现室温的恒温控制和自主调节。

【说明】该术语在本标准第 9.2.6 条中开始使用。参考《散热器恒温控制阀》GB/T 29414—2012。散热器恒温控制阀可人为设定室内温度，通过温包感应环境温度产生自力式动作，无需外界动力即可调节流经散热器的热水流量从而实现室温恒定。简称散热器恒温阀或恒温阀，分为两通恒温阀和三通恒温阀。

9.0.8 水力平衡 hydraulic balance

采取设置节流孔板或调节阀门开度等措施使热水供热系统运行时供给各热力站或热用户的实际流量与规定流量一致。

【说明】该术语在本标准第 9.2.4 条中开始使用。参考《供暖通风与空气调节术语标准》GB/T 50155—2015。

10 通风与空调节能工程相关术语

10.0.1 多联机空调系统 multi-connected split air conditioning system

一台（组）空气（水）源制冷或热泵机组配置多台室内机，通过改变制冷剂流量适应各房间负荷变化的直接膨胀式空调系统。

【说明】该术语在本标准第 10.2.12 条中开始使用。参考《供暖通风与空气调节术语标准》GB/T 50155—2015。

10.0.2 风机盘管机组 fan coil unit

由风机与表面式换热器及其他附件组装成一体的空调设备。

【说明】该术语在本标准第 10.2.1 条中开始使用。参考《供暖通风与空气调节术语标准》GB/T 50155—2015。

10.0.3 新风机组 primary air system

专用于处理室外空气的空气处理机组。

【说明】该术语在本标准第10.2.1条中开始使用。参考《供暖通风与空气调节术语标准》GB/T 50155—2015。

10.0.4　组合式空调机组 central-station air handing units

可根据需要选择若干具有不同空气处理功能的预制单元组装而成的空调机组，也称装配式空调机组。

【说明】该术语在本标准第10.2.1条中开始使用。参考《供暖通风与空气调节术语标准》GB/T 50155—2015。

11　空调与供暖系统冷热源及管网节能工程相关术语

11.0.1　电驱动压缩机蒸汽压缩循环冷水机组 electric drive compressor steam compression circulating water chiller

利用电力驱动的制冷压缩机压缩制冷蒸汽完成制冷循环的制冷冷水机组。

【说明】该术语在本标准第11.2.5条中开始使用。参考《供暖通风与空气调节术语标准》GB/T 50155—2015。

11.0.2　锅炉 boiler

利用燃料燃烧等能量转换获取热能，生产规定参数（如温度、压力）和品质的蒸汽、热水或其他工质的设备。

【说明】该术语在本标准第11.2.5条中开始使用。参考《供暖通风与空气调节术语标准》GB/T 50155—2015。

11.0.3　换热器 heat exchanger

温度不同的介质在其中进行热量交换的设备，也称热交换器。

【说明】该术语在本标准第11.2.5条中开始使用。参考《供暖通风与空气调节术语标准》GB/T 50155—2015。

11.0.4　冷却塔 cooling tower

利用水对空气的蒸发吸热效应达到使冷却水降温目的的一种换热设备。按冷却水与空气是否直接接触分为开式、闭式两类；按水流与空气的流向关系分为逆流、横流两类。

【说明】该术语在本标准第11.2.1条中开始使用。参考《供暖通风与空气调节术语标准》GB/T 50155—2015。

11.0.5　冷源系统制冷能效比（EERsys）energy efficiency ratio of cooling source system

冷源系统单位时间供冷量与单位时间冷水机组、冷水泵、冷却水泵和冷却塔风机能耗之和的比值。

【说明】参考《公共建筑节能检测标准》JGJ/T 177—2009。

11.0.6 能效比（EER）energy efficiency ratio

在规定的试验条件下，制冷设备的制冷量与其消耗功率之比，简称 EER。

【说明】该术语在本标准第 11.2.1 条中开始使用。参考《供暖通风与空气调节术语标准》GB/T 50155—2015。

11.0.7 散热器 radiator

以对流和辐射方式向供暖房间放散热量的设备。

【说明】参考《供暖通风与空气调节术语标准》GB/T 50155—2015。

11.0.8 太阳能集热器 solar collector

吸收太阳辐射并将产生的热能传递到传热介质的装置。

【说明】参考《供暖通风与空气调节术语标准》GB/T 50155—2015。

11.0.9 系统制热能效比（COPsys）coefficient of performance of system

系统总制热量与系统总耗电量的比值，系统总耗电量包括主机、各级循环水泵的耗电量。

【说明】参考《可再生能源建筑应用工程评价标准》GB/T 50801—2013。

11.0.10 性能系数（COP）coefficient of performance

在规定条件下，制冷（热）设备的制冷（热）量与其消耗功率之比，其值用 W/W 表示，简称 COP。

【说明】该术语在本标准第 11.2.1 条中开始使用。参考《供暖通风与空气调节术语标准》GB/T 50155—2015。

11.0.11 综合部分负荷性能系数（IPLV）integrated part load value

基于机组部分负荷时的性能系数值，按机组在各种负荷条件下的累积负荷百分比进行加权计算获得的空气调节用冷水机组部分负荷效率的单一数值。

【说明】该术语在本标准第 11.2.1 条中开始使用。参考《公共建筑节能设计标准》GB 50189—2015。

12 配电与照明节能工程相关术语

12.0.1 不带过电流保护的剩余电流动作断路器（RCCB）residual current operated circuit-breaker without integral overcurrent protection

不能用来执行过载和/或短路保护功能的剩余电流动作断路器。

【说明】 参考《剩余电流动作保护装置安装和运行》GB/T 13955—2017。

12.0.2 不平衡度 unbalance factor

指三相电力系统中三相不平衡的程度，用电压、电流负序基波分量或零序基波分量与正序基波分量的方均根值百分比表示。电压、电流的负序不平衡度和零序不平衡度分别用 ε_{U2}、ε_{U0} 和 ε_{I2}、ε_{I0} 表示。

【说明】 该术语在本标准第 12.2.4 条中开始使用。参考《电能质量三相电压不平衡》GB/T 15543—2008。

12.0.3 不延燃试验 non-delay test

在规定试验条件下，对试样阻燃性能进行的燃烧试验。

【说明】 该术语在本标准第 12.2.3 条中开始使用。参考《电缆和光缆在火焰条件下的燃烧试验 第 12 部分：单根绝缘电线电缆火焰垂直蔓延试验 1kW 预混合型火焰试验方法》GB/T 18380.12—2008 和《电工电子产品着火危险试验 第 14 部分：试验火焰 1kW 标称预混合型火焰装置、确认试验方法和导则》GB/T 5169.14—2017。

12.0.4 带过电流保护的剩余电流动作断路器（RCBO）residual current opera-ted circuit-breaker with integral overcurrent protection

能用来执行过载和/或短路保护功能的剩余电流动作断路器。

【说明】 参考《剩余电流动作保护装置安装和运行》GB/T 13955—2017。

12.0.5 电导率 conductivity

标量或张量，在介质中该量与电场强度之积等于传导电流密度。

【说明】 该术语在本标准第 12.2.3 条中开始使用。参考《电工术语 基本术语》GB/T 2900.1—2008。

12.0.6 光通量 luminous flux

指人眼所能感觉到的辐射功率，它等于单位时间内某一波段的辐射能量和该波段的相对视见率的乘积。单位为流明（lm）。

【说明】 该术语在本标准第 12.2.2 条中开始使用。参考《光通量的测量方法》GB/T 26178—2010。

12.0.7 光源初始光效 Initial light effect of light source

初始光效是评定节能灯能效水平的参数，该参数是单端荧光灯初始光通量与实测功率的比值，单位为流明每瓦（lm/W）。

【说明】 该术语在本标准第 12.2.2 条中开始使用。参考《家庭和类似场合普通照明用钨丝灯性能要求》GB/T 10681—2009、《普通照明用非定向自镇流 LED 灯性能要求》GB/T 24908—2014 和《普通照明用非定向自镇流 LED 灯性能要求》GB/T 24908—2014。

12.0.8 功率因数 power factor

在周期状态下，有功功率的绝对值与视在功率的比值。

【说明】参考《电工术语 基本术语》GB/T 2900.1—2008。

12.0.9 过电流 over current

超过额定电流的任何电流。

【说明】参考《电气附件家用及类似场所用过电流保护断路器 第1部分：用于交流的断路器》GB 10963.1—2005。

12.0.10 过载电流 overload current

在电气上无损的电路中发生的过电流。

【说明】参考《电气附件家用及类似场所用过电流保护断路器 第1部分：用于交流的断路器》GB 10963.1—2005。

12.0.11 耐火电缆 fire resistive cables

具有规定的耐火性能（如线路完整性、烟密度、烟气毒性、耐腐蚀性）的电缆。

【说明】参考《阻燃及耐火电缆塑料绝缘阻燃及耐火电缆分级和要求 第2部分：耐火电缆》GA306.2—2007 和《阻燃和耐火电线电缆通则》GB/T 19666—2005。

12.0.12 能效因数 ballast efficacy factor

镇流器流明系数与线路功率的比值。

【说明】参考《建筑照明术语标准》JGJ/T 119—2008。

12.0.13 剩余电流动作断路器 residual current operated circuit-breaker

在正常运行条件下能接通、承载和分断电流，以及在规定条件下当剩余电流达到规定值时能使触头断开的机械开关电器。

【说明】参考《剩余电流动作保护装置安装和运行》GB/T 13955—2017。

12.0.14 消防应急灯具 fire emergency luminaire

为人员疏散、消防作业提供照明和标志的各类灯具，包括消防应急照明灯具和消防应急标志灯具。

【说明】参考《消防应急照明和疏散指示系统》GB/T 17945—2010。

12.0.15 谐波电流 harmonic current

将非正弦周期性电流函数按傅立叶级数展开时，其频率为原周期电流频率整数倍的各正弦分量的统称。频率等于原周期电流频率 k 倍的谐波电流称为 k 次谐波电流，k 大于1的各谐波电流也统称为高次谐波电流。

【说明】该术语在本标准第12.2.4条中开始使用。参考《电工术语 基本术语》GB/T

2900.1—2008。

12.0.16 谐波含量值 harmonic content

交变量中减去基波分量所得到的量值。

【说明】参考《电工术语 基本术语》GB/T 2900.1—2008。

12.0.17 照度 illuminance

入射在包含该点的面元上的光通量 dΦ 除以该面元面积 dA 所得之商。单位为勒克斯（lx），$1\ lx=1\ lm/m^2$。

【说明】该术语在本标准第 12.2.5 条中开始使用。参考《建筑照明设计标准》GB 50034—2013 和《光通量的测量方法》GB/T 26178—2010。

12.0.18 镇流器 ballast

连接于电源和一支或几支放电灯之间，主要用于将灯电流限制到规定值。注：镇流器也可以装有转换电源电压。校正功率因数的装置，其自身或与启动装置配套为启动灯提供所需的条件。

【说明】参考《建筑照明术语标准》JGJ/T 119—2008。

12.0.19 总谐波畸变率（THD）total harmonic distortion

周期性交流量中的谐波含量的均方根值与其基波分量的方均根值之比（用百分数表示）。

【说明】参考《电能质量公用电网谐波》GB/T 14549—93、《电磁兼容试验和测量技术供电系统及所连设备谐波、谐间波的测量和测量仪器导则》GB/T 17626.7—2008 和《调速电气传动系统一般要求低压交流变频电气传动系统额定值的规定》GB/T 12668.2—2002。

12.0.20 阻燃电缆 flame retardant cables

具有规定阻燃性能（如阻燃特性、烟密度、烟气毒性、耐腐蚀性）的电缆。

【说明】参考《阻燃及耐火电缆塑料绝缘阻燃及耐火电缆分级和要求 第1部分：阻燃电缆》GA 306.1—2007 和《阻燃和耐火电线电缆通则》GB/T 19666—2005。

13 监测与控制节能工程相关术语

13.0.1 IP 网络 internet protocol network

采用互联网协议的网络。

【说明】参考《机械工业工程设计基本术语标准》GB/T 51218—2017。

13.0.2 KVM 集中操控系统 KVM centralized operating system

能实现一套键盘、显示器、鼠标、控制多台电脑设备的系统。

【说明】参考《电子工程建设术语标准》GB/T 50780—2013。

13.0.3 传感器 transducer

按一定规律将被测量信息转换成便于测量和传输的信号的装置。

【说明】该术语在本标准第 13.2.2 条中出现。参考《机械工业工程设计基本术语标准》GB/T 51218—2017。

13.0.4 电磁兼容性（EMC）electromagnetic compatibility

设备或系统在其电磁环境中能正常工作且不对该环境中任何事物构成不能承受的电磁骚扰的能力。

【说明】该术语在本标准第 13.2.1 条中出现。参考《电工术语 基本术语》GB/T 2900.1—2008。

13.0.5 电力负荷管理系统 power load management system

是采集客户端实时用电信息的基础平台，运用通信技术、计算机技术、自动控制技术等对电力负荷进行监控、管理的综合系统。

【说明】参考《机械工业工程设计基本术语标准》GB/T 51218—2017。

13.0.6 电子信息系统 electronic information system

由计算机、通信设备、处理设备、控制设备及相关的配套设施构成，按照一定的应用目的和规则，对信息进行采集、加工、存储、传输、检索等处理的人机系统。

【说明】参考《机械工业工程设计基本术语标准》GB/T 51218—2017。

13.0.7 服务器 server

局域网中，一种运行管理软件以控制对网络或网络资源进行访问的计算机。

【说明】该术语在本标准第 13.2.1 条中出现。参考《机械工业工程设计基本术语标准》GB/T 51218—2017。

13.0.8 管理信息系统 management information system（MIS）

由人和计算机网络集成，能提供企业管理所需信息以支持企业的生产经营和决策的人机系统。

【说明】参考《机械工业工程设计基本术语标准》GB/T 51218—2017。

13.0.9 环境监控系统 environmental monitoring system

实现远程监控机房等空间区域的温度、湿度、门禁、水浸、烟感、空调、油机等环境参数的系统。

【说明】参考《电子工程建设术语标准》GB/T 50780—2013。

13.0.10 建筑自动化和控制 building automation and control

为了达到能源高效、节约、建筑服务设施安全运行的目的，而进行的监测、自动控制、优化和管理的活动。

【说明】参考《建筑自动化和控制系统 第1部分：概述》GB/T 28847.1—2012。

13.0.11 建筑自动化和控制系统 building automation and control system

可实现对各类设备进行分布式监控和管理的系统，包括自动监控、监测、优化的产品和工程服务等。

【说明】参考《建筑自动化和控制系统 第1部分：概述》GB/T 28847.1—2012。

13.0.12 可编程控制器 programmable logic controller（PLC）

专门为在工业环境下应用而设计的数字运算操作的电子装置。采用可编程序存储器，在其内部存储执行各类运算及操作指令，并能通过数字式或模拟式的输入和输出，控制各种类型的机械或生产过程。

【说明】参考《机械工业工程设计基本术语标准》GB/T 51218—2017。

13.0.13 控制 control

为达到规定目标，对元件或系统的工作特性所进行的调节或操作。

【说明】该术语在本标准第13.2.4条中出现。参考《机械工业工程设计基本术语标准》GB/T 51218—2017。

13.0.14 能耗监测系统 energy consumption monitoring system

利用网络技术对水、电、气、油集中供热、集中供冷及其他能源的消耗情况进行分类、分项能量计量、实时采集能耗数据，并具有在线监测与动态分析功能的软件和硬件的统称。

【说明】参考《机械工业工程设计基本术语标准》GB/T 51218—2017。该系统保证建筑设备通过优化运行、维护、管理实现节能。

13.0.15 数据库管理系统（DBMS）database management system

基于硬件与软件，用于定义、建立、操纵、控制、管理和使用数据库的系统。

【说明】该术语在本标准第13.2.3条中出现。参考《信息技术词汇 第17部分：数据库》GB/T 5271.17—2010。

13.0.16 通信协议 communications protocol

双方实体完成通信或服务所必须遵循的规则和约定。

【说明】参考《机械工业工程设计基本术语标准》GB/T 51218—2017。

13.0.17 自动化 automation

机器或装置在无人干预的情况下按照规定的程序或指令自动进行操作或控制的过程。

【说明】参考《机械工业工程设计基本术语标准》GB/T 51218—2017。

13.0.18 综合能耗 comprehensive energy consumption

在统计报告期内，电子工程中主要生产系统、辅助生产系统等实际消耗的各种能源实物量，按规定的计算方法和单位折算后的总和。

【说明】参考《电子工程建设术语标准》GB/T 50780—2013。

14 地源热泵换热系统节能工程相关术语

14.0.1 抽水试验 pumping test

一种在井中进行计时计量抽取地下水，并测量水位变化的过程，目的是了解含水层富水性，并获取水文地质参数。

【说明】该术语在本标准第14.2.5条中开始使用。参考《地源热泵系统工程技术规范》GB 50366—2005。

14.0.2 地埋管换热系统 ground heat exchanger system

传热介质通过竖直或水平地埋管换热器与岩土体进行热交换的地热能交换系统，又称土壤热交换系统。

【说明】该术语在本标准第14.2.2条中开始使用。参考《地源热泵系统工程技术规范》GB 50366—2005。

14.0.3 地热能交换系统 geothermal exchange system

将浅层地热能资源加以利用的热交换系统。

【说明】参考《地源热泵系统工程技术规范》GB 50366—2005。

14.0.4 地下水换热系统 groundwater system

与地下水进行热交换的地热能交换系统，分为直接地下水换热系统和间接地下水换热系统。

【说明】该术语在本标准第14.2.5条中开始使用。参考《地源热泵系统工程技术规范》GB 50366—2005。

14.0.5 地源热泵系统 ground source heat pump system

以岩土体、地下水或地表水为低温热源，由水源热泵机组、地热能交换系统、建筑物内系统组成的供热空调系统。根据地热能交换系统形式的不同，地源热泵系统分为地埋管地源热泵系统、地下水地源热泵系统和地表水地源热泵系统。

【说明】该术语在本标准第 13.2.12 条中开始使用。参考《地源热泵系统工程技术规范》GB 50366—2005。

14.0.6 回灌试验 injection test

一种向井中连续注水，使井内保持一定水位，或计量注水、记录水位变化来测定含水层渗透性、注水量和水文地质参数的试验。

【说明】该术语在本标准第 14.2.5 条中开始使用。参考《地源热泵系统工程技术规范》GB 50366—2005。

14.0.7 热泵 heat pump

利用驱动能使能量从低位热源流向高位热源的装置。

【说明】该术语在本标准第 3.4.1 条中开始使用。参考《民用建筑供暖通风与空气调节设计规范》GB 50736—2012。

14.0.8 水压试验 pressure test by water

以水为试验介质进行的压力试验。

【说明】参考《供热术语标准》CJJ/T 55—2011。

14.0.9 水源热泵机组 water-source heat pump unit

以水或添加防冻剂的水溶液为低温热源的热泵。通常有水/水热泵、水/空气热泵等形式。

【说明】参考《地源热泵系统工程技术规范》GB 50366—2005。

14.0.10 岩土热响应试验 rock and soil thermal response test

通过测试仪器，对项目所在场区的测试孔进行一定时间的连续加热，获得岩土综合热物性参数及岩土初始平均温度的试验。

【说明】参考《地源热泵系统工程技术规范》GB 50366—2005。

14.0.11 止水材料 sealing material

以橡胶或塑料制成的定形密封材料。

【说明】参考《建筑材料术语标准》JGJ/T 191—2009。

15 太阳能光热系统节能工程相关术语

15.0.1 集热设备 heat collecting device

集取太阳能热能的设备。

【**说明**】参考《建筑给水排水设计标准》GB 50015—2019。

15.0.2 满水试验 watering test

水池结构施工完毕后，以水为介质对其进行的严密性试验。

【**说明**】参考《给水排水构筑物工程施工及验收规范》GB 50141—2008。

15.0.3 太阳能光热系统 solar thermal system

将太阳能转换成热能，进行供热、制冷等应用的系统，在建筑中主要包括太阳能供热水、采暖和空调系统，也称太阳能热利用系统。

【**说明**】该术语在本标准第 15.1.1 条中开始使用。参考《可再生能源建筑应用工程评价标准》GB/T 50801—2013。

15.0.4 太阳能热水器 solar water heaters

将太阳能转换为热能来加热水所需的部件和附件组成的完整装置。通常包括集热器、贮水箱、连接管道、支架及其他部件。

【**说明**】该术语在本标准第 15.2.2 条中开始使用。参考《民用建筑太阳能热水系统应用技术标准》GB 50364—2018。

15.0.5 太阳能热水系统与建筑一体化 integration of building with solar water heating system

将太阳能热水系统纳入建筑设计中，使太阳能热水系统成为建筑的一部分，保持建筑外观和内部功能和谐统一。

【**说明**】该术语在本标准第 15.3.3 条中开始使用。参考《民用建筑太阳能热水系统应用技术标准》GB 50364—2018。

16 太阳能光伏节能工程相关术语

16.0.1 并网光伏发电站 grid-connected PV power station

直接或间接接入公用电网运行的光伏发电站。

【**说明**】参考《光伏发电站施工规范》GB 50794—2012。

16.0.2 充放电控制器 charge and discharge controller

具有自动防止太阳能光伏系统的储能蓄电池过充电和过放电的设备。

【**说明**】该术语在本标准第 16.2.1 条中开始使用。参考国家标准《家用太阳能光伏电源系统技术条件与实验方法》GB/T 19064—2003。

16.0.3 电能质量 power quality

电力系统指定点处的电特性，关系到供用电设备正常工作（或运行）的电压、电流的各种指标偏离基准技术参数的程度。

【说明】参考《电能质量术语》GB/T 32507—2016。

16.0.4　方阵（光伏方阵）array（PV array）

由若干个太阳电池组件或太阳电池板在机械和电气上按一定方式组装在一起并且有固定的支撑结构而构成的直流发电单元，又称为光伏方阵。

【说明】该术语在本标准第16.2.3条中开始使用。参考《光伏发电站施工规范》GB 50794—2012。

16.0.5　光电转换效率 photovoltaic conversion efficiency

太阳能光伏系统的发电量，与发电时段光伏组件表面上所接受的全部太阳能辐射量的比。

【说明】该术语在本标准第16.2.4条中开始使用。参考国家标准《可再生能源建筑应用工程评价标准》GB/T 50801—2013，根据太阳能光伏系统光电转换效率的计算公式和物理含义进行定义。

16.0.6　光伏发电系统 PV power system

利用太阳电池的光生伏特效应，将太阳辐射能直接转换成电能的发电系统。

【说明】该术语在本标准第16.2.6条中开始使用。参考《光伏发电站施工规范》GB 50794—2012。

16.0.7　光伏构件 PV components

工厂模块化预制的，具备光伏发电功能的建筑材料或建筑构件，包括建材型光伏构件和普通型光伏构件，同时具有光伏发电功能和建筑构造功能的建筑构件。

【说明】参考《民用建筑太阳能光伏系统应用技术规范》JGJ 203—2010。

16.0.8　光伏建筑一体化（BIPV）building integrated photovoltaic

在建筑上安装光伏系统，并通过专门设计，实现光伏系统与建筑的良好结合。光伏组件与建筑的结合形式或安装方式，光伏组件兼具发电功能和建筑功能。

【说明】参考《民用建筑太阳能光伏系统应用技术规范》JGJ 203—2010。

16.0.9　光伏组件 PV module

具有封装及内部联结的、能单独提供直流电输出的最小不可分割的光伏电池组合装置，又称为太阳电池组件。

【说明】该术语在本标准第16.2.4条中开始使用。参考《光伏发电站施工规范》GB 50794—2012和《民用建筑太阳能光伏系统应用技术规范》JGJ 203—2010。

16.0.10　光伏组件串 PV string

在光伏发电系统中，将若干个光伏组件串联后，形成具有一定的直流输出电压的电路单元，简称组件串或组串。

【说明】参考《光伏发电站施工规范》GB 50794—2012。

16.0.11　汇流箱 combiner boxes

保证光伏组件有序连接和汇流功能的接线装置。该装置能够保障太阳能光伏系统在维护、检查时易于分离电路，当发生故障时减小停电范围。

【说明】该术语在本标准第16.2.1条中开始使用。参考《民用建筑太阳能光伏系统应用技术规范》JGJ 203—2010。

16.0.12　建材型光伏构件 PV modules as building components

太阳电池与建筑材料复合在一起，成为不可分割的建筑材料或建筑构件。

【说明】参考《民用建筑太阳能光伏系统应用技术规范》JGJ 203—2010。

16.0.13　逆变器 inverter

光伏发电站内将直流电变换成交流电的装置。

【说明】该术语在本标准第3.4.1条中开始使用。参考《光伏发电站施工规范》GB 50794—2012。

16.0.14　普通型光伏构件 conventional PV components

与光伏组件组合在一起，维护更换光伏组件时不影响建筑功能的建筑构件，或直接作为建筑构件的光伏组件。

【说明】参考《民用建筑太阳能光伏系统应用技术规范》JGJ 203—2010。

16.0.15　太阳能光伏系统 solar photovoltaic system

（1）利用光生伏打效应，将太阳能转变成电能，包含逆变器、平衡系统部件及太阳能电池方阵在内的系统。

（2）利用光伏电池的光生伏打效应，将太阳辐射能直接转换成电能的发电系统，简称光伏系统。

【说明】该术语在本标准第16.1.1条中开始使用。（1）参考《可再生能源建筑应用工程评价标准》GB/T 50801—2013。（2）参考《民用建筑太阳能光伏系统应用技术规范》JGJ 203—2010。

16.0.16　太阳能空调系统 solar air-conditioning system

一种利用太阳能集热器加热热媒，驱动热力制冷系统的空调系统，由太阳能集热系统、热力制冷系统、蓄能系统、空调末端系统、辅助能源以及控制系统六部分组成。

【说明】参考《可再生能源建筑应用工程评价标准》GB/T 50801—2013。

16.0.17　储能蓄电池 energy storage battery

能够将电能储存起来的蓄电池。

【**说明**】参考《建筑用光伏遮阳构件通用技术条件》JG/T 482—2015。

17 建筑节能工程现场检验相关术语

17.0.1 钻芯检验 drilled core test

通过从结构或构件中钻取圆柱状试件检测材料强度的检验。

【**说明**】参考《建筑结构检测技术标准》GB 50344—2019。

汉语拼音索引

附录二　《建筑节能工程施工质量验收标准》GB 50411—2019 对应检测设备表

条文	适用标准	分项工程	试样种类	检测项目	对应设备
4.2.2	《绝热材料稳态热阻及有关特性的测定 防护热板法》GB/T 10294—2008、《绝热材料稳态热阻及有关特性的测定 热流计法》GB/T 10295—2008	墙体节能工程	保温隔热材料	导热系数或热阻	导热系数测定仪或自动导热系数测定仪
	《泡沫塑料及橡胶 表观密度的测定》GB/T 6343—2009、《无机硬质绝热制品试验方法》GB/T 5486—2008 等			密度	游标卡尺、电子天平
	《外墙外保温工程技术标准》JGJ 144—2019、《建筑用绝热制品 压缩性能的测定》GB/T 13480—2014、《硬质泡沫塑料 压缩性能的测定》GB/T 8813—2020 等			压缩强度或抗压强度、垂直于板面方向的抗拉强度	万能试验机
	《硬质泡沫塑料吸水率的测定》GB/T 8810—2005、《无机硬质绝热制品试验方法》GB/T 5486—2008 等			吸水率	烘箱、天平、水槽或保温材料吸水率测定仪
	《建筑材料不燃性试验方法》GB/T 5464—2010			燃烧性能（不燃材料除外）	不燃性试验仪
	《建筑材料及制品的燃烧性能 燃烧热值的测定》GB/T 14402—2007				燃烧热值测定仪
	《塑料 用氧指数法测定燃烧行为 第1部分:导则》GB/T 2406.1—2008、《塑料 用氧指数法测定燃烧行为 第2部分:室温试验》GB/T 2406.2—2009				氧指数测定仪
	《建筑材料可燃性试验方法》GB/T 8626—2007				建材可燃性试验仪
	《建筑材料或制品的单体燃烧试验》GB/T 20284—2006				单体燃烧检测设备
	《绝热 稳态传热性质的测定 标定和防护热箱法》GB/T 13475—2008		复合保温板等墙体节能定型产品	传热系数或热阻	导热系数测定仪或自动导热系数测定仪
	《保温装饰板外墙外保温系统材料》JG/T 287—2013 等			单位面积质量	电子天平、卡尺
	《胶粉聚苯颗粒外墙外保温系统材料》JG/T 158—2013、《外墙外保温工程技术标准》JGJ 144—2019 等			拉伸粘结强度	万能试验机

续表

条文	适用标准	分项工程	试样种类	检测项目	对应设备
4.2.2	《建筑材料不燃性试验方法》GB/T 5464—2010、《建筑材料及制品的燃烧性能燃烧热值的测定》GB/T 14402—2007、《建筑材料可燃性试验方法》GB/T 8626—2007、《塑料 用氧指数法测定燃烧行为 第1部分:导则》GB/T 2406.1—2008、《塑料 用氧指数法测定燃烧行为 第2部分:室温试验》GB/T 2406.2—2009、《建筑材料或制品的单体燃烧试验》GB/T 20284—2006	墙体节能工程	复合保温板等墙体节能定型产品	燃烧性能	不燃性试验仪、燃烧热值测定仪、氧指数测定仪、可燃性试验仪、单体燃烧检测设备
	《绝热稳态传热性质的测定标定和防护热箱法》GB/T 13475—2008		保温砌块等墙体节能定型产品	传热系数或热阻	稳态热传递性质测定系统
	《建筑用绝热制品 压缩性能的测定》GB/T 13480—2014、《硬质泡沫塑料 压缩性能的测定》GB/T 8813—2020 等			抗压强度	万能试验机
	《硬质泡沫塑料吸水率的测定》GB/T 8810—2005、《无机硬质绝热制品试验方法》GB/T 5486—2008 等			吸水率	烘箱、天平、水槽或保温材料吸水率测定仪
	《建筑玻璃 可见光透射比、太阳光直接透射比、太阳能总透射比、紫外线透射比及有关窗玻璃参数的测定》GB/T 2680—2021、《建筑玻璃 光透率、日光直射率、太阳能总透射率及紫外线透射率及有关光泽系数的测定》ISO 9050—2003、《建筑门窗玻璃幕墙热工计算规程》JGJ/T 151—2008、《建筑反射隔热涂料》JG/T 235—2014 中的条款6.4、6.6、6.7		反射隔热材料	太阳光反射比,半球发射率	建筑玻璃遮阳(涂料反射)分光光度计综合测定仪(含积分球)、半球发射率测定仪
	《胶粉聚苯颗粒外墙外保温系统材料》JG/T 158—2013、《外墙外保温工程技术标准》JGJ 144—2019 等		粘结材料	拉伸粘结强度	万能试验机
	《胶粉聚苯颗粒外墙外保温系统材料》JG/T 158—2013、《外墙外保温工程技术标准》JGJ 144—2019 等		抹面材料	拉伸粘结强度、压折比	万能试验机
	《胶粉聚苯颗粒外墙外保温系统材料》JG/T 158—2013、《外墙外保温工程技术标准》JGJ 144—2019、《增强材料 机织物试验方法 第5部分:玻璃纤维拉伸断裂强力和断裂伸长的测定》GB/T 7689.5—2013		增强网	力学性能、抗腐蚀性能	玻纤网耐碱试验箱、万能试验机

条文	适用标准	分项工程	试样种类	检测项目	对应设备
4.2.3	《胶粉聚苯颗粒外墙外保温系统材料》JG/T 158—2013、《外墙外保温工程技术标准》JGJ 144—2019、《外墙外保温系统耐候性试验方法》JG/T 429—2014、《挤塑聚苯板(XPS)薄抹灰外墙外保温系统材料》GB/T 30595—2014、《模塑聚苯板薄抹灰外墙外保温系统材料》GB/T 29906—2013、《无机轻集料砂浆保温系统技术标准》JGJ/T 253—2019 等	墙体节能工程	预制构件、定型产品或成套技术	耐候性能	外墙外保温系统耐候性检测系统
	《胶粉聚苯颗粒外墙外保温系统材料》JG/T 158—2013、《外墙外保温工程技术标准》JGJ 144—2019、《挤塑聚苯板(XPS)薄抹灰外墙外保温系统材料》GB/T 30595—2014、《模塑聚苯板薄抹灰外墙外保温系统材料》GB/T 29906—2013、《无机轻集料砂浆保温系统技术标准》JGJ/T 253—2019 等			抗风压性能	外墙外保温系统抗风压检测系统
	《模塑聚苯板薄抹灰外墙外保温系统材料》GB/T 29906—2013、《胶粉聚苯颗粒外墙外保温系统材料》JG/T 158—2013 等			抗冲击性能	外墙外保温抗冲击试验仪
	《外墙外保温工程技术标准》JGJ 144—2019、《外墙饰面砖工程施工及验收规程》JGJ 126—2015、《建筑节能工程施工质量验收规范》GB 50411—2019、《建筑工程饰面砖粘结强度检验标准》JGJ/T 110—2017、《预拌砂浆》GB/T 25181—2019、《抹灰砂浆技术规程》JGJ/T 220—2010、《聚合物水泥防水砂浆》JC/T 984—2011、《模塑聚苯板薄抹灰外墙外保温系统材料》GB/T 29906—2013、《无机防水堵漏材料》GB 23440—2009、《聚合物水泥防水涂料》GB/T 23445—2009、《外墙柔性腻子》GB/T 23455—2009、《建筑外墙用腻子》JG/T 157—2009、《建筑室内用腻子》JG/T 298—2010、《陶瓷砖胶粘剂》JC/T 547—2017、《聚合物水泥防水浆料》JC/T 2090—2011、《建筑外墙外保温用岩棉制品》GB/T 25975—2018、《胶粉聚苯颗粒外墙外保温系统材料》JG/T 158—2013			拉伸粘结强度	万能试验机、电动拉拔仪
	《外墙外保温工程技术标准》JGJ 144—2019、《胶粉聚苯颗粒外墙外保温系统材料》JG/T 158—2013 等			吸水量	外墙外保温系统吸水率试验仪
	《绝热 稳态传热性质的测定 标定和防护热箱法》GB/T 13475—2008			热阻	稳态热传递性质测定系统

条文	适用标准	分项工程	试样种类	检测项目	对应设备
4.2.3	《外墙外保温工程技术标准》JGJ 144—2019、《胶粉聚苯颗粒外墙外保温系统材料》JG/T 158—2013 等	墙体节能工程	预制构件、定型产品或成套技术	不透水性	不透水性测试仪
	《外墙外保温工程技术标准》JGJ 144—2019、《胶粉聚苯颗粒外墙外保温系统材料》JG/T 158—2013 等			防护层水蒸气渗透阻	水蒸气透过率测试仪
4.2.7	《外墙外保温工程技术标准》JGJ 144—2019、《胶粉聚苯颗粒外墙外保温系统材料》JG/T 158—2013 等		保温隔热材料	厚度	取芯机、游标卡尺
	《外墙外保温工程技术标准》JGJ 144—2019、《胶粉聚苯颗粒外墙外保温系统材料》JG/T 158—2013 等		保温板材	粘结强度（试验室）	万能试验机
	《外墙外保温工程技术标准》JGJ 144—2019、《胶粉聚苯颗粒外墙外保温系统材料》JG/T 158—2013 等			粘结强度（现场）	电动拉拔仪
	《外墙外保温工程技术标准》JGJ 144—2019、《胶粉聚苯颗粒外墙外保温系统材料》JG/T 158—2013 等		保温浆料	粘结强度	万能试验机、电动拉拔仪
	《外墙外保温工程技术标准》JGJ 144—2019、《胶粉聚苯颗粒外墙外保温系统材料》JG/T 158—2013 等		锚固件	现场拉拔试验	电动拉拔仪
4.2.9	《绝热材料稳态热阻及有关特性的测定 防护热板法》GB/T 10294—2008、《绝热材料稳态热阻及有关特性的测定 热流计法》GB/T 10295—2008		保温浆料	导热系数	导热系数测定仪
	《无机硬质绝热制品试验方法》GB/T 5486—2008、《外墙外保温工程技术标准》JG/J 144—2019			干密度	烘箱、天平、钢直尺、游标卡尺等
	《建筑用绝热制品 压缩性能的测定》GB/T 13480—2014、《外墙外保温工程技术标准》JGJ 144—2019 等			抗压强度	万能试验机
4.2.10	《建筑工程饰面砖粘结强度检验标准》JGJ/T 110—2017		面砖	拉伸粘结强度	电动拉拔仪
4.2.11	《外墙外保温工程技术标准》JGJ 144—2019、《胶粉聚苯颗粒外墙外保温系统材料》JG/T 158—2013、《无机硬质绝热制品试验方法》GB/T 5486—2008		砂浆	抗压强度	万能试验机
	《绝热材料稳态热阻及有关特性的测定 防护热板法》GB/T 10294—2008、《绝热材料稳态热阻及有关特性的测定 热流计法》GB/T 10295—2008			导热系数	导热系数测定仪、自动导热系数测定仪

条文	适用标准	分项工程	试样种类	检测项目	对应设备
4.2.12	《外墙外保温工程技术标准》JGJ 144—2019、《胶粉聚苯颗粒外墙外保温系统材料》JG/T 158—2013 等		预制保温墙板	结构性能	取芯机
	《绝热材料稳态热阻及有关特性的测定 防护热板法》GB/T 10294—2008、《绝热材料稳态热阻及有关特性的测定 热流计法》GB/T 10295—2008			热工性能	稳态热传递性质测定系统
4.2.13	《保温装饰板外墙外保温系统材料》JG/T 287—2013、《外墙外保温系统耐候性试验方法》JG/T 429—2014、《外墙外保温工程技术标准》JGJ 144—2019、《挤塑聚苯板(XPS)薄抹灰外墙外保温系统材料》GB/T 30595—2014、《模塑聚苯板薄抹灰外墙外保温系统材料》GB/T 29906—2013、《胶粉聚苯颗粒外墙外保温系统材料》JG/T 158—2013、《无机轻集料砂浆保温系统技术标准》JGJ/T 253—2019 等	墙体节能工程	保温装饰板	淋水试验	外墙外保温系统耐候性检测系统
	《保温装饰板外墙外保温系统材料》JG/T 287—2013、《外墙外保温工程技术标准》JGJ 144—2019、《胶粉聚苯颗粒外墙外保温系统材料》JG/T 158—2013 等			锚固件	电动拉拔仪
4.2.16	《建筑外墙外保温防火隔离带技术规程》JGJ 289—2012、《建筑材料不燃性试验方法》GB/T 5464—2010、《建筑材料及制品的燃烧性能燃烧热值的测定》GB/T 14402—2007、《建筑材料或制品的单体燃烧试验》GB/T 20284—2006		防火隔离带保温材料	燃烧性能	不燃性试验仪、燃烧热值测定仪、氧指数测定仪、可燃性试验仪、单体燃烧检测设备
4.2.19	《居住建筑节能检测标准》JGJ/T 132—2009 等		保温层	热工缺陷、热桥	红外热像仪
5.2.2	《绝热材料稳态热阻及有关特性的测定 防护热板法》GB/T 10294—2008、《绝热材料稳态热阻及有关特性的测定 热流计法》GB/T 10295—2008	幕墙节能工程	保温隔热材料	导热系数或热阻	导热系数测定仪 自动导热系数测定仪
				密度	钢板尺、电子天平
	《硬质泡沫塑料吸水率的测定》GB/T 8810—2005、《无机硬质绝热制品试验方法》GB/T 5486—2008、《外墙外保温工程技术标准》JGJ 144—2019 等			吸水率	烘箱、天平、水槽或保温材料吸水率测定仪

条文	适用标准	分项工程	试样种类	检测项目	对应设备
5.2.2	《建筑材料不燃性试验方法》GB/T 5464—2010、《建筑材料及制品的燃烧性能 燃烧热值的测定》GB/T 14402—2007、《建筑材料可燃性试验方法》GB/T 8626—2007、《塑料 用氧指数法测定燃烧行为 第1部分：导则》GB/T 2406.1—2008、《塑料 用氧指数法测定燃烧行为 第2部分：室温试验》GB/T 2406.2—2009、《建筑材料或制品的单体燃烧试验》GB/T 20284—2006	幕墙节能工程	保温隔热材料	燃烧性能（不燃材料除外）	不燃性试验仪、燃烧热值测定仪、氧指数测定仪、可燃性试验仪、单体燃烧检测设备
	《建筑玻璃 可见光透射比、太阳光直接透射比、太阳能总透射比、紫外线透射比及有关窗玻璃参数的测定》GB/T 2680—2021、《建筑玻璃 光透率、日光直射率、太阳能总透射率及紫外线透射率及有关光泽系数的测定》ISO 9050—2003、《建筑门窗玻璃幕墙热工计算规程》JGJ/T 151—2008、《建筑用节能玻璃光学及热工参数现场测量技术条件与计算方法》GB/T 36261—2018		幕墙玻璃	可见光透射比、遮阳系数	建筑玻璃遮阳（涂料反射）分光、光度计综合测定仪、便携式节能玻璃现场综合测试装置
	《中空玻璃稳态U值（传热系数）的计算及测定》GB/T 22476—2008、《建筑用节能玻璃光学及热工参数现场测量技术条件与计算方法》GB/T 36261—2018			传热系数	中空玻璃传热系数测定仪、便携式节能玻璃现场综合测试装置
	《中空玻璃》GB/T 11944—2012			中空玻璃的密封性能	中空玻璃露点仪
6.2.2	《铝合金隔热型材复合性能试验方法》GB/T 28289—2012	门窗节能工程	隔热型材	抗拉强度、抗剪强度	万能试验机
	《建筑反射隔热涂料》JG/T 235—2014		透光/半透光遮阳材料	太阳光透射比、太阳光反射比	建筑玻璃遮阳（涂料反射）分光光度计综合测定仪
	《建筑外门窗保温性能检测方法》GB/T 8484—2020			传热系数	建筑外门窗保温性能检测设备
	《建筑外门窗气密、水密、抗风压性能检测方法》GB/T 7106—2019			气密性能	门窗物理性能检测设备
	《建筑玻璃 可见光透射比、太阳光直接透射比、太阳能总透射比、紫外线透射比及有关窗玻璃参数的测定》GB/T 2680—2021、《建筑玻璃 光透率、日光直射率、太阳能总透射率及紫外线透射率及有关光泽系数的测定》ISO 9050—2003、《建筑门窗玻璃幕墙热工计算规程》JGJ/T 151—2008、《建筑用节能玻璃光学及热工参数现场测量技术条件与计算方法》GB/T 36261—2018		门窗	玻璃遮阳系数、可见光透射比	建筑玻璃遮阳（涂料反射）分光、光度计综合测定仪、便携式节能玻璃现场综合测试装置
	《中空玻璃》GB/T 11944—2012 中露点试验		中空玻璃	密封性能	中空玻璃露点仪

456

条文	适用标准	分项工程	试样种类	检测项目	对应设备
6.2.2	《建筑玻璃 可见光透射比、太阳光直接透射比、太阳能总透射比、紫外线透射比及有关窗玻璃参数的测定》GB/T 2680—2021、《建筑玻璃 光透射率、日光直射率、太阳能总透射率及紫外线透射率及有关光泽系数的测定》ISO 9050—2003、《建筑门窗玻璃幕墙热工计算规程》JGJ 151—2008、《建筑反射隔热涂料》JG/T 235—2014 中条款 6.4、6.6、6.7、《建筑用节能玻璃光学及热工参数现场测量技术条件与计算方法》GB/T 36261—2018	门窗节能工程	透光、部分透光遮阳材料	太阳光透射比、太阳光反射比	建筑玻璃遮阳(涂料反射)分光光度计综合测定仪、便携式节能玻璃现场综合测试装置
7.2.2	同 4.2.2 对应内容	屋面节能工程	保温隔热材料	导热系数或热阻	导热系数测定仪、自动导热系数测定仪、稳态热传递性质测定系统
				密度	取芯机、游标卡尺、天平
				压缩强度或抗压强度	万能试验机
				吸水率	烘箱、天平、水槽或保温材料吸水率测定仪
				燃烧性能(不燃材料除外)	建材不燃性试验仪、建材燃烧热值测定仪、氧指数测定仪、建材可燃性试验仪、单体燃烧检测设备
			反射隔热材料	太阳光反射比	建筑玻璃遮阳(涂料反射)分光、光度计综合测定仪
				半球发射率	半球发射率测试仪
8.2.2	《绝热材料稳态热阻及有关特性的测定 防护热板法》GB/T 10294—2008、《绝热材料稳态热阻及有关特性的测定 热流计法》GB/T 10295—2008 《外墙外保温工程技术标准》JGJ 144—2019 《建筑材料不燃性试验方法》GB/T 5464—2010、《建筑材料及制品的燃烧性能 燃烧热值的测定》GB/T 14402—2007、《建筑材料可燃性试验方法》GB/T 8626—2007、《塑料 用氧指数法测定燃烧行为 第 1 部分：导则》GB/T 2406.1—2008、《塑料 用氧指数法测定燃烧行为 第 2 部分：室温试验》GB/T 2406.2—2009、《建筑材料或制品的单体燃烧试验》GB/T 20284—2006	地面节能工程	保温材料	导热系数或热阻	导热系数测定仪、自动导热系数测定仪、稳态热传递性质测定系统
				密度	钢板尺、电子天平
				压缩强度或抗压强度	万能试验机
				吸水率	烘箱、天平、水槽或保温材料吸水率测定仪
				燃烧性能	建材不燃性试验仪、建材燃烧热值测定仪、数字式氧指数测定仪、建材可燃性试验仪、单体燃烧检测设备

条文	适用标准	分项工程	试样种类	检测项目	对应设备
9.2.2	《供暖散热器散热量测定方法》GB/T 13754—2017	供暖节能工程	散热器	单位散热量	散热器散热量性能检测系统
				金属热强度	
	《绝热材料稳态热阻及有关特性的测定 防护热板法》GB/T 10294—2008、《绝热材料稳态热阻及有关特性的测定 热流计法》GB/T 10295—2008		保温材料	导热系数或热阻	导热系数测定仪、导热系数测定仪、自动导热系数测定仪、稳态热传递性质测定系统
	同4.2.2对应内容			密度	钢板尺、电子天平
				吸水率	烘箱、天平、水槽或保温材料吸水率测定仪
10.2.2	《风机盘管机组》GB/T 19232—2019	通风与空调节能工程	风机盘管机组	供冷量、供热量、风量、水阻力、功率	风机盘管机组热工性能测试装置
	《风机盘管机组》GB/T 19232—2019、《声学 声压法测定噪声源声功率级和声能量级 消声室和半消声室精密法》GB/T 6882—2016、《声学 噪声功率级的测定 消声室和半消声室精密法测定法》ISO 3745—2012、《消声室和半消声室技术规范》GB 50800—2012			噪声	消声室或半消声室
	同4.2.2对应内容		绝热材料	导热系数或热阻	导热系数测定仪、自动导热系数测定仪
				密度	钢板尺、电子秤
				吸水率	烘箱、天平、水槽或保温材料吸水率测定仪
10.2.4			风管	断面尺寸及壁厚	游标卡尺
				严密性	风管强度及严密性测定仪
10.2.5	《通风与空调工程施工质量验收规范》GB 50243—2016 中的 4.2.1条和附录 C.3、《组合式空调机组》GB/T 14294—2008		组合式空调机组、柜式空调机组、新风机组、单元式空调机组的安装	漏风量	风管强度及严密性测定仪
11.2.2	同4.2.2对应内容	空调与供暖系统冷热源及管网节能工程	预制绝热管道	导热系数或热阻、密度、吸水率	导热系数测定仪、自动导热系数测定仪、钢板尺、电子天平、烘箱、天平、水槽
			绝热材料	导热系数或热阻、密度、吸水率	导热系数测定仪、自动导热系数测定仪、钢板尺、电子天平、烘箱、天平、水槽
12.2.2	《灯具分布光度测量的一般要求》GB/T 9468—2008、《投光照明灯具光度测试》GB/T 7002—2008、《电磁兼容 限值 谐波电流发射限值(设备每相输入电流≤16A)》GB 17625.1—2012、《管形荧光灯用交流和/或直流电子控制装置 性能要求》GB/T 15144—2020、《管形荧光灯镇流器能效限定值及能效等级》GB 17896—2012、	配电与照明节能工程	照明光源、照明灯具及其附属装置	照明光源初始光效	多功能灯具综合检测装置
				照明灯具镇流器能效值	
				照明灯具效率	
				照明设备功率、功率因数和谐波含量值	

条文	适用标准	分项工程	试样种类	检测项目	对应设备
12.2.2	《普通照明用双端荧光灯能效限定值及能效等级》GB 19043—2013、《普通照明用自镇流荧光灯能效限定值及能效等级》GB 19044—2013、《单端荧光灯能效限定值及节能评价值》GB 19415—2013、《高压钠灯能效限定值及能效等级》GB 19573—2004、《金属卤化物灯能效限定值及能效等级》GB 20054—2015、《电线电缆电性能试验方法 第4部分：导体直流电阻试验》GB/T 3048.4—2007 等	配电与照明节能工程	照明光源、照明灯具及其附属装置	照明设备功率、功率因数和谐波含量值	多功能灯具综合检测装置
12.2.3			低压配电系统电线、电缆	导体电阻值	直流电阻测试仪
12.2.4			低压配电系统	电压允许偏差、功率因素、谐波含油率、谐波电流	多功能灯具综合检测装置
12.2.5			照明系统	平均照度、功率密度	照度计、米尺
12.3.1			导体	截面	低倍投影仪
12.3.2			母线与母线或母线与电器接线端子	牢固程度	扭矩扳手
12.3.4			全部照明	负载电流、电压和功率	调压器、万用表
13.2.12	同上	监测与控制节能工程	地源热泵系统	室外温度、典型房间室内温度、系统热源侧进出水温度和流量、机组热源侧与用户侧进出水温度和流量、热泵系统耗电量	可再生能源建筑应用测评系统
	同上		太阳能热水供暖系统	室外温度、典型房间室内温度、辅助热源耗电量、集热系统进出口水温、集热系统循环水流量、太阳总辐射量	
	同上		太阳能光伏系统	室外温度、太阳总辐射量、光伏组件背板表面温度、发电量	

续表

条文	适用标准	分项工程	试样种类	检测项目	对应设备
14.2.1	同上	地源热泵换热系统节能工程	管材、管件、水泵、自控阀门、仪表、绝热材料	观察、尺量检查	游标卡尺、钢板尺等
14.2.3	同上		地源热泵系统	压力、温度、流量	水压试验仪、数显PT100温度传感器、超声波流量计、游标卡尺、钢板尺等
14.2.6	同上		水源	水质、水温、水量、水压	水压试验仪、数显PT100温度传感器、超声波流量计
15.2.2	《太阳能集热器热性能试验方法》GB/T 4271—2007、《真空管型太阳能集热器》GB/T 17581—2007、《平板型太阳能集热器》GB/T 6424—2007	太阳能光热系统节能工程	集热设备保温材料	热性能	太阳能集热器综合试验设备
	《绝热材料稳态热阻及有关特性的测定防护热板法》GB/T 10294—2008 等			导热系数或热阻、密度、吸水率	导热系数测定仪、自动导热系数测定仪、钢板尺、电子天平、烘箱、天平、水槽
15.2.6	《建筑节能工程施工质量验收标准》GB 50411—2019		太阳能光热系统辅助加热设备	电直接加热器时,接地;保护必须可靠固定,并应加装防漏电、防干烧等保护装置	观察检查、漏电测试仪等
16.2.3	《建筑节能工程施工质量验收标准》GB 50411—2019	太阳能光伏节能工程	太阳能光伏系统	保护装置和电位体的连接匹配性、极性;光伏组串电流、系统主要电气设备功能、光伏方阵绝缘阻值、触电保护和接地、伏方阵标称功率、电能质量	万用表、照度计、绝缘电阻测试仪、电能表等
16.2.4	《建筑节能工程施工质量验收标准》GB 50411—2019		光伏组件	光电转换效率、光伏组件背板温度、室外环境平均温度、平均风速、太阳辐照强度、电压、电流、发电功率、光伏组件光照面积	手持式超声波风速仪、照度计、直尺、万用表、多路温度巡检仪等

续表

条文	适用标准	分项工程	试样种类	检测项目	对应设备
17	《居住建筑节能检验标准》JGJ/T 132—2009、《围护结构传热系数现场检测技术规程》JGJ/T 357—2015、《建筑物围护结构传热系数及采暖供热量检测方法》GB/T 23483—2009	建筑节能工程现场检验	外墙	传热系数或热阻检验	红外热像仪、围护结构传热系数现场检测仪（冷热一体箱）
	《建筑外窗气密、水密、抗风压性能现场检测方法》JG/T 211—2007、《居住建筑节能检验标准》JGJ 132—2009		外窗	气密性	外窗现场气密性检测设备
	《建筑节能工程施工质量验收标准》GB 50411—2019 中附录 F		外墙节能构造	钻芯	取芯机
	《居住建筑节能检测标准》JGJ/T 132—2009		室内	室内平均温度	多路温度巡检仪、温湿度自记仪
	《通风与空调工程施工质量验收规范》GB/T 50243—2016		通风、空调	数量	观察检查
	《通风与空调工程施工质量验收规范》GB/T 50243—2016 中附录 D.1		风口	风量	风量罩、风速仪
	《通风与空调工程施工质量验收规范》GB/T 50243—2016		风道	消耗功率	万用表、功率计
	《居住建筑节能检验标准》JGJ 132—2009		空调机组	水流量	手持式超声波流量计
	《居住建筑节能检验标准》JGJ 132—2009		空调系统	冷水、热水、循环水流量	手持式超声波流量计
	《居住建筑节能检验标准》JGJ 132—2009		室外供暖管网	水力平衡度	手持式超声波流量计、热计量装置
	《居住建筑节能检验标准》JGJ/T 132—2009、《通风与空调工程施工质量验收规范》GB/T 50243—2016		室内供暖管网	热损失率	手持式超声波流量计、多路温度巡检仪、热计量装置
	《照明测量方法》GB/T 5700—2008		照明系统	照度与照明功率	照度计、万用表
18.0.5	《建筑节能工程施工质量验收标准》GB 50411—2019	建筑节能分部工程质量验收	外墙节能构造现场实体检验结		取芯机、游标卡尺、钢板尺等
	《建筑外窗气密、水密、抗风压性能现场检测方法》JG/T 211—2007、《居住建筑节能检验标准》JGJ 132—2009		建筑外窗气密性能现场实体检验		外窗现场气密性检测设备

条文	适用标准	分项工程	试样种类	检测项目	对应设备
18.0.6	《建筑节能工程施工质量验收标准》GB 50411—2019 中附录 F	建筑节能工程验收资料	建筑外墙节能构造现场实体检验或外墙传热系数检验		取芯机、稳态热传递性质测定系统
	《建筑外门窗气密、水密、抗风压性能检测方法》GB/T 7106—2019、《建筑外窗气密、水密、抗风压性能现场检测方法》JG/T 211—2007、《居住建筑节能检验标准》JGJ 132—2009		外窗气密性能现场实体检验		外窗现场气密性检测设备
	《通风与空调工程施工质量验收规范》GB 50243—2016 中 4.2.1 条和附录 C.3、《组合式空调机组》GB/T 14294—2008		风管系统严密性检验		风管强度及严密性测定仪
			现场组装的组合式空调机组的漏风量测试		风管强度及严密性测定仪

后记

时间太匆忙，一点也不肯停留，

岁月便是时间的最快脚步。

畅流的水，破晓的黎明依然清晰

……

岁月那么慷慨地给姑娘们带来了皱纹，

给男子们带来了满面的胡须。

但是，不能咒骂岁月，

让它流过去吧，这是它必然的规律……

……

——《给岁月的答复》黎·穆特里夫

2005 年我们开始编制我国第一部《建筑节能工程施工质量验收规范》，至 2021 年我们用 16 年的时光，对规范继续完善、继续解读、继续服务于建筑工程领域的工程技术人员。

2005 年 6 月 27 日《国务院关于做好建设节约型社会近期重点工作的通知》（国发〔2005〕21 号）文件要求完善资源节约标准，提出研究制定《建筑节能工程施工质量验收规范》。

2005 年，原建设部下达《关于印发〈2005 年工程建设标准规范制订、修订计划（第一批）〉的通知》，由原建设部组织中国建筑科学研究院等单位编制国家标准《建筑节能工程施工质量验收规范》。

建筑节能要求一步一步提高，工程施工质量问题也越来越多，如何将建筑节能设计理念落实到工程中去，规范施工各个环节和各分项工程，把控质量要点，实现建筑节能工程施工质量提高，成为当时亟待解决的问题。中国建筑科学研究院接受了编制任务。当年，组织专家讨论完成规范编制大纲，组成编制组，其成员专业齐全，包括土建、幕墙、门窗、供暖通风与空气调节、电气和智能控制等专业，涵盖设计、施工、检测、质量监督、设备和产品企业、大学、科研院所等单位。规范应用范围覆盖东、南、西、北，全国各个气候区。编写文本体例格式一致，没有因为专业不同而不同。从施工图审查到施工管理、材料设备进场、施工过程，从检测到试验、验收检验、质量验收总体要求，规范内容体现了全过程质量控制的特色。

2006 年 8 月 6 日国务院下发了《国务院关于加强节能工作的决定》（国发〔2006〕28 号）。

2006 年 11 月 27—28 日《建筑节能工程施工质量验收规范》审查会在北京召开。

2007年1月16日原建设部和原国家质量监督检验检疫总局联合发布《建筑节能工程施工质量验收规范》GB 50411—2007，自2007年10月1日起实施。

2007年5月14日原建设部办公厅，下发《关于加强〈建筑节能工程施工质量验收规范〉宣贯、实施及监督工作的通知》。

2007年6月6—7日原建设部，在北京组织召开了国家标准《建筑节能工程施工质量验收规范》GB 50411—2007发布宣贯会。

2009年12月《建筑节能工程施工质量验收规范》GB 50411—2007获得建设部华夏建设科学技术奖一等奖。获奖人员：宋波、张元勃、杨仕超、栾景阳、于晓明、金丽娜、孙述璞、王虹、李爱新、许锦峰、史新华、应柏平、顾福林、张广志、韩红。

2010年根据住房和城乡建设部《关于印发〈2010年工程建设标准规范制订、修订计划〉的通知》（建标〔2010〕43号）的要求，标准编制组开展调查研究，总结工程应用的实践经验，增加可再生能源内容，参考有关国际标准和国外先进技术，在广泛征求意见的基础上，修订《建筑节能工程施工质量验收规范》，并改名为《建筑节能工程施工质量验收标准》。

2012年10月17—18日《建筑节能工程施工质量验收标准》审查会在北京召开。

2019年5月24日，住房和城乡建设部和国家市场监督管理总局联合发布《建筑节能工程施工质量验收标准》GB 50411—2019，自2019年12月1日起实施。

2019年12月26—27日《建筑节能工程施工质量验收标准》GB 50411—2019发布宣贯会于北京召开。

2020年伊始，一场突如其来的新冠肺炎疫情席卷全球。面对病毒的肆虐，2020年1月20日，国务院联防联控机制召开电视电话会议，对新冠肺炎疫情防控工作进行全面部署。2020年1月23日凌晨，武汉宣布封城，全国进入紧张的疫情防控战时状态。为助力全国抗击疫情，编制组专家以直播、视频会议等形式，义务开展了多场标准宣贯活动，与此同时，积极筹备标准实施指南编制工作。

为宣传、贯彻、解读《建筑节能工程施工质量验收标准》GB 50411—2019（以下简称《标准》），提高工程质量，并更好地服务于建筑领域2030"碳达峰"和2060"碳中和"，编制组召集全国专家开展《建筑节能工程施工质量验收标准实施指南》（以下简称《实施指南》）的编制工作，希望实施指南作为建筑节能的工具书，可以帮助到大家的工作。《标准》和《实施指南》的全体专家，工作认真、技术全面，为标准的编制和实施指南的撰写付出了辛苦劳动，让人感动。《实施指南》主要章节的负责人也是《标准》各个章节的主要负责人，下面介绍他们的简历和编制工作过程。

2006 年 6 月 16 日《建筑节能工程施工质量验收规范》（以下简称《规范》）编制工作会议（北京）
主编单位领导和各章节主要负责人参加了会议
第一排左起：金丽娜　张元勃　宋　波　程志军　李爱新　陈海岩　王　虹
第二排左起：孙述璞　冯金秋　史新华　栾景阳　杨仕超　韩　红

2005 年 7 月 26 日　北京
《规范》第一次工作会议

2005 年 11 月 22 日　广州
《规范》第二次工作会议

2005 年 11 月 22 日～2006 年 7 月 1 日　北京　《规范》8 次座谈会

2006 年 1 月 7 日～7 月 1 日　北京　《规范》23 次专业会议、3 次专题论证会议

2006 年 3 月 12 日　北京　　　　　　2006 年 6 月 15 日～7 月 1 日　北京
《规范》第四次工作会议　　　　　　　《规范》专业负责人扩大会议

2006 年 6 月 16 日　北京　《规范》工作会议

2006 年 8 月 1 日～3 日　北京　《规范》专家研讨会

2006 年 9 月 4 日　北京　　　　　　2006 年 10 月 9 日　北京
《规范》专家研讨会　　　　　　　　《规范》钻芯试验现场

467

2006 年 10 月 22 日　北京　　　　　　　　2006 年 11 月 27 日～28 日　北京

《规范》专业工作会议　　　　　　　　　　　《规范》审查会

2006 年 11 月 27 日～28 日　北京　《规范》审查会

2007 年 6 月 6 日～7 日　北京　《规范》发布宣贯会

2007 年 6 月 6 日～7 日　北京　《规范》发布宣贯会

2009 年 6 月 13 日　宁夏　　　　　　　　2009 年 6 月 14 日　宁夏
《规范》宣贯培训研讨会　　　　　　　　　《规范》宣贯座谈会

2009 年 6 月 16 日　新疆　　　　　　　　2009 年 6 月 17 日　新疆
《规范》宣贯培训研讨会　　　　　　　　　《规范》宣贯座谈会

2009 年 6 月 18 日　新疆
《规范》宣贯调研合影

2009 年 9 月 13 日　北京
《规范》国际交流研讨会合影

2009 年 9 月 13 日　北京
《规范》国际交流研讨会

2009 年 9 月 15 日　宁波
《规范》国际交流讨论

2009 年 9 月 16 日　宁波　《规范》国际交流研讨会

2009 年 11 月 9 日　莫斯科
俄罗斯联邦科学院物理所交流

2010 年 8 月 16 日　伦敦　英国伦敦大学建筑学院交流

2010 年 8 月 19 日　布拉格　捷克检测研究院交流

2010 年 9 月 10 日　北京　《标准》修订第一次会议

2011 年 5 月 15 日　华盛顿特区　美国伍德罗·威尔逊国际学者中心交流

2011 年 5 月 16 日　华盛顿特区
美国国际标准化组织交流

2011 年 5 月 16 日　华盛顿特区
美国能源部交流

2011 年 5 月 18 日　华盛顿州里奇兰
美国太平洋西北国家实验室交流

2011 年 10 月 25 日　北京
美国太平洋西北国家实验室专家与中国
住建部村镇司领导交流节能标准

2011 年 11 月 22 日　广州
《规范》修订第五次工作会议

2012 年 6 月 7 日　田纳西州诺克斯维尔
美国橡树岭国家实验室项目现场交流

2012 年 6 月 7 日　田纳西州诺克斯维尔
美国橡树岭国家实验室交流

2012 年 10 月 17 日～18 日
《规范》修订审查会（北京）

2013 年 12 月 6 日　华盛顿特区
美国能源部交流

2014 年 11 月 25 日　柏林
德国能源署交流

2014 年 11 月 26 日　达姆斯坦特
德国被 动房研究所交流

2014 年 11 月 26 日　达姆斯坦特
德国被动房研究所交流

2018 年 8 月 28 日　华盛顿特区
美国能源部交流

2018 年 8 月 30 日 马里兰州大学公园市
美国马里兰大学交流

2018 年 9 月 5 日　特拉华州威明顿市
美国 EPC 国际委员会交流

2018 年 9 月 6 日　马里兰州埃尔克里奇
美国杜邦公司项目现场交流

2019 年 8 月 20 日　威斯康星州密尔沃基市
美国江森自控公司总部交流

2019 年 8 月 23 日　华盛顿特区
美国绿色建筑委员会总部交流

2019 年 12 月 26 日～27 日　北京　《标准》发布宣贯会

宋 波

国　　籍：中国
祖　　籍：浙江绍兴
出 生 地：辽宁沈阳
出生时间：1956 年 7 月
技术职务（职称）：教授级高级工程师
专业领域：建筑环境与设备科学技术研究
毕业院校：沈阳建筑大学（原辽宁建筑工程学院）

简介：从基层做起，施工、设计、科研、标准、检测、咨询都做了一点点工作，对建
筑环境与节能行业做出了一点点贡献，留下了一点点痕迹，有生之年将继续做
一点点工作。

一、人物经历

自 1982 年沈阳建筑大学（原辽宁建筑工程学院）毕业后，从事建筑工程施工和设计
工作 12 年（期间在沈阳建筑大学任兼职教师 5 年），从事建筑工程标准化工作 5 年，从事
建筑施工安装企业管理 4 年，从事建筑环境与设备科学技术研究、检测、咨询、科研、标
准化、绿色建筑、建筑节能与能效提升工作 18 年。

历任：

技术员、技术队长、队长、技术经理、经理、主任工程师、高级工程师、总工程师、
室主任、中心主任、院长助理。

现任：

中国建筑科学研究院有限公司 建筑环境与能源研究院 顾问总工程师
国家建筑节能质量监督检验中心 副主任
建设部供热质量监督检验中心 副主任
国家建筑工程质量监督检验中心 建筑节能检测部 主任。

二、主要成就

长期从事建筑环境与节能的科学研究和工程实践工作，作为项目负责人和课题负责
人，完成国家科技支撑计划项目、课题和国家重点研发计划课题 14 项。作为第一起草人，
主持制定国家标准、行业标准 11 部，主编出版书籍 10 多部，获得省部级科技奖励 10 多
项，在我国建筑工程标准化与国际化、绿色建筑与建筑节能、建筑设备系统检测与设计等

方面，取得了创新性研究成果，起到了引领行业发展的作用。

针对本领域国内、国际发展预测，具有较高的定位和广阔的国际化视野，主持完成"世界银行/全球环境基金""中美清洁能源联合研究项目"等多个国际合作项目。基于深厚的理论基础和坚实的专业能力，可准确分析评估技术及市场，敏锐预测行业动态，作为国务院"政府机构节能工作顾问"、住房和城乡建设部"城镇供热专家委员会专家""农房节能技术指导专家委员会"主要负责人、科技部"国家重点研发计划项目总体专家组专家"，为我国建筑能效提升、清洁能源应用及农村发展，做出了卓有成效的贡献。

具有很高的建筑节能专业理论水平和丰富的建筑节能工作经验，对所从事的专业有深入的研究和独到的见解，全面了解本专业国内外最新技术现状、最新科技信息和发展趋势，具备跟踪本专业国内外科技发展前沿的能力，具有较强的技术及市场分析评估和预测能力，在建筑业、建筑节能领域和暖通空调同行专家中具有较高知名度。

（一）科研成就

1. 纵向科研项目

作为第一负责人主持完国家科技支撑计划项目1项、课题12项、国家重点研发计划课题2项；作为主要参与人完成国家级课题3项。具体如下：

（1）"十二五"国家科技支撑计划项目 公共机构绿色节能关键技术研究与示范。

（2）"十一五"国家科技支撑计划课题 村镇建筑节能与改善室内热环境关键技术研究。

（3）"十一五"国家科技支撑计划课题 既有建筑设备鉴定技术标准研究。

（4）"十一五"国家科技支撑计划课题 建筑节能技术标准研究。

（5）"十二五"国家科技支撑计划课题 村镇建筑用能方式与设备节能关键技术研究与示范。

（6）"十二五"国家科技支撑计划课题 华北合院式和东北传统民居节能技术研究。

（7）"十二五"国家科技支撑计划课题 夏热冬冷地区水源、土壤源热泵技术研究。

（8）"十二五"国家科技支撑计划课题 自然能源及天然冷源利用技术集成。

（9）"十二五"国家科技支撑计划课题 建筑主要用能系统节能运行关键技术研究。

（10）"十二五"国家科技支撑计划课题 公共机构既有建筑绿色改造成套技术研究与示范。

（11）"十三五"国家重点研发计划课题 村镇建筑用能系统整合与能效提升技术研究。

（12）"十三五"国家重点研发计划课题 公共机构合同能源管理与能效提升应用示范。

（13）"十三五"国家重点研发计划课题 数据中心节能关键技术研发与示范。

（14）"十三五"国家重点研发计划课题 公共机构高效用能系统及智能调控技术研发与示范。

（15）"十三五"国家重点研发计划课题 公共机构高效节能集成关键技术研究。

2. 技术咨询服务

政府机构建筑节能工作。 始终把建筑节能技术与建筑工程实际结合到一起，特别是在中央国家机关和全国公共机构的节能工作中发挥了重要作用，2008年被国务院机关事务管理局聘请为"政府机构节能工作顾问"，2019年又聘为"中央国家机关房地产管理专家咨询委员会专家"，为中央国家机关节能和能效提升工作献计献策，并发挥多年工作积累的经验，开展检测、诊断、评估、方案设计等工作，为国家机关事务管理局开展全国公共机构节能工作提供技术支持。在政府机构节能方面，协助国家发展和改革委员会委、住房和城乡建设部、国家机关事务管理局编制标准规范和相关技术文件。具体如下：

（1）《中央国家机关办公用房维修标准》。

（2）国家发展和改革委员会《公共机构能源审计办法》。

（3）国家标准《公共机构办公用房节能改造建设标准》。

（4）住房和城乡建设部和国家发展和改革委员会《大型公共建筑项目评价导则》。

（5）国家机关事务管理局、国家发展和改革委员会、财政部、中共中央直属机关事务管理局《节约型公共机构示范单位评价标准》。

（6）国家机关事务管理局、国家发展和改革委员会、住房和城乡建设部、中共中央直属机关事务管理局《中央和国家机关节约型办公区评价导则》。

（7）《中央国家机关80个部委能源监测管理平台和汇总平台》总集成单位负责人。

（8）住房和城乡建设部重点科研项目《严寒和寒冷地区农村住房节能技术导则》。

（9）住房和城乡建设部重点科研项目《北方采暖地区既有居住建筑供热计量与节能改造技术导则》。

（10）住房和城乡建设部重点科研项目《供热计量收费办法研究》。

（11）住房和城乡建设部重点科研项目《供热计量技术导则研究》。

（12）住房和城乡建设部重点科研项目《供热计量和温控装置监管对策研究》。

（13）住房和城乡建设部重点科研项目《关于推进供热计量的实施意见》。

（14）住房和城乡建设部重点科研项目《公共建筑室内温度控制管理办法》。

（15）住房和城乡建设部重点科研项目《供热计量分配装置管理办法研究》。

（16）住房和城乡建设部重点科研项目《供热改革实施现状评估》。

（17）住房和城乡建设部重点科研项目《中国供热立法研究及供热管理条例》。

农村建筑节能工作。作为住房和城乡建设部村镇司"农房节能技术指导专家委员会"主要负责人，一直以来为村镇建筑节能工作提供全面的技术支持，特别是配合农村危房改造工作，协助对全国农村住房调研和推广节能技术；组织收集和评审"农村节能案例"并出版推广图集；组织编制《严寒和寒冷地区农村住房节能技术导则》和《严寒和寒冷地区农村住房节能验收办法》，为中国农村建筑节能和新农村建设做出了应有的贡献。

大型节能工程项目设计和工程施工及检测项目。先后主持了多个大型节能工程的设计、施工项目，并在大型既有公共建筑的复杂空调系统、供暖系统及节能工程的鉴定、检测和验收方面，具有深厚的实践经验，代表性工作项目如下：

（1）东营市市直机关经济适用型住房节能型地面辐射供暖系统设计170万 m^2。

（2）首都机场地区公共建筑供热计量与收费研究159万 m^2。

（3）昆山市检测中心节能示范楼空调工程设计2万 m^2。

（4）抚顺市雷锋纪念馆水源热泵空调系统工程设计、施工2万 m^2。

（5）抚顺市经济技术开发区管委会大厦水源热泵空调系统工程设计、施工1万 m^2。

（6）北京三元大厦空调、供暖、给水排水工程部分检查鉴定 4.1 万 m^2。

（7）青海省广播电视大厦供暖、给水排水工程检查鉴定 2.4 万 m^2。

（8）中国国家博物馆建筑节能工程检测、调试及验收 20 万 m^2。

国际合作项目。 2004—2012 年，同韩国 LG 化学公司完成了《低温热水地面辐射采暖与不同采暖方式技术经济比较试验研究》《地面辐射供暖利用可再生能源综合技术研究》和《低温热水地面辐射供暖标准化施工及运行管理研究》。这些项目是对提高建筑节能技术应用的一个贡献。

2007 年主持完成世界银行/全球环境基金中国供热改革与建筑节能项目"推进供热计量政策和技术措施研究"。

2008 年参与了亚太清洁发展和气候伙伴计划项目（APP）"推动中国建筑节能标准实施研究"，并主持了美国能源基金项目"建筑节能工程施工质量验收规范宣贯培训研究"、中美清洁能源联合研究项目《绿色建筑高防火性能墙体保温技术研究》和《中国供热改革实施现状评估》的工作。

2011 年主持世界银行宁波市新农村发展项目技术援助项目"奉化莼湖镇基础设施开发子项莼湖镇能效乡镇推广咨询"，承担农业部联合国开发计划署、全球环境基金（GEF）"节能砖与农村节能建筑市场转化"项目（MTEBRB 项目）中"农村建筑节能技术和能效测评"工作。

3. 标准规范工作

主持完成多项国家级和省部级行业技术标准、技术规范的制定工作，其中作为第一起草人主编标准 11 部，主持国家标准翻译为英文版 5 部。

（1）国家标准《建筑给水排水及采暖工程施工质量验收规范》GB 50242—2002。

（2）国家标准《建筑节能工程施工质量验收规范》GB 50411—2007。

（3）国家标准《建筑节能工程施工质量验收标准》GB 50411—2019。

（4）国家标准《公共机构办公用房节能改造建设标准》建标 157—2011。

（5）国家标准《中央国家机关办公用房维修改造技术标准》。

（6）国家标准《既有建筑设备工程鉴定与改造技术规范》。

（7）国家标准《城镇供热系统评价标准》GB/T 50627—2010。

（8）国家标准《通风空调工程施工规范》GB 50738—2011。

（9）行业标准《采暖通风与空气调节检测技术规程》GB/T 260—2011。

（10）行业标准《建筑铜管管道工程连接技术规程》CECS 228—2007。

（11）行业标准《建筑外墙外保温防火隔离带技术规程》JGJ 289—2012。

（12）国家标准《建筑工程绿色施工评价标准》GB/T 50640—2010。

（13）国家标准《建筑工程施工质量验收统一标准》GB 50300—2013。

（14）国家标准《农村居住建筑节能设计标准》GB/T 50824—2013。

（15）国家标准《通风与空调工程施工质量验收规范》GB 50243—2016。

（16）国家标准《近零能耗建筑技术标准》GB/T 51350—2019。

（17）行业标准《公共建筑节能改造技术规范》JGJ 176—2009。

（18）行业标准《供热计量技术规程》JGJ 173—2009。

（19）行业标准《辐射供暖供冷技术规程》JGJ 142—2012。

（20）行业标准《既有居住建筑节能改造技术规程》JGJ/T 129—2012。

（21）NATIONAL STANDARD OF THE PEOPLE'S REPUBLIC OF CHINA *Code for Acceptance of Construction Quality of Water Supply Drainage and Heating Works GB 50242—2002*。

（22）NATIONAL STANDARD OF THE PEOPLE'S REPUBLIC OF CHINA *Code of acceptance for construction quality of ventilation and air conditioning works GB 50243—2002*。

（23）NATIONAL STANDARD OF THE PEOPLE'S REPUBLIC OF CHINA *Code for Design of Heating Ventilation and Air Conditioning GB 50019—2003*。

（24）NATIONAL STANDARD OF THE PEOPLE'S REPUBLIC OF CHINA *Design Standard for Energy Efficiency of Public Buildings GB 50189—2005*。

（25）NATIONAL STANDARD OF THE PEOPLE'S REPUBLIC OF CHINA *Code for acceptance of energy efficient building construction GB 50411—2007*。

4. 论文著作

在国内外学术期刊发表论文百余篇，出版论著十余部。具体如下：
（1）《建筑给水排水及采暖工程施工质量问答》。
（2）《给水排水及采暖工程施工与验收手册》。
（3）《建筑节能工程施工质量验收规范》GB 50411—2007 宣贯辅导教材。
（4）《建筑节能工程施工质量验收规范》GB 50411—2007 配套软件。
（5）《供暖系统方式与热计量应用》。
（6）《空气调节工程施工技术》。
（7）《外墙外保温技术应用》。
（8）《供热系统与计量》。
（9）《北方农村建筑节能》。
（10）《农村节能建筑建设指南》。
（11）《农村太阳能利用技术应用指南》。
（12）《墙体保温技术探索》。
（13）《建筑工程质量通病防治手册》（第二版）（给排水、采暖、通风空调部分）。
（14）《建筑工程质量通病防治手册》（第三版）（给排水、采暖、通风空调部分）。

（二）荣誉获奖

获得多项省部级科研奖励，其中一等奖 1 项、二等奖 3 项、三等奖 10 项。作为第一完成人，获住房和城乡建设部"华夏建设科学技术奖"11 项：
（1）一等奖 国家标准《建筑节能工程施工质量验收规范》。
（2）二等奖 国家标准《通风与空调工程施工规范》。
（3）二等奖 村镇建筑节能及改善室内热环境关键技术研究。
（4）二等奖 行业标准《供热计量技术规程》。

（5）三等奖 国家标准《建筑给水排水及采暖工程施工质量验收规范》。

（6）三等奖 国家标准《严寒和寒冷地区农村住房节能技术导则》。

（7）三等奖 国家标准《城镇供热系统评价标准》。

（8）三等奖 推进供热计量的政策和技术措施研究。

（9）三等奖 节能型建筑采暖技术研究与地面采暖工程示范。

（10）三等奖 低温热水地面辐射采暖与不同采暖方式技术经济比较试验研究。

（11）三等奖 空调系统现场检测通用测试模块的开发与研究。

三、社会任职

全国建筑节能标准化技术委员会（SAC/TC452）　秘书长。

全国暖通空调及净化设备标准化技术委员会（SAC/TC143）　委员。

全国暖通空调及净化设备标准化技术委员会系统运行管理和节能评价分技术委员会主任委员。

中国建筑金属结构协会　监事长。

中国建筑节能协会 常务理事　首席专家。

中国建筑节能协会保温隔热专业委员会　副主任委员兼秘书长。

中国工程建设标准化协会　常务理事。

中国工程建设标准化建筑环境与节能专业委员会　副主任委员兼秘书长。

中国城镇供热协会技术委员会　委员。

中国城镇供热协会标准化技术委员会　委员。

中国城镇供热协会农村清洁供热工作委员会　副主任委员。

住房和城乡建设部城镇供热专家委员会　委员。

住房和城乡建设部强制性条文协调委员会　委员。

住房和城乡建设部建筑环境与节能标准化技术委员会　委员。

住房和城乡建设部建筑工程质量标准化技术委员会　委员。

住房和城乡建设部农房节能技术指导专家委员会　负责人。

国家机关事务管理局公共机构节能　特聘专家。

中央国家机关房地产管理专家咨询委员会　委员。

科技部国家重点研发计划"煤炭清洁高效利用和新型节能技术"总体专家组　专家。

科技部国家重点研发计划"数据中心及公共机构节能方向"责任　专家。

四、人物寄语

老老实实做人，勤勤恳恳做事，不求有功，但求无过。

我珍惜每一位和我一起走过的朋友，我感恩以往岁月里曾经给予支持和帮助过我的挚亲、挚爱、挚友，愿我爱的人和爱我的人平安、康健、幸福。

五、相关照片

日本参加国际会议作报告

德国考察

鸟巢考察

出席全国供热体制改革工作会议

日本考察建筑工程

韩国考察地面辐射供暖

北京航天指挥控制中心

广州 GB 50411 编制工作会议

联合国总部

建筑节能交流会

美国能源部 1

美国能源部 2

全国供热大会

全国供热计量委员会成立大会

延安学习

徐 伟

出生日期：1964 年 4 月

单位及职务：中国建筑科学研究院有限公司首席科学家、专业总工程师，建筑环境与能源研究院院长、建科环能科技有限公司董事长

技术职务（职称）：研究员，博士生导师，全国工程勘察设计大师

毕业院校：清华大学热能工程系暖通空调专业；硕士毕业于中国建筑科学研究院暖通空调专业

主要成就简介：

一、人物经历

1986 年毕业于清华大学热能工程系暖通空调专业，1989 年硕士毕业于中国建筑科学研究院暖通空调专业。毕业后任职于中国建筑科学研究院，历任空气调节研究所室主任、副所长、所长，建筑环境与节能研究院常务副院长、院长。现任中国建筑科学研究院有限公司首席科学家、专业总工程师，建筑环境与能源研究院院长，建科环能科技有限公司董事长，空气调节研究所所长，国家建筑节能质量监督检验中心主任，住建部供热质量监督检验中心主任。

二、主要成就

（一）科研成就

长期从事建筑节能、零能耗和零碳建筑、可再生能源利用、供热调控和清洁供暖、空调热泵等技术的研究和应用工作，取得多项创新性研究成果。先后主持和参加了 9 项国家科技部"八五"至"十三五"重大科技攻关项目和 1 项国家自然科学基金项目，主持人民大会堂空调改造、北京钓鱼台国宾馆樱花山庄空调、济南奥体中心地源热泵、2022 冬奥会冰丝带国家速滑馆节能与环境咨询等重要工程设计和咨询项目。授权发明专利 18 项，主编著作 17 部，发表 SCI 等高水平论文 35 篇，培养博士硕士研究生 20 余名。主要成果如下：

近年主持的国内/国际科研项目：

近零能耗建筑技术体系及关键技术开发，"十三五"国家重点研发计划项目。

实现更高建筑节能目标的可再生能源高效应用关键技术研究，"十二五"国家科技支撑计划项目。

可再生能源蓄能技术在低能耗建筑的应用，科技部国际科技合作项目。

水源地源热泵高效应用关键技术研究与示范，"十一五"国家科技支撑计划项目。

建筑能效对标工具的研发，全球环境基金/世界银行 GEF /WB 项目。

建筑碳排放计算标准研究，美国能源基金会项目。

先进建筑设备系统技术的适应性研究和示范，中美清洁能源联合研究中心建筑节能合作项目。

APEC零能耗建筑研究，亚太经合组织APEC项目。

北方地区热泵供暖关键技术研究与规模化应用，住建部科技计划项目。

超低能耗建筑技术集成示范与指标体系研究，北京市科委项目。

主编的标准规范：

《建筑节能与可再生能源利用通用规范》GB 55015—2021。

《民用建筑供暖通风与空气调节通用规范》。

《公共建筑节能设计标准》GB 50189—2015。

《民用建筑供暖通风与空气调节设计规范》GB 50736—2012。

《近零能耗建筑技术标准》GB/T 51350—2019。

《建筑碳排放计算标准》GB/T 51366—2019。

《地源热泵系统工程技术规范》GB 50366—2005。

《空调通风系统运行管理标准》GB 50365—2019。

《严寒和寒冷地区居住建筑节能设计标准》JGJ 26—2018。

《辐射供暖供冷技术规程》JGJ 142—2012。

《蓄能空调工程技术标准》JGJ 158—2018。

《供热计量技术规程》JGJ 173—2009。

《多联机空调系统工程技术规程》JGJ 174—2010。

《公共建筑节能改造技术规范》JGJ 176—2009。

主持编制/编译的著作：

《近零能耗建筑技术》，中国建筑工业出版社，2021年。

《中国地源热泵发展研究报告（2018）》，中国建筑工业出版社，2019年。

《绿色工业建筑评价实施指南》，中国建筑工业出版社，2015年。

《中国地源热泵发展研究报告（2013）》，中国建筑工业出版社，2013年。

《建筑设备系统全过程调试技术指南》，中国建筑工业出版社，2013年。

《国际建筑节能标准研究》，中国建筑工业出版社，2012年。

《民用建筑供暖通风与空气调节设计规范技术指南》，中国建筑工业出版社，2012年。

《地源热泵技术手册》，中国建筑工业出版社，2011年。

《公共建筑节能改造技术指南》，中国建筑工业出版社，2010年。

《中国太阳能建筑应用发展研究报告（2009）》，中国建筑工业出版社，2009年。

《中国地源热泵发展研究报告（2008）》，中国建筑工业出版社，2008年。

《可再生能源建筑应用技术指南》，中国建筑工业出版社，2008年。

《地源热泵工程技术指南》，中国建筑工业出版社，2001年。

《供暖系统温控与热计量技术》，中国计划出版社，2000年。

（二）荣誉表彰

全国工程勘察设计大师、国家百千万人才工程人选、国家有突出贡献中青年专家、享受国务院政府特殊津贴专家、泰山学者、全国优秀科技工作者，荣获欧洲暖通空调学会REHVA 杰出贡献奖、2008 北京奥运会工程贡献奖、中国建筑学会当代杰出工程师等荣誉。获得省部级科技进步奖 16 项、全国勘察设计类奖 11 项、中国专利优秀奖 1 项。

三、社会任职

住建部建筑环境与节能标准化委员会主任委员，全国暖通空调及净化设备标准化技术委员会主任委员；中国制冷学会副理事长兼空调热泵专业委员会主任委员，中国可再生能源学会副理事长热利用委员会主任委员，中国建筑学会零能耗建筑专委会主任委员、暖通空调产业创新联盟理事长，中国建筑节能协会地源热泵专业委员会主任委员、超低能耗建筑分会主任委员，国际能源组织 IEA/HPT 热泵委员会中国国家代表、IEA/ECES 蓄能节能委员会中国国家代表，住建部科技委建筑节能与绿色建筑专家委员会委员、住建部科技委标准化专家委员会委员。

四、人物评价

徐伟同志长期致力于建筑节能与可再生能源技术研究，是我国在该领域的著名专家和学术带头人，对建立和提升我国建筑环境与节能标准体系，引领和推动建筑能耗计算分析、近零能耗建筑、可再生能源建筑应用、热泵与热回收、清洁供暖与环境控制、绿色工业建筑和绿色医院建筑等技术的发展与推广应用方面作出了重大贡献。

五、相关照片

张元勃

国籍：中国
祖籍：山东胶州
出生地：山东省青岛市
出生时间：1949 年 4 月
技术职务（职称）：教授级高级工程师
专业领域：建筑工程质量技术管理
毕业院校：陕西工业大学

简介：长期从事基层专业技术工作，主要是工业与民用建筑工程的施工、设计、质量管理、质量监督、建设监理、工程检测、重大质量事故处理、重要工程验收、质量体系认证、试验室认可与计量认证以及标准编制、文件起草、法规修订等技术工作，约 50 年。

一、人物经历

从事建筑工程施工 6 年，从事建筑工程（建筑、结构专业）设计约 8 年，从事工程质量监督及工程质量检测等专业技术工作约 22 年，从事建设监理行业协会工作约 13 年。

历任：

建筑公司技术员、工程师，设计单位（建筑专业、结构专业）工程师，政府管理部门科长、站长、处长、主任等。

北京市建设工程安全质量监督总站副站长、北京市建设工程质量检测中心主任。北京市建设监理协会常务副会长、中国建设监理协会副会长、首席专家等。

二、主要成就

参与多项工业与民用建筑工程设计、施工、验收、质量评价、质量检测、试验室认可、计量认证、工程事故处理等。参与多项重大工程质量验收、混凝土结构、建筑节能、建筑装饰装修、工程质量检测、工程资料管理等国家、行业、地方标准编制[注1]，著有多篇工程技术类专业论文与著作[注2]。参与多次国家、地方标准宣贯授课。参与多项国家、地方标准与相关课题审查。参与多项北京市、住房和城乡建设部法规、规章、规范性文件制定。

[注 1] 主要有：
国家标准《建筑工程施工质量验收统一标准》GB 50300—2013。
国家标准《混凝土结构工程施工质量验收规范》GB 50204—2002 \ —2010 \ —2015。
国家标准《混凝土结构工程施工规范》GB 50666—2011。

国家标准《混凝土强度检验评定标准》GB/T 50107—2010。

国家标准《建筑节能工程施工质量验收规范》GB 50411—2007 \ —2019。

国家标准《建筑装饰装修工程质量验收规范》GB 50210—2001 \ —2018。

国家标准《建筑结构检测技术标准》GB/T 50344—2004 \ —2016。

国家标准《混凝土结构现场检测技术标准》GB/T 50784—2013。

行业标准《饰面砖粘接强度检验标准》JGJ 110—2004 \ —2016。

行业标准《钻芯法检测混凝土强度技术规程》JGJ/T 384—2016。

地方标准《建筑工程资料管理规程》DB11/T 695—2009 \ —2017。

地方标准《建筑施工组织设计管理规程》DB11/T 363—2016。

地方标准《钢管脚手架、模板支架安全选用技术规程》DB11/T 583—2008。

地方标准《民用建筑节能现场检验标准》DB11/T 555—2008。

地方标准《混凝土结构工程施工质量验收规程》DBJ 01—82—2004。

[注2] 主要有：

《建筑工程质量检测的社会化发展》（论文）。

《建筑工程的实体检验》（论文）。

《建筑工程质量监督的由来与发展》（论文）。

《建筑工程质量监督师培训教材》（参与著作）。

《建筑工程质量监督人员系列培训教材》（参与著作与拍摄教学片）。

《建筑工程质量通病防治》（参与著作与拍摄教学片）。

《建设工程质量监督人员手册》（参与编制）。

《北京市创优质工程指南》（参与编制）。

《建筑工程质量事故警示录》（参与编制）。

《回弹法检测与推定混凝土强度研究》（参与论文）。

《混凝土结构工程施工质量验收规范答疑》（参与著作）。

《混凝土结构工程施工质量验收规范应用指南》（参与著作）。

《混凝土结构工程施工规范应用指南》（参与著作）。

《建筑节能工程施工质量验收实施指南》（参与著作）。

《建筑装饰装修工程质量验收指南》（参与著作）。

《强制性条文释义》（参与著作）。

《建筑工程资料管理规程释义》（主编）。

《建筑工程资料管理》（著作）。

《建筑工程监理规程应用指南》（参与著作）。

《建设监理操作问答》（著作）。

《建设工程安全监理操作问答》（著作）。

《见证取样工作实施指南》（著作）。

三、社会任职

北京市建设监理协会副会长、中国建设监理协会副会长等。

四、人物寄语

独立思考，务实担当，铺路石子，普通一员。

五、相关照片

杨仕超

国籍：中国
祖籍：湖北应城
出生地：湖北省应城市
出生时间：1965 年 1 月
技术职务（职称）：教授级高级工程师
专业领域：建筑科研
毕业院校：浙江大学

简介：先后承担（参与）国家"十一五""十二五"科技支撑计划、"十三五"国家重点研发计划等科研项目 6 项，省部级科研项目 20 余项，主编（参编）国家标准、行业标准 20 余部，地方标准 20 余部，先后获华夏建设科学技术奖一等奖 3 项、二等奖 3 项，广东省科学技术奖 10 余项，著作 10 余部。多次被住房和城乡建设部、广东省科学技术厅、广东省住房和城乡建设厅评为科技工作先进个人，并被授予广东省劳动模范、国务院政府特殊津贴专家荣誉称号、中国工程建设标准化协会标准创新奖领军人物奖。

一、人物经历

1986 年毕业于武汉大学理论物理专业，理学学士。

1988 年毕业于浙江大学建筑技术科学专业（建筑热工），工学硕士。

1988 年 12 月到广东省建筑科学研究院工作至今，从事建筑节能、绿色建筑、建筑风工程、建筑门窗幕墙的研究、检测、咨询等。历任室主任助理、室主任、所长、院副总工程师、副院长、副总经理。

2020 年 10 月至今为广东省建筑科学研究院集团股份有限公司 董事 总经理。

二、主要成就

（一）科研成就

（1）主持国家"十一五"科技支撑计划重大项目《居住区风环境与室内自然通风关键技术研究》课题。

（2）参加国家"十一五"科技支撑计划重大项目《城镇人居环境改善与保障综合科技示范工程》课题。

（3）参加国家"十一五"科技支撑计划重大项目《建筑节能技术标准研究》课题。

（4）主持国家"十二五"科技支撑计划重大项目《夏热冬暖地区建筑节能集成技术研

究与示范》。

(5) 参加国家"十三五"重大科技计划项目课题 2 项。

(6) 主编参编国家、行业和地方标准。

工程建设标准：

(1) 主编行业标准《夏热冬暖地区居住建筑节能设计标准》JGJ 75—2012。

(2) 主编行业标准《建筑门窗玻璃幕墙热工计算规程》JGJ/T 151—2008。

(3) 参编国家标准《建筑节能工程施工质量验收规范》GB 50411—2007/—2019。

(4) 主编广东省标准《铝合金门窗工程设计、施工及验收规范》DBJ 15—30—2002/—2019。

(5) 主编广东省标准《广东省居住建筑节能设计标准》DBJ 15-50—2006。

(6) 主编广东省标准《广东省公共建筑节能设计标准》DBJ 15-51—2015。

(7) 主编广东省标准《公共和居住建筑太阳能热水系统一体化设计施工及验收规程》DBJ 15-52—2007。

(8) 主编行业标准《人造板材幕墙工程技术规范》JGJ 336—2016。

(9) 主编广东省标准《既有民用建筑节能改造技术规程》。

(10) 主编广东省标准《建筑能效测评与标识技术规程》。

(11) 主编广东省标准《绿色建筑评价标准》。

(12) 主编广东省标准《绿色建筑设计标准》。

(13) 主编广东省标准《广东省建筑节能与绿色建筑工程施工质量验收规范》。

产品标准：

(1) 主编国家标准《建筑门窗术语》GB/T 5823—2008。

(2) 主编国家标准《建筑幕墙术语》GB/T 34327—2017。

(3) 主编国家标准《铝合金门窗》GB/T 8478—2008/—2020。

(4) 主编国家行业标准《建筑门窗反复启闭性能检测方法》JG/T 192—2006。

(5) 参编国家标准《建筑外门窗气密、水密、抗风压性能分级及检测方法》GB/T 7106—2008。

(6) 参编行业标准《建筑门窗气密、水密、抗风压性能现场检测方法》JG/T 211—2007。

(7) 参编国标《建筑幕墙气密、水密、抗风压性能检测方法》GB/T 15227—2007。

(二) 荣誉获奖

广东省劳动模范。

华夏建设科学技术一等奖 3 项。

广东省科学技术二等奖 4 项。

华夏建设科学技术二等奖 3 项。

广东省科学技术三等奖多项。

华夏建设科学技术三等奖多项。

三、社会任职

住房和城乡建设部建筑节能与绿色建筑专家委员会委员。

住房和城乡建设部建筑制品与构配件产品标准化技术委员会委员。

中国工程建设标准化协会副理事长。

中国建筑学会建筑物理分会副理事长。

中国建筑金属结构协会铝门窗幕墙委员会专家组副组长。

广东省建设与科技标准化协会会长。

四、人物寄语

建筑节能要以完成双碳任务为导向，室内环境要以满足个性化需求为目标。

五、相关照片

栾景阳

国籍：中国
祖籍：辽宁瓦房店
出生地：辽宁瓦房店市
出生日期：1957 年 8 月
技术职务（职称）：教授级高级工程师
专业领域：科技工作者
毕业院校：沈阳建筑大学（原辽宁建筑工程学院）

简介：先后承担（参与）国家"十一五""十二五"科技支撑计划、"十三五"国家重点研发计划等科研项目 10 余项、省部级科研项目 30 余项，主编（参编）国家、行业标准 20 余部，地方标准 50 余部，先后获华夏建设科学技术奖 3 项，河南省科学技术奖 6 项，河南省建设科技进步奖 50 余项，著作 10 余部，专利 20 余项，多次被住房和城乡建设部、河南省科学技术厅、河南省住房和城乡建设厅、河南省人力资源和社会保障厅评为科技工作先进个人。

一、人物经历

栾景阳，男，汉族，1957 年出生，中共党员，教授级高级工程师。1982 年 1 月毕业沈阳建筑大学机械系；1982 年 2 月至今，工作于河南省建筑科学研究院，历任办公室主任、副董事长、监事会主席等职务，主要从事建筑节能和绿色建筑科研、检测及标准编制等工作。

二、主要成就

（一）科研成就

先后承担（参与）国家"十一五""十二五"科技支撑计划、国家重点研发计划等科研项目 10 余项、省部级科研项目 30 余项，主编（参编）国家、行业标准 20 余部，地方标准 50 余部，主要代表如下：

科研项目：

（1）村镇建筑节能及改善室内热环境关键技术研究 ["十一五"课题 2006BAJ04B05-5（2）]。

（2）浅层地热能集成应用技术与评估及示范（"十二五"课题 2011BAJ03B09）。

（3）华北合院式传统民居节能技术研究汇报 ["十二五"课题 2011BAJ08B01-01

(2)]。

    (4) 近零能耗建筑技术体系及关键技术开发（"十三五"国家重点研发计划）。

    (5) 门窗系统节能性能提升技术研究（"十三五"国家重点研发计划）。

    (6) 绿色低能耗成套关键技术研究与集成示范（省重大科技专项 141100310301）。

    (7) 建筑节能关键技术集成与示范工程建设（省重大公益性科研项目）。

    (8) 夏热冬冷地区绿色建筑技术集成与示范（省重大科技攻关项目）。

标准：

    (1)《农村危险房屋加固技术标准》JGJ/T 426—2018。

    (2)《建筑塔式起重机安全监控系统应用技术规程》JGJ 332—2014。

    (3)《建筑节能工程施工质量验收标准》GB 50411—2019。

    (4)《农村居住建筑节能设计标准》GB/T 50824—2013。

    (5)《可再生能源建筑应用工程评价标准》GB/T 50801—2013。

    (6)《居住建筑节能检测标准》JGJ/T 132—2009。

    (7)《节能建筑评价标准》GB/T 50668—2011。

    (8)《建筑外门窗保温性能分级及检测方法》GB/T 8484—2008。

    (9)《采暖散热器散热量测定方法》GB/T 13754—2008。

    (10)《节能建筑评价标准》GB/T 50668—2011。

    (11)《公共建筑节能改造技术规范》JGJ 176—2009。

（二）荣誉获奖

2001 年 河南省优秀专家。

2003 年 享受国务院特殊津贴。

2003 年《预制构件自动检测系统》华夏建设科学技术奖三等奖。

2009 年《建筑节能工程施工质量验收规范》GB 50411—2007 华夏建设科学技术奖一等奖。

2010 年《民用建筑能效测评标识研究与应用》华夏建设科学技术奖二等奖。

2011 年《既有公共建筑节能改造工程技术研究》河南省科学技术奖三等奖。

2015 年《华北合院式传统民居节能技术研究》河南省科学技术奖三等奖。

2017 年《浅层地热能集成应用技术与评估及示范》河南省科技进步三等奖。

2021 年《中原地区农房品质提升关键技术集成与示范》河南省科学技术进步三等奖。

三、社会任职

住房和城乡建设部建筑环境与节能标准化技术委员会委员。

住房和城乡建设部建筑制品与构配件标准化技术委员会委员。

中国建筑节能协会建筑节能专家委员会副秘书长。

郑州大学兼职教授。

河南省建设科技协会会长。

四、人物寄语

只有踏踏实实的付出，才能取得相应的收益。

五、相关照片

于晓明

国籍：中国
祖籍：山东栖霞
出生地：山东栖霞
出生日期：1963 年 5 月
技术职务（职称）：研究员级高级工程师
专业领域：建筑设计
毕业院校：山东建筑大学（本科）
　　　　　天津大学（MBA 研究生）

一、人物经历

自 1985 年山东建筑大学（原山东建筑工程学院）毕业后，分配到山东省建筑设计研究院有限公司，从事暖通空调与给水排水专业工程设计与技术管理及建筑领域内的节能技术研究与应用工作至今。历任助理工程师、工程师、高级工程师、工程技术应用研究员，现任山东省建筑设计研究院有限公司公司总工程师，国家注册公用设备师，山东省工程设计大师，享受"国务院政府特殊津贴"。

二、主要成就

（一）科研成就

主编著作 2 部、参编 5 部，在国家级建筑科学类核心期刊《暖通空调》上发表了 20余篇论文，主编和参编国家与地方的主要标准规范 20 多个，主编完成山东省和华北六省建筑标准设计图集 5 项，获得实用新型专利 3 个。

1. 主编的著作

《分户热计量采暖系统设计与安装》，中国建筑工业出版社，2004 年。
《医院建筑给水排水系统设计》，中国建筑工业出版社，2020 年。

2. 参编的著作

《建筑节能工程施工质量验收规范宣贯辅导教材》，中国建筑工业出版社，2004 年。
《民用建筑供暖通风与空气调节设计规范宣贯辅导教材》，中国建筑工业出版社，2012 年。

《民用建筑供暖通风与空气调节设计规范宣贯技术指南》，中国建筑工业出版社，2012年。

《公共建筑节能设计标准实施指南 GB 50189—2015》，中国建筑工业出版社，2015年。

《凝固的艺术（建筑卷）》，山东科学技术出版社，2007年。

3. 主编的标准规范

山东省工程建设标准《居住建筑节能设计标准》DBJ 14-037—2006/—2012。

山东省工程建设标准《居住建筑节能设计标准》DB 37/5026—2014。

山东省工程建设标准《公共建筑节能设计标准》DB J14-036—2006。

山东省工程建设标准《公共建筑节能设计标准》DB 37/5155—2019。

山东省工程建设标准《绿色建筑设计规范》DB 37/T 5403—2015。

山东省工程建设标准《绿色建筑设计标准》DB 37/T 5043—2021。

4. 参编的主要标准规范

国家标准《建筑节能工程施工质量验收规范》GB 50411—2007。

国家标准《建筑节能工程施工质量验收标准》GB 50411—2019。

国家标准《民用建筑供暖通风与空气调节设计规范》GB 50736—2012。

国家标准《供暖通风与空气调节术语标准》GB/T 5155—2015。

国家标准《公共建筑节能设计标准》GB 50189—2015。

国家标准《城镇供热系统评价标准》GB/T 50627—2010。

行业标准《供热计量技术规程》JGJ 173—2009。

行业标准《低温辐射电热膜供暖系统应用技术规程》JGJ/319—2013。

行业标准《供热计量系统运行技术规程》CJJ/T 223—2014。

行业标准《严寒和寒冷地区居住建筑节能设计标准》JGJ 26—2018。

中国工程建设协会标准《供暖通风与空气调节设计 P-BIM 软件技术与信息交换标准》。

中国安装协会团体标准《建筑机电施工图深化设计技术标准》T/CIAS-2—2020。

《全国民用建筑工程设计技术措施（暖通空调·动力）》2009。

《建筑机电施工图深化设计标准》T/CIAS—2020。

山东省工程建设标准《绿色建筑评价标准 》DB 37/T 5097—2021。

5. 主编的标准图

山东省建筑标准设计图集《采暖系统及散热器安装》L07N902。

山东省建筑标准设计图集《采暖管道及附属设备安装》L07N903。

山东省建筑标准设计图集《供热管道及设备保温》L07N905。

山东省建筑标准设计图集《集中采暖住宅分户计热计量系统设计与施工》L02N907。

华北六省市区建筑标准设计图集《民用建筑空调与供暖冷热计量设计与安装》L13N7。

（二）荣誉获奖

获得荣誉百余项，主要有："全国优秀工程勘察设计行业奖"一、三等奖各1项；"中国建筑学会暖通空调优秀设计奖"二等奖 1 项、三等奖各 1 项；中国工程建设标准化协会"标准科技创新奖"二等奖 1 项；"山东省优秀工程勘察设计奖"一等奖 4 项、二等奖 4 项、三等奖 2 项；"华夏建设科学技术奖"一等奖 2 项、二等奖 1 项；"第五届山东省青年科技奖"1 项；"山东省科学技术进步奖"二等奖 1 项；"山东土木建筑科学技术奖"一、二等奖各 1 项；先后当选首批"山东省工程设计大师"、中国建筑学会"当代中国杰出工程师"及"全国勘察设计行业科技创新带头人""济南市中区经纬优秀人才"，并享受"国务院政府特殊津贴"。

三、社会任职

兼任中国建筑学会暖通空调分会副主任委员、中国建筑学会建筑热能动力专业分会副主任委员、中国勘察设计协会建筑环境与能源应用分会副会长、全国工程建设标准设计专家委员会委员、全国暖通空调及净化专业标准化技术委员会委员、住房和城乡建设部建筑环境与节能标准化技术委员会委员、住房和城乡建设部绿色建筑评价标识专家委员会委员、住房和城乡建设部高等教育建筑环境与能源应用工程专业评估委员会委员、中国土木工程学会防火技术分会常务理事、山东土木建筑学会暖通空调专业委员会主任委员、山东土木建筑学会建筑热能动力专业委员会主任委员、山东省勘察设计协会暖通空调制冷专业委员会主任委员、山东土木建筑学会标准化工作委员会副主任委员、山东土木建筑消防专业委员会副主任委员、山东省消防标准化技术委员会委员、中国建筑科学类核心刊物《暖通空调》编委等职务。

四、人物寄语

于晓明同志作为山东省暖通专业的学术与技术带头人，具有扎实的专业理论基和较高的学术水平，工程设计实践经验丰富，主编和参编了多部国家及地方工程建设标准规，参与了多项重点工程项目的设计、方案论证及初步设计审查工作，为国家和地方工程建设及绿色建筑节能工作做出了积极贡献。

五、相关照片

韩 红

国籍：中国
祖籍：四川省南充市
出生地：四川省南充市
出生日期：1966 年 6 月
技术职务（职称）：高级工程师
专业领域：建筑设备安装施工质量及安全管理
毕业院校：中国民航大学

简介：先后参编国家、省、市行业标准和地方标准 6 部，获华夏建设科学技术奖一等奖 1 项。

一、人物经历

1988 年毕业于中国民航大学，工学学士。

1989 年在广州白云机场从事航空机务工作。

1990 年起在深圳机场参与机场建设现场管理工作。

1991 年 12 月到深圳市建筑工程质量安全监督检测总站工作至今，主要从事建筑设备安装工程质量及施工安全监管工作，长期工作在施工一线，具有丰富的现场经验，参与监管的项目近千项，其中获得鲁班奖和国家优质工程奖的项目超过 20 项。

1999—2002 年带领技术团队在全国率先开发出基于总线制的家居智能系统，可实现就地分散、集中及互联网远程控制功能，并连续两届参加了高新科技展，受到业内好评。

二、主要成就

（一）参编的国家、行业和地方标准有：

（1）国家标准《建筑节能工程施工质量验收规范》GB 50411—2019。

（2）第一版《广东省建筑工程竣工验收技术资料统一用表》，2003 年。

（3）第一版《广东省建筑工程竣工验收技术资料统一用表（深圳版）》，2004 年。

（4）深圳市技术规范《建筑节能工程施工验收规范》SZJG 31—2010。

（5）深圳市技术规范《电动汽车充电基础设施设计、施工及验收规范》SJG 27—2015。

（6）深圳市工程建设标准《建筑起重机械防台风安全技术规程》SJG 55—2019。

（二）荣誉获奖

华夏建设科学技术一等奖 1 项。

三、社会任职

深圳市土木建筑学会专业委员会委员
深圳市建筑节能与绿色建筑专家委员会委员
深圳市建筑电气及智能建筑学会常委

四、人物寄语

喜爱艺术、旅行和摄影的理工男。

五、相关照片

史新华

国籍：中国
祖籍：河南商水
出生地：河南省商水县
出生日期：1965 年 4 月
技术职务（职称）：教授级高级工程师
专业领域：建筑施工
毕业院校：湖南大学

简介：熟悉和掌握建筑工程有关标准规范，参与多部国家标准、行业标准及地方标准的编制工作，主持和参与编著多部专业技术著作。

一、人物经历

1986 年 7 月从湖南大学供热与通风专业毕业后，一直从事建筑水暖及通风与空调工程专业技术质量工作；历任机电设备安装工程工长、项目经理、副总工程师。

2005 年以来参与国家标准及地方标准编制工作，现任北京住总装饰有限责任公司副总工程师。

二、主要成就

（1）组织拍摄《建筑给水排水及采暖工程施工质量验收规范》辅助教学片，由电影学院出版社出版。

（2）国家标准《建筑节能工程施工质量验收规范》GB 50411—2007 编制。

（3）国家标准《城镇供热评价标准》GB/T 50627—2010 报批稿审核。

（4）行业标准《建筑水暖及空调工程检测技术规程》JGJ/T 260—2011 编制。

（5）国家标准《通风空调工程施工规范》GB 50738—2011 的编制。

（6）行业标准《辐射供暖供冷技术规程》JGJ 142—2012 报批稿审核。

（7）国家标准《建筑给水排水及采暖工程施工质量验收规范》GB 50242—2002 修订编制。

（8）地方标准《清洁生产评价指标体系 医药制造业》DB11/T 1137—2014 编制。

（9）地方标准《清洁生产评价指标体系 印刷业》DB11/T 1138—2014 编制。

（10）地方标准《交通运输业用能单位能源审计报告编制及审核技术规范》DB11/T 1207—2015 编制。

（11）国家标准《既有建筑改造绿色评价标准》GBIT 51141--2015 的编制。

（12）国家标准《通风与空调工程施工质量验收规范》GB 50243—2016 报批稿审核。

（13）国家标准《供暖与空调系统节能调试方法》GB/T 35972—2018 编制。

（14）国家标准《建筑节能工程施工质量验收标准》GB 50411—2019 编制。

（一）科研成就

1. 专著

（1）机械工业出版社：《怎样做一名合格的水暖工长》。

（2）中国市场出版社：《怎样创水暖优质工程》。

（3）中国计划出版社：《建筑水暖及空调工程质量控制》。

2. 合著

（1）经济科学出版社：《建筑给水排水及采暖工程施工操作手册》。

（2）经济科学出版社：《通风空调工程施工操作手册》。

（3）中国建筑工业出版社：《建筑节能工程施工质量验收规范宣贯辅导教材》。

（4）中国建筑工业出版社：《给排水及采暖工程施工与验收手册》。

（5）中国建筑工业出版社：《建筑给水排水及采暖工程施工质量问答》。

（二）荣誉获奖

国家标准《建筑节能工程施工质量验收规范》GB 50411—2007 获 2009 年华夏建设科学技术一等奖。

国家标准《通风空调工程施工规范》GB 50738—2011 获 2013 年华夏建设科学技术二等奖。

三、社会任职

全国建筑节能标准化技术委员会委员

全国暖通空调及净化设备标准化技术委员会委员

中国工程建设标准化协会建筑环境与节能专业委员会委员

四、人物评价

晴耕，雨读。

五、相关照片